PLC 编程实用指南

第 3 版

宋伯生　编著

机 械 工 业 出 版 社

本书围绕 PLC 用于顺序控制、脉冲量控制、模拟量控制、通信及数据处理五大主题，对欧姆龙、西门子、三菱及部分和利时（含 ABB）、AB、施耐德、GE PLC 的资源及其功能做了分析，并以这 5 大主题的应用程序设计为实例，系统介绍了 PLC 应用程序设计的理论、算法及技巧，具有理论的完整性和实际的可操作性。本书内容完整、概念清晰、算法实用、独创求新、涉及面广、信息量大，是 PLC 编程的实用指南。它可帮助您尽快步入 PLC 编程殿堂，进而成为精通多品牌 PLC 编程技术的高手。

本书主题是 PLC 应用编程。显然这个主题是不会因 PLC 机型更迭而有大的改变。所以，尽管 PLC 日新月异，但本书将始终会是您使用 PLC 的好帮手。

本书可作为学习 PLC 编程的自学用书，也可作为有关培训班及高校 PLC 编程教学的参考教材，还可作为 PLC 程序设计及论文撰写的参考文献。

图书在版编目（CIP）数据

PLC 编程实用指南/宋伯生编著. —3 版. —北京：机械工业出版社，2017.5

ISBN 978-7-111-56641-0

Ⅰ.①P⋯ Ⅱ.①宋⋯ Ⅲ.①PLC 技术-程序设计-指南 Ⅳ.①TM571.6-62

中国版本图书馆 CIP 数据核字（2017）第 080512 号

机械工业出版社（北京市百万庄大街 22 号 邮政编码 100037）

策划编辑：罗 莉 责任编辑：罗 莉 责任校对：刘志文

封面设计：马精明 责任印制：李 飞

北京铭成印刷有限公司印刷

2017 年 6 月第 3 版第 1 次印刷

184mm×260mm·36.75 印张·902 千字

0001—4000 册

标准书号：ISBN 978-7-111-56641-0

定价：119.00 元

前言 PREFACE

　　本书于 2006 年 1 月发行了第 1 版，再版于 2013 年。其所介绍的 PLC 编程指南是作者近 30 年来工程实践及 PLC 应用研究的总结。有的算法，如顺序控制中的工程设计法、异步时序逻辑正常工作原则及设计方法、PLC 时序逻辑同步化设计、运动控制目标追踪法等，则是作者在有关学术论文、出版其它专著及本书时提出的。本书不像其它大多数 PLC 专著那样只是单纯地介绍某个品牌 PLC 的应用，而是围绕 PLC 用于顺序控制、脉冲量控制、模拟量控制、通信及数据处理五大主题，以应用程序设计为实例，详细地介绍了 PLC 编程理论、算法及技巧，具有完整的理论性和实际的可操作性。以 PLC 应用程序设计为主题的另一个好处是，不会因 PLC 机型的更迭而需要改变。尽管 PLC 日新月异，但本书始终会是您使用 PLC 的好帮手。十多年来，令作者欣慰的是这些编程理论、算法及技巧多数都得到广大读者的肯定，在互联网上也深受好评，有的还在相关著作中予以引用。

　　本书此次再版只是对旧版的修订，原有的风格、特点，以及得到读者肯定的优点还保留着。当初为了推广 PLC 的使用，总想尽可能多地介绍一些 PLC 的基础及相关知识。为此，作者结合工程实践经验的积累及 PLC 应用研究的深入，曾先后出版了 10 本相关专著，其篇幅大体上是一本比一本"厚"，本书第 2 版算是最厚的一本。如今 PLC 应用已很广泛，有关专著已到了应该缩减篇幅、提炼精华、从"厚"变"薄"的时候了。所以此次本书改版主要是针对之前第 2 版篇幅较大、不够精炼的不足，在加强针对性、少而精上下了较多功夫。摆在读者面前的第 3 版与前两版相比有如下几点变动：

　　1. 删减了不必要的基础、硬件及资料性知识；删减了不常用及重复的内容；突出了 PLC 编程思想，即编程理论、算法及技巧的探讨；

　　2. 调整了章节结构，使本书的主题更加鲜明，系统性也有所增强；

　　3. 对标准化编程知识及对未来发展做了简要说明，并继续保留有关编程新算法讨论；

　　4. 精简文字，力争精益求精。同时，还对个别文字及例图错误做了改正，弥补了当时的遗憾。

　　最后，我在第 2 版前言中讲的："一本专著，与其它事物成长一样，也要有个过程"。正所谓众人拾柴火焰高，有那么多热心读者的热情呵护和具体帮助，加上我自己的努力，相信会缩短这个成长过程，会让读者更加满意！然而，尽管我的决心再大，但个人能力、水平、精力有限，所以，也还可能留下遗憾，在此还恳望读者一如既往，不吝赐教！

宋伯生

目 录 CONTENTS

绪 论

PLC 于 20 世纪 70 年代诞生于美国。1987 年 2 月，国际电工委员会（IEC）通过了对它的定义：可编程序控制器是一种数字运算操作的电子系统，是专为在工业环境应用而设计的。它采用可编程的存储器，用于其内部存储程序，执行逻辑运算、顺序控制、定时、计数与算术操作等面向用户的指令，并通过数字或模拟式输入、输出控制各种类型的机械或生产过程。可编程序控制器及其有关外部设备，都按易于与工业控制系统联成一个整体，易于扩充其功能的原则设计。

可知，PLC 这个电子系统，也是靠存储程序、执行指令、进行信息处理、实现输入到输出的变换。其功用主要是控制各种类型机械或相关生产过程。

它与普通计算机主要的不同是：它没有键盘，代之为一个个输入触点或模块，并用其获取控制命令或现场信号；它没有显示器，代之为一个个输出触点或模块，并用其进行控制输出；它没有硬盘，只有内存；它的结构为模块化、体积小、安装方便、比较坚固，具有很强的抗干扰、抗冲击、抗震动特性。

要指出的是，随着技术进步，PLC 的性能在不断提高，应用在不断扩展，类型在不断增多。所以，它的概念也在不断更新。目前，它已发展成为当今方方面面自动化、信息化的重要支柱。

在本书开篇，将对 PLC 的原理、类型、性能、应用及使用做简要介绍。

0.1 PLC 原理

1. PLC 实现控制要点

入出信息变换和可靠物理实现，可以说是 PLC 实现控制的两个基本要点。

入出信息变换是把所检测到的输入量转换为输出量，以实现对系统的控制。办法是通过运行存储于 PLC 内存中的程序。PLC 程序既有生产厂商开发的、内装在 PLC 中的系统程序（这程序又称监控程序，或操作系统），又有用户自行开发的、后装入 PLC 中的应用（用户）程序。系统程序为用户程序提供编辑与运行平台，同时，还进行必要的公共处理，如自检、I/O 刷新、与外设、上位计算机或其它 PLC 通信等处理。用户程序由用户按照控制的要求设计。什么样的控制要求，就应有什么样的用户程序。

可靠物理实现主要靠输入（I，INPUT）电路检测输入量，靠输出（O，OUTPUT）电路输出控制量。PLC 的 I/O 电路都是专门设计的。输入电路要对输入信号进行滤波，以去掉干扰，而且与内部微处理器电路是电隔离的，通过光的耦合建立联系。输出电路与内部也是电隔离的，用光或磁的耦合建立联系。输出电路还要进行功率放大，以足以带动一般的工业控制元器件，如电磁阀、接触器等。I/O 电路是很多的。一般讲，每一输入点或输出点都要有

1个I或O电路。有多少I/O点，也就有多少个这样电路。而且，总是把若干个这些电路集成在1个模块（或箱体）中，然后再由若干个模块（或箱体）集成为PLC完整的I/O系统（电路）。尽管这些模块相当多，占了PLC体积的大部分，但由于它们都是高度集成化的，所以，PLC的体积还是不大的。

输入电路时刻监视着输入点的状态（通、ON或断、OFF），并将此状态暂存于它的输入暂存器中。每一输入点都有一个与其对应的输入暂存器。

输出电路有输出锁存器。只要其控制输出没有新的改变，原有状态可锁存。同时，它还有相应的物理电路，可把这个状态传送给输出点。每一输出点都有一个与其对应的输出锁存器。

这里的输入暂存器及输出锁存器实际是PLC I/O口的寄存器。它们与PLC内存交换信息通过PLC I/O总线及运行PLC的系统程序实现。

把输入暂存器的信息读到PLC的内存中，称输入刷新。PLC内存有专门开辟的存放输入信息的映射区。这个区的每一对应位（bit）称为输入继电器，或称软触点，或称为过程映射输入寄存器（the process-image input register）。由于它的状态是由输入刷新得到的，所以，它反映的就是输入点的状态。

输出锁存器与PLC内存中的输出映射区也是对应的。一个输出锁存器也有一个内存位（bit）与其对应，这个位称为输出继电器，或称输出线圈，或称为过程映射输出寄存器（the process-image output register）。通过PLC I/O总线及运行系统程序，输出继电器的状态将映射给输出锁存器。这个映射的完成也称输出刷新。

PLC除了有可接收开关信号的输入电路，有时，还有可接收模拟信号的输入电路（称模拟量输入单元或模块）。只是后者先要进行模、数转换，然后，再把转换后的数据存入PLC相应的内存单元中。

如要产生模拟量输出，则要配有模拟输出电路（称模拟量输出模块或单元）。靠它对PLC相应的内存单元的内容进行数、模转换，并产生输出。

这样，用户所要编的程序只是PLC输入有关的内存区到输出有关的内存区的变换。特别是怎么按输入的时序变换成输出的时序。这是一个数据及逻辑处理问题。由于PLC有强大的指令系统，编写出满足这个要求的程序是完全可能的。

图0-1对以上叙述做了说明。其中框图代表信息存储的地点，箭头代表信息的流向及实现信息流动的手段。此图既反映了PLC实现控制的两个基本要点，同时也反映了信息在PLC中的空间关系。

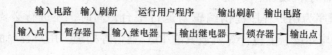

图0-1 PLC实现控制示意图

2. PLC实现控制过程

简单地说，PLC实现控制的过程一般是：输入刷新→运行用户程序→输出刷新，再输入刷新→再运行用户程序→再输出刷新……永不停止地循环反复地进行着。

图0-2所示的流程图反映的就是上述过程。它也反映了信息间的时间关系。

有了上述过程，用 PLC 实现控制显然是可能的。因为：有了输入刷新，可把输入电路监视得到的输入信息存入 PLC 的输入映射区；经运行用户程序，输出映射区将得到变换后的信息；再经输出刷新，输出锁存器将反映输出映射区的状态，并通过输出电路产生相应的输出。又由于这个过程是永不停止地循环反复地进行着，所以，输出总是反映输入的变化的，只是在响应的时间上略有滞后。当然，这个滞后不宜太大，否则，所实现的控制会不那么及时，也就失去了控制的意义。

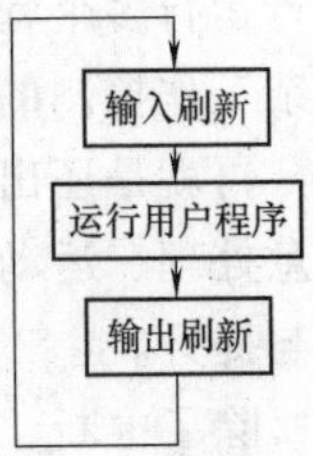

图 0-2　PLC 工作流程图

提示：速度快、执行指令时间短，是 PLC 实现控制的基础。没有高速度也就没有 PLC。

事实上，它的速度是很快的，执行一条指令，多的几微秒、几十微秒，少的才零点几或零点零几微秒。而且这个速度还在不断提高中。

图 0-2 所示的是简化的过程，实际的 PLC 工作过程还要复杂些。除了 I/O 刷新及运行用户程序外，还要做些公共处理工作，即循环时间监视、外设服务及通信处理等。

循环时间监视的目的是避免用户程序"死循环"，保证 PLC 能正常工作。避免用户程序"死循环"的办法是用"看门狗"（Watching dog），这也是一般微处理器系统常用的做法。具体的是设一个定时器，监测用户程序的运行时间，只要循环超时，即报警，或作相应处理。

外设服务是让 PLC 可接受编程器对它的操作，或通过接口向输出设备输出数据。

通信处理是实现与计算机或与其它 PLC 或与智能操作器、传感器进行信息交换。这也是增强 PLC 控制能力的需要。

也就是说，实际的 PLC 工作过程是：公共处理——I/O 刷新——运行用户程序——再公共处理——……反复不停地重复着。

此外，如同普通计算机，PLC 上电后，也要进行系统自检及内存的初始化工作，为 PLC 的正常运行提供保证。

3. PLC 实现控制方式

用这种不断地重复运行程序实现控制，称扫描方式。此外，还有中断方式。在中断方式下，需处理的控制先请求中断，被响应后，PLC 的 CPU 停止正在运行的程序，转而去处理有关的中断请求，运行有关的中断服务程序。待处理完中断，又返回运行原来程序。哪个控制需要处理，哪个控制就去请求中断。显然，中断方式与扫描方式是不同的。

中断方式也可称为事件触发方式。有了事件发生，即去处理有关的事件处理程序。否则，PLC 处于待机状态。

在中断方式下工作，PLC 的硬件资源能得到充分利用，紧急的任务也能得到及时处理。但是，如果在一个时间内同时有若干个中断触发，怎么办？为此，就要对中断划分等级。根据任务紧急或重要程度的不同，赋予不同的等级。显然，这就复杂了。特别是完全都用中断方式工作，就更复杂了。

较好的办法是用扫描加中断，在扫描方式为主的情况下，加对紧急任务的中断。即大量控制都用扫描方式处理，个别急需的用中断处理。这样，既可做到照顾全局，又可应急处理个别紧急或重要的事件。目前，PLC 用的几乎都是这种方式。

此外，计算机操作系统的多任务机理目前也已在 PLC 中有所应用。这样的 PLC 可分时并行运行多个程序,而且不同的程序可赋以不同的循环运行时间间隔。这将提高 PLC 应对复杂工作控制的能力。

再就是还出现有多 CPU 的 PLC。主控与工作协调由主 CPU 管理;专门工作,如通信、信息处理、运动控制等,由专门 CPU 管理。这样的 PLC,其功能及性能都可全方位得以增强与提升。

除了中断、多任务、多 CPU,还可用立即 I/O 刷新或主动 I/O 刷新的方法加速或主动实现信号响应。立即 I/O 刷新含义是:PLC 在执行程序时,对个别需要即时读入的信号,及时读入,并把结果即时向外输出,不一定非等到 I/O 刷新时才作这种入、出转换。主动 I/O 刷新是指,如 AB 公司的 PLC 有的输入、输出可以设置为生产者或消费者,可按所设定时间间隔或条件变化由 I/O 模块主动刷新 I/O 数据。立即刷新往往与中断并用,可使输出得以更快响应输入;而主动刷新则是全新的 I/O 刷新机制,既可改善 I/O 刷新效果,还可减轻 PLC CPU 的负担。

> 提示:由于扫描加中断、多任务、多 CPU 与 I/O 刷新的进步,加上 PLC 工作速度的提高,当今较先进的 PLC 在毫秒内实现对外部信号的响应,检测与输出每秒几十、几百 k 甚至更高频率的脉冲信号,已是可能了。

PLC 的实际工作过程比这里讲的还要复杂一些,但简单地讲,大体上就是:在空间上,由 I/O 电路进行入出变换、物理实现;在时间上,用扫描方式运行程序,并辅以中断、多任务、多 CPU 及立即或主动刷新。弄清楚这些问题,也就好理解 PLC 是怎样去实现控制的,也就好把握住 PLC 基本原理的要点了。

当然,由于 PLC 技术的快速发展,PLC 的工作过程与方式也会有所变化,也是与时俱进!

0.2 PLC 类型

PLC 的类型很多,而且越来越多。可从不同的角度对 PLC 分类。弄清 PLC 类型是为了便于选用与配置 PLC。

1. 按控制规模分

1) 微型机控制的仅几点、十几点、几十点。如欧姆龙公司的 SP10、SP16、SP20PLC,分别只能控制 10、16、20 点;欧姆龙的 ZEN 机,主机有 8 点、10 点两种,加上扩展,最多可扩到 34 点。这个机型,有的还内嵌有简易的编程工具,便于编程。由于它的价格低廉、使用方便、工作可靠、体积很小,而且,它的可输出电流比其它 PLC 都大,有的可达 8A。因而,可以成为继电器控制的替代品,也因此,有的则称其为可编程继电器(PLR)。

2) 小型机控制点可达 100 多点,甚至更多。如和利时的 G3 机,控制点数可达 256 点。再如欧姆龙公司的 CP1H、CP1L 及 CJ1M,最大 I/O 点数可分别达到 320、160 和 640 点机。

3) 中型机控制点数可达近 500 点,甚至千点。如欧姆龙的 C200H α(最大 I/O 点数为 1184 点)、CJ1/CJ1H(最大 I/O 点数为 2560 点)。

4) 大型机控制点数一般在 1000 点以上。如欧姆龙的 C2000H(可热备)、CV2000 当地配置可达 2048 点。CS1(最大 I/O 点数为 5120 点)、CS1D(可热备、最大 I/O 点数为 5120 点)机。

5）超大型机控制点数可达万点，甚至几万点、十几万点、几十万点。有的 PLC 在主机架上可安装多个 CPU 单元，还可用全新的控制方式工作，其控制点数几乎不受什么限制。

2．按结构特点分

1）一体化 PLC：或称之为箱体式 PLC。它把电源、CPU、内存、I/O 系统都集成在一个小箱体内。一个主机箱体就是一台完整的 PLC，就可用以实现控制。微型、小型机多为箱体式。主箱体也称 CPU 模块。

此外，还有扩展箱体（模块）。扩展箱体外观与主箱体类似，但一般只有 I/O 系统及电源（有的没有，其电源可由主箱体提供）。有的另有其它功能。如果主箱体控制点数不符需要或功能不足，可再接若干个扩展箱体。

2）模块式的 PLC：它由具有不同功能的模块组成。其主要模块有 CPU 模块、输入模块、输出模块、电源模块、通信模块和机架等。超大、大、中型机都是模块式的。

从结构上讲，由模块组合成系统有 3 种方法，即无底板、底板及机架。后者最结实，大型机多用它。

3）内插板式：也有 CPU、输入点、输出点，还有通信口、扩展口及编程器口。普通 PLC 有的功能它都有，但只是一个控制板，可很方便地镶嵌到有关装置中。如数控控制机，多使用内插板式 PLC 用于它的某些工作的顺序控制。

3．按生产厂商分

1）欧美产 PLC 主要有：德国的西门子、美国的 AB（Allen-Bradley，现已被美国的 Rockwell 公司收购）、美国 GE（与日本 FANUC 合资的 GE FANUC）、法国的施耐德（原美国 MODICON 公司已被其收购）及瑞士 ABB 等公司的 PLC 产品。

2）日产 PLC 主要有：日本的欧姆龙、三菱、松下、东芝、富士、光洋、日立等公司的 PLC 产品。

欧美日产品都经过多年、多代的发展。品种齐全、性能高、质量稳定，但价格很高。特别是欧美产品价格更高。

3）韩国产 PLC：品种不太全、性能不太高、质量有待考验，但价格较低。

4）国产 PLC 主要有：和利时与特维森等公司的 PLC 产品。国产 PLC 的开发起步较晚，但采用了正确的迎头赶上的战略。此外，国产 PLC 还有明显的价格、服务及可定制等方面的优势。因而，在我国的 PLC 市场中，国产 PLC 的份额也必将逐步增加。我国台湾产 PLC 主要有：台达（也称中达）、永宏等公司的 PLC 产品。

> **提示：** 由于经济全球化，上述的种种"产"的含义也有所变化。如 S7-200，虽是西门子产品，但在我国也有生产线。特别是它的 S7-200CN，更是专门为中国市场而打造。其它产品不少也有类似情况。

4．按其它特点划分

1）按电源分有：用直流 24V 的和用交流 220/110V 的。交流还有宽幅，有的称任意的（从 80~240V 均可）与非宽幅（220、110V 可选）。

2）按内存分有：RAM 加电池的、ROM 的、闪存的；有另加内存卡的，也有不加的。

3）按功能分有：普通顺序控制功能的；过程控制功能的，即 PPC（Programmable Process Controller）；运动控制功能的，即 PMC（Programmable Motion Controller）以及可编程自动控制器，即 PAC（Programmable Automation Controller）。

4）按使用环境分有：普通使用环境的和环境扩展型的。

5）按可靠性分有：普通的、冗余的及安全型PLC（Guard PLC）。

6）按是否为标准产品分有：标准产品和定制产品。所谓定制产品是指用户可根据特殊需要单独定制，这样更能达到使用的要求。一般来讲，国外的PLC是没有定制产品的，但和利时等国产PLC多有此类产品，这也是国产PLC的一个大优势。

0.3 PLC性能

PLC的性能可归纳为以下9个方面。弄清它会便于选用与配置PLC。

1. 工作速度

工作速度指PLC的CPU执行指令的速度、对急需处理的输入信号的响应速度及通信接口的数据传送速度，但主要是指CPU执行指令的速度。

PLC工作速度高，在允许的扫描周期（一般不大于100ms）内，可增加运行指令条数，提升处理数据的能力，进而增加PLC的控制点数，增强PLC的功能。所以，厂商在开发PLC时，首先考虑的是提高它的工作速度。

PLC指令不同，执行的时间也不同。但各种PLC大体都有相同的基本指令，故常以执行一条基本指令的时间来衡量这个速度。这个时间短，说明具体的PLC性能好。目前，这个时间已缩短到零点零几微秒。随着PLC技术的进步，这个时间还在缩短。

有的还用每秒能执行多少条基本与传送指令，即PMX值，作为它的衡量指标。

在同等条件下，最好选用速度快的PLC。

2. 控制规模

控制规模代表PLC的控制能力，一般是看其能对多少输入、输出点（指开关量）及对多少路模拟量进行控制。有时还要看其能扩展多少模块、多少机架、多少站点等。

控制规模是对PLC其它性能指标起着制约作用的指标，是划分高低档PLC，划分为微、小、中、大和超大型机的唯一标准，也是选用PLC重要的依据。所选的PLC的规模应满足实际需要。

3. 组成模块

PLC的结构虽有箱体（一体化的）及模块式之分，但从本质上看，箱体也是模块，只是它集成了更多的功能。组成PLC的模块是PLC的硬件基础，反映了PLC的控制能力和可能的用途。模块的类型越多，规格越全、功能越强、性能越好，PLC也才越容易配置成各种各样的系统，才可能满足各种不同的需要。

一般讲，所有知名品牌的PLC组成模块的类型和规格都较多、功能都较强、性能都较好，都可较方便地用其配置成各种各样的系统，满足各种不同的需要。

4. 内存容量

PLC内存有系统用内存与用户用内存。系统内存要存储监控程序，提供内部器件及参数设定；用户用内存提供用户程序与各种数据存储。

PLC内存大，内部器件种类越多，数量越多，越便于PLC进行各种控制与数据处理。用户内存大，可存储的用户程序量也大，也就可进行更为复杂的控制。

5. 指令系统

PLC有多少条指令（含函数、功能块，存于系统软件库中），各个指令（或函数、功能块）又具有什么功能，是了解与使用 PLC 的重要方面。指令的多少及功能将影响着 PLC 的性能。

除了指令，为了进行通信，PLC 还有相应的协议与通信指令或命令，这些也反映了 PLC 的性能。

关于指令（指函数、功能块）的新趋势是可运用库文件，并且按需要生成。这样，它的指令系统就可无限扩充了。所受的限制只是 PLC 的内存容量。目前和利时的 LEC G3 机就可以这么做。

6. 支持软件

为了便于编写 PLC 程序，多数 PLC 厂商都开发了相应的编程支持软件，为 PLC 运用多种编程语言进行编程、监控提供平台。同时它还是 PLC 硬件组态或软设定的工具。

为了用好各种高功能的智能硬件模块，PLC 厂商都开发了与其配套配置和使用软件。所以，这类软件好用与否，也是 PLC 支持软件好坏的一个指标。

高性能的编程软件还具有编辑视图的功能。这些画面与组态软件编辑的画面类似，也可含有动画及数表，也可用以监控 PLC 的工作系统。和利时公司的编程软件 PowerPro 就具有这个功能。

7. 工作可靠

正是 PLC 在软、硬件诸方面有强有力的可靠性措施，才确保了 PLC 具有工作可靠的特点。工作可靠的主要指标是平均无故障时间及故障平均修复时间。目前，前者可达几万小时以上；后者很短，几小时以至于几分钟即可。

此外就是 PLC 的使用条件的规定。如 PLC 保存与使用的温度、湿度、耐电压及绝缘指标和抗干扰指标、抗机械振动和冲击指标、工作电源类型、电压允许的波动范围等。这些在选用 PLC 也要考虑。

有时必须在特殊环境下，如零下或高温的情况下进行工作，或要求 PLC 特殊可靠，则需配备环境特性更好的 PLC，或可对 PLC 作特殊配置，如热备份、冗余等。显然，有此类特性或配置的 PLC，则性能也更好些。

8. 连网通信

主要指 PLC 与其它 PLC、计算机、人机界面及其它智能设备连网通信的能力。主要有可连接的网络类型、网络规模（连网节点的多少）、网络覆盖范围（数据传送距离）、网络连接介质、网络的互联及网络的兼容性。目前，有多到几十、几百个节点，覆盖范围大到达几十、几百千米，用双绞线、同轴电缆、光缆以及无线介质，多个网络互联，而且不同厂商的 PLC 同在一个网络上或进行网络互联，都已成为现实了。

再就是网络的数据传送能力，这当然也是 PLC 连网能力的重要方面。数据传送能力是指在不受干扰的前提下，所传送数据帧的大小及数据传送的波特率。目前，PLC 数据传送帧，已从几十字发展到几百、几千个字，传送波特率也已从几千发展到几万、几十万，几百万，甚至出现了千兆级的工业以太网。

9. 经济指标

经济指标最简单的就是看价格。一般来讲，同样技术性能的 PLC，价格低其经济指标就好。此外，还要看售后服务。选用 PLC 当然要选用价格合适售后服务好的 PLC。

0.4 PLC 应用

PLC 主要用于顺序控制、运动控制、过程控制、远程控制及信息处理。最终目的是实现系统工作自动化、网络化、信息化及智能化。

1. PLC 用于系统控制自动化

系统控制自动化是指不用或很少用人为干预，系统能自行工作、实现系统自身的功能。这是人们设计与使用系统所追求的目标，也越来越多地变成了现实。而自动化则要通过有效的控制才能实现。当今，有效控制主要是指顺序控制、过程控制及运动控制。

（1）顺序控制

顺序控制是使系统按设定的顺序有序的工作，是系统工作最基本的控制。也是离散生产过程最常用的控制。顺序控制是 PLC 的初衷，也是 PLC 的强项。在顺序控制领域，至今还没有别的控制器能够取代。

（2）运动控制

PLC 用于运动控制的优点是价格低。在进行运动控制的同时，还可进行其它控制。再加上新的运动控制模块的开发，以及相关软件的推出，用 PLC 进行运动控制已变得很容易。所以，目前有的厂商 PLC 用于运动控制的产值份额与日俱增；有的厂商还开发有专门用于运动控制的控制器，在相当程度上，可以代替价格比其昂贵的数控系统。

（3）过程控制

PLC 用于过程控制的优点也是价格低，在进行过程控制的同时，还可进行其它控制。再加上它的种种模拟量控制模块的开发，以及相关软件的推出，用 PLC 进行不太复杂的过程控制已变得很容易。所以，目前有的厂商 PLC 用于过程控制的产值份额，已超过用于顺序控制。

2. PLC 用于系统控制网络化

系统控制网络化是指系统各个分布站点的行为及其效果可以相互或一方对另一方实施控制与检测。它既是自动化发展的趋势，也是一些远程系统，如不宜人们接近的系统，或像自来水公司这样，本来就是分布工作的系统控制的需要。同时，网络化还可做到单个站点的故障不至于波及其它站点，因而可降低整个系统控制的风险。

网络化的基础是连网与通信技术。目前，PLC 多已具有这个技术，所以 PLC 用于系统控制网络化已是就便之举。

在系统控制网络化中，PLC 处于关键的位置。下，它可对现场设备实施控制，或从中采集数据；上，它可向上位机传送数据，或接受控制信息；中，可与其它 PLC 相互控制或交换数据。在此，PLC 扮演着承上启下、左右贯通的重要角色，发挥着重要的作用。

3. PLC 用于系统控制信息化

系统控制信息化是指系统的行为与行为效果量（数字）化、检测、采集、处理、存储、显示与传送。用 PLC 控制这些信息是很方便的，而且还可确保信息的实时、准确与可靠。

信息化的效果是明显的。如一个工厂实现信息化，可把工厂的生产与原料管理、产品销售结合，做到供、产、销无缝链接。进而实现按市场需求生产，按生产需要进料。这样的工厂，可运用零库存管理。工厂的资源、资金将得到充分利用，其效益当然会是很高的。也是当今管理工作追求的目标。

自动化与信息化结合，或说在信息化基础上的实现自动化，是当代自动化与传统自动化的重大区别。

4. PLC用于系统控制智能化

系统控制智能化是指使系统具有一定的智能，能自动初始化系统、能自整定系统工作参数、自调整系统工况、自调整工作模式、自诊断、自修复。能记录、判断、应对非正常情况，或能对非正常情况的处理提供必要的信息。

随着系统自动化、远程化、信息化的推进，系统也越来越复杂。这时，如果系统不是智能的，既不便于系统的使用，又难以发挥系统效能。出现故障，维修之难也是可以想象的。所以，系统控制智能化既是实现系统控制自动化、网络化及信息化的要求，也是系统控制自动化、网络化及信息化技术进步的必然趋势。

用PLC实现系统控制智能化要做的工作还很多。目前仅仅是开始。相信随着PLC应用的普及与提高，这个目标是会实现的。

0.5 PLC使用

使用PLC，实际也就是使PLC能在系统自动化、网络化、信息化及智能化上有所应用。这里的关键是要做两个工作：一是进行PLC系统配置；二是进行PLC应用编程。这涉及PLC使用的硬件与软件两大方面。

1. 系统配置

PLC系统配置就是根据现场需要选用性能合适的PLC，确定PLC硬件系统的构成。

（1）系统配置类型

主要有如下几种类型：

1）基本配置。对箱体式PLC，则仅用一个CPU箱体。CPU箱体含有电源、内装CPU板、I/O板及接线器、显示面板、内存块等，是一台完整的PLC。

CPU箱体依CPU性能分成若干型号，并依I/O点数，在型号下又有若干规格。基本配置就是选择一种满足实际要求的箱体。

对模块式PLC，基本配置选择的项目要多些。要选的内容如下：

CPU模块：它确定了可进行控制的规模、工作速度、内存容量等。选的合适与否至关重要，是系统配置中首先要进行的。

内存模块：它可在CPU规定的范围内选择，以满足存储用户程序的容量及其它性能的要求。

电源模块：有的PLC是与CPU模块合二而一的，有的是分开的。但这两者选的原则相同，都是依PLC用的工作电源种类、规格，和要否为I/O模块提供工作及信号电源，以及容量需要作选择。

I/O模块：依I/O点数确定模块规格及数量。I/O模块数量可多可少，但其最大数受CPU所能管理的基本配置所限制。

底板或机架：基本配置仅用一个底板或机架。但底板也有不同规格。所以，还要依I/O模块数作不同选择。有的PLC，如欧姆龙公司的CJ1机，无底板。这样的PLC就没有什么底板或机架可选择了。

2）扩展配置。箱体式 PLC 扩展配置是增加 I/O 箱体。I/O 箱体有不同的型号和规格。可按所需增加的点数，选用相应的 I/O 箱体。

模块式 PLC 的扩展配置有两种：一种为当地扩展，另一种为远程扩展。

当地扩展配置：在基本配置的基础上，于当地增加 I/O 模块及相应底板或机架，这可使 PLC 的控制规模有较可观地扩大。

远程扩展配置：这种配置所增加的机架可远离当地，近的几百米，远的可达数千米。远程配置可简化系统配线，而且有的还可扩大控制规模。

3）特殊配置。特殊配置是指增加特殊（有的称功能或智能模块）I/O 模块的配置。特殊配置后的 PLC 可进行哪些方面的控制，与所配置的特殊模块紧密相关。较常见的特殊模块按功能划分以下几种：

高速计数模块：可计入与处理高频脉冲信号，从处理几十 kHz 到几百 kHz，甚至更高频率的都有。

位置控制模块：可通过输出脉冲控制位置移动量及位置移动速度。有单坐标控制的，双坐标控制的，还有多坐标控制的。双坐标或多坐标的还可实现两坐标运动协调。这实际是数控技术通过 PLC 特殊单元予以实现。

模入、模出模块：可把模拟量转换成数字量存于输入通道中，或把输出通道的数字量转换成模拟量输出。可对一路信号作转换，也可对多路信号转换。有的既有模入，又有模出。

温度检测控制模块：温度也是模拟量，温度检测控制模块只是它做了更多的预处理工作，如可适用不同的温度传感器，可测的温度范围也可相应选择，用起来更方便。检测模块只能用于读温度值并显示，也可用做处理，但要另编程序。而控制模块可自成控制回路，无须编程，也无须 PLC 运行相关程序，即可实现温度控制。

回路控制模块：用于进行模拟量的回路控制。有的自身带模拟量输入、输出点。如上述温度控制模块一样，既能采集模拟量数据，又能进行数据计算、处理，进而产生控制输出，可完整地实现模拟量控制。而有的自身没有模拟量输入、输出点，只用于进行有关控制算法计算。使用它，虽然必须与别的模拟量输入、输出模块配合，但它的控制计算能力很强，可完成几十、几百路的有关控制运算，使 PLC 实现很复杂的模拟量控制。

其它特殊模块：如计算机模块，可把有关个人计算机的主板、外设做成 PLC 的模块，插在底板上，可直接与 PLC 通信。再如 ASCII 单元，也具有运算与通信功能，可协助 PLC 的 CPU 作数据处理。

更特殊的配置算是多 CPU 配置，即一个 PLC 系统或机架中可配置多个 CPU 模块。这多个 CPU 可以是不同功能的，也可以是同一功能的。这些 CPU 模块共享系统 I/O 总线，但各控制各的 I/O 模块或对象。同时，各 CPU 间又可方便地交换数据，进行控制协调。这样的系统，将极大地提升 PLC 控制规模与功能，是目前大型 PLC 发展的新动向。

4）安全配置。是为了确保系统安全而进行的配置。可选用安全 PLC，也可使用冗余配置。后者指的是除所需的模块之外，还附加有多余模块的配置。目的是提高系统的可靠性。能否进行冗余配置，可进行什么样的冗余配置，代表着一种 PLC 适应特殊需要的能力，是高性能 PLC 的一个体现。一般的 PLC 是不具备这个性能的。

冗余配置的目的是提高整个系统的可靠性。冗余配置能提高可靠性是因为：PLC 是由各种模块组成的，而各模块都有其统计出的可靠度及失效率。在 PLC 非冗余配置时，任一模块出现故障，都会影响 PLC 工作。按若干独立事件构成的事件概率计算原则，PLC 的可靠度应为组成它的各模块可靠度的乘积。即

$$R = R_1 R_2 R_3 \cdots R_n$$

式中　　R——PLC 的可靠度；

$R_1 \sim R_n$——各模块的可靠度。

如有 10 个模块组成，各模块的失效率（以规定寿命计）为万分之一，则其可靠度为 $1-1/10000 = 9999/10000$。这 10 个模块构成的系统的可靠度近似为 $(9999/10000)^{10} \approx 999/1000$。其失效率为 $1-999/1000 = 1/1000$。

若为 100 个模块构成的系统，其失效率将为 $1/100$。可知，系统越大，组成的模块越多，出现故障的几率也越大。

但若为冗余配置，情况就不同了。热备也好，表决系统也好，必须至少有两个模块出现故障系统才不能工作。这两个模块同时出现故障这种独立事件，构成系统出故障的合成事件，其概率关系也是乘，只是失效率的乘。同样以上例作讨论，若这 100 个模块均为热备，或三选一，则只有在两个相同的模块同时出现故障时，系统才失效。其故障率的计算可先分别算出各模块的失效率，再合成算 PLC 的可靠度。即

由于各模块为热备或三选一，两个同时失效，模块才失效。两个模块同时失效的几率为（同样以单模块失效率为万分之一计）：$(1/10000) \times (1/10000) = 1/10^8$。即亿分之一的几率。

再算 PLC 失效率的几率为 $1-(9999999/10^8)^{100} \approx 1/1000000$。为百万分之一。确实是万无一失。

当然，实际上不会所有的模块都三取一或热备，所以失效率会比这个大。

5）连网配置。为提高控制性能，往往要把在地理上处于不同位置的 PLC 与 PLC，或 PLC 与计算机，或 PLC 与其它控制装置或智能装置通过传送介质连接起来，实现通信，以构成功能更强、性能更好的控制系统。

要不要组网，如何组网，选用什么样的通信模块，是在配置 PLC 时要考虑的重要侧面。连网是 PLC 技术发展中的活跃领域，内容非常丰富，并不断有新的技术及系统推出。

6）附加配置。附加配置是为 PLC 配备外部设备。目的是为 PLC 程序的编制、调试、存储，以及数据的显示、存储及打印提供条件。

附加配置就是按需要选用这些外设，以使所配置的 PLC 系统合乎设计要求。

（2）系统配置方法

系统配置方法与配置类型有关。如不考虑网络配置，可以用类比法、估算法、计算法及测试法。这 4 个方法不互相排斥，而是互相兼容与补充。为了正确地进行系统配置，这 4 个方法可能都要用到。

1）类比法。类比法也就是经验法。用自己的或别人的经验与所要配置的系统作类比。从类比中初步确定要选用什么厂商的 PLC，用什么型号，用哪些模块等。

类比法虽不很准确，但由于有经验作借鉴，对一些较为简单的系统倒是一种简便的方法，既快而又有把握。

当然，一些复杂的系统，由于共同性少一些，不大好类比。但类比也仍可作粗略参考，特别可用以确定用什么厂商的 PLC，什么类型的 PLC。

要注意的是，在类比时一定要考虑 PLC 的发展，应使用新的机型替代旧机型。

2）估算法。估算法主要用于算 I/O 点数，以粗略确定 PLC 的型别，用大型机、中型机、小型机还是微型机。因为机型与厂商有关，还与 PLC 的结构相联系，估算好了可较有把握地进行配置。

估算法首先算所需的 I/O 点数。I 点数 N_i 为

$$N_i = \sum_1^I E_i(P_i - 1)$$

式中　E_i——系统所使用的某类输入器件的总数，如用了 5 个按钮，则为 5；

P_i——该类器件可能处于的工作状态，如按钮，一般处于按下与松开两种状态。再如多位开关，可处于多种状态；

I——输入器件类型总数。

O 点数 N_o 为

$$N_o = \sum_1^J E_i(P_i - 1)$$

式中　E_i——所使用的某类输出元件总数；如用了一台正、反转电机即为 1；

P_i——该类输出器件可能处于的工作状态，如电机要求其正、反转则有 3 种状态，即正转、反转及停车；

J——输出器件的类型总数。

开关量总数 $N = N_i + N_o$。

另外，模拟量也要估算。有多少监视量就有多少路输入。有多少控制输出，就有多少路输出。比较好算。

估算出 I/O 点数及模拟量路数后，可依大、中、小型机划分的大致标准，估算要选用的 PLC 机型。

一般大、中、小机型间点数均有搭接，没有把握不妨都作考虑，再用计算法进一步确定。

3）计算法。它是估算的再精确一步。要确定用什么模块，用多少模块。一般要作 4 方面的计算：

（a）模块数计算。确定了 I/O 点数，还要按 I/O 的物理要求，确定各用什么样的模块。

对输入点，要依输入信号电压区分，是交流的，还是直流的？信号间有什么隔离要求？进而确定选用多少种，各有多少输入点的模块。

对输出模块要考虑输出式，是继电器、半导体，还是晶闸管？还有就是公共回路。一般点数多的模块，其公共回路就少，反之则多。选用公共回路多的模块便于电路配线，但要用的模块多。

选定了模块类型，再依 I/O 总数计算模块数。

模拟量也有相应的模块要选择。如有的是 4 路入或 8 路入，有的是 2 路出或 1 路出，有的有入还有出等。选了合适的模块之后，再根据总的路数计算模块数。

I/O 模块数计算之后，再计算要使用的机架槽位数，进而确定机架数。

（b）电源容量计算。必要时，PLC 电源容量也要作计算。箱体式 PLC 的电源容量一般为自动满足，可不考虑。只是在确定隔离变压器（市电电源经隔离变压器再加载到 PLC，以减少电网对 PLC 的干扰）时，对变压器的容量要稍作计算。模块式的电源种类较多，要

作相应计算，然后再选型。

（c）响应时间计算。一般信号响应时间与 PLC 的循环时间有关，而循环时间与 PLC 的程序量有关。要计算不大容易。没有编好程序，则无法知道程序有多长？而且，同样长的程序，用的指令不同，循环时间也不相同。当然，计算也可能，只是得放在编程之后。

有的 PLC 厂商提供经验公式：大体的关系是内存总量与要使用的点数有关，这既可用以确定选多大容量的内存，也可大体确定循环时间。算出循环时间后，就可进一步计算响应时间了。

特殊输入量的响应时间更要分别计算。有的可查有关模块的特性。

（d）投入费用计算。在模块种类及数量确定后，一般还要依报价进行投入费用的计算。如果配置的方案多，对每个方案的投入费用也都要计算。

费用计算精确有利于依经济性原则对系统进行配置。

4）测试法。系统配置时，一些重要的数据不仅要计算，有的还要进行实际测试。如循环时间，可把编完的程序送入到 PLC 进行实际测定。有的数据可由厂方提供，或委托厂方作测试。

类比、估算、计算及测试运用得好，可使所配置的系统建立在科学与经验的基础之上，将有助于使系统配置得更为完善。

（3）系统配置步骤

一般讲，不考虑网络配置，其配置步骤如下：

1）用类比法　大致确定可选用的厂商产品及机型，确定时要遵循发展性及继承性原则。

2）用估算法　估算 I/O 点数及模拟量路数，并确定要选用的机型。

3）用计算法　依完整性原则计算所需的模块数。这里可能有多个方案，那就应计算出各个方案的结果。

4）再依可靠性要求，考虑必要的冷备份、热备份或冗余配置。若为一般系统，这个步骤可省略。

5）计算各个方案的投入费用，并依经济性原则选其中最优者。

6）必要时再进一步作性能计算或进行实物测试。再根据计算或测试结果，对原有的配置作修正。

网络配置相对要复杂一些，可参阅作者另一专著《PLC 网络系统配置指南》。在此就不具体介绍了。

2. 程序设计

PLC 程序只能由用户编制，厂商不提供。而 PLC 若没有程序，则什么事情也干不了。以下分别对程序设计步骤及程序设计方法予以介绍。

（1）程序设计步骤

仅就单机系统而言，程序设计的步骤大体如下：

1）弄清工艺。首先要弄清使用 PLC 的目的，要用到 PLC 的哪些功能。其次，要弄清两方面情况：一为输入、输出部件的特性与分布，即系统的空间情况；二为系统工艺过程，即系统的工作进程。

（a）空间情况。弄清各输入部件的性能、特点，并分配相应的输入点与其连接。分配时，既要考虑布线简单，还要避免信号受外界干扰；弄清各输出部件的性能、特点，分配相应的输出点与其接线；如可能，接输出部件的模块最好能与输入部件的模块适当隔开，以避免输出信号对输入的干扰；此外，还要考虑在编程时地址使用的方便。弄清了这些，才便于合理地分配I/O地址。

（b）进程情况。弄清被控对象的工作要求、工艺过程及各种关系；弄清其工艺过程，看它是怎么开始的，怎么展开的，怎么终止的；弄清输出与输入的对应关系；如果存在时序关系时，两者的时序是怎么对应的。弄清要采集、存储、传送哪些数据；弄清有哪些互锁、连锁关系；有哪些特殊要求。弄清这些问题才能着手设计算法，也才能进一步进行程序设计。

2）配置与设定硬件。为了PLC能按要求工作，在使用PLC之前，要对PLC的硬件作必要的配置与设定。如配置什么CPU及其它模块。设定特殊模块的机号、PLC上电时工作模式（是运行、监控还是编程）等。有的厂商的PLC还可对PLC的内部器件（如要使用多少定时器、计数器等）进行分配或指定。

PLC出厂时，厂商多有其默认设定。但对较复杂的系统，用户必须有合乎自己情况的设定。一般说，硬件设定在开始编程之前是必须进行的。

3）分配I/O。分配I/O指的是给每一个I/O模块、每一个输入、输出点分配地址。这是编程所绝对必需的。

4）设计程序。选择编程语言，逐一编写指令。要一条条指令的编，若为梯形图编程，则应一个图形符号一个图形符号的画，最终要形成一个指令集，或完整的梯形图。

5）调试程序。编写PLC程序是很细致的工作，差错总是难免的。而任何一点差错，即使是一小点，都可能导致PLC工作出现故障。所以，编写程序后，还要进行调试，纠正种种差错。

6）存储程序。把程序录入计算机后，就要作存储。甚至开始编程时，编一部分就要存储一部分。随着程序调试通过及试运行过程的不断完善，还要不时地作存储。

7）程序保护。可以用硬件，也可软件保护。

硬件：有的PLC用硬件开关设置程序保护。读写DIP开关ON保护，否则，不保护。

软件：有的用软件设定保护，如欧姆龙CPM机是DM6602字的0位，设为1，保护；0不保护。

8）程序加密。程序保护可保证程序不被删除或修改。但其它人可读它，重用它。为了保护知识产权，可对程序加密。

PLC程序加密的方法有用指令加密、用编程软件加密。可全程序加密，也可局部加密。

9）程序加锁。除了程序保护、加密，对程序还可加锁。可做到即使PLC程序正常运行，但不产生控制输出。加锁可用置位PLC的输出禁止位实现，也可用自编的一段小程序，使相应的输出禁止。

（2）程序设计方法

PLC编程方法很多。但归纳起来，主要是经验编程与算法编程两种。

1）经验编程。是运用自己的或别人的经验编程。有三个层次：

用作工程设计模板：设计新系统时，选用一个或几个与现有工程类似的、已取得成功的工程作样板进行设计。这可减轻设计工作量，增加设计成功率。这也是信息可重用的一大好处。

用作编程参考：在无成功的工程可作样板时，在新设计的逻辑中，仍有相当一部分控制逻辑，可采用或借用已有典型逻辑，这也可减少设计工作量，增加设计成功率。

用作算法设计参考：在既无样板可参照，又无典型逻辑可借用时，还可运用过去的一些成功的算法。

经验是宝贵的，但是，经验、特别是个人经验总是有限的。所以，经验的应用也还要与编程理论相结合。而本书所做的就是结合作者积累的编程经验，开展编程理论及相关算法研究，为与读者经验相结合提供参考。

2）算法编程。针对问题首先要设计算法，再根据所设计的算法编程。

算法（Algorithm）原是数学计算的名词。在公元前 200 多年，欧几里得根据自然数的理论，在他的《几何原本》（Euclid's Elements，第 VII 卷，命题 i 和 ii）一书中，提出了求解两个自然数最大公因数的"辗转相除算法"，使得这个最大公因数的求解变得很容易了。这说明算法对于解决计算问题的重要性。

数学计算算法可用文字、公式、图形表达。应该是有限的、明确的及可实现的步骤。对照数学计算算法，PLC 算法则是用文字、公式、图形表达的、实现输入输出变换的、有限的、明确的及可实现的步骤。

正如数学计算算法不等于数学计算一样，PLC 算法也不是 PLC 程序。只是 PLC 程序的原型、雏形、思路，PLC 无法执行。而程序则是算法的具体化，PLC 可以执行。

（a）算法设计。PLC 算法设计与 PLC 的应用有关。用于顺序控制有顺序控制算法，用于模拟量控制有模拟量控制算法等。同时，算法设计还要用到相关控制的理论。

算法设计是问题的综合，可能有很多解决方案。所以，算法设计还有个算法优化问题。为此，需要对算法进行分析或评价。评价数学算法的主要依据是算法的时间复杂度与空间复杂度。PLC 算法评价也类似，也要看时间复杂度，看算法步骤多少及执行各步骤的时间。也要看空间复杂度，看算法预计要使用的硬件资源。显然，所用的步骤越少、时间越短、使用的硬件资源越少，这个算法就越好。

本书以后各章的内容，主要是根据相关理论研究实际应用的种种算法，并且，还要探讨怎样用目前国内最常用的 PLC 去实现这些算法。

（b）算法实现。就是根据算法要求编写相应 PLC 程序。它涉及的问题有指令选用及资源利用等问题。

指令选用与 PLC 编程语言的选择、编程软件或编程工具的使用密切相关。至于具体选用什么指令，应做到：先用、多用高效率和执行时间短的指令。要使所编的程序比较简练、运行时间短、程序的可读性好。

资源利用涉及 I/O 分配及内部器件，如定时器、计数器、存储器的运用。I/O 分配除了考虑实现算法的方便，还要考虑硬件接线及防止输入信号受干扰。一般讲，PLC 的内部器件是足够多的，但也要运用得当，要有规律性，便于理解、查找和调整等。

至于针对种种问题如何设计算法，如何实现算法，则是本书的任务。

第1章

PLC编程技术基础

PLC 编程技术是有关编写、调试 PLC （用户）程序的技术。掌握好这个技术，才能正确与有效地使用 PLC。

1.1　PLC 程序概念

PLC 编程标准对程序的定义是："所有编程语言元素和结构的一个逻辑集合"。传统或低档 PLC 编程语言元素和结构只是指令（包含操作数），它的程序简单地说，就是 PLC 指令的一个有序（逻辑）集合。所以，它的编程使用手持编程器也就可以了。

新一代或高档 PLC 的语言元素和结构，除了指令，还有功能、功能块。其 PLC 程序则是由若干程序块组成。而一个程序块可以调用指令、函数块、功能块，也可调用其它程序块。程序块还可与任务相关联，由不同的任务激活。而任务则通过工程与使用 PLC 硬件资源相关联。所以，它的编程要用计算机，使用编程软件，通过建立工程予以实施。

PLC 就是依靠运行这个程序，才得以实现它的功能。PLC 的程序一般由用户自行设计，PLC 生产厂商或销售商不提供。

1.1.1　PLC 指令

PLC 指令（Instruction），也有的厂商叫操作（Operation），是用以告知 PLC 做什么，以及怎样去做的文字代码或图形符号。这里的做什么、怎样去做，主要是指 CPU 对 PLC 的各种寄存器、内存及外设的缓冲器的种种数据传送或变换。

依使用 PLC 编程语言的不同，这些代码或符号也不相同。但从本质上讲，指令只是一些二进制代码，即机器码。这点，PLC 与普通计算机是完全相同的。如同普通计算机一样，PLC 编程软件也有编译系统。它可把一些文字代码或图形符号编译成机器代码。所以，用户所看到的 PLC 指令一般不是机器代码，而是文字代码或图形符号。

如 "LD　%IX0.0" 就是一条文字指令。它由两部分组成。LD 为装载操作码,%IX0.0 为操作数（CPU 模块上一个输入点的物理地址）。两者结合在一起，就是令 CPU 把操作数 %IX0.0 的状态 0 或 1，赋值给 CPU 累加器（Accumulator）。如图 1-1 所示，则是一条图形符号指令。它的功能是使 CPU 累加器的现值赋值给输出点%Q0.0。再如图 1-2 所示，也是一条图形符号指令。它有 3 个操作数。两个输入（变量 var1、var2），一个输出（变量 var3）。目的是对两个输入变量进行加运算。结果输出给输出变量。

图 1-1　"赋值"图形符号指令

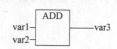

图 1-2　"加运算"图形符号指令

1.1.2　PLC 功能（Function）

功能也称函数。PLC 编程标准对它的定义是："在执行时，它准确地产生一个数据元素和可能的其它输出变量，并且在文本语言中，可使用它的调用如同对表达式中的操作数那样"。说得通俗点，功能就是 PLC 一组指令的有序集合，能将若干它的输入按某个特定规律转换成一个数据类型的输出。而这个输出的结果则被返回给函数本身，即它的返回值。如其输出为数组或结构，虽有多个（元素），但实质还是一个（数组或结构）。

函数可直接调用，其输出不被保存。所以也称为没有记忆（without memory）的一组指令集合。这意味着用相同的输入调用函数时，其输出总是相同的。图 1-3 所示为和利时 PLC 系统提供的一个进行字符串处理函数。

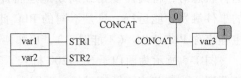

图 1-3　字符串处理函数

其功能是字符串 var1 与字符串 var2 相加（合并），然后赋值给字符串 var3。如 var1 ='abc'，var1 ='efg'，此指令执行后则 var3 ='abcefg'。

一个函数还可调用另一个函数。但不能直接、间接地调用自身，即不允许递归调用。

PLC 函数分系统函数与用户函数，分别集成在相关函数库中。系统函数由 PLC 厂商提供，西门子称 SFC。PLC 档次越高，厂商提供函数也越多。用户函数可由用户编写与生成，西门子称之为 FC。

1.1.3　PLC 功能块（Function block）

根据 PLC 编程标准，对功能块的定义是：能对若干输入进行处理，进而产生输出（一般为多个），或能执行某个特定操作。功能块要用实例（Instance）调用。在程序中，可创建多个实例。每个实例应具有一个相关的标识符（实例名称）和包含其输出和内部变量的一个数据结构，以及与实例有关的输入值或输入的引用。

功能块与函数不同，它没有返回值。但它的输出被永久保存在功能块的实例中。所以也称为有记忆（with memory）的一组指令块。也因此，同样的实例，不同的程序扫描周期其输出可能是不同的。在功能块实例的外部，只有输入和输出可存取，而功能块的内部变量对功能块用户是隐藏的。

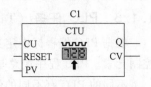

图 1-4　增计数的功能块

图 1-4 所示为和利时 PLC 系统提供的一个增计数的功能块。这里的实例命名为 C1。

它的功能是实现增计数。与西门子 PLC 增计数指令的功能相同。该图上方的 C1 为实例名。图形左边的 CU、RESET、PV（使用时的书写为 C1. CU、C1. RESET、C1. PV）为功能块的输入端，右边的 Q、CV（使用时的书写为 C1. Q、C1. CV）为功能块的输出端。当这里的复位端（RESET）OFF，计数输入端（CU）信号每从 OFF 到 ON 一次，则计数功能块实例 C1 的现值加 1。计数功能块现值输出（CV）端，输出计数功能块的当前计数值。当计数值大，等于计数设定值（PV）时，计数功能块输出（Q）端 ON。当复位端 ON 时，停止计数，且计数功能块现值复位为 0。

一个功能块还可调用另一个功能块。但不能直接、间接地调用自身，即也不允许递归调用。

功能块也分系统功能块与用户功能块，分别集成在相关功能块库中。系统功能块由 PLC 厂商提供，西门子称 SFB。PLC 档次越高，厂商提供功能块也越多。用户功能块由用户编写与生成，西门子称自建的功能块为 FB。

1.1.4　PLC 程序块（POU）

程序块分为主程序块和一般程序块。主程序块是每个 PLC 程序所必须有的。PLC 处于运行状态时，将周而复始或周期地运行此程序块。而其它程序块则必须经调用，或由 PLC 的事件触发才能运行。只是不同的 PLC 此程序块用的名称不同。如 ABB、和利时 PLC，其主程序称 PLC-PRG（不能改名），再如西门子高档机为 OB1。而非主程序块多可任意命名。

图 1-5 所示为西门子 S7-1200 机若干程序块。图中 OB1 为主程序块，它由 PLC 操作系统管理，并使其连续循环运行。而图中其它 OB 也是程序块，则与中断（事件）相关联。中断条件具备则被激活、运行。图中 FB_1、FB_2 分别是一个功能块及其实例数据块，其运行与否则由 OB1 块调用。

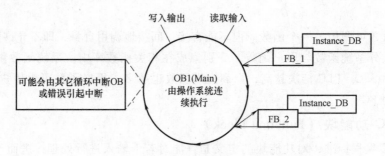

图 1-5　S7-1200 机程序块

> **提示**：程序块也称程序。正如白马也是马一样。一般讲，程序块、白马是个别概念，而程序、马是集合概念。本书后续内容中把程序块也称为程序。

1.1.5　PLC 任务（Task）

根据 PLC 编程标准定义，任务为周期或触发相关程序组织单元（POU）执行而提供的控制元素。PLC 程序块总是与具体的任务相联系的。而 PLC 程序则是由若干任务构成的。

不同的 PLC 有不同的任务划分。如欧姆龙 PLC，其任务一般分为循环任务与中断任务。前者为定时循环执行，后者由事件触发，条件具备才执行。在循环任务中，有个基本的任务为循环任务 00（启动），当 PLC 运行时，与其联系的程序（块）将周而复始执行着。传统 PLC 一般也就只有这样一个程序（块）。

再如和利时 PLC，其任务有循环（Cyclic）任务、自由运行（Freewheeling）任务、事件触发（Triggered by event）任务及外部事件触发（Triggered by External Event）任务。创建什么样的任务，以及任务与什么程序块建立什么关系，则用编程软件编程时，由编程人员确定。

有的 PLC 没有任务这个词。其程序就是由不同特性的程序块组成。从本质上讲，这都与 PLC 的实现控制方式有关。理解了 PLC 的实现控制方式的具体含义，这些概念也就好理解了。

1.1.6 PLC 工程（Project）

工程是 PLC 编程以至于其它自动化程序的组织单位。包含有 PLC 硬件配置、程序块以及其它。建立工程是 PLC 编程的开始。PLC 编程也就是组织工程的过程。一个工程的具体内含有多有少，与 PLC 品牌、类型、型号及与所使用的编程软件有关。

工程也是 PLC 编程的归宿，只有通过工程对所编程序进行编译、与 PLC 联机，并下载给 PLC，所编的程序才能起作用。

工程还是 PLC 程序、设定及相关数据的存储容器。所存储的工程文件有的软件为一个，也有的为多个，并分布在多个子文件夹中。所存储文件格式，有的还可选择。可以是文本文件，也可是二进制文件。前者可用文本软件阅读，后者只能用编程软件阅读。但两者都可用编程软件打开。

多数编程软件建立的工程可对多个 PLC，以至于对多个 PLC 网络进行配置（组态），并分别对多个 PLC 编程及调试。但有的 PLC 软件工程只能针对一个 PLC（如 AB 等 PLC 编程软件）。

> 提示1：如使用简易编程器编程，其所有操作，包括种种设定，全用手工实现。所以，也谈不上什么工程
>
> 提示2：本节介绍的有关概念引自国标 GB/T 15969.3-2005/IEC61131-3：2002 及国标 GB/T 15969.8-2007/IEC/TR61131-8：2003。详细内容请参阅上述标准。

1.2 PLC 程序语言

PLC 程序要用编程语言表达。传统 PLC 编程语言只有两种，指令表（Instruction List，IL）及梯形图（Ladder Diagram，LD，有的称梯形逻辑图，Ladder Logic Diagram，LLD）。而今为便于各类型的工程技术人员都能使用 PLC，PLC 厂商都增加了它的编程语言。国际电工组织也制定与几次修订了 PLC 编程语言国际标准。并在 1993 年做了全面修订后称之为 IEC 61131-3 的修订版。我国在 1995 年 11 月发布了 GB/T 15969-1/2/3/4 标准，与 IEC 61131-1/2/3/4 等同。该标准推荐了 6 种编程语言，除了指令表及结构化文本（Structured Text，ST）为文字语言，还有梯形图、功能块图（Function Block Diagram，FBD）、连续功能图（Continuous Function Chart，CFC）及顺序功能图（Sequential Function Chart，SFC）等图形语言。

目前，IEC 61131-3 编程语言不仅用于 PLC，而且还用于集散型控制系统、工业控制计算机、数控系统和远程终端单元。

如果所有 PLC 厂商都使用这样的编程语言，那将好处多多：可减少培训、调试、维护和咨询的花费；可使高水平软件重复使用；可减少了编程中的误解和错误；可连接来自不同程序、项目、公司、地区或国家的部件。

然而，由于这个标准的建立是在 PLC 已广泛使用之后，加上它不是强制性标准，所以，有些老的 PLC 厂商多数还是在原来语言的基础上做了扩展。并没有完全采用这个标准。如日产 PLC 多数就没有采用功能块图语言。再就是，即使语言名称相同，但细节还是有不少差异。

倒是国产的 PLC，如和利时公司的 LM、LK 系列机，是在有了标准之后才开发的。没有

与原有 PLC 的兼容问题，所以能全面采用这个标准。再就是瑞士 ABB 公司的 PLC 也使用标准规定的 6 种语言编程。

1.2.1 指令表（Instruction List，IL）

指令表也叫助记符。有的称布尔助记符（Boolean Memonic），也叫列表，西门子称之为 STL 语言。是基于字母符号的一种低级文本编程语言。是所谓面向累加器（Accu）的语言，即每条指令使用或改变当前 Accu 内容。IEC 61131-3 将这一 Accu 标记为"结果"。通常，指令总是以操作数.LD（"装入 Accu 命令"）开始。

表 1-1 所示为 4 个厂商用这个语言写出的功能相同的程序。

表 1-1 IL 语言程序

地址	欧姆龙	三菱	西门子	和利时
0	LD 000.00	LD X000	LD I0.0	LD %IX0.0
1	OR 010.00	OR Y000	O Q0.0	OR %QX0.0
2	AND NOT 000.01	ANI X001	AN I0.1	ANDN %IX0.1
3	OUT 010.00	OUT Y000	= Q0.0	ST %QX0.0
4	END	END		

这里列了 5 条指令。除第 5 条外，其它几条都含有如下 3 个部分：

1）指令地址：这里的第 1 条，为 0，标志该指令存于 PLC 程序存储区的位置。一般讲，指令总是从 0 地址开始顺序执行，一直执行到最后一条指令为止。

2）操作码：这里的第 1 条为 LD，用它告知 PLC 应该进行什么操作，是必不可缺的。

3）操作数：是操作码操作的对象。各厂商 PLC 操作数的拼写多不相同。如这里的第 1 条操作数，有的为 000.00，有的为 X000，有的为 I0.0，有的为%IX0.0。指令有无操作数，以及有多少操作数，视操作码而定。如这里的第 5 条 END 指令，它只是表示程序到此结束，就没有操作数。

西门子、和利时程序不用 END 指令表示程序结束，后面无指令即表示程序的结束。

指令表语言容易记忆、便于操作，还便于用简易编程器编写程序，与其它语言多有一一对应关系，有些其它语言无法表达的程序，用它都可表达。指令表语言是 PLC 编程最基本的语言。但是，用它编的程序，可读性较差。所以，目前已不常用。有的公司编程软件，如 AB 公司的 RSLogix5000，现在已不使用这种语言了。

1.2.2 结构化文本语言（Structured Text，ST）

结构化文本语言是基于文本的高级编程语言。它与 BASIC 语言、PASCAL 语言或 C 语言等高级语言相类似。只是为了 PLC 应用方便，在语句的表达及语句的种类等方面都做了简化。

ST 语言没有单一的指令，只有由一组指令构成的含义完整的各种语句。具体语句有赋值语句、条件语句、选择语句、循环语句及其它语句。

1. 赋值语句

其格式为

变量 A：=表达式；（＊这是注解＊）

它有被赋值变量（变量 A）、赋值符号（：=）、表达式、结束分号（；）及注解组成。注解不是必要的，而其它则不可缺少。其含义是，进行表达式运算，运算结果赋值给被赋值变量。而表达式则是由变量、运算符及括号组成。表 1-2 所示为 ST 语言使用的运算符。

表 1-2　ST 语言使用的运算符

运算名称	符号	数据类型	优先级
括号			1
函数调用			2
指数	* *	REAL、LREAL	3
非运算	NOT	BOOL，WORD，DWORD，LWORD	4
乘	*	INT，DINT，UINT，UDINT，ULINT，REAL，LREAL	5
除	/	INT，DINT，LINT，UINT，UDINT，ULINT，REAL，LREAL	5
加	+	INT，DINT，LINT，UINT，UDINT，ULINT，REAL，LREAL	6
减	–	INT，DINT，LINT，UINT，UDINT，ULINT，REAL，LREAL	6
比较	<，><=，>=	BOOL，INT，DINT，LINT，UINT，UDINT，ULINT，WORD，DWORD，LWORD，REAL，LREAL	7
相等	=	BOOL，INT，DINT，LINT，UINT，UDINT，ULINT，WORD，DWORD，LWORD，REAL，LREAL	8
不等	<>	BOOL，INT，DINT，LINT，UINT，UDINT，ULINT，WORD，DWORD，LWORD，REAL，LREAL	8
与	&	BOOL，WORD，DWORD，LWORD	9
与	AND	BOOL，WORD，DWORD，LWORD	9
异或	XOR	BOOL，WORD，DWORD，LWORD	10
或	OR	BOOL，WORD，DWORD，LWORD	11

此外，系统还提供有初等数学函数，也可在表达式中使用。

提示：不同品牌 PLC 的 ST 语言所提供的函数、运算符可能略有不同。

以下就是 ST 语言的赋值语句。它把一组变量进行逻辑运算，然后再赋值给变量"work"。

work:=(start or work) and(NOT stop);(*赋值语句*)

这里"work""start"及"NOT stop"为布尔变量。使用之前一般要先定义。在"（*"与"*）"之间为程序注解。它表达的就是以前介绍过的起、保、停（电路）逻辑。

2. 条件语句

ST 语言有"假如、那么"语句。可用于逻辑处理。有多种格式。如上述 work 赋值也可用条件语句实现。即

IF stop THEN

　　work:=FALSE;(*如果"stop"为真,"work"为假*)

ELSE(*否则,即"stop"为假*)

IF start or work THEN(*这时,如果"start"或"work"为真,则"work"为真*)

　　work:=TRUE;

　END_IF;

END_IF;

3. Case（选择）语句

其格式为

CASE 变量　OF

变量值为 1:表达式 1;

变量值为 2:表达式 2;

变量值为 3:表达式 3;

```
ELSE 表达式 m;
END_CASE;
```

上述语句的含义为：当整形变量值为 1，执行语句 1；当整形变量值为 2，执行语句 2；……余类推。如果没有合适的值，则执行语句 m。

4. 循环语句

循环语句可使一些语句重复执行。有 FOR loop、WHILE loop 及 REPEAT loop，与计算机高级编程语言循环语句相当。

5. 其它语句

有 EXIT 语句（与 IF 语句配合，可根据条件终止重复语句执行）、RETURN 语句（用以结束本功能块，返回调用它的主程序）、功能块调用语句等。

提示：如同其它语言，同样为 ST 语言，各 PLC 厂商的细节不完全一样。

结构化文本语言功能比图形语言强，可读性比指令表语言好。用它编写复杂的程序，既方便、又易读，是很有发展前途的 PLC 编程语言。但是，它不如图形语言直观。所以，目前用的还不大普及。如欧姆龙 PLC 只是在自编功能块的程序中才可使用它。

1.2.3 梯形图（Ladder Diagram，LD）

梯形图来源于美国，是一种基于梯级的图形符号布尔语言。它通过连线，也称链接元素，把 PLC 指令、功能及功能块的梯形图符号连接在一起，以表达 PLC 指令、功能或功能块，以及它们执行的前后顺序。

1. 梯形图元素

根据编程标准规定，梯形图的语言元素有连线、触点、线圈以及功能或功能块。只是不同的 PLC 其内含不完全相同。

（1）连线

有左右垂直母线以及水平链路、垂直链路。左右垂直母线画在梯形图左右两侧，称电源柱，也称电力轨线。左侧垂直母线名义上为功率流起点。水平链路、垂直链路也就是梯形图内部的小横、竖线。功率流从左向右通过内部小横、竖线，经触点，流向相关的线圈、功能、功能块，最终到达右侧的电力轨线，也即功率流的终点。

（2）触点

有常开触点、常闭触点等。在梯形图中它用水平链路、垂直链路相互连接，并为连接在其后的线圈、功能或功能块的执行建立逻辑条件。

（3）线圈

有正常线圈、反向线圈、设置（锁存）线圈、复位（取消锁存）线圈等。线圈通常跟在触点或功能和功能块后面，但个别 PLC（如施耐德）在它们后面也可以连接触点。线圈也是梯形图程序的输出。

（4）功能及功能块

除了线圈，可产生输出的还有功能及功能块。它的调用还可运用 EN/ENO 机制，即在调用时，在功能或功能块输入加 EN 端，输出加 ENO 端。当此功能或功能块无误运行，则 EN＝ENO；否则 EN≠ENO。用此可方便应对调用出错。

2. 梯形图梯级

有了水平链路、垂直链路，即可把若干个梯形图相关图形元素（即指令）连成一个梯级（Rung，有的称节，有的称为 Network）。它是一组前后连贯，能代表一个完整逻辑含义的梯形图指令集，是设计梯形图程序的基本单位。

梯形图的各个梯级则由垂直母线连接成连通的整体（但有的厂商母线不是连通的）。从而构成完整的 PLC 梯形图程序。只是为了方便，有时右垂直母线可以省略。这样的图形类似于梯子，梯形图也因此而得名。

3. 梯形图特点

梯形图语言与电气原理图相对应，与原有继电器逻辑控制技术相一致，易于被电气技术人员使用。与原有的继电器逻辑控制技术不同的是，梯形图中的功率流（Power Flows）不是实际意义的电流，内部的继电器也不是实际存在的继电器。

> 提示：梯形图的左母线好像电气原理图的电源线一样，一般不直接与输出类指令（相当于电气原理图的负载）相连，中间总要有能建立逻辑条件的一些指令（相当于电气原理图的控制元件）。但有的 PLC 也允许这么做。

用梯形图符号编的 PLC 程序，很像电气原理图。图 1-6a 为电气原理图，图 1-6b 为梯形图，可它们是何等的相似。图 1-6b 为施耐德公司 Naza PLC 用的梯形图，图上既注有直接地址（如 %Q0.4），又注有符号地址（如 M1），便于理解。

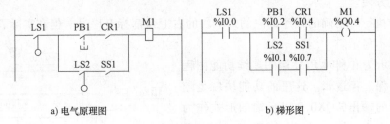

图 1-6 电气原理图和梯形图对比

图 1-7 所示为与表 1-1 对应的梯形图程序。

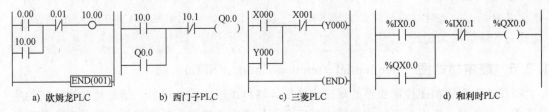

图 1-7 与表 1-1 对应的梯形图程序

1.2.4 功能块图（Function Block Diagram，FBD）

PLC 还用有功能块图（FBD）语言（一种对应于逻辑电路的图形语言）。与电子线路图中的信号流图非常相似，在程序中，它可看作两个过程元素之间的信息流。FBD 广泛地用于过程控制。

图中功能块有输入端、输出端。图 1-8 所示为和利时 PLC 用的功能块程序。这里有两个功能块，一个为逻辑 "OR" 功能块，另一个为 "AND" 功能块。前者的输出作为后者的输入。

该图的 "OR" 块类似于逻辑电路的 "或门"，含义为逻辑或。"AND" 块类似于逻辑电路的 "与门"，含义为逻辑与。该图 "OR" 块有两个输入，一个为 %IX0.0，另一个为 %QX0.0。

"OR"的输出直送给"AND"块。"AND"块的两个输入。一个来自"OR"块，另一个来自%IX0.1的非（这里的小圆圈为逻辑非之意）。AND功能块的输出为%Q0.0。显然，图1-8表达的操作数间逻辑关系，与本章的图1-6程序相似，也是起、保、停逻辑。

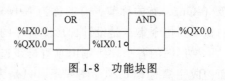

图1-8　功能块图

功能块图语言是以功能模块为单位，描述控制功能。逻辑关系清晰、便于理解。特别是控制规模较大、控制关系较复杂的系统，用它表达将更为方便。

此外，一些含有标准功能的程序，用功能块语言则更便于调用。目前，PLC厂商推出一些高功能及高性能的硬件模块的同时，多提供与其有关的功能块图程序，这为用户使用这些硬件模块及进行编程提供了很大方便。

功能模块图语言占用内存较大，执行时间也较长，因此，这种设计语言多只在大、中型可编程序控制器和集散控制系统的编程和组态中采用。

1.2.5　连续功能图（Continuous Function Chart，CFC）

连续功能图与功能块语言类似，也是按需要选用种种功能块，每个功能块也有输入、输出，块间的联系也用连线。所不同的是，它更灵活，块的位置可任意摆放，特别有信号反馈时，画起来更方便。

为了块的执行有明确的顺序，它的每个块的右上角都标有序号。但在实际表达时，这个标号也可选择不显示。

图1-9所示为和利时PLC用的连续功能图程序。也是起、保、停逻辑。这里的功能块就是随意摆放的。它的输出%QX0.0以反馈的形式作为功能块OR的输入，但它有标号。所以，肯定是先"或"后"与"，再输出，不会有二义。

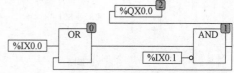

图1-9　连续功能图程序

> **提示**：功能块图及连续功能图语言在DCS系统编程中用得较多。此外，由于这两种语言差别不大，有时，仅使用功能块图语言。因而，有的也把IEC 61131-3自动化编程语言说成5种，而不是6种。

1.2.6　顺序功能图（Sequential Function Chart，SFC）

顺序功能图以描述控制程序的顺序为特征，能以图形方式，简单、清楚地描述系统的所有现象，并能对系统中存有的像死锁、不安全等反常现象进行分析和建模，并可在此基础上编程。所以，得到了广泛的应用。

其实，顺序功能图语言仅仅是一种组织程序的图形化方式。其实际使用要与其它语言配合，否则无法实现其功能。所以，严格地讲，它不能算是完整的编程语言。

1. 顺序功能图组成

由步、有向线、转移等组成。每个步含有相应的动作。而步间的转换靠其间的转移条件实现。

（1）步（Step）

步是系统工作顺序组成部分，用方框表示。分有初始步、活动步、不活动（休止）步三种。初始步是与系统初始状态对应的步；活动步，正处于工作阶段；不活动步，处于等待或已完成工作的阶段。一个步是否为活动步，即是否处于激活状态，则取决于上一步及与其相应的转移。

（2）动作（Action）

动作是步的组成部分，一个步含有一个或多个动作，用一个附加在步上的矩形框来表示。每一动作中的程序代码都可以用 IEC 的任一语言如 ST、FBD、LD 或 IL 来编写。每一动作还有一个修饰词（Qualifier），用来确定步激活时其动作什么时候执行或终止。修饰词及其含义略。

（3）有向连线

从上到下、从左到右的步间连线。也可用加箭头做非上下、左右的步间连线。

（4）转移。

在有向连线上的垂直短线。与转移相关的逻辑条件，用文字、布尔代数表达式、图形符号标注在转移短线旁。

2. 顺序功能图步转移规则

步的转移指的是有向线相连的前后步激活状态的转换。步间转移的规则是：①步间的转移逻辑条件为真；②被转移步的前一步是活动的。不满足此两条件，将不转移。为了启动顺序功能流程图程序的执行，总是要指定一个初始步，其标志为 S0，是程序运行开始时被激活的那个步。有了这个初始步，则随着相应转移逻辑条件满足，流程图中步的激活状态将逐步转换，直至最后一步被激活，或根据有向线指定路线不停地循环转换。

3. 顺序功能图主要形式

根据结构的不同，顺序功能流程图可分为以下几种形式：单序列控制、并行序列控制、分支结构序列、转移序列等。

图 1-10 所示为一段"顺序功能图语言"编写的程序。

图中 S0（起始步）、S1、S2、S3 为步，t1、t2、t3、t4、t5 为"转移"。"转移"的条件是位逻辑值。为 1 转换，进入（激活）下一步，而原来步的激活则终止。为 0 不转换，停留在所在步，执行所在步的程序。图中 t1 条件为梯形图编程，t2 为逻辑图编程。图中 S0 步转换到 S1、S2 是分支结构，到底转换到哪个步，要依逻辑条件 t1（转换到步 S1 条件）、t4（转换到步 S2 条件）哪个先满足确定。而

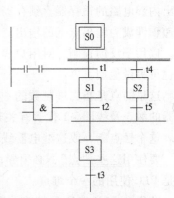

图 1-10　顺序功能图程序

S1、S2 转换 S3 是逻辑或，执行 S1 步及 t2 为 1，则从 S1 转换到 S3，执行 S2 步及 t5 为 1，则从 S2 转换到 S3。S3 往下转换，则由逻辑条件 t3 确定。至于在各个"步"中含有多少动作，以及各动作的程序代码是什么，即 PLC 要做什么，可用不同语言编写。

> **提示：**同样称 SFC 语言，但有的是合乎标准的，如欧姆龙 CJ2 所用的，其 Action 有以上修饰词。有的没有，使用时要看具体软件的说明。

1.3　PLC 程序数据

数据是 PLC 处理信息的载体，是 PLC POU 的重要组成部分。可以这么说，没有数据也就没有 PLC 的程序。PLC 程序数据有地址、变量、常量等。

1.3.1 地址

地址是指 PLC 软器件。是 PLC 操作系统划分与管理的内存区。用于存储 PLC 程序数据。并使用与电器相关的含义命名，如某某继电器、某某定时器、某某计数器，某某数据存储器等。其实，这些都只是内存区中的一个位、字节或字。这些位、字节、字的值，即代表着这些器件的状态。也正是在物理上这些器件只是内存区的位、字节、字或位，所以才称之为软器件。

PLC 软器件分为 I/O 软器件与内部软器件。

PLC 技术的发展，其软器件的类型及数量，特别是内部器件现已大为增加。所以，不少 PLC 多已不用继电器（RELAY）称谓它了；而改称它为区（AREA）；突出了 PLC 信息处理的功能。

1. I/O 软器件

（1）开关量用的输入、输出继电器

开关量用的输入、输出继电器是指可与实际开关量输入、输出模块上的点相对应的那部分内存区。它决定了 PLC 可能配置的最多 I/O（开关量）点数。西门子 PLC 称其为过程映射寄存器（process-image register），指的也是与输入、输出点有对应关系的内存区。

输入继电器与输入点对应。一般讲，当 PLC 输入刷新时，输入暂存器的状态即映像到输入继电器中。输入继电器为只读存储器，不能用程序改变它的内容，而只能被输入点的状态所映像。所以无输入点与其对应的，如其地址是固定编排时，一般不能作为它用。

输出继电器与输出点对应。一般讲，当 PLC 输出刷新时，输出继电器的状态被映像到输出内部电路的锁存器。锁存器把状态保持，直到下一个刷新的到来。锁存器再经输出电路传递，即成为输出点上的输出。输出继电器是可写的，以便产生所要求的输出；也还是可读的，以用于反馈控制。对用户程序，它是可读可写的存储单元。所以，若无输出点与其对应的也可另做他用。

这里的点是指二进制数的一个位（bit），仅 1、0 两个取值。用它代表开关触点，或继电器的触点及线圈。1 代表有关开关触点通（ON）或有关继电器线圈得电（工作、ON）。0 代表这个触点断，或这继电器线圈失电（不工作、OFF）。

要使用这些"点"，必须弄清它是怎么编址的。这个编址，各 PLC 厂商多不尽相同。这也是 PLC 使用的一个难点。

欧姆龙 PLC 编址是按字、位计算，先指定字（有时也称通道（channel），但施耐德 PLC 则把这里的位称通道）地址，再指定在字中的位地址，见图 1-11a。

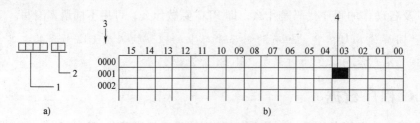

图 1-11　欧姆龙 PLC 地址含义

1—字或通道地址　2—位地址（00 到 15）　3—通道地址　4—位地址 0001.03

如地址为 0001.03，则表示为 0001 通道（字）的 03 位，见图 1-11b。

西门子 PLC 编址是按字节、位计算，先指定字节地址，再指定在字节中的位地址，如图 1-12 所示。

如图 1-12 所示，这里地址 I3.4，其含义是输入点（I 为输入点编址的前缀），3 为字节地址，4 为字节 3 中的第 4 位。如果为输出点，则所加的前缀为"Q"。

三菱 PLC 的输入（前缀加 X）、输出点（前缀加 Y）是以位（bit）编址，如图 1-13 所示。都是从 0 到可能的最大地址。并按八（对小型机）或十六（对中、大型机）进制进位。但没有字或字节地址。当多位使用时，则应在其前加上使用多少位的指定。如 K1X0，指的是 X0~X4，4 个位。再如 K2X0，指的是 X0~X7，8 个位。其余类推。这样，如按字节、字使用时，虽较麻烦，但也有其灵活性。可使这些点的使用不受字节、字的局限。

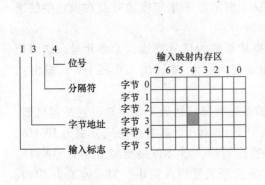

图 1-12 西门子 PLC 地址含义

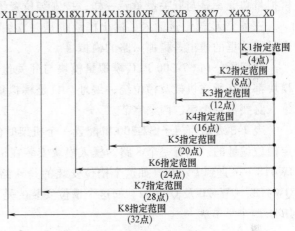

图 1-13 三菱 PLC 位元件多位使用时的指定

西门子 PLC 使用字节、位编址。要用字节，则前缀加 QB；要用字，则前缀加 QW；要用双字，则前缀加 QD。但编号仍按字节计。如用 QW0，则含有 QB0、QB1；用 QW2 则含 QB2、QB3；如用双字时 QD0，则含有 QB0、QB1、QB2、QB3。可知，如用了 QW0，不能再用 QW1，否则，QB1 地址将重复使用。

和利时 PLC 开关量 I/O 软器件地址格式为：先是百分号（%，施耐德等 PLC 也如此），接着加地址类型标识（输入为 I、输出为 Q、中间存储区为 M），最后为地址编号。地址编号先是位（通道）、字节、字、双字标志，然后加数码号。这里位标志为 X，字节标志为 B，字标志为 W；双字标志为 D。

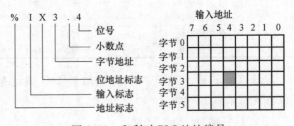

图 1-14 和利时 PLC 地址编号

当使用"位"地址时，则首先要指定其所在的字节地址，然后再指出其在字节中的位地址。具体方法是用小数表示，整数部分标出是哪个字节，小数部分标出是哪个"位"。如图 1-14 所示。

如图 1-14 所示，%IX3.4 指的是输入第 3 字节的第 4 位。

使用 PLC，一定要了解输入、输出继电器的情况。要清楚，它有多少输入输出继电器，怎么编号，与输入、输出点的物理位置怎么对应（在模块上有相应标号）等，否则无法编程，也无法接线。

应该强调的是，不同 PLC 的 I/O 编址多不完全一样。为了准确使用这些地址，最好仔细阅读有关说明书。

（2）模拟量 I/O 地址

除了开关量 I/O 模块，还有模拟量 I/O 模块。对欧姆龙公司的模块式 PLC，它的编号由其上的机号设定开关设定，与模块安装位置无关。要注意的是，所设的机号不能重复。机号设定后，将指定相应的通道及数据存储器（DM，内部软器件的一种，见后叙述）归其使用。至于这些通道与数据存储器的含义及使用，可参考有关说明书。而欧姆龙公司小型机的模拟量单元，是与开关量单元一样，按安装位置统一编址，不作机号的设定。

三菱 PLC 模拟量输入、输出模块也是独立编址。用常数 K 指定模块号及在模块中的通道号。这里的通道是指那一路的模拟量。

西门子公司 S7-300 PLC 模拟量模块与开关量模块都称为信号模块，无单元号。这两种模块都依其所在机架及槽位统一编址。只是模拟量加的前缀为 IW（模入）或 QW（模出），每一路要占一个字、两个字节。

表 1-3 表示西门子 S7-300 机配置 4 个机架时的编址情况。从表 1-3 可知，它是定机架、定槽位编址的。如有一个 8 路的模入模块安装在机架 1、槽位 6，其各路地址分别为 IW416、IW418……直到 IW430。如这个槽位安装的是 4 路模出模块，则其各路地址分别为 QW416、QW418、QW420 及 QW422。如这个槽位安装的是 16 点开关量输入模块，则其地址为 IB40、IB41 两个字节。

表 1-3　S7-300 机地址分配

机架	模块开始地址	槽　号									
		1	2	3	4	5	6	7	8	9	10	11
0	开关量模块	电源	CPU	接口模块	0	4	8	12	16	20	24	28
	模拟量模块				256	272	288	304	320	336	352	368
1	开关量模块	—		接口	32	36	40	44	48	52	56	60
	模拟量模块	—		模块	384	400	416	432	448	464	480	496
2	开关量模块	—		接口	64	68	72	76	80	84	88	92
	模拟量模块	—		模块	512	528	544	560	576	592	608	624
3	开关量模块	—		接口	96	100	104	108	112	116	120	124
	模拟量模块	—		模块	640	656	672	688	704	720	736	752

应该强调的是，不同 PLC 的模拟量 I/O 编址是不完全一样。为了准确使用这些地址，要仔细阅读有关说明书。

（3）其它地址

除了上述地址，还有用于通信等智能模块的数据缓存区。这些多与网络等模块有关。欧姆龙用链接继电器（LR）或可任意指定的一些数据存储器（DM）；三菱称用指定的内部继电器（M）、数据存储器（D）、链接继电器（B）及链接寄存器（W）；西门子可按有关模块的说明书使用。这些多与所用的模块与网络有关。

总之，I/O 软器件总是与 PLC 使用的各种模块或插件相关，它的 CPU 就是通过这些软器件读写模块，与这些模块通信。

2. 内部软器件

（1）内部辅助继电器

内部辅助继电器的数量一般要比输入、输出继电器多得多。除了用做中间继电器，还用于数据处理。

欧姆龙内部辅助继电器也分配有通道号。每个通道也是 16 个继电器。可以通道（字）为单位使用，也可以继电器（位）为单位使用。

西门子公司、三菱公司 PLC 的内部继电器，就加有前缀 M。前者是以字节、位编号，多位使用方法同输入、输出继电器；后者与它的输入、输出点类似，也是按位编号，但按十进制进位。多位使用，也与其输入、输出继电器相同。

使用 PLC 时，对选用的 PLC 的内部辅助继电器的情况也要弄清楚，否则也无法设计程序。它的数量非常多，为编程提供了很大的方便。

内部辅助继电器有的可设定为掉电保持的，即 PLC 失电后，其内容保持不变。只是欧姆龙专有此类内部辅助继电器，并特称之为保持继电器，加前缀 HR。

（2）定时器

它类似于继电电路用的时间继电器，用于延（定）时控制。它有线圈、有触点（标志位），还有寄存器（存放定时器现值、设定值）。定时的设定值可为常数，也可为某个（字）地址，再用这个地址的内容作为设定值。

对于欧姆龙 PLC，当定时器的线圈 OFF 时，没有输出，其常开触点为 OFF，常闭触点为 ON，其寄存器的当前值为设定值。当定时器的线圈 ON 时，它的寄存器的当前值从设定值开始，每经历一个单位设定时间减 1。当减到 0 时，即产生输出，其常开触点从 OFF 转为 ON，常闭触点从 ON 转为 OFF。任何时候，一旦其线圈 OFF，其输出立即停止，其常开触点从 ON 转为 OFF，常闭触点从 OFF 转为 ON，寄存器的当前值又变为设定值。

而对三菱、西门子 PLC，情况略有不同。当定时器的线圈 OFF 时，也没有输出，其常开触点为 OFF，常闭触点为 ON，但其寄存器的当前值为 0。当定时器的线圈 ON 时，它的寄存器的当前值，从 0 开始，每经历一个单位设定时间加 1。当加到设定值时，即产生输出，其常开触点从 OFF 转为 ON，常闭触点从 ON 转为 OFF。任何时候，一旦这线圈 OFF，输出立即停止，其常开触点从 ON 转为 OFF，常闭触点从 OFF 转为 ON，寄存器的当前值又变为 0。

欧姆龙 PLC 的设定值用 BCD 码设定。设定范围为 0000～9999。新型机也可用十六进制码，设定范围为 0～65535。三菱、西门子 PLC 均用十六进制码。

普通定时器单位设定时间值为 0.1s，故其最大延时可达 999.9s，或 6553.5s。如高速定时，其单位设定值可能为 0.01s、0.001s，故其最大的定时值为 99.99s、9.999s，或 655.35s、65.535s。如处理成低速定时，其单位设定值可能为 1s、1min，故其最大的定时值为 9999s、9999min，或 65535s、65535min。

这个单位设定时间的不同处理，不同厂商有不同的办法。

欧姆龙是用不同的定时指令处理。用 TIM 指令时，为 100ms，而用 TIMH 指令时，为 10ms，用 TIMHH 指令时，为 1ms。

西门子则用不同的编号处理，有的编号的定时器单位设定时间小，而有的大。如 S7-200，其单位时间设定值与定时器编号为

1ms   T32，T96

10ms   T33～T36，T97～T100

100ms   T37～T63，T101～T255

三菱PLC也类似。如FX2N，其单位时间设定值与定时器编号为

1ms   T246～T249

10ms   T200～T245

100ms   T0～T199

以上介绍的定时器是ON延时的。西门子PLC还可用不同指令处理成其它工作方式，如ON即时，而OFF延时等。而如用欧姆龙、三菱PLC要作这样处理，则只好通过程序，用辅助继电器帮助解决。应该指出，PLC定时器的定时控制都是通过程序实现的。由于输入响应延时及扫描工作方式的影响，定时控制不是很准确，可能与设定值差一个扫描周期。扫描时间若大过单位设定值，只有若干个定时器（可中断工作的）才能准确工作。

PLC的定时器多为掉电不保持的，掉电后停止计时，其已计入的值不保留，复电时，再从头计时。但有的也可掉电保持，即可累计计时。视不同的PLC、不同编号及不同的设定而定。

提示：定时器怎么用，与相应的定时指令的使用有关，这在介绍定时指令时还要作进一步说明。有的PLC不用定时器指令，而使用定时功能块，则没有或不用这个定时器。

（3）计数器

它类似于继电电路用的计数器，用于记录脉冲输入信号的数量，即信号从OFF到ON的次数。它有线圈，有触点（标志位），还有寄存器（存放计数器现值）。有两种计数，一为单向计数，二为可逆（双向）计数。

单向计数：有增计数与减计数。欧姆龙PLC单向计数都是减计数。当输入脉冲输入信号从OFF到ON变化一次，计一次数，计数器的寄存器减1。而开始时，计数器的寄存器为设定值，当其值减到零时，则产生输出。其常开触点ON，常闭触点OFF。

西门子PLC单向计数器有增计数的，也有减计数的。当输入脉冲输入信号从OFF到ON变化一次，计一次数，计数器的寄存器增1或减1。对于增计数，其开始时计数器的寄存器的值为0，当增大到等于或大于设定值时，则产生输出（计数仍可进行，直到最大值65535）。其常开触点ON，常闭触点OFF。对于减计数，开始时计数器的寄存器为设定值，当其值减到0时，则产生输出。其常开触点ON，常闭触点OFF。

三菱PLC单向计数则是增计数。当输入信号从OFF到ON变化一次，计一次数。计数器的寄存器增1。而开始时，计数器的寄存器为0，当其值增到设定值时，产生输出。其常开触点ON，常闭触点OFF。并不再计数。

计数器一般都是掉电保持的。即使掉电，计数值也不变。但在任何时候，送入复位信号（ON），计数器的寄存器都恢复成原始状态，并停止计数，不再输出。

除了单向计数器，还有双向，即可逆计数器。欧姆龙、西门子PLC用相应指令实现单向或双向计数功能。而三菱PLC则用编号指定。有的编号只能单向计数，而有的编号可双向计数，并用特殊继电器指定计数方向。同时双向计数总是双字长的（8位十六进制数）。

欧姆龙PLC的设定值、计数值用BCD码设定。范围为0000～9999。但它的新型机也可用十六进制码，设定为0～65535。三菱、西门子PLC均用十六进制码。

提示： 计数器怎么用，与相应的计数指令的使用有关，这在介绍计数指令时，还要作进一步说明。有的 PLC 不用计数指令，而使用计数功能块，则没有或不用这个计数器。

（4）数据存储（寄存）器

PLC 进行控制以及计数，总要作一些数据处理，用一些特殊单元时，如模拟量入、模模拟量出单元，还要作一些数据计算。所以，各种 PLC 也都备有存储大量数据的专门存储单元。欧姆龙 PLC 用的标号为 DM；三菱 PLC 用的标号为 D；西门子的 S7-200 标号为 V。

欧姆龙、三菱 PLC 的存储器一般按字计（编号）。随着技术的发展，现在 PLC 的这个存储器容量不断增大。可达几 K、几十 K，以至于要用兆计。

数据存储器中的位（bit）、数位（digit）、字节（Byte）、字（word）及双字（D）间的关系处理，各 PLC 厂商是不大一样的。

图 1-15a 所示为欧姆龙 PLC 与三菱 PLC 之间的关系。它的地址以字计。并多以字作为处理单位。没有特定双字概念，两个相邻的字可处理成双字，这时，高位存于高地址，低位存于低地址，并以低位字的地址代表这双字地址。

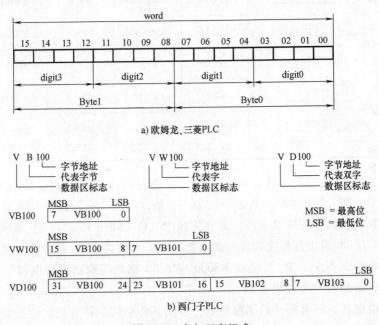

a) 欧姆龙、三菱PLC

b) 西门子PLC

图 1-15　字与双字组成

而西门子 PLC 数据存储器是按字节计（编号）。它讲的数据存储器多少 K，都是以字节计。它可以字节为单位使用，使用时用 QB 加标号标注，如 QB0、QB1。也还有字、双字为单位使用，但编号仍以字节计。如用 QW0，则含 QB0 及 QB1；用 QW2 则含 QB2 及 QB3 等。如按双字使用，则用 QD0（含 QW0、QW2）、QD4（含 QW4 及 QW6）等。显然，如用了 QW0，再用 QW1，则其中的 QB1 将重复。如不是特殊需要，应避免出现此情况。

而西门子的字、双字存数正好与上述相反，它的高地址、存低位，低地址、存高位。如 VB100 = 11，VB101 = 22，VB102 = 33，V103 = 44，则 VW100 为 1122，VW102 为 3344，而 VD100 为 11223344。具体见图 1-15b。

存储器除了存储数据，还可存字符，一般一个字节存一个字符，按十六进制 ASCII 码存。这种按字节编号，高、低位数据存储与日本、美国的 PLC 不同，有其麻烦之处。但它可灵活进行种种转换处理，也有其好处。

> **提示**：数据存储器多用数据处理，故多不能对其中的位（bit）进行逻辑操作。过去，只有西门子 PLC 可以这么做。如今，欧姆龙、三菱的新型机也可用相应指令进行操作了。

（5）特殊继电器、特殊数据存储器

特殊继电器和特殊数据存储器也是一种内部辅助继电器，只是各有其特殊用途。而且，各厂商 PLC 或同一厂商 PLC 不同机型，都不尽相同。大体上这些用途有 PLC 状态辅助继电器、时钟用辅助继电器、标志用辅助继电器等。很显然，只有对其有相应了解，才能编写好相应程序。表 1-4 列举部分 PLC 的部分特殊继电器的编号及其功能。

表 1-4　部分 PLC 的部分特殊继电器的编号及功能

名称	内容	C 型机	CJ 型机	FX 机	Q 型机	S7-200
常闭	ON / OFF	253.13	CF1.13	M8000	SM400	SM0.0
常开	ON / OFF	253.14	CF1.14	M8001	SM401	
仅运行后 1 次扫描时接通	ON / OFF 1次扫描	253.15	A500.15	M8002	SM402	SM0.1
0.1s 时钟	0.05s / 0.05s	255.00	CF1.00		SM410	
0.2s 时钟	0.1s / 0.1s	255.01	CF1.01	M8012	SM411	
1s 时钟	0.5s / 0.5s	255.02	CF1.02	M8013	SM412	SM0.5
指令出错 ON		255.03	CF0.03			

这样的特殊继电器现在已越来越多了。以欧姆龙的小型机为例，其特殊继电器就有 12.5 通道（字）、200 个继电器。其编号从 244 开始，直到 255 的前半个通道。而 CJ1 机则多得多。故干脆不称其为特殊继电器，而称为标志（Condition Flag，CF）及辅助区（AR）。

西门子的 S7-200 机也有相应的特殊继电器。它的前缀为 SM，称为特殊存储器位。三菱 PLC 的特殊继电器也不少，如 FX 机从 M8000～M8255 都是特殊辅助继电器。这些内容实在太多，详细情况请参看有关说明书。

除了特殊继电器，还有特殊数据存储器，多用其作系统的种种设定。如欧姆龙小型机的 DM6600～6614：用作起始处理设定；可把 PLC 设成起始为编程、运行或监控模式及内部继电器上电时是清零。欧姆龙辅助继电器（AR）大多数也与这个存储器作用相同。

西门子也有很多类似的特殊功能数据存储器，用以实现各种特殊功能。如 S7-200 机，它的 SM 区有近 200 个字节，除了特殊继电器，还有更多的是用作特殊数据存储器。用于通信、高速计数、定时中断等设定。

三菱的 FX 机从 D8000～D8225 的数据寄存器，就是这类特殊的数据存储器。

对这些特殊继电器及存储器，最好备有相应手册，以便使用时查找。好在所有编程软件都有这方面的帮助，编程时可随时查用。所以，这里就不再详细介绍了。

（6）标识（P、I、N）

标识也称为指针，用以标识在程序所标示的指令的地址。这是三菱 PLC 用的内部器件。

在使用跳转指令、调子程序（用 P）或使用程序中断（用 I）时，要用到它。使用时，把它放在梯形图左母线的外（左）边。

西门子 PLC 的标识用指令（LBL）指明相应序号实现。仅用于程序跳转。它的子程序调用子程序号。欧姆龙无这样的内部器件，也没有标识一说，它的跳转及子程序调用均使用指令。此外，三菱还有 N，用以指定主控指令（见后）的编号。

（7）其它

以上介绍的内部器件，当然不是 PLC 内部器件的全部。而且，各厂商、各型号 PLC 的内部器件也不完全相同，有的还有别的什么名称。

再就是西门子中、大型机以及新型的 S7-1200 小型机没有上述意义上的数据存储器（DM、D 或 V），只有数据块（DB）。数据块功能很强，用起来也很方便。但必须先定义，然后才能使用。这样处理方法与将要介绍的 PLC 变量本质上是完全相同的。

了解了 PLC 的软器件，即 PLC 的数据存储区，也就了解了 PLC 指令的操作数。至于这些操作数怎么被指令操作，将在介绍 PLC 的指令时作具体介绍。

> 提示：由于篇幅限制，以上只是简要地介绍本书涉及的 PLC 的一些软器件。而全面、系统地弄清所使用的 PLC 的软器件，对正确使用该 PLC，编写好高质量的 PLC 程序，是至关重要的。因此，在 PLC 实际编程过程中，建议要多查阅有关 PLC 的编程手册，切实把有关软器件弄懂、弄清。

3. 间接地址

这与计算机 C 语言的指针类似，用软器件做指针，其内容作为地址。即实际使用的数是用这个"指针"指向地址的内容，而不是这个"指针"本身的值。具体使用有如下 3 个办法：

（1）用数据存储器作指针

欧姆龙 PLC 是用 DM。在调用它的 DM 之前加"＊"或"＠"号，即说明为间接地址。前者地址以 BCD 码计，后者以十六进制计。如"＊DM100"，而 DM100 的值为十进制数 100，则实际地址是 DM0100，DM0100 的值才是真正的操作数。再如"＠DM100"，而 DM100 的值为十六进制数 100，则实际地址是 DM0256，DM0256 的值才是真正的操作数。

（2）用变址器（或索引寄存器）作指针

变址器也是软器件，但专用作指针，以对 PLC 软器件作间接访问。如欧姆龙 CJ1 机共有 16 个索引寄存器，地址从 IR00～IR15。所加的前缀为 IR。

> 提示：索引寄存器为双字长，存储的地址为绝对地址（absolute memory addresses in I/O memory）。可存字（word）地址，也可存储位（bit）地址。存位（bit）地址时，高 7 个数位（digit）存字（通道）地址，低数位存储位地址。对其赋值，不能简单地用 MOV 之类指令，要用相应的地址赋值指令，即 MOVB（560）指令。

三菱称之为变址寄存器 V 及 Z，各为 16 位（bit）。可单独使用（只使用 V），也可合起来使用（V 上位数，Z 下位数，并以 Z 的地址代表其地址）。用双字时，可访问的数据区几乎不受限制。

（3）用双字做指针

西门子 PLC 就是这样，用双字先赋值软器件的实际内存地址（被赋值的地址前加 &）。

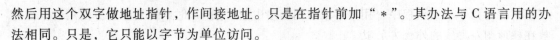

然后用这个双字做地址指针，作间接地址。只是在指针前加"＊"。其办法与C语言用的办法相同。只是，它只能以字节为单位访问。

4. 符号地址（Symbol）

上述软器件或间接地址的名称主要是前缀字母与数字，看不出它的意义。用它做操作数编写的程序，可读性较差，不易理解。虽然可对其加注，但采用了有一定含义的符号与实际地址（软器件）关联，并在程序中用这个符号地址代表实际地址，则更方便些。

同时，使用符号地址还便于程序更改，如地址变动，可以不改程序，只需重新编辑符号与地址的关联就可以了。此外，使用符号地址还便于程序移植与重用，为用户建立功能库、功能块库或程序库提供了可能。所以，目前PLC编程很少不用符号地址。

使用符号地址的另外还有如下重要好处：

1）可分别定义符号的作用范围，便于程序数据管理。

2）设定数据类型，作高级设定时，还可设定数组，便于程序数据的正确使用。

符号地址是用编程软件中符号编辑器编辑。不同厂商软件有不同的编辑器。但都是用它添加符号名称，确定数据类型，进行地址关联以及必要的加注。这里强调数据类型很重要，因为有了它便于发现地址关联的错误。

1.3.2 变量

变量（Variables），有的也称标签（Tags），是用户自行定义的PLC的内存区。传统PLC只有地址，没有这个变量一说。新型和高档PLC才用有此程序数据。如和利时LEC G3机的内存数据区中，有容量很大的全局区（G区）及掉电保持区（R区），只能通过定义变量后才能使用它。再如西门子的S7-300/400机及新型的S7-1200小型机的数据块所用的区域，也是定义后才能使用。还有AB新型PLC就没有所谓的内部软器件，只有用户定义的变量。如果所定义的变量要与I/O实际地址（I/O软器件）关联可使用别名（Alias），即用变量当做硬件地址的别名。其它高档PLC也多是此情况。而且，越是高档或新型PLC，其内部器件越少，但可定义的变量则非常之多。

变量与传统PLC的符号地址不同是，它与实际地址（软器件）可以关联，也可不关联。而符号地址则必须与I/O或内部器件关联。

使用变量取代内部器件地址的好处是比较灵活，可定义的数据类型多，而且PLC的资源还可得到充分利用。这也是当今PLC技术发展一个趋势。

1. 变量定义

变量在使用前要先定义。要用标识符命名。根据编程标准，标识符只能由字母、数字和下划线字符的一个串，并且它应以字母或下划线字符开头。不能使用中文。其命名规则取决于具体的PLC。

变量定义时除了命名，还要指明它的类型。如果必要也可与I/O地址关联。变量名称一般要有意义，以便识别与使用。必要时还可加注解。

变量定义要使用编程软件。一般软件都有它的编辑器。有的还可用微软的Excel编辑，然后导入。变量可以预先集中编辑，也可随时使用随时编辑。

2. 指针变量

指针是指向变量地址的变量。指针声明的格式为

＜指针名＞：POINTER TO ＜数据类型或功能块＞；

指针所指向变量的数据类型,可以是系统定义的类型,也可是用户自定义类型,还可以是功能块。

要读取变量的地址,有读取变量地址指令,如和利时 PLC 用 ADR 指令,它用于把变量或者功能块的地址赋给指针,例如:

```
pt: POINTER TO INT;        (*定义指针 pt,指向整型数*)
var_int1: INT:=5;          (*定义整型数 int1,初值为 5*)
var_int2: INT;             (*定义整型数 int2,初值为默认为 0*)
pt:=ADR(var_int1);         (*读取整型数 int1 的存储地址*)
```

在指针后面加运算符"^",其含义为指针指向变量的内容(值)。例如继续上例:

```
var_int2:=pt^;             (*实际上是把 var_int1 的值赋给 var_int2,var_int2 也为 5*)
```

指针是计算机 C 语言常用的工具。使用得好,可提高程序效率。指针还可用于对即将介绍的数组各成员进行访问。

3. 复合变量

除了简单变量,有的 PLC 还可数组、结构、枚举等类似计算机 C 语言那样的复合变量。

(1) 数组

数组是相同类型数据的集合。有一维、二维和三维数组 (不同 PLC 规则不完全相同)。如和利时 PLC 其声明格式为

<数组名>:ARRAY [<ll1>..<ul1>,<ll2>..<ul2>] OF <变量类型>.

ll1、ll2、ll3 标识字段范围的最小值;ul1,ul2 和 ul3 标识最大值。范围必须是整形的。

如声明以下数组:

Card_game: ARRAY [1..6, 1..4] OF INT;

则它的名为 "Card_game",是二维数组,下限都是 1,上限分别是 6、4。数组中的元素 (成员) 可用数组名加下标访问。如用矩阵与数组对应,那么一维数组,就相当于一维矩阵;那么二维数组,就相当于二维矩阵;那么三维数组,就相当于三维矩阵。

如上述数组 Card_game,为二维数组。用如下的矩阵 A 对应:

$$
\begin{vmatrix}
A11 & A12 & A13 & A14 & A15 & A16 \\
A21 & A22 & A23 & A24 & A25 & A26 \\
A31 & A32 & A33 & A34 & A35 & A36 \\
A41 & A42 & A43 & A44 & A45 & A46
\end{vmatrix}
$$

即,A 的每个元素都有两个下标,如 A13,第 1 个下标为 1,代表处于第 1 行;第 2 个下标为 3,代表处于第 3 列等。

在声明数组的同时,可进行初始化。如下所示的就是已初始化的数组:

arr1: ARRAY [1..5] OF INT , = 1,2,3,4,5;

说明:初始化后的 arr1[1]=1、arr1[2]=2、arr1[3]=3、arr1[4]=4、arr1[5]=5。

提示 1:数组的单元总数是有限制的,如 LM3109 机为 4046,再多编译通不过。

提示 2:不同品牌 PLC 数组定义的格式不完全一样。具体可参阅有关软件帮助。

提示 3:有的 PLC 访问数组成员时,其下标只能是常量,有的可以是变量。

（2）其它复合变量

还有结构（Structures）与枚举（Enumeration）。其特点与计算机 C 语言类似。具体定义可参阅有关说明。

1.3.3 常量

常量也称常数、即时数或立即数。就是实际输入到程序指令中的具体数值。而且，这些数值在程序执行中一直保持不变。是 PLC 指令常见的操作数之一。如 TRUE、FALSE 就是一个布尔常量。常量与数据类型有关，类型不同，常量的值也不同。具体应在它的该类型数据上限与下限（含上下限）之间选定。

PLC 常要使用常数。常数有 16 位和 32 位。输入常数输入时一般要加上相应的前缀。

对欧姆龙：加 "#" 表示 BCD 码或十六进制数，如加 "&" 表示十进制数。

对三菱：加 "H" 表示 BCD 码或十六进制数，加 "K" 表示十进制数，加 "E" 表示实数。

对西门子：加 "16#" 表示十六进制数，不加表示十进制数，数字中带有小数点表示实数。

此外，有的 PLC 还可输入与处理字符或字符串，如 "a"、"abc"。也可在字符前加 $，则输入的为转义字符，如 "$$50"，实际的值为 "$50"，这里第 1 个 $ 为转义符号。

> **提示**：不同的 PLC 可使用的常数及常数表示的格式也不完全相同。所以，使用时要注意之间的区别。

为了程序便于修改与重用，应尽量少用常量。办法是在程序先使用变量，但在程序初始化时设法把常量赋值给这些常量。这样，程序修改，只需修改初始化部分，而主体可以不动。有的 PLC 还可用加载数据块的方法实现初始化，那样，则只要修改数据块，即可更改常量，更加方便。

1.3.4 其它变量

PLC 程序的其它操作数还有标号、功能块名及函数名。

1. 标号

标号是跳转指令的操作数。指出下一个要执行的指令（或梯形图的节）标号。标号与变量命名一样，也是要用一些英文字母、数字或其它合法字符的组合。但不是所有的指令（或梯形图的节）都要有标号，只是有跳转关系时，需要此标号。

2. 函数名

在 ST 语言中，调用函数的也可直接作为操作数使用。如

Result：= Fct(7)+3；

这里，Fct 是函数名，却作为赋值语句的操作数。

1.4 PLC 指令系统

1.4.1 基本逻辑类指令

基本逻辑类指令指主要针对二进制数（bit、位）逻辑操作的指令，是 PLC 最基本的指令。所有的 PLC 都有这类指令。这类指令可分为读（输入类，运用触点）与写（输出类，运用线圈）两种。PLC 的继电器功能主要就是靠它实现。

读指令指的是读操作数的逻辑值，并与在这之前已有的结果值进行相应的逻辑运算，进而修改结果值。目的是确定要写的逻辑值，或为其它指令的执行建立相应的逻辑条件。

写指令指的是把上述结果值按输出指令要求写给操作数。

这个结果值就是下面将要讨论的 R 寄存器的值，有的称为 RLO—Result of Logic Operation，即逻辑运算结果。西门子的 S7-200 称之为逻辑栈顶（The Top of the Logic Stack，TOS）。

表1-5 列出 4 个 PLC 厂商用指令表语言表达的有关这类的指令。以下将对这类指令进行讨论。

表 1-5 PLC 主要的基本逻辑指令

指令名称	含义	欧姆龙 PLC	西门子 PLC	三菱 PLC	和利时 PLC
装载（起始）	一般为连接左母线	LD	LD	LD	LD
取反装载	一般为取反接左母线	LD NOT	LDI	LI	LDN
与	触点串联	AND	A	AND	AND
取反与	取反触点串联	AND NOT	AI	ANI	ANDN
或	触点并联	OR	O	OR	OR
取反或	取反触点并联	OR NOT	OI	ORI	ORN
块与	块串联	AND LD	ALD	ANB	
块或	块并联	OR LD	OLD	ORB	
输出	写操作数	OUT	=	OUT	ST
取反	对逻辑结果取反		NOT	INV	NOT
取反输出	取反后写操作数	OUT NOT			STN
置位	置位操作数	SET	S	SET	S
复位	复位操作数	RSET	R	RST	R
上沿微分	上升时操作数 ON 一周期	DIFU	P	PLS	PLS
下沿微分	下降时操作数 ON 一周期	DIFD		PLF	PLF
置位、复位	置位、复位操作数	KEEP	SR		
复位、置位	复位、置位操作数		RS		
空操作	无操作	NOP	NOP	NOP	NOP
结束	程序结束	END		END	
主程序结束			FEND		

1. 装载指令

装载指令的作用是把操作数的内容（0 或 1）送入结果寄存器 R，并把结果寄存器的原有内容送入堆栈 P（有的为第二个 RLO，不是堆栈）。

指令的语句表符号格式：指令地址"装载"操作位地址梯形图符号如图 1-16 所示。

它调用常开触点，一般总是把这触点与梯形图的母线相连。其功能如图 1-17 所示。

图 1-16 装载指令　　　　　　　　　图 1-17 装载指令功能

这里 a 为操作数的地址，括号代表 a 的状态；R 为结果寄存器；P 为堆栈。堆栈为先进后出的存储单元，一般长度为 8 个位（bit），与 PLC 型别有关，如欧姆龙 CJ1 机为 16 位。8 位时，可存储 8 个二进制数，再续存时，最先存储的掉失。堆栈主要在逻辑块操作，或需多个输入条件时用到它。

取反装载指令，是操作位的内容先取反（代表常闭触点），再送结果寄存器。在梯形图上，一般是表示此常闭触点和左母线相连。其符号是在两短平行线的基础上，再加一小斜线。有的 PLC，装载及取反装载指令还可加感叹号（!）及上或下箭头（↑↓），其含义与使用的触点类型有关。

这里感叹号（!）代表执行此指令时先进行输入刷新，以读入此点的最新状态，然后才把这最新状态写入结果寄存器。这么做当然有利于提高对这个输入信号的响应速度。

上下箭头代表跳变（微分）。若为向上箭头，则操作位的状态从 0 变为 1 时，ON 一个扫描周期；若为向下箭头，则从 1 变为 0 时 ON 一个扫描周期。其它周期均为 0。

加了这个感叹号、向上及向下箭头，使指令的功能大为增强，一个指令可起到多个指令的作用。

S7-200 逻辑栈，除了栈顶，还有 8 位栈体，也可暂存 8 个位（bit）。它的栈体相当于这里的栈，而栈顶则相当于这里的结果寄存器。

2. 与指令

与指令为"与"操作指令。它的作用是把操作位的内容与 R 中的内容相与，然后再送入 R 中。这时，堆栈的内容无变化。

其语句表的符号：指令地址与操作位地址梯形图符号如图 1-18 所示。

它也为常开触点，在梯形图上，它表示与其左边的触点相串联。其功能如图 1-19 所示。

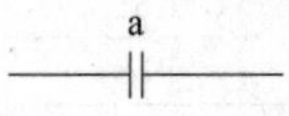

图 1-18　与指令 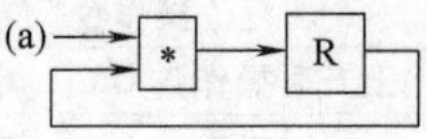　　　　　　　　　　　　图 1-19　与指令功能

这里 a 为操作数的地址，括号代表 a 的内容；R 为结果寄存器；P 为堆栈，执行 AND 指令时，它的内容不变。

取反与指令，是先取反（代表常闭触点），然后再和结果寄存器的内容做与运算。在梯形图上，表示串联上此常闭触点。

有的 PLC 这个指令也可加感叹号、上下箭头。含义同装载指令。

3. 或指令

或指令为或操作指令。它的作用是把操作位的内容与 R 中的内容相或，然后再存入 R 中。这时，堆栈的内容无变化。梯形图符号和与指令相同（见图 1-18）。

或指令的语句表符号：指令地址或操作位地址

它也为常开触点，在梯形图上，它表示与其上一行的触点相并联。其功能如图 1-20 所示。

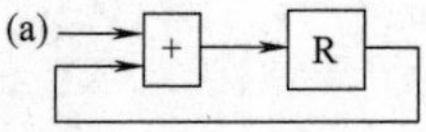

图 1-20

取反或指令，是先取反（代表常闭触点），然后再和结果寄存器的内容作或运算。在梯形图上，表示并联上此常闭触点。

有的 PLC 这个指令也可加感叹号，上下箭头，含义同装载指令。

4. 块与、块或指令

无操作数。其作用是把结果寄存器的内容与堆栈的内容作逻辑与，或逻辑或，然后再送结果寄存器。

语句表符号：指令地址块与或指令地址块或，和利时 PLC 则用 AND 或 OR 加括号。
它在梯形图上代表两组触点的串联或并联。块与指令功能如图 1-21 所示。

块或指令功能为如图 1-22 所示。

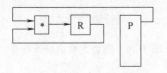

图 1-21 块与指令功能

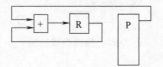

图 1-22 块或指令功能

这两个指令用于触点组间的串联或并联，是很有用的指令。如图 1-23 所示，其对应的
助记符指令也已列出。

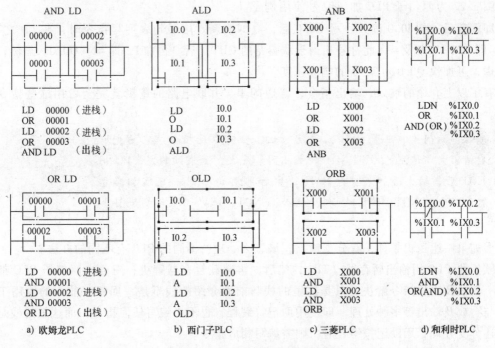

图 1-23 触点组间的串联或并联

5. 输出指令

输出指令为写指令。输出指令要用到线圈，一般多用正常线圈。语句表的符号为指令地
址输出操作位地址。

梯形图符号为输出正常线圈，
可用圆圈或括号表示。欧姆龙、三
菱 PLC 的助记符用 OUT，西门子
PLC 用等号，和利时用 ST，如图
1-24 所示。

其功能如图 1-25 所示。这里 a

为操作数。执行输出指令后堆栈内容不变，R 的内容也不变，只是把 R 的内容传给 a。

有的也可使用反向线圈。如欧姆龙 PLC 取反输出指令，如图 1-26 所示，其含义是把 R 先取反，然后再传 a。表示符号为在 OUT 的符号基础上加一斜线。

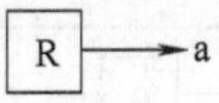

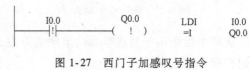

图 1-25　输出指令功能

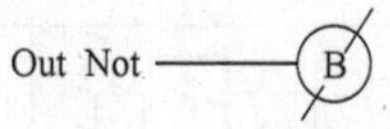

图 1-26　欧姆龙输出取反指令

有的 PLC 这个指令也可加感叹号（!）。感叹号代表执行此指令后，立即进行输出刷新，把这时输出的状态送输出锁存器，直接产生输出。

图 1-27　西门子加感叹号指令

图 1-27 为西门子 PLC 加感叹号使用例子。它立即刷新后，把 I0.0 读入。写 Q0.0 后，立即刷新。用语句表列写指令时，在 LD 之后，加 I，即 LDI　0.0 及 =（此符号相当于欧姆龙的 OUT）后，再加 I，即 =I　Q0.0。显然，这样处理，可加快 Q0.0 对 I0.0 的响应速度。

有了以上介绍的输入、输出指令，普通的串、并联电路的逻辑就完全可用这些指令处理了。

> **提示：** 西门子、三菱 PLC 无取反输出，但有取反指令。它的先取反，后输出，与这里的 OUT NOT 效果相同。反之，如果欧姆龙 PLC 用 OUT NOT 后，输出给一个暂存器 TR，然后再装载此 TR，也就相当于执行取反指令（NOT、INV）。取反指令（NOT、INV）的格式如图 1-28 所示。 
>
> 图 1-28　取反指令

但如果一组逻辑条件，有分支输出，该怎么处理？不同的 PLC 有不同的办法。

欧姆龙 PLC 用输出暂存器（TR），然后，再装载暂存器解决；三菱、西门子 PLC 都用进栈、读栈及出栈指令解决。只是这里的栈与前面介绍的栈不是一回事，前面的栈用于装载、与、或及输出等多种处理，即使用助记符编程，也不必编写任何指令，而这里的栈是用于上述分支处理，用助记符编程时，则需编写相应指令。

图 1-29 所示为 3 种 PLC 解决此问题的梯形图及助记符程序。

从图 1-29a 知，欧姆龙用暂存器 TR（有 8 个，性能高的机型有 16 个）存（用 OUT 指令）分支处的数据。而当使用时，再用 LD 指令调出。

从图 1-29b 知，西门子用 IPS（进栈）指令，把分支处的数据压进栈。而当使用时，再用 IPD（读栈）指令调出。这里最后用的 IPP 指令，是既读栈，而又清栈。因为，在其后的程序已不需这样处理了。

从图 1-29c 知，三菱基本与西门子相同。只是它进栈指令叫 MPS，而不是叫 IPS；读栈指令叫 MRD，而不叫 IPD；读栈、清栈指令叫 MPP，而不叫 IPP。

> **提示：** 如使用梯形图编程，画出梯形图程序就可以了。把梯形图程序转换成助记符程序时，这里暂存器使用或进栈、出栈处理都是自动实现的。

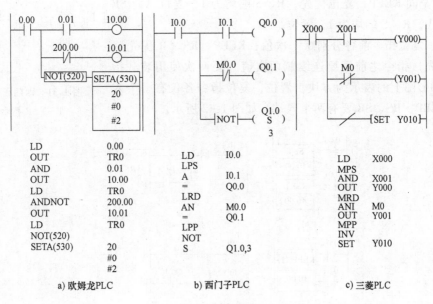

图 1-29　分支输出解决方案

6. 置位、复位指令

其操作数为位地址，也是一种输出指令。

它与使用设置（锁存）线圈、复位（取消锁存）线圈对应。当结果寄存器 R 的内容（逻辑条件）为 1，则执行本指令。否则不执行，其操作数（即为位）内容不变。执行置位指令，其操作数变为 1；执行复位指令，其操作数变为 0。这两个指令的梯形图及助记符号如图 1-30 所示。

SET	Q0.0		a
10.00	—(S)—	—[SET Y000]	—(S)—
	1		
SET 10.00	S Q0.0,1	SET Y000	S a

RSET	Q0.0		a
10.00	—(R)—	—[RST Y000]	—(R)—
	1		
RSET 10.00	R Q0.0,1	RST Y000	R a

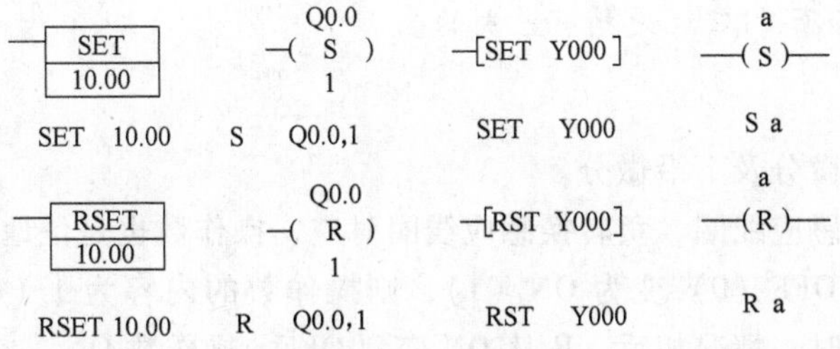

a) 欧姆龙PLC　b) 西门子PLC　c) 三菱PLC　d) 和利时PLC

图 1-30　置位、复位指令

从图 1-30 知，欧姆龙、三菱及和利时 PLC 仅对一个点置位、复位，而西门子 PLC 置位、复位的点数可设定，图中 S、R 下设为 1，故仅对 Q0.0 置位、复位。如设为 2，则除了 Q0.0 还有 Q0.1，如设为其它，则类推。

欧姆龙还把这两者复合在一起，成为 KEEP 指令，类似于数字电路的 RS 触发器。有两个输入端，一为 R 端，另一为 S，分别对操作数置 0（复位）与置 1（置位）。

虽同样可实现置位、复位，但置位、复位指令可分开置于程序的不同位置，用起来较灵活。而 KEEP 指令则要依此执行这两个指令，先 S 后 R。

西门子 PLC 也有类似 KEEP 那样的指令，RS 或 SR，其符号如图 1-31 所示。

RS 完全同 KEEP，复位优先，R、S 端均为 1，复位。而 SR 为置位优先，R、S 端均为 1，置位。

置位，复位指令前各分别赋一次值；KEEP、RS（R 优先）、SR（S 优先）指令之前则要连续赋两次值（要两次使用装载指令）。在梯形图上的表示为方块。置位，复位指令各仅有一个入端，而 KEEP、RS、SR 要有两个入端。如图 1-32 所示。

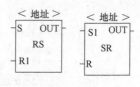

图 1-31　西门子 PLC
RS、SR 指令

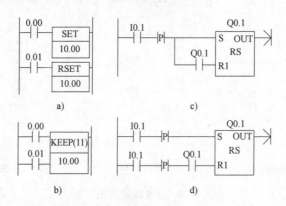

图 1-32　KEEP、SR 指令使用

> **提示 1**：图 1-32a 与图 1-32b 两个程序，表面上功能是相同的。但实际是有区别的。如图 1-32a、1-32b，若用 10.00 代替 0.01，当 00.00 ON 时，图 1-32b）程序可使 10.00 ON、OFF 按扫描周期交替出现，而图 1-32a 程序 10.00 永远不可能 ON。
>
> **提示 2**：图 1-32c 与图 1-32d 两个程序道理上是一样的，但对 S7-200 只允许用图 1-32d 画法，图 1-32c 是错误的，编译通不过。而欧姆龙 PLC 则允许图 1-32c 这种画法。说明在梯形图表达上各家 PLC 还是稍有差别的。

7. 微分指令

微分指令有上沿微分及下沿微分。

它与使用正转换感应线圈、负转换感应线圈对应，操作数也是位地址。当执行上沿微分指令时，R 的内容从 OFF（0）变为 ON（1），则操作数的内容为 1（ON）一个扫描周期；当执行下沿微分指令时，情况相反。R 从 ON 变到 OFF，操作数 ON 一个扫描周期。

有的 PLC 的微分指令不作为输出指令，而作为中间指令。它可加在一组输入指令之后，加上它，然后再送给输出指令，用起来也很方便。

8. 其它位处理指令

如西门子 PLC 有（#）指令，执行它可把此时的 RLO 内容写入它的操作数中，并还可在它之后进行相应操作。图 1-33 示出了使用这指令后的操作数的逻辑值。

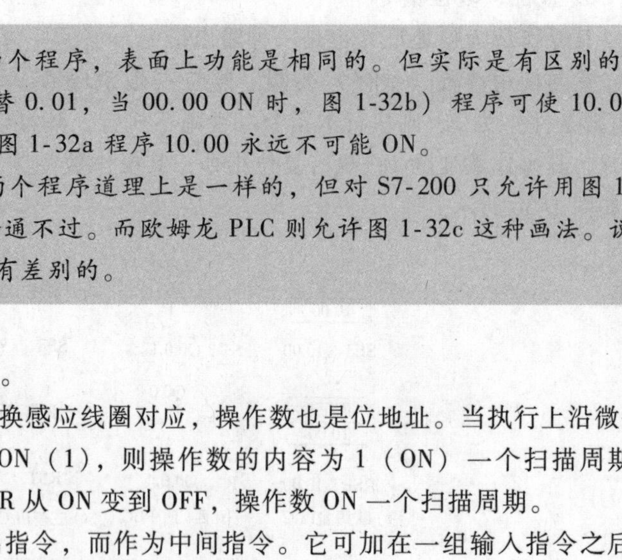

其它 PLC 厂商的这类指令与

a)（#）指令使用

M0.0 逻辑值为

M1.1 逻辑值为

M2.2 逻辑值为图 a)整个的 RLO

b)（#）指令使用效果

图 1-33　西门子 PLC（#）等指令使用

这里介绍的大同小异，就不多介绍了。

1.4.2 定时、计数指令

定时与计数指令本质上也是一种逻辑输出指令。只是它是延时实现，或达到要求的计数值后实现。所以，有的PLC，如三菱公司PLC，起用定时器、计数器就是用输出（OUT）指令，只是其操作数用定时器、计数器，并在使用它时同时对定时值、计数值也作设定。

1. 常用定时指令

图1-34为三菱PLC调用定时器梯形图程序。

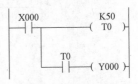

图1-34 定时器程序

从图知，当X000 ON，T0线圈工作，经延时5s（该定时器计时单位为0.1s），T0的常开触点ON，可使Y000 ON。也就是说，从X000 ON到Y000 ON是有延时的。这里延时时间由定时器T0控制。

欧姆龙定时指令有普通（TIM，时间间隔100ms）、高速（TIMH，时间间隔10ms）、高高速（TIMHH，时间间隔1ms）定时指令多种。在这指令之前，当然要对寄存R赋值，即写R，建立条件，或说连一个输入端。

指令在梯形图上的符号是方框或圆圈，图1-35所示。

这里的×××为指定定时器的编号及设定值。

普通定时指令的设定值的设定单位为0.1s。设定值、现值都用BCD码表达。最大设定值可达9999，即999.9s。

如用高速定时指令的设定值的设定单位为0.01s。设定值、现值都用BCD码表达。最大设定值可达9999，即99.99s。用高高速定时指令则设定值的设定单位为0.001s。设定值、现值都用BCD码表达。最大设定值可达9999，即9.999s。

图1-35 欧姆龙定时指令

欧姆龙CJ1H机还有TIMX指令。其功能与TIM相同，只是它是按十六进制计时。

> **提示：** 虽然这种PLC同时有TIM及TIMX指令，但在编程前要用编程软件，在PLC属性栏中，先作选择，而且，只能选用其中的一种。默认选定为TIM。其它带"X"的指令也都有此情况。

西门子PLC的定时器为增计数，如S7-200，用定时器33时，为每100ms增一个数，直到定时器的现值等于或大于设定值，则产生输出。在输出的同时，计时还在继续，直到达最大值。如图1-36所示，当I2.0 ON，T33开始计数，每100ms加1。到了其值等于3（这里设定值设为3），则T33标志位ON，且其现值还在增加。一旦I2.0 OFF，则计数停止，T33现值回到0，T33标志位OFF。

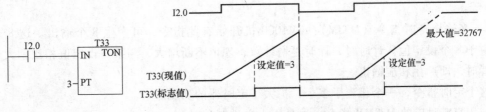

图1-36 S7-200 ON 延时定时器使用例子

S7-200 除了有 ON 延时、OFF 即时，还有 OFF 延时、ON 即时的定时器。图 1-37 给出了它的工作情况。

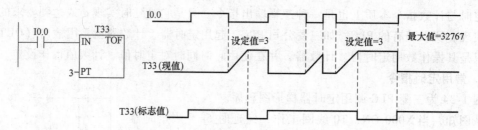

图 1-37　S7-200 OFF 延时定时器使用例子

S7-200 定时器都可用以上介绍的复位指令（R）复位。复位作用期间，定时器的现值变为 0，标志值 OFF，停止计时。

2. 其它定时指令

1）高速定时指令（TIMH、TIMHH，西门子、三菱用不同编号的定时器实现），用其可实现 10、1ms 为单位的定时。

2）累计定时指令（TTIM）：用以累计计时。它是增计时，计时单位为 0.1s。输入端 ON 时计时，OFF 不计时，但不复位。再 ON，再计，并累计计时，直到达到设定值，计时停止，并产生输出。计时复位使用复位端 ON。

CJ1 也还有与 TTIM 对应的 TTIMX 指令，所不同的也只是它是按十六进制数计时。

S7-200 也有可累积计时的定时指令。如图 1-38 所示，12.1 ON 时计时，OFF 停止，累计到设定值，产生输出。

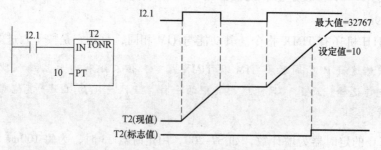

图 1-38　S7-200 可累积计时定时指令使用

3）8 位计时指令（TIML）：CV1000 机开始有此指令，是普通定时指令的加长，设定值可达 8 位，即 99999999。计时值可达 115 天。

与 TIML 对应的 TIMLX 指令，所不同的也只是它是按十六进制数计时。它最多可计 49710 天。

4）多输出计时指令（MTIM）：CV1000 机开始有此指令，可产生 8 个输出。这 8 个输出相应于 8 个设定值。计时时，计时是增计数，现值不断增大，与某一设定值相比，大或等于后者时，即产生相应输出。

这个定时指令，一个相当于多个，扩大了定时器的功能。

与 MTIM 对应的 MTIMX 指令，也是用十六进制计时。

3. 西门子 S7-300、400 PLC 定时指令

有 5 种，可表达为 S5 系列格式（称 S5 TIMER）或 S7 系列格式。分别是：SP（Pulse Timer）、SE（Extended Pulse Timer）、SD（ON Delay Timer）、SS（Retentive ON-Delay Timer）、SF（OFF-Delay Timer）。

定时器现值寄存器的内容如图 1-39 所示。

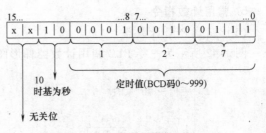

图 1-39 S7-300 定时器现值寄存器

表 1-6 示出不同时基的编号及最大可能设定的定时值。

表 1-6 不同时基的编号及最大可能设定的定时值

时　基	二进制编号	最大定时值
10ms	00	10ms～9s 990ms
100ms	01	100ms～1min 39s 900ms
1s	10	1s～16min 39s
10s	11	10s～2h 46min 30s

定时值要预设。其格式有如下两种：

W#16#wxyz：这里 W 为时基，wxyz 为相应的定时值，BCD 码。

S5T#aH_bM_cS_dMS：这里 S5T 表示为 S5 格式，a、b、c、d 为相应的定时值的时、分、秒、毫秒。选定后，其时基系统会自行确定。

这 5 种定时器的有关工作情况见有关使用说明，这里略。

4. 有关定时器使用有关问题

1）欧姆龙及三菱 PLC 的定时指令虽只有延时 ON 一种，但完全可用这个指令与相应的基本逻辑指令组合，以实现这里的其它 4 种指令的功能。图 1-40 所示为 ON 及时，而 OFF 延时的程序。其它的程序略。

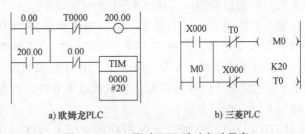

a) 欧姆龙PLC　　　b) 三菱PLC

图 1-40 ON 及时 OFF 延时定时程序

运行图 1-40 程序，对欧姆龙 PLC 而言，这里的 200.00 即为 ON 及时 OFF 延时的定时器。对三菱 PLC 而言，这里的 M0 即为 ON 及时 OFF 延时的定时器。

2）用定时器产生定时脉冲（仅 ON 一扫描周期）信号。最简单的办法是用定时器自身的常闭触点去控制自身线圈，用它的常开触点去产生脉冲。如图 1-41 所示，这里 T33 的常闭触点控制 T33 定时器，当定时间 1 到，定时器 T33 产生输出，T33 常开触点 ON，而 T33 常闭触点 OFF。后者将在下次执行此程序时，使定时器 T33 停止工作。这将使定时器 T33 停止输出：其常开触点 ON 一个扫描周期后，又转为 OFF；而常闭触点 OFF 一个扫描周期后又转为 ON，又可开始新的计时。如此周而复始，T33 常开触点将不断产生定时脉冲。

要指出的是，对 S7-200 机的 10ms 级的定时器，可能是系统的原因，用此法是受限制的。如图所示，只能在本梯级前的梯级，如图中梯级 1，能产生脉冲，而本梯级后，如梯级 3，不能产生脉冲。其它两家 PLC 及 S7-200 其它级别的定时器无此问题。

5. 常用计数指令

(1) 三菱 PLC 计数器

图 1-42 所示为三菱 PLC 调用计数器梯形图程序。

图 1-41 用定时器产生定时脉冲

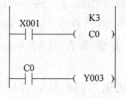

图 1-42 计数器程序

从图 1-42 知，当 X001 从 OFF 到 ON，则计数器 C0 线圈工作，计 1 个数，当 C0 计到 3，则 C0 的常开触点 ON，可使 Y003 ON。也就是说，X001 从 OFF 到 ON 3 次，Y003 工作。这里计数设定值 K3（即时数）也可为直接或间接地址。

它的计数器复位使用复位指令。如上例即使用 RST C0。而且，实现技术的前提是不执行这个指令。

三菱的定时器、计数器按十六进制工作，故 K 值最大可设为 65535（十六进制 FFFF）。

(2) 欧姆龙 PLC 计数器

它实现减计数。有两个输入端，一为计数端，二为复位端。欧姆龙的指令的梯形图格式如图 1-43 所示。

它的工作情况是：复位端（R）的逻辑条件为 ON，停止计数，现值复位为设定值。复位端 OFF，允许计数。这种情况下，当计数端（C）的逻辑条件从 OFF 到 ON 时，在该扫描周期，计数器的现值减 1。其它情况下，现值不变。当现值减为 0 时，产生输出，且现值保持为 0。

CJ1H 还有 CNTX 指令，所不同的它用十六进制计数。所以，它的计数范围可扩大到 65535。

图 1-43 欧姆龙计数器指令

(3) 西门子 PLC 计数器

图 1-44a 所示为使用西门子增计数器指令程序。

图 1-44a 中 CU 为增计数端，R 为复位端，PV 设定值输入端，C0 为计数器标号。当 I0.1 ON，计数器复位（现值为 0），停止计数，输出 OFF。当 I0.1 OFF，每 I0.0 从 OFF 到 ON 一次计数器作增 1 计数。计数器现值大于或等于设定值，计数器输出 C0 ON，且继续计数，直到 32767 这个可能的最大值。当计到 48 或大于 48，则 C0 ON，Q0.0 工作。

西门子还有减计数器（CTD）。图

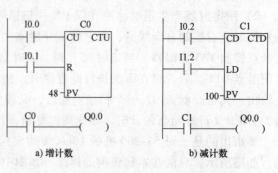

a) 增计数   b) 减计数

图 1-44 使用西门子增、减计数器指令程序

1-44b所示为使用西门子 PLC 减计数器指令程序。这里，CD 为增计数端，LD 为装载端，PV 设定值输入端，C1 为计数器标号。当 I1.2 ON，计数器装载（现值为 100），停止计数，输出 OFF。当 I1.2 OFF，每 I0.2 从 OFF 到 ON 一次计数器作减 1 计数。计数器现值等于 0，计数器产生输出（C0 ON），且计数停止。

6. 可逆计数器

可进行双向计数。

（1）三菱可逆计数器是双字的

也是用输出指令调用。计数的方向由相应的特殊继电器状态决定。其计数范围为 $-2147483648 \sim 2147483647$，并在此范围内循环计数。即增到最大值时，如再增一个数，则当前值变为最小值。反之，也类似。表 1-7 为 FX2N 机的这些计数器及相应的方向切换特殊继电器。

表 1-7　FX2N 机可逆计数器所使用的特殊继电器

计数器 No.	方向切换	计数器 No.	方向切换	计数器 No.	方向切换	计数器 No.	方向切换
C200	M8200	C209	M8209	C218	M8218	C226	M8226
C201	M8201	C210	M8210	C219	M8219	C227	M8227
C202	M8202	C211	M8211	—	—	C228	M8228
C203	M8203	C212	M8212	C220	M8220	C229	M8229
C204	M8204	C213	M8213	C221	M8221	C230	M8230
C205	M8205	C214	M8214	C222	M8222	C231	M8231
C206	M8206	C215	M8215	C223	M8223	C232	M8232
C207	M8207	C216	M8216	C224	M8224	C233	M8233
C208	M8208	C217	M8217	C225	M8225	C234	M8234

图 1-45 所示为使用三菱可逆计数器的梯形图程序。

图 1-45 中，C200 为可逆计数器；M8200 为其方向切换特殊继电器；M8200 OFF，C200 增计数，ON，减计数。当 X005 OFF，C200 接收 X004 的增计数；当 X005 ON，C200 接收 X006 的减计数。而当 X007 ON 计数器复位，现值等于 0，计数及输出都停止。

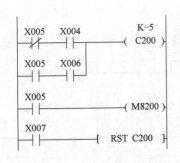

图 1-45　三菱可逆计数器程序

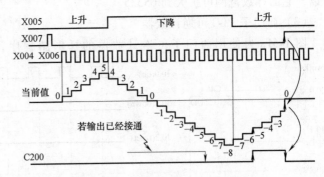

图 1-46　可逆计数器产生输出简图

图 1-46 所示为该计数器产生输出的情况，只要当前值从小与设定增加，到大于或等于设定值，计数器即产生输出。反之，或计数器复位，则停止输出。

（2）欧姆龙可逆计数其指令为 CNTR

除了有复位端，还有两个计数端，一个为正计数端（U），一个为减计数端（D）。西门子为 CTUD，还有个设定值输入端。其梯形图格式如图 1-47 所示。

其工作情况是，初始状态或复位端 ON 时，现值为 0，不计数。复位端 OFF，允许计数。

正端从 OFF 到 ON，正计数，计数现值加 1；负端从 OFF 到 ON，减计数，计数现值减 1。具体计数情况如图 1-48 所示。

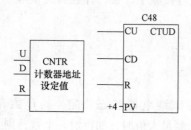

图 1-47　欧姆龙和西门子的计数指令

图 1-48　可逆计数示意图

当增计数到设定值时，再增 1 计数，则现值变为 0，且产生输出，使计数完成标志位 ON，如图 1-49 所示。

当减计数到现值为 0 时，再减 1 计数，则现值变为设定值，也产生输出，使计数完成标志位 ON，如图 1-50 所示。

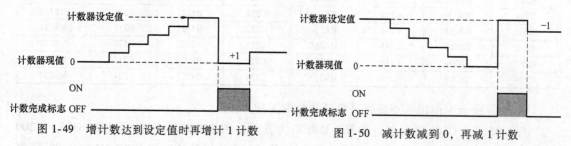

图 1-49　增计数达到设定值时再增计 1 计数

图 1-50　减计数减到 0，再减 1 计数

CJ1H 还有 CNTRX 指令，与 CNTR 不同的是，它用十六进制，而不是用 BCD 码计数。所以，它的计数范围可扩大到 65535。

（3）西门子 PLC 可逆计数器

图 1-51a 为使用西门子可逆计数器的梯形图程序。它是 16 位（bit）可逆计数，在

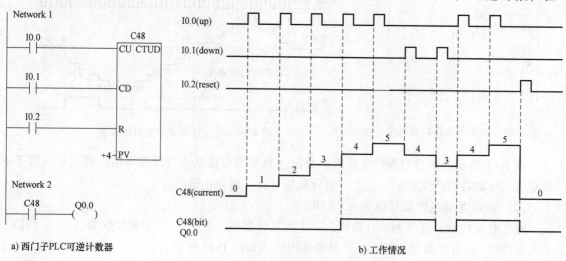

a）西门子PLC可逆计数器

b）工作情况

图 1-51　西门子可逆计数器及其工作情况

-32768～32767之间循环计数。当计数值大或等于设定值（PV）时，计数器输出常开点ON，并继续计数。图1-51b所示的执行该程序的实际计数及输出情况。

1.4.3 应用指令

1. 数据处理指令

数据处理指令很多，占PLC指令集的相当大部分。大都以字、双字、多字为单位操作。具体有传送指令、比较指令、移位指令、译码指令及各种运算与文字处理指令等。

（1）传送指令

为把源地址的内容或某即时数传送到某目标地址。传送后，源地址内容不变。图1-52所示为3厂商传送梯形图及助记符指令。

欧姆龙PLC执行传送指令也影响标志位（25506特殊继电器，它反映相等的特点），传送的数为0时，置其为1，不然置0。

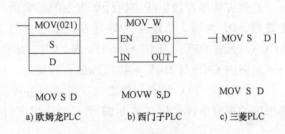

a）欧姆龙PLC   b）西门子PLC   c）三菱PLC

图1-52 传送梯形图及助记符指令

图中：S为源地址，也可是即时数；D为目标地址。

欧姆龙PLC的MOV指令名称前加@，即@MOV（021）；三菱PLC的MOV指令后加P、即MOVP，则指令为微分执行。只在逻辑条件从OFF到ON那个扫描周期，指令执行1次。其它情况，指令不执行。欧姆龙新型PLC，MOV之后加L，即MOVL；三菱PLC MOV之前加D，即DMOV，可实现双字传送。而且，这里的MOV前加字及后加字可同时进行。

西门子PLC MOV-W为字传送；MOV-B为字节传送；MOV-D为双字传送；MOV-R为实数传送。

除了MOV，欧姆龙、三菱还有反相传送指令MNV（三菱为CML）指令，它与MOV不同的只是传送之前，先把要传的内容取反，然后再传。

此外，还有其它多种传送指令，有：

多字传送，也称块传送，或称成批传送指令，可把若干连续地址的内容分别传送给对应的连续的目标地址。只要设好要传的数据的起始地址，目标的起始地址及要传的字数就可以了。

块设定，或称多点传送指令。它可把1个字的内容设定到指定的连续存储区中，只要指出该区的起始地址及末了地址。这个指令可很方便地用于对PLC的一些存储区进行初始化。

字交换指令，可进行两个地址内容的交换。

欧姆龙还有带偏移目标地址的传送指令DIST。可把源地址的内容传送给某基址加偏移地址后的地址。这种传送类似使用指针，较灵活，便于存储数据，或从同一子程序中取出的数存于不同的单元中。

欧姆龙还有带偏移源地址的传送指令，COLL。可把某基址加偏移地址后的地址的内容传送到某个目标地址。这种传送也类似使用指针，便于取数，或同一子程序可使用不同的参数。

除了字、双字、多字传送，还有BCD码的位（digit）及十六进制的位（bit）传送等，这些指令给数据处理都提供了方便。

（2）比较指令，也称关系运算指令

1）欧姆龙常用的比较指令CMP。执行它时，实现两个数的比较，并依据比较结果使相应的标志位置位。

比较结果位有3个：EQ（等于），第1、第2比较数相等；LE（小、等于），第1个数小于第2个数；GR（大、等于），第1个数大于第2个数。

2）三菱PLC比较指令。其格式如下：

$$—[\quad CMP \quad D1 \quad D2 \quad M1 \quad]$$

这里方括号左边横线为执行本指令的逻辑条件；方括号中CMP为指令名称，D1为第1比较数，D2为第2比较数，M1（在此虽只指明M1）~M3为比较结果标志。当D1>D2时，M1 ON，其它OFF；当D1=D2时，M2 ON，其它OFF；当D1<D2时，M3 ON，其它OFF。

三菱的CMP与MOV一样可加前、后缀D、P，实行双字比较或微分执行。

3）西门子PLC触点比较指令。可进行各种长度及不同数据类型的比较，其结果可当作梯形图的逻辑条件使用。图1-53所示为使用西门子PLC比较指令的梯形图程序。

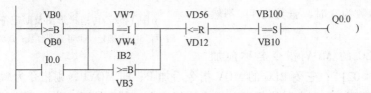

图1-53　使用西门子PLC比较指令的梯形图程序

图1-53中除了常开触点I0.0及输出Q0.0外，全部为比较指令。要使Q0.0产生输出，其条件是：VB0（字节整数）要≥QB0（字节整数）或I0.0 ON，同时VW7（字整数）=VW4（字整数）或IB2（字节整数）≥VB3（字节整数），同时VD56（双字浮点数）≤VD12（双字浮点数），同时VB100（字符）=VB10（字符）。

4）三菱PLC触点比较指令。图1-54所示为使用三菱触点比较指令的梯形图程序。

图中除了常开触点X002及输出Y000外，其它的为比较指令。从图知，要使Y000产生输出，其条件是：D1（字整数）要大于D2（字整数），同时X002 ON，或D10（双字，这里大于号之前加D，为双字的含义）≥D20（双字）。

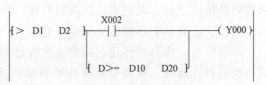

图1-54　使用三菱触点比较指令的梯形图程序

欧姆龙新机型也有类似此触点比较指令。

5）欧姆龙PLC还有表比较指令，可把一个数与若干个数比较，哪个数相等，则指定字中相应位ON；否则，OFF。块（范围）比较指令，它的比较表是16对数，列出被比较数的上下限。当这个比较数处于被比较数的某上下限之间（含上、下限本身），视同比较相等，可使指定字的相应位ON；否则，OFF。

提示1： 比较指令对应操作数的格式应一致，否则无法得到预期的结果。

提示2： 比较指令是实现逻辑判断的基本手段。正确理解与巧妙使用比较指令，是PLC编程的关键之一。

（3）移位指令

移位指令用于字或多个位（bit）二进制数依次顺序左移或右移。有多种多样的移位指令：

1）简单左移：执行一次本指令移一次位。移位时用 0 移入最低位。原最低位的内容，移入次低位，……，依次类推，最高位的内容移出，或移入进位位（而原进位位的内容丢失）。有的 PLC 可设为，每次可移多个位。

2）简单右移：与左移不同的只是它为右移，先把进位位的内容移入字的最高位，原最高位的内容移入次高位，……，依次类推，原最低位的内容丢失，或移入进位位（而原进位位的内容丢失）。有的 PLC 可设为，每次可移多个位。

3）循环左移：它与简单左移不同的只是它的进位位的内容不丢失，要传给 00 位，以实现循环。

4）循环右移：与循环左移不同的是 00 的内容不丢失，传给进位位，原进位的值传给第 15 位，以实现循环右移。

5）可设定输入值的移位：如左移，不是都用 0 输入给最低位，而是可设定这个输入的值。

6）可逆移位指令：用控制字控制左还是右移，并可实现多字移位。

7）有数位（digit）移位，可左移，也可右移。移位的对象可以多个字。

8）字移位：以字为单位的移，执行一次本指令移一个字。移时 0000 移入起始地址（最小地址），起始地址的原内容移入相邻的较高地址，……最高地址（结束地址）的内容丢失。多次执行本指令，可对从起始到结束地址的内容清零。

图 1-55 所示为 3 家 PLC 左移指令梯形图符号。

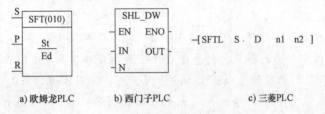

a）欧姆龙PLC   b）西门子PLC   c）三菱PLC

图 1-55 PLC左移指令梯形图符号

图 1-55a 中，St 是移位开始通道；Ed 是移位终了通道；P 是移位脉冲输入；R 是复位输入；S 是移位信号输入。当 P 从 OFF 到 ON 时，而 R 又为 OFF，则从 St 到 Ed 间的各个位，依次左移一位，并把 S 的值（OFF 或 ON）赋值给 St 的最低（00）位，Ed 的最高（15）位溢出；但如 R 复位输入 ON，移位禁止，并 St 到 Ed 各通道清零。

图 1-55b 中，SHL 之后加 DW 为双字，即 4 个字节移位，EN 为此指令执行条件。其输入为 ON，才能执行本指令，否则，不执行。IN 是进行移位的双字，OUT 是移位结果输出的双字，N 是每执行一次本指令将移位的位数。每次移位时，除了移位双字各位值相应左移，并用 0 填入移入的位。

图 1-55c 中，S 是移位源；D 是移位的输出；n1 为指定源及输出位数；n2 是指定执行一次本指令将移位的位数。本指令的输入为 ON，才能执行本指令，否则，不执行。每次移位时，除了移位指定的各位值相应左移，并用移位源的值填入移入的位。

图 1-56 所示为使用 PLC 左移指令梯形图程序。本程序的功能是：当 0.02、I0.2 及 X002 OFF 时，而 0.01、I0.1 及 X001 从 OFF 到 ON，则使输出（从 10 通道开始到 11 通道、QD04 双字及从 Y000~Y37 共 32 个位）左移 1 位。对图 1-56b 和 c，为了能把 I0.0 及 X000 的值赋值给这里的"输入位"，即 Q3.00 及 Y000，以及能对移位用的双字或各个位清零，这里增加了两组指令。目的是使其也具有图 1-56a 的功能。

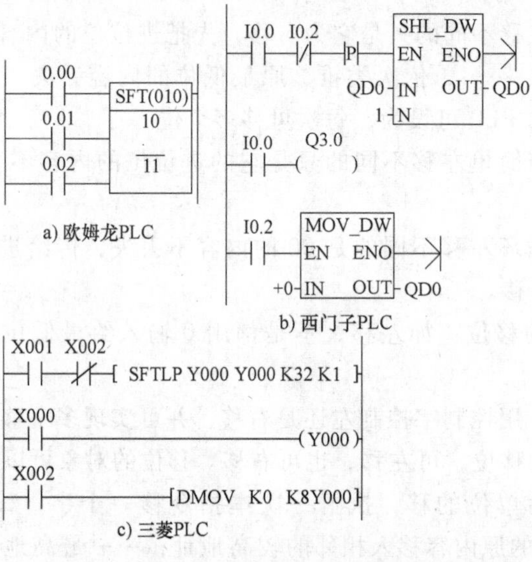

图 1-56　PLC 左移指令梯形图程序

提示：西门子数据存储格式（顺序）与欧姆龙、三菱不同，是高字节存低位数，低字节存高位数。故上述输入位用 QB3.0，而不像欧姆龙用 10.00，也不像三菱用 Y000。西门子 PLC 字节间的移位，以图 1-56b 为例，是：Q 3.7 移给 Q2.0；Q 2.7 移给 Q1.0；Q 1.7 移给 Q0.0。各字节中的移位，则也是从低位到高位移，即 Q0.6 移给 Q0.7，Q0.5 移给 Q0.6 等。三菱 PLC 的移位，以图 1-56c 为例，是：Y0.7 移给 Y1.0；Y 1.7 移给 Y2.0；Q 2.7 移给 Y3.0。各 8 位中的移位，则也是从低位到高位移，即 Y0.6 移给 Y0.7，Y0.5 移给 Y0.6 等。欧姆龙 PLC 的移位，以图 1-56a 为例，是：10.15 移给 11.00。各字中的移位，则也是从低位到高位移，即 10.06 移给 10.07，10.05 移给 10.06 等。

移位指令是很有用的。不仅在数据处理时要用到它，而且在逻辑量控制时也常用到它。当然，以上讲的也还不是移位指令的全部，也不是所有 PLC 都有以上讲的这些移位指令。具体使用此类指令，也可能还有一些细节，故使用时可参阅有关帮助。

（4）译码指令

用以译码，以适应数据使用或实现控制的需要。

最常用的为 BCD 码与二进制码（BIN）转换用指令。BCD 为二进制码转换成 BCD 码指令。BIN 为 BCD 码转换二进制码指令。有的 PLC 还有可处理双字的 BCD 及 BIN 指令，可进行两字长转换。

还有为 4 转 16（DMPX、DECO）及 16 转 4（MLPX、ENCO）的译码指令。

1）4 转 16：此指令可用一个输入（源）数位（digit，由 4 个 bit 组成）的值，使一个

16 位二进制输出（目标）数中，与该值相等的位 ON，其它位 OFF。当使用数值去控制不同的输出时，常要使用到此指令。而多数 PLC 都提供有这个指令。

图 1-57 所示为组不同 PLC 使用 4 转 16 指令的梯形图程序。其作用都是用 4 个输入点（分别是 0.00～0.03、I0.0～I0.3 及 X000～X003）组成的一个数位（digit）的不同取值（十六进制编码），去控制输出（分别为 10.00～10.15、Q0.0～Q1.7 及 Y000～Y017）。

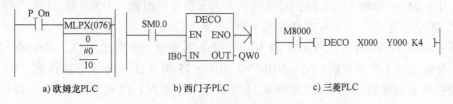

a) 欧姆龙PLC　　　　b) 西门子PLC　　　　c) 三菱PLC

图 1-57　使用 4 转 16 指令梯形图程序

如图 1-57 给出的程序，如输入（编码）值为 6，则将使 10.06、Q1.6（注意：西门子位在字中的排序与其它 PLC 不同，其升幂先是高字节的 00～07 位，后为低字节的 00～07 位，故这里为 Q1.6，而不是 Q0.6）及 Y006 ON，而其它各位全 OFF。再如输入（编码）值为 11，则将使 10.11、Q1.3（八进制计算）及 Y013（八进制计算）ON，而其它各位全 OFF。再如输入（编码）值为 0，则将使 10.00、Q0.0 及 Y000 ON，而其它各位全 OFF。有了这个程序，如用 16 位的拨码开关接输入点，则可很方便地用这个开关的不同设置，产生不同输出。如用增计数器作为这里的源，也可用计数值的变化，一步步改变输出。

提示 1：如图 1-57b 所示，西门子 S7-200 的 DECO 指令的输入（IN）是字节，且其作用的仅它的低 4 位（如图，为 I0.0～I0.3），输出是两个字节，16 个位。只要其 EN 端逻辑条件 ON（图中 SM0.0 为常 ON 触点，故此条件满足），即执行本指令。而 S7-300、400 则没有这个指令。

提示 2：如图 1-57c 所示，三菱的 DECO 指令稍复杂，功能也稍强。如图，X000～X003，4 个位，为源（S·输入），Y000～Y017 为目标（D·输出），16 个位。只要执行它的逻辑条件 ON（图中 M8000 为常 ON 触点，故此条件满足），即执行本指令。为什么这里输入为 4 位，输出为 16 位？这与常数（n）的取值为 4 有关。

图 1-58 所示为三菱 DECO 指令 n 的取值及其含义示意。

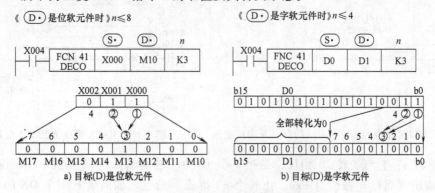

a) 目标(D)是位软元件　　　　b) 目标(D)是字软元件

图 1-58　三菱 DECO 指令 n 的取值及其含义

当目标（D）是"位"软元件时，n 取值应小于或等于 8。输出位数是 2 的 n 次方。图 1-57c 的 n 为 4，故输出为 16 位，对应的输入为 4 位。如 n 为 8，则可输出 256 位。图 1-58 中 n 为 3，故输出为 8 位，对应的输入为 3 位。该图输入 X000、X001 ON，X002 OFF，其值为 3，故 M13 ON，其它 7 位均 OFF。

当目标（D）是"字"软元件时，n 取值应小于或等于 4。输出位数也是 2 的 n 次方。图 1-58b 中 n 为 3，故输出为 8 位，对应的输入为 3 位。该图输入 D0 的低 3 位值为 3，故 D1 的第 3 位 ON，其它位，含高字节各位均 OFF。

提示：如图 1-57a 所示，欧姆龙的 MLPX 指令更复杂，功能也更强。000.00 ~ 000.03，4 个位，为源（第 1 个操作数、S），010·00 ~ 010·15 为目标（第 3 个操作数、R），16 个位。只要执行它的逻辑条件 ON（图中 p_ ON 为常 ON 触点，故此条件满足），即执行本指令。为什么这里输入为 4 位，输出为 16 位？这与 #0（第 2 个操作数，控制字的取值）有关。

图 1-59 所示为 MLPX 指令控制字（第 2 个操作数，C）的含义及应用实例。这里 C 有 4 个数位，其中数位 0（n）指的是"源"字（S）中哪个数位用作输入，数位 1（l）指的是有多少数位用作输入。自然，输入数位多，输出也多（4 对 16）。

如图 1-59 所示，这里 $n=2$，$l=1$（0 时用 1 个数位，1 用 2 个，余类推）。所以，如 S 中数位 2 的值为 m，则 R 字中的 m 位 ON。如 S 中数位 3 的值为 p，则 R+1 字中的 p 位 ON。

控制字 C 的数位，这里为 0。如数位 3 取值为 1，将进行 8 到 256 的译码（老机型无此功能）。256 为 16 个字组成的 256 个位。8 为 8 个字节为一组，每组两数位十六进制数，其值变化范围为 00 ~ FF，正好对应于 256 位的 00 ~ 255 位。8 到 256 译码，本质上与 4 到 16 是相同的，只是它的通道长（位数）不是 16，而是 256，位（号）不是 0 ~ F，而是两位十六进制数 00 ~ FF。但 8 到 256 最多只能进行两组，不像 4 到 16 可进行 4 组译码。图 1-60 所示为 MLPX 指令 8 到 256 应用实例。

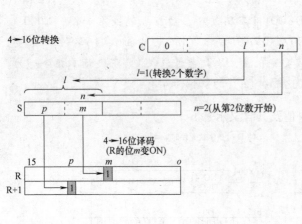

图 1-59 MLPX 指令控制字（C）的含义及应用实例　　图 1-60 MLPX 指令 8 到 256 应用实例

2）16 转 4：它与 4 转 16 相反，是把一个 16 位二进制输入（源）数中 ON 位的序号，作为一个输出（目标）数位（digit，由 4 个 bit 组成）的值。如前者有多个 ON 的位，则取其最大（对 S-200 相反，取其最小，欧姆龙 CJ1 等机可选定）的位。当需对不同的输出进行记录时，常要使用到此指令。而多数 PLC 都提供有这个指令。

图 1-61 为一组不同 PLC 使用 16 转 4 指令的梯形图程序。其作用都是将 16 个触点（分别是 10.00~10.15、Q0.0~Q1.7 及 Y000~Y017）的不同取值（十六进制编码），译成一个数位（digit）输出（分别为 100.00~100.03、VB0.0~VB0.3 及 D0 的低 4 位）。

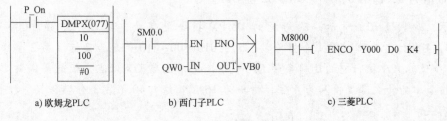

a) 欧姆龙PLC   b) 西门子PLC   c) 三菱PLC

图 1-61 用 16 转 4 程序

如图 1-61 程序，如输入 10.06、Q0.6 及 Y006 ON，而其它各位全 OFF，则将使 100、D0 字、VB0 字节的低数位（数位 0）的值将为 6。如 010.11、010.9、Q1.3、Q1.1 及 Y013、Y011 ON，而其它各位全 OFF，则将使 100、D0 字的低数位（数位 0）的值将为 11，而 VB0 字节的低数位（数位 0）的值、将为 9。有了这个程序，可很方便地把输出点的输出情况予以记录。

> 提示 1：如图 1-61b 所示，西门子 S7-200 的 ENCO 指令的输入（IN）是两个字节，输出是一个字节，只要其 EN 端逻辑条件 ON（图中 SM0.0 为常 ON 触点，故此条件满足），即执行本指令。而 S7-300、400 则没有这个指令。
>
> 提示 2：如图 1-61c 所示，三菱的 ENCO 指令，稍复杂，功能也稍强。如图，Y000~Y017，16 个位，为源（S·，输入），D 的低数位为目标（D·，输出），4 个位。只要执行它的逻辑条件 ON（图中 M8000 为常 ON 触点，故此条件满足），即执行本指令。为什么这里输入为 16 位，输出为 4 位？这与常数（n）的取值为 4 有关。

图 1-62 所示为三菱 ENCO 指令 n 的取值及其含义示意。

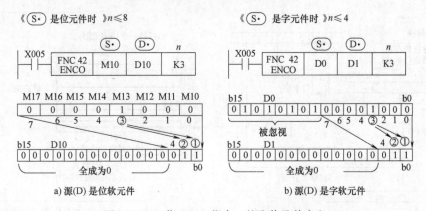

a) 源(D)是位软元件   b) 源(D)是字软元件

图 1-62 三菱 ENCO 指令 n 的取值及其含义

当"源"（S）是"位"软元件时，n 取值应小或等于 8。输入位数是 2 的 n 次方。图 1-61c 的 n 为 4，故输入为 16 位，对应的输出为 4 位。如 n 为 8，则可输入 256 位。

图 1-62 的 n 为 3，故输入为 8 位，对应的输出为 3 位。该图输入 M13 ON，故 D10 的低 3 个位的取值为 3，即第 0、1 位 ON、03 位 OFF。

当"源"（S）是"字"软元件时，n 取值应小或等于 4。输入位数也是 2 的 n 次方。图 1-62 中 n 为 3，故输入为 8 位，对应的输出为 3 位。该图输入 D0 的第 3 位 ON，故 D1 的低 3 个位的取值为 3，即第 0、1 位 ON、02 位 OFF。

> 提示：如图 1-61a 所示，欧姆龙的 DMPX 指令更复杂，功能也更强。000·00～000·03，4 个位，为源（第 1 个操作数，S），010·00～010·15 为目标（第 2 个操作数、R），16 个位。只要执行它的逻辑条件 ON（图中 p-on 为常 ON 触点，故此条件满足），即执行本指令。为什么这里输入为 4 位，输出为 16 位？这与 #0（第 3 个操作数、控制字的取值）有关。

图 1-63 所示为 DMPX 指令控制字的含义及应用实例。这里 C 有 4 个数位，其中数位 0（n）指的是"源"字（S）中哪个数位用作输出，数位 1（l）指的是有多少数位用作输出。自然，输出数位多，输入也多（4 对 16）。

如图 1-63 所示，这里 n=2，l=1（0 时用一个数位，1 用 2 个，余类推）。所以，如 S 中第 m 位 ON，则 R 的数位 2 的值为 m，如 S+1 中第 p 位 ON，则 R 的数位 3 的值为 p。

控制字 C 的数位 2，可为 0，也可为 1（老机型无此功能）。如为 0，若 S、S+1 有多位 ON，以最左（高）位 ON 为准。如为 1，若 S、S+1 有多位 ON，以最右（低）位 ON 为准。

控制字 C 的数位 3，这里默认为 0。如数位 3 取值为 1，将进行 256 到 8 的译码。256 为 16 个字组成的 256 个位。8 为 8 个字节为一组，每组两数位十六进制数，其值变化范围为 00～FF，正好对应于 256 位的 00～255 位。256 到 8 译码，本质上与 16 到 4 是相同的，只是它的通道长（位数）不是 16，而是 256，位（号）不是 0～F，而是两位十六进制数 00～FF。但 256～8 最多只能进行两组，不像 16～4 可进行 4 组译码。

图 1-64 所示为 DMPX 指令 256 到 8 应用实例。

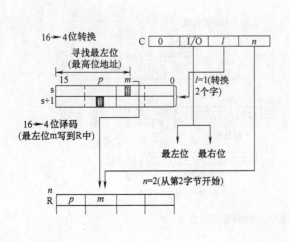

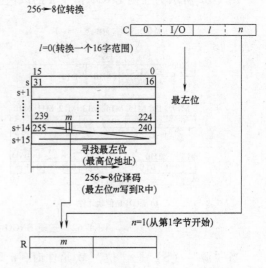

图 1-63　DMPX 指令控制字的含义及应用实例　　　图 1-64　DMPX 指令 256 到 8 应用实例

译码指令，除了以上，还有 7 段译码指令：可把 BCD 码译成 7 段码，用于数字显示。

ASCII 码转换指令：把十六进制数译成 ASCII 码。

十六进制译码指令：把 ASCII 码译成十六进制码。

译码指令是很有用的。在数据处理时，要用到它，而且常用到它。当然，以上讲的也还不是译码指令的全部，也不是所有 PLC 都有以上讲的这些译码指令。具体使用此类指令，也可能还有一些细节，使用时可参阅有关帮助。

（5）数字运算指令

最常用的为 1 个字的 BCD 码（仅欧姆龙）或十六进制数的 +、-、×、\ 指令。还有双字（8 位 BCD 码）或十六进制 +、-、×、\ 指令。性能稍高的 PLC，还有浮点数的 +、-、×、\ 指令。

此外，多都还有加 1、减 1（欧姆龙为 BCD 码，而西门子、三菱为十六进制码）及进位位置位、复位指令。

为了适应在数据处理的需要，有的 PLC 还有在一组数中求最小值 MIN、在一组数中求最大值 MAX、求一组数的平均值 AVG、求一组数的总和 SUM 等指令。

有的 PLC 还有三角函数、对数、指数，数值插值运算等指令。

随着 PLC 技术的发展，以及满足模拟量控制、脉冲量控制及通信的需要，运算指令越来越多，功能也越来越强。有的 PLC 可以进行 PID 运算，以适应比例、积分、微分控制算法的要求；可进行校验和运算，以适应通信数据校验的需要。

此外，还有种种逻辑运算指令。如"字与""字或""字异或"及"字同或"等指令。

提示 1：欧姆龙 PLC 进行 BCD 码加减运算时，进位位（CY）也是其运算成员。它既是运算原始数据（1 或 0）之一，又要存放运算结果（有进位或借位时置 1，否则置 0）。如加运算是 Au（被加数）+Ad（加数）+CY→CY，R（结果）。如减运算是 Mi（被减数）-Su（减数）-CY →CY，R。但其新型机，也有不像上述那样，包含进位位的 BCD 码加、减指令。

提示 2：西门子 PLC 除了用字、双字运算，还可用字节运算。西门子、三菱所有整数运算都是带符号十六进制码，如单字，其值在 -32718~32717 之间变化。

提示 3：欧姆龙、三菱整数单字乘，其积要占两个字；双字乘，要占 4 个字。整数单字除，其商占一个字（存于指定结果字的地址中），其余数占一个字（存于指定结果字地址 +1 的地址中）；双字除，其"商"占 2 个字（存于指定结果字的地址及其加 1 的地址中），其"余数"占 2 个字（存于指定结果字地址 +2 及加 3 的地址中）。而西门子 PLC 通用的乘、除指令，其运算的积、商所占的字长如同计算机，与参加运算的数相同。当其乘积（及加运算的和、减运算的差）超过相应字长，则出错，不能进行运算。数运算不记录余数，除 0 也出错。但它也有带有记录余数的除指令（DIV）。这指令的目的操作数的长度则是参加运算数长度的 2 倍。

提示 4：为了正确使用运算指令，要使用好运算标志位，如进位位、溢出位、出错位、结果为 0 位等，以判断计算的正确性。对西门子 PLC，还可利用执行指令后的 ENO 输出，观察运算是否执行。只是在各厂商、各型别的 PLC 间，这些标志位的含义多不大相同，如三菱 FX 机的借位标志（M8021），不是被减数比减数小 ON，而是减的结果比 -32768 还要小才 ON。

提示5：同样是专用计算指令，如三角函数，各家PLC对其处理是不同的。如SIN函数，当自变量大于360°（2π）时，FX2N机均按360°（2π）处理，而S7-200则与普通处理相同。所以，对一些运算指令，不妨先作些测试，然后再使用。

2. 流程控制指令

PLC执行指令，一般是总是从零地址开始执行，依次进行，直到最后一个指令为止。而且，这个程序总是周而复始不断地重复着。但为了简化编程或减少扫描时间，或实现特殊控制，常常要改变程序的这个流程。

为此，PLC都设有控制程序流程的指令。主要有跳转、步进、循环、使用子程序及中断。

（1）跳转指令

欧姆龙机用的为JMP及JME。这两条配对使用。

JMP指令执行前，要建立逻辑条件。JME不要条件，只是表示跳转结束。要跳转的程序列于这两个指令之间。

当执行JMP时，若其逻辑条件为ON，则不跳转（注意：它与计算机汇编语言跳转含义相反），照样执行JMP与JME间的指令，如同JMP、JME不存在一样；若为OFF，则JMP与JME间的程序不执行，有关输出保持不变。JMP、JME可嵌套使用，但有时其层次要受限制的。JMP、JME编号使用时，配对的两个，编号要一致。

三菱与西门子PLC的跳转类似计算机汇编语言的跳转，若其逻辑条件为ON，则跳转到指定的标号的语句去执行。这种跳转情况稍复杂一些，使用时要小心。弄不好，易出现程序死循环。那是绝对不允许的。

图1-65所示为跳转指令使用示意。

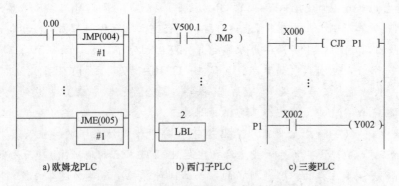

a）欧姆龙PLC   b）西门子PLC   c）三菱PLC

图1-65 PLC的跳转指令使用示意

图1-65a为欧姆龙的跳转，0.00 OFF时，JMP到JME之间的指令跳过，不执行。反之，执行。图1-65b为西门子的跳转，V500.1 ON时，跳转到LBL2处，被跳过的指令不执行。反之不跳，JMP后的指令依次执行。图1-65c为三菱的跳转，X000 ON时，跳转到标号P1处，被跳过的指令不执行。反之不跳，CJP后的指令依次执行。

不同厂商PLC跳转指令的差别，正如其它指令的差别一样，都只是大同小异。目的都是跳转，只是表达的方法，各有其不同而已。

GE PLC也有跳转指令。执行时在JUMP和LABLE之间的程序被忽略，不执行；其中间的子程序不被调用；其中间的计时器当前值被保持；其中间程序的执行结果保持上一次的执行结果。注意的是 JUMP 和 LABLE 的名字必须一致；任意几个 JUMP 和 LABLE 之间不能交叉使用；JUMP 和 LABLE 可以嵌套使用，其嵌套深度由 CPU 的类型决定。

当程序需要分支执行时，使用到跳转，不仅可实现编程要求，而且还可减少程序扫描时间，提高程序的运行效率。

与跳转类似的还有互锁、主控指令。欧姆龙称互锁 IL、互锁清除 ILC 指令。这两个指令在形式上与跳转指令类似，也是要配对使用。但功能不同，它不改变程序流程，只是像电路的"总开关"一样，影响 IL 与 ILC 间的程序执行，如图 1-66 所示。

图 1-66 中"正常执行"意指："总开关"合上，不影响 IL 与 ILC 间的程序执行。"输出互锁"意指："总开关"断开，IL 与 ILC 间的程序执行条件全为 OFF，即其间的输出全被互锁住。IL 与 ILC 可嵌套使用。

图 1-67 所示为主控指令及其使用。

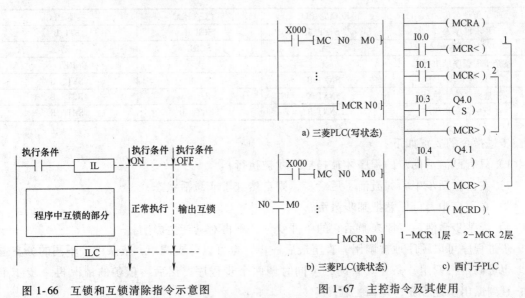

图 1-66　互锁和互锁清除指令示意图　　　　图 1-67　主控指令及其使用

图 1-67a、b 所示为三菱 PLC 的主控指令及其使用。图 1-67a 为处于写状态时的梯形图。其中 MC 及 MCR 之间的指令执行，受执行条件 X000（可以是别的）控制。X000 ON，则 M0 ON，之间的指令正常执行。否则，输出互锁。图 1-67b 所示为处于读状态时的梯形图。这里"总开关"的作用显示得很形象。指令中的 N0 为配对主控指令使用的编号。当然，MC 与 MCR 的编号要一致。MC 与 MCR 也可嵌套使用。

图 1-67c 所示为西门子 S7-300、400 的主控指令。MCRA（主控指令激活）及 MCRD（主控指令激活停止）是配对的，只有在主控指令激活区中主控指令才有效。MCR<（主控继电器 ON）及 MCR>（主控继电器 OFF）也是配对使用，而且也可嵌套，图 1-67c 为 2 层嵌套。

这里的几个主控指令的作用如本例是：当 I0.0 及 I0.1 ON，则 Q4.0 及 Q4.1 的状态分别取决于 I0.3、I0.4，如同这里不存在这几个主控指令一样；当 I0.0 ON 及 I0.1 OFF，则 Q4.1 的状态取决于 I0.4，如同这里不存在这第 1 层的 MCR<、MCR>一样，而 Q4.0 则必

OFF，不管 I0.3 的状态如何；当 I0.0 OFF，则 Q4.0、Q4.1 的均 OFF，不管 I0.3、I0.4 以至于 I0.1 的状态如何。要说这里的特别之处是在 MCR<之前，需先执行 MCRA，而在 MCR>之后，要执行 MCRD。

GE PLC 也有类似指令。它称之为分支指令（MCR、ENDMCR）。执行 MCR 指令逻辑条件不具备，则：MCR 和 END_ MCR 之间的程序被忽略，不执行；其中间的子程序不被调用；其中间计时器当前值被清；其中间所用的常开线圈被复位。而使用时要注意的是：MCR 和 END_ MCR 要指明名字，而且两者名字必须一致；任意几个 MCR 和 END_ MCR 之间不能交叉使用；MCR 和 END_ MCR 可以嵌套使用，其嵌套深度由 CPU 的类型决定。

（2）步进指令

PLC 多设有步进指令。步进指令有步程序入口、步（进）程序结束、步程序调用（激活）等。表 1-8 所示为这三家 PLC 的步进指令。

表 1-8　PLC 的步进指令

指令名称	欧姆龙 PLC	西门子 PLC	三菱 PLC
B 步程序入口	STEP B	SCR B	STL B
一个步结束标志	无	SCRE	无
整个步进程序结束标志	无	无	RET
初始调 B 步程序	SNXT B	S　B	SET　B
步进程序停止执行	SNXT X	R　B	RST　B
在步中调新步程序	SNXT B	SCRT　B	SET　B

步进指令的要点如下：

1）只有已激活的步的程序才被扫描，才被执行；

2）在已激活步中，如激活了后续步，则自然处于非激活状态；

3）在程序中，可任意把某步激活；

4）当某步激活后，原来激活它的条件变化，不再对其产生影响。

步进程序可以顺序地被调用，直至最后一步。也可以分支调用，依条件按不同的分支进行。也可以平行调用，条件具备时，可同时调两个步程序，然后再依各的情况再一步步推进，直到退出步进程序，返回主程序。

图 1-68 所示为 3 家 PLC 用于步进指令及其的使用例子。

图 1-68a 为欧姆龙 PLC 步进指令及其使用。它用 W0.00 等（内部工作区）作为步标识。当 0.00 ON，步 W0.00 被激活，A 段程序（在虚线处，程序未画出，下同）被扫描、被执行。这时，如 0.01 ON，则 W0.01 步激活，并退出 W0.00 步，B 段程序被扫描、被执行。这时，如 0.2 ON，则 W100.00 步激活，并退出 W0.01 步。但，如程序中无此步，则意味着退出步进程序。欧姆龙无步及整个步进程序结束指令。

提示 1：欧姆龙用的标识 B 可以是任何继电器。而其它两家 PLC 的标识 B 只能是状态继电器 S。

提示 2：欧姆龙 PLC 所有步进指令应放在其它主程序之后，子程序（见后）之前。如果主程序放在它之后，那这部分主程序将不执行；如把它放在子程序之后，它也将不执行。

图 1-68b 为西门子 PLC 步进指令及其使用。它用 S0.0 等作为步标识。当 I0.0 ON，步

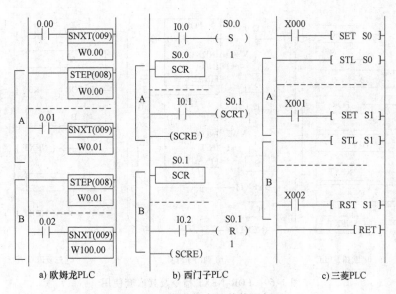

图 1-68 步进指令及其使用例子

S0.0 被激活，A 段程序被扫描、被执行。这时，如 I0.1 ON，则 S0.1 步激活，并退出 S0.0 步，B 段程序被扫描、被执行。这时，如 I0.2 ON，则 S0.1 复位，退出 W0.1 步。图 1-68b 每步程序都有结束指令（SCRE）。

图 1-68c 为三菱 PLC 步进指令及其使用。它用 S0 等作为步标识。当 X000 ON，步 S0 被激活，A 段程序被扫描、被执行。这时，如 X 001 ON，则 S1 步激活，并退出 S0 步，B 段程序被扫描、被执行。这时，如 X002 ON，则 S1 复位，退出 S1 步。图 1-68c 中 RET 指令代表步进程序结束。

> **提示 1：**欧姆龙调新步时，旧的步先 OFF 后，然后，新的步才 ON。即新的与旧的步从不同时工作。而三菱 PLC、西门子 PLC，则是新的步先 ON 后，旧的步才 OFF，即新、旧的步将同时 ON 一个扫描周期。
>
> **提示 2：**三菱 PLC 步进程序，还可用 SFC 语言编程。

（3）循环指令

它由 FOR 和 NEXT 两条指令组成，配对使用。FOX 为循环开始，而 NEXT 为循环结束。其功能是使这两条指令间的指令按指定的次数重复执行。重复多少次，则在 FOR 指令中指明。

FOR-NEXT 循环可嵌套，但层数是有限制的。其限制的约定，随 PLC 型别而定。图 1-69 所示为 3 家 PLC 用于两层嵌套的使用例子。

从图 1-69 知，这里外层都是重复执行 3 次，而内层 2，则执行 2 次。程序段 A、B 和 C 都是如下执行：A →B →B →C，A →B →B →C，A →B →B →C。

执行循环程序时，如需要临时退出，对欧姆龙 PLC 可在需退出处，用 BREAK 指令。若要从嵌套循环中退出，则需要多个（嵌套层数）BREAK 指令。而西门子、三菱 PLC 则可用跳转指令，指定跳到循环外的某标号处。西门子还可用 INDX 值处理。每当执行一次循环，

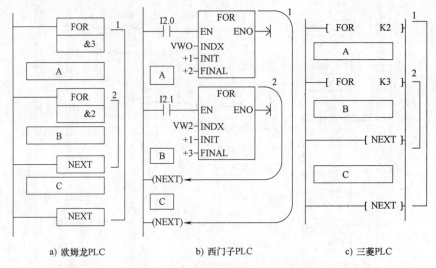

a) 欧姆龙PLC　　　　b) 西门子PLC　　　　c) 三菱PLC

图 1-69　FOR-NEXT 指令及其嵌套使用

INDX 值将加 1。当它大于等于 FINAL 值时，也可退出循环。此外，它的 FOR 指令还要求先设置逻辑条件，如图 1-69b，I2.0 ON（对 1）及 I2.1ON（对 2）即为它们的逻辑条件。

（4）子程序

子程序指令总是含子程序入口、子程序结束标志及子程序调用等指令。表 1-9 所示为 3 家 PLC 用的子程序指令。表中 N 为子程序标号。

表 1-9　PLC 子程序指令

指 令 名 称	欧姆龙 RLC	西门子 PLC	三菱 PLC
子程序入口	SBN　N		P　N
子结束标志	RET	RET	SRET
子程序调用	SBS　N	CALL　N	CALL　N

子程序指令的要点如下：

1）子程序入口到子程序结束指令间的程序为子程序；

2）在一个程序中，可以有多个子程序，用标号 N 相区别；

3）不是子程序的其它程序为主程序；

4）西门子 PLC 的子程序安排在不同标号的单独程序模块中，因此，它无入口指令，也无须结束指令；

5）欧姆龙、三菱 PLC 子程序安排在主程序之后 END 指令之前，但三菱 PLC 的主程序之后，要加主程序结束指令（FEND），子程序则放在 FEND 指令之后。

6）在主程序中，可用相应指令调用子程序，被调用一次，则被扫描、被执行一次，可多次使用；

7）在子程序中，也可用相应指令调用其它子程序，但不能调自身，即可嵌套，但不能递归。调的层数也是受限制的，其限制的约定，随 PLC 型别而定；

8）子程序一旦调用，总是从入口直到结束。但西门子可用 RET 指令，于中途退出，而其它两家 PLC 则可用跳转指令中途退出。

图 1-70 所示为 3 家 PLC 子程序指令及其使用。

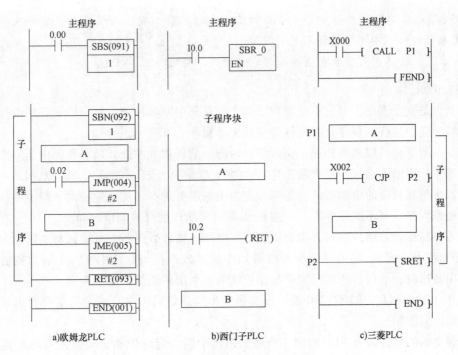

a)欧姆龙PLC　　　　b)西门子PLC　　　　c)三菱PLC

图1-70 子程序指令及其使用

从图1-70知，当调用子程序逻辑条件成立（如图中0.00、I0.0、X000 ON），则都将转去执行子程序，执行后，再接着执行主程序的后续部分。如图1-70中0.02 OFF及I0.2、X002 ON，则在子程序中，执行A部分程序后，中途退出；否则，执行A、B两部分程序都执行完，才退出。

> **提示**：所有的子程序都要安排在主程序的后面，在END指令之前。不然，子程序后的主程序指令将不被执行。

对一些多任务编程的PLC，其子程序还有全局与局部之分。局部子程序只能用于本任务。要想所有任务都能调用，要用全局子程序。

如欧姆龙CJ系列机，全局子程序指GSBN（751）和GRET（752）之间的程序段。调用指定编号的全局子程序，要用全局子程序调用指令GSBS（750）。

三菱Q系列等中、大型机除了用CALL正常调用子程序。还有FCALL（输出OFF调用）、ECALL（程序文件之间子程序调用）、XCALL等指令。

> **提示1**：西门子S7-200机的子程序可带参数。参数用子程序的局部变量自行定义。参数有子程序输入（IN）、输出（OUT）及输入、输出（IN-OUT）兼而有之共3种。在调子程序时，输入参数要写在输入端；输出参数要写在输出端；输入、输出参数既要写在输入端，又要写在输出端。当然，如不定义局部变量，将不带参数。具体运用实例见本书第2章第6节。
>
> **提示2**：欧姆龙、三菱小型机的子程序不带参数。但在调用前可作预处理，调后再作后处理，也可起到带参数的作用。欧姆龙PLC还有宏调用，类似于带参数子程序。只是，它的参数使用限制较多。

提示3：三菱Q系列等中、大型机的子程序也可带参数。但位参数只有输入、输出。并要用专用内部器件，即功能软元件FX（入）、FY（出）、FD（寄存器）作形式参数。同时也有宏。宏的形式参数也要用专用内部器件（VX、VY、VD）。

（5）中断

中断也是调子程序，但它不是靠指令调，而是靠中断事件调。且调的子程序编号与所发生的事情对应。这些子程序有时还称为中断服务程序。

PLC中断事件可以来自外部，也可来自内部。前者称外中断，后者称内中断。

外部中断用输入点。当可中断工作（取决于机型及设定）的输入点，从OFF到ON的时，则发生与其对应的中断事件，并调相应的中断服务程序。每发生一次中断事件，则调一次中断服务程序。有了这样中断，可缩短PLC对该输入信号的响应时间。

此外，高速计数信号输入，也会产生多种中断。如计数中断，可输入高速脉冲的输入点（取决于机型及设定），输入高速脉冲会自动中断计数；再如比较中断，中断计数后，会自动进行中断比较；最后，还可根据中断比较结果，调用相应的中断子程序。

另外，有的PLC（如S7-200机）还有通信中断。收到字符，或发送字符及出错等，都会引起相应的中断。

内部中断的事件来自PLC内部。典型的内部中断为定时中断，经设定可准确定时运行相应的中断程序。

为了处理好中断，提高程序的控制可靠性与效率，PLC提供了有关的中断处理指令。表1-10所示为3家PLC的一些有关的中断指令。

表1-10　PLC的一些有关的中断指令

指令名称及含义	欧姆龙PLC	西门子PLC	三菱PLC
中断允许,此指令后允许中断	EI	EI	EI
中断禁止,此指令后禁止中断	DI	DI	DI
中断事件与中断子程序关联	STIM ＊	ATCH	＊＊
中断事件与中断子程序关联取消		DTCH	
设定中断屏蔽	MSKS		
读中断屏蔽	MSKR		
清除中断记录	CLI		

注："＊"仅用于小型机定时中断；"＊＊"中断事件与子程序的关系是确定的。

中断允许、禁止指令用于确定在运行程序时是否允许中断。当程序的某一部分不允许中断时，可用中断禁止指令；某一部分允许中断时，可用中断允许指令。

提示：欧姆龙PLC默认为中断允许。而三菱、西门子PLC则默认中断不允许。为此，后者要使用中断，需先允许中断，而前者做好有关设定就可以了。

设定中断屏蔽是为了确定是否允许某个内、外中断事件产生。如可外中断的输入点，可设定其为从OFF到ON产生中断，也可相反，也可不让其产生中断。

提示：中断允许与中断屏蔽是两个概念，前者是指，所运行的程序是否允许接受中断，后者是指，是否允许中断事件出现后产生中断。前者可用指令处理，而后者多为通过相关设定处理。

PLC处理中断事件是有个过程的。当发生中断事件时，PLC总是先记录发生的事件，并对其按优先级排队。优先级高的先执行，它执行完了，再执行优先级低的。所有中断任务处理完了，再转回执行正常的循环程序。一般讲，优先级与中断的任务号是对应的。中断编号越小，优先级越高。

要注意的是已记录但未执行的中断，其后又发生相同的事件，PLC对此将不理睬。所以，不是发生的所有中断事件都会处理的。另外，对已作记录，但未执行的外中断任务，可用CLI指令取消。

> 提示1：三菱中断子程序入口编号开始字符为 I（不同的事件，有不同的编号），而不是 P；子程序结束指令为 IRET，而不是 SRET。
>
> 提示2：对多任务编程或模块化组织的 PLC，它不调子程序，而是调用 POU。

如果在一个I/O中断任务正在执行时，接收到一个不同的中断输入，输入的中断号在内部被记录，直至当前任务和其它较高优先级别的任务执行完毕。

以上只是对有关PLC的有关指令系统作些简要介绍。只是希望读者能从总体上，或从功能上理解它。至于指令的细节，请参阅有关说明书。

> 提示：弄通 PLC 指令，除了仔细阅读有关说明书，最好的方法是对指令作仿真或联机实际测试。在实际测试中理解要点与细节。

1.4.4　功能、功能块

PLC系统提供的功能与功能块也是PLC指令系统的重要组成部分。目前的趋势是PLC指令在减少，但代替它以至于比它功能更强的功能与功能块越来越多。

传统PLC也有功能、功能块。如西门子S7-300\400的FB41（CONT_C）、FB42（CONT_S）、FB43（PULSEGEN）功能块（FB），可很方便地用以实现模拟量的PID控制。这些功能块将在随后的有关编程介绍中再作说明。

再如欧姆龙新型PLC也新增系统功能块，在安装编程软件后，会自动加载到欧姆龙软件目录下的"Lib\FBL\欧姆龙lib"子文件夹中。而该文件夹下还有"PLC""Inverter""Position Controller""Temperature Controller"等若干子文件夹。这些子文件夹还含有多个子文件夹。如"PLC"文件夹下，就有"ENT""CLK""CPU""SCx""UNIT""CARD"等文件夹。在这些文件夹中，就有cxf文件。将这些文件加载到工程中，分别就会生成一个功能块，就可在工程程序中调用。

新增功能块可方便地扩展PLC的指令系统，增加PLC的功能，使系统升级。而且，系统功能块是按需加载。不用的不加载，不占PLC内存。

> 提示：西门子 PLC 系统功能块多为不可视的。国产 PLC，LM 及 LK 机的系统功能块多是可视，又可复制。欧姆龙系统功能块可视，但不能复制。

新型PLC多不用定时指令而用定时功能块。不用计数指令，而用增计数、减计数及可逆计数功能块。此外，还有其它功能更强的功能块。这些功能块都封装在有关库中。如施耐德PLC就有标准库、控制库、通信库、I/O管理库、运动库、系统库、诊断库、先期库、TCP Open库等。至于库中都有哪些功能块则与具体选用的PLC有关。

AB PLC的库也封装在它的编程软件中。用系统预定义的数据类型形式调用。

和利时LEC G3机的功能或功能块也称扩展指令。也是封装在相应指令库中。如果使用封装在Standard.lib（标准库）和SYSLIBCALLBACK.lib（系统库）中的扩展指令，直接调用就可以了。因为在创建工程时，这两个库中所有指令会自动加载到编程系统中。对封装在其它库中的扩展指令，在调用前，需用 Power Pro 编程软件的库管理器先行加载。然后才可使用。

　　和利时 LEC G3 机的指令库很多，而且是开放的，可以不断添加和生成新的指令（即函数、功能块）。因而，从某种意义上讲，它的指令数量及种类是无限多的，并可根据需要增减。但是，这些库一经添加，即使不调用其中的指令，也会占用用户程序空间，因此在实际编程过程中，建议只添加需要的库。

　　提示： 由于篇幅限制，以下只是简要地介绍本书涉及的 PLC 的一些典型指令。而全面、系统地弄清所使用的 PLC 的指令系统，对正确使用该 PLC，编写好高质量的 PLC 程序，是至关重要的。因此，在 PLC 实际编程过程中，建议要多查阅有关 PLC 的编程手册，切实把有关指令弄懂、弄清。

1.5　PLC 编程软件

1.5.1　概述

1. 编程软件功能

（1）基本功能

基本功能是所有编程软件所必须具有的。主要有如下 6 项：

1）硬件组态。对 PLC 以及相关网络进行组态，如选定 PLC CPU 型号及电源、I/O 等模块，确定 I/O 地址，设置有关模块的参数等。

2）脱机编程。可选用软件提供的编程语言，运用软件具有的编辑手段，编写 PLC 程序，并进行相关语法检查。

3）联机调试。可通过串口或其它通信口与 PLC 通信，远程操控 PLC，向 PLC 下载程序（含硬件设置及程序数据初值），测试及修改程序及程序数据，监控 PLC 工作，观察其是否能实现所预想的功能。

4）现场调试。可在 PLC 工作现场，观察系统工作，调试与修改程序及有关数据机设置。直到程序满足工作要求。

5）PLC 诊断。可与 PLC 联机，在当地或远程诊断以至于升级 PLC 版本，查找故障记录。

6）程序存储。PLC 程序、程序数据及有关设置存储。有的还可用多种文件格式存储。同时，也可打开所存储的文件，以供阅读、修改与使用。此外，多还有导出、导入功能，可把编程中的有关部分导出成不同文件，或导入相关格式文件。以便于与其它应用数据共享。最后，还可打印程序及相关数据文件。

（2）扩展功能

扩展功能是编程软件功能的扩展。有的编程软件有，有的没有。这些功能如下：

1）目标安装。在安装编程软件后，要先运行其中的"安装目标"文件，以选定软件适用的 PLC 类别及型号。如果有新版本的 PLC 使用此软件，还可重新运行，增加新的选定。这样处理，体现了软件的开放性及可扩充性，以至于通用性。如目前和利时 PLC 的编程软件安装 ABB PLC 的目标文件，也可用于 ABB PLC 编程。反之也可以。但目前多数 PLC 软件没有此功能。也因此，不仅厂商间的编程软件不能互用，而且这些厂商一旦推出新机型，其编程软件也需要升级。

2）网络组态。可用软件对 PLC 网络组态。但多数编程软件不具备此功能，网络配置（组态）则另有软件。

3）脱机仿真。可对所编辑程序进行仿真，以检查程序的可行性。但有的编程软件不具备此功能。但如需要多可另行安装仿真软件。

4）视图。可用类似"组态软件"的方法，建立视图，用数表、图形或动画对 PLC 控制系统实施监控。但是，相当多的编程软件无此功能。

5）帮助功能。编程软件多有完善的帮助系统，可为该软件及 PLC 指令使用提供指导。有的还有多媒体示教，可为初学者提供形象的入门指导。

2. 各厂商编程软件概况

（1）欧姆龙 PLC 编程软件

欧姆龙 PLC 编程软件为 CX-One，基于 CPS（Component and Network Profile Sheet）集成开发环境。其主要有：CX-Programmer（用于编程）、CX-Simulator（用于编程仿真）、NS-Designer（用于可编程终端编程）、CX-Motion（用于运动控制编程）、CX-Protocol（用于协议宏通信编程）、CX-Process Tool（用于模拟量控制编程）、CX-Server（用于网络配置与管理）等。最近已升级到 10.0 版本。该软件安装后同时存在于系统中，用户可按需要分别调用。

此外，目前还有简装版（CX-Programmer7.3），可免费从它的网站下载，但仅用于它的一些小型机的编程。

（2）西门子 PLC 编程软件

有 STEP 7 Micro/win 只能用于 S7-200 PLC 编程。而对 S7-300、400 必须使用 SIMATIC STEP 7 编程软件。

SIMATIC STEP 7 比较庞大，功能很强，可用于工程管理、硬件与网络组态、硬件与网络实际测试、脱机编程及在线监控。随着新型 PLC 的出台，其版本也不断更新。

STEP 7 Micro/win 是免费的，可从它的网站上下载。而 SIMATIC STEP 7 是有偿使用的，使用时要有授权，否则无法正常工作。此外，还有 SIMATIC STEP7 Graph 编程软件，在这平台上，可使用顺序功能图语言对 S7-300、400 编程。这个软件也是有偿使用的。

西门子还推出了命名为 TIA 博途（TIA PORTAL）集成架构的自动化软件。是采用统一工程组态和软件项目环境的自动化软件。可对西门子所涉及的所有自动化和驱动产品进行组态、编程和调试。例如，用于 SIMATIC 控制器的新型 SIMATIC Step7 V11 自动化软件以及用于 SIMATIC 人机界面，过程可视化应用的 SIMATIC WinCC V11 及用于新机型 S7-1200 编程 STEP7 Base。这里架构是统一的，但安装可分别进行。其中 STEP7 Base 还是免费的，可从西门子网站上下载。

SIMATIC STEP7 Basic 也提供 LAD 和 FBD 两种编程语言，并可采用 OB 组织块、FB 功能块、FC 功能函数及 DB 数据块编程（通过背景 DB 的支持可以实现功能块参数化调用）。这次，西门子公司终于把全线产品的编程风格统一了。

（3）三菱 PLC 编程软件

以前主要用 GX Developer，现在版本已升级到 8.X，在 Windows 平台上运行，是三菱各 PLC 通用编程软件。最近，又推出 GX Work2，除了支持原有机型编程，还支持新推出的 L 型机编程。其功能、界面及软件帮助有很大提升与改进，可进行结构化编程。三菱编程软件都含有仿真功能。

（4）和利时、ABB PLC 编程软件

和利时 LM 及 LK 机的编程软件称 Power Pro，现在用的版本 4。是由德国 3S（Smart Software Solutions）公司开发的，基于 IEC 61131-3 标准的 Codesys（Controlled Development System）编程软件精简及汉化（部分）的版本。ABB PLC 使用的也是这个 3S 软件。只是它的目标设定对应的是 ABB PLC。有趣的是，这两个软件除网络配置有差别，其它的几乎完全一样。

（5）AB PLC 编程软件

AB 当今主流编程软件为 RSLogix5000。其版本已提升到 16。可使用当今 RSLogix 的所有机型编程。而 AB 网络则需另安装 RSLinx 网络架构软件，即使仅适用串口与 PLC 链接，也需与运行 RSLinx 软件配合，否则无法与 PLC 联机。RSLogix5000 目前还不支持中文，也不支持助记符编程。打开一个实例只能对一个 PLC 编程。

（6）施耐德编程软件

当今主流编程软件为 Unity Pro，是它的 Unity 自动化平台的重要组成部分。可对它的高低档品牌 PLC，如 Quantum、Premium、Atrium 和 M340 等，按 IEC 61131-3 标准，组态、编程与调试。具有以下特征：

1）全面支持中文。自 V2. 30 版本以后，中文已作为 Unity Pro 软件安装时默认的六种语言之一。具有全中文的工作窗口，菜单，选项卡，在线帮助和用户手册；可在程序中使用中文变量名、程序名、程序段名及注释。

2）可任意选用 IEC61131-3 五种编程语言之一编程。

3）可充分利用 Windows 的图形和上下文相关接口，对屏幕空间优化使用、对工具和信息的直接访问以及可定制的工作环境。

4）Unity Pro 软件中内置一个标准的转换器，可以导入 PL7 和 Concept 的 IEC61131 的应用程序，直接转换为 Unity Pro 的应用程序继续使用。在 PL7 或者 Concept 的改造项目中，只需要更换为支持 Unity 的 CPU 模板，原有的应用程序和 I/O 模板，专用模板，通信模板，总线模板，电源模板和机架都可以继续使用。

5）提供一组完整的功能和工具集，用来将应用程序结构对应到现场的设备或控制过程上。程序被分为各种功能模块，它们被组合成层次结构，以形成功能视图。每个功能模块包括程序段，数据监视表，操作画面和超级链接。需要重复使用的基本函数，都可以封装在用户功能块（DFB）中，进行标准化。为了帮助客户创建应用程序参考数据库，Unity Pro 可管理存放在本地或者服务器上的工程和应用程序库。库中包括将近 800 个标准函数，还可以根据需要向这些库中添加自己的变量、数据类型或者函数块。

6）此外，还有支持与物理内存地址无关的符号变量定义等其它特点。

（7）GE 主流编程软件

GE 主流编程软件为 Proficy Machine Edition，可用于它的 PAC、GE-90 系列、VersaMax PLC 及 VersaMax Nano/Micro PLC 硬件组态与编程。Proficy Machine Edition 是智能的自动化软件的集成平台，提供有公用的用户接口，拖放编辑及丰富开发工具。还可对 PLC、人机界面、运动及其它控制编程。

1.5.2 组成

所有编程软件几乎都使用视窗（Windows）风格的界面。尽管这些界面差别很大，但都有窗口、菜单、工具条、状态条，都可用鼠标操作与键盘操作。并都可打开多个例程（IN-STANCE）。

1. 窗口

编程软件用的窗口一般有3种，即重叠（Overlaped）窗口、子（Child）窗口和弹出（Popup）窗口。而子窗口又有工程组织窗口（用于组织工程）、工作窗口（用于编程、变量定义等）及输出窗口（用于输出编程数据或监控数据等，也称信息窗口）。

（1）重叠窗口

也叫父窗口或称"框架"窗口。是打开编程软件后必将出现的窗口。也是其它窗口的容器。一旦关闭它，所有子窗口一般也都将关闭。图1-71所示为若干编程软件的主窗口。图1-71a~h分别为欧姆龙、西门子S7-200、西门子S7-300/400、AB RSLogix5000、三菱GX Developer、三菱GX Work2、施耐德Unity Pro XL及GE3 Proficy Machine Edition编程软件的主窗口。从图1-71可知，其上都有菜单、工具条、工作区及状态条。

> **提示**：Step 7编程软件由SIMATIC Manager管理。创建新工程，要先用它打开硬件配置窗口，进行硬件配置。然后，再可打开编程窗口，创建POU，进行编程。这里显示的只是SIMATIC Manager窗口。

（2）子窗口

有工具窗口、工作窗口及信息窗口。多是显现在框架（父）窗口的用户工作区内。一般也只有打开或新建文件后才可能打开此类窗口。

1）工具窗口。这类窗口为编程提供向导与工具。最常见的是工程管理窗口，可用以组织工程。各厂商的名称与外观不完全一样，但含义都相当于工程中各窗口的管理"目录"。有的外观可能更友好或美观一些。此外，有的还有显示PLC指令、功能及功能块的工具窗口，可为编程选择指令提供方便。

这类窗口除了用树型结构（类似VB的Tree View控件）显示，还有的是用图标显示。可通过图标、选项卡（类似VB Tab Strip控件）进行操作。

2）工作窗口。是最主要的子窗口。用于编写程序及各种数据编辑。如欧姆龙编程软件其工作窗口就有五种；分别用以显示梯形图，助记符，全局符号，局部符号及交叉引用数据的画面，可相应进行梯形图，助记符，全局符号，局部符号编辑以及察看变量交叉引用的情况。

3）信息窗口。有多种。用于PLC编程操作、检查、调试及PLC诊断等结果信息的显示。

4）帮助窗口。用以显示软件版本及使用指导。有的还有相关PLC的软硬件信息，以至于多媒体示教。

（3）弹出窗口

也称对话窗口，各个编程软件都有这样窗口。用它可显示信息或进行人机对话。其重要特点是，当它弹出时，其它窗口都不激活。只有处理完对它的有关应答，并关闭之后，才可对别的窗口进行操作。

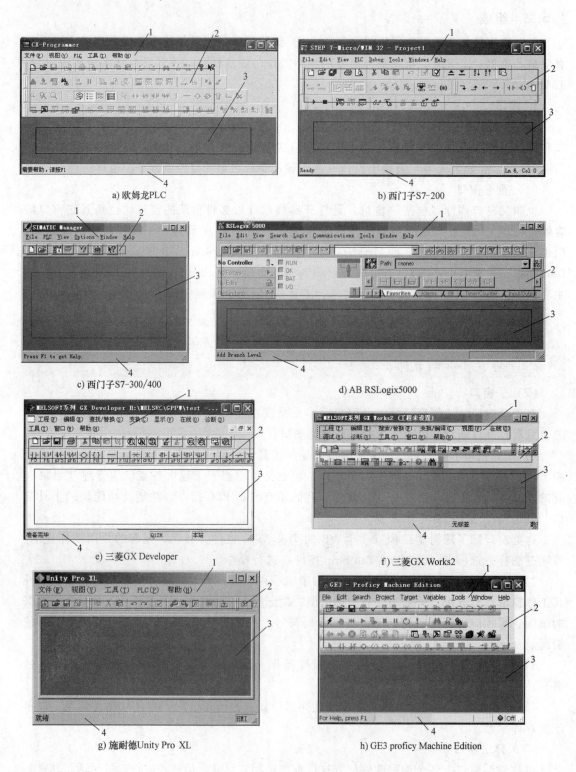

a) 欧姆龙PLC

b) 西门子S7-200

c) 西门子S7-300/400

d) AB RSLogix5000

e) 三菱GX Developer

f) 三菱GX Works2

g) 施耐德Unity Pro XL

h) GE3 proficy Machine Edition

图 1-71　编程软件主窗口画面图
1—菜单　2—工具条　3—工作区　4—状态条

（4）其它窗口

编程软件多还有含有若干工具软件及其相应工作窗口，如 CXP 就有内存窗口（PLC Memory Component），PLC I/O 表窗口（IO Table component），PLC 设定窗口（PLC Setup Component），数据跟踪/时间图监控窗口（Data Trace/Time Chart Monitor Component），内存卡窗口（Memory Card Component），网络管理窗口（CX-Server（CX-Net）Network Configuration tool）及 PLC 时钟工具窗口（PLC Clock tool）等。这些窗口有的也是父子式的，在框架窗口内也可有很多子窗口。

再如西门子 STEP7 编程软件也有很多窗口。图 1-72 所示为它的有关窗口画面。

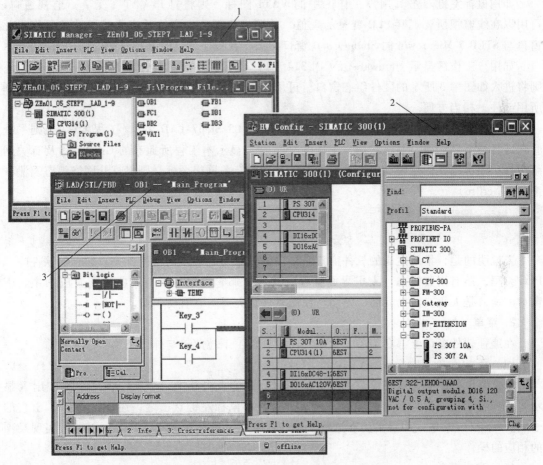

图 1-72　STEP7 工具、工作及信息窗口画面
1—工程管理窗口　2—编程窗口　3—硬件组态窗口

从图 1-72 可知，这里主要有 3 个窗口，即 SIMATIC Manager（工程管理）、LAD/STL/FBD PROGRAMER（编程）及 HW Configure（硬件组态）。这 3 个窗口分别还都有若干子窗口。此外，还有网络配置窗口。

工程管理窗口用以建立新工程、打开旧工程。建立新工程，可自己建，也可使用导向建。自己建的是"空"工程，具体的内容，如用什么 CPU、有多少程序块，都要自己定。用导向建，可按提示操作，可完成初步的有关工程设计工作。当然，硬件用什么模块和软件上的有关设计还要进一步作。

工程管理窗口的左方为系统管理区，其目录可展开（如图 1-72 所示），也可缩回。这时，如用鼠标左键点击 Blocks（模块），将在用户工作区（右方）显示本工程所拥有的软件模块。如用鼠标左键点击 SISMATIC 300（1），则目录缩回一些，并在用户工作区显示，Hardware 及 CPU314（1）图标。说明本工程用的 CPU 为 314。

从工程管理窗口可进入本软件的所有工作窗口：

如图 1-72 所示，如用鼠标左键双击其用户工作区中的 OB1、FB1、FC1 等图标，则将打开如图中 1 所示的编程窗口。可用以进行梯形图、语句表或逻辑块语言编程。

如用鼠标左键双击其用户工作区中的 VAT1 图标，则将打开 VAT（变量）监视窗口。可用以在线监视所要观察 PLC 变量的现值，并可进行新值设定或状态强制等监控操作。此窗口与 STEP 7 Micro/win 的 Status Chart 窗口类似，在程序调试时是很有用的。

如用户工作区显示 Hardware 及 CPU314（1）图标，再用鼠标左键双击 Hardware 图标，则将进入如图中 3 所示的硬件组态窗口。可用作硬件组态。组态时，先指定槽位，后在选择所用部件，相当方便。

再如图中 1 所示，这时用鼠标左键点击 ZEn01-05-Step7-LAD-1-9（工程名称），则系统管理区目录全部缩回，并将在用户工作区（右方）显示本工程所拥有的 CPU 名称及有关网络图标。如再用鼠标左键双击在用户工作区显示的有关网络图标，则将打开网络组态及测试窗口（NetPro）。

> 提示：STEP7 的编程窗口及网络窗口也可从 Window 的开始、程序等菜单项处，直接进入。

要说明的是，集成度高的软件窗口是很多的，这与它实现的功能有关。如有的软件除了 PLC 编程，还有网路组态、人机界面编程等功能。那它肯定也有与这些功能对应的主、辅窗口。窗口是人机交流的界面，熟悉与使用软件首先要对它有所了解。

2. 菜单

在编程软件窗口上都有菜单。大体有两种菜单：下拉菜单与弹出菜单。

（1）下拉菜单

下拉菜单的各项显示在窗口的上方。用鼠标左键点击其中一个项，将"下拉"出（显示）它的各个子项。如果有的项目下还有子项，再鼠标左键点击之，还将"下拉"出它的子项。"下拉"菜单因而得名。在这些菜单的项目中，鼠标左键点击某个项，即可实现某项的相应的操作。

（2）弹出菜单

在不同窗口、不同位置用鼠标右键击时，多会弹出一个菜单，此即弹出菜单。所弹出菜单的内容、依点击时鼠标所在的窗口或位置不同而有所不同。当弹出菜单出现后，再把鼠标指向在其上的相应位置，用鼠标左键点击也可进行相应的操作。

3. 工具条

工具条是图表的形式显示在窗口下拉菜单的下方。工具条是分组的，每组含若干项。每个项一个图标，与具体的菜单项对应。用鼠标左键，用鼠标左键点击此图标或用鼠标左键点击对应的菜单项，效果是相同的。但前者比后者要方便得多。只是，显示工具条要占窗口的面积。所以，如不想用工具条，也可以在相应的菜单项中，如视图，选择不显示它。

4. 状态条

显示在窗口的最下方，用以提示在编程及程序调试过程中的有关状态简单信息（复杂的信息由信息窗口显示）。它也可在相应的菜单项中，如视图，选择是否显示它。

1.5.3 使用

编程软件主要在两种状态下使用：离线（脱机）与在线（联机）。

1. 离线

离线，也即脱机，其使用主要是进行硬件配置及软件编程。

（1）硬件配置

硬件配置又称组态，主要是利用相应窗口，做好如下几项设定：

1）选择 PLC 型号及 CPU 版本。具体选用 PLC 组件（模块），做好 PLC 系统组态。

2）对所选用的各个硬件单元或模块做好设定。有的是用模块上的设定开关，有的用编程软件，有的两者都用。

3）根据需要，对 PLC 的内部器件及有关参数做好设定。

4）根据连网情况，作好联机通信的有关设定。

5）如需要作程序加密设定。

以上设定都需选择在相应的窗口或弹出窗口上操作。至于怎么操作，不同软件差别较大，细节也很多。一般讲，箱体式（小型机）PLC 较简单，因为箱体较少，所设定的参数也不多。模块式 PLC 较复杂。但大体上先选定机架，然后按机架槽位添加部件。

> **提示：** 对 PLC 进行设定，往往不只用一个对话窗口就可完成，特别是中、大型机。要细心查找有关菜单项，全面完成设定工作。

（2）I/O、符号地址与变量编辑

1）I/O 地址分配是确定 PLC 上各个输入、输出点或字节、字的具体地址。在多数情况下，做好了设定，PLC 的 I/O 的各个输入、输出点或字节、字，实际地址也就确定了。

I/O 地址分配另一任务是，把 PLC 上的各个输入、输出点或字节、字，分配给实际的传感器及执行器使用，以便现场接线，并在编程时，能恰当地使用有关 I/O 地址。

2）符号地址或变量（也有称标签，Tag）编辑。编程时，如果使用符号地址或变量做操作数，则需对其进行编辑。编辑可在编程前进行，也可在编程后进行。有的还可在编程时，在弹出窗口上操作。

（3）编程

具体工作如下：

1）组织程序。首先，要根据工艺要求确定任务；其次，对各个任务下的程序分块，并分别创建这些程序块，即 POU（含自编的功能及功能块）。欧姆龙在 POU 下还可分成段（section）。但在执行程序时，各段按排列顺序都将执行。所以，这里段的划分只是便于程序编辑、阅读或重用。

2）选择语言。从编程软件提供的语言中选择一种所熟悉语言。目前最常用的语言是梯形图语言。本书介绍的程序也主要使用这种语言。

3）编写程序。以梯形图编程为例，其编写是在梯形图编辑窗口中进行。可根据编程要求，添加、删除、复制、剪切、粘贴梯形图符号，还可进行撤销，恢复，查找，替换等。可按要求输入相应的即时数（常数），地址、符号或变量等。

编程一般按一个一个梯级进行。已有的梯级可合并，也可拆分。操作时，有的，如CXP、GX Works、Unity Pro，是先用鼠标选定梯形图符号图标，后在梯形图编辑窗口的相应位置用鼠标左键点击，即可画出一个相应图形。必要时，还要用键盘填写或用鼠标选择有关参数。而有的，如 STEP7 Micro/Win 、GX Developer、Power Pro 及 RSLogix5000，则先在梯形图编辑窗口的相应位置用鼠标左键点击选定位置，再用鼠标左键点击梯形图符号图标进行编辑。当然必要时也须用键盘填写或用鼠标通过弹出窗口选择有关程序数据。

在梯形图程序编辑时，所选图形符号不对、地址或参数不对，或梯形图选定位置不对，都将有提示。而且，每完成一个梯级的编辑，编程软件多都会自动进行正确性检查。如不当，将有异常显示。

当程序编辑完成后，还需对其进行编译。只有经编译通过的程序，才能下载给 PLC。编译时，会对程序进行全面检查。检查的项目多可自定义。检查的结果会在输出或信息窗口显示。如出错，将显示出错项目及所在的梯形图的位置。只有更改所有致命错误后，编译才能通过。

支持多种语言编程的软件。多可把所编的程序在不同语言间相互转换。如 GX Developer可用于进行 SFC 语言编程。在创建新工程时，可选择使用 SFC 语言，也可在编程过程中，转换为 SFC 语言编程。再如，和利时编程软件也可对程序在几种编程语言间进行转换。

要提到的是，用一种语言编写的程序转换成另一种语言程序后，如再转换回来，其具体表达可能与原来程序不完全相同。但程序功能则完全一样。

（4）程序注解

为了便于阅读软件，对程序还可以加注解。有多种注解：

1）符号地址或变量注解：这在定义时进行。在梯形图显示时，可与符号地址或变量同时显示。

2）语句或梯形图元素注解：这是对有关触点或指令所做的注解。做法是，选好要对其注解的元素，用鼠标右键点击，将弹出一下拉菜单。选其中属性项目再用鼠标左键点击之，则出现加注文本框。即可在其上写入有关注解。

3）标题注解：这是对工程、程序与段所做的注解。做法是，选好要对其注解的元素，用鼠标右键点击，将弹出一下拉菜单。选其中属性项用鼠标左键点击之，则出现加注文本框。即可在其上写入有关注解。

当然，具体加注位置与具体使用的软件相关。

2. 联机

在编程过程中，计算机与 PLC 联机要做的主要工作是：硬件设定传送、程序传送、数据传送、远程操作及在线编辑。此外，还有读写 PLC 数据，以实现对 PLC 的监控。

（1）设定传送

就是把离线时的 PLC 配置传送给实际 PLC。一般多与程序传送一起，但也可单独传送。此外，也可实际读取现场 PLC 的配置。

（2）程序传送

进入联机状态后可向 PLC 传送程序（含 PLC 设定及有关数据）。除了传送，还可把计算机的程序与存于 PLC 中的程序，设定及有关数据作比较。

提示：新使用的三菱 Q 系列机，在下传程序设定及数据给 PLC 前，应先对 PLC 的内存进行格式化。格式化可用鼠标左键点击"在线""格式化 PLC 的内存"菜单项，然后按提示操作。

（3）远程操作

远程操作是用以改变 PLC 的工作模式。具体操作可用菜单，或工具条，或热键进行。为确保系统安全，在进行这些操作时都有信息提示，并要求予以确认。

任何 PLC 都有两种基本状态：运行状态及非运行状态。处于前者时，PLC 运行程序，可实现程序的功能，但这时多不能向 PLC 传送程序、修改数据或对 PLC 进行设定；处于后者时，则可向 PLC 传送程序、修改数据或对 PLC 进行设定。

在这两种基本状态中，不同的 PLC 多还有一些子状态，以便于用户对 PLC 的作不同的管理与使用。PLC 各状态间的切换，也各有各的办法，多不一样。

欧姆龙 PLC 在运行状态中，还分有监控（在运行程序的同时，可修改数据，并可在线编辑，部分修改程序）及运行（不能修改数据）。它的大型 PLC 还有跟踪状态。为了让计算机能向 PLC 写数据、控制 PLC，一般都是使 PLC 处于监控状态。当然，计算机与 PLC 联机，通过编程软件也可改变 PLC 的状态。

西门子 PLC 用面板上的多个位置的钮子开关，可控制 PLC 处于停机、运行及暂时（TEMP）状态。只有在暂时状态下，可对其进行远程操作，以实现停止与运行的转换。只有在停机状态下，才能向其传送程序。为了让计算机能远程操作 PLC，其钮子开关一般都是处于暂时状态。

三菱 PLC 小型机也只有停止及运行两个状态。可用面板上钮子开关切换，也可用软件远程切换。还可设定某个输入点控制，如设 X000 点，则 X000 ON 或 OFF，与操作面板上钮子开关的效果相同。三菱这 3 个方法都控制 PLC 状态，但以最后控制的那个方法有效。

提示：了解 PLC 的各个工作模式及其如何改变，也是使用 PLC 的一个基本要点。否则无法正确使用 PLC。

（4）在线编辑

程序下传后，如要作小量的改动，可进行在线（PLC 处运行状态）编辑。这时，PLC 仍运行程序、实现控制，同时，可接受所修改的部分程序。为了安全，在正式工作的场合一般不主张在线编辑。但在程序调试时，在线修改则较方便。

如程序是分模块的，也可按模块改，改后再下载修改过的模块，也是在线编辑。

CXP 可进入专门的在线编辑平台。办法是，先选好要改动的梯形图，再用鼠标左键点击"编程/在线编辑/开始"菜单项，或热键，或工具条，则在梯形图所选定的梯级处即可进行与未联机前一样的梯图编辑了。编辑后，还要把编辑的结果传送给 PLC。这时，可用鼠标左键点击"编程/在线编辑/发送修改"菜单项，或用鼠标左键点击相应工具条，或相应热键，之后，CXP 将对所做的改动作语法检查，如无误，则把所做的改动下传给 PLC。当然，如不想把所做的改动下传给 PLC，也可用鼠标左键点击"编程序/在线编辑/取消"菜单项，或用鼠标左键点击相应工具条或相应热键，之后，将退出在线编辑。程序也不会做任何改动。

STEP7 Micro/win 也可进行在线编辑。只是要先做在线编辑设定，经确定后，即可进行。这时，当更改少量程序，经编译，下载给 PLC 时，PLC 仍将运行程序、实现控制。

GX Developer 软件只要退出软件监控，进入写状态后，也可进行在线编辑。只是在编辑后，必须击"变换（运行中写入）"菜单项，经编译通过，才能把所修改的程序下载给 PLC。

要提及的是，进行在线编辑的前提是 PLC 中装的程序必须与计算机上运行的程序是一样的，否则不能进入在线编辑状态。此外，也不是所有编程软件都可在线编辑。具体要看什么软件而定。

3. 监控

与 PLC 联机还有一个重要目的就是对 PLC 进行监控。而且，也只有进行监控观察，才可看出所编的程序是否正确。每种编程软件都可在梯形图编程窗口上监控，还可在专门的显示内存数据的窗口上监控。有的还有其它监控方式。

（1）梯形图编程窗口监控

监控时，梯形图的连线线上有"电流"或触点的通断标志出现。触点通将有"电流"通过。可形象地看到 PLC 的工作状况。还可在相应的指令显示处看到相应内存单元的当前值（即时数据）。

图 1-73 所示为 CXP 的一个梯形图监控窗口。

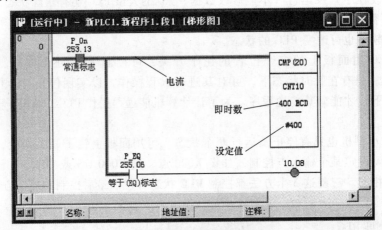

图 1-73 CXP 梯形图监控窗口

图 1-74 为 STEP7 Micro/win 的一个梯形图监控窗口。

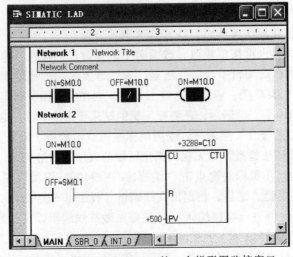

图 1-74 STEP7 Micro/win 的一个梯形图监控窗口

图 1-75 为三菱的 GX Developer 及 GX Work2 的一个梯形图监控窗口。该图无所谓的电流显示，但如触点接通为用深色标志。

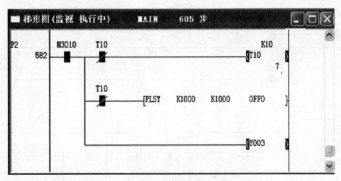

a) GX Developer梯形图监控窗口

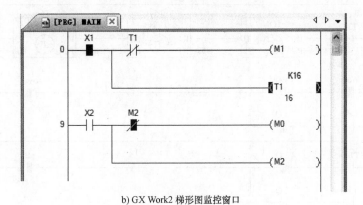

b) GX Work2 梯形图监控窗口

图 1-75　三菱 PLC 的梯形图监控窗口

图 1-76 为施耐德 PLC 的一个梯形图监控窗口。该图也有明显所谓的电流显示。

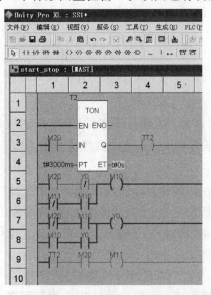

图 1-76　施耐德 PLC 的一个梯形图监控窗口

图 1-77 为和利时、ABB PLC 的一个梯形图监控窗口。图中深色的表示触点通、工作。

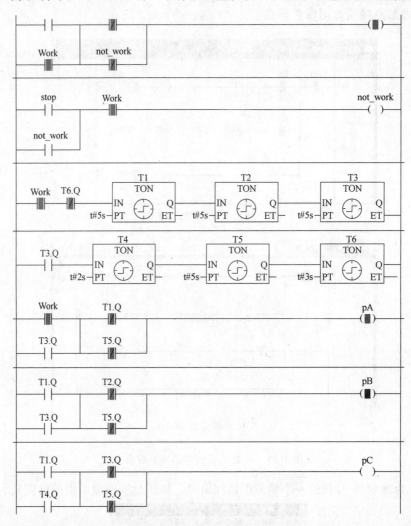

图 1-77   梯形图编程窗口监视画面

用梯形图监视时，不仅可以读取 PLC 数据，还可以写或强置 PLC 数据。具体可参阅有关说明。

> 提示：对输入通道只能强制，不能写。有的 PLC，如三菱、欧姆龙，可以写，但只能维持一个扫描周期。西门子 PLC 对输入通道也只能强制，也不能写。

（2）内存窗口监控

编程窗口监控是与程序在一起的，比较好理解。如用上述图形编程窗口，还比较逼真、直观。但难以用一个画面看到数据的全貌。所以，编程软件多还提供有专门的数据窗口，可系统地监视 PLC 数据区的全貌。此外，还有其它对话窗口，也可由选择地监控 PLC 数据。

1.6   PLC 程序实例

本节将介绍三个典型程序实例。为以后学习 PLC 编程积累一些实例知识。

1.6.1 控制输出程序

1. 等效控制输出

输出仅取决于控制输入现状态。图 1-78 所示的就是这类输出。它把开关接输入点 X000，负载用灯接输出点 Y000，然后运行图示程序。

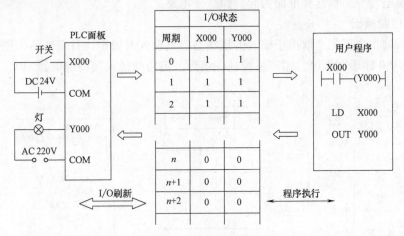

图 1-78 等效控制输出实例

从图 1-78 所记载的各周期 I/O 状态知，在周期 0 时，由于开关已合上，输入点 X000 的值为 1。经运行程序，输出点 Y000 也变为 1。进而输出点合上，输出电路通，灯亮。在周期 n 时，开关断开，则输入点 X000 的值为 0，输出点 Y000 也变为 0，输出点断开，输出电路断，灯灭。可知，这里灯的工作唯一取决于开关的现状态。

2. 长效控制输出

控制输出不完全取决于输入的现状态，还与输入的历史有关。输入对输出有长效作用。如图 1-79 所示，这里用 2 个按钮控制接触器，再用接触器控制一盏灯。

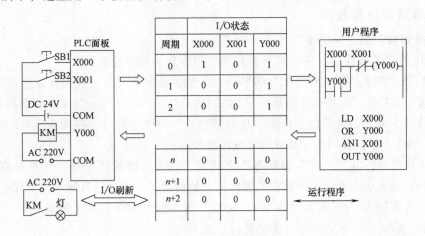

图 1-79 长效控制输出实例

从图 1-79 知，SB1 合，X000 变为 1，运行程序后 Y000 也变为 1，进而使继电器 KM 得电，其常开触点合，使灯亮。之后，即使 SB1 断开，X000 变为 0，但由于 Y000 的触点与

X00 是并联的，故仍可保持为 1，仍可使继电器 KM 得电。所以，灯保持亮。可知，这里开始时 SB1 合是可产生长效输出的。

类似 SB2 合，X001 变为 1，运行程序后使 Y000 也变为 0，进而使继电器 KM 失电，其常开触点断，使灯灭。之后，这个作用也是长效的。

在继电器电路中，称这种电路为起、保、停电路。

3. 短效控制输出

它的控制输出也不完全取决于输入的现状态。其输入对输出仅有短暂的作用，故称短效输出。如图 1-80 梯形图程序，用开关控制一盏灯。但中间插入辅助继电器 M0。

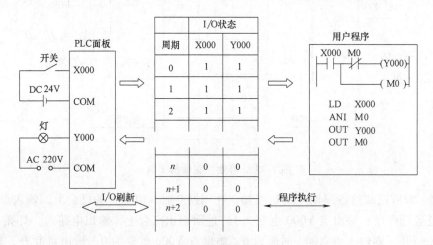

图 1-80　短效控制输出实例

在稳定状态，Y000 永远为 0。但在过渡状态下，它可为 1 个周期。像这样仅为 1 个周期的信号也称脉冲信号，或微分输出。用其去控制灯的工作当然没有意义。但这在内部逻辑处理时，它是很有用的。

1.6.2　单按钮起停程序

1. 单按钮即时起、停程序

图 1-81 为"单按钮起、停"梯形图程序，操作数为符号地址。

从图 1-81a 可知，当"按钮按"OFF 时，"按钮按脉冲"及"控制脉冲生成"均 OFF。而"按钮按"ON 时，则"按钮按脉冲""控制脉冲生成"均 ON。但在下一个扫描周期时，因"控制脉冲生成"的常闭触点将使"按钮按脉冲"OFF。即当"按钮按"ON 时，"按钮按脉冲"仅 ON 1 个扫描周期。脉冲信号也因此得名。

若无脉冲信号，其"工作"的状态不会改变。因为这里的"工作"状态是双稳的，其为 ON 或 OFF 均成立。不妨看一下它的逻辑关系就清楚了。但一旦有脉冲信号作用，则其状态将改变。若开始为 OFF 将改变为 ON，反之，将改变为 OFF。也正因此，即可用这里的"起停"对这里的"工作"作"单按钮起停"控制。

如所用的 PLC 有生成脉冲的指令，则可直接用它生成脉冲。图 1-81b 中的上升箭头及图 1-81c、d 中的 P，就是相关的直接产生脉冲的操作。当然也可如图 1-81a，先由"按钮按"生成"按钮按脉冲"，然后如图 1-81a 那样处理有关指令。

图 1-81b 的短斜线及图 1-81c 的 NOT 指令为"取反"逻辑运算。因为这里脉冲是直接

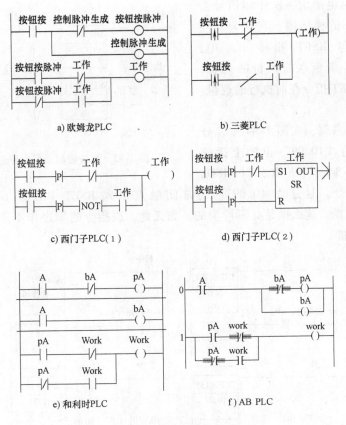

图 1-81 单按钮起停电路

生成的,故必须这么处理。而图 1-81d 用了 SR 指令。三菱 PLC 也可用 ALTP 指令实现单按钮启停。

图 1-81e、f 分别为和利时与 AB 的 PLC 程序。它不好用中文命名。其符号含义可对照其它图理解。

除了图 1-81 所示程序,图 1-82 所示程序也具有同样功能。只是这里用的是触点先并后串。脉冲信号用微分指令生成。这里图 1-82a 所示的是"工作"未启动的情况。这时,如加入 1 次作用信号,将使"工作"从 OFF 变为 ON、进入图 1-82b 状态。在图 1-82b 状态下,再加入 1 次作用信号,将使"工作"从 ON 变为 OFF、又回到图 1-82a 状态。

图 1-83 所示也是用一次作用信号去起、停"工作"的梯形图程序。它用的是 KEEP 指令。图 1-83a 是未工作的情况。这时,如加入一次作用信号,将使原 OFF 的工作位变为 ON、进入图 1-83b 状态。在图 1-83b,再加入一次作用信号,将使已 ON 的工作位变为 OFF、又回到图 1-83a 状态。而一次作用信号则是也是由"起、保、停"位通过微分(DIFU)指令产生的。

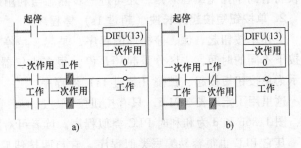

图 1-82 单按钮起、停工作过程第 1 例

图 1-84 所示也是用一次作用信号去起、停"工作"的梯形图。它的起、停分别用 SET 与 RSET 指令。其中，图 1-84a 是 SET 指令在前执行的逻辑，图 1-84b 是 RESET 指令在前执行的逻辑。效果是相同的。

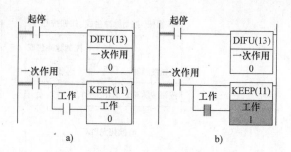

图 1-83　单按钮起、保、停逻辑第 2 例

读者也许注意到，在图 1-84 中，分别加有操作数为"10.09"位的上微分（DIFU，对图 1-84a）、下微分（DIFD，对图 1-84b）指令，且还用 10.09 位的常闭触点串入 RSET（对图 1-84a）、SET（对图 1-84b）的输入端。这么做是必不可少的。如无此，或指令的顺序作不适当的调整，都将无法实现这个功能。

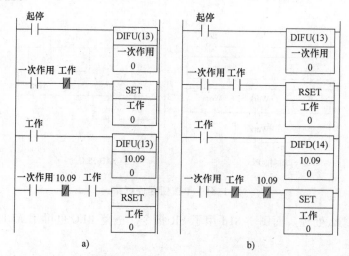

图 1-84　单按钮起、保、停逻辑第 3 例

图 1-85 所示为图 1-84 所示程序的续编。它的起、停也是分别用 SET 与 RSET 指令。但添加中间变量"工作1"。它在最后一个梯级时由"工作"赋值。未到执行这梯级指令时，即时"工作"状态变化，但"工作1"不变化。这样，尽管图 1-85a、图 1-85b 指令顺序不同，但效果是相同的。

类似的还有很多实现方法，如也可用计数器指令处理等。同一问题多有很多决方案。这不仅将有助于拓宽编程思路，还可进一步熟悉与利用好 PLC 资源。

2. 单按钮短按起、长按（超过 1s）停程序

上述单按钮起、保、停梯形图程序，是起、是停，容易"糊涂"。其实，完全可使用按钮按下不同的时间，去区分是起还是停。很多小仪器以至手机也多是这么处理的。图 1-86 所示为单按钮短按起、长按（超过 1s）停程序。

这里用了定时器 TIM 5，只有按钮按下超过 1s，它将起动工作。

图 1-86c 和 d 为和利时 PLC 类似程序。读者可对照图 1-86a 和 b 理解。

其它 PLC 也很容易编写类似程序。它与两按钮启停程序所差的只是这里使用了定时指令或功能块。

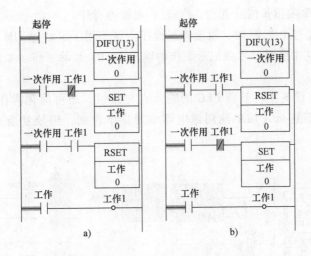

图 1-85　单按钮起、保、停逻辑第 3 例续

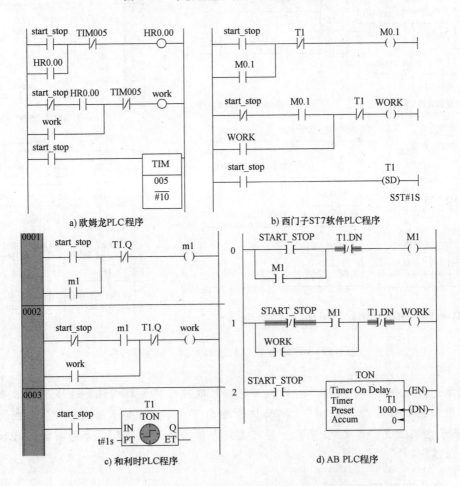

图 1-86　单按钮短按起、长按（超过 1s）停程序

3. 单按钮长按（超过1s）起、短按停程序

图1-87所示为单按钮长按（超过1s）起、短按停程序。

该图为长按（超过1s）起动、短按停车程序。这里用了定时器TIM 6，只有按钮按下超过1s，它的常开触点才接通，才能把未工作的输出10.08起动工作。如果按下时间少于1s，10.08将停止工作。

用单按钮起、停设备，可节省PLC的输入点与按钮，还可简化操作面板的布置，而实现它的PLC程序也不复杂（如单纯用继电器实现这个控制，则较复杂），故这是目前较常用的。

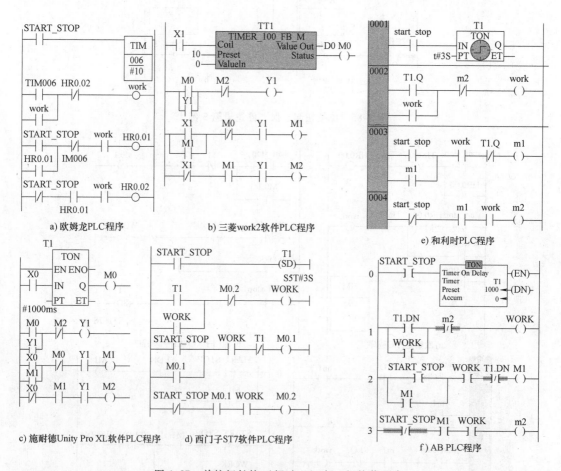

图1-87 单按钮长按（超过1s）起、短按停程序

提示： 别小看这个长短信号。历史上有线电报用的莫尔斯码就是这样长短信号的组合。习惯上把短信号称为"嘀"，把长信号称为"嗒"。由若干个"嘀-嗒"组成"电码"，若干电码组成"电文"。用此，即可完成电报的发送及接收，并进而实现通信双方的信息传递。

1.6.3 求公因数程序

求公因数欧几里得的这个算法（Euclid's Algorithm），如用表达式表达，则是：

```
WHILE zz>0(这里 xx,yy 为两个自然数,重复下面的操作,直到余数 zz=0)
{
        zz←yy mod xx;(yy 被 xx 除,余数存于 zz)
        IF zz>0(假如余数大于 0)
    (
        yy:=xx;(把 xx 赋值给 yy)
        xx:=zz;(把 zz 赋值给 xx)
    )
        ELSE(否则,即 zz=0,则可得出公因数 xx)
公因数=xx;(这时的 xx 即为公因数)
}
```

　　图 1-88 是子程序,用以实现上述花括弧内的算法。对其中图 1-88a 到了余数 zz(DM7、VW8、D7 或 remainder)为 0 时,即 EQ 或 pEQ ON 时,则输出公因数。否则,一直进行相应运算。这里 xx,yy 为形式参数。调子程序前用 x,y 对其赋值。

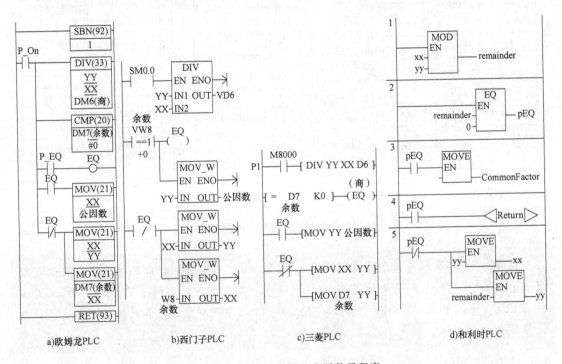

图 1-88　求两个整数的公因数子程序

　　提示: DIV 指令为整除运算指令。如图 1-88a,其商存于 DM6 中,而余数存于 DM7 中。如图 1-88b,其商存于 VW6 中,而余数存于 VW8 中。如图 1-88c,其商存于 D6 中,而余数存于 D7 中。故判断 DM7 或 VW8 或 D7 是否为 0,即可知道 YY 能否 XX 整除。图 1-88d 节 1 为求"模"运算。目的是得到余数。节 2 是判断得到的余数是否为 0。节 3、4 是如果余数为 0,输出结果(Comma Factor),并返回主程序。节 5 如果余数(remainder)不为 0,变换求"模"运算数据,为下一次计算准备。

图 1-89 所示主程序，用以实现上述花括弧外的算法。AA 为求解起动信号，一旦它 ON，将使 pAA ON 一个扫描周期，并用它去起动 bAA 或 call_ calculate，进而调上述子程序。直到 EQ 或图 1-89d 的 pEQ ON（即 zz = 0），并通过 pEQ 使 bAA 或 call_ calculate OFF，则退出子程序调用。图 1-89d 的 pEQ 不是微分输出，所以，图 1-89d 第 1 节增加了它的复位操作，即 call_ calculate OFF 后，如 pEQ ON，自身将复位。这也为新的计算做准备。

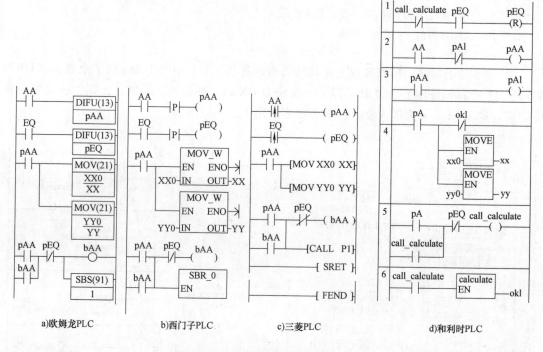

图 1-89　求两个整数的公因数主程序

a)欧姆龙PLC　　　b)西门子PLC　　　c)三菱PLC　　　d)和利时PLC

提示：图 1-89 程序用了微分指令及 bAA 或 call_ calculate 的自保持功能，目的是确保在 pEQ OFF，即 yy 未能被 xx 整除时，子程序一直在调用。而到了 EQ ON，即 yy 能被 xx 整除时，又可使 bAA　OFF，子程序停止调用。在多周期完成运算的情况下，这么处理是很方便的。

结语

"工欲善其事，必先利其器"，PLC 编程这个"事"的"器"就是编程软件。要编好程序，当然必须有好的编程软件，这是 PLC 厂商要做的。对 PLC 用户而言，就是要弄清怎么用好这个软件，一定要熟悉它的组成、功能以及如何使用，最少要大体了解本章对其所做的简要介绍。

其次要弄清 PLC 的资源。即 PLC 的编程语言、指令系统及相关软器件或数据内存区的情况。所使用的 PLC 都使用了哪些语言？PLC 都有哪些指令或语句？各能实现什么功能？如何使用它的功能？都有哪些软器件或数据内存区？各能实现什么功能？如何编址？等等。本章简略介绍了梯形图及 ST 语言，指令系统及语句，软器件、数据内存区及其应用，目的也是为此。

　　显然，弄清以上问题还不是目的，真正的目的是编程。为此，本章介绍了 3 个程序实例。目的是从中能对 PLC 程序有较具体的认识，也算是增加点编程的感性知识吧。

　　本章的目的只是为编程做准备。在以后的章节介绍中，根据要解决的问题再去学习相关算法，再在算法实例化中进一步熟悉本章的有关基础知识。这些过程反复循环，不断提高，将使你的编程进入新的境界。

第 2 章

PLC顺序控制程序设计

逻辑量，也称为开关量，仅有两个取值，逻辑 0 或逻辑 1、ON 或 OFF、TRUE 或 FALSE。控制是指，使系统的状态与行为产生所希望的变化而加给系统的作用。如果表达这个作用及系统状态用的主要是逻辑量，则这个控制即为逻辑量控制。这样系统也称为离散控制系统（Discrete Event Control Systems，DECS），它是系统工作最常用的控制之一。

逻辑量控制的目的主要是通过加给系统的一系列作用，即 PLC 当前与历史输入的组合，使系统的状态与行为产生所希望的顺序变化。逻辑量控制也称为顺序控制。

本章将讨论顺序控制的有关理论、算法设计及其程序实现，并介绍有关设计实例。

2.1 PLC 顺序控制概述

2.1.1 顺序控制类型

可从不同角度进行顺序控制分类如下：

1. 按人工干预情况分

（1）手动控制

如控制的实现主要靠人工，则称这种控制为手动控制。它是最常用、最基本的控制。手动控制是用主令器件（如按钮）直接向系统发送命令，实现控制。

（2）半自动控制

半自动控制是，一旦系统人工起动，系统工作，其过程的展开是自动实现的，无须人工干预。但过程结束时，系统将自动停车。若再使系统工作，还需人工起动。

（3）自动控制

自动控制是，一旦系统人工起动，系统工作，其过程的展开是自动实现的，无须人工干预。而且可周而复始地循环进行。若要使系统停止工作，则要人工另送入停车信号，或运用预设的停车信号。

一个系统，往往都具有这 3 种控制。有时系统较复杂，可能无自动控制，或者也无半自动控制，但手动控制总是有的。作为一种目标，总是要力求能对系统进行半自动，以至自动控制。

手动控制较简单，弄清了手动输入与工作输出关系就好处理了。半自动控制不仅有手动输入，还有工作过程的反馈输入，之间关系也较复杂。半自动控制既是控制要达到的基本目标，也是实现自动控制的基础。因为有了半自动控制，只要在其循环末了，加上再起动的环节就可以了。而仅从控制角度考虑，加入这个环节是不困难的。

2. 按逻辑问题的性质分

（1）组合逻辑

没有输出反馈，也不使用如计数器、定时器等具有记忆功能的组件，有的称转换机构（对 PLC 还有 RS 触发器），不对输入的历史加以记录，输出仅与输入的当前状况有关，而与输入的历史状况无关。最简单的组合逻辑例子算是一般家庭用开关控制照明的电路。所控制的电灯亮与否仅与开关的当前状态有关，而与开关的历史状态无关。

（2）时序逻辑

有输出反馈，或使用如 RS 触发器、计数器、定时器等具有记忆功能的组件，有的称转换机构（对 PLC 还有 RS 触发器、计数器等），对输入的历史加以记录，输出不仅与输入的当前状况有关，而且还与所记录的输入的历史有关。最简单的时序逻辑例子算是用按钮控制去开动一台机器。所控制的机器是否运转，不仅与按钮当前是否按上有关，还与是否记录到按过的历史有关。

时序逻辑可分为异步时序逻辑与同步时序逻辑。

1）同步时序。有统一的节拍转换脉冲，输入信号改变的作用由节拍脉冲激活予以实现。这可避免在变量变化时其间相互的影响，因而考虑的关系要简单一些。

2）异步时序。无统一的节拍转换脉冲，节拍转换由输入信号的改变予以实现。但变量的变化会相互影响，考虑的关系要复杂一些。

PLC 的 CPU 硬件逻辑电路就是同步时序逻辑。它的工作就是由同步（时钟）脉冲统一控制的。但 PLC 程序，只能是一条一条地执行。从这个意义上讲，它的逻辑关系不是同步的，而是异步的。但有两点值得注意：

① PLC 程序是循环执行，执行后还要靠 I/O 刷新予以实现。从这个意义上讲，是否也是同步？可否做到指令的执行是异步的，指令的实际作用是同步的？

② PLC 有微分指令：上升沿微分，只在被微分量从 0 到 1 的那个扫描周期，这个微分输出才为 1；下降沿微分，只在被微分量从 1 到 0 的那个扫描周期，才为 1。可否用这个微分信号做同步脉冲信号，也按同步的方法设计部分梯形图逻辑？

③ 当然，利用微分指令还可能出现，在执行过程中，先执行的指令造成的一些输出或内部继电器状态改变，而影响后执行指令的逻辑条件，从而导致不同步。能设法避免这个情况的发生吗？

答案是肯定的。这样处理，称异步时序逻辑同步化。怎么实现 PLC 时序逻辑同步化，将在本章第 4 节做进一步讨论。

3. 按顺序的确定性分

1）确定控制。控制对象工作过程或顺序是确定的，与其对应的控制电路即为确定控制程序。

2）随机控制。如果对象的工作过程或顺序不是确定的，其对应的控制电路即为随机控制。

4. 按控制资源与用户关系分

这里用户指对系统服务需求者，资源指系统服务提供者。根据这两者关系顺序控制可分为：

1）单资源单用户。其工作的过程比较单一。尽管控制顺序可以有种种组合，但各有各的资源，各有各的需求。不存在对资源占用的争抢，也没有资源合理利用问题。

2）多资源单用户。如高楼供水系统，一般都备有多个水泵。用水高峰时全部投入运行。用水不多时，只是个别运行。到底哪个个别运行，就有资源合理利用问题。

3）单资源多用户。如一部电梯，多层用户要求服务。特别是在同一时间，有的要电梯上升，而有的要下降。这里就有资源的合理分配问题

4）多资源多用户。多层多电梯控制就是典型实例，情况更复杂。据说当今设计有可供256层使用的电梯群，这群电梯每层有4组（区域），每组4个，即256层每层都有16个电梯可用，而每个电梯都可能有256个用户参与选择。这里资源合理调度及用户公平竞争问题都相当复杂，其控制算法以及控制的实现都不是PLC所能胜任的。据说要用计算机控制，而且一台计算机还不够，还要用到计算机网络。

2.1.2 顺序控制编程方法

1. 基本逻辑设计法

基本逻辑设计法是基于逻辑量间的与、或、非的关系，用逻辑综合方法，处理逻辑量的输入与输出间的关系。

顺序控制程序逻辑设计就是根据要求的逻辑量的输入（历史值与当前值）与输出间的对应关系，运用逻辑综合方法，选用PLC的基本逻辑处理指令去设计程序。

本章介绍的基本逻辑设计方法有3个，即组合逻辑设计法、异步时序逻辑设计法及同步时序逻辑设计法。

2. 高级逻辑设计法

高级逻辑设计法也是用逻辑综合方法处理逻辑量的输入与输出之间的关系。与基本逻辑设计法不同的是，在逻辑分析时，它不单纯基于逻辑量间的与、或、非的逻辑关系，还要用到逻辑量间的其它的关系。在逻辑综合时，所用的也不仅仅是PLC的基本逻辑处理指令，还要使用到PLC的高级处理指令。

使用这些方法，既可把一些复杂的问题变得简单，而且还可充分利用PLC的资源，设计出效率较高的PLC程序。

本章将介绍的高级逻辑设计法有逻辑标志值法编程及高级指令编程。

3. 图解设计法

它是运用图形进行设计。用梯形图语言编程实质也就是图形法，无论什么方法，若把PLC程序等价成梯形图后，就要用到梯形图法。

此外，还有时序图法、流程图法等。

时序图法是根据信号的时序关系画时序图，再根据这个时序图，去分析信号间的关系，进而去设计程序。时序图法很适合于时间顺序关系清晰的顺序控制程序设计。

流程图是用框图按顺序表达PLC输出与输入之间的关系，在使用步进指令或使用顺序功能图编程的情况下，用它是很方便的。

也还有用Petri网建模，进而用以编程。Petri网功能强大，应用很广，PLC的顺序流程图语言就是来源于它。

图解法比较直观，设计过程不易出错，也是人们较爱用的方法之一。

4. 工程方法设计

在PLC出现之前，工程上已用了很多顺序控制的方法，也有很多好的机理与做法。如普通金属切削机床的分散控制，就是靠每一动作完成的反馈信号去结束本动作，并启动下一动作。到了所有动作都执行完了，如半自动机床则停车、自动机床则靠最后一个动作的完成

信号，去重新启动第一个动作。

对于生产率很高的自动机床，其自动化用的则是集中控制。手段是用分配轴和用机械的办法。机床工作时，分配轴不停地转动，并靠轴上的各种不同形状的凸轮，去控制机床的各部件运动。分配轴转动一周，各部件的运动也完成一个周期，并完成一个工件的加工。机理不复杂，但能完成很复杂的控制。只是这样机床调整比较麻烦。

现代化的、功能很强、性能很高的机床多用混合控制。手段不用机械，而用电、用程序控制。机床按一个个程序（或步）依次工作。各个程序（或步）执行什么动作，可预先设计。而程序（或步）的转换则要靠动作完成的反馈信号触发。得不到反馈信号，程序（或步）将不会往下推进。所以，它既能完成复杂的控制，又能保证安全工作。

如果抛开上述控制的具体过程，把这些机理上升为控制算法，并选择 PLC 的有关指令予以实现，就有这里讲的分散控制、集中控制及混合控制算法及相应的控制程序。只是以前金属切削机床自动化用的是硬件实现，而如今 PLC 的这个工程控制用的是软件实现。

（1）分散控制

其控制命令是由分散的动作完成反馈信号提供。分散控制有反馈，工作可靠。其缺点是控制关系复杂，程序量随着动作的增加而增大。

（2）集中控制控制

命令是由集中控制器提供。用这一原则进行控制，其程序容易设计，效率高。有的 PLC 有凸轮单元或凸轮指令，更为用这种原则的设计提供了方便。其缺点是没有反馈，如果协调不好，或采取的措施不当，系统易出现问题。

（3）混合控制

它的控制命令由集中控制器发出，而什么时候发出命令，则是由分散的反馈信号控制。混合原则把分散与集中原则的优点兼而有之。程序要复杂一些，但程序量不随动作的增加而增加。多用于复杂的顺序控制。图 2-1 所示是基本混合控制逻辑的原理图。

5. 线性链表设计法

图 2-2 所示为线性链表算法的框图。

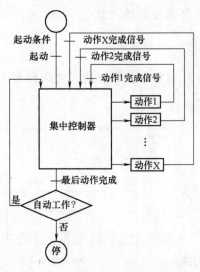

图 2-1　混合控制逻辑原理图

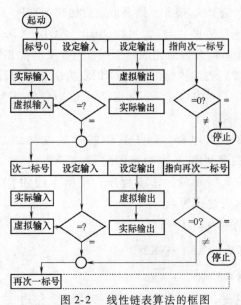

图 2-2　线性链表算法的框图

从图 2-2 知，这里有多组数据。在每组数据中，都有标号、设定输入、设定输出及指向的次一标号。当程序启动之后，先启用链表中标号 0 的数据。用它生成设定输出，再由设定输出产生虚拟输出，进而通过逻辑转换变为实际输出，以进行对系统第一步控制。

生成实际输出后，则等待实际控制效果的反馈。其过程是先把实际反馈输入转换为虚拟输入，再进行虚拟输入与这里的设定输入比较。当这个比较结果一致，则转到次一个标号，停用本标号的数据，启用次一个标号的数据。进而根据次一个标号数据的输出生成新的输出，并等待新的控制效果的反馈。

这个过程重复进行，直到次一个为实现停止功能标号（具体可按约定设置），则过程结束，完成整个顺序控制。

2.2 组合逻辑编程

2.2.1 组合逻辑表达式与真值表

1. 表达式

（1）有关约定

1）触点变量。触点变量就是反映触点状态的逻辑量。仅有两个取值，1 与 0。1 代表通或 ON；0 代表断或 OFF。

2）触点代数运算。触点代数是用指定运算反映触点间的连接。触点并联的运算是"或"，也叫加（+）或析取。对应梯形图指令就是"OR"。触点串联的运算是"与"，也叫乘（*，有时乘号省略），或合取。对应梯形图指令就是"AND"。触点串联后的并联，则是乘后的和。并联后的串联，则是和后乘。为了明确运算顺序，可使用成对的括号，括号内的运算优先。

此外，还有"非"的运算，也叫求反。上述同名变量的常开、常闭触点间就是"非"的关系。对常开触点求反，即变为常闭触点；对常闭触点求反即变为常开触点；求两次反，又变为自身了。

对应 PLC 指令，如果指令后加"NOT"，则用变量的非。如"AND NOT X"，是对变量 X 求反后再"与"。再如"OR NOT X"，是对变量 X 求反后再"或"。有的 PLC 干脆这两个单词合并简化成一个词，但含义与此相同。

（2）表达式与电路（对 PLC 为组合逻辑程序）对应关系

有了上述约定，实际电路（对 PLC 为组合逻辑程序）与触点代数表达式之间就有了一一对应关系。

对触点电路，除了其中的桥式电路，其它的都可用上述约定的逻辑式子表达。如图 2-3 所示的梯形图程序，根据上述约定，其表达式为

$$WW1 = XK1 \cdot XK2$$

$$WW2 = \overline{XK1} \cdot XK2$$

$$WW3 = XK1 \cdot \overline{XK2}$$

这里，等式右边为逻辑表达式。左边

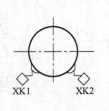

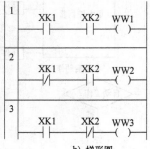

a）三位置旋转刀架示意　　　　b）梯形图

图 2-3　组合逻辑电路

为输出，是逻辑表达式运算的结果。

2．真值表

真值表是由行与列组成，用以记录输入变量与输出间的对应关系。它的"列"记录着变量的不同取值；"行"记录着输入变量不同取值时，输出的取值。表中 1 代表器件工作，常开触点 ON，常闭触点 OFF；0 代表器件不工作，常闭触点 ON，常开触点 OFF。

如表 2-1，就是反映 A、B 两个输入变量不同取值时，做不同逻辑运算后对应的输出的值。

表 2-1　A、B 两触点不同逻辑运算的真值表

输	入	输				出			
A	B	$\overline{A}$	$\overline{B}$	$A \cdot B$	$A+B$	$\overline{A \times B}$	$\overline{A+B}$	$A+\overline{B}$	$A \cdot \overline{B}$
0	0	1	1	0	0	1	1	1	0
0	1	1	0	0	1	1	0	0	0
1	0	0	1	0	1	1	0	1	1
1	1	0	0	1	1	0	0	1	0

2.2.2　组合逻辑分析

分析是对触点电路求解，以弄清该逻辑电路可能实现的功能。

分析的办法是：依照实际电路或 PLC 组合逻辑程序，按触点代数的约定，列出逻辑表达式；把输入变量的各种可能取值代入表达式，求出相应的输出值，并列写真值表，进而弄清该逻辑电路可能实现的功能。

图 2-3a 所示为刀架转位示意图，图 2-3b 所示为刀架位置显示程序。从梯形图知，如图 2-3a 所示位置，两个行程开关均压合上，则 WW1 ON；顺时针转 120°，则 2XK 压上，1XK 不压，则 WW2 ON；再顺转 120°，则 1XK 压上，而 2XK 不压，WW3 ON。再转 120°又回到图示位置。

这样，用两个开关的被压合状况的组合，就可反映出刀架处于三个位置中的那一个。

而 XK1、XK2 可能的取值只能是 11、01 及 10。运用上述表达式，对应的 WW1、WW2 及 WW3 的值进行运算，其结果分别为，100、010 及 001，见表 2-2。

表 2-2　图 2-3 的真值表 3

输	入	输		出
XK1	XK2	WW1	WW2	WW3
1	1	1	0	0
0	1	0	1	0
1	0	0	0	1

从表中可知，用 WW1、WW2 及 WW3 三个指示灯显示刀架的不同位置，是完全可行的。

2.2.3　组合逻辑综合

综合的方法是依据设计要求列出逻辑表达式；对表达式进行种种化简；从中求出最优的

表达式；再按触点代数的约定，画出触点电路，或编写 PLC 程序。

逻辑化简的标准是对触点电路一般指总触点数最少；对数字电路首先是要求乘积项最少，因为它与用的元件数有关。对 PLC 而言，这些都与使用的指令数量有关，关系到程序是否简短的问题。

化简的方法很多，如代数法、几何法（卡诺图）、Q—M 法等。也可用计算机辅助化简。有了化简后的逻辑表达式，进而编写对应程序，就是指令及地址的选用，是比较好处理的。

2.2.4　组合逻辑综合实例

1. 三个开关表决逻辑

该 3 个开关分别用 A、B、C 表示。表决结果用灯 L 表示。每个开关也都有两个状态，即下扳（赞成）、上扳（不赞成）。下扳（通）用变量，即用 A、B 或 C 表示。上扳（断）用变量的非，即用 $\overline{A}$、$\overline{B}$ 或 $\overline{C}$ 表示。

这 3 个变量各有两个取值，下扳的是两个及两个以上的有 4 种。把这 4 种组合使灯亮，即可实现所要求的控制了。对此分析，可用真值表表示，见表 2-3。

表 2-3　表决控制真值表

A	B	C	L	A	B	C	L
1	1	1	1	1	0	0	0
1	1	0	1	0	1	0	0
0	1	1	1	0	0	1	0
1	0	1	1	0	0	0	0

它的逻辑表达式应为

$$L = ABC + AB\overline{C} + \overline{A}BC + A\overline{B}C$$

经化简则为

$$
\begin{aligned}
L &= ABC + AB\overline{C} + \overline{A}BC + A\overline{B}C \\
&= ABC + AB\overline{C} + ABC + \overline{A}BC + ABC + A\overline{B}C \\
&= AB + BC + AC \\
&= (A+B)(B+C)(C+A)
\end{aligned}
$$

当然还应对这个表达式进行化简。不过由于使用 PLC，触点多少问题不大，可直接依据此表达式画出的梯形图，如图 2-4 所示。图 2-4a 串联后并联。图 2-4b 为并联后串联。

这里仅用 3 个开关表决。如果多了，如几十、几百，就太复杂了。为此可用后面将要介绍的高级逻辑设计方法设计。

2. 格雷码到二进制码译码

格雷码为单位码，不少绝对值计数的旋转编码器用它编码。但格雷码没有"权值"，无法用作大小比较。但它与二进制码有对应关系，其关系真值表见表 2-4（5位）。以此关系，可把它译成二进制码。

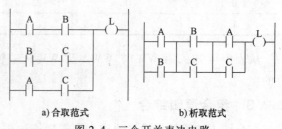

a) 合取范式　　　　b) 析取范式
图 2-4　三个开关表决电路

表 2-4　二进制码与格雷码对照真值表

格雷码					序号	二进制码				
0	0	0	0	0	00	0	0	0	0	0
0	0	0	0	1	01	0	0	0	0	1
0	0	0	1	1	02	0	0	0	1	0
0	0	0	1	0	03	0	0	0	1	1
0	0	1	1	0	04	0	0	1	0	0
0	0	1	1	1	05	0	0	1	0	1
0	0	1	0	1	06	0	0	1	1	0
0	0	1	0	0	07	0	0	1	1	1
0	1	1	0	0	08	0	1	0	0	0
0	1	1	0	1	09	0	1	0	0	1
0	1	1	1	1	10	0	1	0	1	0
0	1	1	1	0	11	0	1	0	1	1
0	1	0	1	0	12	0	1	1	0	0
0	1	0	1	1	13	0	1	1	0	1
0	1	0	0	1	14	0	1	1	1	0
0	1	0	0	0	15	0	1	1	1	1
1	1	0	0	0	16	1	0	0	0	0
1	1	0	0	1	17	1	0	0	0	1
1	1	0	1	1	18	1	0	0	1	0
1	1	0	1	0	19	1	0	0	1	1
1	1	1	1	0	20	1	0	1	0	0
1	1	1	1	1	21	1	0	1	0	1
1	1	1	0	1	22	1	0	1	1	0
1	1	1	0	0	23	1	0	1	1	1
1	0	1	0	0	24	1	1	0	0	0
1	0	1	0	1	25	1	1	0	0	1
1	0	1	1	1	26	1	1	0	1	0
1	0	1	1	0	27	1	1	0	1	1
1	0	0	1	0	28	1	1	1	0	0
1	0	0	1	1	29	1	1	1	0	1
1	0	0	0	1	30	1	1	1	1	0
1	0	0	0	0	31	1	1	1	1	1

从表 2-4 可知，二进制码的本位的值为：格雷码的本位值与二进制码高一位值的异或，即

$$e(i) = (\overline{g(i)})(e(i+1)) + (g(i))(\overline{e(i+1)})$$

式中　$e(i)$——第i位二进制值；

　　$g(i)$——第i位格雷码值；

　$e(i+1)$——第$i+1$位格雷码值。

而最高位两者相等。

图2-5即为此译码程序。该图g0（低位）~g4（高位）为格雷码，e0（低位）~e4（高位）二进制码。

图2-5程序设计的根据是表2-4。从表知，二进制码的本位的值为："格雷码"的本位的值与二进制码的高一位的值的异或，即

$$e(i)=\big[g(i)\,\text{xor}\,e(i+1)\big]$$

式中　$e(i)$——第i位二进制值；

　　$g(i)$——第i位"格雷码"值；

　$e(i+1)$——第$i+1$位"格雷码"值；

　　xor——逻辑异或。

而最高位两者是相等的。

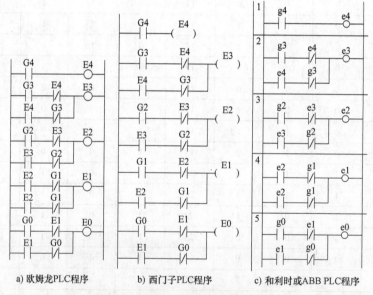

　　a) 欧姆龙PLC程序　　　　b) 西门子PLC程序　　　c) 和利时或ABB PLC程序

图2-5　格雷码到二进制译码程序

　　提示：当今，不少 PLC 提供有这两种编码的转换指令，不必调用这里介绍的转换程序。

2.3　异步时序逻辑编程

继电器电路是典型的异步时序逻辑。PLC 顺序控制也多是异步时序逻辑。本节将介绍异步时序逻辑编程。

2.3.1　异步时序逻辑表达式与通电表

1. 表达式

（1）有关约定

继电器电路要用到线圈。所以，在触点代数约定的基础上，还应增加一些约定。具体为，线圈与受其控制的触点名称相同；线圈工作、ON，用 1 表示。这时，其常开触点接通，常闭触点断开。线圈不工作、OFF，也用 0 表示。这时，其常闭触点接通，常开触点断开。

PLC 用的是操作数"位"的写与读。如果调 OUT 指令用 1 写操作数"位"，相当于使线圈工作。这时，其常开触点 ON，常闭触点 OFF。如果用 0 写操作数"位"，其常开触点 OFF，常闭触点 ON。

（2）一般表达式

对仅是串并触点控制的继电器线圈，或仅用 LD、OUT、AND、OR、AND—NOT、OR—NOT、AND—LD、OR—LD 等基本指令控制的 PLC 输出，其逻辑表达式为

$$J_i = f_i(a_1、a_2、\cdots、a_j\cdots a_n, J_1、J_2、\cdots、J_k、J_m)$$

式中 a_j——输入继电器的触点，可能为常开，也可能常闭；

J_k——内部辅助、输出继电器触点，可能为常开，也可能常闭。

可以不用证明，上式总是可以分解式（2-1）所示一般表达式。它分成两组，一组为含有自身触点这个因子，为起动；另一组不含自身触点这个因子，为保持。即

$$J_i = Q_i + B_i J_i \tag{2-1}$$

式中，Q_i、B_i 都不含 J_i 的因子。从硬件意义上讲，式左边的 J_i 代表线圈，右边 J_i 代表它的触点。

其对应的梯形图如图 2-6 所示。

读者可能要问，怎么没有 J_i 非的因子呢？主要是考虑以自身的常闭触点去控制自身的线圈，没有实际意义。不然，如图 2-7 所示，其含义是：每执行一次这组指令，J_i 的状态变换一次。无特殊需要，一般不作这样设计。

图 2-6　与式（2-1）对应的梯形图　　　　　图 2-7　不稳定电路

有了这个思路，处理继电器电路或异步时序逻辑，也可用组合逻辑的方法了。分析时，分别分析起动与保持两个部分：

1）起动。关键看由 0 变为 1 的条件。只要它变为 1，且"保持"也为 1，这个输出如未起动，则起动（为 1）。而且一旦起动，之后如"保持"一直为 1，其输出将继续为 1。

2）保持。关键看由 1 变为 0 的条件，只要变为 0，且起动不为 1，这个输出如为 0，则停止，不再工作。而一旦断电，之后又没有起动，其输出将继续保持 0。

2. 通电表

（1）通电表组成

通电表由行与列组成，见表 2-5。它的"列"记录着各个器件在各个节拍的工作状况；"行"记录着各个节拍各个器件的工作情况。表中 1 代表器件在工作，其常开触点 ON，常闭触点 OFF；0 代表器件不在工作，其常闭触点 ON，常开触点 OFF。

节拍与输入有关，它的转换也是由输入引起的。而对异步时序逻辑的输入总是做以下两个假设：

1）在同一时间总是只有一个输入信号改变。

表2-5 通电表

节拍序号	当前输入	输入器件1	输入器件2	…	内部器件1	内部器件2	…	输出器件1	输出器件2
0									
1									
2									

2）两次输入信号改变之间系统的内部及输出状态已趋于稳定。

事实上，绝大多数工作系统是总是能满足这两个假设的。

因此，"通电表"可从时、空两个角度看出时序逻辑的全貌。可用于继电器电路或PLC顺序控制程序的分析与综合。

（2）有关概念说明

本书讨论的是PLC，所以，以下概念都是针对PLC而言。

1）输出器件。为PLC的输出点。用1、0代表它工作状态。

2）内部器件。为PLC内部继电器，或自定义内部布尔变量，用1、0代表工作状态。

3）输入器件。为PLC的输入点。用点1、0代表工作状态。输入点接收的信号有主令信号与反馈信号。前者为人工对系统的控制；后者为对控制动作执行后的应答。分清主令信号与反馈信号对分析与设计梯形图逻辑很有好处。因为多数电路开始工作时总是由主令信号发起，而以后的工作推进则多是反馈信号。找出主令信号就等于抓住了"顺序控制"的开头，也就有了头绪。这样，再进一步展开分析自然也就不难了。

不是所有的输入改变都会改变输出或改变内部器件状态。不会产生这种"改变"输入信号可视为无效信号。反之，为有效信号。如按钮，一般讲，从松开到按下为有效信号，而从按下到松开则多为无效信号。但这也不是绝对的，要看怎么去处理。如用一个按钮实现起、停控制，则按下与松开可能都将是有效信号。

4）节拍。是划分通电表的时间区段。内部状态、输出状态及有效输入的改变是划分的依据。这三者的改变即为节拍的改变。不同的内部状态、输出状态与有效输入，也就是处于不同的节拍。

5）当前输入。是进入新节拍的输入。可由有效输入改变生成，也可由内部器件状态及输出点状态改变生成。当前输入的表示方法是：如果信号从OFF到ON，用信号的名（变量本身）；如果信号从ON到OFF，用信号的名上加小横线（变量的非）。

2.3.2 异步时序逻辑分析

用通电表分析已设计好的程序，相当于在"纸面"上"运行"程序，是检查程序正确性、可行性的一个好方法。以下用通电表分析图2-8程序。

该图为4种PLC的梯形图程序，用的是符号地址，有一个输出点"工作"（输出器件）、一个中间继电器"b"（内部器件）及一个输入"AA"（输入器件）。

从连接关系，可列出"工作"及"b"的逻辑表达式如下：

$$"工作" = ("AA")("b") + ("AA" + "b")("工作")$$

$$"b" = ("AA")("工作") + ("AA" + "工作")("b")$$

电路的主令器件（信号）为"AA"，所有节拍的转换都由它的变化引起。在原始状态，

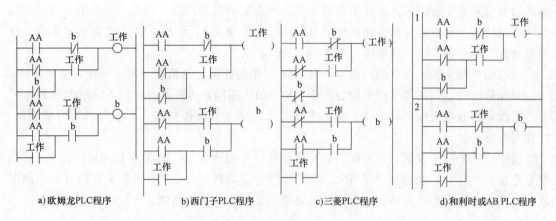

a)欧姆龙PLC程序　　　b)西门子PLC程序　　　c)三菱PLC程序　　　d)和利时或AB PLC程序

图2-8　单按钮起停电路

"AA"不输入，为0，内部器件"b"、输出器件"工作"均OFF。

这时，如输入"AA"转为1，进入第1节拍。从逻辑表达式计算可得，"工作"将为1，而"b"仍为0；

进而，如"AA"转为非（为0），进入第2节拍。从逻辑表达式计算可得，这时，"工作""b"均为1；

接着，如再按"AA"（为1），进入第3节拍。从逻辑表达式计算可得，这时，"工作"为0，而"b"仍为1；

再松开，"AA"再转为非（为0），进入第4节拍。从逻辑表达式计算可得，这时，则"工作""b"全为0。其结果如表2-6所示。

表2-6　图2-8电路通电表

节拍序号	当前输入	输入器件 AA	内部器件 b	输出器件工作
0		0	0	0
1	AA	1	0	1
2	$\overline{AA}$	0	1	1
3	AA	1	1	0
4	$\overline{AA}$	0	0	0

从表2-6知，它是用一个按钮起、停控制输出器件工作的电路。其功能就是用一个按钮实现"工作"的起停。

提示：和利时PLC编程软件所用变量暂不支持中文命名，但ABB的已可以。

2.3.3　异步时序逻辑综合

1. 异步时序逻辑正常工作应遵循的原则

触点电路（组合逻辑）输出取值对应于它的逻辑条件是唯一的。要想用相同的逻辑条件产生不同的输出，是不可能的。这是触点电路工作的唯一性规律。设计这样电路必须遵守这个规律，即唯一性原则。

继电器电路（PLC梯形图程序可与其对应），也即PLC的异步时序逻辑，其输出或内部

PLC编程实用指南　第3版

器件的取值对应于它的输入条件不是唯一的。因为它有自身反馈。但是，它的输出可分解为起动与保持两个部分。这两者又都是触点电路（组合逻辑）。所以，为了它能正常工作，这两部分分别也应遵守唯一性原则。具体讲：

对起动电路，其起动节拍不能与所有 OFF 节拍的相同。否则就会出现不该起动而起动。

对保持电路，其断电节拍不能与所有 ON 节拍的相同。否则就会出现不该断电而断电。

所设计的通电表如不满足这个唯一性原则，也称逻辑条件相混。可适当增加内部器件，把相混分开。

这里举一个例子说明这个原则，如要求设计一个时序电路，其要求是用输入点 AA（用符号地址，下同）控制输出"工作"，各节拍的对应关系见表 2-7。到第 4 节拍时，电路又复原，回到原始状态。显然，这个设计就是对图 2-8 分析的反问题。

表 2-7　各节拍输入、输出对应关系

节拍序号	当前输入	输入器件 AA	输出器件工作
0		0	0
1	AA	1	1
2	$\overline{AA}$	0	1
3	AA	1	0
4	$\overline{AA}$	0	0

从表 2-7 知，这里的 1 和 3 两个节拍，逻辑条件相同，但 1 节拍要求"工作"为 1、起动，而 3 节拍又不要求"工作"为 0、不允许起动，这种矛盾的要求，若没有增加内部器件是无法实现的。从断电检查，2 和 4 节拍也有类似的情况。

为了排除这个相混，则要加一个内部器件"b"，其通断电过程，如表 2-8 所示。由于这时"工作"与"b"可互为条件，所以，无论是对"工作"还是对"b"，它的通断电都不相混，因而这个通电表也就不相混了。

表 2-8　增加内部继电器后各节拍输入、输出对应关系

节拍序号	当前输入	输入器件 AA	内部器件 b	输出器件工作
0		0	0	0
1	AA	1	0	1
2	$\overline{AA}$	0	1	1
3	AA	1	1	0
4	$\overline{AA}$	0	0	0

2. 梯形图逻辑综合过程

唯一性原则给梯形图正常工作设置了约束，但也给梯形图设计提供了入门依据。以下介绍的编程就是从分析唯一性原则入手的。

（1）初列通电表

根据设计要求，按输入与输出的对应关系，初列通电表。这个表也称原始通电表。用它可反映输出与输入在各个节拍的对应关系。这个表是不难设计的，因为它仅是设计要求的

"表格化"而已。

（2）唯一性设计

对已建立的原始通电表进行唯一性检查，如不满足唯一性原则，可适当增加内部器件，以得到一个合乎唯一性原则的通电表。具体做法如下：

1）依次对，在原始通电表中的每一输出点的起动与断电进行唯一性检查：

把所有起动节拍的逻辑条件与所有不工作（OFF）节拍的逻辑条件进行比较，看是否存在相混；把所有断电节拍的逻辑条件与所有工作（ON）节拍的逻辑条件进行比较，看是否存在相混。

若有，建相混表。这个表可附在原始通电表右侧，亦即原始通电表的扩展。将逻辑条件相同者分成一组，占一列，用英文字母命名，起动（或断电）节拍处标写大写字母，其它与逻辑条件相混的节拍标与其同名的小写字母。然后，在同名的大小写字母间的节拍画上竖实线，其余的画上竖虚线。画时，应把第1节拍看作最后一个节拍的次拍。这主要因为电路总是要循环工作的，故需做这么处理。表2-9就是对表2-10检查后建的相混表。

表2-9 经检查后所建的相混表

节拍序号	当前输入	输入器件 AA	输出器件工作		
0		0	0		
1	AA	1	1	A	b
2	$\overline{AA}$	0	1		
3	AA	1	0	a	B
4	$\overline{AA}$	0	0		

2）在各组的实线处建立分界线，以便把相混的情况区分开。为了节省内部器件，最好"一线多用"，即用一个分界线，能区分尽可能多的组的相混。以上工作可借助集合运算求解，实现算法化。

3）分界线是靠增加内部器件实现。如新增的内部器件在分界线之前为OFF，而之后为ON，并把它作为因子，加入到相应的逻辑条件中，显然，这一对对的相混也不再有了。

4）既然分界线是靠增加内部器件建立，那么就还要对它的启动与断电逻辑条件也要作相混检查。办法同前。

5）如新增的内部器件也存在相混，则也要再建分界线。以至于还要再查、再建，直到不再有相混为止。

所增加的内部辅助器件在分界线处，从OFF变为ON，而到了最后一个节拍，再使其从ON变为OFF。这样虽然多用了内部辅助器件，但逻辑关系简单。由于PLC几乎有海量的内部辅助器件，故是可取的。

（3）列写逻辑式子

根据通电表列写各输出点及内部器件的逻辑式子。分起动电路及保持电路分别进行。对运用锁存指令的，起动电路即为S电路；保持电路去掉自身触点的因子，而后再取反，即为R电路。

1）求起动电路逻辑表达式。其逻辑要求是：起动节拍的逻辑条件应为1，无电节拍应为 0，其它节拍可任意。表达式可分为特解和一般解。特解仅对起动节拍进行分析，求其为 1 时的逻辑条件；一般解还把无关项（可任意取值的项）也考虑进去。特解为

$$J_{QT} = \sum_1^N A_{Qi} \cdot M_{Qi}$$

式中　N——起动次数；

　　A_{Qi}——起动节拍，当前输入；

　　M_{Qi}——起动节拍的其它元件状态组合；

一般解为

$$J_{QY} = \overline{\sum_1^Q A_{WR} \cdot M_{WR}}$$

式中　　　Q——所有 OFF 节拍的总数；

$A_{WR} \cdot M_{WR}$——OFF 节拍的逻辑条件。

　　一般讲，特解含的因子多，所用的触点多，一般解可能简单些，但也可能包含多余的项。正确的选择是化简一般解，并从中挑选出含特解的项。但要确保，起动节拍的当前输入成为必备的因子。否则无法进入本节拍。

　　2）求保持电路逻辑表达式。其逻辑要求是：断电节拍的逻辑条件为 0（对锁存指令的 R 电路，则为 1），ON 节拍为 1（R 电路，为 0），其它的可以任意取值。也分为特解与一般解。特解仅考虑 ON 节拍的条件，一般解还考虑任意项。特解式为

$$J_{BT} = \left(\sum_1^r A_{rj} \cdot M_{rj} \right) J$$

式中　P——所有为 ON 的节拍数；

　$A_{rj} \cdot M$——为 ON 的节拍的逻辑条件；

　　　J——求解元件自身接点，即自保接点。

一般解为：

$$J_{BY} = \left(\sum_1^N A_{Di} \cdot M_{Di} \right) J$$

式中　N——断电次数；

　　A_{Di}——断电节拍的当前输入；

　　M_{Di}——断电节拍的其它元件状态组合；

　　　J——求解元件自身接点，即自保接点。

　　化简时，同样也是先化简一般解，然后选含特解的项。但，断电节拍的当前输入的反，也总要成为必备的因子。否则也无法进入本节拍。

　　在使用锁存指令时，其 S 电路的特解及一般解，与起动电路的有关逻辑表达式相同。其 R 电路表达式为，除去 J 后的非，并将特解与一般解互换。即，特解为

一般解为：

$$R_T = \frac{\sum_1^N A_{Di} \cdot M_{Di}}{}$$

$$R_Y = \sum_1^P A_{rj} \cdot M_{rj}$$

式中右边各项含义与保持电路表达式中的各项含义相同。

（4）逻辑化简、列写指令、画梯形图

逻辑式子化简实际是数字逻辑问题。除了代数法，还有很多方法，如卡诺图法、Q—M法、n—立方体法等。实质都是先求出最大蕴含项，然后，再找出必要质（最大）蕴含项，之后，进行列消去，再不能消去时可任取。有了最简的表达式，则可列写指令或画梯形图了。

2.3.4　异步时序逻辑综合举例

【例1】　液体混合罐工作控制

有一个用于使两种液体进行混合的装置，见图2-9。控制要求是，起始状态容器是空的，3个阀门（XX1、XX2、XX3）均关闭，电动机M也不工作。液面传感器L、I、H也处OFF状态。

起动操作后，先是XX1阀门打开，液体A流入容器。当液面位置达到II时，II开关ON，使XX1阀门关闭，而XX2打开，使液体B流入。当液面到达HH时，HH开关ON，XX2阀门关闭，并起动电动机MM，对两种液体作搅拌。搅拌6s后，电动机MM停止工作，并打开阀门XX3，把混合液放出，直到LL传感器OFF后，再过2s，阀门XX3关闭，并又开始新的周期。若要停止操作，可按停车按钮TT。但按后不立即停止工作，而是待完成一个工作循环后，才停止工作。

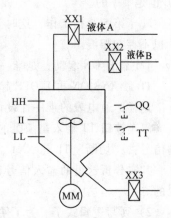

图2-9　两种液体进行混合的装置

设计过程如下：

1）用的可编程序控制器可任选，其I/O分配略，但用相应符号XX1、XX2、XX3、QQ、TT、MM、HH、II、LL代表。时间继电器符号为TM、TL。

2）用解析法编程。其步骤是先列原始通电表，次是，检查通电表满足唯一性原则的情况，并完善之；再就是，列写逻辑式子并进行化简，画梯形图。

初列通电表：用相应的符号列表，如起动按钮用QQ，TM为与MM共同工作的时间继电器等。所画出的原始通电表见表2-10。

表2-10　图2-9原始通电表

节拍	当前输入	HH	II	LL	QQ	TT	XX1	XX2	XX3	MM	TM	TL
0		0	0	0	0	0	0	0	0	0	0	0
1	QQ	0	0	0	1	0	1	0	0	0	0	0
2	$\overline{QQ}$	0	0	0	0	0	1	0	0	0	0	0
3	LL	0	0	1	0	0	1	0	0	0	0	0
4	II	0	1	1	0	0	0	1	0	0	0	0
5	HH	1	1	1	0	0	0	0	0	1	1	0
6	TM	1	1	1	0	0	0	0	1	0	0	0
7	HH	0	1	1	0	0	0	0	1	0	0	0
8	II	0	0	1	0	0	0	0	1	0	0	0
9	$\overline{LL}$	0	0	0	0	0	0	0	1	0	0	1
10	TL	0	0	0	0	0	0	0	0	0	0	0

1）对原始通电表进行唯一性检查，可知：

XX1 起动主要靠 Q 信号，其它 XX1 OFF 的节拍均无此信号，所以，不存在相混。但是，第 2 循环及以后的循环，无 QQ 信号，仍应使 XX1 起动，这可用 TL 帮忙。这相当于把 1、10 节拍合并。XX1 断电，其信号为 I，其它 ON 节拍也无此信号，故也不存在相混。

XX2 于第 4 节拍工作，其它节拍都不工作。第 4 节拍时 II、LL 均 ONHH OFF。这种情况还出现在第 7 节拍。但第 7 节拍时 XX3 ON，而第 4 节拍时 XX3 OFF，这可把第 4 与第 7 节拍的逻辑条件区分开。故对 XX2 而言，唯一性原则也满足。

XX3 于第 6 节拍起动，它用的信号为 TM，是唯一的。其断电于第 10 节拍，用的信号为 TL 也是唯一的。

M 于第 5 节拍工作，这时 H ON。第 6 节拍也是这个情况。但两者可用 TM 区分开，故 M 也不存在相混。

TM 靠 H ON 起动，是唯一的。

TL 靠 XX3 ON 再 L OFF 起动，也是唯一的。

这样，通电表的唯一性设计后，可保持原始通电表不变。

停车按钮 TT 输入是随机的，但它输入后可对其进行记忆（如以 Z 表示），并用这记忆的信号去"切断" TL 与 XX1 的联系，即可达到目的。其在通电表中表示略。

其实分析这里的输入信号得知，本例没有短信号机计数信号，所以，通电表是不会想混的。

2）列写逻辑式子。为了便于理解及使式子简练，这里用的也是原始符号。

对 XX1：其起动电路，依上述分析应为 QQ+$\overline{Z}$TL；其保持电路应为 $\overline{II}$XX1。对 XX2：其保持电路不用，起动电路用作工作电路，应为 II$\overline{HH}$ $\overline{XX3}$。

对 XX3：其起动电路为 TM；其保持电路为 $\overline{LL}$XX3。

对 MM：其保持电路不用，起动电路即为工作电路，为 HH$\overline{TM}$。

对 TM：工作电路为 HH。

对 TL：工作电路为 XX3$\overline{LL}$。

对 Z：其起动电路为 TT；保持为 $\overline{TL}$Z。

这样，它的完整的逻辑式子为

$$XX1 = QQ + \overline{Z}TL + \overline{II}XX1$$

$$XX2 = II\,\overline{HH}\,\overline{XX3}$$

$$XX3 = TM + \overline{TL}\,XX3$$

$$MM = HH\,\overline{TM}$$

$$TM = HH$$

$$TL = XX3\overline{LL}$$

$$Z = TT + \overline{TL}Z$$

3）针对以上逻辑式画出的梯形图，见图 2-10。从梯形图可知，完成这样的控制，其电路并不复杂。

这里列写逻辑式子未完全套用以前的公式，而是用直接观察的办法。由于本例逻辑变量

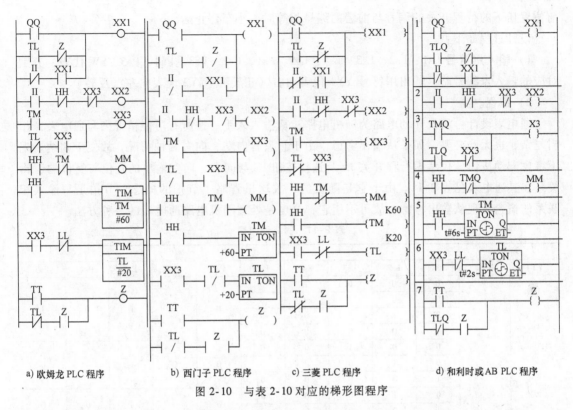

a) 欧姆龙 PLC 程序　　b) 西门子 PLC 程序　　c) 三菱 PLC 程序　　d) 和利时或 AB PLC 程序

图 2-10　与表 2-10 对应的梯形图程序

较多，相区分的信号又较明显，直接观察更为简便。自然，用式子去化简，或用其它的化简方法进行化简，其结论也是这样的。

图 2-10 所示虽为 4 种 PLC 程序，但由于用的都是基本逻辑处理指令，且又是用的符号地址，所以，这 3 种程序间的差别是不大的。所差的只是梯形图的个别符号上。这也说明，有了控制的算法，用什么 PLC 去实现，一般也都是可能的。

> **提示**：和利时与 AB PLC 用的是 IEC 标准编程，没有常规意义的定时器，而是用定时功能块。这里的 TM、TL 为结构变量，是该功能块的两个实例。TM. Q、TL. Q 为该功能块实例的输出，相当于其它 PLC 的定时器输出点。

【例2】　小车运动控制

于图 2-11 所示的小车，有 3 个状态，向左（反转）、向右（正转）、停车。Ls 为反映小车所处位置的行程开关，Ps 为选择小车位置的按钮，各有 5 个。控制要求是：按下选择按钮，如其编号大于小车当前位置压下的行程开关号时，再按下起动按钮 SW 小车向右运动，直至小车当前位置压下的行程开关的编号与前者的编号相等时，小车停止运动；按下选择按钮，如其编号小于小车当前位置压下的行程开关的编号时，再按下起动按钮 SW 小车向左运动，直至小车当

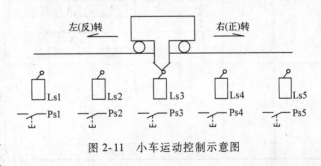

图 2-11　小车运动控制示意图

前位置压下的行程开关的编号与前者的编号相等时，小车停止运动。

设计过程如下：

1）输入用符号 Ls1、Ls2、Ls3、Ls4、Ls5、Ps1、Ps2、Ps3、Ps4、Ps5、SW 代表，分别对应的输入点编号略。输出用符号 YY1 代表向右（正转）、YY2 代表向左（反转）。

2）编程。

通电表设计：所设计的电路为随机电路，从输入入手，按所有可能情况列写通电表，相当复杂，也无此必要。如果从输出考虑，由于它只有向左、向右两种情况，故便于归纳。先不考虑起动按钮，仅考虑行程开关 Ls 及选择按钮 Ps 与向右、向左输出的置位与复位的逻辑关系，其通电表见表 2-11。由于它是随机的，故这里省略了节拍的概念。节拍是与输入相联系的概念，现从输出考虑，故可不用它，这也是处理随机电路通电表的一种方法。

表 2-11　例 2 通电表

| 输出 | | 输入 | | | | | | | | | |
YY1	YY2	Ls1	Ls2	Ls3	Ls4	Ls5	Ps1	Ps2	Ps3	Ps4	Ps5
S		0	0	0	1	0	0	0	0	0	1
		0	0	1	0	0	0	0	0	0	1
		0	1	0	0	0	0	0	0	0	1
		1	0	0	0	0	0	0	0	0	1
		0	0	1	0	0	0	0	0	1	0
		0	1	0	0	0	0	0	0	1	0
		1	0	0	0	0	0	0	0	1	0
		0	1	0	0	0	0	0	1	0	0
		1	0	0	0	0	0	0	1	0	0
		1	0	0	0	0	0	1	0	0	0
R		0	0	0	0	1	0	0	0	0	1
R	R	0	0	0	1	0	0	0	0	1	0
		0	0	1	0	0	0	0	1	0	0
R	R	0	1	0	0	0	0	1	0	0	0
	R	1	0	0	0	0	1	0	0	0	0
	S	0	1	0	0	0	1	0	0	0	0
		0	0	1	0	0	1	0	0	0	0
		0	0	0	1	0	1	0	0	0	0
		0	0	0	0	1	1	0	0	0	0
		0	0	1	0	0	0	1	0	0	0
		0	0	0	1	0	0	1	0	0	0
		0	0	0	0	1	0	1	0	0	0
		0	0	0	1	0	0	0	1	0	0
		0	0	0	0	1	0	0	1	0	0
		0	0	0	0	1	0	0	0	1	0
0		0	0	0	0	0	0	0	0	0	1
		0	0	0	0	0	0	0	0	1	0
		0	0	0	0	0	0	0	1	0	0
		0	0	0	0	0	0	1	0	0	0
		0	0	0	0	0	1	0	0	0	0
		任意组合					0	0	0	0	0

从表 2-11 可知，对 YY1、YY2，其 S、R 电路的逻辑条件，与可能出现的逻辑条件均不相混，故此表能满足唯一性原则。

列写逻辑式：由于这里的输入 L_S、P_S 出现时，都仅为一个 ON，这为我们列写逻辑式提供了方便，即仅考虑变量本身，其它可不考虑。具体列写如下：

YY1S 电路

$$S_1 = Ps5(Ls4+Ls3+Ls2+Ls1)+Ps4(Ls3+Ls2+Ls1)+$$
$$Ps2(Ls2+Ls1)+Ps2Ls3$$

YY1R 电路

$$R_1 = Ps5Ls5+Ps4Ls4+Ps3Ls3+Ps2Ls2$$

YY2S 电路

$$S_2 = Ps1(Ls2+Ls3+Ls4+Ls5)+Ps2(Ls3+Ls4+Ls5)+$$
$$Ps3(Ls4+Ls5)+Ps4Ls5$$

YY2R 电路

$$R_2 = Ps1Ls1+Ps2Ls2+Ps3Ls3+Ps4Ls4$$

画梯形图：列出逻辑式后，可画出对应的梯形图，不过还要考虑几个实际问题：

① 选择按钮给出的是短信号，按后即复原，故需对其记忆。设用内部辅助继电器 MM1~MM5（也是用符号地址）分别对 Ps1~Ps5 作记忆，直到选择编号与实际编号相等时，再清除这个记忆。以 YY1 为例，其逻辑式为

$$MM1 = Ps1+Ls\overline{1}(MM1)$$

其余的类推。这里用到位后的信号 Ls1 作为断电输入信号，故其保持电路为 $\overline{Ls1}$（MM1）。

用了 MM1~MM5 后，即可用它代换上述逻辑式中的 Ps1~Ps5。

② 起动输入信号 SW 应作为 YY1、YY2 的置位电路的条件之一。

③ YY2、YY1 必须互锁、以保证安全。

④ 实际电路应尽可能简化，以节省指令条数。

考虑以上 4 点后的梯形图如图 2-12 所示。图中 YY2 的输出未画出，它与 YY1 类似。

本梯形图把 KEEP YY1 等指令画在前而 OUT MM1 等在后，这很重要。这可保证到达要求位置时，YY1 等先复位，然后 MM1 等才复位。否则，即前后调一下，YY1 等就复位不了的。

提示： 本例是按单用户单资源的设定设计的。也就是同一时刻只能有一个需求，待这个需求处理完成后，这里单一资源才可能响应新的需求。所以，编程要简单些。

【例3】　组合机床动力头运动控制

设计组合机床动力头运动控制的电路。该机床动力头运动由液压驱动。电磁阀 DT1 得电，主轴前进；失电后退。同时，还用电磁阀 DT2 控制前进及后退速度。得电快速，失电慢速。要求机床的工作过程是：从原位（行程开关 XK1 ON）开始工作。按下起动按钮 QQ，先快速进；到行程开关 XK2 ON，转为工进（慢速前进）；加工一定深度，XK3 ON，快退；退到 XK2 OFF（目的为了排屑），又快进；快进至 XK3 ON，又转工进；加工到尺寸，XK4 ON，快退，直至原位 XK1 ON 停，完成一个工作循环。图 2-13a 所示为系统结构。其具体工作过程见图 2-13b。这里，虚线为快速运动，而实线为慢速运动，箭头指明它的运动方向。

设计过程如下：

（1）输入输出分配

输入：QQ、XK1、XK2、XK3、XK4 用输入符号地址；输出：DT1、DT2 也用符号地址。

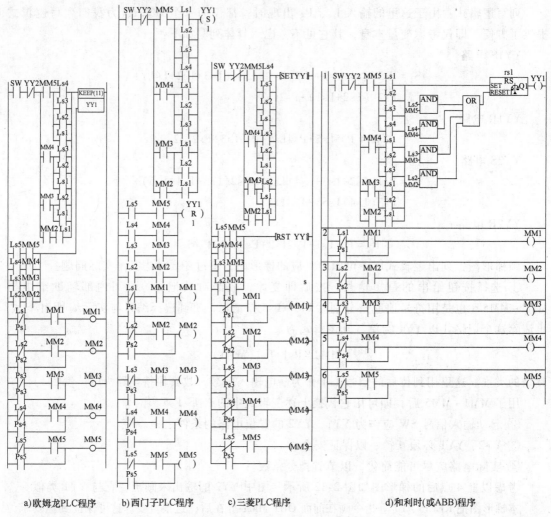

a)欧姆龙PLC程序　　b)西门子PLC程序　　c)三菱PLC程序　　d)和利时(或ABB)程序

图 2-12　与表 2-11 对应梯形图程序

具体分配略。

（2）程序设计

通电表设计：先依照工作顺序，初列通电表，见表 2-12。

对原始通电表进行唯一性原则检查：检查 DT1。它有两次起动。第 1 次起动输入信号为 QQ，用它可与所有 DT1 为 OFF 节拍的逻辑条件区分开。第 2 次起动在第 7 节拍。其起动信号为 $\overline{XK2}$ 及其它条件均与第 13 节拍

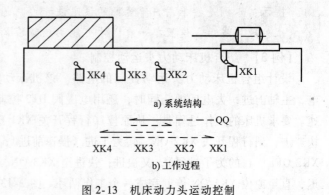

a) 系统结构

b) 工作过程

图 2-13　机床动力头运动控制

（DT1 为 OFF）相混，即表 2-12 中标的 B—b。DT1 有两次断电，第 1 次在第 5 节拍，它与第 9 节拍的条件相混，即表 2-12 中标的 A—a。第 2 次断电逻辑条件不相混。

检查 DT2。它有 3 次起动，第 1 次起动不存在相混。第 2 次在第 5 节拍起动，与第 9 节

相混，即表示所标 A—a。第 3 次在第 10 节拍起动，不存在相混。它也有 3 次断电，第 1 次在第 4 节拍断电，它与第 8 节拍相混，即表中标以 C—c。第 2 次在第 9 节拍断电，如果做到在第 5 节拍 DT1 断电后，DT2 再起动，可不相混。第 3 次断电在第 14 节拍，不存在相混。

按规定画完实线后（见表 2-12），需在第 3（或 1、2）、6 及 10（或 11、12）节拍建 3 条分界线，才能把全部相混区分开。再查所建的分界线也不存在相混。

3 条分界线需用内部辅助继电器。设用 MM1 及 MM2。其工作情况也按"先逐个 ON，ON 后再逐个 OFF"的原则布置，则如表 2-12 所示。

表 2-12 例 3 通电表设计

节拍	当前输入	QQ	XK1	XK2	XK3	XK4	DT1	DT2		相混表		MM1	MM2
0		0	1	0	0	0	0	0				0	0
1	QQ	1	1	0	0	0	1	1				0	0
2	$\overline{QQ}$	0	1	0	0	0	1	1				0	0
3	$\overline{XK1}$	0	0	0	0	0	1	1				1	0
4	XK2	0	0	1	0	0	1	0			C	1	0
5	XK3	0	0	1	1	0	0	1	A			1	0
6	$\overline{XK3}$	0	0	1	0	0	0	1				1	1
7	$\overline{XK2}$	0	0	0	0	0	0	1		B		1	1
8	XK2	0	0	1	0	0	1	1			c	1	1
9	XK3	0	0	1	1	0	1	0	a			1	1
10	XK4	0	0	1	1	1	0	1				0	0
11	$\overline{XK4}$	0	0	1	1	0	0	1				0	0
12	$\overline{XK3}$	0	0	1	0	0	0	1				0	0
13	$\overline{XK2}$	0	0	0	0	0	0	1		b		0	0
14	XK1	0	1	0	0	0	0	0				0	0

对表 2-12 再做检查，可知无论是对 DT1、DT2，还是对 MM1、MM2，均不相混。

列写逻辑式子：

DT1 起动电路特解

$$Q_{T1} = QQ \cdot XK1 \cdot \overline{XK2} \cdot \overline{XK3} \cdot \overline{XK4} \cdot \overline{MM1} \cdot \overline{MM2} +$$
$$\overline{QQ} \cdot \overline{XK1} \cdot \overline{XK2} \cdot \overline{XK3} \cdot \overline{XK4} \cdot DT2 \quad \overline{MM1} \cdot \overline{MM2}$$

DT1 起动电路通解，经化简后为

$$Q_{Y1} = QQ + \overline{XK2} \cdot MM1 + \overline{XK2} \cdot MM2 + XK4 \cdot MM1 + \cdots$$

从中选出含有特解的项。可以是头两项，或第 1 及第 3 项。这里用头两项，即

$$Q_1 = QQ + \overline{XK2} \cdot MM1$$

DT1 保持电路特解为第 1、2、3、4 及 7、8、9 节拍逻辑条件的或，其表达式略。

DT1 保持电路通解为第 5 及第 10 节拍逻辑条件或的非，经化简为

$$B_{Y1} = [QQ + XK1 + \overline{XK2} + \overline{XK3} + \overline{XK4} \cdot MM1 + \overline{XK4} \cdot MM2] \cdot DT1$$

选 $\overline{XK3}$ 及 $\overline{XK4} \cdot MM2$ 或 $\overline{XK4} \cdot \overline{MM2}$ 即可覆盖所有的特解，现选 $\overline{XK4} \cdot MM2$，这样可得

$$DT1 = QQ + \overline{XK2} \cdot MM1 + \overline{XK3} + \overline{XK4} \cdot MM2 \cdot DT1$$

同理，可求 DT2、MM1、MM2 的逻辑表达式：

$$DT2 \approx QQ + XK3 \cdot MM1 \cdot \overline{MM2} + XK4 + (\overline{XK2} + \overline{MM1} + MM2 + \overline{DT1}) \cdot$$

$$\cdot (\overline{XK3}+\overline{MM2}+\overline{MM1}+\overline{DT1}) \cdot (\overline{XK1}+DT1) \cdot DT2$$

$$MM1 = XK1 \cdot DT1 \cdot \overline{XK2}+XK4 \cdot MM1$$

$$MM2 = \overline{XK3} \cdot \overline{DT1} \cdot MM1+\overline{XK4} \cdot MM2$$

画梯形图：依上述逻辑表达式，可画出的对应梯形图，见图2-14。

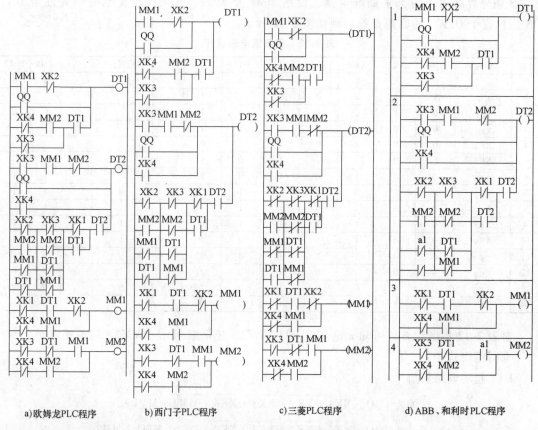

a) 欧姆龙PLC程序　　　b) 西门子PLC程序　　　c) 三菱PLC程序　　　d) ABB、和利时PLC程序

图2-14　与表2-12对应的梯形图程序

2.4　同步时序逻辑编程

2.4.1　异步时序逻辑同步化

1. 三个要点

PLC异步时序逻辑同步化有3个要点：

1）使用同步脉冲。除逻辑条件用持续的ON或OFF信号外，所有引起输出变量或内部状态变量变化的输入信号都使用脉冲信号，即用ON或OFF一个扫描周期的信号。以确保：只是在脉冲信号作用期间才有输出变量或内部状态变量变化；而无脉冲信号作用的扫描周期，输出变量或内部状态变量都不发生变化。

2）保持同一扫描周期各个输出的输入逻辑条件保持一致。具体是在存在脉冲作用的扫描周期中，应做到先执行的指令所引起的输出变量或内部状态变量变化，不改变后执行指令的执行条件。以确保如同步脉冲电路一样，在脉冲信号作用期间，所有输出变量及内部变量状态变量的变化都与脉冲信号作用前相同。

3）I/O刷新应在同步时序相关的程序执行后进行，以确保控制动作能按同步要求实现。

2. 逻辑条件一致

有3种方法可做到前后逻辑条件一致：

1）合理地安排指令的先后顺序。在脉冲信号作用下执行"某一梯级指令"，可能产生某输出或内部状态改变，而这个改变又可能改变"别的一组指令"的执行条件，则应把这"某一梯级指令"排在后面，后执行；而可能被其变化的而改变指令执行条件的这个"别的梯级指令"排在前面，先执行。这可使得本输出或内部状态改变不会在本扫描周期内对别的变量的处理产生影响，可做到前后逻辑条件一致。

但是，在关系较复杂的梯形图中，有时难以对所有的输出或内部状态变量都能达到上述要求。这时，就要用以下两种方法。

2）利用有关输出或内部变量变化产生的脉冲信号，对变量的变化进行屏蔽。其目的是在本脉冲作信号作用周期中，如某个变量有所变化，但在其后的要执行的指令中，如有该变量，那该变量要按变化前的状态取值。

3）对输出作中间记录。在所设计的梯形图后面，加入一组逻辑，对输出及内部状态作中间记录，以把该梯形图的有关输出或内部变量变化记录下来。记录办法是用有关输出或内部变量作为常开触点，去控制一个对应的内部变量，并用这个对应的内部变量去取代在原梯形图中，用以建立各个逻辑条件的原输出与内部变量。

这3种方法较简单与便于使用的还是对输出作中间记录。尽管它可能要多用一些内部器件及增加一些指令。

2.4.2　同步时序逻辑表达式与状态图

1. 表达式

同步时序逻辑的表达式与异步时序逻辑的相同，也是分为启动与保持两个部分。也可用置位（S）及复位（R）指令处理。某个位的置位，其逻辑条件即为它的启动，与启动电路（Qi）对应，而复位则只是它的保持逻辑条件的非，与保持电路中Bi的非对应。

2. 状态图

状态图由一系列状态节点（圆圈及在其上的状态标识）及节点间的有向连线组成。用以代表同步时序逻辑各个节拍的状态及其转换与输出。

每一状态的标识都用一组布尔变量的不同取值表示。其各个位的取值，代表其因子（变量或变量的非）的乘积项（逻辑与）为1。如某个状态，代表它的因子乘积项为 $x\,\overline{y}z$，那就用101表示它的状态。因为，只有当X取值为1，Y取值为0，Z取值为1时，代表这个状态的乘积项 $x\,\overline{y}z$，才为1。为了简化，也可一个状态用一个二进制变量取值1代表它，0不代表它。只是，这么处理需多用些变量。但这对内部期间丰富的PLC是可以接受的。

有向连线代表状态转换，要标注实现这个转换的当前脉冲信号输入（注在斜线的左方），还要标注这个转换后的输出（注在斜线的右方）。

图2-15即为一部分状态图。表示了有3个节点 Si-1、Si 及 Si+1。Si-1 到 Si，由于输入

Xi 的作用。在此转换后，产生 Yi 的输出组合。Si 到 Si+1，由于输入 Xi+1 的作用。在此转换后，产生 Yi+1 的输出组合。

2.4.3 同步时序逻辑分析

同步时序逻辑分析也是研究设计好的程序，也是在"纸面"上"运行"程序。具体方法是按脉冲输入的实际顺序，逐一分析所有器件的状态，确定其是 0、OFF、不工作，还是 1、ON、工作，进而弄清程序能否实现预定的功能。

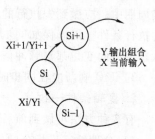

图 2-15 部分状态图

图 2-16 所示是"格雷码"计数器。其主令信号 PA 为脉冲信号（图中未列出它的产生）。G0、G1、G2 为输出，而 mG0、mG1、mG2 用以记录 G0、G1、G2。以下为用状态图对其分析：

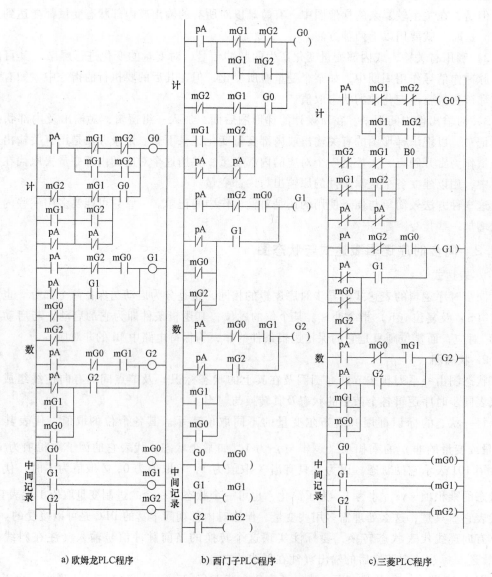

a) 欧姆龙PLC程序   b) 西门子PLC程序   c) 三菱PLC程序

图 2-16 脉冲计数梯形图程序

起始时，G2、G1、G0 全为 0，其状态用 000 表示。mG2、mG1、mG0 也全为 0。这时，如计数脉冲 PA ON，在执行计数段指令时，mG2、mG1、mG0 状态不会变，仍然全为 0，从分析 G0、G1、G2 起动逻辑知，G0 起动条件为 1，将工作，ON。而 G2、G1 起动条件均为 0，不可能工作，仍都为 0。

接着，执行中间记录处的几条指令。执行后 mG0、mG1、mG2 对 G2、G1、G0 的变化了的状态做了记录，为以后计数脉冲的作用提供新的逻辑条件。但不会对本扫描周期计数段指令的执行起作用。因为，到了下一个扫描周期，计数脉冲已 OFF，G1、G2 不可能起动。G0 则由于计数脉冲的非为 1，保持条件为 1，肯定将继续 ON。可知，000 状态，接受一个计数脉冲后，将变为 001。

在 001 时，若计数脉冲 PA 再 ON，在执行计数段指令时，mG2、mG1、mG0 状态不变，为 001，从分析知，G0 保持条件为 1，将保持工作，仍为 ON。而 G1 起动条件为 1，将起动、工作，变为 ON。而 G2 起动条件为 0，不能工作，仍为 0。之后，执行中间记录处的几条指令。执行后，mG2、mG1、mG0 将记录为 011。又为下一次计数做准备。可知，001 状态，接受一个计数脉冲 PA 后，将变为 011。

在 011 时，若计数脉冲 PA 再 ON，在执行计数段指令时，mG2、mG1、mG0 状态不变，为 011，从分析知，G0 保持条件为 0，起动条件也为 0，G0 将停止工作，转为 OFF。而 G1 保持条件为 1，将保持工作，仍为 ON。而 G2 起动条件为 0，不能工作，仍为 0。之后，执行中间记录处的几条指令。执行后，mG2、mG1、mG0 将记录为 010。又为下一次计数做准备。可知，011 状态，接受一个计数脉冲后，将变为 010。

在 010 时，若计数脉冲 PA 再 ON，还可做类似的分析，可知它将为 110。再接着为 111。再接着为 101。再接着为 100。再接着为 000。

把上述分析，按状态图的约定，即可得出它的状态图，如图 2-17 所示。

从状态图分析可知，这里状态的变化正是按"格兰码"计数器的计数规律变化的。

2.4.4　同步时序逻辑综合

梯形图逻辑状态图法综合的目的也是要编写出满足设计要求并满足设计条件约束的 PLC 程序，是分析的反问题。

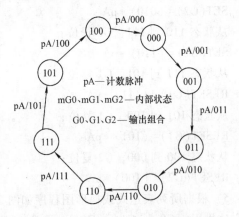

图 2-17　"格兰码"计数器状态图

状态图法综合的步骤如下：

1）信号分析：确定有效主令信号及反馈信号，并使其变为所需要的脉冲信号。

2）状态分析：确定基本工作状态、可能工作状态及不使用状态，及这些状态间的转换与转换条件。

3）画状态图：按确定的状态及其转换初画状态图。

4）简化状态图：依据状态图化简原则简化状态图。简化的原则是，两个或多个状态，如原输出相同，进入次一个状态的信号及产生的输出又相同，则可合并、视为同一个状态。

5）定变量：确定用以表达状态的变量及其编码，确定输出变量。

6）列表达式：依各变量在状态图中的关系，列写各变量的逻辑表达式，并化简各表达式。

7）画梯形图：依据化简后的表达式画出梯形图。

以下用实例说明状态图法综合的过程。

2.4.5 同步时序逻辑综合实例

1. 格兰码计数器设计

设计过程如下：

1）信号分析。有效信号用脉冲信号 pA，它是本控制的主令信号，用以驱动计数。

2）状态分析。基本状态（用 G0、G1、G2 取值代表）有：000、001、011、010、110、111、101、100。之后又回到 000。

3）画状态图。即图 2-17。

4）列表达式。可简单依据状态转换顺序列写。

从状态 000 到 001，G0 置位，即

$SET(G0) = (000) * pA$

从状态 001 到 011，G1 置位；

$SET(G1) = (001) * pA$

从状态 011 到 010，G0 复位；

$RESET(G0) = (011) * pA$

从状态 010 到 110，G2 置位；

$SET(G2) = (010) * pA$

从状态 110 到 111，G0 置位；

$SET(G1) = (110) * pA$

从状态 111 到 101，G1 复位；

$RESET(G1) = (111) * pA$

从状态 101 到 100，G1 复位；

$RESET(G1) = (101) * pA$

从状态 100 到 000，G2 复位；

$RESET(G2) = (100) * pA$

5）根据所列表达式或梯形图程序如图 2-18a 所示。

这里用 mG0、mG1、mG2 记录 G0、G1、G2。将此梯形图转化为起保停逻辑即为图 2-18b 所示程序（图 2-18a 的中间记录条 9、10、11 略）。再将多余触点去除即与图 2-16 所示程序类似。

2. 旋转自动门工作控制

设计一个旋转自动门控制梯形图逻辑。其要求是：当电源开关处于 ON 时，进入工作状态；反之，为退出工作状态。在工作状态下，如检测到门前有人，则自动门正转；如检测不到门前有人，经若干延时，并到达给定位置后自动门停转。在正转时，如检测到自动门闯人或夹人，则自动门反转；这时，如检测到不再闯人或夹人，经若干延时，自动门又恢复正转。从设计要求可知：

（1）信号分析

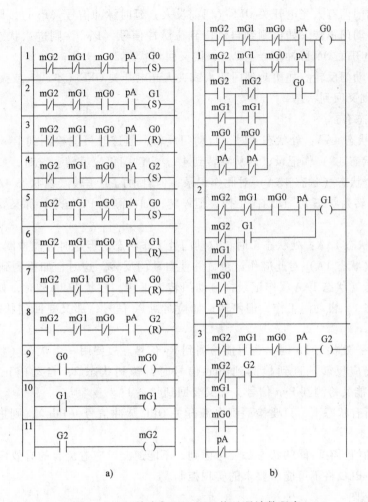

图 2-18 和利时或 ABB PLC 格兰码计数程序

主令信号有：电源开关信号，对应的有电源开关 ON 脉冲信号（Pd）及电源开关 OFF 脉冲信号（Pdn）。

反馈信号有：检测门前有否人，用光电开关。对应的有，检测到门前有人光电开关 ON 脉冲信号（Py），检测到门前有人光电开关 OFF（门前没人）延时脉冲信号（Pyn）。

检测到门是否闯人或夹人，用光电开关。对应的有，检测到门闯人或夹人光电开关 ON 脉冲信号（Pc），检测到门闯人或夹人光电开关 OFF（不闯人或夹人）延时脉冲信号（Pcn）。

自动门到位与否，用行程开关。对应的有，自动门到位脉冲信号（Pw）。

（2）状态分析

1）基本工作状态有：

状态 0：自动门不工作。如检测到电源开关 ON 脉冲信号（Pd），则进入状态 1。

状态 1：自动门处工作状态。但既不正转，也不反转。如检测到门前有人光电开关 ON 脉冲信号（Py），则进入状态 2。

状态 2：自动门正转。如检测到门闯人或夹人光电开关 ON 脉冲信号（Pc），则进入状态 4。如检测到门前有人光电开关 OFF（门前没人）延时脉冲信号（Pyn），则进入状态 3。

状态 3：自动门正转。如检测到自动门到位脉冲信号（Pw），则进入状态 1；如又检测到门前有人光电开关 ON 脉冲信号（Py），则又回到状态 2；

状态 4：自动门反转。如检测到门闯人或夹人光电开关 OFF（不闯人或夹人）延时脉冲信号（Pcn），则又回到状态 2。

2）可能状态有：

状态 4A、状态 4AA：处状态 4 时，自动门反转，但这时可能检测到 Pyn 信号。对此要用一个状态（状态 4A）作记录，即从 4 转到 4A，自动门仍应反转。这时，如检测到 Pcn 信号，也要用一个状态（状态 4AA）对此作记录，但自动门仍正转。在状态 4AA 时，如接收到 Pw 信号，则转为状态 1，自动门工作，但停转；如检测到 Pc 信号，那又要回到状态 4A，自动门又反转。

状态 1A、状态 1AA：处状态 1 时，自动门处工作状态。但这时可能检测到 Pc 信号。这可用一个状态（状态 1A）对此应作记录，并使自动门反转。这时，如检测到 Pcn 信号，则也要用一个状态（状态 1AA）作记录，自动门转为正转。在状态 1AA 时，如接收到 Pw 信号，则转为状态 1，自动门工作，但停转；如检测到 Pc 信号，那又要回到状态 1A，自动门又反转。

状态 1AAA：处状态 1A 时，也可能检测到 Py 信号。故要用一个状态（状态 1AAA）作记录，自动门仍应反转。直到检测到 Pcn 信号时，转到状态 2，自动门正转。当然，在 1AAA 时，也可能又检测到 Pyn 信号，那又要回到状态 1A。

另外，在所有状态下，只要检测到电源开关 OFF 脉冲信号（Pdn），则进入状态 0，自动门不工作。

总之，自动门所有可能的状态都要考虑到，不能遗漏。应避免有的有效信号得不到反应或记录，那样，PLC 将不可能所要求的实现控制。

（3）画状态图

根据以上状态的描述，初画出如图 2-19 所示状态图。为了清晰，该图未把在任何状态下，如检测到 Pdn 信号，都转到状态 0 画出（只把状态 1，检测到信号 Pdn 转到状态 0 画出）。

对初画的状态图可进行化简。其原则是：两个或多个状态，如原输出相同，进入次状态的信号及产生的输出又相同，则可合并，可视为同一状态。如图 2-19 的状态 1AA、4AA 与状态 3，可视为同一状态，可合并。

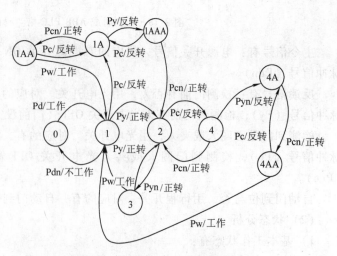

图 2-19　初画自动门控制状态图

状态 4 及状态 1AAA 也可视为同一状态，也可合并。经合并后的状态图如图 2-20 所示。

再观测图 2-20 可以看出，状态 1A 与状态 4A 仍可合并，合并后如图 2-21 所示。到此没有可合并的状态了，因而，也就完成了状态图的设计。

从本例可知，状态图设计与通电表唯一性设计是不同的。状态图设计是状态化简，逐步减少状态；而通电表设计是避免逻辑条件相混，逐步增加内部变量（在某种意义上讲，也可说是增加状态）。同时，状态图的化简不是必要的，也可不化简。这时，只是内部变量要多用一些，但仍可实现所要求的控制。而通电表唯一性设计则是必要的，唯一性原则不满足，将不能实现所要求的逻辑控制。

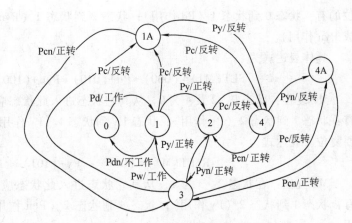

图 2-20　自动门控制状态图化简

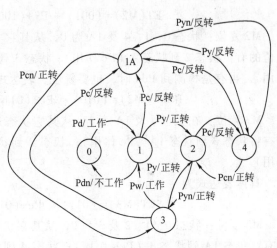

图 2-21　化简后自动门控制状态图

（4）确定变量

状态变量：本例共有 6 个状态，用 3 个内部变量 M3、M2、M1 的不同取值，即可把这 6 个状态分开。如本例各状态用二进制编码：

000（M3 = 0、M2 = 0、M1 = 0）代表状态0；

001（M3 = 0、M2 = 0、M1 = 1）代表状态1；

010（M3 = 0、M2 = 1、M1 = 0）代表状态2；

011（M3 = 0、M2 = 1、M1 = 1）代表状态3；

100（M3 = 1、M2 = 0、M1 = 0）代表状态4；

101（M3 = 1、M2 = 0、M1 = 1）代表状态1A。

输出变量：本例的输出变量有：

工作，用输出点 YY0 控制；

正转，用输出点 YY1 控制；

反转，用输出点 YY2 控制。

没有以上 3 个输出，即为不工作。

（5）列写逻辑表达式

有了化简后状态图及状态与输出变量，就可列写逻辑表达式。

状态变量逻辑表达式：

M1 置位：在状态 1、3 及 1A 为 1，从其它状态进入此状态应置位。从图 2-21 知：需置

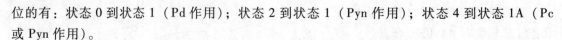

位的有：状态 0 到状态 1（Pd 作用）；状态 2 到状态 1（Pyn 作用）；状态 4 到状态 1A（Pc 或 Pyn 作用）。

具体表达式为

$$SET(M1) = (000) * Pd + (010) * Pyn + (100) * (Pc + Pyn)$$

M1 复位：状态 0、2 及 4 为 0，从其它状态进入此状态应复位。从图 2-21 知：需复位的有：状态 1 到状态 2（Py 作用）；状态 1A 到状态 4（Py 作用）。再有就是检测到 Pdn 时，也要复位。表达式为

$$RSET(M1) = (001) * Py + (101) * Py + Pdn$$

M2 置位：在状态 2、3 为 1，从其它状态进入此状态应置位。从图 2-21 知：需置位的有：状态 1 到状态 2（Py 作用）；状态 4 到状态 2（Pcn 作用）；状态 1A 到状态 3（Pcn 作用）。

具体表达式为

$$SET(M2) = (001) * Py + (100) * Pcn + (101) * Pcn$$

M2 复位：状态 0、1、4 及 1A 为 0，从其它状态进入此状态应复位。从图 2-21 知：需复位的有：状态 2 到状态 4（Pc 作用）；状态 3 到状态 1（Pw 作用）；状态 3 到状态 1A（Pc 作用）。再有是检测到 Pdn 时，也要复位。表达式为

$$RSET(M2) = (010) * Pc + (011) * Pw + (011) * Pc + Pdn$$

M3 置位：在状态 4 及 1A 为 1，从其它状态进入此状态应置位。从图 2-21 知：需置位的有：状态 3 到状态 1A（Pc 作用）；状态 2 到状态 4（Pc 作用）；状态 1 到状态 1A（Pcn 作用）。

具体表达式为

$$SET(M3) = (011) * Pc + (010) * Pc + (001) * Pc$$

M3 复位：状态 0、1、2 及 3 为 0，从其它状态进入此状态应复位。从图 2-21 知需复位的有：状态 1A 到状态 3（Pcn 作用）；状态 4 到状态 2（Pcn 作用）。再有就是检测到 Pdn 时，也要复位。表达式为

$$RSET(M3) = (101) * Pcn + (100) * Pcn + Pdn$$

输出变量逻辑表达式：

正转 = YY1 = $\overline{M3} * M2 * M1 + \overline{M3} * M2 * \overline{M1}$

反转 = YY2 = $M3 * \overline{M2} * M1 + M3 * \overline{M2} * \overline{M1}$

工作 = YY0 = $\overline{M3} * \overline{M2} * M1$

这式子可进行化简，但在此不做介绍。

（6）画梯形图

依化简后的逻辑表达式画出梯形图。

图 2-22 是它的梯形图程序，是按照未化简的逻辑关系画出的。同时，也未把脉冲信号的梯形图程序画出。因为 M 是西门子、三菱 PLC 的关键词，所以，图 2-22b、图 2-22c 用 H 替代 M，如 H1 替代 M1、H22 替代 M22 等。

图 2-22 是依据上述逻辑表达式画出的，有 3 个部分，一为状态转换逻辑；二为输出逻辑；三为中间记录逻辑。

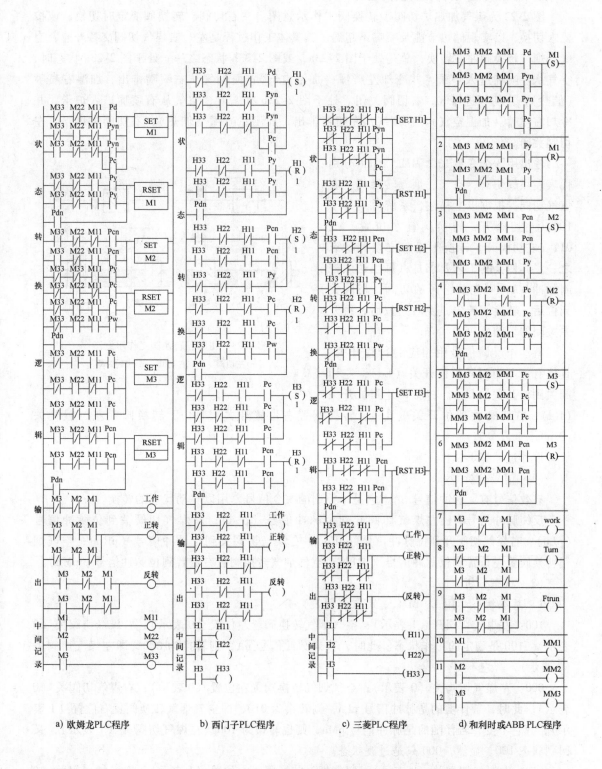

a) 欧姆龙PLC程序　　　b) 西门子PLC程序　　　c) 三菱PLC程序　　　d) 和利时或ABB PLC程序

图 2-22　自动门控制梯形图程序

3. 煤气加热炉切阀、转换阀控制

图 2-23 为煤气加热炉切阀、转换阀工作示意图。左右切阀、转换阀要定时切换，或按要求切换，以实现储热节能及喷嘴不超温。其具体工作过程是左、右煤气切阀交替开通，空气、烟气转换阀左右转换，总是处于图 2-23a，或图 2-23b 状态之一。处于图 2-23a 状态时，空气从左喷嘴进入炉子，并冷却左喷嘴（加温空气）；而烟气从右喷嘴排出，加温右喷嘴（储热）；左切阀进煤气，右切阀关闭。处于图 2-23b 状态时，空气从右喷嘴进入炉子，并冷却右喷嘴（加温空气）；而烟气从左喷嘴排出，加温左喷嘴（储热）；右切阀进煤气，左切阀关闭。

输出用 3 个变量 LL、MM、RR，分别代表左煤气切阀、空气、烟气转换阀、右煤气切阀。根据以上描述，系统总是处于100（左切阀开，转换阀置左位置）或011（右切阀开，转换阀置右位置）状态之一。其切换的工艺要求是，每当送入控制脉冲 AA，则先关已开的切阀，切阀关到位后，转换阀转向，换向到位后，再开原关闭的切阀。

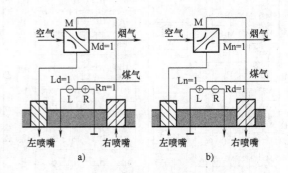

图 2-23　切阀、转换阀工作示意图
L—左切阀　R—右切阀　M—转换阀

阀动作反馈信号用相应的行程开关。具体有：左切阀开到位开关（Ld）、左切阀关到位开关（Ln）、右切阀开到位开关（Rd）、右切阀关到位开关（Rn）、转换阀置右位置开关（Md）、转换阀置左位置开关（Mn）。

设计过程如下：

（1）信号分析

有效信号有：脉冲信号 pA，它是本控制的主令信号，用以驱动状态的转换。

反馈脉冲信号有：左煤气切阀开到位脉冲信号（pLd）；左煤气切阀关到位脉冲信号（pLn）；右煤气切阀开到位脉冲信号（pRd）；右煤气切阀关到位脉冲信号（pRn）；空气烟气转换阀置左位置到位脉冲信号（pMd）；空气烟气转换阀置右位置到位脉冲信号（pMn）。

（2）状态分析

1）基本状态（用 L、MM，、R 取值代表）有：

100：左煤气切阀开（1 表示）；空气烟气转换阀置左位置（0 表示）；右煤气切阀关（0 表示）。100 是稳定的工作状态。此时，若来脉冲信号 pA，则转换为 000，即左煤气切阀关（0 表示），其它不变。

000：左煤气切阀关（0 表示）；空气烟气转换阀置左位置（0 表示）；右煤气切阀关（0 表示）。此时，若伴随的是脉冲信号 pLn，则转换为 010，即空气烟气转换阀置右位置（1 表示），其它不变；若伴随的是脉冲信号 pMn，则也转换为 100，左煤气切阀开（1 表示），又回到状态 100。显然，000 只是过渡状态。

010：左煤气切阀关（0 表示）；空气烟气转换阀置右位置（1 表示）；右煤气切阀关（0 表示）。此时，若伴随的是脉冲信号 pMd，则转换为 011，即右煤气切阀开（1 表示），其它

不变；若伴随的是脉冲信号 pRn，则也转换为 100，又煤气切阀关（0 表示），返回到状态 100。显然，000 也只是过渡状态。

011：左煤气切阀关（0 表示）；空气烟气转换阀置右位置（1 表示）；右煤气切阀开（1 表示）。011 也是稳定的工作状态。此时，此时，若来脉冲信号 pA，则转换为 010，即左煤气切阀关（0 表示），其它不变。

2）可能状态：在工作开始时，可能系统未进入两个稳定状态（100、011）之一，而处于 000 状态。此时如接收到 A 脉冲信号，应进入 100 状态。

3）其它状态，如 101、001、111，偶尔也可能出现。为了可靠，则应强制使其转入临近的稳定状态。如 101 转为 100，001 转为 011，如 111 转为 011。

（3）画状态图

根据以上状态分析，可画出对应的状态图，如图 2-24 所示。

（4）列表达式

L 置位：在状态 100 为 1，从状态 000 进入此状态应置位。从图 2-24 知：需置位的有：状态 000 到状态 100（pMn 或 pA 作用）。

具体表达式为

$SET(L) = (000) * (pMn+A)$

L 复位：状态 000、010、001、011 为 0，从其它状态进入此状态应复位。从图 2-24 知：需复位的有：状态 100 到状态 000（pA 作用）；处状态 111，应自动复位。

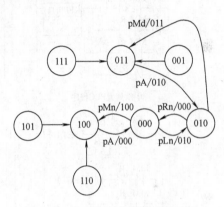

图 2-24 切阀、转换阀控制状态图

具体表达式为 $RSET(Y1) = (100) * pA+(111)$。

MM 置位：在状态 010、011 为 1，从其它状态进入此状态应置位。从图 2-24 知：需置位的有：状态 000 到状态 010（pLn 作用）。

具体表达式为 $SET(MM) = (000) * pLn$。

MM 复位：状态 000 为 0，从其它状态进入此状态应复位。从图 2-24 知：需复位的有：状态 010 到状态 000（pRn 作用）；处状态 110 应自动复位。

具体表达式为 $RSET(MM) = (010) * pRn+110$。

R 置位：在状态 011 为 1，从其它状态进入此状态应置位。从图 2-24 知：需置位的有：状态 010 到状态 011（pMd 作用）；处状态 001 应自动置位。

具体表达式为 $SET(R) = (010) * pMd+001$。

R 复位：状态 010 为 0，从其它状态进入此状态应复位。从图 2-24 知：需复位的有：状态 011 到状态 010（pA 作用）；处状态 101 应自动复位。

具体表达式为 $RSET(R) = (011) * pA+101$。

（5）画梯形图

依化简后的逻辑表达式画出梯形图。

根据以上表达式画出的梯形图如图 2-25 所示。图 2-25a、图 2-25b 用 KEEP 指令替代 SET 与 RESET 指令。脉冲生成程序略。

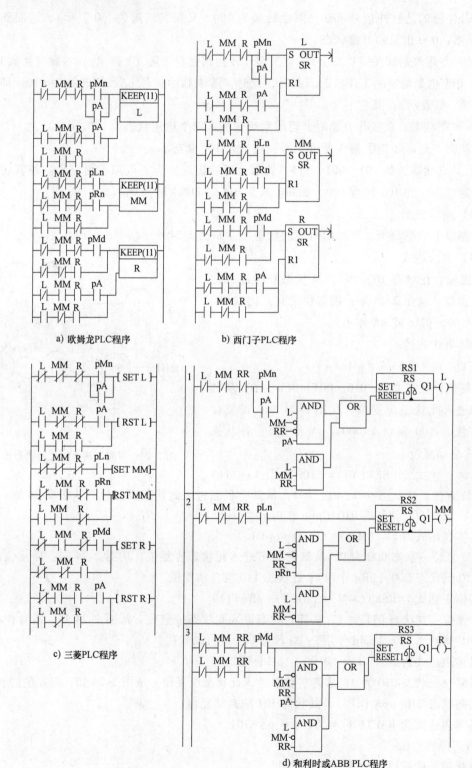

a) 欧姆龙PLC程序

b) 西门子PLC程序

c) 三菱PLC程序

d) 和利时或ABB PLC程序

图 2-25 切阀、转换阀控制梯形图程序

2.5 标志值法编程

以上讨论的逻辑处理比较精确，但都是基于与、或、非运算实现的，用的主要是 PLC 的基本的逻辑处理指令，类似计算机用汇编语言编程那样，太"底层"了。其实，PLC 有很多功能很强的指令，完全可用它较简单地处理一些较复杂的逻辑问题。本节讨论的标志值法以及下一节要讨论的多位逻辑设计也许是其中较好的方法。这些方法也称为高级逻辑设计法。

2.5.1 基本思路

基于与、或、非运算的逻辑处理，只是人们思考逻辑问题方法的一种数学抽象。它的优点是 PLC 的基本逻辑处理指令（与、或、非）就够用了。

其实人们思考问题用到的方法作很多，其中一个最基本方法是"记忆"加"比较"。显然，人们努力学习，追求的就是要能记更多的事，有更强的比较判断力，从而提高自身的思考力。相反，如果一个人没有记忆力、记的事情少，不会比较、没有什么判断能力，那这个人就如同婴儿，就不能思考任何问题的。

对人们这种"记忆"加"比较"的思考方法，是否也可加以抽象，作为 PLC 逻辑处理的一种算法呢？

答案是肯定的，这就是此处即将介绍的标志值法。

标志值法基本思路有两点：

"记忆"——设定好并记住标志的设置值，同时，不断监视标志的实际值。

"比较"——对标志的实际值与标志的设置值不断地进行比较，并依不同的比较结果产生相应的控制输出。

由于 PLC 有很丰富的与这个"记忆""比较"相对应的指令，所以，实现这个算法是不难的。而且，这种算法更接近人们的思维方法，类似于用高级语言编程一样，人们更易理解。

2.5.2 实现方法

1. "记忆"的实现方法

最简单的办法是用传送指令、MOV，用它传送标志设置值，传送与输入信号对应的标志实际值。此外，也可用计数器计入标志实际值。当然，其它数据处理指令，如算术运算、数据转换等指令，也可用。

2. "比较"的实现方法

最常用的办法是用基本的比较指令，用它对实际值与设置值进行比较，依不同的比较结果（大、大等、等、小等、小）产生不同的控制输出。由于 PLC 技术的发展，它的指令系统越来越丰富。目前多数 PLC，除了这个基本的比较指令外，还有表比较、范围比较等功能更强的比较指令。这类指令可设定很多设置值，比较后可得到很多不同的结果。

2.5.3 实际应用

1. 起、保、停逻辑

传统的起、保、停逻辑都是用与、或、非的算法实现的，很简单。其实，也可用标志值法实现，只是这么简单的逻辑的问题，没有必要用它就是了。但为了读者能具体地了解标志值法，以下介绍两个简单起保停逻辑例子。

（1）两个按钮实现起停

图 2-26 所示为欧姆龙 PLC 程序，输出触点为 10.05。输入有两个按钮，接 202.00、202.01。标志字为 LR0，设置值为 1，实际值两个（0 与 1）。从图 2-26 知，202.00 ON、202.01 OFF，则 LR0 的内容为 1。P_ON 为常 ON 触点，故每扫描周期都要执行比较指令。经比较，相等标志 P_EQ ON，故 10.05 ON，实现起动。这之后即使 202.00 OFF，但由于 LR0 没有新的数传入，仍为 1，比较结果仍可使 10.05 ON。而 202.00 OFF、202.01 ON，则 LR0 的内容为 0，经比较 P_EQ OFF，故 10.05 OFF，实现停止。这之后即使 202.01 OFF，但由于 LR0 没有新的数传入，仍为 0，比较结果仍可使 10.05 OFF。如 202.00 、202.01 全 ON，由与 202.01 ON 后起作用，LR0 为 0，故仍停止，也是停止优先。

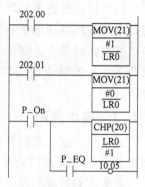

图 2-26 两个按钮实现起、保、停梯形图程序

可见，它完全可实现基于与、或、非的起保停算法的。

（2）一个按钮实现起停

如图 2-27 所示为欧姆龙 PLC 程序，输出触点为 10.06。输入有一个按钮，接 202.05。标志字为计数器，CNT 001。设置值为 1；实际值为 CNT 的计数值是 2 与 1。从图 2-27 知，202.05 ON 一次，则 CNT 001 的内容减 1。减到 0，计数器将复位，其内容又变为设定值 2。

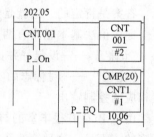

图 2-27 单按钮实现起、保、停梯形图程序

如 CNT 001 初值为设定值 2，减 1 后即为 1，经比较 P_EQ ON，故 10.06 ON，实现起动。这时再按按钮，CNT 001，再减 1，为 0，复位，其内容又变为设定值 2。这时，经比较 P_EQ OFF，故 10.06 OFF，实现停止。

再按按钮，又重复以上循环。可见，它完全可实现基于与、或、非的一个按钮实现起、保、停算法的。

2. 电梯控制电路之一

本章 2.3.4 节中设计举例【例 2】与电梯电路类似。在该例中，小车仅 5 个位置，但逻辑关系就已相当复杂了。若有 10 个、20 个位置怎么办？不仅关系复杂，而且指令将以阶乘关系增长。这将出现所谓"组合爆炸"（Combine Explosion）。

这类控制的顺序是不确定的。到底向上（右）或向下（左），依其所处位置及要前往的位置随机确定。处理这类问题有两种办法：

一是考虑所有可能，逐一列出它的逻辑关系，再确定其输出。第 3 节中设计举例之二用的也是这个办法。可能性不多时，用这个办法是可行的，不少也是这么处理的。

二是置标志（"记忆"），再判标志（"判断"），以确定输出。如电梯，电梯的工作总是处在停、上升、下降 3 个状态之一。其所处的位置可置 1 个标志（如层数），要去的位置也置 1 个层数标志。这可用传送指令实现。判标志，则可用比较指令，如要求去的比现处的标志大，则向上；否则向下；相等则停。可从 3 个可能的输出中，按条件选取其中一个。

这么处理后，不确定顺序控制问题，也成了有确定的处理步骤控制问题。即随机控制确定化了。这比仅就逻辑条件的可能去组合，要简单得多。

过去，用继电器实现控制，只能用第1种办法，靠逻辑条件的组合去实现。而PLC则不同，可用数字量作标志，对数字量作比较，所以，可采用第2种办法。

图2-28就是用标志值法设计的，本章2.3.4节例2已讨论过的小车控制逻辑。图2-28a、b、c及d分别是多家PLC的有关程序。如图2-28所示，它按顺序给每一选择按钮指定一个编号，如Ps1为#1，Ps2为#2，……，也按顺序，对应地给每1行程开关指定1个编号，如Ls1为#1，Ls2为#2，……，哪个按钮ON或哪个开关ON，就通过传送指令，把这个编号作为标志值，传送到"要位置"（图2-28d为Yweizgi）或"现位置"（图2-28d为Weizhi）的字中。

执行传送指令之后，按起动按钮（QQ ON）。如选择标志值不为#0（说明已做了选择），则YY ON，并自保持。YY ON，比较指令执行，比较"要位置"与"现位置"的内容（值）。如果"要位置"存的数比与"现位置"的大，说明行程开关ON的编号比按钮ON的编号小，则比较大标志P_GT ON，进而使UP ON，使小车向右运动。

运动过程中与"现位置"的内容将随行程开关动作而变化。当"要位置"与"现位置"的内容相等，即达到所要求的位置时，则比较相等标志P_EQ ON，进而EQ ON。这将使YY OFF，UP OFF，运动停止。同时，用#0传送给"要位置"，为新的选择做了准备。

如果"要位置"比"现位置"的值小，即与上述情况相反。

把YY常闭触点串入，"要位置"传数的逻辑条件中，目的是一旦小车起动，就不再接受选择按钮送来的命令。待执行完的命令后，即小车停止运动后，才可接受新的命令。

> 提示：欧姆龙PLC比较结果标志是用特殊继电器，而三菱PLC是用户程序指定的。这里用M10、M11及M12，相当于欧姆龙的P-GT、P-EQ及P-LT（图2-28d为GT、EQ、LT函数）。西门子PLC则用大、等及小数学符号。前两家PLC目前也有此数学符号指令，只是本例未使用。

> 提示1：和利时PLC目前还不能用中文命名变量，故这里用拼音符号代替。
>
> 提示2：本例用了传送指令"记忆"，其实很多PLC都有16位或256位到字或双字的，或相反的译码指令。用它比用MOV指令提高程序效率，有时效果更好。

3. 电梯控制电路之二

以上用了传送指令"记忆"，这里用DMPX指令"记忆"。

DMPX或ENCO是与MLPX或DECO配对的译码指令，是很常用的PLC指令。几乎所有厂商的PLC都有这两条指令。用它比用MOV指令有时效果更好。

图2-29所示就是用DMPX或ENCO作标志值设置（"记忆"）。它可控制16个位置（对电梯讲就是16层）。"实际通道"用以记录电梯实际所处层号。它的00～15位，对应第0～第15层。"要求通道"用以设要求到的层号，它的00～15位，对应要求到第0～第15层。

从图2-29可知，它的标志值比较处理与图2-28完全相同。但标志值设定大为简化了。"实际通道""要求通道"等的内容原为十六进制数，经DMPX、ENCO译码后，得出的为通道中那一最高位ON。对应的就是值1～15。这正好就是图2-28要设的标志值。

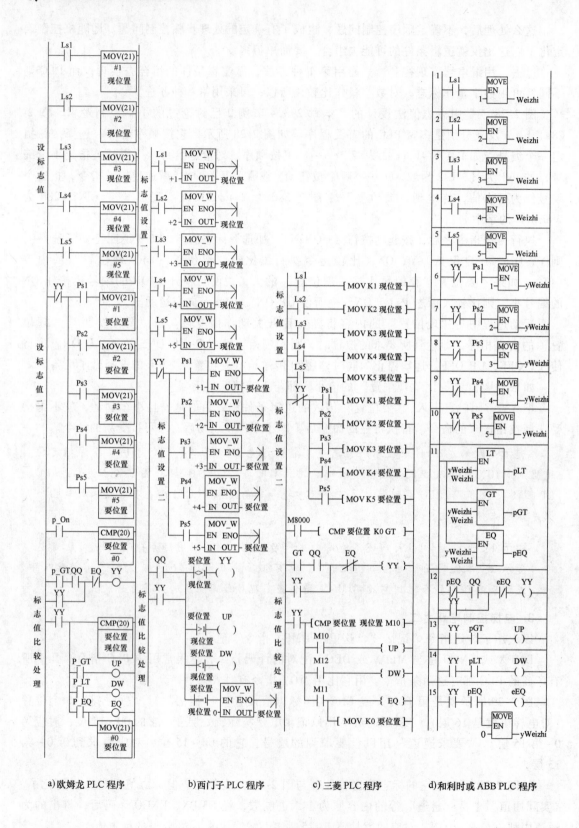

a) 欧姆龙 PLC 程序　　b) 西门子 PLC 程序　　c) 三菱 PLC 程序　　d) 和利时或 ABB PLC 程序

图 2-28　电梯控制梯形图程序之一

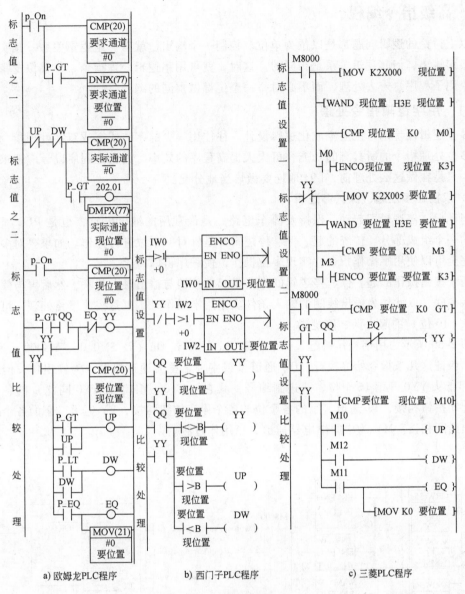

a) 欧姆龙PLC程序　　　b) 西门子PLC程序　　　c) 三菱PLC程序

图 2-29　电梯控制逻辑之二

　　图 2-29d 三菱 PLC 程序是按本章图 2-28 的要求设计的。它现位置用的输入点分别为 X000～X004，要位置用的输入点分别为 X005、X006、X007、X010 及 X011。所以，它的标志值获取与图 2-29a、b 相比多了逻辑与运算。

　　图 2-29 比图 2-28 简单，而它控制的功能却还比后者强。欧姆龙新型 PLC 的 DMPX 指令及三菱 PLC 的 ENCO 指令，可实现 256 位的译码。用它可实现 256 层的电梯控制。即使世界上最高的建筑，也足够用了。

　　其实，由于 PLC 各个位是"有权"的。尽管一个字不同位取值相同，但这个字的取值则是不同的。而我们用比较是用字，而不是位，所以图 2-29 程序不用 DMPX 或 ENCO 指令，而直接用传送 MOV 指令替代，也可得出相同的控制效果。但它的层数显示还要做转换。

2.6 高级指令编程

以上讨论的逻辑问题都是以位为单位。控制一个输出，就有一组逻辑关系。其实，有时虽有很多输出，但其逻辑关系是相同的。这时，就可用字逻辑处理指令，替代位逻辑处理指令，或用子程序、宏去处理，而不必对每一个位都做雷同的编程。

2.6.1 用字逻辑指令处理

多位逻辑设计也可说成集成化逻辑设计。往往用很少的字节或字或双字处理指令，取得用很多位处理指令的所具有的功能，可大大提高程序的效率。这也是程序设计应追求的目标之一。只是在做这么处理前，I/O地址要做恰当地分配。

1. 双按钮多位起、保、停逻辑

起、保、停逻辑即起动、保持及停车电路，是最常用的继电电路，也是PLC程序中最常见的一个组成部分。传统的起、保、停逻辑都是针对一个位进行操作。如果要对多个位操作，完全可以使用字操作指令，实现多位操作，使程序得以简化。

两个按钮操作的起、保、停逻辑的电路是起动按钮与输出触点并联，然后再与停车按钮取反后串联，以此作为输出线圈的输入条件。当用字操作时，也是按此思路处理，可以实现1个字（16位）的起、保、停逻辑。

图2-30所示为用字操作的起、保、停逻辑。图中p_On（及SM0.0、M8000）为常ON触点，保证这几条指令始终执行。QQ通道（或字，三菱无通道概念，为输出位，但前缀为K4，即指从YY0开始16个位，八进制编号，其它如TT0、MM0及YY0同此）的各个位与各个起动按钮相接，TT通道、字的各个位与各个停车按钮相接，YY通道、字的各个位与各个输出线圈相接。MM为中间继电器通道，以用作过渡。

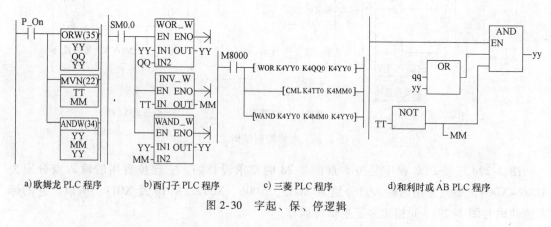

a)欧姆龙PLC程序   b)西门子PLC程序   c)三菱PLC程序   d)和利时或AB PLC程序

图2-30 字起、保、停逻辑

从图2-30知，QQ通道、字任一位ON，必可使YY通道、字的相应位ON，并将予以保持。而TT通道、字的任一位ON，则必使YY通道、字的相应位OFF。而且，这里也是停止优先。即起、停按钮同时按时，为停止。

图2-30用了4条指令，即可使16路实现起、保、停控制。而用基本逻辑指令，每条起、保、停就需4条指令，16路起、保、停则需16×4＝64条。4条代替常规的64条，程序的效率当然高多了。笔者在北京某厂消防灌控制程序时就用了类似设计。

2. 非标准 I/O 分配处理

以上介绍的字逻辑操作都是针对 16 路的起、保、停逻辑，即标准 I/O 分配。但实际上可能不那么正好。如果少于 16 路怎么办？图 2-31 所示就是一种解决办法。

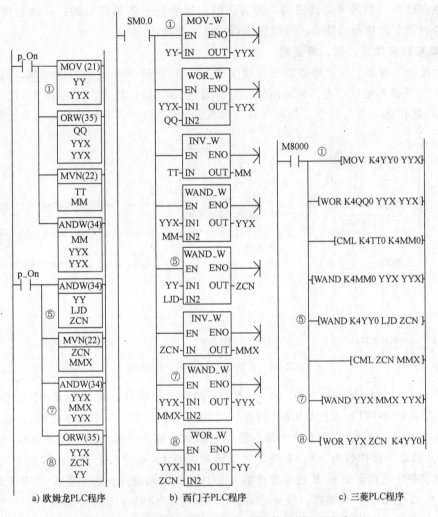

a) 欧姆龙PLC程序　　　　b) 西门子PLC程序　　　　c) 三菱PLC程序

图 2-31　非标准 I/O 分配字起、保、停逻辑处理程序

这里引入 YYX 及 ZCN 通道、字作过渡。整个操作先对 YYX 进行。图中①是 MOV 指令，为对 YYX 进行逻辑处理准备。⑤是对 YY（输出通道、字）的内容作屏蔽，保留不参与起、保、停逻辑操作位的状态，并存入 ZCN 通道、字中，以便于在起、保、停逻辑操作后，恢复这些位的状态。⑦为对 YYX 的内容作屏蔽。由于 MMX 的内容为 ZCN 的反，故它保留下来的为要参与起、保、停逻辑处理位的状态。⑧为或指令，正好把参与起、保、停逻辑的位与不参与的位，合成后赋予 YY 通道、字。这样，既可保证参与位，具有起、保、停功能，而不参与的又不受其干扰。

LJD 为逻辑条件，可按实际不参与起、保、停位的状况设定。如本例 LJD 的值设为 F，则 QQ、TT 通道、字的相应位仅能对 YY 通道的 04 到 15 位（西门子如 QQ 为 QW0，则 Q0.0 到 Q0.7 及 Q1.4 到 Q1.7；而三菱如 QQ0 为 Y000，则 Y004 到 Y007 及 Y010 到 Y017）作起、保、停控制。YY 通道的 00 到 03 位（与以上假设相应，西门子为 Q1.0 到 Q1.3；而三菱为 Y000 到 Y003）可接受其它控制，不受此程序影响。

如果仅是个别位另有所用，也可先作字处理，而在此前后，对个别位作些处理。这时，尽管存在多输出，但仍可达到目的。因为，PLC 指令是一条条执行的，后执行的指令，可改变先执行指令的执行的结果，并以后执行的结果为准。

3. 单按钮多位起、保、停逻辑

一个按钮实现起、保、停逻辑也可用字操作。图 2-32 所示就是这个逻辑。这里 AA 通道（或字，三菱无通道概念，为输出位，但前缀为 K4，即指从 YY 开始 16 个位，八进制编号，YY 同此）各个位与各个"起停"按钮相接，YY 通道的各个位与各个输出线圈相接。

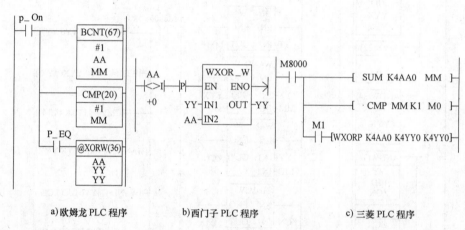

a)欧姆龙 PLC 程序   b)西门子 PLC 程序   c)三菱 PLC 程序

图 2-32 单按钮字起、保、停逻辑

图中 p_On（及 M8000、SM0.0）为常 ON 触点，使统计在通道中置 ON 的位数 BCNT（或 SUM 功能同 BCNT）及比较 CMP 指令（对西门子 PLC 做 AA 不等 0 比较），在每一扫描周期都得以执行。BCNT 指令有 3 个操作数，对本例，第 1 个操作数，#1，为要统计的通道个数为 1，第 2 个操作数为 AA，要统计的开始通道为 AA 通道，第 3 个操作数为 MM，统计的结果存于 MM 通道。对 SUM 仅 2 操作数，要对多少位做统计，由这里 K 后的指定数确定，K1 为 4 位、2 为 8 位，余类推。统计结果存于 MM 字存储器（即 D 存储器）中。

这时，若有一个按钮按下，统计结果的 MM 通道内容变为 1，经比较（执行 CMP 指令），使相等标志 P_EQ ON，进而使 AA 的内容与 YY 的内容进行异或逻辑操作，结果存于 YY 中。

这个异或操作，将使 YY 中，与按下按钮对应的位，改变状态，原为 OFF 的，将转为 ON，原为 ON 的，将转为 OFF，实现了单按钮起停。而其它位不变，因为 0 通道其它位为 0，0 与 1 或 0 异或，其结果不变。

> **提示**：这里 XORW（或 WXOR）指令是微分执行是必要的。即指在按钮按下时，执行一次。不然，所控制的输出将出现交替变化。无法实现预定的要求。

4. 多个开关控制一个输出电路

前已讨论 3 个开关控制 1 个灯的电路，但要有多个开关，如 10 个、20 个怎么办？这里逻辑相当复杂，所用的触点数很多。以至于出现"组合爆炸"，而无法实现。但，如用字或多字逻辑处理，就好办了。图 2-33 即为 16 个开关控制一个灯的逻辑。

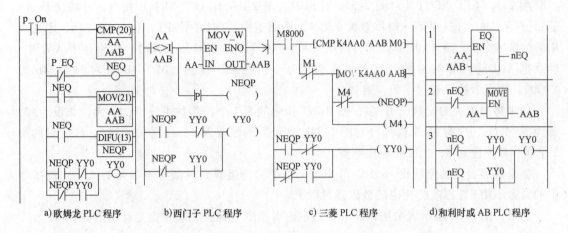

图 2-33 多个钮子开关控制 1 个灯电路

从图 2-33 知，它用 AA 通道、字（对三菱，如 AA0 为 X000，则 K4AA0 指 X000～X007 及 X010～X017）作 16 个开关的输入点，程序运行时，不断比较 AA 通道、字与 AAB 的内容。如两者不等，则把 AA 的内容传给 AAB。同时，YY0 改变状态。如两者相等，则 YY0 状态不变。显然，这个逻辑，任何一个输入点状态变化，都会引起 YY0 状态改变，可起到了所要求的用 16 个开关控制一个灯作用。

按此原理，如果为 32 个开关，再多作一次比较就是了。用多少开关都不受限制。

> 提示：这里用微分信号 NEQP 作控制，其原理与以前讨论的单按钮起、停的机理是相同的。再，从图，还再次看出，多家 PLC 的比较指令比较结果标志是不同的。对欧姆龙，这里增加变量 NEQ 是绝对必要的。因它的 PLC 执行 MOV 指令，也将影响 P-EQ 标志的状态。

5. 表决电路

前已讨论 3 个开关表决逻辑，如表决的参加者较多，电路也较复杂。但用图 2-34 的逻辑，就比较简单。

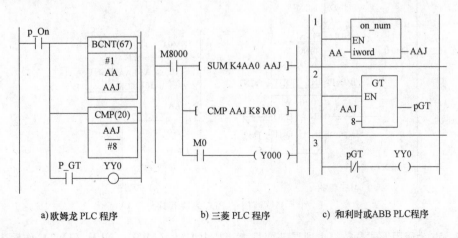

图 2-34 表决程序

图 2-34a 用了 BCNT（对图 2-34b 用 SUM、图 2-34c 用 ON_NUM）指令，它检测从 AA 通道开始，共 1（这里第一操作数为常数 1）个通道中，ON 的位个数（对图 2-34b，因这里 K 后的常数为 4，如 AA0 为 X000，则从 X000～X007 及从 X010～X017）。结果存于 AAJ 中。然后把 AAJ 的内容与常数 8 比较，若有大于 8，则产生输出，YY0 ON（对图 2-34b 为 Y000），表示表决已超过半数，通过。

如果参加表决的位数比 16 多，那 BCNT 指令的第 1 个操作数可设得比 1 大。如设为#2，则为 32 个位，#3 为 48 个位等（对图 2-34b 即 K 后的数改为 8、12 等）。这时，作比较的第 2 个操作数不应是 8，也要作相应调整。

如果参加表决的位数比 16 少。可先对 1 作逻辑与运算，屏蔽掉不参与的位。比较指令中的常数不用 8，再改为相应的数也就可以了。

显然，图 2-34 所示表决逻辑比起用基本逻辑指令去编程，效率也是高得多的。

2.6.2 用子程序处理

逻辑关系是相同的，还可用子程序处理，而不必对每一个位都做雷同的编程。有两种子程序：可带参数与无法带参数。

1. 带参数调用的子程序

就是子程序有形式参数，调用时对参数要先赋值。

（1）西门子 S7-200 带参数子程序

如类似上述 BCNT 指令，西门子 S7-200 没有，但可自编子程序。实现上述 BCNT 指令类似功能。图 2-35 即为西门子 PLC 对应的表决程序。

a) 子程序

	Symbol	Var Type	Data Type
	EN	IN	BOOL
LW0	LAA	IN	WORD
LW2	NUM	IN	WORD
		IN_OUT	
LW4	BCNT	OUT	WORD
LW6	TMP	TEMP	WORD
LW8	IND	TEMP	WORD

b) 局部变量表

c) 主程序

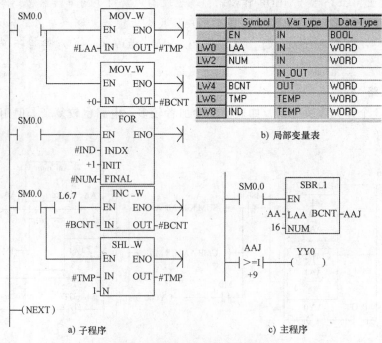

图 2-35 西门子 PLC 表决程序

图 2-35b 为所用形式参数，也即局部变量表。其中 LAA（LW0）、NUM（LW2）作输入（IN）变量，BCNT（LW2）作为输出变量，TMP（LW4）、IND（LW6）作为临时（TEMP）变量。

图 2-35a 为在指定字中，统计 ON 个数的子程序（SBR-1，在图中未标注）。子程序开始，先初始化，把要统计 ON 位，所在字的地址传给临时工作字#TMP（子程序局部变量，见图 2-35b，下同），并把存储统计结果字#BCNT 清零。然后进入 FOX-NEXT 循环执行，而循环次数由#NUM 决定。在循环中，先看 L6.7（局部变量 LW 的最左位）ON 否？ON，则#BCNT 加 1，否则不加。然后，把 LW6 左移位（即局部变量#TMP），原 L6.6 的状态移给L6.7，L6.5 的状态移给 L6.6，L7.7 的状态移给 L6.0，L7.6 的状态移给 L7.7 等。显然，这里如执行 16 次，则 LW6 的值即为在#TM 中 ON 的所统计的，ON 的位数。

图 2-35c 为主程序，它用常 ON 特殊继电器 SM0.0 调。调时变量 AA、16 分别输入给局部变量#LAA、#NUM，调后局部变量#BCNT 得到的值，输出传给 AAJ。进而判断 AAJ 是否大或等于 9？是，则过半数，表决成功；不足的是，本程序只能处理 1 个字。

（2）三菱 Q 系列等中、大型机的带参数子程序

但它的形式参数数量有限制。因为它的形式参数必须用专用的内部器件，即功能软元件FX（位输入）、FY（位输出）、FD（4 字寄存器）等，而这些器件数量不多。图 2-36 所示为 Q 型机子程序及带参数调用。图中 SM400 是 Q 型机的常 ON 特殊继电器。

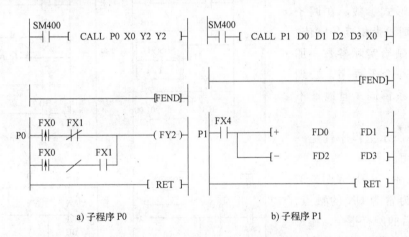

a) 子程序 P0　　　　　　　　　　b) 子程序 P1

图 2-36　Q 型机子程序及带参数调用

图 2-36a 调子程序 P0，有 3 个参数。都是位（开关量）。这里，X0（位置排列在参数的首位）对应 FX0（编号 0），Y2（位置排列在参数的第 2 位）对应 FX1（编号 1）先作为输入参数；Y2（位置排列在参数的第 3 位）对应 FY2（编号 3）后作为输出参数。由于没有既用作输入，又用作输出的参数，所以，只好这么做。只有这样，才能实现用 X0 单按钮起、停 Y2 作用。

图 2-36b 调子程序 P1，有 5 个参数。4 个字，1 个位。当 X0（位置排列在参数的第 5位，对应 FX4，编号 4）ON 时，可实现 D0（位置排列在参数的第 1 位，对应 FD0，编号0）与 D1（位置排列在参数的第 2 位，对应 FD1，编号 1）相加，并把结果存于 D1 中。同时，D3（位置排列在参数的第 2 位，对应 FD3，编号 3）被 D2（位置排列在参数的第 3 位，对应 FD2，编号 2）减，结果存于 D3 中。

2. 无法带参数调用的子程序处理

欧姆龙 PLC 及三菱的 FX 机的子程序无法带参数调用。但可作适当处理，达到带参数调

用的目的。实际上也只有带参数调用子程序，才能在逻辑关系相同问题的处理时，简化编程。所以，这样的处理是常要用到的。

图 2-37 所示为子程序体，其使用的地址有 AA 、YY、BB 三个。AA 为输入信号，在程序中不产生输出。YY 与 YY 产生输出，而且，其触点还作为输入的一部分，起到反馈作用。

该子程序的功能是，AA ON、OFF 一次，YY ON，再 ON、OFF 一次，YY OFF。当然，这只是一个例子。其实，子程序的内容不同，可实现的功能也将不同。

显然，如不是带参数调用子程序，那只是对 YY 的处理，对别的地址就不起作用。如要想对雷同的逻辑都用它处理，就要带参数调用它。

这里用的参数就是 AA 、YY、BB。AA 为输入参数，YY、BB 既有输入，又有输出，为输入、输出参数。因为 AA、YY、BB 地址只是在子程序中引用，不是实际要处理的地址，故又称之为形式参数（地址）。

要带参数调用，就要在调用子程序前，先对形式参数赋值，把要处理的地址，即实际参数值赋给形式参数。在调子程序之后，则要做相反的赋值，把形式参数赋给实际参数。那样，即可用一个子程序，处理多个逻辑关系雷同，但地址不同问题。

图 2-37 所示主程序就是一个带参数调用例子。

图 2-37a 中，p_On 及图 2-37b 中 M8000 为常为 ON 的触点，说明在它之后的所有指令，在每扫描周期都将执行。在这些指令中，先是 3 组简单的赋值逻辑，图 2-37a 把 0.00、"工作"、201.00 的 值（图 2-37b 把 X000、"工作"、M0）分别赋值给 AA、YY、BB；图 2-37b 把 X000、"工作"、M201 的值分别赋值给 AA、YY、BB。其目的是把实际参数赋值给形式参数，使调子程序时，将按实际值处理。

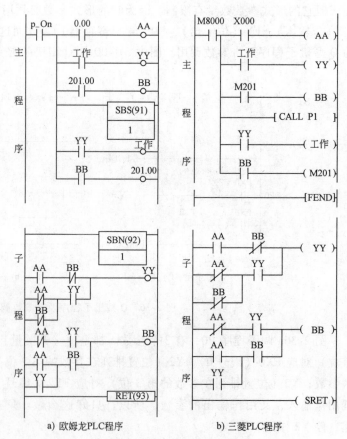

a) 欧姆龙PLC程序　　b) 三菱PLC程序

图 2-37　带参数调用子程序

接着为调子程序。子程序执行之后，又有两组简单的赋值逻辑，图 2-37a 把 YY 赋值给"工作"、BB 赋值给 201.00；图 2-37b 把 YY 赋值给"工作"、BB 赋值给 M201）。其目的是把形式参数赋值给实际参数，完成调子程序，完成用 0.00 或 X000 控制"工作"的目的。

为了简化调用时赋值的处理，也可用字传送指令，在实际参数与形式参数之间进行成批的数据交换。而在子程序中，当然要做数据转换的处理。

这样，如图 2-38 所示主程序，它调两次子程序，第 1 次调前，先把实际参数 1 赋值给形式参数，调子程序后再把形式参数赋值给实际参数 1。第 2 次调制前，先把实际参数 2 赋值给形式参数，调子程序后再把形式参数赋值给实际参数 2。由于在这两次调之前，对实际参数不同，其结果也将是不同的。在子程序中，怎样增加数据传送处理，在此略。

2.6.3 用宏处理

逻辑关系是相同的，除了用子程序，还可用宏处理。

1. 欧姆龙 PLC 宏

欧姆龙 PLC 有宏指令 MCRO (99)。也是用以实现带参数的子程序调用。宏指令 MCRO 梯形图符号，如图 2-39 所示。

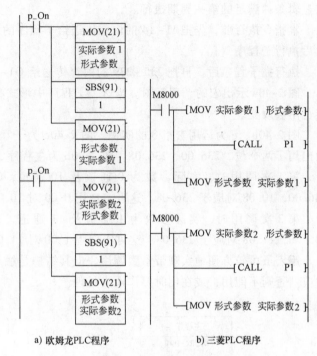

图 2-38 不同参数调子程序

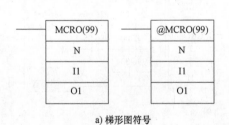

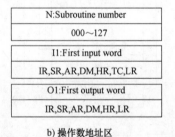

图 2-39 欧姆龙宏指令梯形图符号

指令块中：99 为本指令的功能码；N 为将调用的子程序号；I1 为输入首地址；O1 输出首地址。这里的 I1、O1 即为形式参数。

I1 为输入，从通道 I1 开始有 4 个通道，I1、I1+1、I1+2、I1+3，可做输入实际参数，从 O1 为输出，从通道 O1 开始也有 4 个通道，O1、O1+1、O1+2、O1+3，可做输出实际参数。子程序中的对应地址为形式参数。只是不同机型，形式参数地址也不同。如 CPM 机与 I 对应的地址为 232～235，与 O 对应的为 236～239。CQM1 与 I 对应的地址为 96～99，与 O 对应的为 196～199。C200HS，E，G，X 机的 I 和 O 分别为 290～293 及 294～297。

至于可使用的子程序号，不同的机型也不同。对 CPM1 为 0～49，对 C200HS 为 0～99，对 CQM1 、C200HX 等为 0～255 。

当逻辑条件满足，执行本指令；否则不执行。本指令可正常执行；也可微分执行，即只在逻辑条件满足的第一周期执行。

本指令执行前，先把 I1～14 的内容传送给子程序的形式参数，如为 CPM 机，232～235。然后执行子程序 N。

执行完子程序后，再把 235～239 的内容传送给 O1～O3。

图 2-40a 示出宏的调用简图。当然，子程序中形式参数地址没有使用时，相应的实参内容也不会改变。

图 2-40b、c 为运用宏指令的实例。图 2-40c 为子程序。它的输入只用一个位，232.00。输出用了两个位，236.00、236.08。图 2-40b 为主程序，这里做了两次调用。

第 1 次调用时，实际参数为 0 通道及 10 通道，0.00 对应于 232.00，10.00 对应于 236.00，10.08 对应于 236.08。这可实现用 0.00 对 10.00 起停控制。

第 2 次调用时，实际参数为 1 通道及 11 通道，1.00 对应于 232.00，11.00 对应于 236.00，11.08 对应于 236.08。这可实现用 1.00 对 11.00 起停控制。

用宏虽可较方便地实现带参数调用，但其结构是触点的串、并，而且，其地址也要严格对应。否则不能用，或在用时要作适当处理。

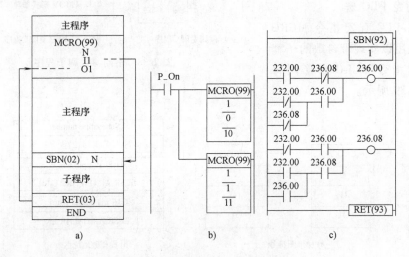

图 2-40　欧姆龙 PLC 宏及其调用

2. 三菱 Q 系列 PLC 宏

与欧姆龙的宏不完全相同。它的宏的功能可任意确定，其具体程序也可用任意指令编写。指令的操作数先用任意内存变量，而在进行宏的登记时，再改用宏指令变量软元件（VX0、VY0、VD0 等）。所登记的宏，可在任何程序中多次使用。但在使用时，要先指定宏存储的路径。而且，路径可以有多个。

图 2-41a 所示为宏程序体。其功能是，D0 与 D1 比较，大者存于 D2，小者存于 D3（也可为其它功能）。编写实现此功能的程序后，用鼠标拖放选定（选定部分呈蓝色）。然后，再用鼠标左键点击"工程"→"宏"→"宏登记"菜单项。点击后将弹出图 2-41b 所示对话框。在其上选 D0 为 VD0、D1 为 VD1、D2 为 VD2、D3 为 VD3。"宏驱动器/路径名"为 C：\ MELSEC \ GPPW（也可为其它合法的驱动器/路径名）。"宏名"为 hhh1（也可为其

它）。最后用鼠标左键点击"执行"键，则完成了登记。登记后，此宏（文件）将登记在
C：\ MELSEC \ GPPW 目录下的"MAC"文件夹中，文件（宏）名为 hhh1. gpq。

图 2-41c 为宏调用。从图知，它用的宏指令是 M. HHH，操作数为 D10、D11、D20、
D21。图 2-41d 为宏替换（展开）后的实际程序。其功能是 D10 与 D11 比较，然后大者存于
D20，小者存于 D21。可见，它的功能与图 2-41a 相同，只是操作数做了替换，与图 2-41a
不同。

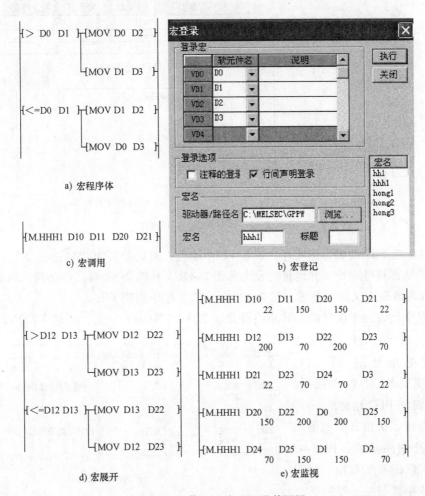

图 2-41 三菱 PLC 宏登记及其调用

用图 2-41c 用宏编写程序，经变换，将自动替换为图 2-41d 展开的形式。但在"读出模
式"下，可选通过"显示"→"宏命令形式显示"菜单项，选定为用或不用宏命令显示。

图 2-41e 为选定为用宏命令显示，并用于进行在线监视。这里 5 次调用宏 HHH1，目的
是对 D10、D11、D12 及 D13 进行排序，其结果存于 D0（最大）到 D3（最小）中。

可见，把经常使用的程序登记为宏，再使用宏编程，可大大减少编程的工作量。而且，
进行程序在线监视也比较简明、方便。

2.6.4　用功能块处理

逻辑关系是相同的，除了用子程序、宏，还可用函数或功能块处理。

1. 用函数、功能块（FB）处理

西门子公司的 PLC S7-300 、400 机无子程序，但可自编功能块（FC）或函数块（FB）。这些块可设形式参数，调前、调后都可要赋值。用其实现对多位逻辑的处理，与上述调子程序的方法一样方便。

三菱 Q 等高档机也可用（功能块）FB 处理。图 2-42 所示为 Q 型机 FB 程序及带其调用。

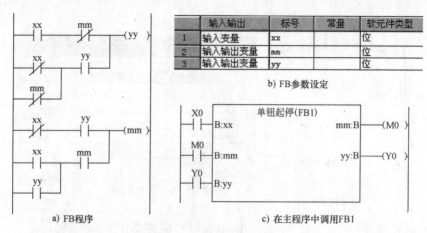

图 2-42　Q 型机 FB 及其调用

图 2-42a 为 FB1 的梯形图程序，要在 FB 中编写，写后命名为"单钮起停"（FB1）。该程序用的是局部符号地址。此地址的设定见图 2-42b。从图 2-42 知，xx 为输入（位）变量，而 yy、mm 为既输入又输出变量。图 2-42c 为在主程序中调用 FB1。

这类程序已做过多次讨论，其功能就是，当 X0 ON-OFF 一次，则使 Y0 ON；而再 ON-OFF 一次，则 Y0 OFF。如果更改调用时的地址用 X1、Y1、M1，则可实现 X1 对 Y1 的控制。

2. 欧姆龙 PLC 功能块

欧姆龙新型机也有类似的功能块编辑及调用功能。图 2-43 所示为 FB 程序及其调用。此程序也是用于单按钮起、停控制。

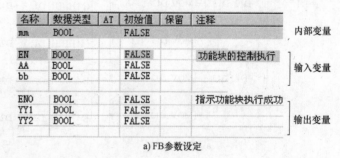

图 2-43b 为 FB 程序。其所用的变量在图 2-43a 中定义。由于它只能定义输入、输出、外部及内部 4 种类型。不能定义既输入，又输出类型，故在 FB 程序中，增加内部变量 mm。在 FB 程序中，bb 赋值给 mm。在调用时，而 bb 是由 10.02 赋值的。而 10.02 则是上一次调用 FB 的

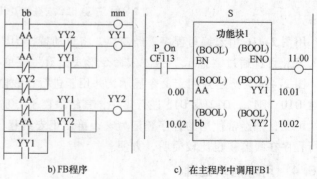

图 2-43　欧姆龙新型机 FB 程序及其调用

YY2 输出。有此关系，其功能就是，当 0.00 ON-OFF 一次，则使 10.01 ON；而再 ON-OFF 一次，则 10.01 OFF。如果更改调用时的地址用 0.01、11.1、11.2，则可实现 01.1 对 11.1 的控制。

> **提示**：图 2-43 程序，在调用 FB 块时，要为其指定一个合法的变量名（本例用 S），同时，在键入输入、输入参数时，需用"新功能块参数（New Function Parameter）"图标指定输入、输出的位置。

2.7　图解法编程

2.7.1　时序图法编程

1. 时序图法设计要点

时序图（TIMING DIAGRAMS）也称波形图，是信号随时间变化的图形。横坐标为时间轴，纵坐标为信号值，其取值为 0 或 1。以这种图形为基础，进行 PLC 程序设计，称时序图法。时序图是，从用示波器分析一些电器硬件工作过程，引申出来的，用它可分析与确定有关逻辑量间的时序关系。

2. 时序图法设计步骤

1）画时序图。根据要求，画输入、输出信号的时序图，以建立其间准确的时间对应关系。

2）确定时间区间。找出时间变化的临界点，即输出信号应出现变化的点，并以这些点为界限，把时段划分为若干时间区间。

3）设计定时逻辑。可用多个定时器，建立各个时间区间；也可用秒脉冲计数器，记录时间，然后，再通过比较，建立各个时间区间。

4）确定动作关系。根据各动作与时间区间的对应关系，建立相应的动作逻辑，列出各输出变量的逻辑表达式。这可按输出要求进行的设计，一般为组合逻辑的问题，是不难实现的。

5）画梯形图。依定时逻辑及输出逻辑的表达式，画梯形图。

用时序图法设计的前提为，输入与输出间有对应的时间顺序关系，其各自的变化是按时间顺序展开的。显然，不满足这个前提，无法画时序图，也无从用这个方法设计了。

以下举两个例子，说明如何用本法进行设计。

3. 时序图法设计程序实现

（1）设计喷泉电路

要求设计一个控制喷泉工作的电路。喷泉有 A、B、C 三组喷头，如图 2-44a 所示。工作过程应按图 2-44b 所示，即：起动后，A 组先喷 5s，后 B、C 同时喷，5s 后 B 停，再 5s C 停，而 A、B 又喷，再 2s，C 也喷。持续 5s 后全部停喷。再 3s A 又重复前述过程。

首先，分配入、出触点。用 0002 接起

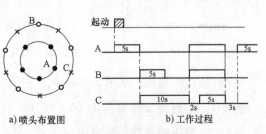

a)喷头布置图　　　b)工作过程

图 2-44　喷泉控制简图

动按钮，0003接停止按钮；而A、B、C分别用10.0、10.01、10.02控制。

其次，是设计程序。它是定时控制程序，较适合用本法设计。

1）画出时序图。按设计要求，画输出时序图，如图2-44b所示。

2）确定定时区间。从图知，它有7个临界点，要有6个时间区间，用以作有关输出控制。

3）设计定时逻辑。本例用6个定时器，建立各个时间区间。这6个定时器（TIM00～TIM05）工作时序如图2-45所示。

其工作过程是：0.00 ON，起动10.00。进而使定时器TIM0工作。延长5s后，又使定时器TIM1工作……直到TIM5工作后，延时3s，使TIM0 OFF，进而使TIM1 OFF，再进而使TIM2 OFF……，直到使TIM5自身OFF，定时逻辑复原。复原后，如无停止信号，将又是TIM0工作，又开始新的循环。

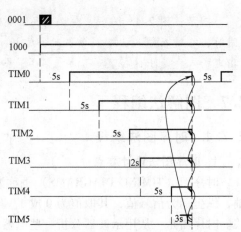

图2-45　喷泉控制时序图

与此对应的梯形图如图2-46a所示。

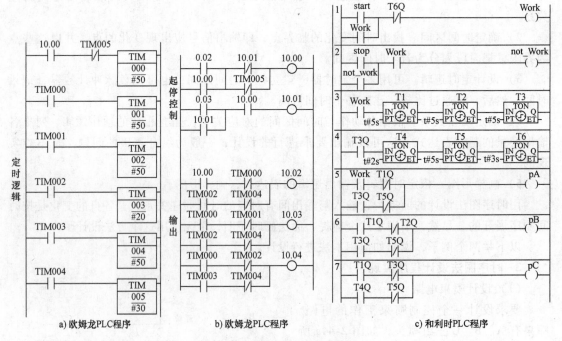

a）欧姆龙PLC程序　　b）欧姆龙PLC程序　　c）和利时PLC程序

图2-46　喷泉控制梯形图程序

4）确定动作关系。从图2-46a知，它有6个时间区间。这些区间及其逻辑条件为

区间1，其逻辑条件为：$10.00 \cdot \overline{\text{TIM00}}$；

区间2，其逻辑条件为：$\text{TIM000} \cdot \overline{\text{TIM01}}$；

区间3，其逻辑条件为：$\text{TIM001} \cdot \overline{\text{TIM02}}$；

区间4,,其逻辑条件为：TIM002·$\overline{\text{TIM03}}$；

区间5，其逻辑条件为：TIM003·$\overline{\text{TIM04}}$；

区间6，其逻辑条件为：TIM004。

在这6个区间中，A、B及C的取值，如2-44所示。依图可列出输出变量A（10.02）、B（10.03）及C（10.04）的逻辑表达式。具体是：

10.02 = 10.00 * $\overline{\text{TIM000}}$ + TIM002 * $\overline{\text{TIM004}}$；

10.03 = TIM000 * $\overline{\text{TIM001}}$ + TIM002 * $\overline{\text{TIM004}}$；

10.04 = TIM000 * $\overline{\text{TIM002}}$ + TIM003 * $\overline{\text{TIM004}}$。

5）画梯形图。与这个定时逻辑及输出逻辑对应的梯形图，如图2-46b所示。这里，0002为起动信号，它ON后可使10.00 ON，并自保持。此即开始了周而复始的定时控制。

开始工作后，若按下停止按钮，这将使0.03 ON。0.03 ON后，由于1001有自保持，可保持ON状态。到了TIM005 ON，其常闭触点$\overline{\text{TIM005}}$使10.00 OFF。10.00 OFF后，TIM000将不再工作，整个循环停止。同时，10.00的OFF也将使10.01 OFF，整个电路复原。

图2-46c为用和利时PLC的相关程序。该图start、stop为起动、停止按钮连接的输入位。work、not work、pA、pB及pC为输出位，分别与图2-46a、b的10.00~10.04对应。T1~T6为定时功能块，分别与图2-46a、b的TIM00~TIM05对应。从与图2-46a、b对比可知，它也完全可实现这个喷泉所要求的控制。

（2）设计一个有顺序要求的一组设备起动停车程序

要求起动时，依次使若干设备起动起来，如每个设备起动间隔10s。而停车也是依次进行，但顺序倒过来，先起动的最后停车。电厂的输煤系统的若干传送带的工作常是这么要求的。

图2-47所示为设计好的程序。它的起动按钮号为0.02，停止按钮号为0.03。以这两个信号为输入，起动两组时间继电器（TIM000~TIM003及TIM010~TIM013）工作。分别产生起动及停车时间序列。

整个时间逻辑以互锁指令保持，当停止时的最后一个时间继电器工作（TIM013 ON），则使IL的条件OFF，这将使电路复原。

而在停止时间序列的起动条件中，加入已完成起动的条件（10.00 ON），目的是只有起动后，按停车按钮才有效。

有了这两组时间序列，其起动与时间的对应关系，是组合逻辑问题，可依条件直接列出。本例以此画出的梯形图如2-46所示。

2.7.2 流程图法编程

1. 流程图法设计要点

流程图由一系列框图、圆圈及其连线等几何图形组成，以表示各种不同性质的操作。方框代表动作；圆圈代表动作起始位与动作终了；连线代工作表流向；连线中间短线代表一个动作到另一个动作转换的条件。此外，有时也可用菱形表示流程的分支，不同条件有不同的工作流向。这种图，可以把控制对象的工作过程清楚地表示出来，是一种传统的计算机算法表示与程序设计的方法。

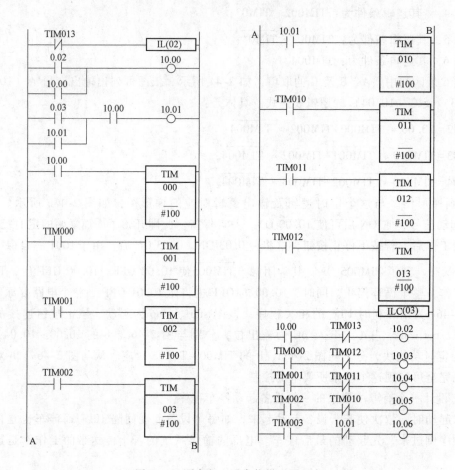

图 2-47　顺序起、逆序停梯形图程序

　　流程图算法的方便实现可用步（进）指令，PLC 多有这个步指令。如实在无步指令，也可用移位、或基本的逻辑指令处理。只是效率较低，也稍麻烦些。此外，用顺序流程图语言也适合于它的编程。

　　常见流程图如图 2-48 所示。

　　（1）顺序流程

　　图 2-48a 为顺序流程序。其进程是确定的，只有前一步骤进行后，建立了相应条件，其后续才可继而进行。

　　（2）条件分支流程

　　图 2-48b 为条件分支程序。它依条件不同而改变程序流程。这对应于随机电路。

　　（3）平行分支流程

　　图 2-48c 为平行分支程序。它依条件可进入平行的两个程序流程。

　　此外，还可能有循环流程。它的进程达到终点时，又返回到起点。

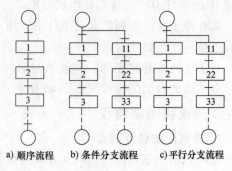

a) 顺序流程　　b) 条件分支流程　　c) 平行分支流程

图 2-48　三种流程图

流程图法适合于动作步骤清晰的系统的控制逻辑设计。它的每一步对应一个动作,而步的转换,则看条件是否满足。所以,流程图画出来了,要求有多少步也就清楚了,而步的转换,有了条件也好设计。

2. 流程图法设计步骤

1)依控制对象的工作过程,划分动作步,画动作顺序图。这是动作顺序的图形表示。

2)分配与动作对应的输出地址。分配与步转换条件对应的输入地址。

3)根据动作顺序图设计流程图。要把方框,即动作与 O(输出)联系,而条件,即短横线与 I(输入)联系。这个图应尽可能详尽,以便于进一步设计。

4)建立步进逻辑程序。如果 PLC 有步进指令,可用它建立这个程序。若没有,可用移位指令,或直接用逻辑控制指令建立。

5)建立各个的步输出与输入逻辑,以实现控制输出与反馈输入。

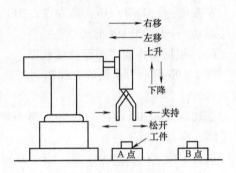

图 2-49 机械手工作简图

3. 流程图算法程序实现

以下以图 2-49 所示机械手工作控制为例,介绍这个算法的程序实现。

图 2-49 所示为机械手工作简图。其工作过程为:机械手向下,直到 A 点→夹取工件→上升→右进→下降,直到在 B 点→松开工件→上升→左退到原位、停止工作。若夹取不到工件,则从 A 点上升后,不右进,并报警,提示无工件。其设计过程如下:

(1)划分动作步

根据设计要求,本例的动作步简图如图 2-50a 所示。

弄清了设计要求,完成这一步是不难的。只是在这个图上,还要标上进入该步要用的继电器地址。即如图所示 LR000、LR001 等。

(2)分配输入输出地址

本例的动作(输出)分配如下:

下降——00500 ON,下降;OFF,下降停止。

上升——00502 ON,上升;OFF,上升停止。

夹紧是用弹簧实现的。0501 ON 弹簧松开,机械手松工件;

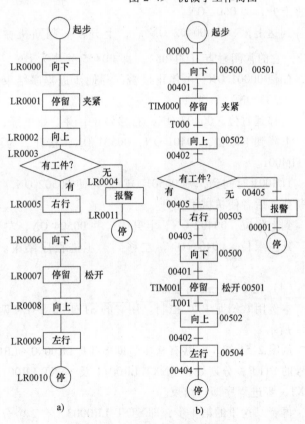

图 2-50 机械手动作过程简图

0501 OFF 弹簧夹紧工件。

右移——00503 ON 右移；OFF，右移停止。

左移——00504 ON 左移；OFF，左移停止。

本例的条件（输入）分配如下：

下限位开关——00401 ON，达下位；OFF 离开下位。

上限位开关——00402 ON，达上位；OFF 离开上位。

有工件——00405 ON，有工件夹住；OFF，无工件。

右限位——00403 ON，达右位；OFF，离右位。

左限位——00404 ON，达左位；OFF，离左位。

起动——00000 ON 起动。

（3）根据动作顺序图设计流程图

图 2-50b 所示为本例的流程图。与动作简图相比，该图要标注控制输出及反馈输入。从该图可知；

起动后（00000 ON），即进入第一步。这时 00500 ON、00501 ON，可使机械手松开，并下降，准备抓取工件。

达到下位（00401 ON）后，使 00500、00501 OFF，下降停止，并夹紧工件。为可靠计，应令其延时 2s，可以保证夹住工件。为此，此时起动定时器 TIM000。定时器定时到，使机械手上升，即 0502 ON。

到达上限，即 00402 ON 后，上升停。判断机械手是否夹到工件。若无工件，00405 OFF，它的常闭触点（$\overline{00405}$），即 00405 的非为 ON，这时产生报警，机械手不再工作。此时，如使 00001 ON，可停止报警，并使步进程序结束；若有工件，00405 ON，则机械手右移（00503 ON）。

右移到右位，00403 ON，右移停止，并开始下降，即 00504 ON。

下降到下限位，00401 ON，00501 ON，松开。为可靠松开，也延时 2s。为此起动定时器 TIM001。

TIM001 时间到，则 00501 OFF，并使 00502 ON。前者机械手又夹紧，但已无工件，无关紧要。后者使机械手上升。

到上限位，00402 ON，上升停，并 00504 ON，左移。

到左限位，00404 ON，左移到，步进程序结束。又等待 00000 新命令，再起动新的过程。

（4）建立步进逻辑程序

本例用欧姆龙 PLC 控制。用它的 STEP 及 SNEX 两条步进指令建立步进逻辑程序，如图 2-51 所示。

从图 2-51 知，它共有 9 步。即 STEP LR0000 ~ LR0008。另外还有两个停止步，即不带标号的 STEP，分划处在 SNXT LR0011 及 SNXT LR0010 之后。这意味着，只要执行这两条 SNXT，步进程序即行结束。

再者，这里的第 4 步，即 STEP LR0003，有 2 个分支，用 00405 的 ON 或 OFF 区分。ON 则转为 STEP LR0005，机械手右移。而 00405 OFF 则转为 STEP LR0004，报警。若此时使 00001 ON，报警停，也使步进程序结束。

（5）用梯形图建立各个的步输出与输入逻辑

具体如图2-51所示。

用步进指令和流程图法进行程序设计是很方便的。而且，为未起动的步，或已复位的步，程序是不扫描的，可减少程序扫描时间，提高程序运行效率。这而且，如在相关的步中，需进行其它控制也容易实现。

2.7.3 Petri 网法编程

1. Petri 网诞生

Petri 网是一种可以用网状图形表示的系统模型，是卡尔·亚当·佩特里（Carl Adam Petri，1926 年 7 月 12 日～2010 年 7 月 2 日，德国数学家、信息学家）发明的。童年时代的 Petri，其父老 Petri 非常鼓励它在科学方面的好奇心。小 Petri 12 岁生日那天，老 Petri 为儿子买了两本很厚的图文并茂的化学教科书。小 Petri 一边看此书，一边画自称为"反应流程图"。如果把书里面前一章节的化学反应和下一章节的反应连起来看，可以使化学反应的链条越接越长……从几种简单物质开始……可以变成较为复杂的

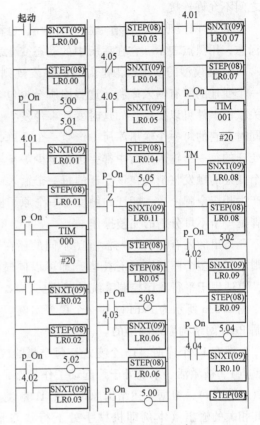

图 2-51 步进逻辑程序

化合物。它用这个"反应流程图"几乎能将整本无机化学书变成一串串长长的反应链，就像图 2-52 所示的那样。

而且，这种反应链可以因为加入物质的种类不同、顺序不同，将产生千变万化的结果。真正科学意义上的 Petri 网则是 Petri 在它的博士论文"Kommunikationmit Automaten"（用自动机通信）中提出的。该论文用一种网状模型来描述物理进程和

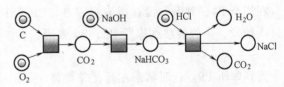

图 2-52 Petri 的化学反应流程图

物理系统的组合。此模型后被称之为 Petri 网。作为一种系统模型，Petri 网不仅可刻画系统的结构，而且可以描述系统的动态行为（如系统的状态变化等）。后来又经历它自己和很多人对其不断充实与完善，在深度与广度上都有很大提升，其应用也越来越广泛。而用于 PLC 编程只是它的众多应用的一个侧面，而且也仅仅是开始。

2. Petri 网结构简介

Petri 网模型由若干以下元素构成图形。这些元素是库所（Place）、变迁（Transition）、弧（Arc）。库所用于描述系统局部状态，用小圆圈表示；变迁用于描述可使局部状态改变的事件，用短线表示；弧是有向的；用其实现库所和变迁之间的连接，但两个库所或两个变

迁之间不允许连接。

在 Petri 网模型中，还有令牌（Token，也称托肯），包含在库所中，是所包含库所激活的标志，用黑点表示。它在库所中的动态变化表示系统的不同激活状态。

Petri 网模型的动态行为是由它的触发规则描述的。当使用等于 1 的弧的权函数时，如果一个变迁的所有输入库所，这些库所至少包含一个令牌，那么这个变迁事件就有发生权，相关联的事件可以发生。如这时变迁事件发生，则将从它所有的输入库所中消耗一个令牌，而同时在它的每一个输出库所中产生一个令牌，即被激活。当使用大于 1 的弧的权函数时，在变迁的每一个输入库所中都要包含至少等于连接弧的权函数的令牌个数，它才有发生权。这个变迁的触发将消耗在该变迁的每一个输入库所相应令牌个数，并在变迁的每一个输出库所产生相应令牌个数。变迁的触发是一个原子操作，消耗输入库所的令牌和在输出库所产生令牌是一个不可分割的完整操作。

要指出的还有，Petri 与流程图不同的还在于，前者的流程只能一步步被激活，而 Petri 网则同时有多个库所可具有托肯，即可以同时激活。所以，它不仅适用简单的顺序控制建模，更适用于平行顺序控制系统的建模。

图 2-53a 所示为 Petri 网的一个模型实例。它根据图 2-49 机械手工作简图，参考图 2-50 遵循 Petri 网结构原理画出的。

该图有 12 个库所，13 个变迁。每个弧的权函数均为 1。初始状态仅 P0 存有令牌（标志有黑点）、被激活。系统处于待起动工作状态，等待起动按钮按下事件发生。这时如按下按钮（start ON），根据上述结构原理，则 t1 触发。令牌从 P0 转移到 P1，P1 被激活。可执行与其相关的输出（本例即机械手处下行状态），并等待下行位置到（DownXK ON）事件发生。

在库所 P1，如 DownXK ON，则 t2 触发。令牌从 P1 转移到 P2，P2 被激活。可执行与其相关的输出（本例即机械手处下行状态），并等待下行位置到（Down XK ON）事件发生。

……

在库所 P4，判断有没有抓取到零件。ClickXK ON，抓到零件，OFF 没有抓到。抓到零件，t5 触发，令牌转移到库所 P6，P6 激活。

……

直到库所 P9。这时状态左行，并等待左行到（LeftXK ON）。如到回到初始库所 P0，P0 激活。

在库所 P4，判断有没有抓取到零件。如 ClickXK OFF，没有抓到，t10 触发，令牌转移到库所 P10，P10 激活。报警，并启动定时功能块。定时时间到 t02 触发，令牌转回到 P0，P0 激活。系统回到原始状态。

除了上述简单的文字表述，Petri 网还有严格的数学定义。而且，除了可用图形表示，还可用数学表达式表示。复杂的 Petri 更是这样。此外还有很多有关特性的论证等。这些较深入的问题读者可参阅有关专著。

3. Petri 网在 PLC 编程中应用

（1）用于单资源单用户系统顺序控制编程

其设计步骤如下：

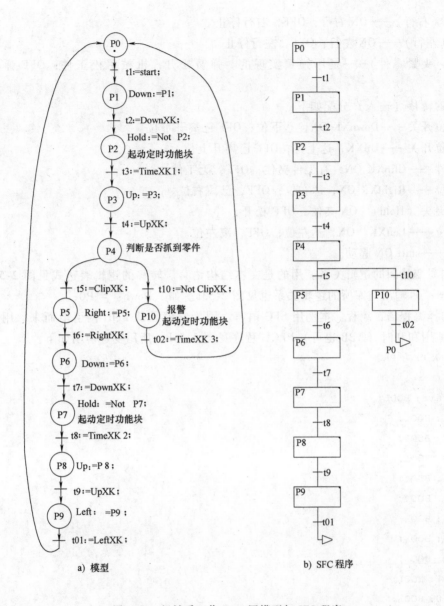

a) 模型   b) SFC 程序

图 2-53 机械手工作 Petri 网模型与 SFC 程序

1）按照规定的工作顺序，仿照流程图方法设计出基本 Petri 网。图 2-53a 就是这么设计成的。

2）分配输入输出地址。以图 2-53 为例，其库所（输出）用变量定义代表。此地址可以 PLC AT（实际地址）关联，也可不关联。如后者则实际运行时还要编写输出转换程序。具体地址有：

Down（下降）—— ON，下降；OFF，下降停止。

Up（上升）——上升；OFF，上升停止。

Clip（判断夹到零件紧否）——是用弹簧实现的。弹簧松开，机械手松工件；OFF 弹簧夹紧工件。

Right（右行）——ON 右行；OFF，右行停止。

Left（左行）——ON 左行；OFF，左行停止。

Hold（夹紧零件）——是用弹簧实现的。弹簧松开，机械手松工件；OFF 弹簧夹紧工件。

本例的转移（输入）分配如下：

下限位开关——DownXK ON，达下位；OFF 已离开下位

上限位开关——UpXK，达上位；OFF 已离开上位

有工件——ClipXK ON，有工件夹住；OFF，无工件。

右限位——RightXK ON，达右位；OFF，已离右位。

松开夹头（Hold），ON 夹住，OFF 松开。

左限位——LeftXK ON，达左位；OFF，离左位。

起动——start ON 起动。

3）列写变量间的逻辑关系。用的是文本结构语言。转移的逻辑表达式见图 2-53a。如"t1：= start；"。输出与库所的逻辑关系也见图 2-53a。如"Down：= P0；"。

4）选择编程语言编程。本例用 SFC 语言。因为它就是从 Petri 网引申而来。用起来很方便。具体用和利时（ABB 也可）PLC，程序见图 2-53b。所用变量声明如下：

```
PROGRAM PLC _PRG
VAR
    start: BOOL;
    t1: BOOL;
    t2: BOOL;
    t3: BOOL;
    t4: BOOL;
    t5: BOOL;
    t6: BOOL;
    t8: BOOL;
    t9: BOOL;
    t01: BOOL;
    t10: BOOL;
    t02: BOOL;
    down: BOOL;
    DownXK: BOOL;
    Hold: BOOL;
    TON1: TON;
    TON2: TON;
    TON3: TON;
    ClipXK: BOOL;
    UP: BOOL;
    UpXK: BOOL;
```

```
    Rght: BOOL;
    RightXK: BOOL;
    t7: BOOL;
    Lft: BOOL;
    LeftXK: BOOL;
    Alrm: BOOL;
END_VAR
```

这里各个步要执行的程序选用 st 语言，分别为

P0 步程序:t1:=start;

P1 步程序:down:=P1; t2:=DownXK;

P2 步程序:Hold:=NOT P2;TON1.IN:=P2; TON1(PT:=t#5S);t3:=TON1.Q;

P3 步程序:UP:=P3;t4:=UpXK;

P4 步程序:t5:=ClipXK; t10:=NOT ClipXK;

P5 步程序:Rght:=P5;t6:=RightXK;

P6 步程序:Down:=P6;t7:=DownXK;

P7 步程序:Hold:= P7;TON2.IN:=P7; TON2(PT:=t#2S);t8:=TON2.Q;

P8 步程序:UP:=P8;t9:=UpXK;

P9 步程序:Lft:=P9;t01:=LeftXK;

P10 步程序:Alrm:=P10;TON3.IN:=P10; TON3(PT:=t#5S);

t02:=TON3.Q;

（2）用于多资源单用户系统编程

这里的问题是如何使所有资源能得以合理的使用。以供水系统为例，如有两个水泵向系统供水，正常情况多是一个泵工作，另一个备用。水压不足时备用也可同时参与供水。为了两个泵的负荷均等，最好两泵能定时交换角色。图 2-54a 所示就是为此而设计的 Petri 网模型。

该图设计有 5 个库所，7 个变迁。5 个库所分别代表系统可能的 5 种工作状态。P0 等待工作，P1 泵 1 工作，P2 泵 2 工作，P12 泵 1 先工作，泵 2 也接着工作，P21 泵 2 先工作，泵 1 也接着工作。7 个变迁含义见后。每个弧的权函数也均为 1。

初始状态仅 P0 存有令牌（标志右黑点）、被激活。系统处于待启动工作状态，等待起动按钮按下事件发生。

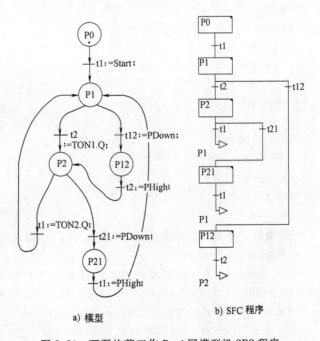

a) 模型　　　　b) SFC 程序

图 2-54　两泵均荷工作 Petri 网模型机 SFC 程序

这时如按下按钮（start ON），根据上述结构原理，则 t1 触发。令牌从 P0 转移到 P1，P1 被激活，可执行与其相关的输出（本例为泵 1 工作，并启动定时功能块 TON1），并等待可能的两个事件之一发生。这两个事件一是泵 1 工作时间到（TON1.Q ON），另一是供水压力不足（PDown ON）。

如为前者发生，则库所 P1 令牌转移到 P2，P2 激活，可执行与其相关的输出（本例为泵 2 工作，并起动定时功能块 TON2）。即这时，泵 2 供水，泵 1 停工。

如为后者发生，则库所 P1 令牌转移到 P12，P12 激活，可执行与其相关的输出（本例为泵 1、2 同时工作）。

在库所 P2，也是等待可能的两个事件之一发生。这两个事件一是泵 2 工作时间到（TON1.Q ON），另一是供水压力不足（PDown ON）。前者将供水工作交给泵 1。后者则起动泵 1 也参与供水。

在库所 P12、P21 则都是等待一个事件发生。这事件是压力高（PHight ON）。如此事件发生，如库所 P12 激活，则令牌转移到 P2。轮为 P2 工作。而库所 P21 激活，则令牌转移到 P1，轮为 P2 工作。

当然任何时候按下停止按钮（Stop ON），则系统回到 P0，机原始状态。不过此转移改图为示出。

从上述对 Petri 网面向的设计可知，它是能够是两泵的负荷可基本均衡。

图 2-54b 为它的 SFC 程序。其所用变量定义如下：

```
PROGRAM PLC_PRG
VAR
Start: BOOL;
t1: BOOL;
t12: BOOL;
t2: BOOL;
t21: BOOL;
TON1: TON;
TON2: TON;
work1: BOOL;
PDown: BOOL;
work2: BOOL;
PHigh: BOOL;
END_VAR
```

这里各个步要执行的程序选用 st 语言，分别为

```
P0 步程序:t1:=start;
P1 步程序:work1:=P1;TON1.IN:=P1; TON1( PT:=t#8h ); t2:=TON1.Q; t12:=PDown;
P2 步程序:work2:=P2;TON2.IN:=P2; TON2( PT:=t#8h ); t2:=TON2.Q;t21:=PDown;
P12 步程序:Work1:=P12;Work2:=P12;t2:=PHigh;
P21 步程序:Work1:=P12;Work2:=P12;t1:=PHigh;
```

（3）用于单资源多用户系统编程

电梯算是单资源多用户系统一个简单实例。当不同用户同时调用电梯就存在争用的问题。只是这里用户使用权的争抢，可以通过适当排队及等待解决。所以，还算比较简单。图

2-55a 所示为它的 Petri 网模型。

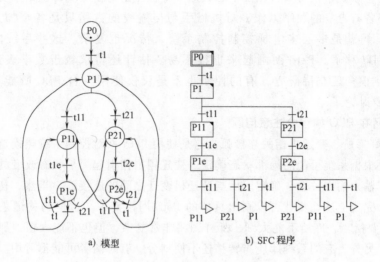

a) 模型   b) SFC 程序

图 2-55 电梯控制 Petri 网模型

从图 2-55 知,这里共设计有 6 个库所、12 变迁及其相应的连接弧。每个弧的权函数均为 1。库所 P0 为系统的初始状态。存有一个令牌。只要系统起动(一般为起动按钮 startON 时间发生 0),可使变迁 t1 触发,令牌将从 P0 转移到 P1,P1 被激活。可执行与其相关的输出,并等待触发 t11 或 t21 事件发生。

本例库所 P1 用以等待电梯的控制命令,即要检测与计算有多少用户要上行,有多少用户要下行。如检测与计算的结果,上行的用户多,则使 t11 触发。令牌将转移到 P11。反之,则使 t21 触发,令牌转移到 P21。而如果没有任何用户调用,则什么事件也不发生,电梯处于等待工作状态。

如令牌进入 P11,则 P11 激活。将执行电梯上升指令,电梯进入上升状态,并等待上升用户中,离电梯所在楼层最近的楼层的到位行程开关 ON 事件发生。而此事件一旦发生,转移 t1e 触发。令牌从 P11 转移到 P1e,P1e 被激活。使电梯停车及执行开、关桥箱门等动作,并等待可能使转移 t11 或 t21 或 t1 触发的事件发生。如触发 t11 的事件发生,则令牌回到 P11,继续进入上升状态。如触发 t21 的事件发生,则令牌转移到 P21,电梯将下降。如触发 t1 的事件发生,则令牌回到 P1,继续系统又进入等待状态。

如令牌进入 P21,则 P21 激活。将执行电梯下降指令,电梯进入下降状态,并等待下降用户中,离电梯所在楼层最近的楼层的到位行程开关 ON 事件发生。而此事件一旦发生,转移 t2e 触发。令牌从 P21 转移到 P2e,P2e 被激活。使电梯停车及执行开、关桥箱门等动作,并等待可能使转移 t21 或 t11 或 t1 触发的事件发生……

在所有库所如遇有按钮 stop 按下事件发生吧,系统将回到库所 P0,回到原始状态。不过此转移及相关的连接弧未在该图画出。

实现本模型的 SFC 程序见图 2-55b。该图各个库所的具体程序要涉及很多有关电梯工作控制的细节,不便具体说明。这里略。

（4）用于其它单资源多用户系统及多资源多用户系统控制的 PLC 编程

在柔性制造系统中，有多台加工中心共用一个机械手与传输线，也是单资源多用户。但它的多用户还各有自身的顺序工作，对机械手与传输线的占用只是各个加工中心工作流程的一部分。再就是多层多电梯控制控制系统，情况也复杂。这些系统的就不只一个令牌在库所间转移了。Petri 图画起来也很不易。估计还得求救于数学表达了。这些较深入的问题，很多还有待研究，有的控制也不是仅仅使用一台 PLC 所能完成的。这里也不再进一步讨论了。

4. Petri 网在 PLC 编程中注意问题

1）确定好库所、变迁机相关连接弧。这是使用 Petri 网对控制系统建模首先要处理的问题。库所主要根据系统可能的局部状态确定。变迁则根据引起局部状态改变的事件确定。同时，还要根据输入输出关系，确定库所与变迁机变迁之间的连接弧。当然，初始状态的令牌也要确定好。完成上述几步就可以画出具体的 Petri 网模型了。这里的关键是，要分析好系统，"确定"要恰当，库所不能太细，那样图将非常复杂，但也不能太粗，那样编程程序实现也不容易。另外，有的系统库所与转移还不便划分。有时两者可能都可用。这时，更要仔细斟酌。可从多个方案中优选一个。

再就是，系统很复杂，库所、转移很多，连接弧的又很复杂。那样，可能很难用图形表达了。这时可借用数学表达式定义网。这也是其它图形方法编程所具备的优势。

2）所设计的模型还要做检查。看看是否所有库所都有被激活的机会，即所谓"可达性"检查。如 Petri 模型存在不可达的库所，当然是不可取的。此外，还可检查是否有"冲突"，以至于出现死锁，这在多个令牌在网中出现时很可能出现的情况。尽管简单地看，所有库所都可达，但个别情况出现时，可能系统"卡住"了。令牌转移不了了。这当然也是要避免的。

对 Petri 网特性的检查也可使用数学方法。这比单纯通过图形检查可能更全面与简便。

3）Petri 网模型检查通过后就是选择编程语言。建议使用 SFC 语言。它本身就是 Petri 网模型的延伸，实现 Petri 模型是很方便的。此外，还有 I/O 地址分配，变量的声明与使用等，都是 PLC 编程所需解决的问题。自然也要一一处理好。

目前，使用 Petri 模型编程随只是开始，但发展很快。国外甚至已有用于检查 Petri 网模型特性及转换为 PLC 程序软件。有的还可从互联网上下载。

2.8 工程方法编程

2.8.1 分散控制及其应用

1. 分散控制算法要点

在本章第 7 节讲到流程图法编程，实质上也是分散控制。它们都是按反馈输入的情况一步步推进，各个步也都可按要求实现不同的控制输出。两者不同只是分散控制源于工程控制实践，而流程图算法源于计算机程序流程管理。

本章第 7 节介绍分散控制算法没有讲分支。其实正如流程图算法一样，它也可能有分支。有平行分支与选择分支，以至于更为复杂的分支。图 2-56 为平行分支的原理图。

从图 2-56 知，它的"动作 2 完成"信号将起动两个动作，"动作 3"及"动作 33"。起动后，这两个分支将平行工作。直到这里的"动作 4 完成""动作 44 完成"信号都产生了，才能进入"动作 5"。

从图 2-57 知，它的动作 2 完成后，有两个动作完成信号选择："动作 2 完成 A"与"动作 2 完成 B"。如得到是"动作 2 完成 A"，则进入分支 A，直到分支 A 完成。如得到是"动作 2 完成 B"，则进入分支 B，直到分支 B 完成。

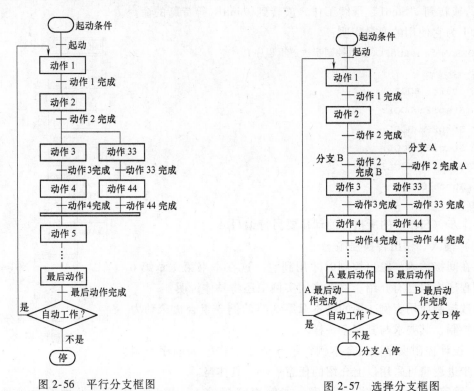

图 2-56　平行分支框图　　　　　　　　图 2-57　选择分支框图

2. 分散控制程序实现

分散控制的"动作""步"或"动作完成"可以是实际输出、输入点，直接实现输出控制与得到输入反馈。也可不是实际输出点、输入点，通过转换间接实现输出控制与输入反馈。后者具有柔性，实现程序灵活，通用性强，易读，易改，是很值得提倡的设计。

（1）使用间接实现

所要做的工作有如下两个：

1）根据"动作"或"步"的数量，设计与其相等的"动作"或"步"的逻辑控制程序。

2）设计输入、输出转换程序。

（2）逻辑控制程序的实现方法

1）基本指令实现。其思路是，开始工作时先使第一步用的工作位 ON，并保持。当第一步工作完成时，使第 1 步用的工作位 OFF，同时启动第 2 步用的工作位，并使其保持 ON。这样一步步推进，直到整个工作完成。具体程序略。

2）移位指令实现。本法的优点指令使用效率高，是在一定步数内（受移位字的限制），增加"步"数,控制输出程序量不增加。

3)步进指令实现。本章第 7 节流程图算法的程序实现用的就是此方法。程序单元化强,扫描时间也可减少。

4)SFC 语言实现,是步进指令的进一步发展。图 2-58 所示为合理时 PLC 的相应程序。运行开始,先进入初始步(init)。当"start"ON,则进入"Step1"步。到了"Step1F"条件 ON,则转入"Step2"步。以此类推。直到"Step4F"条件 ON,则取决于"Auto"条件 ON 否,或转到"Step1"继续工作,或转到"init"等待新的命令。

以下为它使用的变量声明:

```
PROGRAM fensanSFC(分散控制步进逻辑程序)
VAR
    start: BOOL;
    Step1F: BOOL;
    Step2F: BOOL;
    Step3F: BOOL;
    Step4F: BOOL;
    Auto: BOOL;
END_VAR
```

各个步(Step)的所执行的动作要另行编写。

(3)输入、输出转换程序

这在间接输入、输出控制时才用到它。这在本书第 1 章第 6 节典型程序中也已有介绍。以下应用实例中将具体说明。

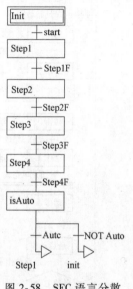

图 2-58　SFC 语言分散
控制程序

分散控制应用实例,用的是本章第 3 节的例 3 组合机床动力头运动控制,其要求与其完全一样。

1)设计控制程序。结合本例,用 6 个"动作"的顺序控制程序。步进逻辑可采用以上介绍的任意一个,具体略。

2)确定输入、输出组合逻辑。本例用间接输入、输出。实际地址用符号地址,如 XK1、XK2、…、DT1、DT2。按要求,其输出与"动作"的关系为:

"动作 1""动作 2""动作 4""动作 5"DT1 应为 ON,动力头前进。其它情况为 OFF,动力头后退。

"动作 1""动作 3""动作 4""动作 6"DT1 应为 ON,动力头快速。其它情况为 OFF,动力头慢速。

其逻辑式应为

DT1 = "动作 1" + "动作 2" + "动作 4" + "动作 5"

DT2 = "动作 1" + "动作 3" + "动作 4" + "动作 6"

按要求,其输入与"动作完成"的关系为:

2XK ON 应产生与"动作 1 完成"信号;3XK ON 应产生与"动作 2 完成"信号;2XK OFF 应产生与"动作 3 完成"信号;3XK 再次 ON 应产生与"动作 4 完成"信号;4XK ON 应产生与"动作 5 完成"信号;1XK ON 应产生与"动作 6 完成"信号。

所以,其逻辑表达式应为

"动作 1 完成" = XK2

"动作2完成"=XK3

"动作3完成"=XK2 非

"动作4完成"=XK3

"动作5完成"=XK4

"动作6完成"=XK1

"原位"=XK1

图2-59为相应的输入、输出逻辑梯形图。

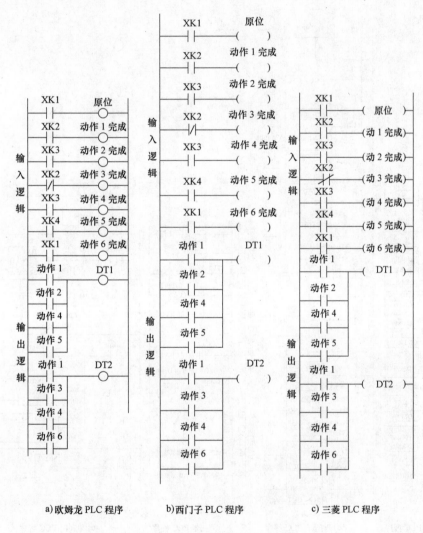

a)欧姆龙 PLC 程序　　　b)西门子 PLC 程序　　　c)三菱 PLC 程序

图2-59　输入、输出逻辑梯形图

有了步进逻辑程序加上这个转换程序，PLC 运行后，即可实现所要求的控制功能。

2.8.2　集中控制及其应用

集中控制算法要点已在本章第1节做了说明。以下仅讨论它的算法程序实现及应用实例。

1. 集中控制程序实现

集中控制程序可用系统时钟、定时器（或功能块）或时钟脉冲激发计数器（或功能块），再加上一系列的比较去实现。如学校的打铃控制，就可用要求打铃的时间与系统时钟的时间进行不断比较。只要比较相等，则输出一定时间的打铃操作。否则，什么也不做。再如一个十字路口交通岗上的红绿灯，可按预定的时序控制哪个方向的灯亮，哪个方向的灯不亮，而不考虑行车、行人的情况。

图 2-60 所示为 PLC 用时钟脉冲激发计数器及步进计数器的集中控制算法梯形图程序。

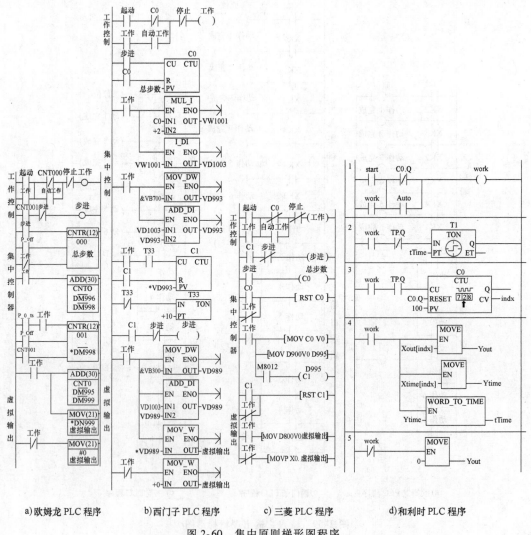

a)欧姆龙 PLC 程序　　　b)西门子 PLC 程序　　　c)三菱 PLC 程序　　　d)和利时 PLC 程序

图 2-60　集中原则梯形图程序

从图 2-60 知，它由工作控制、集中控制器及虚拟输出逻辑几部分组成。这里的梯形图用的是符号地址。由于 4 种 PLC 计数器使用上的差别，所以相应程序也稍有不同。

集中控制器主要由两个增计数器及相应的存储区组成。增计数器用 C0、C1（欧姆龙

PLC 小机型没有增计数器，故用可逆计数器 CNTR 000、CNTR 001，但减计数不用）。计数器 C0 用以步进，而 C1 用于计时。

当系统起动，进入工作，计数器 C0 按每次 C1 计时的情况，作增计数。对欧姆龙 PLC，CNTR 000 计到设定值，再计入 1，其计数值自动回到 0，并产生输出（CNT 000 常开触点 ON，常闭触点 OFF）；而对西门子、三菱 PLC，则每计数到设定值，C0 的常开触点 ON，通过程序用复位指令（对三菱）或在复位端（对西门子）使其复位，回到 0。这时，如自动工作 OFF，则其常闭触点将使工作线圈 OFF，工作停止；否则，又从 0 开始，又执行第一步动作。计数的设定值为间接数，取决于"总步数"的值。

提示： 欧姆龙 PLC 的"总步数"应为实际步数减 1，而其它两种 PLC 的"总步数"应等于实际步数。

计数器 CNTR 001 对 100ms 脉冲作增计数。处工作状态时，开始计，每 100ms 加 1。到了设定值，再加 1，即回到 0，并产生输出；而对西门子、三菱 PLC，则每计数到设定值，C1 的常开触点 ON，通过程序用复位指令使其复位，回到 0。复位后，又为新的计数做准备；产生输出也就为 C0 计数器提供步进信号。

C1 的设定值为间接地址。3 种 PLC 使用的间接地址方法不同。具体情况是：

对图 2-60a：间接地址为 DM998，即以它的值为地址的 DM 单元的内容，作 CNTR001 的设定值。而 DM998 的值为 DM996 的值加 CNT 000 的现值。这意味着这个设定值放在 DM 区的开始位置由 DM996 确定。

对图 2-60b：间接地址为 VD993，即以它的值为地址的 VW 单元的内容，作 CNTR001 的设定值。在程序中，先把 VB700 的地址赋值给 VD993，然后与 C0 现值乘 2（指针地址以字节计，而本程序用的是以字计）后相加。这意味着这个设定值放在 V 区的开始位置为 VB700。

提示： 欧姆龙的 P-0.1s、三菱的 M8012 为产生 100ms 脉冲的特殊继电器。而西门子 S-200 没有此特殊继电器。图 2-59 是用一段小程序由定时器 T33 生成。对 S7-200，如用的是 1 或 10ms 级定时器，则它必须放在这计数器之前，否则计数器将不能计入此脉冲。本例用的为 10ms 级定时器，故作这么放置。

对图 2-60c：间接地址为 D995 中。而 D995 的值为 D900V0 的内容传来的，即变址器 V0 值（即 C0 的值）与 900 之和，作为 D 的地址的内容。这意味着这个设定值放在 D 区的开始位置为 D900。

这里的输出是虚拟的，实际输出将由实际地址用输出逻辑确定。虚拟输出也用了间接地址。具体情况是：

对图 2-60a：间接地址为 DM999，即以它的值为地址的 DM 单元的内容，作为"虚拟输出"值。而 DM999 的值为 DM995 的值加 CNT 000 的现值。这意味着这个"虚拟输出"在 DM 区的开始位置由 DM995 确定。

对图 2-60b：间接地址为 VD989，即以它的值为地址的 VW 单元的内容，作为"虚拟输出"值。在程序中，先把 VB300 的地址赋值给 VD989，然后与 C0 现值乘 2（指针地址以字节计，而本程序用的是以字计）后相加。这意味着这个"虚拟输出"在 V 区的开始位置为 VB300。

对图 2-60c：间接地址为 D800V0 中，即为变址器 V0 值（即 C0 的值）与 800 值之和，作为 D 的地址的内容。这意味着这些"虚拟输出"在 D 区的开始位置为 D800。

这里虚拟输出用了一个字，16 位。可对 16 个逻辑量进行控制。控制步数的变化对程序没有影响，步数多少只受 C0 最大值及数据区大小的限制。所以，这个程序的功效比用分散方法进行定时控制要强得多。只是在实际运行前，需对有关 DM、VW 或 D 区作好设定。

程序工作过程：当"起动"信号 ON，"工作"输出将 ON，并自保持，系统进入工作状态。"虚拟输出"将从 ∗DM999、∗VD989 或 V800V0 传来数据，将根据前者的内容产生虚拟输出（如要产生实际输出，可把此输出再作传递）。与此同时，C1 开始计数，每 100ms加 1。

当 CTR001 计数到 ∗DM998 设定的值，再计入 1，而当 C1 计数到 ∗VD993 或 D995 设定的值，其输出 ON，产生"步进"信号。从而使 CTRN000 或 C0 加 1 计数，DM998、VD 993 或 V0 也随之赋以新值（加 1），实现了步进，其虚拟输出则是新一步的设定值。

这样延续，直到 CTRN000 计到"总步数"，再计入 1，或 C1 计数到"总步数"，其输出 ON，并自身复位（现值回到 0）。这时，如"自动"ON，则开始新的循环，继续工作；如"自动"OFF，"工作"OFF，"虚拟输出"置 0，系统工作停止。

图 2-60d 为和利时 PLC 程序。它的编程软件变量名不支持英文，与图 2-60a、b、c 对应的变量定义如下：

```
VAR
C1：CTU；                          (∗声明增计数功能块∗)
Xout：ARRAY[1..100] OF WORD；      (∗声明100步控制输出数组∗)
Xtime：ARRAY[1..100] OF WORD；     (∗声明100步时间设定数组∗)
start：BOOL；                      (∗起动∗)
work：BOOL；                       (∗工作∗)
Auto：BOOL；                       (∗自动工作∗)
stop：BOOL；                       (∗停止∗)
total：WORD：=100；                (∗总工作步数∗)
TP：TON；                          (∗声明延时 ON,即时 OFF 功能块∗)
tTime：TIME；                      (∗声明时间变量,以设定工作时间∗)
indx：WORD；                       (∗声明字变量,用作数组索引∗)
Yout：WORD；                       (∗声明虚拟输出字∗)
Ytime：WORD；                      (∗声明时间字,以方便输入时间∗)
END_VAR
```

此外，它不用指针而用数组，效果一样，而且更简明。

图 2-60d 中节 1 为工作起、停控制。这时，"start"ON，可使"work"ON，使系统进入工作状态。

图 2-60d 中节 2 为调用定时功能块。以在定时时间到时，生成步计数脉冲。以此替代图 2-60a、b、c 的计数器 C1。

图 2-60d 中节 3 为调用增计数功能块 C0。每完成一步控制，计数功能块加 1。到 100

步，计数功能块复位。并使 C0. Q 常闭触点 OFF，以实现系统工作控制。

图 2-60d 中节 4 为产生虚拟输出、控制时间设定及转换。这里用 2 个数组存放虚拟输出及步定时时间。步定时时间存放在字中，用于定时功能块设定还要做字到时间变量的类型转换。

图 2-60d 中节 5 为当系统工作停止，禁止所有输出。

其工作过程是：先是第 0 步（对应于计数现值为 0）。随着计数值的增加而一步步推进。如第 0 步工作，则虚拟输出取自数组"Xout［0］"的值，时间设定取自数组"XTime［0］"的值。一旦 T1 的定时时间达到"XTime［0］"的值，定时功能块发出脉冲，并复位。而计数功能块加 1，进入第 1 步。第 1 步的虚拟输出取自数组"Xout［1］"的值，时间设定取自数组"XTime［1］"的值。一旦 T1 的定时时间达到"XTime［1］"的值，定时功能块也发出脉冲，并也复位。而计数功能块再加 1，进入第 2 步，直到 100 步，系统或停止工作，或从头开始，重复这个过程。

如果实际系统没有 100 步，只要把不用的步的时间设定设为 0，就会自动把这个步越过。如果 100 步不够用，也可增大这个的设定。

应指出的是，这里的步进逻辑不一定非用计数功能块不可。也用加 1 指令或普通的加指令。只是，用它时，在每进行一次步进，还要判断步进是否完成，没有用计数功能块方便。

提示：集中控制没有反馈，所以没有分支。

2. 集中控制程序实例

（1）设计一个十字路口交通岗上的红绿灯控制程序

如图 2-61 所示，共有 6 个灯。南北向红、黄、绿，用 R1、Y1、C1 代表，东西向用 R2、Y2、C2 代表。其实际地址分配略。这 6 个灯能依时间变化工作，如图 2-62 所示。图中 S 表示时间，单位为秒（s）。

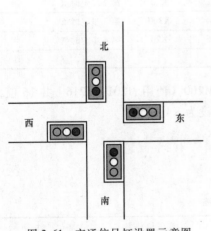

图 2-61 交通信号灯设置示意图

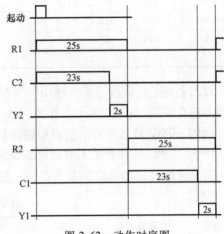

图 2-62 动作时序图

考虑到此系统为定时工作，故使用集中原则控制，用图 2-60 的梯形图程序。数据设定分别是：

对图 2-60a：本例有 4 个工作步，故"总步数"设为 #3。

DM996、DM995，可任意设，只要所设的数据不被覆盖即可。本例 DM996、DM995 分

别设为 #100 与 #0。即虚拟输出设定值地址，从 DM0000 开始；步的定时值设定值地址，从 DM0100 开始。

DM0000~DM0005 依各步要求的虚拟输出设定。

DM0100~DM0105 依各步要求的定时值设定。

有关这些 DM 区的设定值及其备注，见表 2-13。

表 2-13 参数选择

变量地址	变量值	备注	变量地址	变量值	备注
DM0000	#22	220.01,220.05 ON	DM0102	#229	第 3 步定时值减 1
DM0001	#42	220.01,220.06 ON	DM0103	#19	第 4 步定时值减 1
DM0002	#14	220.04,220.02 ON			
DM0003	#18	220.04,220.03 ON	DM0995	#0	
			DM0996	#100	
DM0100	#229	第 1 步定时值减 1			
DM0101	#19	第 2 步定时值减 1			

对图 2-60b：设其"虚拟输出"实际地址为 MW1（使用 M2.0~M2.7 及 M1.0~M1.7，共 16 位，但仅用其中 6 位）。本例有 4 个工作步，故"总步数"设为 K4。

VW300~VW306 依各步要求的虚拟输出设定。

VW700~VW706 依各步要求的定时值设定。

有关这些 VW 区的设定值及其备注，见表 2-14。

表 2-14 参数选择

地址	变量值	备注	地址	变量值	备注
VW300	K34	M2.1 M2.5 ON	VW700	K300	第 1 步定时值
VW302	K64	M2.1 M2.6 ON	VW702	K20	第 2 步定时值
VW304	K20	M2.4 M2.2 ON	VW704	K300	第 3 步定时值
VW306	K24	M2.4 M2.3 ON	VW706	K20	第 4 步定时值

对图 2-60c：设其"虚拟输出"实际地址为 K4M200（使用 M201~M216，共 16 位，但仅用其中 6 位）。本例有 4 个工作步，故"总步数"设为 K4。

D800~D803 依各步要求的虚拟输出设定。

D900~D903 依各步要求的定时值设定。

有关这些 D 区的设定值及其备注，见表 2-15。

表 2-15 参数选择

地址	变量值	备注	地址	变量值	备注
D800	K34	M201 M205 ON	D900	K300	第 1 步定时值
D801	K64	M201 M206 ON	D901	K20	第 2 步定时值
D802	K20	M204 M202 ON	D902	K300	第 3 步定时值
D803	K24	M204 M203 ON	D903	K20	第 4 步定时值

对图 2-60d：使用 2 个数组 tTime 及 Xout。其各下标 0~3 的设定值见表 2-16 所示。

表 2-16 参数选择

时间设定	设定值	控制输出	设定值	备 注
tTime[0]	23	Xout[0]	34	Yout.1、Yout.5 ON
tTime[1]	2	Xout[1]	64	Yout.1、Yout.6 ON
tTime[2]	23	Xout[2]	20	Yout.4、Yout.2 ON
tTime[3]	2	Xout[3]	24	Yout.4、Yout.3 ON

实际输出逻辑，见图 2-63。

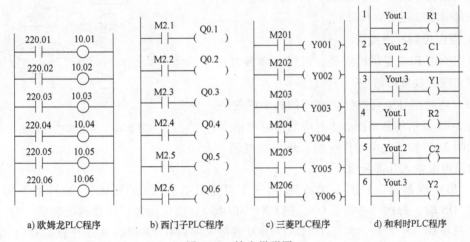

图 2-63 输出梯形图

做了以上设定后，再运行图 2-63、图 2-60 梯形图程序，完全可实现所要求的功能。

显然，这个集中控制梯形图程序比本书所讨论有关程序都要简单。同时，要进一步增加控制功能时，如增加控制步数，增加输出变量数，本程序基本可不动，只要更改 DM、VW 或 D 的设定即可。而任何别的梯形图程序，为此都要做大的改动。程序量也将按比例增加。

到此应该看到，用集中控制算法设计程序的优越了。它既高度集成化，用的多为字处理指令，指令使用的效率很高；又高度柔性化，用参数设定即可改变与增加程序的功能，程序的通用性很强。它所控制的点数、步数及有关参数设定几乎都不受限制。唯一的限制是 PLC 数据区的容量及实际输入输出点数。

图 2-60 所示程序，还可增加配方控制。办法是再声明一个类似虚拟输出指针或数组。而它的值或索引与虚拟输出、时间设定相同。以取得与步输出对应的参数，如某某设定值。以在实施开关量控制的同时，也对模拟量作控制。用此法对水泥搅拌生产进行控制是很方便的。

附带在此提及的是，各 PLC 厂商多提供有凸轮控制器，如 FM 352 电子凸轮控制器，是 S7-300 的一个功能模块。如把增量式编码器与它连接，即可灵活地处理位置或时间相关任务。其实质与这里介绍的集中控制的机理基本是相同的。但它用模块实现，可以减轻 CPU 负荷，而这里则是用程序实现。

2.8.3 混合控制及其应用

1. 混合控制算法

本章第 1 节已介绍了基本的混合控制算法要点。此外混合控制也可有分支，而且也还可有不同的分支结构。图 2-64 所示为较常用的一种分支算法框图。

从图 2-64 可知，它在主干程序中，每次步动作完成，都要判是否进入分支程序。如进入分支程序，一旦分支步完成，则工作停止。而若未进入分支程序，如自动工作，将周而复始地执行主干程序。一般讲，这里的主干程序用于系统正常工作，而分支程序则当系统不正常时才使用。与流程图算法一样，除了条件分支，还可并行分支。

2. 混合控制程序实现

根据所用 PLC 提供的资源，可以有多种方法用于程序实现。较常用的是：

（1）用间接寻址（指针）实现的梯形图程序

图 2-65 所示的是与图 2-1 对应的梯形图程序。

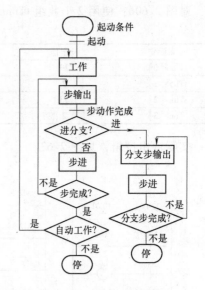

图 2-64　分支算法的框图

从图 2-65 知，它由工作控制、集中控制器、虚拟输出及虚拟输入几部分组成。

1）集中控制器。对图 2-65a：使用一个可逆计数器（CNTR 000，减计数不用）。当"工作" ON 时，每次"步进" ON，则 CNT 000 加 1，实现步进。计数到设定值（存于符号地址"总步数"中）后，再加 1，CNTR 000 现值又回到 0，同时，其常开触点 ON，常闭触点 OFF。这时，如自动工作 OFF，其常闭触点将使"工作" OFF，工作停止；否则，又将从 0 开始计数。而"步进"什么时候 ON，取决于"计算输入"通道的内容与 DM998 值指向的 DM 地址的内容进行比较的结果。当这两者相等时，即得到了应有的反馈信号，表示动作完成，则"步进" ON。

对图 2-65b：使用一个增计数器（C0）。当"工作" ON 时，每次"步进" ON，则 C0 加 1，实现步进。计数到设定值（存于符号地址"总步数"中）后，C0 常开触点 ON，C0 常闭触点 OFF。前者使 C0 复位，现值又回到 0。如自动工作 OFF，后者将使"工作" OFF，工作停止；否则，又将从 0 开始计数。而"步进"什么时候 ON，取决于"计算输入"通道的内容与 VD993 作指针，指向的 VW 的内容进行比较的结果。当这两者相等时，即得到了应有的反馈信号，表示动作完成，则"步进" ON。

对图 2-65c：也是使用一个增计数器（C0）。当"工作" ON 时，每次"步进" ON，则 C0 加 1，实现步进。计数到设定值（存于变量名"总步数"中）后，C0 常开触点 ON，C0 常闭触点 OFF。前者通过程序，用复位指令（RST）使 C0 复位，现值又回到 0。如自动工作 OFF，后者将使"工作" OFF，工作停止；否则，又将从 0 开始计数。而"步进"什么时候 ON，取决于"计算输入"的内容与 D900V0（900+V0 的值作 D 的地址）的内容进行比较的结果。当这两者相等时，即得到了应有的反馈信号，表示动作完成，则"步进" ON。

2）虚拟输入。对图 2-65a：用"虚拟输入"及"反虚拟输入"两个通道。两者内容相反，其对应位，如前者为 1，则后者为 0；如前者为 0，则后者为 1。而使用其中哪一位作为虚拟输入，由 *DM998 确定。*DM998 的哪一位设为 1，即使用哪一位作为反馈输入。而这

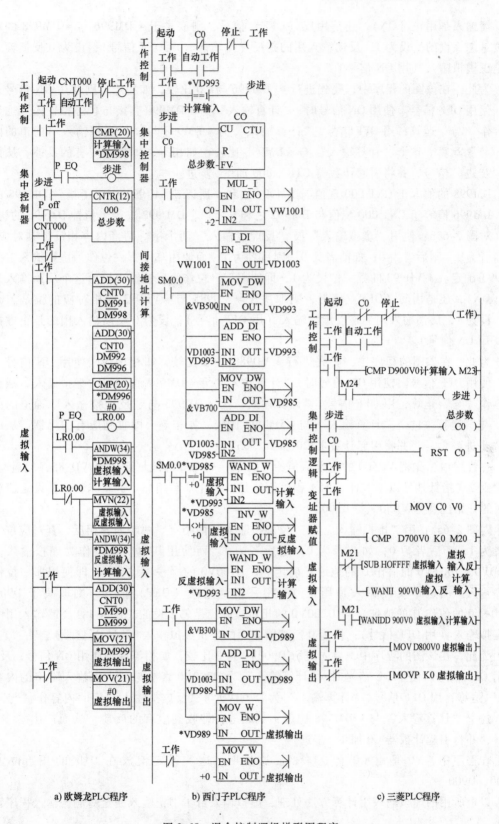

a) 欧姆龙PLC程序　　　b) 西门子PLC程序　　　c) 三菱PLC程序

图 2-65　混合控制逻辑梯形图程序

个反馈输入是用正（ON），还是用反（OFF）信号，则取决于＊DM996与＊DM998的对应的位是怎么设的。设为1，反馈输入用的是反虚拟输入（用OFF信号）；设为0反馈输入用的是正虚拟输入（用ON信号）。

为此，在该图的程序中，要先进行＊DM996与＃0比较，如相等，则使用ON信号；反之，使用OFF信号。使用ON信号时，"计算输入"为＊DM998直接与"虚拟输入"通道的内容作"与"运算；用OFF信号，"计算输入"为＊DM998与"反虚拟输入"通道的内容作"与"运算。这个"计算输入"与＊DM998比较，如相等，即收到应有的反馈，从而产生"步进"信号，并将引起计数器CTRN 000加1、步进。

DM998的值等于CNT 000现值与DM991之和，所以，DM 991决定了指针DM998的初值。DM996值等于CNT 000现值与DM992之和，所以，DM 992决定了指针DM996的初值。

对图2-65b：使用"虚拟输入"及"反虚拟输入"两个字。两者内容相反，其对应位，如前者为1，则后者为0；如前者为0，则后者为1。而使用其中哪一位作为虚拟输入，由＊VD993确定。＊VD993的哪一位设为1，即使用那一位作为反馈输入。而这个反馈输入是用正（ON），还是用反（OFF）信号，则取决于＊VD985与＊VD993的相对应的位是怎么设的。设为1，反馈输入用的是反虚拟输入（用OFF信号）；设为0反馈输入用的是正虚拟输入（用ON信号）。

为此，在该图的程序中，要先进行＊VD985与0比较，如相等，则使用ON信号；反之，使用OFF信号。使用ON信号时，"计算输入"为＊DM993直接与"虚拟输入"通道的内容作"与"运算；用OFF信号，"计算输入"为＊DM993与"反虚拟输入"通道的内容作"与"运算。这个"计算输入"与＊DM993比较，如相等，即收到应有的反馈，从而产生"步进"信号，并将引起计数器C0加1、步进。

在程序中，先把VB500的地址赋值给VD993，VB700的地址赋值给VD985，然后与C0现值乘2（指针地址以字节计，而本程序用的是以字计）后相加。这意味着这些设定值放在V区的开始位置为VB500、VB700。

对图2-65c：用"虚拟输入"及"反虚拟输入"两个字。两者内容相反，其对应位，如前者为1，则后者为0；如前者为0，则后者为1。而使用其中哪一位作为虚拟输入，由D700V0（700+V0的值作D的地址）确定。D D700V0的哪一位设为1，即使用那一位作为反馈输入。而这个反馈输入是用正（ON），还是用反（OFF）信号，则取决于D900V0（900+V0的值作D的地址）与D700V0的相对应的位是怎么设的。设为1，反馈输入用的是反虚拟输入（用OFF信号）；设为0反馈输入用的是正虚拟输入（用ON信号）。

为此，在该图的程序中，要先进行D900V0与0比较，如相等，则使用ON信号；反之，使用OFF信号。使用ON信号时，"计算输入"为D700V0直接与"虚拟输入"字的内容作"与"运算；用OFF信号，"计算输入"为D700V0与"反虚拟输入"字的内容作"与"运算。这个"计算输入"与＊DM998比较，如相等，即收到应有的反馈，从而产生"步进"信号，并将引起计数器C0加1、步进。

在程序中，V0是由C0传送来的。这说明，这些设定值放在D区的开始位置为D700、D900。

以上所用的虚拟输入用计算方法处理，虚拟输入可于书记输入完全对应。输入程序转换简单。

3）虚拟输出。对图 2-65a：使用"虚拟输出"通道。其值是由以 DM999 值为地址 DM 字的内容传来的。这个 DM 字的内容设成什么样，"虚拟输出"就有什么样的输出。DM999 的值为 DM995 的值加 CNT 000 的现值。故 DM999 的初值由 DM990 内容确定。

对图 2-65b：使用"虚拟输出"字。其值是由以 VD999 值为指针指向的 VW 字的内容传来的。这个字的内容设成什么样，"虚拟输出"就有什么样的输出。在程序中，先把 VB300 的地址赋值给 VD999，然后与 C0 现值乘 2（指针地址以字节计，而本程序用的是以字计）后相加。这意味着这些设定值放在 V 区的开始位置为 VB300。

对图 2-65c：使用"虚拟输出"字。其值是由 D800V0（800+V0 的值作 D 的地址）的内容传来的。这个字的内容设成什么样，"虚拟输出"就有什么样的输出。在程序中，在程序中，V0 是由 C0 传送来的。这说明，这些设定值放在 D 区的开始位置为 D800。

4）程序工作过程。当"起动"信号 ON，"工作"输出将 ON，并自保持，系统进入工作状态。"虚拟输出"将从 *DM999、*VD989 活 V800V0 传来数据，将根据前者的内容产生虚拟输出，如要产生实际输出，可把此输出再作传递。

随着实际输出控制的推进，系统的实际输入将传递给"虚拟输入"（有关程序另附）。程序将根据 *DM998、*DM996，或 *VD993、*VD985，或 D900V0、V700V0 的设定，把"虚拟输入"进行逻辑处理，然后得到"计算输入"。再把"计算输入"与 *DM998、*VD993 或 D900V0 的设定进行比较。直到两者相等，说明已完成此步控制，进而产生步进信号，使 CTRN000，或 C0 加 1 计数。DM998、VD 993 或 V0 也随之赋以新值（加 1），实现了步进，其虚拟输出则是新一步的设定值。

这样延续，直到 CTRN000 计到"总步数"，再计入 1，或 C1 计数到"总步数"，其输出 ON，并自身复位（现值回到 0）。这时，如"自动"ON，则开始新的循环，继续工作；如"自动"OFF，"工作"OFF，"虚拟输出"置 0，系统工作停止。

（2）用数组寻址实现的梯形图程序

它比前者更简明。但要求 PLC 能设定数组，而且所设定数组能用下标变量访问。图 2-66 所示为与图 2-1 对应的梯形图程序

本程序除了用数组代替间接寻址，还用新的算法处理反馈输入。具体是把输入分为 ON 有效输入及 OFF 有效输入，分别用 2 个数组设定，而不是先设哪个为输入位有效位，再设所用的有效输入是 ON 还是 OFF。

表 2-17 所示为上述程序定义的符号变量或标签。有的用中文，有的不能用中文则用英文。其含义见注释。

这里共同都是定义了 3 个数组，即 sdOut（设定输出）、sdONin（设定 ON 输入）和 sd-OFFin（设定 OFF 输入）。都是 100（下标从 0～100，实际 101 个字）。分别用于设定控制输出及设定 ON、OFF 反馈输入。其它变量与间接寻址程序雷同。

图 2-66a 为和利时 PLC 程序。它的编程软件变量名用英文。图 2-66 中节 1 为工作起、停控制。这时，"start"ON，可使"work"ON，使系统进入工作状态。

图 2-66 中节 2 为生成步进控制信号。只要控制动作完成，即生成脉冲信号。

图 2-66 中节 3 为调用增计数功能块。每完成 1 步控制，计数功能块加 1。到 100 步，计数功能块复位。并使 C1. Q 常闭触点 OFF，以实现系统工作控制。

图 2-66 中节 4 为生成虚拟输出。

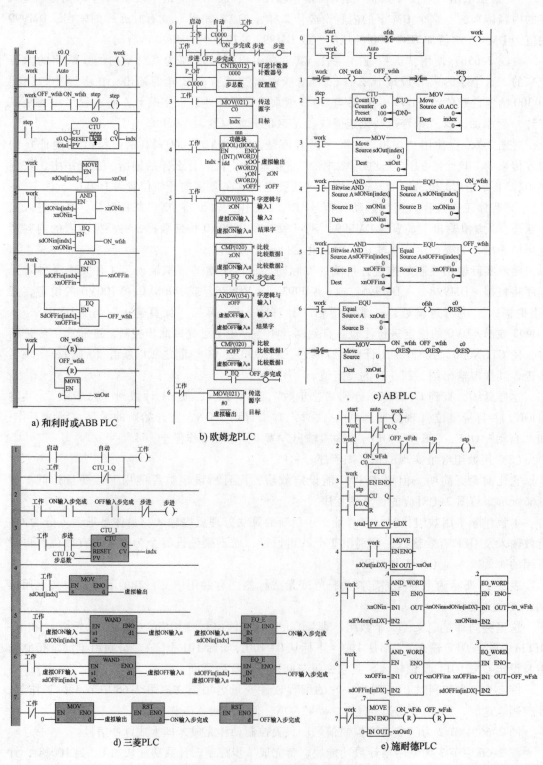

图 2-66　与图 2-1 对应的梯形图程序

表 2-17　图 2-66 程序定义的符号变量或标签

中文名	英文名	数据类型	注　释
sdOut	sdOut	Word[Signed](0..100)	声明 101 步设定输出数组
sdONin	sdONin	Word[Signed](0..100)	声明 101 步设定 ON 反馈输入数组
sdOFFin	sdOFFin	Word[Signed](0..100)	声明 101 步设定 OFF 反馈输入数组
虚拟 ON 输入	xnONin	Word[Signed]	声明虚拟 ON 输入
虚拟 OFF 输入	xnOFFin	Word[Signed]	声明虚拟 OFF 输入
工作	work	Bit	工作
自动	Auto	Bit	自动工作
步进	step	Bit	声明步进控制位
ON 输入步完成	ON_wfsh	Bit	声明 ON 反馈输入完成
OFF 输入步完成	OFF_wfsh	Bit	声明 OFF 反馈输入完成
起动	start	Bit	起动
indx	index	Word[Signed]	声明字变量,用作数组索引
CTU_1	c0	CTU	声明功能块实例名或计数器名
步总数	total	Word[Signed]	步总数
虚拟 ON 输入 a	xnONina	Word[Signed]	中间变量
虚拟 OFF 输入 a	xnOFFina	Word[Signed]	中间变量
	ofsh	Bit	声明无控制动作控制位

图 2-66 中节 5 为设定 ON 反馈输入与 ON 虚拟输入先与, 后再比较, 以确定设定的 ON 输入是否完成。如完成则 ON_ wfch ON。

图 2-66 中节 6 为设定 OFF 反馈输入与 OFF 虚拟输入先与, 后再比较, 以确定设定的 OFF 输入是否完成。如完成则 OFF_ wfch ON。

以上两者均 ON, 则说明步动作完成。将在节 2 起动 Step (步进) 信号, 是及技术功能块加 1。步控制前进 1 步。

图 2-66 中节 7 为不工作时, 逻辑关系复原。

其工作过程是: 当系统启动, 进入工作, 计数功能块 C1 按每得到 "STEP" 脉冲一次, 则作一次增计数。计数到设定值 (total 最大可设为 100), C1.Q 的常开触点 ON, 通过计数功能块的 "RESET" 端, 使计数功能块复位, 计数值恢复到 0。如 "Auto" OFF, 其常闭触点 C1.Q 将使 "work" 线圈 OFF, 工作停止; 否则, 又从 0 开始, 又执行第 1 步。

具体工作过程是分步实现的。先是第 0 步 (对应于计数现值为 0)。随着计数值的增加而一步步推进。如第 0 步工作, 则虚拟输出取自数组 "sdOut [0]" 的值, ON、OFF 虚拟输入取决于数组 "sdONin [0]" 及 "sdOFFin [0]" 的值。一旦 "sdONin [0]" 与 xnONin 相等及 "sdOFFin [0]" 与 xnOFFin 相等, 则使 "ON_ wfsh" 及 "OFF_ wfsh" ON, 说明动作完 0 成。将在节 2, 生成步进信号 "STEP"。进而在节 3, 使计数功能块增 1, 进入第 1 步。第 1 步的虚拟输出取自数组 "sdOut [1]" 的值, 反馈输入的设定则取自数组 "sdONin [1]" 及 "sdOFFin [1]" 的值。一旦这两个比较又相等, 说明动作 1 完成。有将实现步进, 进入第 2 步。如此直到步总数完成, 系统或停止工作, 或从头开始, 重复这个过程。

要提到的是如果用 ABB PLC 上述程序也完全使用。

图 2-66b 为欧姆龙 PLC 程序。它的高档或新型机虽可设定数组, 但它的梯形图语言对数组访问时, 其下标不能用变量。而它的 ST 语言可以, 但只能在功能块中才可使用这个语言。为此, 本程序定义了一个用 ST 语言编写的功能块。用下标变量动态访问数组, 以取得

不同步的设定控制输出及 ON、OFF 设定。而这个功能块除了定义变量，只有 3 个语句，即

```
yOO:=xO[idd];
yON:=xON[idd];
yOFF:=xOFF[idd];
```

其功能就是根据下标变量转换为设定控制输出、设定 ON 反馈输入及设定 OFF 反馈输入。功能块的定义有内部、输入及输出 3 种变量。内部变量为 AT（与地址关联）变量，直接可访问实际数组所使用的地址，见表 2-18。

输入变量 idd，为功能块读取的下标（inDx）值。输出变量见表 2-19。用以输出设定控制输出、设定 ON 反馈输入及设定 OFF 反馈输入。

表 2-18　功能块内部变量

名称	数据类型	AT
nn	INT	
xOFF	WORD[100]	D1000
xO	WORD[100]	D1200
xON	WORD[100]	D1100

表 2-19　功能块输出变量

名称	数据类型
ENO	BOOL
yOO	WORD
yON	WORD
yOFF	WORD

调用此功能块（该程序使用名称为 mm）后，这里 yOO、xON 及 xOFF 实际即为 sdOut[indx]、sdONin[indx] 及 sdOFFin[indx]。

它的梯级从 0 开始，而不是和利时从 1 开始。其它说明略。

图 2-66c 为 AB PLC 程序。它的标签名用英文。此外，它的计数功能块的计数预设值只能用即时数（immediate），这里指定 100。为此，它增加了设定输出判断。如设定输出位 0，说明控制完成，将使计数功能块复位，并用 Ofch ON 去取代其它程序的计数完成信号。

图 2-66d 是三菱 PLC 程序。但使用的是它的 Works 2 编程软件。因为此软件支持数组编程。它的变量名可以用中文。

图 2-66e 为施耐德 PLC 程序。标签名为英文。因为 step 为其关键字只好用 stp 代替。

所有程序在 work OFF 都要复位。所不同的是，欧姆龙的只使虚拟输出复位，其它的还要使反馈完成位复位。这与各自比较指令特点有关。前者不比较，这个完成位将 OFF，不必另作复位；后者不比较将保持原比较的结果值，所以需复位。

3. 混合控制程序实例

[应用例 1]　用的是本章第 3 节的例 3，其要求与其完全一样。

本例用图 2-65 程序。并新增图 2-67 所示实际输入输出程序。图 2-65a 的"虚拟输出"实际地址设为 220；"虚拟输入"实际地址设为 200。实际输入、输出用符号地址。图 2-65b 的"虚拟输出"实际地址设为 MW1

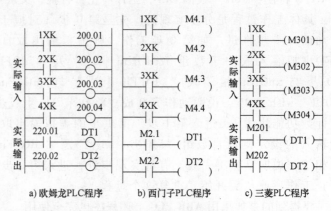

a) 欧姆龙PLC程序　　b) 西门子PLC程序　　c) 三菱PLC程序

图 2-67　输入输出程序

（使用 M2.0~M2.7 及 M1.0~M1.7，共 16 位，但实际仅用其中 2 位）；"虚拟输入"实际地址设为 MW3（使用 M3.0~M3.7 及 M4.0~M4.7，共 16 位，但实际仅用其中 4 位）。图 2-65c 的"虚拟输出"实际地址设为 K4M200（使用 M201 到 M216，共 16 位，但实际仅用其中 2 位），"虚拟输入"实际地址设为 K4M300（使用 M301 到 M316，共 16 位，但实际仅用其中 4 位）。

有关数据区的设定见表 2-20：

表 2-20　数据区参数选择

用于图 2-66a		用于图 2-66b		用于图 2-66c	
变量地址	变量值	变量地址	变量值	变量地址	变量值
DM0300	#6	VW300	6	D800	K6
DM0301	#2	VW302	2	D801	K2
DM0302	#4	VW304	4	D802	K4
DM0303	#6	VW306	6	D803	K6
DM0304	#2	VW308	2	D804	K2
DM0305	#4	VW310	4	D805	K4
DM0400	#0	VW700	0	D700	K0
DM0401	#0	VW702	0	D701	K0
DM0402	#1	VW704	1	D702	K1
DM0403	#0	VW706	0	D703	K0
DM0404	#0	VW708	0	D704	K0
DM0405	#0	VW710	0	D705	K0
DM0200	#4	VW500	4	D900	K4
DM0201	#8	VW502	12	D901	K8
DM0202	#4	VW504	4	D902	K4
DM0203	#8	VW506	K8	D903	K8
DM0204	#10	VW508	K16	D904	K16
DM0205	#2	VW510	2	D905	K2
DM0990	#300				
DM0991	#200				
DM0992	#400				
总步数	5	总步数	6	总步数	6

做了以上设定后，再运行图 2-65 加图 2-67 梯形图程序，经测试证明，它完全可实现所要求的功能。

[应用例 2]：用的也是本章第 3 节的例 3，其要求与其完全一样。但本例用图 2-66 程序。并新增图 2-68 所示实际输入输出程序。

其控制逻辑使用数组设定控制输出及设定 ON、OFF 反馈输入，即图 2-68 逻辑。其转换程序很简单，以和利时、AB PLC 为例，见图 2-68。此程序功能只是把虚拟输出转好为实际输出，把实际输入转换为虚拟输入。

其设定数据也很简单，除了 Total 设为 6，数组设定如表 2-21 所示。

有了上述数组设定，执行图 2-66 和 2-68 程序，即可实现本例控制功能。

[应用例 3]：设计要求同本章第 3 节的例 1。其 I/O 分配也略，并也使用相应符号地

表 2-21 应用例 2 数组设定

ON 输入设定	设定值	OFF 输入设定	设定值	控制输出	设定值	备注
sdONin[0]	4	sdOFFin[0]	0	sdOut[0]	6	Yout.1、Yout.2 ON
sdONin[1]	8	sdOFFin[1]	0	sdOut[1]	2	Yout.1 ON
sdONin[2]	0	sdOFFin[2]	4	sdOut[2]	4	Yout.2 ON
sdONin[3]	8	sdOFFin[3]	0	sdOut[3]	6	Yout.1、Yout.2 ON
sdONin[4]	16	sdOFFin[4]	0	sdOut[4]	2	Yout.1 ON
sdONin[5]	2	sdOFFin[5]	0	sdOut[5]	4	Yout.2 ON

址，即 XX1、XX2、XX3、QQ、TT、MM、HH、II、LL，时间继电器符号为 TM、TL 等。其含义同上述例1。这里的关键是，把工作过程分成"步"，每"步"对应一个输出，然后用输入对"步"作控制。本例共分5步：

1）打开阀门 XX1，直到行程开关 II ON；

2）关闭 XX1，同时打开阀门 XX2，直到行程开关 HH ON；

3）关闭 XX2，接通 MM，使搅拌机工作，并保持6s；

4）MM 工作6s（用定时器 TM）后，停止工作，并打开阀门 XX3，到行程开关 LL 从 ON 到 OFF。

5）再延时2s（用定时器 TL），工作停止，或又重复此过程。

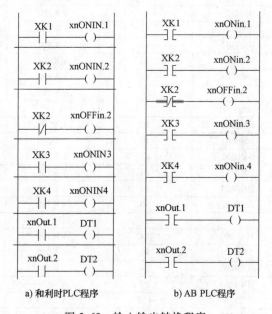

a) 和利时PLC程序　　b) AB PLC程序

图 2-68　输入输出转换程序

针对此例用图2-65梯形图程序。但也要增加实际输入、输出及定时逻辑。见图2-69。

对图2-65和图2-69有关地址设定是：

图2-65a："虚拟输出"实际地址也设为220；"虚拟输入"实际地址设为230。

图2-65b："虚拟输出"实际地址设为 MW1（使用 M2.0~M2.7 及 M1.0~M1.7，共16位，但实际仅用其中4位）；"虚拟输入"实际地址设为 MW3（使用 M3.0~M3.7 及 M4.0~M4.7，共16位，但实际仅用其中3位）。

图2-65c："虚拟输出"实际地址设为 K4M200（使用 M201~M216，共16位，但实际仅用其中4位），"虚拟输入"实际地址设为 K4M300（使用 M301~M316，共16位，但实际仅用其中3位）。

3种 PLC 的实际输入的符号地址都用 HH、MM、LL、QQ、TT。实际输出的符号地址都用 XX1、XX2 及 XX3。而 QQ 即为图2-29的"起动"，TT 即为图2-29的"停止"。

此外，还要对有关数据区作设定。具体设定值，见表2-22。

增加了以上实际输入、输出及定时程序，再按上各表对数据区做了设定，运行图2-65及图2-69程序，完全可实现设计的要求。

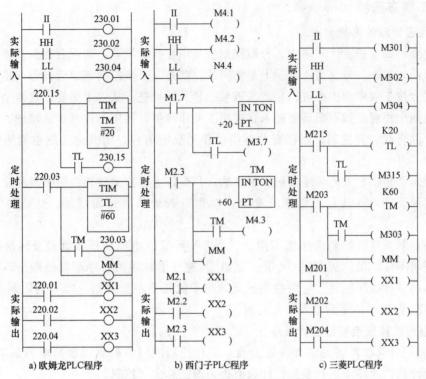

a) 欧姆龙PLC程序　　　　　b) 西门子PLC程序　　　　　c) 三菱PLC程序

图 2-69　第三节设计例一新梯形图程序

表 2-22　数据区参数选定

用于图 2-69a		用于图 2-69b		用于图 2-69c	
变量地址	变量值	变量地址	变量值	变量地址	变量值
DM0900	#2	VW300	+2	D800	K2
DM0901	#4	VW302	+4	D801	K4
DM0902	#8	VW304	+8	D802	K8
DM0903	#10	VW306	16#10	D803	H10
DM0904	#8000	VW308	16#8000	D804	H8000
DM0910	#2	VW500	+2	D900	K2
DM0911	#4	VW502	+4	D901	K4
DM0912	#8	VW504	+8	D902	K8
DM0913	#10	VW506	16#10	D903	H10
DM0914	#8000	VW508	16#8000	D904	H8000
DM0920	#0	VW700	0	D700	K0
DM0921	#0	VW702	0	D701	K0
DM0922	#0	VW704	0	D702	K0
DM0923	#1	VW706	+1	D703	K1
DM0924	#0	VW708	0	D704	K0
DM0990	#900				
DM0991	#910				
DM0992	#920				
总步数	4	总步数	5	总步数	5

2.8.4 工程方法编程再思考

1. 工程设计算法思想要点

在以上介绍的工程设计算法中，分散控制机集中控制较简单。而混合控制及将要介绍的线性链表算法较复杂。但这两者本质上是相同的。都是一个步控制完成后向另一步推进。不同的只是前者按步顺序依次推进，后者按链接标号灵活推进。从效果来看，这两个控制完全可以替代前两个控制。如不把反馈输入直接用于动作转换，而用于控制步的推进，分散控制也就等同于混合或链表控制；如把有关时间也作为反馈信号，则混合控制也就等同于集中控制。

分散控制虽是很常见的顺序控制工程算法。只要按上述步骤处理，可很容易完成各种自动控制程序的设计。只是它的程序量将随"动作"数量的增加而增加，这也是它的一个不足。

而混合控制与链表控制程序则不同，"动作"数量的增加只是数据量及转换程序的增加，基本逻辑不变。很"规范"，又很"万能"。避开了麻烦的时序逻辑处理，即可用于按部就班工作的各种顺序控制。它所控制的点数、步数几乎不受限制。唯一的限制是 PLC 的数据区的容量及 PLC 的实际输入输出点数。

2. 工程设计算法控制器设计思路

1）工程设计算法控制关键要有控制器。混合控制使用的控制器最简单的是增计数器。可指定预置计数值，即步进总步数，计数值达到即完成全部控制。

此外也可使用加一或加指令计数。但要增加步总数的比较控制。

2）设定数据的存放与访问方法有两个。一个是用间接地（寻）址；另一个是数组（含结构）。后者程序简明，但要求 PLC 有此设定功能。

间接地址各家 PLC 各有不同方法。但本质都是相同的。不同的只是初始地址有的要预先读取，有的直接指定。后者当然要简单些。

数组，有还可先定义结构，再定义结构数组，比较简明。只是要求 PLC 能声明此类数据的功能。

3. 工程设计算法反馈输入设计方案

由于同一输入位，其实际输入作用可能是 ON，也可能 OFF。为此可以反馈输入就要顾及此 2 中情况。使用的办法有：用"计算输入"输入处理；用 ON、OFF 分类处理。前者输入转换较简单，虚拟输入与实际输入可完全一一对应。后者要用则要 ON、OFF 两虚拟输入与 ON、OFF 两实际输入分别对应，转换程序量要增加。但这两反馈输入同时存在时，也可处理，程序更万能些。

也可考虑使用标志值做虚拟输入。这样也许输入比较只需 1 个。但实际输入（某个位的 ON、OFF）到虚拟输入的转换要用赋值指令。而且要顾及不同的实际输入对标志值的赋值不相互影响，各自要保持"或"关系。

4. 工程设计算法控制输出设计

控制输出可以用：直接输出；标志值输出；虚拟输出。较常用的是虚拟输出。只是要增加虚拟输出到实际输出的转换。而这个转换较简单，但所设计的程序则较灵活，更便于修改。

2.9　线性链表控制编程

2.9.1　简单线性链表程序实现及实例

1. 用间接地址程序实现

算法框图见图 2-2 线性链表算法的框图。其实现程序见图 2-70。与混合控制不同的是，它不用计数器，而增加一个标号设定与链接数据。其反馈输入用"计算输入"处理，其它的处理也与混合控制程序相同。

图 2-70a 为欧姆龙 PLC 程序。这里每次（也可与图 2-70b 类似只在初始化时读取一次）总是先读取所存放的设定输入、设定输出及设定标号的 DM 区的初始地址，继而与标号（inDx）相加得到指向设定数据的指针值，最后用指针值作为地址读取设定值。

图 2-70b 为西门子 PLC 程序。它先用仅在初始工作 ON 一个周期的 SM0.0 特殊继电器，读取所存放的设定输入、设定输出及设定标号的数据的初始字节地址，继而与标号相加得到指向设定数据的指针值，最后用指针值作为地址读取设定值。

图 2-70c 为三菱 PLC 程序。它用变址器处理间接地址，直接用 inDx 与初始地址合用，不必单独读取初始地址。

执行上述程序，当计算输入与设定输入一致，则把该数表的标号传送给下标（inDx），产生新的输出、输入及标号数据，进而进行新的控制。这样一步步推进，直到新的标号为 0，说明控制已完成（工作完成 ON），结束本循环。如设置为自动工作（自动 ON），则又重新开始新的循环，否则，工作停止。程序复原。

要提及的是，西门子地址是按字节分配的。而这里用的设定输入、输出为字，所以其标号设定应按双字节编排。而标号为双字，故标号赋值给 Indx 后，要自加 1 次。这相当于按 4 字节编排。

2. 用数组或结构数组程序实现

首先，要定义一个结构（STRUCT）。以和利时 PLC 为例：

```
TYPE kk
    STRUCT
    n:BYTE;                      (*指向次一标号,用字节容量以足够*)
    sdOut:WORD;                  (*设定输出*)
    sdONin:WORD;                 (*设定正向输入*)
    sdOFFin:WORD;                (*设定反向输入*)
    END_STRUCT
    END_TYPE
```

再就是，声明所使用的变量。最主要的是声明一个结构数组 "kz"。

```
PROGRAM PLC_PRG
VAR
    kz:ARRAY[0..100] OF kk;      (*用于设定初值的控制数组*)
    ON_wfsh:BOOL;                (*ON 反馈输入完成*)
    OFF_wfsh:BOOL;               (*OFF 反馈输入完成*)
    xnONin:WORD;                 (*虚拟 ON 输入字*)
    xnOFFin:WORD;                (*虚拟 OFF 输入字*)
```

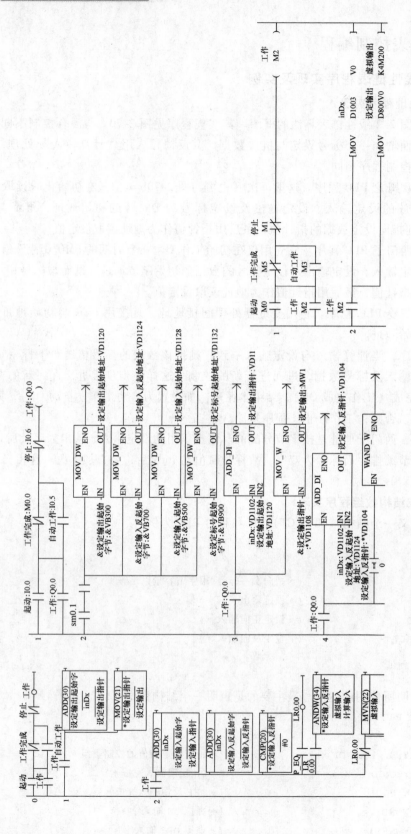

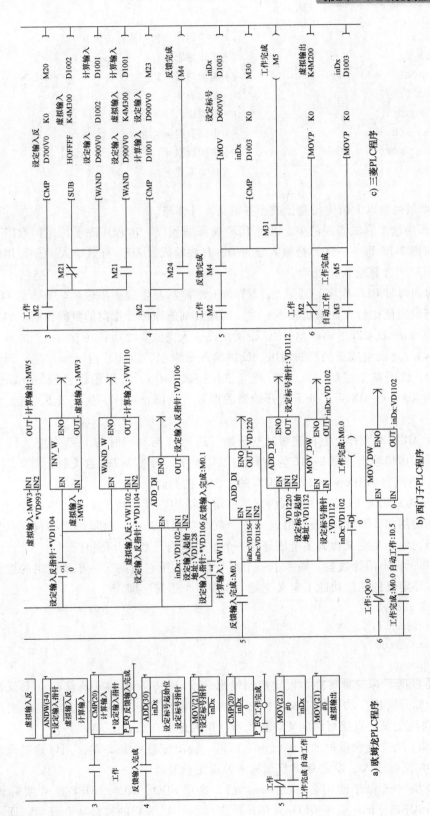

图 2-70 间接地址实现线性表链表控制程序

```
    wF: BOOL;                           (*一个周期工作完成标志*)
    work: BOOL;                         (*工作标志*)
    start: BOOL;                        (*起动信号*)
    inDx: WORD;                         (*线性表标号,也是数组索引*)
    xnOut: WORD;                        (*虚拟输出字*)
    xnONina: WORD;                      (*中间数据*)
    xnOFFina: WORD;                     (*中间数据*)
    Auto: BOOL;                         (*自动工作*)
END_VAR
```

其它 PLC 类似也做以上结构与变量或标签定义。具体略。

图 2-71 所示为这个算法实现的多个品牌 PLC 梯形图程序。本程序除了用结构数组代替间接寻址,也与图 2-66 程序一样,把输入分为 ON 有效输入及 OFF 有效输入,分别用两个数组设定,而不用"计算输入"处理。

图 2-71a 为和利时 PLC 程序。其第 1、2 节为工作控制及生成虚拟输出。节 3 为 ON 与 OFF 虚拟输入与设定值比较。如果比较不一致,则继续实施原标号指向的数据控制。如果结果一致,则 ON_ wfsh 及 OFF_ wfsh 均 ON,说明反馈输入完成。之后将在节 4 把新的标号赋值给下标(inDx),进而生成新的控制输出、反馈输入等数据,以实现进一步控制。而如果新的下标值为 0,说明整个控制完成,则 wF(工作完成)ON,与以前混合控制介绍的一样,视自动工作(Auto)ON 否,或重新开始新的循环,或停止工作。执行节 5,将使程序复原。

图 2-71b 为 AB PLC 程序。它的梯级从 0 开始,其 0~4 与和利时的 1~5 对应。1、2 节为工作控制及生成虚拟输出。图 2-71c 为施耐德 PLC 程序,与图 2-71a 也类似。图 2-71d 为三菱 PLC 程序,使用它的 DX work2 软件编写的,大体也类似。

图 2-72 所示为欧姆龙 PLC 程序。因为它不能定义结构以及数组的下标,也不能用变量访问,所以只能沿用图 2-66 的办法,用定义一个数组功能块处理。这里不用结构,只是分别定义多个数组,而不是定义含有多个成分的一个数组结构,本质上是相同的。

从图 2-72 知,它不用计数器,而多了一个标号数组。用它指向次一步要使用的控制以反馈数据。本程序定义的功能块除了定义变量,要有 4 个语句,即

```
yOO:=xO[idd];
 yON:=xON[idd];
yOFF:=xOFF[idd];
n:=n[idd];
```

其功能也是根据下标变量转换为设定控制输出、设定 ON 反馈输入及设定 OFF 反馈输入。但增加一个标号输出。功能块定义有内部、输入、输出及标号 4 种变量。内部变量为 AT(与地址关联)变量,直接可访问实际数组所使用的地址,见表 2-23。

输入变量 idd,为功能块读取的下标(inDx)值。输出变量见表 2-24。用以输出设定控制输出、设定 ON 反馈输入、设定 OFF 反馈输入及设定标号。

调用此功能块(该程序使用名称为 mm)后,这里 yOO、xON、xOFF 及 n 实际即为 sdOut [indx]、sdONin [indx]、sdOFFin [indx] 及 n [inDx]。它的梯级从 0 开始,而不是和利时从 1 开始。其它说明略。

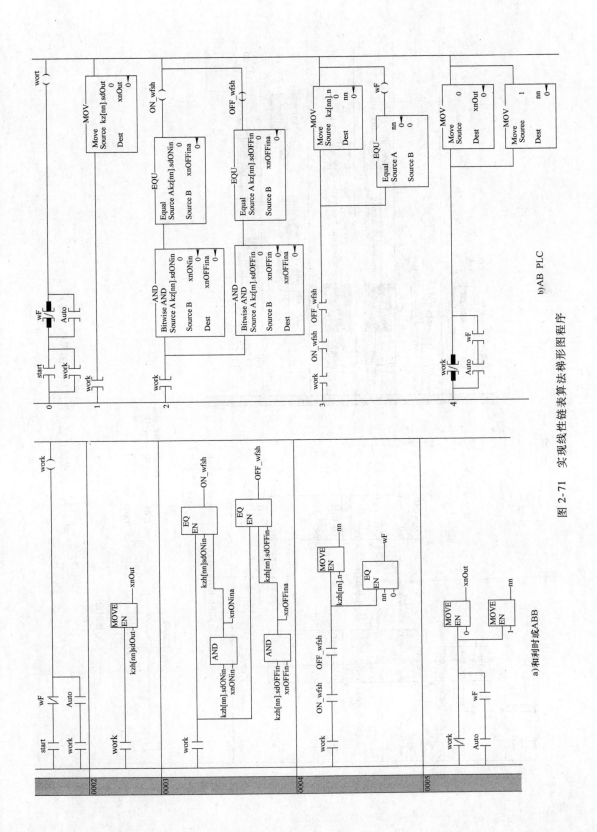

图 2-71　实现线性表链表算法梯形图程序

a) 和利时或ABB

b) AB PLC

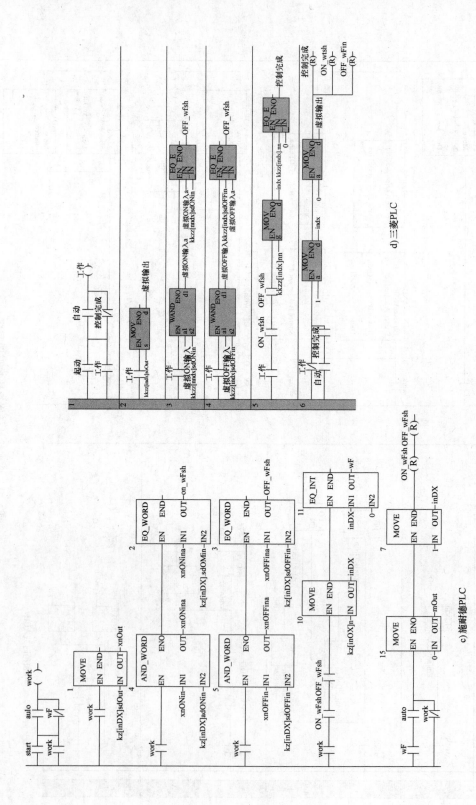

图 2-71 实现线性链表算法梯形图程序（续）

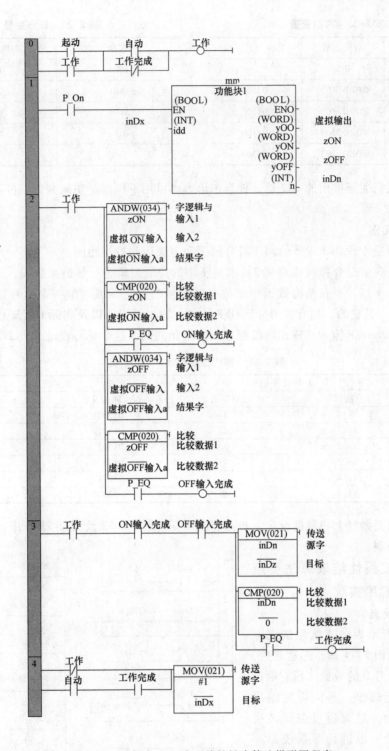

图 2-72　欧姆龙 PLC 实现线性链表算法梯形图程序

表 2-23	内部变量		表 2-24	输出变量

表 2-23 内部变量

名称	数据类型	AT
nn	INT	
xOFF	WORD[100]	D1000
x0	WORD[100]	D1200
xON	WORD[100]	D1100
n	WORD[100]	D1300

表 2-24 输出变量

名称	数据类型
ENO	BOOL
y00	WORD
yON	WORD
yOFF	WORD
n	INT

提示：欧姆龙新推出的 CJ2 机，梯形图语言也可用下标变量访问数组。可不必使用这里的功能块。

3. 应用实例

本例用的是本章 2.3.4 节的例 3 组合机床动力头运动控制相同的。

对比 2.8.3 节混合控制应用例 2，本例所用的控制逻辑为线性链接数表，要用设定标号替代计数器，所以，要在结构数组中增加有关标号的设定，或增加一个标号数组设定（对欧姆龙 PLC）。其它的，如有关 ON 及 OFF 输入、输出设定，以及实际 ON 及 OFF 输入、输出到虚拟 ON 及 OFF 输入、输出转换程序则完全相同的。这个标号设定见表 2-25。

表 2-25   结构数组或标号数组设定

	和利时等 PLC		欧姆龙 PLC	
序号	次标号	设定值	正反输入设定	设定值
0	kz[0].n	1	D1300	1
1	kz[1].n	2	D1301	2
2	kz[2].n	3	D1302	3
3	kz[3].n	4	D1303	4
4	kz[4].n	5	D1304	5
5	kz[5].n	6	D1305	6

这样，只要做好上述数据设定，再运行图 2-71 或图 2-72 及图 2-73 程序，也完全可实现所要求的控制。

2.9.2 分支线性链表算法要点及程序实现

1. 算法要点

图 2-74 所示为分支线性链表算法的框图。从图 2-74 知，起动之后，启用链表中标号 0 的数据。用它的指向，生成设定输出，再由设定输出产生虚拟输出，进而通过逻辑转换变为实际输出，以进行对系统第一步控制。

之后等待控制效果的反馈。过程是，先把判断设定输入 1 或 2 各是否为 0。哪个为 0，则退出输入判断，

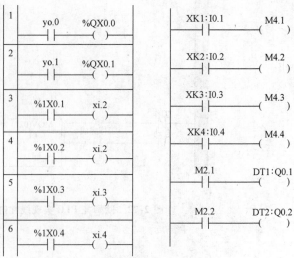

图 2-73 输入输出转换程序

如都不为 0，则可都参与输入判断。之后将根据虚拟输入结果选定那个的设定标号作为下一步的控制数据。进而生成分支。

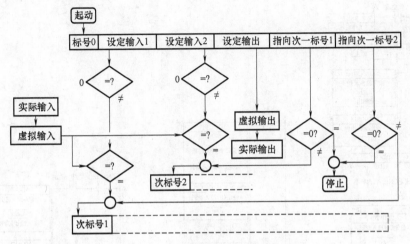

图 2-74 分支线性链表算法的框图

这个过程重复进行，直到次一标号为 0，或 2 个输入设定均为 0（该图未画出），则过程结束（停止），完成整个的顺序控制。

可知，这里实现分支顺序控制的算法很简洁。

2. 程序实现

可以用间接地址实现，也可用数组实现。

（1）间接地址实现

图 2-75、图 2-76 及图 2-77 分别为欧姆龙、西门子及三菱 PLC 的相关程序。用的都是间接地址。但方法各不相同。欧姆龙用 DM 指针的值作为间接访问 DM 区。西门子用软元件（这里用数据区 D）的实际地址访问。三菱用变址器与 D 存储器配合使用，也很简便。各个程序都有 9 个梯级（西门子多一个读取软原件实际地址的梯级）。

第 1 个梯级都是初始化，只要"工作"OFF，而"工作完成"有处 ON 状态，将复位。这是因为这个程序的"工作完成"是多输出，只好用置位置 ON。

第 2 梯级为工作起停。

第 3 梯级西门子程序为读取软元件实际首地址的程序，其它的为确定设定输出间接地址并生成虚拟输出。

第 4 梯级（西门子为第 5，以下也都是相差的一个梯级）为确定设定 ON、OFF 输入 1 间接地址，生成设定输入值，并检查是否为 0。如有一不为 0，则进一步与相应虚拟输入做"与"运算，再进行比较。如比较相等，则分别使"ON_ wfsh1"及"OFF_ wfsh1"ON。

第 5 梯级与第 4 梯级相似，但针对设定 ON、OFF 输入 2 而言，分别确定"ON_ wfsh2"及"OFF_ wfsh2"是否 ON。

第 6、7 梯级，根据"ON_ wfsh1""OFF_ wfsh1"ON、"ON_ wfsh2"及"OFF_ wfsh2"ON 的情况，确定次一设定标号赋值，进而生成控制分支。但如赋给指针（inDx）的值为 0，则把"工作完成"置位。要说明的是，西门子设定 PLC 标号是双字的，其取值前要对 inDx 值乘 2，即这里用 inDx 自加一次。

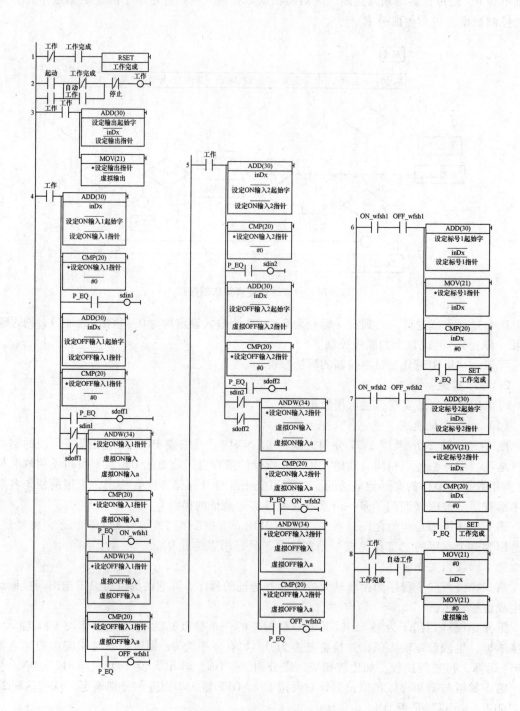

图 2-75 欧姆龙 PLC 间接地址实现线性链表分支控制程序

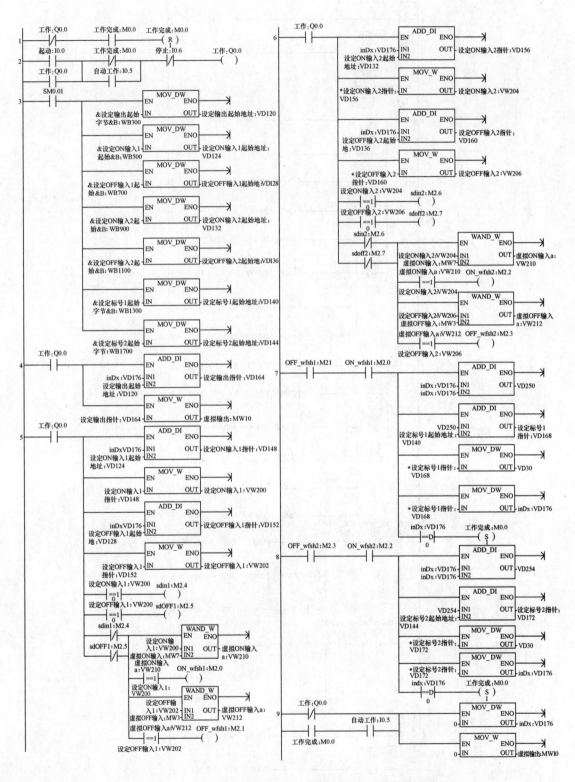

图 2-76 西门子 PLC 间接地址实现线性链表分支控制程序

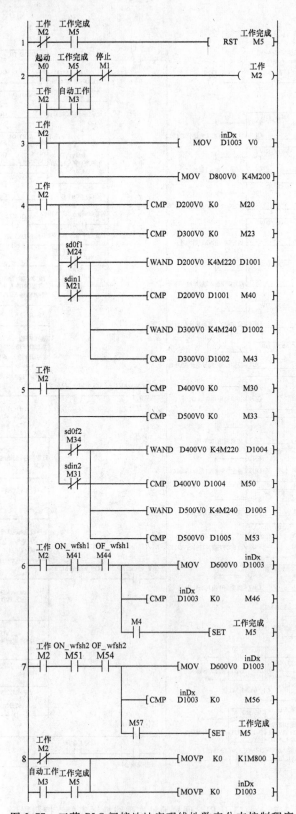

图 2-77 三菱 PLC 间接地址实现线性数表分支控制程序

　　第 8 梯级根据"工作完成"置位与否，如不是自动工作，则将在第 2 梯级停止工作，如自动工作，又可重新开始新的循环。当然，这里未工作时指针及设定输出置为 0 也是程序初始化的需要，以避免出现"指针"值及设定输出值不确定可能出现的问题。

　　(2) 数组实现

　　图 2-78 所示为几个品牌 PLC 相关程序。以下先对和利时 PLC 做说明。它先声明一个结构，即

```
TYPE kk:(*结构声明*)
STRUCT
    y:WORD;             (*设定输出*)
    x1:WORD;            (*设定正向输入1*)
    x2:WORD;            (*设定正向输入2*)
    z1:WORD;            (*设定反向输入1*)
    z2:WORD;            (*设定反向输入2*)
    n1:BYTE;            (*指向次一标号1*)
    n2:BYTE;            (*指向次一标号2*)
END_STRUCT
END_TYPE
```

　　再对变量做声明，即

```
VAR(*变量声明*)
    kz:ARRAY[0..100] OF kk;    (*用于设定初值的控制数组*)
    wF: BOOL;                  (*工作完成标志*)
    work: BOOL;                (*工作标志*)
    start: BOOL;               (*起动信号*)
    wf0: BOOL;                 (*控制工作后 ON 一个周期*)
    nn: WORD;                  (*线性表标号,也是数组索引*)
    xi: WORD;                  (*虚拟输入字*)
    yo: WORD;                  (*虚拟输出字*)
    pZ1: BOOL;                 (*正向计算输入1与设定正向设定输入1相等标志*)
    pF1: BOOL;                 (*反向计算输入1与设定反向设定输入1相等标志*)
    pZ2: BOOL;                 (*正向计算输入2与设定正向设定输入2相等标志*)
    pF2: BOOL;                 (*反向计算输入2与设定反向设定输入2相等标志*)
    xjZ1: WORD;                (*正向计算输入1*)
    xjF1: WORD;                (*反向计算输入1*)
    xjZ2: WORD;                (*正向计算输入2*)
    xjF2: WORD;                (*反向计算输入2*)
END_VAR
```

　　梯形图程序见图 2-78 所示。

　　图 2-78a 为和利时 PLC 程序。其中节 1 为复位程序。只要 work OFF，而 wF 又为 ON，则自身复位。

　　节 2 为起、保、停逻辑，用以起动 work ON。

　　节 3 为生成虚拟控制输出。

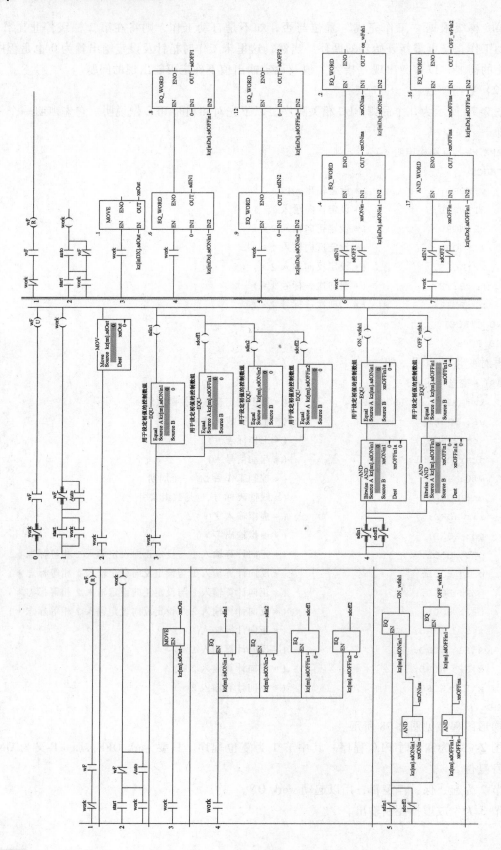

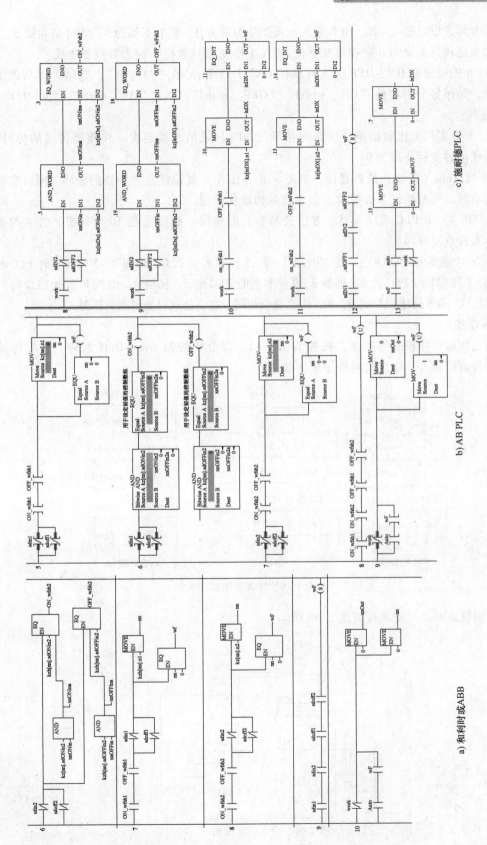

图 2-78 三个品牌 PLC 实现分支线性链表算法梯形图程序

a) 和利时或ABB

b) AB PLC

c) 施耐德PLC

节 4 为判定设定输入 ON、OFF 输入 1 及 2 是否都为 0。哪个不都为 0，则分别在第 5、6 节进行输入比较。如全为 0 则在第 9 节使 wF（工作完成）置位，标志着控制完成。

节 5、6 先对设定 ON、OFF 输入与虚拟 ON、OFF 输入做"与运算"，其结果再与虚拟输入比较。如相等分别将使"ON_ wfsh1""OFF_ wfsh1" ON、"ON_ wfsh2"及"OFF_ wfsh2"置位。

节 7、8 根据以上比较结果，决定对指针（inDx）赋值，确定次一步骤要传递的标号。并判断新赋值的指针是否为 0。

节 10 视 Auto（自动）是否置位，决定 work（工作）复位还是开始新的循环。同时它还在程序启动时，可对指针及虚拟输出做正确的初始化赋值。

图 2-78b 为 AB PLC 程序。其标签定义与和利时相同。程序也是 10 个梯级。含义与类似。具体不再重复解释。

图 2-78c 为施耐德 PLC 程序。它的梯级 1、2、3 同和利时 PLC。梯级 4、5 同和利时 PLC 的 4。梯级 6、7 同和利时 PLC 的 5。梯级 8、9 同和利时 PLC 的 6。梯级 9、10 同和利时 PLC 的 7、8。梯级 11、12 同和利时 PLC 的 9、10。含义完全相同。这么处理只是画图的原因。

3. 程序实例

本例用两组单按钮起停控制。按钮为 A、A1，以分别控制 Out、Out1 起停。其实际输入、输出与虚拟输入、输出转换程序见图 2-79。

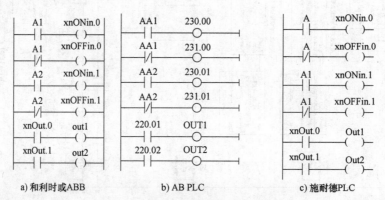

图 2-79　分支线性链表程序实现实例

其数据设定及其分支实现见图 2-80 所示。

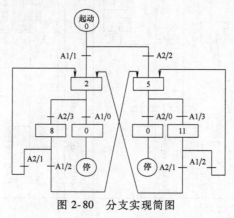

图 2-80　分支实现简图

从图2-80知，开始时，处状态0。这时有两个可能：按钮A1或A2一按一松。如前者则输出为1，即OUT1 ON，并进入状态2；否则为输出为2，即OUT2 ON，并进入状态5。

　　进入状态2又有两个可能：按钮A1或A2一按一松。如前者则输出为0，即OUT1 OFF，回到状态0；否则为输出为3，即OUT1、OUT2同时ON，并进入状态8。进入状态5也有两个可能……以下进程读者可以自行分析，这里不再赘述。有关这些标号的相关参数设定，以和利时PLC为例，见图2-81。

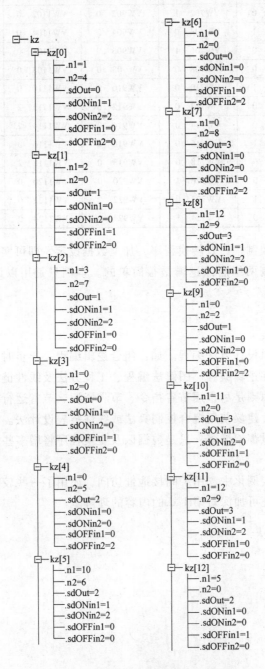

图2-81　分支控制实例有关设定数据

西门子 PLC 的设定要麻烦一些。这时因为的软元件地址以字节计，而实际使用的虚拟输入输出为字，标号及地址为双字（标号可以为字或字节，但运算时要转换）。所以本例设定值应为表 2-26 所示。

表 2-26 西门子 PLC 线性数表分支控制数据设定

inDX	设定输出		设定 ON 输入 1		设定 OFF 输入 1		设定 ON 输入 2		设定 OFF 输入 2		设定标号 1		设定标号 2	
0	VW300	0	VW500	1	VW700	0	VW900	2	VW1100	0	VD1300	2	VD1700	8
1	VW302	1	VW502	0	VW702	1	VW902	0	VW1102	0	VD1304	4	VD1704	0
2	VW304	1	VW504	1	VW704	0	VW904	2	VW1104	0	VD1308	6	VD1708	14
3	VW306	0	VW506	0	VW706	1	VW906	0	VW1106	0	VD1312	0	VD1712	0
4	VW308	0	VW508	0	VW708	0	VW908	0	VW1108	0	VD1316	0	VD1716	10
5	VW310	2	VW510	1	VW710	0	VW910	2	VW1110	0	VD1320	20	VD1720	12
6	VW312	0	VW512	0	VW712	0	VW912	0	VW1112	2	VD1324	0	VD1724	0
7	VW314	3	VW514	0	VW714	0	VW914	0	VW1114	2	VD1328	0	VD1728	16
8	VW316	3	VW516	0	VW716	0	VW916	2	VW1116	0	VD1332	24	VD1732	18
9	VW318	1	VW518	0	VW718	0	VW918	0	VW1118	2	VD1336	0	VD1736	4
10	VW320	3	VW520	0	VW720	1	VW920	0	VW1120	0	VD1340	22	VD1740	0
11	VW322	3	VW522	1	VW722	0	VW922	2	VW1122	0	VD1344	24	VD1744	18
12	VW324	2	VW524	0	VW724	1	VW924	0	VW1124	0	VD1348	10	VD1748	0

运行任一上述分支控制程序及转换程序，加上数据设定。即可实现本例要求。当然，独立用两个单按钮分别控制两组启停逻辑是很简单的。本例只是用以说明本分支控制的可能应用。

结语

本章介绍了多种逻辑设计方法编程。如：组合逻辑编程、异步时序逻辑编程、同步逻辑编程、标志值法编程、字逻辑编程、图解法编程、工程方法及线性链表设计法编程。具体怎么用应根据情况选定。原则是尽量用节省指令、节省资源、节省运行时间的方法。

对复杂的顺序控制，建议使用混合控制算法或线性链表设计法。它的特点是，不管顺序的步骤有多长，主程序量都不增多，只是数据区及变换程序将增多些。比别的算法，将按比例增大程序量要好得多。

在本章介绍的算法实例化中，用了间接地址访问，还用了一些较复杂的译码指令等。所以，在本章的学习中，还可加深对第 1 章的内容的理解。

第3章

脉冲量控制程序设计

脉冲量也是开关量，但它的取值总是不断地在 0（低电平）和 1（高电平）之间交替变化着。每秒钟脉冲量交替变化的次数称频率。PLC 处理脉冲量的频率低的为几百、几千，高的为几十、几百 K 或更高。脉冲量控制多用于运动控制，所以，有时也可称之为运动控制。本章将讨论 PLC 脉冲量控制的有关问题。

3.1 脉冲量控制概述

20 世纪 50 年代诞生的数控技术，简称数控（NC），就是基于脉冲量的应用而不断发展与完善的。它最先是用于金属切削机床的运动控制，而今，已用到其它设备、机械手，以至于整个生产线的多方面控制，已成为当今自动化技术的一个重要支柱。

作为后来者，也已成为当今自动化又一支柱的 PLC，也能处理脉冲量。目前，它不仅有输入、输出脉冲量的接口或模块，而且还有很多处理脉冲量的设定与指令。有的虽为微型机、小型机，但也有很强大的脉冲量处理能力，可经济、有效地通过脉冲量的处理，进行种种运动及其它物理量控制。

除了位移、速度这样的物理量，可直接转换成脉冲量外，其它物理量转换成电量后，利用电压到频率的转换技术（VF），也可再转换成脉冲量。有了这个技术，用脉冲量也可实现对其它物理量，如温度、湿度、流量等的检测。再加上脉宽调制技术的应用，当今，使用脉冲量，不仅可实现运动控制，而且也可实现对其它物理量控制。

用脉冲量实现控制的优点如下：

1）系统的工作精度高，且这个精度可得以控制。因为它的精度以脉冲计，所以减少脉冲当量，即每脉冲对应的物理量的实际值，就可提高控制精度。随着技术进步，脉冲当量可做得非常之小。

2）资源比较节省，它用串行，而不是并行传送数据。用一个输入（单相时）或输出点（1 个位），就可处理，原来用 1 个通道（16 位）或字节（8 位）才能传送的数据。这里的关键是，当今 PLC 的工作速度很高，可赢得时间。有了时间的富裕，就可换取这个空间的节省。

3）它的信号传送的电平高，信号失真对其影响也较小，所以，抗干扰能力很强。

由于用脉冲量实现对系统进行控制有以上这 3 个优点，所以，近来已用得越来越多。

3.1.1 脉冲量控制的目的

脉冲量多用于运动控制，其控制的主要目的有以下 4 个：

1. 位置控制

位置控制是指控制对象的位置移动。例如立体仓库的操作机取货、送货，首先就要定位，即要移动到指定的位置，其次才能进行相关操作。

位置控制常用的方法是，用脉冲量入（PI）和开关量出（DO）。脉冲量入是读入的脉冲。读入后与设定值（控制要求）比较。再根据比较结果确定相应的开关量出（DO）。进而实现位置控制。

此类控制也可以用开关量入（DI）和脉冲量出（PO）。可以按照设定的程序（预定要求）输出脉冲。

此类运动控制也称点位控制。在 PCB 钻床、SMT（表面贴装技术）、晶片自动输送、IC 插装机、引线焊接机、纸板运送机驱动、包装系统、码垛机、激光内雕机、激光划片机、坐标检验、激光测量与逆向工程、键盘测试、来料检验、显微仪、定位控制、PCB 测试、焊点超声扫描检测、自动织袋机、地毯编织机、晶片切割机等，都有它的应用。

2. 轨迹控制

它用于多个坐标的运动控制，不仅控制目标位置，还能控制运动轨迹。

基于计算机技术的 NC 是实现这个控制的最好方法，用它可以实现复杂型面的单件、小批量生产的自动化，已经发展到非常完善的境地。它还有很多其它功能。但是它很复杂，价格昂贵。

PLC 也可实现 NC 的某些功能，如目前也可以实现多个坐标协调控制。它的数据长度可能短些，但是比 NC 要简单得多，价格比 NC 也低得多。

特别在近期，不少 PLC 厂商推出的各种运动控制单元，不仅可进行两轴或多轴的位置控制，可以形成各种曲线轨迹，还可以用数控的 G 语言编程（要另用有关编程器或编程软件），而且不需要梯形图。可存储的程序也很多，操作也更加方便。这为在 PLC 中使用 NC 技术开辟了新的前景。

协调运动控制，在数控车、铣床，雕刻机、激光切割机、激光焊接机、激光雕刻机、数控冲压机床、快速成型机、超声焊接机、火焰切割机、等离子切割机、水射流切割机等都有它的应用。

3. 速度控制

它不仅控制目标位置，而且要控制运动规律。这些规律是指有确定的起动速度、加速度、运行速度、减速度、结束速度等。

位置控制再加上运动控制，可以实现更为准确的定位。

4. 同步控制

同步控制要求运动对象运动保持同步。如果用开环控制，设法保持各个坐标按比例输出脉冲就可以了。如果用跟随控制，则可时时检测目标运动的位移量，并以它作为控制跟随运动的脉冲量输出，以使这个跟随运动能跟上目标运动。

此外，脉冲量还可用于过程控制。这将在本书下一章有所讨论。

3.1.2 脉冲量控制的特点

用 PLC 控制脉冲量与控制开关量不同，有自己如下几方面的特点。

1. 控制功能设定多

PLC 用于开关量，什么设定可不做。而使用 PLC 的脉冲量控制功能，要设定的项目很多。

如高速计数（读入高速脉冲信号），多数小型 PLC 可使用具有高速计数功能的输入点接收脉冲。但在使用之前，首先要设定是否使用这个功能？接着，还要设定用什么模式（方式）进行高速计数？计数器怎么复位？再如，中、大机，虽无这样的输入点，但要用高速计数特殊单元。而使用它，也要作相应设定，如机号、是否起用（如多路时，有的路可不用）、使用的计数方式（模式）、复位方式等。

再如，脉冲输出，多数小型 PLC 具有脉冲输出功能的输出点。但在使用之前，也要设定。如设定输出什么脉冲？是脉宽调制的，还是标准的？再如，中、大型机，无这样的输出点。但可用位置或运动控制特殊单元。而使用它，也要作相应设定，如机号、是否起用（如多路时，有的路可不用）、使用方式（模式）等。

2. 控制参数选定多

在脉冲控制之前，要选用的控制参数还很多。如高速计数的现值常要与目标值进行比较。而且，这个目标值多不是一个，而是很多个。这些目标值各是多少？就是参数选定。

再如，脉冲输出，也有很多控制参数，需根据工艺要求合理选定。

3. 编程简单

脉冲量控制设定多、参数选定多，但编程简单。编程使用的指令少，要做的工作不多。小型机才有一些脉冲控制的相关指令，如脉冲输出、进行高速计数比较等。使用时，要编的程序量也不大。中、大型机，根本无此类指令，要编的程序更少。因为它的脉冲读入、输出，全靠特殊单元自身控制。PLC 只要对它的相应的控制位，进行置位、复位操作及做些参数传送就可以了。

有的特殊单元，如有的运动控制单元，自身还有编程器。可用自身的语言，如数控用的G 语言编程。这样系统，PLC 要编的程序就更少了。最多，只是编写与特殊单元的数据交换及交换前后的数据处理的有关程序。

所以，要向读者提醒的是，在 PLC 脉冲量控制编程时，应首先把注意力集中在功能设定、控制参数的选定上。为此，详细阅读有关说明书，全面了解 PLC 及有关模块在实施脉冲量控制方面的特性，具体弄清有关工艺要求与控制参数选定的关系，就非常重要了。

4. 开环控制用得多

脉冲量控制，特别是用脉冲量进行运动控制，多数是开环控制，也称程序控制。早期，NC 的全称是数字程序控制。说的就是用数字（脉冲量），按一定程序实施对运动系统的控制。

开环控制最大的优点是简单，编程简单，组成系统也简单。这是因为通过控制脉冲量发命令，如发向左前进多少脉冲（乘脉冲当量即为位移量），脉冲发送完毕，就等于控制这个动作完成。只要用机械的方法能确保 1 个脉冲，前进 1 个步距，且步距又很小，实现可靠、精确的控制则是有保证的。事实上这种机械实现的方法有很多，并已有很多完善的系统。

正是脉冲量开环控制，有这个既简单，又可靠、精确的优点，所以，用得很多。

3.2 脉冲量控制硬件基础

3.2.1 脉冲信号采集

采集脉冲信号，小型机用高速计数器或功能块，中、大型机用高速计数单元。此外，还可用外中断及定时中断。只是后两者所采集的频率要低些。

1. 用高速计数器或功能块采集

小型 PLC 多有可处理脉冲量的 I/O 点。西门子 S7-200、三菱的 FX 机以及和利时 LM 机情况也类似。以下将以欧姆龙的 CP1H、西门子的 S7-200、三菱的 FX2N 以及和利时 LM 机为例，对其做简要介绍。

（1）CP1H 机高速计数输入

1）高速计数模式。可按不同特点分类：

① 以计数信号分有 4 种：

a）两相输入。数据用 A、B 两相，复位用 Z 相。输入脉冲来自编码器。

b）脉冲+方向输入。使用方向信号输入及脉冲信号输入，根据方向信号的状态（OFF/ON）将计数值相加或相减。

c）加减脉冲输入。有 2 个输入点，1 个输入正向脉冲、增计数，1 个输入反向脉冲、减计数。

d）单相输入。单相输入仅用一个脉冲输入端。有脉冲入，计数值即增加。

② 以计数范围分有：

a）线性模式。在下限（-2147483648）与上限（2147483647）值之间计数。初始从计数从 0 开始。如超过上限，则溢出；如低于下限，则下溢。溢出、下溢后都停止计数。如果为加法模式计数，则下限为 0，上限为 4294967295（FFFFFFFF）。

b）环形模式。在设定范围内对输入脉冲进行循环计数。如加计数，到最大值，则归 0 后再继续计数。如减计数，减到 0，则先变为最大值，再继续减计数。

③ 以复位方式分有：

a）软复位。高速计数器复位标志 OFF→ON 时，将高速计数器当前位置复位。但要在赶上 I/O 刷新，即 1 个扫描周期后，才能实现复位，

b）Z 相信号+软复位。高速计数器复位标志为 ON 的状态下，Z 相信号（复位输入）OFF→ON 时，将高速计数器当前值复位。常用于对编码器做多圈计数的场合。此外，还可选定复位后高速计数器比较是否继续。

2）高速计数特性。CPIH 机有 X/XA（内嵌有模拟量输入输出点）及 Y 型机。其高速计数特性及使用内存区见有关说明书。这里略。

3）高速计数器使用。首先要做好设定，确定计数模式、计数范围及复位方式。其次，要做好接线。最后，编写及调试程序。

① 设定。用编程软件 CX-Programmer，在设定窗口的「内置输入设置」画面上（见图 3-1），对高速计数器 0~3 进行设定。设定后下载给 PLC。

从图 3-1 知，在该画面上可

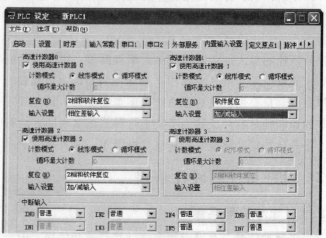

图 3-1　高速计数器设定画面

对是否使用高速计数，以及使用的计数模式、输入模式及复位方式进行设定。设定的范围见表 3-1。

表 3-1 高速计数器设定范围

项 目	设定内容	项 目	设定内容
高速计数器 0~3	使用	复位方式	Z 相信号+软复位(比较继续)
数值范围模式	线性模式		软复位(比较继续)
	环形模式	计数模式	相位差入力(4 倍频)
环形计数器最大值	0~4294967295		脉冲+方向入力
复位方式	Z 相信号+软复位		增减脉冲
	软复位		递增脉冲

② 接线。图 3-2 所示为 CP1H 机高速计数器输入点布置图。如高速计数器 0，其输入点为 08、09、03 点。其接线按图示接。

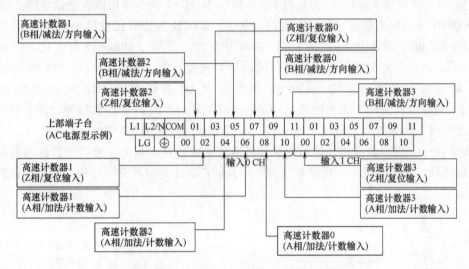

图 3-2 CP1H 机高速计数器输入点布置图

图 3-3 所示为使用欧姆龙 E6B2-CWZ6C NPN 开路输出的编码器与 PLC 输入点接线。用的 24V 直流电源。

③ 编程。要在主程序中调用处理高速计数的相关指令。同时还要编写高速计数中断服务程序。以下介绍编程所用的相关指令及程序实例。

a) 高速计数处理相关指令。有 INI（动作控制）、PRV（当前值读取）、PRV2（频率转换）及 CTBL（表比较）4 个指令。

INI 指令。可进行如下动作控制：开始或停止高速计数器比较，变更高速计数器当前值，变更中断计数输入当前值。此外，还可控制脉冲输出。其梯形

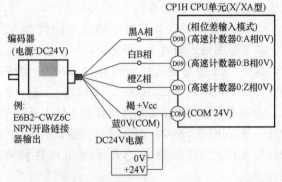

图 3-3 E6B2-CWZ6C 编码器与 PLC 输入点接线

图符号如图 3-4 所示。

这里，C1 指定输入或输出端口，十六进制数 0000 为脉冲输出 0、十六进制数 0001 为脉冲输出 1、十六进制数 0010 为高速计数器 0、十六进制数 0011 为高速计数器 1、十六进制数 1000 为 PWM 输出 0、十六进制数 1001 为 PWM 输出 1 等（具体因 PLC 型号而变）。C2 为控制字，十六进制数 0000 为开始比较，十六进

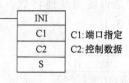

图 3-4 INI 指令

制数 0001 为停止比较，十六进制数 0002 为待变更的当前值，十六进制数 0003 为停止脉冲输出（在脉冲输出停止状态下将清除脉冲量设定）S、S+1 两个字用以存储待变更的当前值。不是变更功能设为十六进制数 0000，不使用。

PRV 指令。主要用以读取高速计数器及脉冲输出当前值、频率、状态（是否溢出、是否进行比较）及比较结果。梯形图符号如图 3-5 所示。

这里，C1 指定输入或输出端口，同指令 INI。D、D+1 两个字用以存储读取值。C2 为控制字，0000H 为读取当前值，0001H 为读取状态，0002H 为读取比较结果，00□3H 为读取脉冲频率（□=0，通常方式，□=1，10ms 采样方式，□=0，100ms 采样方式，□=0，1s 采样方式）。通常方式用每个脉冲计数时间的计数进行计算。但在高频时，脉冲上升沿/下降沿失真会引起误差（参考：100kHz 中最大为 1% 的误差。1MHz 时的最大误差为（5%））。指定时间采样方式是用测量一定时间（采样时间）内的计数脉冲，计算频率。可选择 3 个时间，即具体为 10ms、100ms 及 1s（计算该时间内的脉冲数）。

PRV2 指令。把读取高速计数器中脉冲频率转换成转速，或把高速计数器的当前值转换成累计旋转数，并用 8 位十六进制数存储。但只能在高速计数器 0 中使用。其梯形图符号如图 3-6 所示。

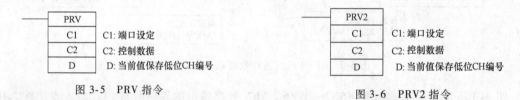

图 3-5 PRV 指令 　　　　　　　　　图 3-6 PRV2 指令

这里，C1 指定转换项目，十六进制数 1 为当前值到累计旋转数转换，十六进制数 0#∗0 为频率旋转速度转换，其中#指定转速单位、∗指定频率计算方式。C2 指定系数。D、D+1 两个字用以存储转换结果值。

CTBL 指令。用以登记与起动高速计数器当前值与设定值比较。本指令执行一次即有效。其梯形图格式如图 3-7 所示。

这里，C1 指定输入或输出端口，0000H 为高速计数器 0、0001H 为 1、0002H 为 2、0003H 为 3。C2 为控制字，0000H 为登录并起动目标值比较、0001H 为登录并起动目标范围比较、0002H 为登录目标值比较、0003H 为登录目标范围比较。S 开始的若干字用以存储有关比较参数。

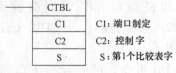

图 3-7 CTBL 指令

如果为目标值比较，这里 S 开始的若干字含义为：S 指定多少个比较目标值，可在

0001H～0030H 之间选取。

每个目标值比较固定占用 3 个字。第 1 个、第 2 个字为比较目标值，可以在 0000H～FFFFH 之间选取。如使用多个目标值比较，这些目标值不能相同。同时，不能把计数的上下限值作为目标值。第 3 个字指定增或减计数有效及中断任务号。其中高字节的最高位指定增、减计数有效，0 增计数有效，1 减计数有效；低字节指定中断任务号，可在 00H～FFH 之间选取。

增减计数有效含义为，如设定增计数有效，只要高速计数器当前值增加到与目标值相等，则激发所指定的中断任务。如设定减计数有效，只要高速计数器当前值减少到与目标值相等，则激发所指定的中断任务。

这个目标值比较设定有多少字，取决于在 S 中指定。最多可扩展到 S+142～S+144。

如果为目标范围比较，固定使用 S～S+39 共 40 个字。每个目标范围比较固定占用 5 个字。所以最多可进行 8 个范围比较。这 5 个字的含义为

第 1 个、第 2 个字为比较范围下限，可以在 0000H～FFFFH 之间选取。第 3 个、第 4 个字为比较范围上限，可以在 0000H～FFFFH 之间选取，但必须大于下限。第 5 个字指定中断任务号。只要高速计数器当前值落入比较范围（含上、下限值），则激发所指定的中断任务。中断任务号，可在 00H～FFH 之间选取。

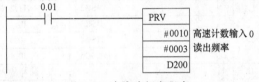

图 3-8　读脉冲频率程序

如果不进行那么多比较，可把不进行比较的中断号设为 FFFFH。

b）程序实例。

例 1：图 3-8 为读脉冲频率程序。当 0.01 为 ON 时，执行 PRV 指令，在该状态下读取输入到高速计数输入 0 中的脉冲频率，由十六进制数输出到 D201，D200 中。

> 提示 1：这里的 C1、C2 值，输入数字前要加"#"号。但早期机型不加"#"。以下各指令也类似。
>
> 提示 2：欧姆龙 CP1M 机有更强的脉冲信号处理功能，可专用于运动控制。

例 2：图 3-9a 为 2 个目标值比较程序。当 0.00 由 OFF 到 ON 时，执行 CTBL 指令，登录与起动比较。设定参数如图 3-9b 所示。从图知，本例设定为 2 个比较数。目标值分别为 1F4 及 3E8H。对应的中断程序为 1 与 2。中断程序的具体内容略。

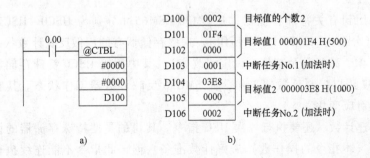

a)　　　　b)

图 3-9　读脉冲频率程序

提示：以上只是对指令的概要介绍。细节多与 PLC 型号、版本有关，可参阅有关说明书。建议在指令使用前最好先做些测试。

（2）S7-200 机

S7-200 机可使用于高速计数器与 CPU 的具体型号有关。如 CPU 221 和 CPU 222 支持 4 个，即 HSC0、HSC3、HSC4 和 HSC5。而 CPU 224、CPU 226 和 CPU 226XM 支持 6 个，从 HSC0～HSC5。实际使用时，其地址的前缀为 HC。每个计数器占 4 个字节，低字节存低位数，高字节存高位数，计数范围从 -2147483648～1147483647。计数是循环增、减，如增计数，增到 2147483647 时，再加 1，变为 -2147483648。再增，则在此基础上增；减计数，减到 -2147483648时，再减 1，变为 1147483447。再减，则在此基础上减。

计数器有 12 种计数模式。但不是所有计数器都支持这些模式。具体的计数模式及所使用的输入点，见表 3-2。

表 3-2 计数模式与计数输入点

模式	说 明	输 入 点			
		HSC0　　　　I0.0	I0.1	I0.2	
		HSC1　　　　I0.6	I0.7	I0.2	I1.1
		HSC2　　　　I1.2	I1.3	I1.1	I1.2
		HSC3　　　　I0.1			
		HSC4　　　　I0.3	I0.4	I0.5	
		HSC5　　　　I0.4			
0		脉冲输入			
1	单向计数,内部控制计数方向	脉冲输入		复位	
2		脉冲输入		复位	开始控制
3		脉冲输入	方向控制		
4	单向计数,外部控制计数方向	脉冲输入	方向控制	复位	
5		脉冲输入	方向控制	复位	开始控制
6		正向脉冲输入	反向脉冲输入		
7	正负两方向计数	正向脉冲输入	反向脉冲输入	复位	
8		正向脉冲输入	反向脉冲输入	复位	开始控制
9		A 相脉冲输入	B 相脉冲输入		
10	A/B 两相计数	A 相脉冲输入	B 相脉冲输入	复位	
11		A 相脉冲输入	B 相脉冲输入	复位	开始控制

在进行高速计数前，要用高速计数定义（HDEF）指令，先对选用哪个计数器，以及对其模式进行设定。对每个计数器，这个指令只是在第 1 次执行时有效。这意味着，模式一旦选定，中途无法改变。

高速计数要用到有关特殊存储器，从 SM36～SM65（分别为 HSC0～HSC2 所用）及从 SM136～SM165（分别为 HSC3～HSC5 所用）。这些存储器有的用做反映计数状态，有的用做进行计数控制（增、减计数及现值、设定值改变）。其中用于 HSC0 特殊存储器的功能见表 3-3。这里 SMB37 用以控制计数器工作，而 SMB36 反映计数器工作状态。其它计数器用的只是按编号依次对应变化。

为了实现高速计数，还要执行一次 HSC 指令。其目的是使特殊存储器的设定生效，并使指定的计数器（本指令的操作数）做好计数准备。但，此指令不能连续执行，那样也不计数。

表 3-3　HSC0 用特殊存储器

SM36.0~ SM36.4	保留
SM36.5	HSC0　当前计数方向位；1＝增计数
SM36.6	HSC0　当前值等于预设值位；1＝等于
SM36.7	HSC0　当前值大于预设值位；1＝大于
SM37.0	复位操作的有效电平控制位； 0＝高电平复位有效，1＝低电平复位有效
SM37.1	保留
SM37.2	计数器的计数速率选择； 0＝4×速率，1＝1×速率
SM37.3	HSC0　方向控制位；1＝增计数
SM37.4	HSC0　更新方向；1＝更新方向
SM37.5	HSC0　更新预设值；1＝向 HSC0 写新的预设值
SM37.6	HSC0　更新当前值；1＝向 HSC0 写新的当前值
SM37.7	HSC0　有效位；1＝有效
SMB38 SMB39 SMB40 SMB41	HSC0　新的当前值 SMB38 是最高有效字节，SMB41 是最低有效字节
SMB42 SMB43 SMB44 SMB45	HSC0　新的预置值 SMB42 是最高有效字节，SMB45 是最低有效字节

　　S7-200 高速计数有的模式可用硬件复位，但不能用软件复位。如需要软件复位，可先对存储新现值特殊存储器，如 HSC0 用 SMD38，赋值，再通过特殊存储器的控制位，如 HSC0 用 SM37.6，设定，并再执行一次 HSC 指令，以把这新现值传给它。如果这个新现值是 0，即实现了复位。

　　提示：S7-200 机要按要求，用 HDEF 指令做好初始化选定，并用 HSC 指令做好初始化高速计数器调用，则可进行脉冲采集。采集的脉冲数以十六进制格式，存于高速计数器中。但不能连续进行这个调用，那样，将不进行脉冲采集。

　　（3）FX2N 机

　　FX2N 机可使用 X000~X005 共 6 个点，对 C235~C255 共 21 个高速计数器进行不同模式的计数。表 3-4 所示为这些点与这些计数器间的可能组合。

表 3-4　FX2N 机高速计数器与输入点的可能组合

	1相1计数输入											1相2计数输入					2相2计数输入				
	C235	C236	C237	C238	C239	C240	C241	C242	C243	C244	C245	C246	C247	C246	C249	C250	C251	C252	C253	C254	C236
X000	U/D						U/D			U/D		U	U		U		A	A		A	
X001		U/D					R			R		D	D		D		B	B		B	
X002			U/D					U/D			U/D		R		R			R			R
X003				U/D				R			R			U		U			A		A
X004					U/D				U/D					D		D			B		B
X005						U/D			R					R		R			R		R
X006										S					S					S	
X007											S					S					S

如表 3-4 所示，用 X000 点，可对 C235、C241、C244 进行（U/D）增、减计数（是增、是减？由相应特殊继电器控制）；对 C246、C247、C249 进行（U）增计数；并可做两相计数器 C251、C252、C254 的 A 相输入。但一旦选定一种，就不能再用于另一种。表中 R 为硬件复位输入端。如无硬件复位输入端的，可与普通计数器一样，通过执行 RST 指令进行复位。表中 S 为硬件允许高速计数输入端。有此输入端的，只有此输入 ON，才能进行计数。

表 3-5 所示为 1 相 1 计数输入时控制计数方向用的特殊继电器。

表 3-5　1 相 1 计数输入时控制计数方向用的特殊继电器

种　类	计数器号	UP/DN 指定	种　类	计数器号	UP/DN 指定
单相单计数输入	C235	M8235	单相单计数输入	C241	M8241
	C236	M8236		C242	M8242
	C237	M8237		C243	M8243
	C238	M8238		C244	M8244
	C239	M8239		C245	M8245
	C240	M8240			

如表 3-5 所示，如使用高速计数器 C235，则用 M8235 控制计数方向。M8235 OFF，增计数，ON，减计数。其它的类似。

表 3-6 所示为计数输入时检测实际计数方向用的特殊继电器。

表 3-6　计数输入时检测实际计数方向用的特殊继电器

种类	计数器号	UP/DN 监视器	种类	计数器号	UP/DN 监视器
单相双计数输入	C246	M8246	双相双计数输入	C251	M8251
	C247	M8247		C252	M8252
	C248	M8248		C253	M8253
	C249	M8249		C254	M8254
	C250	M8250		C255	M8255

如表 3-6 所示，如使用高速计数器 C246，若它进行增计数，则 M8246 OFF，若减计数，则 ON。其它的也类似。

与 CP1H、S7-200 不同是，FX2N 高速计数，除了以上初始化工作完成后，还必须用像普通计数器一样，用输出指令调用，否则不计数。

提示 1：FX2N 机要按要求做好选定，并在程序运行中调用高速计数器，才能进行脉冲采集。采集的脉冲数以十六进制格式，存于高速计数器中。停止调用，脉冲采集也停止。

提示 2：用高速计数功能块采集脉冲，只是采集数据是中断的。要实现计数值的中断处理，得要做好相关中断事件选定，中断服务程序指定及处理程序编写。但它自身不生成中断事件。

（4）和利时 LM 机

和利时 LM 机可单相或双相采集，也可用中断采集。

1）单相脉冲信号采集。对和利时 LM 机，单相脉冲信号采集可以使用的功能块有 4 个，即

（a）HD_ CTUD_ T2，16 位高速可逆计数功能块。脉冲输入为 %IX0.0，增减控制

为%IX0.1。

（b）HD_ CTUD_ T3，16 位高速可逆计数功能块。脉冲输入为%IX0.2，增减控制为%IX0.3。

（c）HD_ CTUD_ T4，16 位普通可逆计数功能块。脉冲输入为%IX0.4，增减控制为%IX0.5。

（d）HD_ T7_ CTU，16 位高速增计数功能块。输入点用%IX0.6。

2）两相脉冲输入量采集。两相高速脉冲输入可以使用的功能块有 4 个，即

（a）HD_ DCTUD_ T2，16 位高速可逆计数功能块。A 相脉冲入为%IX0.0，B 相脉冲入为%IX0.1，清零用%IX0.6。

（b）HD_ DCTUD_ T3，16 位高速可逆计数功能块。A 相脉冲入为%IX0.2，B 相脉冲入为%IX0.3，清零用%IX0.7。

（c）HD_ DCTUD_ T4，16 位普通可逆计数功能块。A 相脉冲入为%IX0.4，B 相脉冲入为%IX0.5，清零用%IX0.0。

（d）HD_ DCTUD32_ T3，32 位高速可逆计数功能块。A 相脉冲入为%IX0.2，B 相脉冲入为%IX0.3。使用它时，HD_ DCTUD_ T3、HD_ DCTUD_ T4 不能使用。

两路高速脉冲输入量的相位不同，但是频率应该相同，并且以相位决定计数方向。

2. 利用内置定时中断采集

如果要计算所采集的脉冲频率怎么办？可采用内置定时中断。

1）如欧姆龙 CPM2A 机无直接计算所采集脉冲频率的指令，但有定时中断指令，可利用其计算所采集的脉冲频率。定时中断指令，其梯形图格式如图 3-10 所示。

图 3-10 中 C1 为控制码，取值 000（一次性定时开始），003（周期性定时开始）时，C2 为定时时间间隔，C3（BCD 码）代表将调用的子程序号；取值 006（读定时器现值）时，C2、C2+1 及 C3 存定时器开始定时后已过去的时间及相应单位，见以下注 3；取值 010（停止定时）时，C2 、C3 没有用，但需设为 0。

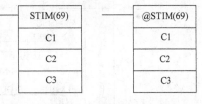

图 3-10 STIM 指令

注 1：C2 可以是常数，BCD 码格式，取值可从 0000~9999，单位毫秒（ms）。但取值为 0000 时，等于不进行定时中断。C2 也可以是地址，要占两个字。低字（C2）代表定时值，BCD 码。高字（C2+1）为定时单位，也为 BCD 码。取值只能在 0005~0320 之间，单位为 0.1ms；即所可能设的单位可以在 0.5ms~32ms 之间。

注 2：STIM 也是减计数计时，计时开始，STIM 现值为设定值，进而每经历一个计数单位，其现值减 1。当现值减到 0 时，将调以 C3 编号的子程序。同时，如 C1 设为 003 时，STIM 的现值又返回到设定值，并重新开始计时。

注 3：当 C1 = 006，读定时器现值时，C2 存的为定时器已过去时间数，C2+1 存的为时间数的单位，都是 BCD 码。C3 存的也为定时器已计过的时间数，BCD 码，但其单位为 0.1ms。而计算从最后一次计时开始，真正已过去的时间为

$$\{（C2 的值）×（C2+1 的值）+（C3 的值）\}×0.1 \ ms$$

图 3-11a 所示为起动周期定时中断程序，在 PLC 第一个扫描周期时执行。其含义是，

定义一个定时值为 250ms 的，周期工作的，内部定时中断程序。每当定时到，即调子程序 1。

图 3-11b 所示为计算脉冲频率子程序 1。这里用的是符号地址。每执行一次本子程序，将把通道 248、249 的值，传送给"BCD 码脉冲频率"，然后特殊继电器 252.00 ON，把高速计数器复位（仅用软件复位），为新一轮计数做准备。由于定时中断子程序是每 250ms 执行一次，显然，这里"BCD 码脉冲频率"中的值乘 4 即为所求的脉冲频率。

2）S7-200 定时中断。S-200 有两个中断定时器，Time_0_Intrv1 及 Time_0_Intrv2。其时间间隔分别用 SMB34 及 SMB134 设定。设定单位为毫秒，在 1~255 间取值。即最短时间间隔为 1ms，最大为 255ms。

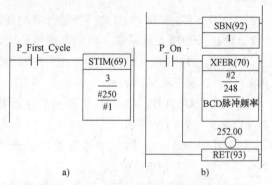

图 3-11　定时中断及计算脉冲频率程序

为了实现定时中断，还要启动有关使用中断的指令。图 3-12 所示为 S7-200 脉冲采集及定时中断计算脉冲频率程序。

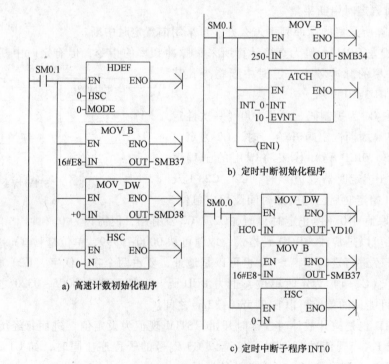

图 3-12　频率采集及定时中断计算脉冲频率程序

图 3-12a 是高速计数初始化程序，可知高速计数用的是 HC0，模式为 0，增计数，计数器初值设为 0。图 3-12b 是定时中断初始化程序，可知定时中断用定时器 0，时间间隔为 250ms。关联的子程序为 INT 0（中断事件 10 为定时时间到）。图 3-12c 是定时中断子程序 INT0，执行它，只是把 HC0 的值传给 VD10，同时把 SMD38 的值（从初始化程序知，它为

0) 传给 HC0，使 HC0 复位，使它又可从 0 开始计数。显然，这里 VD10 中的值乘 4 即为所求的脉冲频率。

3）FX2N 也可定时中断。同时可直接用 SPD 指令直接计算所采集的脉冲频率。FX2N 有 3 个定时中断定时器，I6～I8，见表 3-7。

表 3-7 FX2N 定时中断

输入编号	中断周期/ms	中断禁止指令
I6□□	在指针名称的□□部分中，输入 10～99 的整数。I610＝每 10ms，执行 1 次定时器中断	M8056
I7□□		M8057
I8□□		M8058

表中 I6～I8 后两个小方框，表示定时中断时间间隔，允许从 10～99，时间单位 ms。即间隔只能在 10ms～99ms 间选取。为了实现定时中断，还要起动有关使用中断的指令（EI）。图 3-13 所示为 FX2N 脉冲采集及定时中断计算脉冲频率程序。

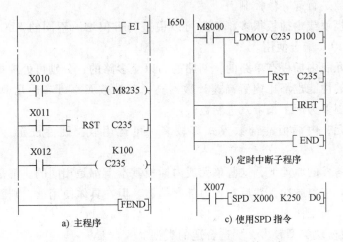

图 3-13 FX2N 脉冲采集及脉冲频率计算程序

图 3-13a 为主程序，要先执行 EI 指令，允许定时中断。X012 ON 将调用高速计数器 C235。X011 ON 将使高速计数器 C235 复位，并停止计数。X010 ON，高速计数器 C235 为减计数，而 OFF，为增计数。

图 3-13b 定时中断子程序。它的标号为 I650，表示用定时器 I6，而定时时间间隔为 50ms。这意味着每 50ms 执行一次这个子程序。执行它的功能是，把 C235 的当时值传送给 D100、101（MOV 的前缀为 D，双字传送），并使 C235 清零。显然，这里 D100、101 存的就是每 50ms 采集的脉冲数。此值乘 20 即为脉冲频率。

图 3-13c 为使用 SPD 指令的程序。SPD 指令中的 X000 为脉冲输入点。K250 为时间间隔，单位 ms。D0 为在此时间间隔中所采集的脉冲数。因为这里的 K 值设为 250，即时间间隔为 250ms，显然，如果把这里的 D0 值乘 4，则将是所计算的脉冲频率。指定目标字 D0 后，其后的 D1、D2 也将被指令占用。D1 计即时采集的脉冲，时间间隔到时，它的值自动传给 D0，并清零。D2 存的是时间间隔的剩余时间。

提示：同一输入点，如用作高速计数，则不能再用作测量脉冲频率。如图 3-13，要么用 a、b，要么用 c。两者都用是不成立的。

4）和利时 LM 机也利用内置定时中断采集高速脉冲输入。之前要调用功能块 HD_ TIMER_ T7。

3. 利用外部中断采集

不少 PLC 配置有外部中断的输入点。也可利用它采集脉冲数据。如和利时 LM 机，可使用功能块 Fast_ ExINT 及 Fast_ ExINT_ E。前者输入点为%IX1.0、%IX0.7、及%IX0.6。后者还增加了%IX1.1（对应中断事件为 Fast_ External0）。但外中断所能采集的频率不如高速计数器高。

4. 用高速计数单元、模块或内插板采集

脉冲信号也可用高速计数器单元、模块或内插板采集，特别是多数中、大型机，一般没有内置高速计数器，也没有相关指令，更应如此。

高速计数单元、模块或内插板都有自己的输入、输出点，而且是智能化的，有自己的 CPU，可独立进行中断计数、比较，并产生中断输出。PLC 的 CPU 只是用于：与其进行数据交换及对其计数进行起、停控制。

这些单元、模块或内插板很多，而且可以说是与日俱增。不同的 PLC 有不同的型别与规格，可与相应 PLC 配合使用。

高速计数单元、内插板有单路的，两路的，以至多路的，分别可处理单路，两路及多路的高速计数。它的性能也都比内置高速计数器高。其计数频率可高达几十、几百 Hz，以至于更高。计数范围多为两字长十六进制数。

高速计数单元、内插板的计数模式都较多。可运用软、硬件设定，选用合适的计数模式。

在采集脉冲信号的原理上，这些单元或内插板基本上都是相同的。都是用自身的脉冲采集用中断，输入点采集脉冲，然后存入内部存储器。但在具体使用上，则随型号的不同，多有差别。一般要做的工作如下：

1）高速计数模块类型较多，要选合适的类型。

2）计数模式也很多，也要选用合乎实际需要的。

3）进行硬件设定。这要根据不同厂商、不同型号做不同处理。

4）正确安装及接线。

5）进行参数设定。不同的输入模式、计数模式，或相同的输入模式、计数模式而情况不同，参数的设定也都不可能完全相同。

6）选用命令及使用好标志，正确编制梯形图程序，使高速计数单元实现所要求的功能。除了编好使用程序，还应编写一些出错指示及进行诊断以确定出错地址（点）和出错性质的监控与诊断程序。由于高速计数单元工作频率高，工作过程也较复杂，为了工作可靠，对其进行监控及简单的诊断是必要的。

3.2.2　脉冲信号输出

输出脉冲，中、大型机使用位置控制或运动控制单元。这些单元都有自己的 CPU、内存及输出、输入点。通过与 PLC CPU 交换数据，或预先设定，可确定用哪个输出点发送脉冲，送多少脉冲，以及脉冲的频率多大等。确定之后，无须 PLC CPU 干预，可自行工作。所以，这类 PLC 就没有自身的脉冲输出口，也没有脉冲输出指令。

有的小型机也有位置控制单元，用它时，其特点与中、大型机相同。但小型机即使不配

置位位置控制单元，仍都有输出脉冲的资源。

1. 用内置脉冲输出点输出脉冲

小型机多都内置有脉冲输出资源。如欧姆龙的CP1H的Y型机则有4个输出口。此外，还有两个可调制脉宽输出口。

由于脉冲输出频率都较高，所以，应选用晶闸管输出的PLC。否则将影响PLC的工作寿命。

脉冲输出有两种格式：脉冲串见图3-14a，连续地输出若干个规定频率的，ON、OFF等宽的脉冲；调制脉冲见图3-14b，连续输出规定周期的，ON的宽度变化的脉冲。前者多用于运动控制，而后者多用于模拟量控制。

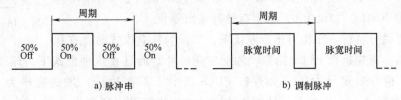

图3-14 脉冲串及调制脉冲

表3-8所示为CPM2A、S7-200及FX2N的脉冲输出指令。这些指令大体分两类：脉冲输出及脉宽调制输出。

表3-8 脉冲输出指令

指令名称及含义	CPM2A	S7-200	FX2N
输出脉冲数设定	PUSL		PLSY
输出脉冲频率设定	SPED	PLS	
加、减速脉冲输出	ACC		PLSR
脉宽调制输出	PWM		PWM
与输入脉冲同步输出	SYNC		
区间比较频率控制			HCZ

CPM2A机用PULS指令设定输出脉冲数，用SPED指令设定输出脉冲频率，并启动输出；FX2N机用PLSY指令同时设定输出脉冲数及设定输出脉冲频率，并可启动脉冲输出。

为了运动平稳，在脉冲输出开始时，其频率可逐渐增（加速），在脉冲输出快结束时，其频率可逐渐减（减速）。这对CPM2A，可使用的输出ACC指令，对S7-200可使用多段脉冲输出，对FX2N，可使用PLSR指令。这些指令的操作数将选定输出口及上述数据。

输出脉宽调制脉冲，CPM2A、FX2N用的都称PWM的指令。而S7-200机，无论哪种脉冲输出，均用一个PLS指令。而具体是什么输出及有关参数，用特殊存储器控制。

（1）CPM1A机脉冲指令

1）PULS指令。其格式如图3-15所示。

有3个操作数。

第1个（P）：用以指定输出口，000指定01000点输出，010指定01001点输出。

第2个（C）：控制字，000相对脉冲，用于相对坐标系统；001绝对脉冲，用于绝对坐标系统。

图3-15 PULS指令

第 3 个 （N）：用于独立模式时，设置要输出的脉冲数，占两个字，8 位 BCD 码。N 存 4 个低数位数，N+1 存 4 个高数位数。最高位（N+1 字的第 15 位）为符号位。最高位为 1 时为负数。负数用于绝对坐标系统。

本指令为扩展指令，可微分执行。而且要想按指定数输出脉冲，只能用微分执行。执行本指令不发送脉冲。它与 SPED 等指令配合使用后，才向外发送脉冲。

2）SPED 指令。其格式如图 3-16 所示。

它有 3 个操作数。

第 1 个 （P）：同 PILS 指令。

第 2 个 （M）：输出模式，000 独立模式，001 连续模式。

第 3 个 （F）：目标频率，用 BCD 码，单位 10Hz，可在 1～1000 间设定，最高为 10kHz。如设为 0，指定口脉冲输出停止。

图 3-16　SPED 指令

本指令可微分执行。在相对坐标系统下，当设为独立模式时，在执行本指令之前，需先执行 PULS 指令，才能发送脉冲。而且在这种模式下，即使微分执行，也要到 PULS 指令规定脉冲数（如这时 PULS 指令已不再执行）发送完毕为止。如这时 PULS 指令仍继续执行，则将不停地发送脉冲。直到执行设定频率为 0 的，新的 SPED 指令为止，或 PULS 指令停止执行，且从这时开始把指定数输出脉冲发送完为止。

当设为连续模式时，可不管 PULS 指令是否执行，都发送脉冲。而且在这种模式下，即使微分执行，也将不停地发送脉冲。直到执行设定频率为 0 的，新的 SPED 指令为止。

3）ACC 指令。其格式如图 3-17 所示。

它有 3 个操作数。

第 1 个 （P）：指定口，设为 000，指定为单相带梯形增减速的脉冲输出。

第 2 个 （M）：输出模式：（以下 CW 为正时针，CCW 为逆时针）

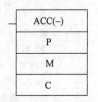

图 3-17　ACC 指令

000 独立模式，而且增减两路脉冲输出；

002 独立模式，而且脉冲与方向控制两路输出；

010 CW 连续模式，而且增减两路脉冲输出；

011 CCW 连续模式，而且增减两路脉冲输出；

012 CW 连续模式，而且脉冲与方向控制两路输出；

013 CCW 连续模式，而且脉冲与方向控制两路输出。

第 3 个 （C）：数据字，占 3 个字：

C 用以设定脉冲加速率；

C+1 用以设定目标频率；

C+2 用以设定脉冲减速率。

这个数据格式必须是 BCD 码。

本指令可微分执行。

当设为独立模式时，在执行本指令之前，需先执行 PULS 指令，才能发送脉冲。而且在这种模式下，即使微分执行，也要到 PULS 指令规定脉冲数（如这时 PULS 指令已不再执行）发送完毕为止。如这时 PULS 指令继续执行，则将不停地发送脉冲。直到执行设定目标频率为 0 的，新的 ACC 指令为止，或 PULS 指令停止执行，这时开始把指定数输出脉冲发送完为止。与 SPED 指令不同的是,当接近脉冲发送完成时,发送频率要按设定减速率减小。而且,当频率减小到 0 时,正好规定的脉冲数发送完毕。这些,都是指令自动完成,编程时,无须另作计算。

当设为连续模式时,可不管 PULS 指令是否执行,都发送脉冲。而且在这种模式下,即使微分执行,也将先加速发送脉冲,到目标频率时将不停地发送脉冲。直到执行目标频率设定为 0 的,新的 ACC 指令为止,或执行带 C = 003 的 INI(中断)指令为止。这种模式下事实上减速率的设定是无效的。

4)PWM 指令。其格式如图 3-18 所示。

它有 3 个操作数。

第 1 个(P):脉冲输出口地址,为 000(用口 1,输出点 010.00)或 010(用口 2,输出点 010.01),两个口可同时独立工作,互不影响。

图 3-18 PWM 指令

第 2 个(F):指定脉冲频率,必须为 BCD 码,在 0001～9999(相当于 0.1～999.9 Hz)之间任选。

第 3 个(D):占空比,必须为 BCD 码,在 0001～0100(相当于 1%～100%)之间任选,容许使用的数据区有 IO、AR、DM、HR、TC、LR 或直接用常数。

本指令为扩展指令,使用前要作指令功能号设定,并要下载给 PLC。对有的 PLC,在下载前,还要把 PLC 设置成容许扩展指令功能码下载模式。如 CPM2A,其 DM6602 的高字节应设为 1,否则,无法下载。容许扩展指令功能码下载的设定,也在 CXP 软件的设定窗口的"启动"表单上,选"扩展指令"为"用户设定"实行。当然,这后者实质上与前者是相同的。也是改 DM6602 的值。只是它必须下载给 PLC 后才改。

提示: DM6602 改后,PLC 还要断电,并重新上电后,这个设定才能生效。

另外,在使用这指令前,还必须在 DM 6643 的最高数位(digit)设为 1(对于用口 1),或在 DM 6644 的最高数位(digit)设为 1(对于用口 2)。如果不这么设,这两个口输出的将是未调制的脉冲。

本指令执行一次将重复输出相应脉冲。直到新的占空比的 PWM 指令执行,转而去输出新的占空比的脉冲。或到执行带参数 C = 3 的中断指令(INT),则停止输出这个脉冲。所以,本指令用微分执行也就可以了。

提示:以上几个有关脉冲输出指令所使用的数据格式如果不是 BCD 码,这些指令将不能执行。到底是否执行了这些指令,可观测脉冲输出口。如指示灯闪烁,则发送脉冲,指令执行;否则指令不执行,不发送脉冲。

(2)S-200 PLS 指令

其格式如图 3-19 所示

这里:EN 为指令执行条件,ON 本指令执行,OFF 不执行;

ENO 本指令执行结果,正确执行,输出 ON,否则 OFF;

Q0. X 为输出口选择,0 为 Q0.0 输出点,1 为 Q0.1 输出点。

图 3-19 PLS 指令

不管输出标准脉冲(PTO),还是脉宽调制脉冲输出(PWM)均使用本指令。有关具体功能的选择由特殊存储器确定。SMB66～SMB75 设定 Q0.0,而 SMB76～SMB85 设定 Q0.1。具体情况见表 3-9。而表 3-10 为它的若干设定举例。

表 3-9　脉冲输出口设定

Q0.0	Q0.1	状 态 字 节	
SM66.4	SM76.4	PTO 包络由于增量计算错误而终止	0 = 无错误;1 = 终止
SM66.5	SM76.5	PTO 包络由于用户命令而终止	0 = 无错误;1 = 终止
SM66.6	SM76.6	PTO 管线上溢/下溢	0 = 无上溢;1 = 上溢/下溢
SM66.7	SM76.7	PTO 空闲	0 = 执行中;1 = PTO 空闲
Q0.0	Q0.1	控 制 字 节	
SM67.0	SM77.0	PTO/PWM 更新周期值	0 = 不更新;1 = 更新周期值
SM67.1	SM77.1	PMW 更新脉冲宽度值	0 = 不更新;1 = 脉冲宽度值
SM67.2	SM77.2	PTO 更新脉冲数	0 = 不更新;1 = 更新脉冲数
SM67.3	SM77.3	PTO/PWM 时间基准选择	0 = 1μs/时基;1 = 1ms/时基
SM67.4	SM77.4	PWM 更新方法;	0 = 异步更新;1 = 同步更新
SM67.5	SM77.5	PTO 操作;	0 = 单段操作;1 = 多段操作
SM67.6	SM77.6	PTO/PWM 模式选择	0 = 选择 PTO;1 = 选择 PWM
SM67.7	SM77.7	PTO/PWM 允许	0 = 禁止 PTO/PWM; 1 = 允许 PTO/PWM
Q0.0	Q0.1	其它 PTO/PWM 寄存器	
SMW68	SMW78	PTO/PWM 周期值(范围:2~65535)	
SMW70	SMW80	PWM 脉冲宽度值(范围:0~65535)	
SMD72	SMD82	PTO 脉冲计数值(范围:1~4294967295)	
SMB166	SMB176	进行中的段数(仅用在多段 PTO 操作中)	
SMW168	SMW178	包络表的起始位置,用从 V0 开始的字节偏移表示(仅用在多段 PTO 操作中)	

表 3-10　脉冲输出口设定举例

SMB67 SMB77 (十六进制)	执行 PLS 指令的结果							
	允许	模式选择	PTO 段操作	PWM 更新方法	时基	脉冲数	脉冲宽度	周期
16#81	Yes	PTO	单段		1μs/周期			装入
16#84	Yes	PTO	单段		1μs/周期	装入		
16#85	Yes	PTO	单段		1μs/周期	装入		装入
16#89	Yes	PTO	单段		1ms/周期			装入
16#8C	Yes	PTO	单段		1ms/周期	装入		
16#8D	Yes	PTO	单段		1ms/周期	装入		装入
16#A0	Yes	PTO	多段		1μs/周期			
16#A8	Yes	PTO	多段		1ms/周期			
16#D1	Yes	PWM		同步	1μs/周期			装入
16#D2	Yes	PWM		同步	1μs/周期		装入	
16#D3	Yes	PWM		同步	1μs/周期		装入	装入
16#D9	Yes	PWM		同步	1ms/周期			装入
16#DA	Yes	PWM		同步	1ms/周期		装入	
16#DB	Yes	PWM		同步	1ms/周期		装入	装入

　　从表 3-10 知,PTO 操作可为有单段,也可多段。单段,用于一种运动速度(输出频率固定)的位移;而多段,则用变速位移。PWM 的更新方法建议选用同步,即脉冲宽度变化时,脉冲频率不变。也可使脉冲宽度变化时,脉冲频率也变,但不建议选用。

　　多段 PTO 的参数设定是:

SM168、178 指定的相对于 VB0 的偏移第 1 地址，指定段数。如 SM168 赋值为 500，则 VB500 的值决定了 PTO 的段数。段数可在 1~255 间选择。

SM168、178 指定的相对于 VB0 的偏移第 2 地址，如 SM168 赋值为 500，则 VW501 的值决定了 PTO 的第 1 段的初始脉冲周期。初始脉冲周期可在 2~65535 间选择。

SM168、178 指定的相对于 VB0 的偏移第 3 地址，如 SM168 赋值为 500，则 VW503 的值决定了 PTO 的第 1 段的脉冲周期增加数（前后两脉冲间的周期变化），此数可正（加速），可负（减速）。如果为 0，则周期不变。脉冲周期增加数可在 -32768~32767 间选择。

SM168、178 指定的相对于 VB0 的偏移第 4 地址，如 SM168 赋值为 500，则 VD505 的值决定了 PTO 的第 1 段发送的脉冲数。发送的脉冲数可在 1~4 294 967 295 间选择。

往后，如 SM168 赋值为 500，则 VW509、VW511、VD513 为第 2 段参数，其余类推。

在 PTO 多段输出时，要知道现处于哪个段，可读 SMB166、176 的现值。因为其中记载着正运行中的段号。

提示： PLS 是否执行，可观测脉冲输出口。如指示灯闪烁，则发送脉冲，指令执行；否则指令不执行，不发送脉冲。

（3）FX2N 脉冲指令

1）PLSY 指令。其格式如图 3-20 所示。

它有 3 个操作数。

第 1 个（S1）：指定频率，数值受硬件性能限制，可随时改变。

| PLSY | S1 | S2 | D |

图 3-20　PLSY 指令

第 2 个（S2）：指定脉冲数，其最大值，受存储器容量限制，如设为 0，将连续输出脉冲。

第 3 个（D）：脉冲输出口地址，Y000 或 Y001，两个口可同时独立工作，互不影响。此指令可 16 位或 32 使用，后者，可用 32 位二进制数设定脉冲数。

2）PLSR 指令。其格式如图 3-21 所示。

它有 4 个操作数：

第 1 个（S1）：指定最高输出频率，可随时改变，数值受硬件性能限制。

| PLSR | S1 | S2 | S3 | D |

图 3-21　PLSR 指令

第 2 个（S2）：指定总输出脉冲数，其最小值，要确保正常加、减速，其最大值，受存储器容量限制。

第 3 个（S3）：加、减速时间，单位 ms。

第 4 个（D）：指定脉冲输出口地址，Y000 或 Y001，两个口可同时独立工作，互不影响（D）。

此指令可 16 位或 32 使用，后者，可用 32 位二进制数设定脉冲数。

提示： FX2N 的最小脉冲频率不能为 0，具体数值可用式（3-1）计算：

$$\sqrt{S1 \div (2 \times S3 \div 1000)} \tag{3-1}$$

执行上述两指令状态，可用有关特殊寄存器监视。具体见表 3-11。

表 3-11　监视用特殊寄存器

特殊寄存器	功　能
D8140(低位) D8141(高位)	输出至 Y000 的脉冲总数 PLSR,PLSY 指令的输出脉冲总数
D8142(低位) D8143(高位)	输出至 Y001 的脉冲总数 PLSR,PLSY 指令的输出脉冲总数
D8136(低位) D8137(高位)	输出至 Y000 和 Y001 的脉冲总数

注：各个数据寄存器内容可以利用"Ⓓ MOV K0 D81□□"执行消除。

> **提示**：对 FX2N 机脉冲指令的使用是受限制的。如对同一输出口，只能使用一次。如多次使用，先使用的有效。

3) PWM 指令。其格式如图 3-22 所示。

它有 3 个操作数。

第 1 个（S1）：指定脉冲幅宽，从 0～32767，可随时改变。

第 2 个（S2）：指定脉冲周期，从 1～32767，S2 必须大或等于 S1。

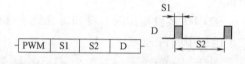

图 3-22　PWM 指令

第 3 个（D）：脉冲输出口地址，Y000 或 Y001，两个口可同时独立工作，互不影响（D）。此指令可 16 位或 32 使用，后者可用 32 位二进制数设定脉冲数。

> **提示 1**：PLSY、PLSR 及 PWM 指令是否执行，可观测脉冲输出口。如指示灯闪烁，则发送脉冲，指令执行；否则指令不执行，不发送脉冲。还可用特殊数据寄存器读出已发送的脉冲数。从中也可判断是否已执行。
>
> **提示 2**：不管哪个机型，脉冲输出都是中断执行，不受扫描周期影响。

4) LM 机脉冲输出。它有两个输出点（%QX0.0 及 %QX0.1），并具有脉冲输出功能块。使用它可按要求产生脉冲输出。一旦这些点被指定用于脉冲输出，将不能再用做正常输出。

由于脉冲输出频率都较高，所以应选用半导体输出的 PLC，即和利时 LM 机的 LM3106A、3108 等。脉冲输出指令大体有脉冲链（PTO）输出及脉宽调制（PWM）输出两类。

① 脉冲链（PTO）输出。有如下 3 种：

（a）为有限长脉冲链等速输出。产生脉冲链等速输出要使用功能块 PTO_ PWM0。

> **提示**：和利时 LM 机这种执行指令的方法实现脉冲链输出，比其它有的 PLC 用设定实现要方便得多，但使用前必须加载 Heolysys_ PLC_ EX_ PT.Lib 库文件。

（b）有限长脉冲链变速输出。产生有限长脉冲链变速输出，要使用功能块 PTO_ PWM0_ RUN。

（c）有限长脉冲链分段变速输出。产生有限长脉冲链分段变速输出，要使用功能块 PTOCtrl_ 0。

② 脉宽调制（PWM）输出。有如下 2 种：

（a）无限长等速 PWM 脉冲输出。产生无限长等速 PWM 脉冲输出也要使用功能块 PTO_ PWM0。

（b）无限长 PWM 脉冲变速输出。产生无限长 PWM 脉冲变速输出也要使用功能块

PTO_ PWM0_ Run。

2. 用脉冲输出单元、模块或内插板输出脉冲

脉冲输出也可用位置、运动控制模块或运动控制 CPU。这些单元都有自己的 CPU、内存及输出、输入点。通过与 PLC 的 CPU 交换数据，或预先设定，可确定用哪个输出点发送脉冲，送多少脉冲，以及脉冲的频率多大等。确定之后，无须 PLC 的 CPU 干预，激活后可自行工作。

这些单元、模块可输出脉冲串（链），有的还可输出脉宽可调制的脉冲。由于 PLC 的进步，这些单元、模块也在与日俱增。

有的小型机也有位置控制单元，用它时，其特点与中、大型机相同。但小型机即使不配置位置控制单元，仍都有输出脉冲的资源。

3.3 高速计数比较控制编程

高速计数比较控制是指采集的脉冲累计数与设定值不断地进行比较，进而根据比较结果，产生相应的控制输出。它的特点是全过程都是中断方式工作，即用中断方式采集信号，用中断方式进行比较，并用中断方式实现输出控制。

高速计数比较控制输入的是脉冲信号（PI），而输出的则是开关信号（DO）。输出根据控制要求，随输入的情况作 ON 或 OFF 变化。

高速计数比较控制多用于控制运动部件的行程，以达到如控制下料长度、控制部件位移等目的。

3.3.1 内置高速计数器比较控制

对高速计数处理的处理，一般要使用可在中断方式下工作的处理或比较指令。这些指令在执行条件具备时，即当有新的脉冲采集或有关的其它事件（产生中断事件）发生时，才执行。无新的脉冲采集或无有关的其它事件发生，则不执行。尽管不同的 PLC 这些处理指令的差别较大，但其实现比较控制的目的，则都可实现。以下具体介绍 CPM2A、S7-200 及 FX2N 机的有关指令。

1. CPM2A 机

一般是用 CTBL 指令建立高速计数比较表，并用 INI 指令启动比较。CTBL 指令梯形图格式如图 3-23 所示。

这里有 3 个操作数。第 1 个默认为 000，第 2 个为控制字，分别取值为 000、001、002、003，第 3 个为表地址（TB），存储被比较数。

CTBL(-)
P
C
TB

图 3-23　CTBL 程序

（1）C 的含义

000：建立表比较，并开始比较；

001：建立范围比较，并开始比较；

002：建立表比较，由执行 INI 指令起动比较；

003：建立范围比较，由执行 INI 指令起动比较。

（2）表地址的含义

1）若为表比较，可对 16 个双字比较，这里 TB 及随后的字的含义为

TB：指明与多少个字比较，取值为 1~16；

TB+1：目标值低 4 位；

TB+2：目标值高 4 位；

TB+3：当现值与目标值相等时将调用的子程序号。

这相邻的 3 个字算 1 组。接着还可设第 2 组。最多可设 16 组，占 48 个字。加上 TB，最多时，从 TB 开始到 TB+48 的字都要用。

2）若为范围比较，则固定用 8 个范围，其含义为

TB：低限，低 4 位；

TB+1：低限，高 4 位；

TB+2：高限，低 4 位；

TB+3：高限，高 4 位；

TB+4：当现值落入上述范围，将调用子程序号。

这里每组用 5 个字，必须设 8 组，共用 40 个字。如设了，但又不用，则应把调子程序号那个字，设为 FFFF。

如果仅用 CTBL 指令建立比较，而真要进行比较时，还要用 INI 指令。INI 指令格式如图 3-24 所示。

INI 为中断指令，也有 3 个操作数。

P 默认为 0。C 可为 0、1、2、3。0 为起动比较；1 为停止比较；2 为现值更新；3 为脉冲输出停止（用于脉冲输出控制，与此无关）。当 C 为 0 时，P1 默认为 0；而 C 为 2 时，指定为计数器赋值的地址。

INI (-)
P
C
P1

图 3-24　INI 指令

> 提示 1：CBTL、INI 为扩展指令，使用前需指定功能码。一般用微分执行，或在运行程序的第 1 扫描周期执行就可以了。否则也可能不能达到预期效果。
>
> 提示 2：欧姆龙 PLC 高速计数器的内容，当 PLC 掉电，即丢失。这点与 S7-200 及 FX2N 不同。如需要保持计数数据，可用 MOV、INI 指令及保持继电器处理、解决。

2. S7-200 机

它也没有专用可在中断实现的比较指令，但它的每个高速计数器都有计数值与设定值相等 3 个中断事件。这事件可用 "ATCH" 指令，使其与中断子程序关联。当这些事件发生时，调这被关联的中断子程序进行处理。

它的每个高速计数器的 3 个中断事件，是现计数值与设定值相等、计数方向改变及外部复位。以 HSC0 为例，这 3 个事件编号分别为 12、27 及 28。而 HSC1，这 3 个事件编号则分别为 13、14 及 15。其它的可参阅它的编程软件中的有关帮助。

3. FX2N 机

用可中断工作的、高速计数器专用的比较置位、复位及区间比较指令，即 HSCS、HSCR 及 HSZ 指令。

（1）HSCS 指令

HSCS 指令为高速计数器比较置位指令。其格式如图 3-25 所示。

这里：S1 为设定数；S2 所使用的高速计数器编号；D 为计数器现值与设定值相等时置位对象。

FNC 53			
D HSCS	S1	S2	D

图 3-25　HSCS 指令

如图 3-26a 所示，它的计数器设定值是 30，当计数从 29 增到 30，或从 31 减到 30 时，将使 Y000 ON。并可自动立即刷新，产生输出。但这样的输出点除

了 Y000，还有 001~007 种中的 1 个。其它的输出点可被置位，但无自动输出刷新功能。其响应速度还将受程序扫描周期的影响。

> **提示：** 由于高速计数器是双字的，所以 HSCS 等指令，都应双字使用。而且不能微分执行，否则无效。

HSCS 指令执行的结果也可调中断子程序。这时，它的目标操作数 D 应设为中断子程序标号。如图 3-26b 所示，当 C235 计数值等于 30 时，调中断子程序 I10，可使 Y010 置位，并执行立即输出刷新。当 C235 计数值等于 50 时，调中断子程序 I60，可使 Y010 复位，并执行立即输出刷新（REF 为立即刷新指令）。当然，在程序的开始，需执行允许中断指令（EI）。

中断子程序标号还可以指定为 I20、I30、I40、I50。使用中断编号不能重复。同时，当特殊辅助继电器 M8059 ON，这些中断子程序全被禁止。

（2）HSCR 指令

为高速计数器比较复位指令，其使用见图 3-27。它与 HSCS 工作过程基本相同，只是 HSCS 前者为置位，而它为复位。

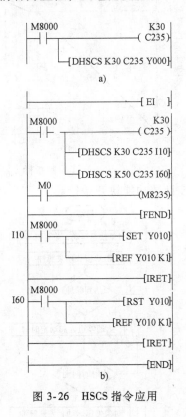

图 3-26　HSCS 指令应用

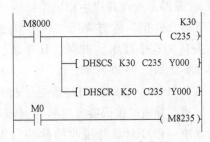

图 3-27　HSCR 指令应用

从图 3-27 知，当 C235 计数值从 29 计到 30 时，使 Y000 置位；当 C235 计数值从 49 计到 50 时，使 Y000 复位。由于使用 Y000 做输出，故它的输出也是中断执行的。

HSCR 指令与 HSCS 指令还有一点不同是，HSCR 的目标（D，第 3 个）操作数虽不能用中断标号，但可以是计数器。如果此操作数为自身，则可用其自身快速复位（现值回到 0）。

> **提示：** FX2N 高速计数器处理指令较多，可用于很多不同的场合。但实际使用时是受一些限制的。其细节请参考有关说明书。

用高速计数器进行比较控制是很常用的。图 3-28 所示切料长度控制就是一个例子。

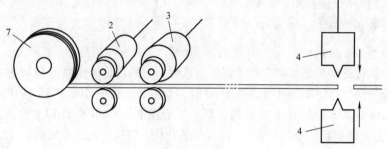

图 3-28　切料长度控制

1—卷料　2—编码器　3—导论　4—切刀

从图 3-28 知，导轮 3 逆时针转动可使卷料放出。它有快、慢速运动。放料时，编码器 2 也将转动，将按放出料的长度计脉冲。PLC 高速计数器采集的即为此脉冲。其工作过程是：先快速放料；快到尺寸时，再慢速放料；到要求长度后，放料停止，进而开动切刀切料。其具体控制指标如图 3-29 所示。

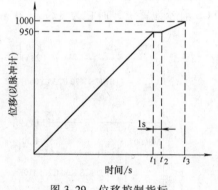

图 3-29　位移控制指标

从图 3-29 知，工作开始后，先使部件高速位移 950 脉冲当量，接着位移停止。延时 1s 后，继续慢速位移 50 个脉冲当量，然后工作停止。

与此对应的 PLC 编程要点是：

1）调用高速计数功能块，或运行初始化程序。

2）起动快速运动，复位高速计数功能块，并令高速计数功能块开始计数。

3）设定相应的高速计数功能块的比较与处理方法，并执行比较。

4）比较结果处理并产生相应控制输出。

以下结合此例，看怎样用"内置高速计数器比较控制"去达到这个要求。根据设计要求，所设计的这个控制的算法如图 3-30 所示。

从图 3-30 知，它的控制过程是：起动→被控制对象高速运动，并通过编码器发送脉冲（步 1）→PLC 接收所发脉冲→PLC 对累计接收的脉冲与设定值进行比较，以判断是否达到运动行程所要求的脉冲累计数→如达到要求，使控制对象运动停止并起动定时器（步 2）→定时器设定时间到，再起动控制对象慢速运动，并继续通过编码器发送脉冲（步 3）→PLC 又接收所发脉冲→PLC 又对累计接收的脉冲（可以是复位后的新值，也可为在原值的基础上累加）与设定值进行比较，以判断是否达到新要求的运动行程→如达到要求，使被

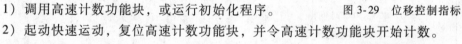

图 3-30　比较控制算法框图

控制对象停止运动（步4）。

图 3-31 所示为 PLC 对应的梯形图程序。各 PLC 都是分 4 步控制。但高速计数器的比较、处理差别较大。

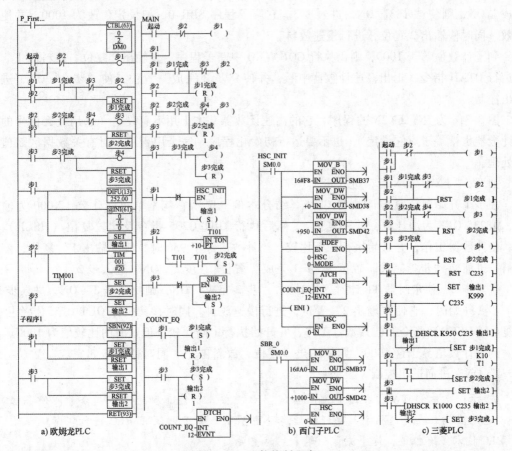

图 3-31 比较控制程序

图 3-31a 为欧姆龙 CPM2A 用的程序。它首先是做好高速计数器设定。结合本例，按照单相增计数，软件复位的要求，用 CPX 软件设定。但这在梯形图上体现不出来。

其次是，选用 CTBL 指令建立高速计数比较表，并用 INI 指令起动比较。比较数据 DM0（两个比较）设为2，DM1（第1比较数低位）设为950，DM2（第1比较数高位）设为0，DM3（调子程序号）设为1，DM4（第2比较数低位）设为1000，DM5（第2比较数高位）设为0，DM6（调子程序号）设为1。

第三是，根据比较结果做相应控制。这里，步1是使"输出1"复位，步3是使"输出2"复位，步2是起动定时器。当定时时间到，进入步3。最后是，进入步4，则退出控制。

图 3-31b 为西门子 S7-200 的程序。"起动"ON 后进入步1，进而运行初始化程序（HSC-INIT），进行做好高速计数器设定。结合本例选模式0，HSC 0，单相增计数，I0.0 为输入点，软件复位，设定值为 950（赋值给 SMD42）。同时，选用 HSC 比较相等事件12 与 COUN-EQ 中断子程序关联，并开中断。这意味着，当计数值等于 950 时，则调此子程序。步1还使"输出1"置位，进行快速放料。

当计数值等于 950 时，则调 COUNT-EQ 子程序，使"输出 1"复位，放料停止，并使"步 1 完成"置位。

"步 1 完成"置位，则使"步 2"ON，进入步 2，使定时器 T101 计时。计时到，"步 2 完成"ON，则使"步 3"ON，进入步 3。它调子程序 SBR-0，把设定值改为 1000，并使其生效。同时使输出 2 置位，进行慢速放料。

到了计数值等于 1000，则仍执行 COUN-EQ 中断子程序。使输出 2 复位，放料停止。同时运行 DTAH 指令，退出高速计数器中断，并使"步 3 完成"置位，使"步 4"ON，进而退出控制。

图 3-31c 为三菱 FX2N 的程序。它的高速计数器基本上用不着设定（选用什么标号的高速计数器也就等于对它设定），也不要运行初始化程序。完全用程序与对有关数据区赋值进行处理。

如图，"起动"ON 后，进入步 1。

在步 1 开始时，复位计数器 C235（结合本例，选用它就是单相增计数，X000 为输入点，M8235 OFF 为增计数，软件复位）。然后执行 OUT C235 指令及比较复位（HSCR）指令，使计数器工作，并开始执行中断比较。当计数值等于 950 时，使"输出 1"复位，停止放料。进而使"步 1 完成"置位。"步 1 完成"置位，"步 2"ON，进入步 2。

进入步 2，使定时器 T1 计时。计时到，"步 2 完成"ON，则使"步 3"ON，进入步 3。

步 3 开始时，它使"输出 2"置位，进行慢速放料。同时，又执行 OUT C235 指令及比较复位（HSCR）指令，使计数器工作，并开始执行中断比较。但这时的比较值为 1000。

到了计数值等于这 1000，则使输出 2 复位，放料停止。同时使"步 3 完成"置位，使"步 4"ON，进而退出控制。

> **提示：** 从本例可知，弄通 PLC 指令是多么重要。不能正确地理解指令，即使弄通算法，也无法编程。弄通指令，要仔细读有关说明书。必要时还用 PLC 进行实际测试。由于 PLC 技术多有推进，这个测试已越来越为重要。

脉冲量入开关量出的闭环控制还可以用作电梯工作控制。如山东某金矿提升机，其位置显示及控制曾用它代替行程开关控制。当时它是用欧姆龙的 CQM1 机去实现这个控制。为此，它要做好设定，建立数据表，调用处理指令及设计中断服务程序等。

3.3.2 高速计数模块比较控制

用高速计数模块（计数单元、内插板）进行高速计数比较控制比较简单。模块本身的功能很强。一般讲，做好相应的设定，及根据模块的特点进行一些数据传送就可以了。

1. 高速计数模块简介

随着处理脉冲量的应用增加，各 PLC 厂商开发的高速计数模块、单元及内插板也在增多。而且，它的功能在增加，性能也在提高。如：

（1）欧姆龙公司高速计数模块

它的大、中机都有这类模块，有的小型机，如 CQM1H，也有性能很高的高速计数器内插板，可进行多轴计数。

还如 CS1H 机有 CS1W-CT042/021 等，计数范围为 32 位，最高频率为 500kHz。可提供 4 或 2 轴计数。支持多种输入及计数模式。支持 4 个外部控制输入和 16 种功能。支持 4 个外部控制输出和 28 个内部输出。可进行计数值范围比较、计数值比较、延时、保持、可编程输出和滞后设定。还提供脉冲速度测量和数据记录功能。还可用模块的输入、输出激发 PLC CPU 中断，因而，在高速计数过程中，可及时与 CPU 交换数据。还可在模块操作时，改变设定，即改即用。

再如 CJ1Hji 有 CJ1W-CT021，输入频率可达 500kHz，32 位计数范围。可 2 轴计数。提供数字可编噪声滤波器。支持多种输入及计数模式。支持 2 个外部控制输入和 16 种功能。支持 2 个外部控制输出和 30 个内部输出。可进行计数范围比较、计数值比较、延时、保持、可编程输出和滞后设定。还提供脉冲速度测量和数据记录功能。还可用模块的输入、输出激发 PLC CPU 中断，因而，在高速计数过程中可及时与 CPU 交换数据。

（2）西门子公司

它的各机型都有高速计数模块。

如 S7-300 机的高速计数单元有 FM350-1、FM350-2、CM35。FM350-1：单通道计数模块，有 2 个可比较值，最高计数频率为 200kHz，32 位计数范围；FM350-2：8 通道计数模块，2 个可比较值，最高计数频率为 1000kHz，32 位计数范围；CM35：8 通道单纯计数模块，2 个可比较值，最高计数频率为 1000kHz，32 位计数范围。

再如 S7-400，称为功能模板，有 FM450-1、FM450-2、CM35。FM450-1 为 2 通道，2 个可比较值．最高计数频率为 200kHz，32 位计数范围。

（3）三菱 PLC 的高速计数模块

它的各机型也都有高速计数模块。

如 FX 机，有 FX2N-1HC 模块，它为 1 个通道，具有基于硬件比较回路的一致输出和基于软件比较回路的一致输出功能。输出为 NPN2 点。

再如 Q 系列机，有 QD60P8-G 模块，8 通道，可接收最高频率为 30K 脉冲每秒，并带有处理功能。还有 QD62，2 通道，200 K 脉冲每秒，也带处理功能，晶体管输出（漏型）。还有 QD62D，2 通道，500 K 脉冲每秒，也带处理功能，晶体管输出（漏型）。还有 QD62E，2 通道，200 K 脉冲每秒，也带处理功能，晶体管输出（源型）等。详见表 3-12。

表 3-12　QD62 模块输入输出类型

型　　号	输入输出类型
QD62	DC 输入，漏型输出
QD62E	DC 输入，源型输出
QD62D	差动输入，漏型输出

2. 高速计数模块使用

使用高速计数模块进行比较控制，要做的主要工作是，脉冲采集、高速计数器计数、计数值与设定值比较，根据比较结果产生控制输出，以及与 PLC CPU 交换数据、协调控制等。

为此，首先要根据要求及模块的特性，做好硬件安装、接线及地址、输入模式、计数模式、工作参数等设定，进行相应的配置，或组态。为模块正常工作建立条件。

进而，要把这些设定、组态传送给模块有关的存储区，并编写好相应的初始化程序。

此外，也还要编写一些模块计数起、停的控制程序，以与其它控制相协调。

再就是，要编写一些与 PLC CPU 进行数据交换的程序。

最后，为了工作可靠，如需要也可编写一些出错指示及进行诊断程序，为减少出错对系统的影响，并为维修提供必要的出错记录。由于高速计数单元工作频率高，工作过程也较复杂，为了工作可靠，对其进行监控及简单的诊断是必要的。

3. 高速计数模块控制实例

图 3-32 所示为欧姆龙 C200H 机使用 C200H 高速计数模块的例子，用以控制剪接材料的长度。

图 3-32 中 1 为导轮，由电动机带动。旋转时，可使材料从卷料中绕出，并送向切刀 7。2 为旋转编码器，随着细杆送进，而发出计数脉冲。经信号线送高速计数单元。高速计数单元依计数情况，可产生 #0、#1、#2 及 #4 输出，以分别控制制动松开和电动机工作、低速到高速转换、高速到低速转换及制动和切刀切下等动作。

本例的硬件设定为：机号为 1，模式为 3，背板上 DIP 开关针 3、5 ON，其它 OFF。. 设成内部复位有效及输入脉冲乘 2。

软件设定主要针对 DM，因机号为 1，故占用的 DM 是 DM1100～DM1199。

图 3-33 所示为工作过程的信号波形。表 3-13 所示为该图中有关参数选定。所有参数的单位都是毫秒。如 A100ms，其对应的计数值应是 100 乘脉冲频率，再乘 1000。

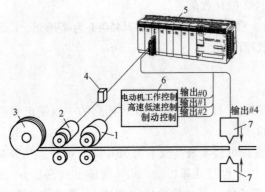

图 3-32　高速计数模块使用实例

1—导论　2—编码器　3—卷料　4—编码器用接线器

5—高速计数模块　6—电动机控制器　7—切刀

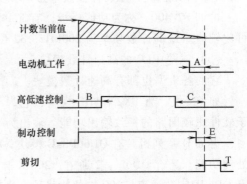

图 3-33　工作过程信号波形

表 3-13　参数值

参　　　数	ms
预置计数值	10.000
A	100
B	150
C	200
D	0
E	50
T	500

参数值的选定与准备剪切材料的长度，工艺参数有关。这也是程序调试过程要解决的问题。

它的 4 个输出为：#0 ON 对应于制动松开和电动机起动：#1 ON 时为快速；#2 ON 使制动。到给定位置，即计数值为零时，#4 输出 ON，使切刀切下。

DM 区设定见表 3-14。

表 3-14 DM 区字设置

DM 编号	各数位取值				备 注
DM 1100	0	3	0	0	设模式 3
DM 1101	0	1	0	0	A = 100
DM 1102	0	0	0	0	
DM 1103	0	1	5	0	B = 150
DM 1104	0	0	0	0	
DM 1105	0	2	0	0	C = 200
DM 1106	0	0	0	0	
DM 1107	0	0	0	0	D = 0
DM 1108	0	0	0	0	
DM 1109	0	0	5	0	E = 50
DM 1110	0	0	0	0	
DM 1111	0	0	5	0	T = 500ms
DM 1112	—	—	—	—	
DM 1113	—	—	—	—	
DM 1114	0	0	0	0	预置 = 10000
DM 1115	1	0	0	1	仅输出 #4

与上述对应的梯形图程序如图 3-34 所示。

从图 3-34 知，这个梯形图程序并不复杂。"复位按钮"按下，110.06 ON，使计数器及输出位复位。"起动按钮"按下，110.00 ON，使计数起动。"常通标志"，使 110.02 ON，使输出使能。输出 0、1、2、4 是高速计数单元的输出点的输出，PLC 无须，也不可能用程序去控制。

为了检测工作后，什么时候完成，用微分下降指令检测输出 4（控制切刀动作的）从 ON 到 OFF（表明整个工作完成），其操作数为 30.00。工作完成，它将 ON 一个扫描周期。这足以使 30.01 ON，并自保持。这表明操作完成。重新起动时，110.00 的常闭点断，使 30.01 复位。

从上例可知，高速计数模块比较控制程序设计的工作量不大。主要工作是硬件、软件设定及参数选择。很多经验证明，首先要设定好，不出现报警，确保脉冲数读入。其次是参数选定，能进行比较及产生控制输出。

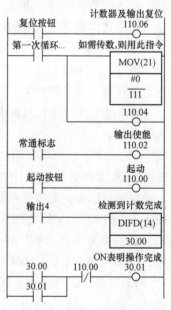

图 3-34 起动结束梯形图程序

提示：本例用的为 C200H 机的高速计数模块。其它机型的模块很多，也都可使用。但模块的功能、特性、内部器件及输入、输出地址及使用细节可能有所区别。使用时可参考有关手册操作。

3.4 脉冲量开环控制编程

脉冲量开环控制的含义是控制输出的结果没有反馈。因为这里用了像步进电动机或伺服电动机这样的脉冲量到位移之间的转换装置，一般讲是不会丢失脉冲的。因而是可保证控制精度的。开环控制最大的优点是简单、响应速度快、没有系统不稳定的问题。所以 NC 也多是使用开环控制。

开环控制的特点是，一旦控制命令启动，将按预定程序，使运动部件按要求的速度、加速度或轨迹运动，直到控制任务完成。

本节讨论脉冲量开环控制，针对的都是小型机。小型机有内置处理脉冲量的 I/O 点及相应指令，比较方便。但控制速度及行程受限制，故只能用于小型的运动控制系统。但是，如果中、大型机没有使用带有数控语言编程模块的话，这里介绍的编程算法还是可用的。

以下将就单轴独立运动控制、双轴协调运动控制及双轴运动跟踪控制分别进行讨论。

3.4.1 独立运动控制

物体运动最多有 6 个自由度、3 个移动、3 个转动。独立运动控制是指在各自由度上的运动互不相关，彼此独立。对这样运动系统，不管有多少轴，都可看成单轴（自由度或坐标）运动。其控制较简单，只是使运动部件从某位置出发，在一个坐标（轴）上，按要求的速度移动到另一个位置，或从某位置出发，在一个坐标（轴）上，先加速运动，到目标速度后，以不变的速度继续运动，快到终点时，先减速，到终点时停止，或稍停后以新的速度向新目标运动，或直接以新的速度向新目标运动等。

1. 单段位置控制

在单轴（某个坐标）上，当工作命令发出后，可使部件按指定速度（指定脉冲频率），完成指定位移量（指定脉冲数）的位移，即这里称的"位置控制"。组成这样系统的硬件可以是：小型 PLC、步进电机及配套设施与运动部件。PLC 则是通过运行程序，用脉冲输出口设施这个控制。

图 3-35 所示即为 PLC 实现这个控制的程序。其作用是当"工作"ON 后，将使脉冲输出口发出 1000 个频率为每秒 10 次的脉冲。进而使运动部件产生相应于 1000 个脉冲当量的运动。程序的算法是：先传送控制数据，然后执行相关脉冲输出指令。

图 3-35a 为 CPM2A 用的程序。它先把 1000 个脉冲数传送给 DM101（高位）、DM100（低位）。然后微分执行"PULS"指令，选择 010.00 为脉冲发送口，选择独立工作模式，选择用 DM101（高位、0）、DM100（低位、1000）确定脉冲数。再把 10 传送给 DM102，并执行"SPED"指令，选择 010.00 为脉冲发送口，选择独立工作模式，选择用 DM102 确定脉冲频率。显然，根据这组指令，即可使 PLC 向 10.00 口发出频率为 10 的 1000 个脉冲，进而使部件按上述要求运动。

图 3-35b 为 S7-200 的程序。它先对 SMB67 设定，设为 16#8D，指定单段 PTO 输出。使用 Q0.0 口输出脉冲，其输出周期设定为 100ms（频率为 10Hz），脉冲数 1000。

图 3-35c 为 FX2N 的程序。它使用 Y000 口输出脉冲，参数为即时数。指定输出频率为 10Hz，脉冲数为 1000。

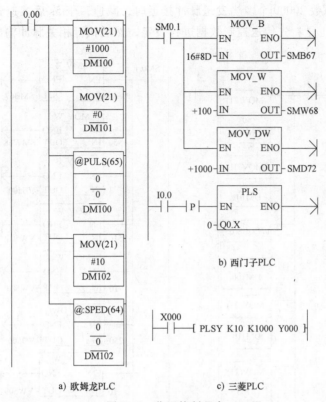

a) 欧姆龙PLC　　　　　　　c) 三菱PLC

图 3-35　位置控制程序

提示1：CPM2A 的 PLUS 及 SPED 指令，S7-200 的 PLS 指令微分执行，即可按设定的脉冲数输出脉冲。如一直执行，则不受脉冲数设定限制，将一直发送脉冲。当指令停止执行，还得把设定的脉冲发送完毕后，才停止发送脉冲。

提示2：与上不同，FX2N 的 "PLSY" 指令必须连续执行，一旦停止执行，即使指定的脉冲数没有发送完毕，也不再发送脉冲。但是，一旦又恢复执行，脉冲将继续发送，直到设定脉冲数发送完毕。

2. 加、减速度及位置控制

在单轴（某个坐标）上，当工作命令发出后，为了工作平稳，可使部件按指定的加速度（指定脉冲频率增加率或指定加速时间），指定的目标速度（指定输出脉冲频率），指定减速度（指定脉冲频率减小率或指定减速时间），完成指定位移量（指定脉冲数）的位移，即这里称的"加、减速度运动控制"。组成这样系统的硬件也可是小型 PLC、步进电动机及配套设施与运动部件。PLC 则是通过运行程序，用脉冲输出口设施这个控制。

图 3-36 所示为加、减速度位置控制的一个例子。它要求用 5s 时间，把输出脉冲频率增加到 100Hz，减速时则是用 5s 时间，从 100Hz 减速到最小频率。

图 3-37 所示即为相关 PLC 实现这个控制的程序。其作用是当"工作"ON 后，将使脉冲输出频率逐渐增加，5s 后达

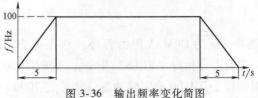

图 3-36　输出频率变化简图

100Hz。输出脉冲总数 20000 个。当发送脉冲接近时，减速，于 5s 后减速到最小值，并停止发送。程序的算法也是：先传送控制数据进行设定，然后执行相关脉冲输出指令。

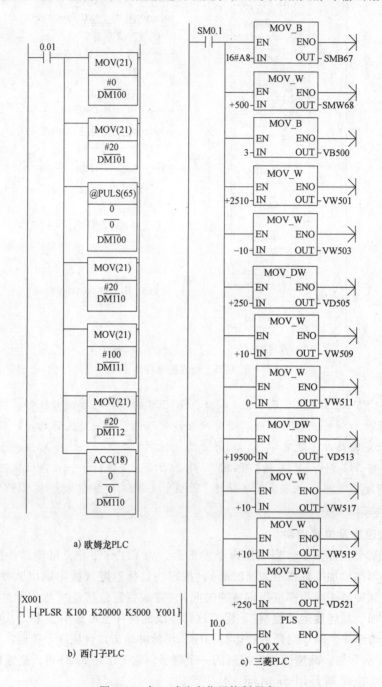

图 3-37　加、减速度位置控制程序

图 3-37a 为 CPM2A 用的程序。它先把 20 传送给 DM101（高位）、0 传给 DM100（低位）。然后微分执行 "PULS" 指令，选择 010.00 为脉冲发送口，选择独立工作模式，选择用 DM101）、DM100 确定脉冲数（即指定 20000 个脉冲）。再把 20 传送给 DM110，把 100 传

送给 DM111，把 20 传送给 DM112，并执行"ACC"指令，选择 010.00 为脉冲发送口，选择独立工作模式，选择用 DM110 确定脉冲频率增加率（即指定脉冲频率增加率为 20），选择用 DM111 确定脉冲频率（即指定脉冲频率为 100），选择用 DM112 确定脉冲频率减小率（即指定脉冲频率减小率为 20）。显然，根据这组指令，即可使 PLC 向 10.00 口发出脉冲，进而使部件按上述要求运动。

图 3-37b 为 S7-200 的程序。先是执行初始化程序，数据传送，进行设定。VB67 设定值为十六进制数 A8，意即多段脉冲输出，时基为 ms。VD168 设定值为 500，意即多段输出偏移数为 500。VB500（偏移指定开始地址）设定值为 3，意即选定 3 段输出。VW501 设定值为 2510，意即选定第 1 段周期为 2510ms。VW503 设定值为 -10，意即选定第 1 段每发一个脉冲周期减小为 10ms。VD505 设定值为 250，意即选定第 1 段发送 250 个脉冲……之后，当 I0.0ON 则执行 PLS 指令，将按上述设定，先是加速发送 250 个脉冲，进而等速率（周期 100ms）发送 19500 个脉冲，最后减速率发送 250 个脉冲。也可实现上述要求。

图 3-37c 为 FX2N 的程序。它使用 Y001 口输出脉冲，参数为即时数，不必数据赋值。指定输出频率为 100Hz，脉冲数为 20000，加、减频率时间为 5000ms，即 5s。

提示 1：相关 PLC 都可实现上述运动要求。图 3-37b 最简单，但它的加速率与减速率，只能设为相等，不够灵活。

提示 2：相关 PLC 频率设定上是有区别的。图 3-37a 都是按脉冲频率设定。图 3-37c 都是按脉冲周期设定。而图 3-37b，等速发送是按频率设定，但加、减速是按时间设定。为此，要实现同一要求，需作相应的换算。

3. 多段位置控制

以上介绍的运动控制程序只能做一次位移。如果要多次位移怎么办？它的算法是先设定第 1 段数据，并启动第 1 段位移，待第 1 段完成后，开始第 2 段设定，再启动第 2 段位移……直到所有位移完毕。

图 3-38 所示为 2 段位置控制简图。起动后先以频率 20Hz 发送 20000 个脉冲，之后，停留 2s，再以频率 10Hz 发送 10000 个脉冲。

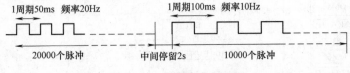

图 3-38 2 段位置控制简图

实现这个控制算法的要点是：传送脉冲数及要求频率数据；使用脉冲输出指令；判断第 1 段是否到位，如到位，再传送脉冲数及要求频率数据；再使用脉冲输出指令，直到控制完成。图 3-39 所示为实现此算法与图 3-38 对应的相关 PLC 程序。

图 3-39a 为 CPM2A 机程序。参照图示，其中：

① 启动逻辑。

② 把脉冲数 20000 的 20 传送给 DM5（高位）、DM10（低位）。

③ 把脉冲频率 20 传送给 DM6（单位为 10Hz，故传送 2）。

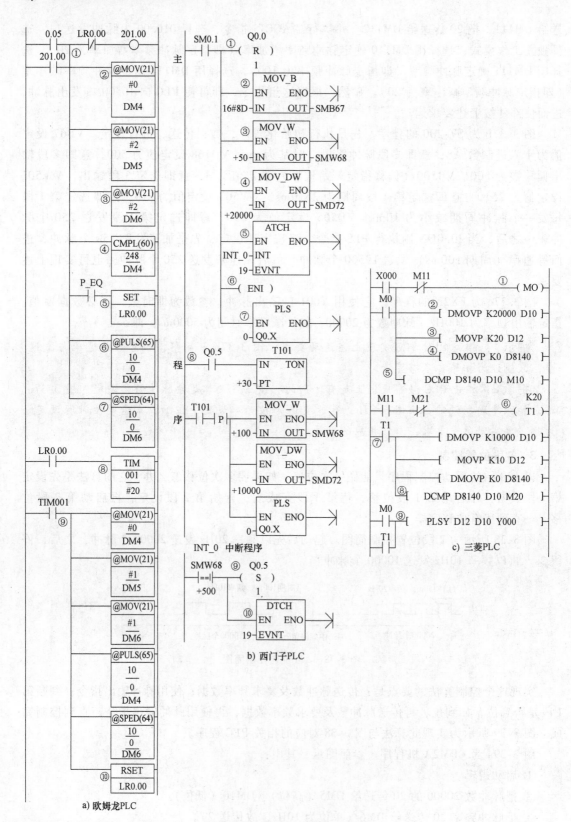

图 3-39 2 段位置控制 PLC 程序

a) 欧姆龙PLC

b) 西门子PLC

c) 三菱PLC

④ 进行第 1 段输出脉冲与要求脉冲数比较，判断是否到位。由于 CPM2A 没有脉冲输出完成的标志，这里用硬件把输出脉冲信号输入给高速计数器（000.00 点设为进行高速计数）。而特殊继电器 248、249 则记录着采集的脉冲数。故这里把 248、249 与设定脉冲数进行比较。

⑤ 如比较相等，则 LR0.00 置位。

⑥ 微分执行"PULS"指令，选择 010.01 为脉冲发送口，选择独立工作模式，选择用 DM4、5 确定脉冲数。

⑦ 微分执行"SPED"指令，选择 010.01 为脉冲发送口，选择独立工作模式，选择用 DM6 确定脉冲频率。

⑧ 如到位，延时 2s，作第 2 段控制，情况同第 1 段。

⑨ 启动第 2 段程序。

⑩ 复位 LR0.00。

提示：欧姆龙 PLC 没有检测设定的脉冲数是否发送完毕的标志。除了使用上述检测脉冲反馈的方法，还可用定时器或定时中断进行控制。

图 3-39b 为 S7-200 程序。它由两部分，主程序及中断程序，组成。参照图示，其中：

① 初始化，停止 Q0.0 正常输出，并起动第 1 段脉冲输出。

② 设定脉冲输出模式为 PTO。

③ 设定脉冲周期为 50ms（频率 20Hz）。

④ 设定输出脉冲数为 20000。

⑤ 设定脉冲发送完成中断事件 19 与中断子程序 1 关联，即当脉冲发送完成，可调用中断子程序 1。

⑥ 开中断。

⑦ 执行"PLS"指令，选择口 0，即 Q0.0，输出脉冲。

⑧ 定时程序，再设定频率、脉冲数，并重新微分执行"PLS"指令，进行第 2 段控制。

⑨ 当脉冲发送完毕，执行中断程序 1，使 Q0.5 置位。

⑩ 中断关联解除。当地 2 段脉冲发送完毕，不再执行此中断程序。

图 3-39c 为 FX2N 机程序。参照图示，其中：

① 起动逻辑。

② 把脉冲数 20000 的 20 传送给 D11（高位）、DM10（低位）。

③ 把脉冲频率 20 传送给 D12（单位为 1 Hz，故传送 20）。

④ 进行第 1 段输出脉冲与要求脉冲数比较，判断是否到位。由于 FX2N 的特殊寄存器 D8140、8141 存的是 Y000 已输出的脉冲数，用它与设定数比较。

⑤ 如 D8140、8141 等于 D10、11，则 M11 ON。

⑥ 把脉冲数 10000 的 20 传送给 D11（高位）、DM10（低位）。

⑦ 把脉冲频率 10 传送给 D12（单位为 1 Hz，故传送 20）。

⑧ 进行第 2 段输出脉冲与要求脉冲数比较，判断是否到位。

⑨ 如 D8140、8141 等于 D10、11，则 M21 ON，使电路复原。

3.4.2　两轴协调运动控制

协调运动控制是指当控制对象在多轴上运动时，多轴间的位移进行协调，以使控制对象能按预定的轨迹运动。

达到协调运动控制方法很多。本节将介绍直线圆弧插补法，直接目标跟踪法及数表法。

直线圆弧插补法常见的是把要求的运动轨迹分解为若干小段的直线或圆弧。而每小段直线或圆弧轨迹则运用一定算法，控制对象在不同轴上一步步位移予以实现。常用的算法有逐点比较法、累加法等。

如果运动轨迹可用数学表达式表示，也可用直接目标跟踪法进行控制。它运用数学表达式直接进行计算，然后控制对象在不同轴上一步步位移予以实现。

数表法就是，把所要控制运动轨迹的各个离散点 X、Y 相对或绝对坐标值下载给 PLC 数据区，PLC 再按此值，去实施控制。

以下分别对直线插补、圆弧插补、直接目标跟踪、相对值数据列表运动控制及绝对值数据列表运动控制进行介绍。

1. 直线圆弧插补法

（1）直线插补法

1）直线插补算法。直线插补的算法很多。这里介绍的是，基准轴输出为主，辅助轴输出配合累加插补算法。此算法使用时，起始点为当前位置，终点可按直角坐标的 X、Y 值，以脉冲为单位选定。同时，还要选定所在象限。用选定象限确定脉冲输出的方向。如第 1 象限，则 X 为正向，Y 也为正向。如 2 象限，则 X 为反向，Y 为正向。其它象限类推。在执行程序时按步计算，按步输出脉冲，而方向用方向信号控制。

所谓基准轴，就是终点坐标值较大的轴。每一步它都输出脉冲，只是当辅助轴有脉冲输出时，它先让辅助轴输出，而在后一个周期。它才输出。辅助轴是否输出，用累加的方法确定。

累加的过程是用自身的终点坐标累加，当大于基准轴的终点坐标时，输出一个脉冲，并把累加值被基准轴的终点值减，其"差"又作为在累加值存储。该算法的框图如图 3-40 所示。

图 3-41 所示为一个插补运算实例。

从图 3-41 知，该例的 X 轴终点坐标为 9，而 Y 轴为 3。可知，应选 X 轴为基准轴，而 Y 为辅助轴。从框图知，一开始就累加辅助轴的终点坐标值。但它仅为 3，比基准的终点坐标值 9 小，故仅基准轴输出脉冲，走第 1 步。接着，又累加辅助轴的终点坐标值。这时累加值为 6，比基准的终点坐标值 9 小，故仅基准轴输出脉冲，走第 2 步。接着，又累加辅助轴的终点坐标值。

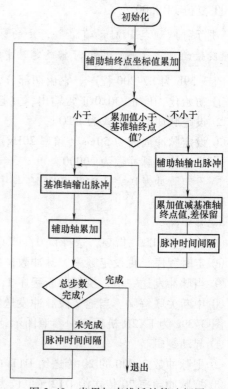

图 3-40 半累加直线插补算法框图

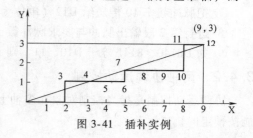

图 3-41 插补实例

这时为 9，不比基准的终点坐标值 9 小，故仅辅助轴输出脉冲，走第 3 步。进而累计值被基准轴的终点值减，其"差"为 0，并以 0 作为新的累加值。之后如图 3-41 所示：4、5、6 又是 X 轴输出；7 是 Y 轴输出；8、9、10 又是 X 轴输出；11 是 Y 轴输出；12 又是 X 轴输出。

可知，本算法的进给的速度是恒定的，这有利于在切削加工中应用。

2）直线插补算法程序实现。程序是按算法编的，也是算法的具体化。其基本程序见图 3-42、图 3-43、图 3-44。图 3-42 为步进工作起动及初始化程序；图 3-43 为 X 是基准轴时的脉冲输出控制程序。至于 Y 是基准轴时的脉冲输出控制程序，与此类似，故不重复；图 3-44 为终点及方向控制程序。这里方向控制，仅针对两个象限，其它两个象限略。

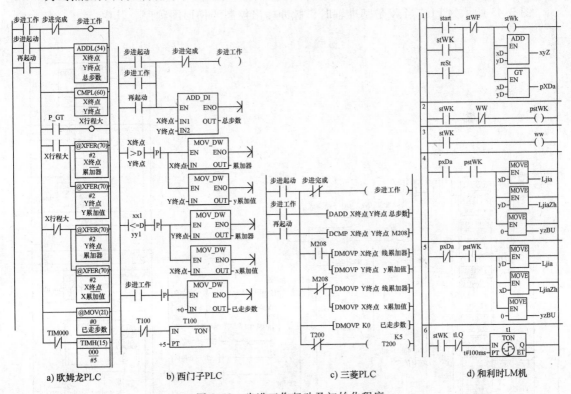

a) 欧姆龙PLC   b) 西门子PLC   c) 三菱PLC   d) 和利时LM机

图 3-42　步进工作起动及初始化程序

PLC 的步进起动程序都是用了基本的起、保、停逻辑。"步进起动"ON，则"步进工作"ON，并自保持。直到"步进完成"ON 其常闭触点把"步进工作"OFF。这里并联"再起动"，为了选定新的程序后重起动的需要。

这初始化程序则多是微分执行的。其功能是判断哪个轴为基准轴、传送坐标值及使参数回到初始值。显然，不进行初始化，程序是无法正确执行的。

另外，还要起动定时器 TIMH000（图 3-42a）、T100（图 3-42b）、T200（图 3-42c）或 t1（图 3-42d）。按图设定，它每 0.05s ON 一个扫描周期。正是用它控制脉冲输出的节奏，即频率。此定时时间可按需要改设。为了控制准确也可启用 PLC 的定时中断及"立即 I/O"刷新的功能，以提高控制效果。

图 3-42d 为和利时 LM 机程序。图中节 1 为步进起动程序，它用了基本的起、保、停逻辑。"start"（步进起动）ON，则"stWK"（步进工作）ON，并自保持。直到"stWF"（步

进完成）ON 其常闭触点把"步进工作"OFF。这里并联"rest"（再起动），是为了选定新的程序后重起动的需要。

这一初始化程序则多是微分执行的。节 2、3 是为了产生微分信号"pstWK"。

节 4、5 功能是判断哪个轴为基准轴、传送坐标值及使参数回到初始值。为程序正确执行做好准备。

另外，在节 6，起动定时功能块 t1。按图设定，它每 100ms ON 一个扫描周期。正是用它控制脉冲输出的节奏，即频率。此定时时间可以按照需要改设。为了控制准确也可以启用 PLC 的定时中断，以提高控制效果。

图 3-43 所示为 PLC 当 X 是基准轴时，脉冲输出控制的梯形图程序。其中：

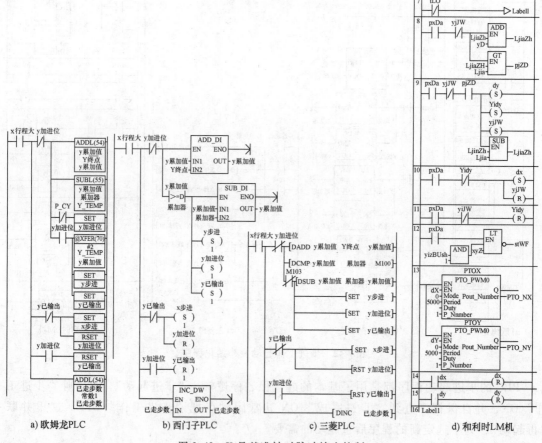

a) 欧姆龙PLC b) 西门子PLC c) 三菱PLC d) 和利时LM机

图 3-43 X 是基准轴时脉冲输出控制

图 3-43a 为欧姆龙 PLC 程序。如图中"X 行程大"ON，意味着 X 为基准轴。正如算法框图指出的，它先把"y 累加值"加"y 终点"，其"和"赋值给"y 累加值"。然后，把"y 累加值"被"累加器"减，其"差"赋值给"Y-TEM"。此"累加器"即为 X 轴的终点坐标值。如不够减，即它小于"累加器"，则"y 加进位"OFF，X 轴输出脉冲。如足够减，即它大、等于"累加器"，则"y 加进位"置位。进而，把"Y-TEM"，即这个"差"赋值给"y 累加值"，"y 步进"置位，输出脉冲。同时，把"y 已走"置位。"y 已走"置位的目的是，在这个工作周期，不让 X 轴输出脉冲。但临退出本程序段时，用"y 加进位"ON，

把"y已走"复位。为下一周期执行 X 轴发送脉冲做准备。

当下一次再进入本程序段时，由于"y加进位"仍为 ON，故 Y 轴的累加不进行。而使"X步进"置位，进行 X 方向步进，同时使"y加进位"复位，为新一次的 Y 轴累加及相应操作做准备。

图 3-43b 为西门子 PLC 程序。图 3-43c 为三菱 PLC 程序。它们用的数据都是用带符号位的十六进制格式，再都用符号地址表示，程序差别不大。

如图中"X行程大"ON，意味着 X 为基准轴。正如算法框图指出的，它先把"y累加值"加"y终点"，其"和"赋值给"y累加值"。然后，把"y累加值"与"累加器"比较。此"累加器"即为 X 轴的终点坐标值。如"y累加值"小于"累加器"（即对图3-43c，比较标志 M103 ON）则"y加进位"OFF，X 轴输出脉冲。如大、等于"累加器"，则把"y累加值"被"累加器"减，其"差"赋值给"y累加值"，"y步进"置位，输出脉冲。同时，把"y已走"置位。"y已走"置位的目的是，在这个工作周期，不让 X 轴输出脉冲。但临退出本程序段时，用"y加进位"ON，把"y已走"复位。为下一周期执行 X 轴发送脉冲做准备。

当下一次，再进入本程序段时，由于"y加进位"仍为 ON，故 Y 轴的累加不进行。而使"X步进"置位，进行 X 方向步进，同时使"y加进位"复位，为新一次的 Y 轴累加及相应操作做准备。

图 3-43d 为和利时 LM 程序。从图可知，当 t1. Q ON 的周期，将执行节 8～节 15 之间的指令。其它周期，则越过它，不执行其中指令。

图中"pxDa"（X行程大）ON，意味着 X 为基准轴。正如算法框图指出的，它先在节 8，把"Ljiazh"（累加值）与"yD"（y终点）相加，其"和"赋值给累加值。然后，把累加值与"Ljia"（累加器）比较。而此"累加器"即为 X 轴的终点坐标值。

如果累加值小于累加器值，节 9 不执行，执行节 10，则"yiJW"（y加进位）OFF，X 轴输出脉冲（dx 置位）。

如果大或等于"累加器"，节 9 不执行，则"y步进"置位（dx 置位），输出脉冲。同时，把"yidy"（y已走）置位。y已走置位的目的是，在这个工作周期，不让 X 轴输出脉冲。但是临退出本程序段时，用 y 加进位 ON，把 y 已走复位。为下一周期执行 X 轴发送脉冲做准备。最后，把累加值被累加器减，其"差"赋值给累加值，

当下一次再进入本程序段时，由于 y 加进位仍为 ON，故 Y 轴的累加不进行。而使 X 步进置位，进行 X 方向步进，同时在节 11，使 y 加进位复位，为新一次的 Y 轴累加及相应操作做准备。

每执行一次本段程序，都会产生脉冲输出，不是使在 X 方向，就是在 Y 方向走一步。所以执行完本程序，都将使"已走步数"加 1。

在节 12，使"已走步数"加 1。同时，进行"yizBUshu"（已走步数）与"xyZ"（设定总步数）比较。一旦前者大或等于后者，"stWF"（步进工作完成）ON，见图 3-42 节 1，这可使 stWK 复位，步进工作停止。

本程序的节 13 为调用有限脉冲链输出功能块，规定输出脉冲数为 1，x 方向输出点为％QX1.0，y 向输出点为％QX0.3。节 14、15 为了输出脉冲后 dx、dy 及时复位，确保每次调用只输出一个脉冲。

图 3-44 所示为 PLC 的终点及方向控制梯形图程序。其中:

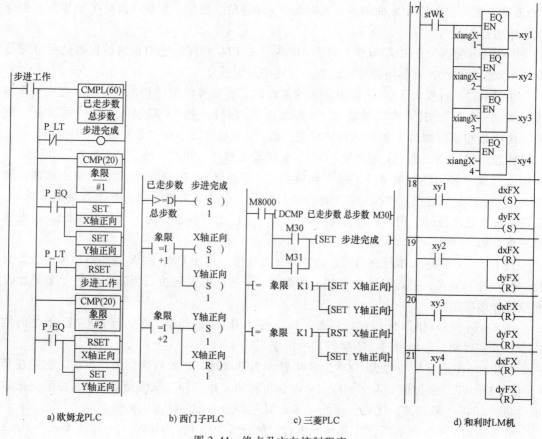

图 3-44 终点及方向控制程序

a) 欧姆龙PLC   b) 西门子PLC   c) 三菱PLC   d) 和利时LM机

图 3-44a 为欧姆龙 PLC 程序。它主要是判断到了坐标终点了没有?如到,则置位"步进完成"。再看图 3-43a 可知,此信号将使"步进工作"停止。

此外,此程序还依选定的象限,对 X、Y 轴运动方向做了确定。图中只列出 1、2 象限的程序,3、4 象限也类似。

图 3-44b 为西门子 PLC 程序。它也主要是判断到了坐标终点了没有?如到,则置位"步进完成"。再看图 3-43b 可知,此信号将使"步进工作"停止。

此外,此程序还依选定的象限,对 X、Y 轴运动方向做了确定。图中只列出 1、2 象限的程序,3、4 象限也类似。

图 3-44c 为三菱 PLC 程序。它也主要是判断到了坐标终点了没有?如到,则置位"步进完成"。再看图 3-27c 可知,此信号将使"步进工作"停止。

图 3-44d 所示为和利时 LM 机程序。这里节 17 进行比较,节 18、19、20 及 21 是比较结果赋值。从图知,象限 1,则 dxFX(控制 x 方向)、dyFX(控制 y 方向)均置位。象限 2,则 dxFX(控制 x 方向)复位、dyFX(控制 y 方向)置位。象限 3,则 dxFX(控制 x 方向)复位、dyFX(控制 y 方向)复位。象限 4,则 dxFX(控制 x 方向)置位、dyFX(控制 y 方向)复位。它的输出点可任选。以上 PLC 程序讲的都是"X 行程大"ON 的情况,而"X

行程大"OFF，与此类似。在本程序最后，使"已走步数"加1，为控制步进是否完成提供依据。

每执行一次本段程序，都会产生脉冲输出，不是使在 X 方向，就是在 Y 方向走一步。所以，执行完本程序，都将使"已走步数"加1。

此外，此程序还依选定的象限，对 X、Y 轴运动方向做了确定。图中只列出 1、2 象限的程序，3、4 象限也类似。

> **提示：** 在这些程序中，如不用"y 已走"信号进行控制，基准轴总是输出脉冲，而辅助轴累加值超过基准轴终点值时，也输出脉冲。运动轨迹将有时是走坐标轴的平行线，有时走斜线。速度将是不均匀的。

（2）圆弧插补法

1）逐点比较法。同样圆弧插补，方法也较多。这里介绍的是较常用的逐点比较法。逐点比较法的基本思想是，走一步，比较一次。也可反过来说，比较一次，走一步。比较什么？看当前的位置是在圆弧内，还是圆弧外？如在圆内，则往外走。如在圆外，则往内走。为此，插补要分象限、按运动方向进行。如在第一象限，逆时针运动：只能是正 Y 及负 X 运动，而发送正 Y 向脉冲将是往外走；发送负 X 向脉冲将是往内走。见图 3-45。其它各象限也都有相应的规律。

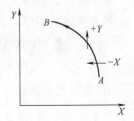

图 3-45 一象限逆时针运动

比较的关键还在于，怎么知道位置是在圆上、在圆内，还是在圆外？不难。如圆的半径为 R。如在圆上，则其 X 的 2 次方与 Y 的 2 次方之"和"减去 R 的 2 次方，即 Δ，应为 0。如在圆内，则其 X 的 2 次方与 Y 的 2 次方之"和"减去 R 的 2 次方应小于 0。如在圆外，则其 X 值的 2 次方与 Y 值的 2 次方和减去 R 的 2 次方应大于 0。

只是这里都是 2 次方计算，较难。但如只计算相对值，而不计算绝对值也不难。如已知在圆内，向某方向走了一步后还在不在圆内？这样的计算不难。

如现在圆上（在运动开始时，总是在圆上的），显然以下等式成立：

$$X^2 + Y^2 - R^2 = 0$$

这时，如在正 X 向走一步，即 X 变为 X+1，是否在圆内？可按下式计算：

$$\Delta = (X+1)^2 + Y^2 - R^2 = X^2 + 2X + 1 + Y^2 - (X^2 + Y^2) = 2X + 1$$

即只计算 2X+1，如为正，则在圆外。同理，如正 Y 走一步则计算 2Y+1；如负 X 走一步则计算 -2X+1；如正 Y 走一步则计算 -2Y+1。而这些计算没有 2 次方，只是乘 2 及加 1，较简单。正是这样，逐点比较法用得很多。

图 3-46 所示为第 1 象限逆时针插补时的算法框图。

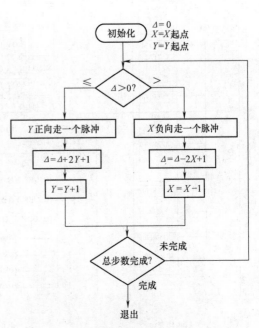

图 3-46 第 1 象限逆时针插补的算法

从图 3-46 知，先是初始化，再是判断 Δ>0？若大，向负 X 走一步；若不大，则向正 Y 走一步。再计算 Δ 及 X 或 Y 值。判断是否到终点？到，退出。不到，返回判断，重复上述过程。图 3-47 所示为用此算法计算的简单运动实例。

从图 3-47 知，它用第 1 象限逆时针插补的算法。X 起点为 5，终点为 1。Y 起点为 1，终点为 5。其计算与走步情况如下：

第 1 次时，Δ = 0，走 Y，计算 Δ 为 3；

第 2 次时，Δ = 3，走 X，计算 Δ 为 -6；

第 3 次时，Δ = -6，走 Y，计算 Δ 为 -1；

第 4 次时，Δ = -1，走 Y，计算 Δ 为 6；

第 5 次时，Δ = 6，走 X，计算 Δ 为 -1；

第 6 次时，Δ = -1，走 Y，计算 Δ 为 8；

第 7 次时，Δ = 8，走 X，计算 Δ 为 3；

第 8 次时，Δ = 3，走 X，计算 Δ 为 0，到终点，停。

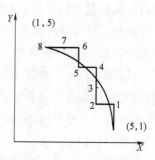

图 3-47　法计算实例

提示：这里 X 起点、Y 起点是以圆心为原点计算的。X 终点、Y 终点也应是如此。即这 4 个数是有相关关系的。

2）逐点比较法程序实现。相关 PLC 的圆弧插补初始化程序如图 3-48 所示。

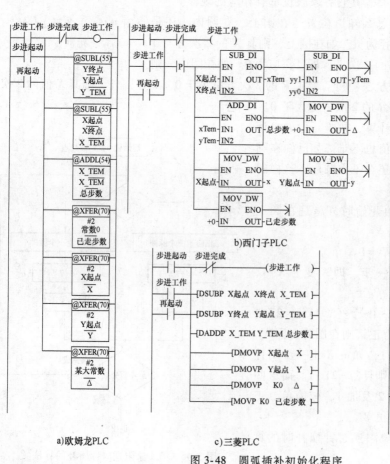

a)欧姆龙PLC　　　b)西门子PLC　　　c)三菱PLC

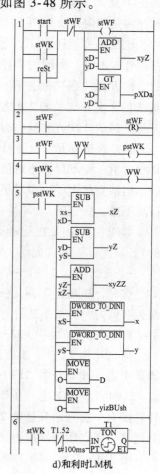

d)和利时LM机

图 3-48　圆弧插补初始化程序

从图 3-48 知，该程序先是起、保、停逻辑。"步进起动" ON，将使"步进工作" ON，并自保持。到"步进完成" ON ，则"步进工作" OFF。这里并联"再起动"，为了选定新的程序后重起动的需要。

进入"步进工作"后，按算法进行初始化。计算总步数，把 X 起点赋值给 X，Y 起点赋值给 Y，清零"已走步数"、并把 0 赋值给"Δ"。对图 3-48a 用"某大常数"赋值给，以作为 Δ 的基数。目的是使 Δ 怎么加减也不至于出现负值（因为 CPM2A 用的是双字 BCD 码运算，出现负数不好处理）。计算后的 Δ 则与"某大常数"比较，而不与 0 比较。效果是相同的。要不然，处理麻烦的事少多了。这也算是编程因地而为的一种技巧，不信不妨用传统的方法试试。

图 3-49 所示为相关 PLC 第 1 象限、逆时针插补时的处理程序。其中：

图 3-49a 为欧姆龙 PLC 程序。从图知，它先是比较，把 Δ 与"某大常数"比较：小、等于时，发送正 Y 脉冲，并作算法要求的相应计算；大于时，发送负 X 脉冲，并作算法要求的相应计算。

图 3-49b 为西门子 PLC 程序。图 3-49c 为三菱 PLC 程序。它们是把 Δ 与常数 0 比较：小或等于时，发送正 Y 脉冲，并作算法要求的相应计算；大于时，发送负 X 脉冲，并作算法要求的相应计算。

程序后面为"已走步数"加常数 1，并与"总步数"比较，如相等或大于时，则"步进完成" ON。这将使"步进工作" OFF。

图 3-49d 为和利时 LM 机程序。从图可知，当 t1. Q ON 的周期，将执行节 8~节 17 之间的指令。其它周期，则越过它，不执行其中指令。图中节 8 为比较。只要"D"大于等于 0，则"pD" ON。这里"D"即为判断点位置的 Δ 值。如"pD" ON，则执行图 3-49d 中节 9 指令。进行 Δ 值计算，并使"dy"置位，以产生 y 向步进。如"pD" OFF，则执行图 3-49d 中节 10 指令。也进行 Δ 值计算，并使"dx"置位，以产生 x 向步进。

图 3-49d 中节 11 为"yizbushu"（已走步数）加 1。节 12 为判断"yizbushu"是否大于等于"xyZZ"（应走的总步数）。如果前者已经等于后者，则"stWF"（步进工作完成）ON。进而，将使"stWK" OFF（见图 3-49d 节 1）。

在节 13、14，为置位脉冲输出及方向控制。并复位 dyZH 及 dxFU，为新的步进做准备。

本程序的节 15 为调用有限脉冲链输出功能块，规定输出脉冲数为 1，x 方向输出点为% QX1. 0，y 向输出点为%QX0. 3。节 16、17 为了输出脉冲后，dx、dy 及时复位。为新的步进做准备。

图 3-49 程序不仅可用于第 1 象限、逆时针运动的插补控制，还可用于第 3 象限、顺时针运动。其它如图 3-50 所示，如第 1 象限、顺时针运动及第 3 象限、逆时针运动一样，在圆内，则走+X，在圆外，则走-Y；如第 2 象限、顺时针运动及第 4 象限、逆时针运动一样，在圆内，则走+Y，在圆外，则走+X；如第 2 象限、逆时针运动及第 4 象限、顺时针运动一样，在圆内，则走-X，在圆外，则走-Y。具体梯形图程序可在图 3-49 的基础上稍加修改即可。

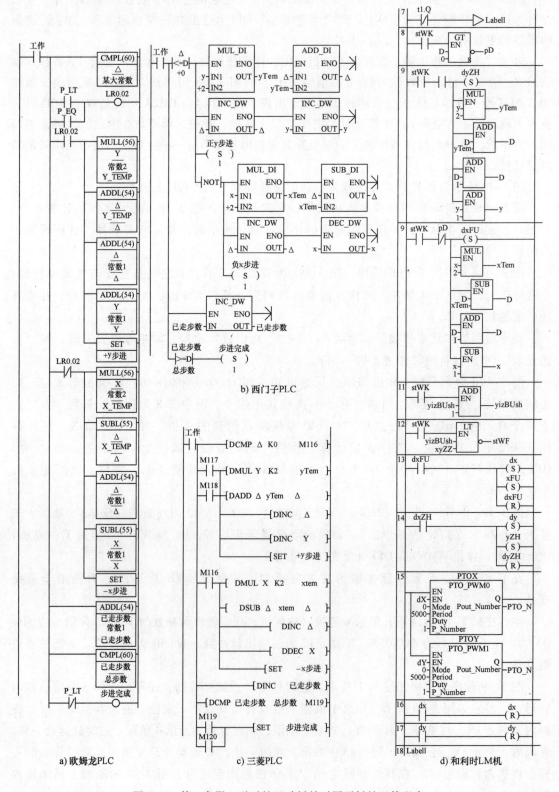

a) 欧姆龙PLC　　　　c) 三菱PLC　　　　d) 和利时LM机

图 3-49　第 1 象限、逆时针运动插补时圆弧插补运算程序

（3）插补程序合成

以上介绍的程序只能做一小段运动轨迹的插补。实际曲线复杂时，要做多段插补。多段中，可能有各个象限的小直线，还可能有各个象限、逆时针或顺时针的小圆弧。怎么把这样一段段运动连贯起来，就是插补程序合成要解决的问题。

图 3-51 所示是一种用程序控制实现的算法。

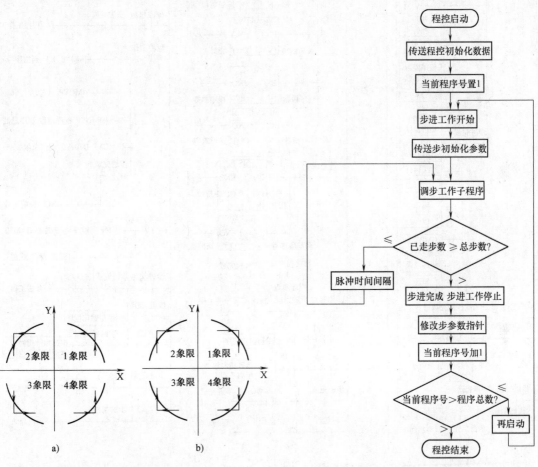

图 3-50　各象限顺、逆时针运动趋势　　　　图 3-51　程序控制算法

从图 3-51 知，"程控起动"后，先传送"程控初始化数据"。这些数据有，程序总数（有多少上述小段程序？）、"当前程序号"置 1、数据指针初始化（控制数据存放首地址）等。然后起动"步进工作"。"步进工作"开始时，先执行初始化程序，随后，调"步工作子程序"。每执行一次，都要判断步是否完成？如未完成，则相隔一个"脉冲时间间隔"，再调此子程序；如完成，则使"步进工作"OFF，并修改步参数指针、"当前程序号"加 1，并比较"当前程序号"是否大于"程序总数"。如不大，则进入再起动，再使"步进工作"开始；如大，则已完成所有程序段的控制，将结束程控。

图 3-52 所示为相关 PLC 实现此算法的梯形图程序。其中：

图 3-52a 为欧姆龙 PLC 程序。从图知，当"程序工作"OFF 时，"程序完成"复位。当"程序起动"ON，则当"程序工作"ON，并自保持。之后进行初始化："当前程序号"置

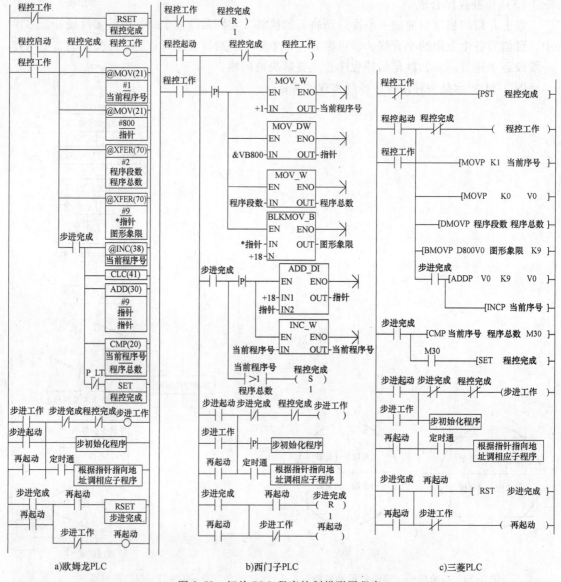

a)欧姆龙PLC　　　　　　　　　b)西门子PLC　　　　　　　　　c)三菱PLC

图 3-52　相关 PLC 程序控制梯形图程序

1，把 800 传 "指针"（用作 DM 间接地址初值，即有关插补运算数据预先存储在 DM800 开始的地址中）、"程序段数" 传给 "程序总数"。同时，执行块传送指令，把 DM 800 开始的 9 个字数据，传送给 "图形象限" 等字或双字。这些数据有："图形象限" "X 终点" "Y 终点" "X 始点" "Y 始点"。第 1 项占一个字节，后 4 项每项占 2 个字节。这 9 个字是按插补要求，预先存于从 800 开始的 DM 数据区中的。有了这组数据，只要 "步进工作" ON，即可定时调相应子程序，先进行步初始化（见图 3-42、图 3-48），后定时调相关程序（见图 3-43、图 3-44、图 3-49），即可进行相应控制。

当完成要求运动的总步数时，则 "步进完成" 置位。进而使 "步进工作" OFF。同时，修改指针，使 "当前程序号" 加1，并 "指针" 加9，指向新的一组数据。而且，当 "步进工作" OFF 后，从梯形图最后一个梯级知，它将使 "再起动" ON，并自保持。这 "再起动"ON 将重新使"步进工作"ON，并自保持。同时使"步进完成"复位。"步进工作"再次 ON，先也是步初始化，可得到新的一组"图形象限"等控制数据。进而，又可定时调相应控制程序，进一步进行相应控制了。

当一段段插补程序运行结束，即"当前程序号"大于"程序总数"时，"程控完成"ON，它将使"程控工作""步进工作"OFF，使整个程序结束。

图 3-52b 为西门子 PLC 程序。从图知，当"程序工作"OFF 时，"程序完成"复位。当"程序启动"ON，则当"程序工作"ON，并自保持。之后进行初始化："当前程序号"置1，把 VB800 的地址赋值给"指针"（把有关插补运算数据预先存储在 VB800 开始的地址中）、"程序段数"传给"程序总数"。同时，执行块传送指令，把 VB 800（指针指向的首地址）开始的 18 个字节数据，传送给"图形象限"等字或双字。这些数据有："图形象限""X 终点""Y 终点""X 始点""Y 始点"。第 1 项占 2 个字节，后 4 项每项占 4 字节。这 18 个字节是按插补要求，预先存于从 VB800 开始的 V 数据区中的。有了这组数据，只要"步进工作"ON，即可定时调相应子程序，先进行步初始化（见图 3-42、图 3-48），后定时调相关程序（见图 3-43、图 3-44、图 3-49），即可进行相应控制。

当完成要求运动的总步数时，则"步进完成"置位。进而使"步进工作"OFF。同时，修改指针，使"当前程序号"加 1，并"指针"加 18，指向新的一组数据。而且，当"步进工作"OFF 后，从梯形图最后一个梯级知，它将使"再起动"ON，并自保持。这"再起动"ON 将重新使"步进工作"ON，并自保持。同时使"步进完成"复位。"步进工作"再次 ON，先也是步初始化，可得到新的一组"图形象限"等控制数据。进而，又可定时调相应控制程序，进一步进行相应控制了。

当一段段插补程序运行结束，即"当前程序号"大于"程序总数"时，"程控完成"ON，它将使"程控工作""步进工作"OFF，使整个程序结束。

图 3-52c 为三菱 PLC 程序。从图知，当"程序工作"OFF 时，"程序完成"复位。当"程序起动"ON，则当"程序工作"ON，并自保持。之后进行初始化："当前程序号"置1，把变址器 V0 置 0、"程序段数"传给"程序总数"。同时，执行块传送指令，指定把 D800V0（800 加变址器 V0 的值作为 D 区的首地址）地址开始的 9 个字传送给"图形象限"等字或双字。这些数据有："图形象限""X 终点""Y 终点""X 始点""Y 始点"。第 1 项占 2 个字节，后 4 项每项占 4 字节。这 18 个字节是按插补要求，预先存于从 D800 开始的 D 数据区中的。有了这组数据，只要"步进工作"ON，即可定时调相应子程序，先进行步初始化（见图 3-42、图 3-48），后定时调相关程序（见图 3-43、图 3-44、图 3-49），即可进行相应控制。

当完成要求运动的总步数时，则"步进完成"置位。进而使"步进工作"OFF。同时，修改指针，使"当前程序号"加 1，并 V0 的值加 9，指向新的一组数据。而且，当"步进工作"OFF 后，从梯形图最后一个梯级知，它将使"再起动"ON，并自保持。这"再起动"ON 将重新使"步进工作"ON，并自保持。同时使"步进完成"复位。"步进工作"再次 ON，先也是步初始化，可得到新的一组"图形象限"等控制数据。进而，又可定时调相应控制程序，进一步进行相应控制了。

当一段段插补程序运行结束，即"当前程序号"大于"程序总数"时，"程控完成"ON，它将使"程控工作""步进工作"OFF，使整个程序结束。

图 3-53 所示是和利时 LM 机程序。首先，要声明的一个 "nc1" 结构。具体如下：

```
TYPE nc1:
STRUCT                    (*结构占9个字*)
    xgxn:WORD;            (*插补类型,占1个字*)
    xS0:DWORD;           (*x向起点,占2个字*)
    yS0:DWORD;           (*y向起点,占2个字*)
    xD0:DWORD;           (*x向终点,占2个字*)
    yD0:DWORD;           (*y向终点,占2个字*)
END_STRUCT
END_TYPE
```

其次，还要声明一个 "nc1" 结构变量的数组。具体如下：

```
ncshuju  AT % MW200: ARRAY [1..100] OF nc1:=
        (xgxn:=5,xS0:=50,yS0:=1,xD0:=1,yD0:=50),      (*第1段数据*)
        (xgxn:=5,xS0:=50,yS0:=0,xD0:=0,yD0:=50),      (*第2段数据*)
        (xgxn:=6,xS0:=0,yS0:=50,xD0:=50,yD0:=0);      (*第3段数据*)
```

这里，只设定 3 段数据。如果需要，可设多达 100 段。100 段共 900 个字。指定与地址 %MW200~%MW1099 关联。由于和利时 LM 机 M 存储可多达 6K 字，所以，如果需要，此数组还可以扩大。与 M 区地址关联的目的是，可利用上位机设定与下载数组数据，比在 PLC 程序中设定要方便些。

图 3-53 中节 1 为步进起动程序。与图 3-52 相似。只是增加常闭触点 "chkwch"（程控完成）。当所有插补程序完成，它把 "stWK"（步进工作）复位、OFF。

节 2 为了 "chkwch" 及 "indx" 索引及时复位，以及为下一次启用步进工作创造条件。

节 3、4 为了 "stWK" 再起动。当步进完成，"stWF" ON，先是使 "stWK" OFF，进而使 "rest"（再起动）ON，并自保持。接着，是节 3 使 "stWF" 复位。之后在节 1，使 "stWK" ON，并自保持。最后，在节 4，又使 "rest" 复位。为新的再启动做好准备。

这初始化程序则多是微分执行的。节 5、6 是为了产生微分信号 "pstWK"。

节 7 就是用微分信号执行的 3 个指令。目的是，在 "stWK" ON 的第 1 个周期，使数组索引 "indx" 加 1，圆插补运算的 Δ 值，及即 "D" "yizBUsh（已走步数）" 清零。

节 8 为控制索引 "indx" 及控制 "yizBUsh（已走步数）"，超出时，将使 "chkwch"（程控完成）ON，或 "stWF"（步进完成）ON，以控制程控结束，或进行再启动。此外，还进行 "nc1" 结构数组的 "xgxn"（插补类型）与 0 比较，若为 0 则 "nwork" 置位。从节 10 可知，只要 "stWK" ON，步进工作将使 "indx" 不断增 1，直到 "indx" 大于等于 100，而使 "chkwch"（程控完成）ON，控制程控结束。

节 9 为根据 "nc1" 结构数组的 "xgxn"（插补类型）与 1、2、3…等比较，将使 "Line1" "yuan1" 等中的一个置位。根据不同的置位，以调用不同的程序块，进行插补运算。这些插补总共有 12 种。即：直线 1、2、3、4 象限。逆圆 1、2、3、4 个象限。顺圆 1、2、3、4 个象限。

节 11 为逆圆 1 象限插补的初始化（yuan1 ON）。计算步总数，对 x、y 赋值等。这里用的设定数组数据。

以下还有调用程序块。这里省略。

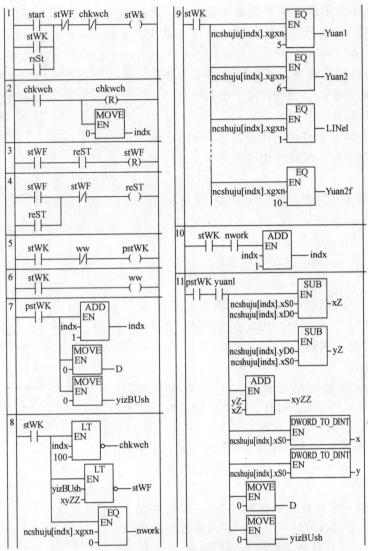

图 3-53 和利时 LM 机程序控制梯形图程序

> **提示**：和利时 LM 机可以用于结构、数组设定程控参数是很方便的，是别的 PLC 难以这么处理的。这也可以看出 PLC 变量类型多的好处。

2. 直接目标跟踪控制

上述插补算法是早期数控控制机常用的算法。随着计算机工作速度的提高及计算能力的增强，如果对象的运动轨迹有确定表达式，也可用直接目标追踪实现轨迹控制，而不必作分段插补。

（1）目标追踪算法

1）根据对象运动轨迹表达式，选定一个合适的参变量，把表达式转换为参变量方程。要确保参变量的单值变化能覆盖整个运动轨迹；

2）使参变量微小增（或减）变化（变化范围应覆盖整个运动轨迹），逐一计算目标值 X、Y 的变化；

3）判断目标值 X 或 Y 是否出现单位值增、减的情况，如出现，输出脉冲，使控制对象在 X 或 Y 坐标方向做增或减1运动；

4）判断是否到达终点，否，则继续使参变量微小增减，重复上述2、3过程；是，控制结束。

（2）目标追踪算法实例

以下以图3-54所示螺旋线轨迹为例，介绍此算法设计及其程序实现。螺旋线用参变量 θ，表示它的轨迹。

如图3-54所示，其中 ρ 与 k、θ 及 X、Y 与 θ、ρ 间的关系式如下：

$$\rho = k \cdot \theta$$
$$X = \rho \cdot \cos\theta$$
$$Y = \rho \cdot \sin\theta$$

θ 从 $0 \sim 4\pi$，将覆盖整个轨迹。该图表示了在 X、Y 坐标上"步进"，完成这个运动轨迹的控制情景。图3-55所示为这个算法图解。

从图3-55知：

1）初始化：使目标坐标值 X、Y、实际坐标值 $X0$、$Y0$ 及参变数 θ 均置0，同时，把"某较小数"赋值给 $\Delta\theta$ 及设定螺旋圈数 n 及系数 k。

2）计算：按图示公式，计算目标值 X、Y。这里"某较小数"要小到加此值后，最多只能使 X 或 Y 的增量为1。

3）比较：做4个比较，如都为"否"，则使 θ 加 $\Delta\theta$。否则如 X 与 $X0$ 比较有一个"是"，则修改实际坐标值，作相应步进。等待脉冲时间间隔后再对 Y 与 $Y0$ 进行比较。后者比较若"是"，则也修改实际坐标值，作相应步进。等待脉冲时间间隔后进入下一步。

4）判断：判断是否达到终点，即 $Y0 = 0$ 及 $X0 = 2\pi * n * k$ 是否成立。是退出控制，不是又使 θ 加 $\Delta\theta$，回到2）。

可知，按图示算法，将用一段段平行于 X、Y 坐标的小短线，近似地走出螺旋线来。这个近似最大误差将不大于一个步进的行程，即脉冲当量。

（3）目标追踪算法梯形图程序实现

图3-56所示为实现上述算法的相关 PLC 梯形图程序。当未达到终点时，每隔一个脉冲间隔时间，将调用一次本程序。但在此没有列出工作控制及终点判断等有关程序。

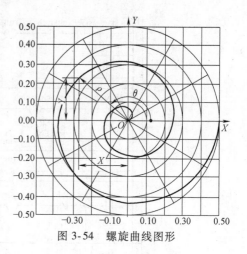

图 3-54　螺旋曲线图形

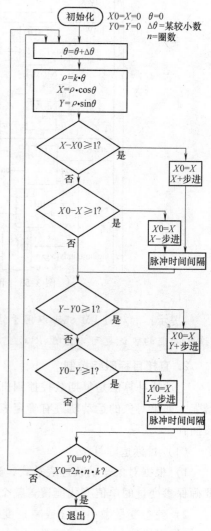

图 3-55　螺旋线轨迹直接目标追踪控制算法

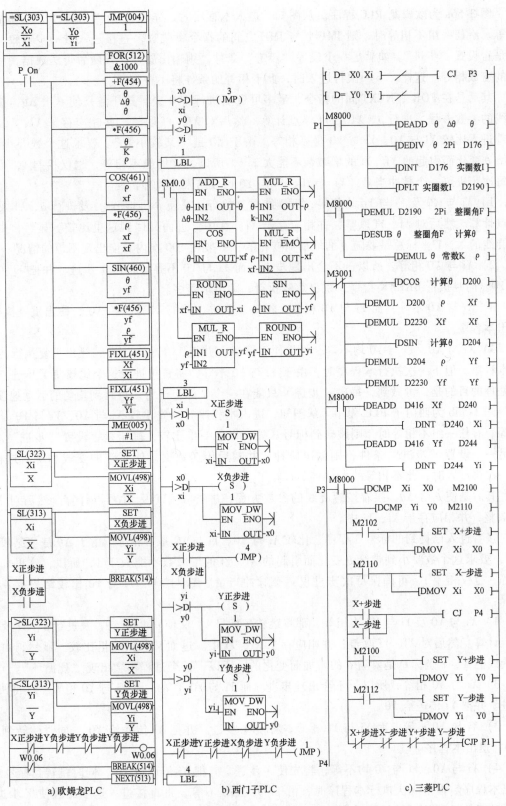

图 3-56 螺旋线运动轨迹控制梯形图程序

图 3-56a 为欧姆龙 PLC 程序。从图知，进入本程序时，先比较 Xi 与 $X0$、Yi 与 $Y0$ 是否相等。有任一组不相等时，则 JMP 1 与 JME 之间的指令将跳过，直接进入进一步比较，确定是否设置"步进"。如满足一个设置"步进"条件，则输出脉冲，并随后传送数据，使不等的变成相等。这样，下一次再进入时，此不相等的条件将不存在了。

其后是在 FOR、NEXT 间的指令，最多可重复执行 100 次。其任务是使 θ 增 $\Delta\theta$，按螺旋线的参数方程，进行 ρ、Xf 及 Yf 浮点计算。然后对 Xf、Yf 取整，并相应存于 Xi、Yi 中。接着进入比较 Xi 与 $X0$、Yi 与 $Y0$ 是否相等。由于 $\Delta\theta$ 是"某较小数"。要求这个数要小到，带给 θ 变化而引起的 Xf、Yf 的增减数不能大于 1，所以，这里如不相等，也仅相差 1，可确保每次步进仅一个脉冲当量。Xi 与 $X0$、Yi 与 $Y0$ 比较结果有 4 种情况：

1）Xi 与 $X0$ 及 Yi 与 $Y0$ 均相等，则继续重复执行，又使 θ 再增 $\Delta\theta$，及进行 ρ、Xf 及 Yf 浮点计算。然后对 Xf、Yf 取整，并相应存于 Xi、Yi 中。进而又回到这里比较。显然，由于螺旋线的 X、Y 坐标总是要随 θ 的增加而变化的，一般在 100 次内总能出现不等的情况。

2）Xi 与 $X0$ 相等，所以，不会出现步进。而 Yi 与 $Y0$ 不等，将使 Y 步进。并把 Yi 传送给 $Y0$。同时执行 BREAK 指令，跳出重复执行，跳出本程序。

3）Xi 与 $X0$ 不等，而 Yi 与 $Y0$ 相等，将使 X 步进。并把 Xi 传送给 $X0$，跳出重复执行，跳出本程序。

4）Xi 与 $X0$、Yi 与 $Y0$ 均不等，将先使 X 步进。并把 Xi 传送给 $X0$，跳出重复执行，跳出本程序。但下一次执行本程序时，由于 Yi 与 $Y0$ 不等，将直接进入这个比较使 Y 步进。这样处理的目的是，可做到，每次"步进"只能在一个坐标上进行，可得到均匀的运动速度。

图 3-56b 为西门子 PLC 程序。从图知，进入本程序时，先比较 Xi 与 $X0$、Yi 与 $Y0$ 是否相等。有任一组不相等时，则跳转到标号 3 处，以进一步比较，确定是否设置"步进"。如满足一个设置"步进"条件，则输出脉冲，并随后传送数据，使不等的变成相等。这样，下一次再进入时，此不相等的条件将不存在了。

其后是使 θ 增 $\Delta\theta$。接着按螺旋线的参数方程，进行 ρ、Xf 及 Yf 浮点计算。然后对 Xf、Yf 取整，并相应存于 Xi、Yi 中。

接着进入已提到的标号 3 程序，比较 Xi 与 $X0$、Yi 与 $Y0$ 是否相等。由于 $\Delta\theta$ 是"某较小数"。要求这个数要小到带给 θ 变化而引起的 Xf、Yf 的增减数不能大于 1，所以，这里如不相等，也仅相差 1，可确保每次步进仅一个脉冲当量。Xi 与 $X0$、Yi 与 $Y0$ 比较结果有 4 种情况：

1）Xi 与 $X0$ 及 Yi 与 $Y0$ 均相等，那将跳转到标号 1，又使 θ 再增 $\Delta\theta$，及进行 ρ、Xf 及 Yf 浮点计算。然后对 Xf、Yf 取整，并相应存于 Xi、Yi 中。进而又回到这里比较。显然，由于螺旋线的 X、Y 坐标总是要随 θ 的增加而变化的，所以，这个过程不会出现"死循环"。

3）Xi 与 $X0$ 相等，所以，不会出现步进。而 Yi 与 $Y0$ 不等，而 Xi 与 $X0$ 相等。这将使 Y 步进。并把 Yi 传送给 $Y0$。

3）Xi 与 $X0$ 不等，而 Yi 与 $Y0$ 相等，将使 X 步进。并把 Xi 传送给 $X0$，同时跳转到标号 4，退出本程序。

4）Xi 与 $X0$、Yi 与 $Y0$ 均不等，将先使 X 步进。并把 Xi 传送给 $X0$，同时跳转到标号 4，退出本程序。但下一次执行本程序时，由于 Yi 与 $Y0$ 不等，将直接进入这个比较使 Y 步进。这样处理的目的是，可做到，每次"步进"只能在一个坐标上进行，可得到均匀的运动速度。

图 3-56c 为三菱 PLC 程序。从图知，进入本程序时，也是先比较 Xi 与 $X0$、Yi 与 $Y0$ 是否相等。有任一组不相等时，则跳转到标号 P3 处，以进一步比较，确定是否设置"步进"。如满足一个设置"步进"条件，则输出脉冲，并随后传送数据，使不等的变成相等。这样，下一次再进入时，此不相等的条件将不存在了。

其后是使 θ 增 $\Delta\theta$。接着按螺旋线的参数方程，进行 ρ、Xf 及 Yf 浮点计算。然后对 Xf、Yf 取整，并相应存于 Xi、Yi 中。只是由于 FX2N 机三角函数的 θ 值，只在小于或等于 2π 时有效，大于时按 2π 处理。为此，当螺旋圈数大于 1，即 θ 大于 2π 时，要计算"计算 θ"，它是 θ 减 2π 后的值，用这个"计算 θ"再作三角函数的自变量。再加上在浮点数与整形数之间类型还需转换，所以，它的这个计算程序比 S7-200 的程序稍麻烦一些。

接着进入已提到的标号 P3 处，比较 Xi 与 $X0$、Yi 与 $Y0$ 是否相等。由于 $\Delta\theta$ 是"某较小数"。要求这个数要小到带给 θ 变化而引起的 Xf、Yf 的增减数不能大于 1，所以，这里如不相等，也仅相差 1，可确保每次步进仅一个脉冲当量。Xi 与 $X0$、Yi 与 $Y0$ 比较结果有 4 种情况：

1）Xi 与 $X0$ 及 Yi 与 $Y0$ 均相等，那将跳转到标号 1，又使 θ 再增 $\Delta\theta$，及进行 ρ、Xf 及 Yf 浮点计算。然后对 Xf、Yf 取整，并相应存于 Xi、Yi 中。进而又回到这里比较。显然，由于螺旋线的 X、Y 坐标总是要随 θ 的增加而变化的，所以，这个过程不会出现"死循环"。

2）Yi 与 $Y0$ 不等，而 Xi 与 $X0$ 相等。这将使 Y 步进。并把 Yi 传送给 $Y0$。而 Xi 与 $X0$ 相等，所以，不会出现步进。

3）Xi 与 $X0$ 不等，而 Yi 与 $Y0$ 相等，将使 X 步进。并把 Xi 传送给 $X0$，同时跳转到标号 4，退出本程序。

4）Xi 与 $X0$、Yi 与 $Y0$ 均不等，将先使 X 步进。并把 Xi 传送给 $X0$，同时跳转到标号 4，退出本程序。但下一次执行本程序时，由于 Yi 与 $Y0$ 不等，将直接进入这个比较使 Y 步进。这样处理的目的是，可做到，每次"步进"只能在一个坐标上进行，可得到均匀的运动速度。

以上讨论的螺旋线是逆时针，从第 1 象限开始的。还可以为顺时针，或者从其它象限开始。这些控制都可以在本程序的基础上，稍作修改，也都可以实现。

此外，有关步进输出的处理，与上述插补程序相同。所以这里没有示出，也不再重复说明。

协调运动控制，除了 2 维的运动控制，理论上讲也可以进行多维控制。只是程序设计要困难些。而且控制速度与控制规模的矛盾将更加突出。所以较高性能的运动控制还是使用专用的硬件模块为好。

> **提示：** 直接目标跟踪控制的算法，不仅可以用于本例的螺旋线轨迹控制，其它曲线，以至于多维曲线轨迹控制，只要它的轨迹可用参数方程单值表达，也都可以用小本算法实现。只是要求 PLC 要有很高的运算速度。

3. 相对值数据列表运动控制

（1）相对数据列表算法要点

把运动轨迹按单位脉冲分步，依次计算每步的 X、Y（取决于坐标数）增量值，并列写成数表，存储于 PLC 的数据存储区（D 区）中。PLC 程序就是按数表要求，向各个坐标输出脉冲，进而实现运动的协调运动。

这对既不便进行直线或圆弧插补，又没有合适的解析式子可用的运动轨迹控制是唯一可实现的算法。事实上，早期，如航空发动机涡轮叶片这样的型面的数控加工也就是这么处理的。

（2）相对数据列表算法实现程序

为了节省内存，该程序用的数表为每个字的 4 个数位，分别存一组数据，即 x 及 y 两坐标的增 1 或减 1 值。其含义是，数位 0：字的 0 位 1，表示 x 增 1，1 位 1，表示 x 减 1；字的 2 位 1，表示 y 增 1，3 位 1，表示 y 减 1；数位 1：字的 4 位 1，表示 x 增 1，5 位 1，表示 x 减 1；字的 6 位 1，表示 y 增 1，7 位 1，表示 y 减 1。数位 2、3 依次类推。所有数据存储在 D0 开始的字中。CP1H 机 D 区有 32K 字，可存储 128K 组数据。每组数据若生成一个脉冲，而脉冲当量若为 0.01mm，则可控制 1280mm 的行程。这样行程与分辨率对一般机床是足够用的。图 3-57 所示为这样增量值数表使用程序。

图 3-57 有 15 个梯形条。条 1 为起动与初始化。起动使 W0.10 ON 后，把 D0 的地址赋值给索引寄存器 IR0，并使 W98、99（用于计数）、W80、81（用于数位移位处理）清零。同时，调 PRV 指令，读取脉冲输出口 0、1 的状态。如果已起动并两个输出口已完成脉冲输出，将按"ON"条件执行梯形条 3~16 间指令。

梯形条 14 用于计数及使数位变化。当每次脉冲输出完成，都使 W98、99 加 1，同时把 W98、99 被 4 整除。除后，其商存于 W79、80，余数存于 W81、82。显然，随着 W98、99 值的变化，W81 的值将在 0~3 之间变化。这样，W98、99 可用于结束控制。而 W81.00 与 W81.01 的变化，即可用于控制 4 个数位的使用。

梯形条 3。由于开始时 W81 为 0，即 W81.00 与 W81.01 常闭触点均 ON，故可把 IR0 指向的地址字（开始时为 D0）的值赋值给字 W97。然后 IR0 加 1（修改指针），为下一次调用（开始之后为 D1，以后依次类推）做准备。注意，W97 只在 W81.00 与 W81.01 常闭触点均 ON 才赋值。所以，赋值一次之后，得到了再次出现 W81.00 与 W81.01 常闭触点均 ON 的条件才作新的赋值。这时，正好完成了 4 个数位的使用。

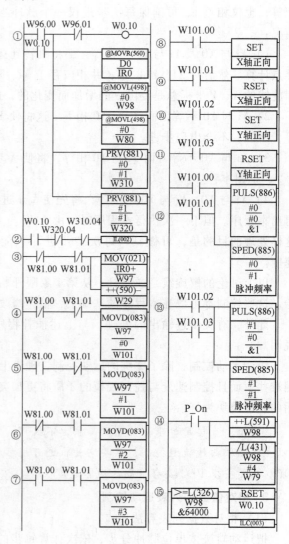

图 3-57　增量值数表运动控制程序

梯形条 4、5、6、7 执行数位（digit）传送指令 MOVD，将根据 W81.00 与 W81.01 的变化把 W97 的 0、1、2、3 数位传送给 W100 的数位 0。梯形条 8、9、10、11、12、13 用于处理 x、y 坐标方向及输出，它的依据就是 W101 数位 0 的值。而实际就是预存于 D0 开始的数表。

梯形条 15 为终点控制。到了数表结尾将复位 W0.10，使工作（W0.10 OFF）停止。图中设定终点数位数（存储字数乘 4）为 64000，实际可按需要更改。

（3）相对数据列表算法数表生成

可在计算机上用仿真程序生成，生成后下载给 PLC。也可使用 PLC 程序自身生成。这样，PLC 使用数表时，可简化计算，提高控制速度。还可人工填入。这对不规则的运动协调控制可能是唯一的方法。好在这些数据可以存储，开头麻烦些，但填入可长期使用。

4. 绝对值数据列表运动控制

1）绝对数据列表算法要点。把运动轨迹各个坐标的绝对值按步，列写成数表，并存储于 PLC 的数据存储区（D 区）中。PLC 程序就是按步，逐次计算数表中相邻"步"之间的差值。并根据差值的符号及大小，确定各个坐标输出脉冲数及输出方向，进而实现运动的协调运动。

2）绝对数据列表算法实现程序。图 3-58 所示为这样绝对值数表运动控制程序。该图有 17 个梯形条。条 1 为起动与初始化。起动使 W5.10 ON 后，把 D100 的地址赋值给索引寄存器 IR0 及 D101 的地址赋值给索引寄存器 IR1，并使 W25（用于计步数）、W60、61、62、63、80、81、82、83（用于计算）清零。同时，调 PRV 指令，读取脉冲输出口 0、1 的状态。如果已起动并两个输出口已完成脉冲输出，将按"ON"条件执行梯形条 3~17 间指令。

梯形条 2 执行 IL 指令及把 IR0 及 IR1 指向的 D 字值传送给 W50（当前 X 坐标值）、W51（当前 Y 坐标值），并使 IR0 及 IR1 的值加 2（为读取次一坐标值做准备）。这说明 D100 开始的偶数地址存储的为 X 坐标值，而奇数地址存储的为 Y 坐标值。

梯形条 3、4、5、6 用以处理 X 坐标。先是判断次一坐标值是大还是小于当前坐标值。如次一坐标值大，则置"X 轴正向"ON，反之置其 OFF。同时计算两者的差值，并乘以"计算因子"，确定应该输出的脉冲数。这里的"计算因子"是用以协调数出脉冲数与实际位移的关系。梯形条 7、8、9、10 用以处理 Y 坐标。情况类似。

梯形条 11、12、13、14 用以处理输出脉冲频率及实际输出脉冲。先是比较两个坐标输出脉冲数，然后把"允许最高频率"赋值给脉冲数多的坐标输出口，再按脉冲数比例计算脉冲数小的坐标的输出频率。确保两个坐标输出脉冲频率与输出脉冲数成比例，而且，最大脉冲频率还不超过允许值。

梯形条 15 用于计数。当每次脉冲输出完成，都使 W25 加 1。梯形条 165 为终点控制。到了数表结尾将复位 W5.10，使工作（W5.10 OFF）停止。图中设定终点步数存于 D0 中，实际可按需要更改。

3）绝对数表算法所用数据可在计算机上用仿真程序生成，生成后下载给 PLC。也还可人工填入。好在这些数据可以存储，开头麻烦些，但填入可长期使用。用绝对值数表的优点是，如果是直线运动，填入起点及终点值即可，中间靠输出脉冲数及相应的频率保证。当然，它的精度保证是不如相对值数表。

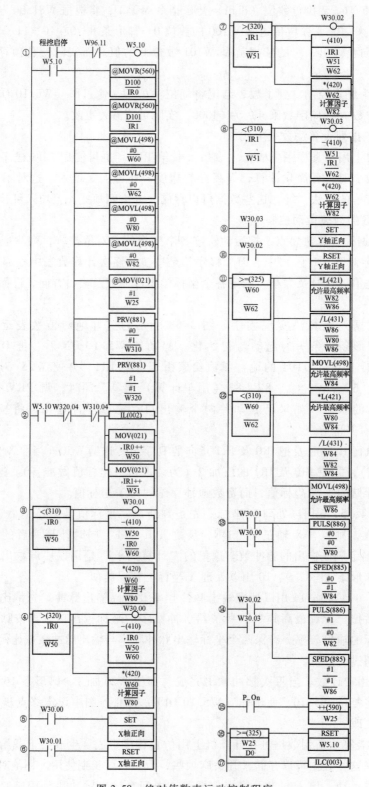

图 3-58　绝对值数表运动控制程序

3.4.3 多轴协调运动控制

1. 三轴协调控制

协调运动控制，除了二维的运动控制外，理论上讲也可进行多维控制。如三维控制要控制 3 个坐标协调运动，其运动轨迹为空间曲线或形成曲面。当今数控机床可实现 5 坐标联动控制。

（1）曲线轨迹

最简单的算法是目标追踪。上述螺旋线轨迹为平面曲线，如再增加一个垂直坐标 Z，用的参变量也是 θ，如 Z 与 θ 的关系为

$$Z = kz * \theta$$

则将可实现对立体螺旋线的轨迹运动。

还是一句话，只要能列写参变量表达式，什么轨迹的运动控制，均可实现。再就是用数表法用于多轴控制也很方便。

（2）曲面形成

常用的形成是用"行切法"。办法是，把曲面与平行于坐标面的平面（如平行于 XY 坐标面的平面）相截。选取不同 Z 值，将生成不同的平面曲线。如能弄清这些平面曲线的解析式子，则可用目标追踪控制在这个平面上的 X、Y 运动，以形成所要求的轨迹。如 Z 值能在其定义域内依次全部选取，则这些轨迹的叠加，即可形成所要求的曲面。

当然，这里的程序设计是困难的。而且控制速度与控制规模的矛盾将更加突出。所以，较高性能的运动控制还是使用专用的硬件模块为好。

2. 虚拟轴运动控制

1965 年，Stewart 提出著名的用于安装天文望远镜的 Stewart 平台机构。并联机床（Parallel Machine Tool，简称 PMT），也被称为虚（拟）轴机床（Virtual Axis Machine Tool），也就是基于 Stewart 并联机构的研究而发展起来的。在 1994 年美国芝加哥机床展上，它首次面世。

图 3-59a 所示为一种这样机床的内部结构。在这里的多菱体桁架的 5 个面上，安装有滚珠丝杆的支点——万向铰链，5 根丝杠的另一端通过铰链与主轴部件的 5 个可转动同心外环连接。改变 2 个支点间的距离，即可使主轴部件处于不同工作位置。5 杆并联机构驱动的主轴部分如图 3-59b 所示。

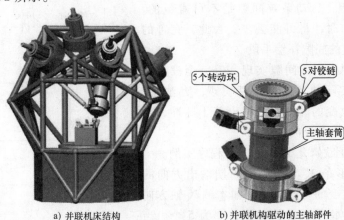

a) 并联机床结构   b) 并联机构驱动的主轴部件

图 3-59 并联机床结构及主轴部件

这种新型机床结构合理、运动部件磨损小；具有高刚度、高承载能力、高速度、高精度以及重量轻、机械结构简单、制造成本低、标准化程度高等优点；还适合于模块化生产；对于不同的机器加工范围，只需改变连杆长度和触点位置；维护也容易，无须进行机件的再制和调整，只需改变机构的参数。

此外，还有由并联、串联同时组成的混联式数控机床，不但具有并联机床的优点，而且在使用上更具实用价值。类似的，也还有并联工作的机械手。也是通过虚拟轴的伸缩达到控制运动轨迹或目标位置的目的。

由于此类机床或机械手没有实体坐标系，其设计与运行要用到复杂的数学计算与推理，即所谓要"用数学制造机床"。所以，它的坐系与工件坐标系的转换都是靠软件完成，其控制也是用计算机实现。相信随着这种机床与机械手应用的普及，以及 PLC 运动控制技术的进步，利用 PLC 对其实施控制也将是可能的。因此，对此先做些了解也是必要的。

3.4.4 运动控制细节处理

设计运动控制程序还有一些细节需要正确处理。没有处理好将难以实现预想的目标。这些细节有：

1. 累计误差

使用相对坐标的脉冲控制，每循环运行 1 次，有可能回不到原始位置，出现微小误差。反复多次运行，将使误差积累，以至超出控制精度的要求。为此，最好每次循环运行后，最好能进行一次基准点的校正。

校正的方法是使用精密行程开关监测基准点附近位置。当从一个预定的方向运动到此，它连接的输入点 ON（或 OFF）时，再继续前行，再到旋转编码器复位输入 ON 时，这时的位置就是基准点。这时，可激活运动初始化运动程序。这样，每次循环运行生成的误差，都将消除，不会积累。长期工作也可确保控制精度。

如果使用绝对坐标系统，则不必每个循环运行都做校正。只需开机时校正就可以了。

2. 间隙消除

由于机械原因，运动系统间隙是不可避免的。这样，当运动变向时，将可能丢步。为此，完善的运动控制都有相应的间隙补偿手段。

补偿可以用硬件消除间隙实现，但完全没有间隙难以做到。最实际的还是用软件实现。办法是，在运动方向开始改变的时刻，多输出若干脉冲，先消除间隙，然后再正常反向运动。

图 3-60 所示是欧姆龙 PLC 的一个程序实例。

图 3-60 中梯形条 3、4 作为本周期输出方向的记录。如果方向改变的首次输出，如本例 X 轴方向改变，其输出脉冲将从正常的 1 个，变为 5 个。当然，这个改变数，应根据实际间隙调整。

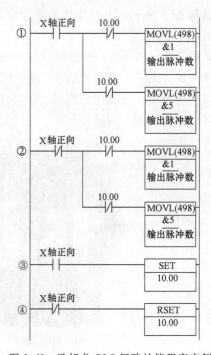

图 3-60 欧姆龙 PLC 间隙补偿程序实例

3. 手动调整

运动控制不仅要有正常的工作程序，还要有调整程序。前者多是联动，可自动工作。后者多手动，且功能单一。虽较简单，但也是必不可少。如上述基准点的处理，多是手动处理。

4. 安全控制

运动控制系统工作速度多较快，如果控制不当，或系统失灵，容易出现安全问题。所以，对系统控制可能出现的安全异常，要心中有数，并通过附加程序予以控制。这些异常有：

1）极限位置控制。运动部件不能在一个方向无限制的运动，在其极限一般要放置限位开关。一旦部件超出此位置，应控制其停止运动。或利用脉冲输出状态对运动控制做互锁。

2）失步控制。使用步进电机进行开环控制，有可能失步。对此，必要时也有措施。如使用步进电动机，脉冲频率不能超过允许值，并要保证脉冲发送完成后，再作新的输出。

3）互锁。有时有多个部件，其运动是相互制约的。这时，就要按约束条件建立工作互锁，以确保部件工作安全。即使同一部件不同方向运动，必要时也要互锁。这在实际电气控制中是很常见的。PLC 程序没有处理也可用电气系统处理。

5. 存在问题

这里介绍一些开环控制程序虽很实用，但只能用于小系统。因为都是面向资源有限的小型机。速度慢，行程小。而要解决这个问题，只好用大型机及相关的模块。更高性能的开环控制只好用 NC 或专门的运动控制器了。

3.5　同步运动控制编程

同步控制也称跟踪运动控制或随动控制，是指使对象的运动能跟踪目标运动量变化所做的控制。同步控制在套色印刷、包装机械、纺织机械、飞剪、拉丝机、造纸机械、钢板展平、钢板延压、纵剪分条等都有应用。

3.5.1　同步开环控制

1. 速度同步控制

要求输出的脉冲频率与输入的脉冲频率保持一致。办法是先读入脉冲频率，然后按读入的频率起动输出。其程序如图 3-61 所示。

这里只有两个工作指令。一是 PRV，读跟踪的输入脉冲频率，并测得的频率存储于 D0中。另一是 SPED，按跟踪得知的频率，D0 值，连续输出脉冲。

2. 位置同步控制

1）同时输出脉冲。同时向目标对象与跟踪对象输出相同的脉冲，靠脉冲驱动系统实现同步。这样的同步控制其实就是单一控制的重复。开环直线插补实质上就是开环位置同步控制。不同的只是它的位置移动比例可以调整。

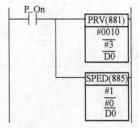

图 3-61　欧姆龙 PLC 程序跟踪

2）程序同步。边测量目标对象位置，边向跟踪对象输出脉冲，以达到两个运动同步。图 3-62 所示为一个同步处理程序。

这个程序每间隔一定时间采集一次检测到的目标运动时输入脉冲现值。D0、D1 用以存储采集反映目标位置的脉冲输入值。D10、11 用于暂存此值。用这两个比较，确定控制对象运动方向及输出的脉冲数，从而消除两者位置的偏差。只是，这样的位置跟踪在时间上是存在滞后的。

3）指令跟踪。欧姆龙 CPM2A 机有（SYNC）指令，执行它，可使脉冲输出与采集到的脉冲输入成一定比例。此指令梯形图格式如图 3-63 所示。

这里的 P1 为指定脉冲输入口，如设为 000，指定点 00000 为脉冲输入；P2 为指定脉冲输出口，如 000 指定 01000 点输出，如 010 指定 01001 点输出；C 为同步因子，BCD 码，占一个字。取值为 0～1000。其含义为输出脉冲频率与输入脉冲频率之比。

只是本指令为扩展指令，使用前要指定功能号，并要下载给 PLC。在下载前，还要把 PLC 设置成容许扩展指令功能码下载模式。办法是使 DM6602 的高字节应设为 1，否则，无法下载。同时，对 DM 6642 的 08～15 位，也要作相应设定。否则本指令无法正确执行。其设定要求见表 3-15。

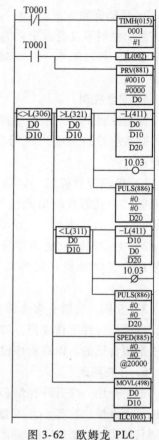

图 3-62　欧姆龙 PLC
同步位置开环跟踪程序

3. 应用实例

在 2008 北京奥运会上使用的撑杆跳杆的升降与前后移动，就是典型的双轴位置开环同步控制。图 3-64 所示为它的使用现场俄罗斯女子跳高名将伊辛巴耶娃，正在破 5.05m 世界纪录摘金的激动场面。

从图 3-64 可知，它有两个跳杆立柱，其上各有一个支架。跳杆可在这支架上前后移动。而支架又可沿立柱升降。显然，为了跳杆能正确工作，这两组的移动与升降必须同步。

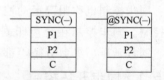

图 3-63　SYNC 指令

表 3-15　DM 6642 设定

DM 6642	00～03	高速计数模式 0：两相输入（5Hz） 1：脉冲+方向（20Hz） 2：增减模式（20Hz） 4：增模式（20Hz）
	04～07	高速计数复位模式 0：硬件+软件复位；1：软件复位
	08～15	对 00000～00002 高速计数及同步控制设定 00：不使用 01：使用高速计数 02：同步脉冲控制（10～50Hz） 03：同步脉冲控制（20～1Hz） 04：同步脉冲控制（300～20Hz）

该系统机械部分由泰山体育产业集团生产。运动控制部分由沈阳旭风电子科技开发有限公司研制。系统控制机使用欧姆龙 CP1H PLC，操作界面使用欧姆龙 5.7in 人机界面，伺服系统用松下伺服电机（含驱动器）及 ABBA 步进电机（含驱动器）。

图 3-65 所示为它的人机界面的一个操作画面。设置好预定高度，再按下触摸屏上的"起动高度"按钮，即可使支架上升到预定的设置高度。设置好预定的架距，再按下触摸屏上的"起动架距"按钮，即可使跳杆前移到设置的架距。按下触摸屏上的"回原点"按钮，则可使支架、跳杆返回到原始位置。

图 3-64 撑杆跳杆控制系统使用现场

该系统除了处理好硬件，还要编写 PLC 及人机界面程序。人机界面程序可使用包装在欧姆龙的 CX-one 软件中的 CX-Designer 软件在计算机上编写。编写后下载给人机界面。这类程序的编写将在本书第 7 章作进一步介绍。

PLC 程序要点有，数据处理（考虑传动机构参数，把设定数据转换为脉冲输出）、微调系统（微量移动）、工作输出（根据工作命令输出脉冲）、原点设置（确定基准点）、手动设置接受人工设定数据输入）、伺服报警（出现运动异常时提示）等。其同步控制较简单，靠两组相同的开环脉冲输出实现。

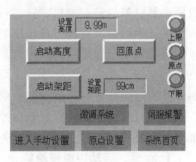

图 3-65 操作系统画面

这套系统经过多场奥运大赛证明，不仅使用方便、工作可靠，而且跳杆的升降速度达 0.8m/s，为国内、外同类产品 4 倍。深受运动员、裁判员的好评。为 2008 北京实现科技奥运的承诺做了贡献！这套系统还出口韩国，在 2012 年奥运会使用过。

> **提示：** 高性能的伺服电机也有位置跟踪功能。也可用以实现位置同步。

3.5.2 跟随同步控制

跟随同步控制的设定值是由测定的跟踪对象确定的。所以，它要有一个检测跟踪目标的位置值，另一个为检测控制输出的反馈值。以下以某导弹光学瞄准器的仰角，追踪雷达仰角的例子，来说明这个同步控制。

由于结构的原因，光学瞄准器与雷达天线无法同轴安装，造成当目标距离不同（影响较小）、仰角不同时，两者测得的仰角数据略有差别。为此，需按仰角进行人工修正。

为此，该系统用一个绝对旋转编码器检测雷达仰角，用另一个绝对旋转编码器检测光学瞄准器仰角。雷达与光学瞄准器一起有自身的驱动。但光学瞄准器还另用步进电机驱动，可与雷达相对运动，以进行角度修正。

由于角度修正值与仰角间的关系不是线性的，用公式计算也较麻烦。故先用手动操作，建立仰角与修正值之间的关系数表。

运行程序时，由绝对旋转编码器读入雷达的仰角，再根据仰角查此数表，求得光学瞄准器的仰角修正值，并以此做跟随控制的设定值。跟随控制的目的是使检测到的光学瞄准器仰角与修正值相等。该系统程序是沈阳鹭岛公司工控部开发的，具体内容略。

3.6　硬件模块实现运动控制

随着 PLC 运动控制使用增多，多数 PLC 厂商就已或正继续开发出越来越多专用于运动控制单元、模块，以至于出现运动控制 CPU。使 PLC 用于运动控制的功能越来越强，性能越来越高，使用也越来越方便。这些，已使 PLC 在简易数控系统方面完全取代价格贵的数控控制机。

PLC 用于运动控制的硬件模块类型很多。主要有位置控制模块、运动控制模块及运动控制 CPU。

3.6.1　用位置控制、运动控制模块实现

位置控制模块提供有脉冲输出口，可按要求向输出口发送预定频率及数量的脉冲，再通过驱动器以带动步进电机，以实现位置（位移）控制。它没有脉冲输入口，不接收反馈输入脉冲。因而，只适合于开环控制。

还有运动控制模块，其特点是，它既有脉冲输出口，还有脉冲量读入口。所以，除了可发送预定频率及数量的脉冲，还可接收脉冲反馈信号。因而，可用闭环的方法，实现运动控制，从而可获得更好的运动控制效果。

这些模块，根据脉冲量输出控制的坐标数不同，有 1 个坐标、2 个坐标及多个坐标。位置控制模块型别很多，各厂商有各厂商的产品系列。

1. 位置、运动控制模块简介

1）欧姆龙大、中型机的位置控制单元有很多型别，如 C200H 的 NC112、NC211、NC113、NC213、NC413、C200HWNC413/213/113 及 CJ1W 的 NC113、213、413、133、233、433 等。这些单元接受 PLC 指令，或自身存储的数据，向电机驱动器输出脉冲信号，分别运用不同的驱动方案及接线，进行单轴控制、双轴控制或四轴的定位控制。

再如 CJ1W-NC113/213/413/133/233/433。分别可进行 1、2 及 4 轴位置控制，每轴可预先设置 100 个位置、100 个速度；加、减速可设置为梯形或 S 曲线；可用 CX-Position 软件编程。

还有 CS1W-MC421/221，欧姆龙称之为运动模块。分别可进行 2 及 4 轴位置控制；最大位置值-39 999 999 到 39 999 999；可使用数控制 G 语言编程；可进行直线、圆弧、螺旋线等插补运算；可分任务编程；最多任务分别为 4 个、或 2 个，每个任务可有 25 个或 50 个程序；可用 CX-Motion 软件编程。

还有欧姆龙的 CS1W-MCH71，也称为运动模块。可控制多达 32 轴；可实现各种形式的运动控制，如单轴运动，多轴插补控制和同步控制；可使用高速伺服通信，实现分布控制（使用 Yaskawa 公司技术），以简化系统配线；最大位置值-2147483648 到 2147483647；可分任务编程；最多任务 8 个，每个任务可有 256 个程序；要使用 MCH 的 MC-Mel 的专用软件编程。

2）西门子 S7-200 机有 EM253 位控模块。可提供单轴开环移动控制；速度可在每秒 12

个脉冲至每秒 200000 个脉冲选定；具有急停、S 曲线或线性的加速减速功能；还提供可组态的测量系统，既可以使用工程单位，如英寸或厘米，也可以使用脉冲；还提供可组态的反向（backlash）补偿；还提供连续操作，最多可提供多达 25 组的移动方案，每组最多可有 4 种速度；还提供 4 种不同的参考点寻找模式，每种模式都可对起始的寻找方向和最终的接近方向进行选择；而且可使用 STEP 7-Micro/WIN 编程软件；生成模块所使用的全部组态，为它的使用提供很大方便。

再如 S7-300 机有 FM351、FM353、FM354、FM 357；S7-400 机有 FM451、FM453，等模块或模板。

FM351 模块可用于控制可变级电动机和控制标准电动机的变频器。FM353 可控制较高脉冲速率步进电机。FM354 可用于对动态性能，精度和速度都有高要求的复杂的往复进给运动。FM 357 可进行 4 个插补轴的协同定位，既能用于伺服电动机，也能用于步进电机。

FM451 为三通道定位模板，可用于快、慢速运动位置控制。FM 453 是智能的三通道模板，通过各种伺服和/或步进电机，可实现范围较宽的定位控制。从简单的点对点定位，到需要快速响应、高精确度和高速度的复杂模型的加工等都可进行。

3）三菱 FX 机为小型机，除了有脉冲输出点，还另有脉冲输出模块。如 FX2N-1PG、FX2N-10PG、FX2N-10GM、FX2N-20GM 等。FX2N-1PG 有多定位模式，1 轴，频率可为 10Hz~100kHz。设定最大脉冲数为 999999。FX2N-10PG 有多定位模式，1 轴，最高频率可达 1MHz，并可按 S 型加、减速。FX2N-10GM 可自身独立工作，1 轴，可连接绝对位置检测，最高频率可达 200kHz。FX2N-20GM，2 轴，具有直线插补与圆弧插补功能。另有编程语言 Cod 语言。

Q 型机有 QD75P1、QD75D1、QD75M1（以上为单轴）、QD75P2、QD75D2、QD75M2（以上为双轴）、QD75P4、QD75D4、QD75M4（以上为 4 轴）。可实现点到点（PTP）控制、轨迹（直线、圆）控制、速度和位置切换控制及位置、速度切换控制。定位范围为 -2 147 483 648~2 147 483 647。脉冲速度 P 型为 1~200kHz，D 型为 1MHz，M 型为 10MHz。可自动梯形或 S 型加减速。

2. 位置、运动控制模块使用

使用位置、运动控制模块进行对象的位置、运动控制，要做的主要工作是，首先要根据要求及模块的特性，做好硬件安装、接线及地址、输入模式、输出模式、工作参数等设定，进行相应的配置或组态。为模块正常工作建立条件。

当然，为了使用好这些模块，实现所要求的控制还是要编写相关程序。然而，使用这些模块编程，特别是使用运动模块的编程，已不是 PLC 意义上的编程了。它是数控编程。它有自身的编程平台、语言（如数控 G 语言）及算法。看起来虽复杂，但由于其界面友好，只要熟悉有关软件或工具，实际编程是不太难的。当然，作为 PLC 控制程序的一部分，还要编写一些与顺序控制或其它控制相协调、交换数据及有关的初始化程序。这些程序与其它类似控制程序差别不大，所以，不再另作介绍了。

3.6.2 用运动控制 CPU 实现运动控制

三菱 PLC 的运动 CPU 有 Q172CPU 和 Q173CPU。前者为 8 轴，后者为 32 轴。其性能参数见表 3-16：

表 3-16 Q 运动控制器性能参数

型号	Q173CPU	Q172CPU
控制轴数	32 轴	3 轴
操作周期	0.88ms	
插补功能	线性插补(最大 4 轴),圆弧插补(2 轴),螺旋插补(3 轴)	
控制方式	PTP(点对点),速度控制,速度-位置控制,固定斜度进给,持续速度控制,位置跟踪控制,速度切换控制,高速振荡控制,同步控制(SV22)	
加速/减速控制	自动梯形加速/减速,S 曲线加速/减速	
补偿	后冲补偿,电子齿轮	
定位点数量	3200 点(定位数据可以间接分配)	
原点回归	Proximity dog 型,计数型,数据设置型(2 种类型)	
JOG 操作功能	有	
同步编码器操作功能	可以连接 12 个模块	可以连接 8 个模块
绝对位置系统	通过对伺服放大器设置实现兼容(可能对每个轴选择绝对数据方式或增量方式)	
SSCNET I/F 数量	5 通道	2 通道

它可以和 PLC CPU 安装在同一基板上，配置成多 CPU 系统。最多可采用 4 个 CPU（包括一个 PLC CPU，3 个运动控制 CPU）。这样一个系统最多可以控制 96 轴。

运动控制 CPU 通过三菱伺服系统控制网络 SSCNET Ⅲ（Servo System Controller Network）的专用高速总线与伺服放大器连接。它的通信速度已高达 50Mbit/s，是第一代 SSCNET 的 9 倍（SSCENT 5.625Mbit/s）。通信距离最长可达 800m，是第 1 代 SSCNET 的 26 倍（SSCENT 30 米）。通信周期也由原来的 0.88ms 提高到现在的 0.44ms。在 SSCNET Ⅲ 中没有脉冲指令频率的限制，控制器和伺服放大器能做到完全同步，大大提高定位控制的准确性。SSCNET Ⅲ 的使用可节省连线，便于伺服系统的网络化管理。同时，采用光缆，抗噪声能力显著提高。

SSCNET Ⅲ 与三菱电机的最新伺服放大器 MR-J3 配合使用，可实现高速度（HF-KP 系列电动机，最高转速 6000r/min）和高精度（HF-KP 系列电机，分辨率：262144p/r），进行更加高速的平滑控制。

运动控制 CPU 使用独特的 Motion SFC 语言编程，具有可视性。实际的运动顺序在程序上直接反映出来，易于组织程序结构并通过监控工具进行调试。

可知，使用运动控制 CPU 的编程也不是一般 PLC 意义上的编程，也是另一个专门的课题。

此外，西门子新推出的 CPU 317T-2 DP 也称为运动控制 PLC。可实现 2~8 轴的控制（最多可达 16 轴）的运动控制。

再有就是有的中小型机也可专用于运动控制，如欧姆龙的 CJ2M 机可配置 4 组 3 相脉冲输入及 4 组不同脉冲（正反向脉冲或脉冲加正反方向控制）输出，同时还可配置 4 组可调制脉宽的脉冲输出。因而可方便地实现多轴的运动控制要求。

3.6.3 专用于运动控制的 PLC 网络

近年来，PLC 网络发展很快。不仅在信息传送，控制协调上取得很大进展，而且也可对用于实时性要求很高的运动控制。上述三菱伺服系统控制网络是专用的。如今还发展有可专用于运动控制的标准网络。这些网络有 Ethernet/IP、ProfiNet 及 CCLink/IE 等的运动控制部分。其特点是传输速度快、实时性强、可靠性高。运用它既可简化系统配置与接线，又便于信息传输与实现控制。是处理多个以至于地理位置分布的运动，并需协调控制的，较理想的解决方案。

结语

脉冲量多用于运动控制。主要有两种：一种是比较控制，这多与高速计数器配合，开关量输出，常用于较简单的位移控制；另一种为开环控制，较易实现多轴运动的插补运算，可实现曲线运动。关键是 PLC 的运算速度、内存容量及有相应的运算指令是否能满足要求。较好的方案是用专用位置控制或运动模块，以至于用运动 CPU。

脉冲量还可用于过程控制，如使用 VF（电压到频率转换）技术，可检测脉冲频率反映电压值，再用 PWM（脉宽调制）技术进行输出，则可很简单、经济地实现闭环控制。具体编程将在下一章介绍模拟量控制时一并介绍。

近来，国内有的公司还推出专用的运动控制器。其软件可用如 BASIC 这样高级语言编程。工作速度也很快。相信 PLC 厂商很快也会跟上的。再就是，目前机械手已用得很多。而它的动作则也多要运用运动控制。本章提供的算法也许对它编程也有所帮助。

在本章介绍的算法实例化中，用了脉冲处理及较多的浮点运算指令，用了中断等处理。所以，在本章的学习中，还可加深对第 1 章内容的理解。

第4章

模拟量控制程序设计

模拟量是指一些连续变化的物理量，如电压、电流、温度、压力、速度、流量等。在现实世界中，特别是在连续型的生产，如化工生产过程中，常见到模拟量，并要求对其进行控制。由于模拟量可转换成数字量，数字量只是多位的逻辑量，所以，只要有这个转换，PLC也完全可以对模拟量进行控制。

由于连续的生产过程常用模拟量，故模拟量控制有时也称过程控制。

4.1 模拟量控制概述

4.1.1 PLC模拟量控制过程

一个完整的模拟量PLC控制，一般讲，其过程是：用传感器采集信息，并把它变换成标准电信号，进而送给模拟量输入模块；模拟量输入模块把标准电信号转换成CPU可处理的数字信息；CPU按要求对此信息进行处理，产生相应的控制信息，并传送给模拟量输出模块；模拟量输出模块得到控制信息后，经变换，再以标准信号的形式传给执行器；执行器对此信号进行放大和变换，产生控制作用，施加到受控对象上。

图4-1所示为以上介绍的模拟量控制过程。

图4-1 模拟量控制过程

要弄清的是，这里"采集和处理"的信息，可能是调节量，也可能是干扰量。调节量，或称被控量，是反映被控系统的状态、行为、性能或功能的信息。干扰量与控制作用相反，总是使系统的状态与行为产生所不希望的变化。

如这里"采集和处理"的信息为调节量，则为反馈控制。它是一种模拟量最基本的控制方式。它依据系统的实际输出与预期输出间的偏差来进行控制，以期逐步缩小这一偏差。至于产生偏差的原因，它是不理睬的。图4-2所示就是反馈控制的原理。

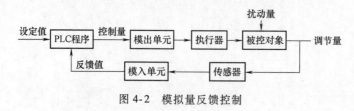

图4-2 模拟量反馈控制

如"采集和处理"的信息为干扰量，也为前馈控制。它基于干扰量的扰动情况作相应控制。图4-3所示为它的工作原理。

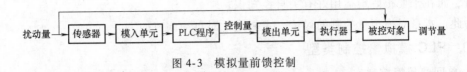

图 4-3 模拟量前馈控制

开环控制使系统在偏差即将发生之前就注意纠正，这是它的优点。但要弄清有多少扰动量，以及它与调节量间的关系，即控制量随扰动变化的规律，是不容易的。这也是它用得不多的原因。

以上讨论的是完整的模拟量控制过程，是较复杂的。既有模拟量入（AI），又有模拟量出（AO）。有时，为了简单，可不用那么完整的模拟量控制。如有的只用模拟量入，而输出用逻辑量（DO）。再如，也可能不用模拟量入，而用逻辑量入（DI），但用模拟量出。而且，由于脉冲技术的发展，模拟量控制也可运用有关脉冲控制技术。

4.1.2 PLC 模拟量控制目的

模拟量控制的目的是多种多样的，具体为：

1）使系统的某个量保持恒值，要求可控系统在受到扰动时，其调节量仍能保持在设定值附近。这种控制称为镇定控制，或称自动调节。

2）使系统的状态按预先给定的方式随时间或按预定的程序变化，这种控制称为程序控制。

3）使系统的状态按外来信号的变化而变化，这种控制称为随动控制。随动控制在实施控制以前不知道控制程序所需要的全部信息，但可以在控制系统运行期间获得这些必要的信息。

4）在控制系统满足一组约束条件下，使系统的某一参数达到最优值，这种控制称为最优控制。

5）使系统适应内外环境的变化，始终处于最有利的状态下运行，这种控制称为自适应控制。适应控制往往需要一个学习和记忆的过程，通常采用搜索法来选择系统最有利的运行状态。

6）使系统在对抗中取胜。在军事、经济、生态等系统中存在着竞争现象。这种系统往往出现两个受控部分的交互作用。在实施控制时要考虑对方的反作用。因而控制策略由两部分组成：要对竞争中出现的情况迅速做出反应，采用最优策略使系统在对方施加最不利的影响时也能处于尽可能好的地位。

虽然以上介绍了模拟量控制的 6 个目的，但最基本的、最常用的只是自动调节。在自动调节的基础上，如设定值是随时间按要求变化的，则变为程序控制系统；如设定值是本系统外的物理量随机确定的，则变为随动控制系统；如这些系统的控制规律或控制参数是可变的，并追求在满足一组约束条件下，目标函数值取极大值或极小值，则可能变为最优控制系统，或自适应控制。

由于 PLC 是基于计算机技术的控制器，有很强的数字处理与逻辑处理功能，所以，只要有合适的算法，一般讲，以上所述的多数控制总是可以实现的。

只是算法设计得有相应的自控知识，所以，模拟量控制程序设计，与其说是取决于设计者对 PLC 的了解，不如说是取决于设计者对自控知识的掌握；它的难点似乎不在于 PLC 程序本身，而在于要很好地运用好有关自控知识。

为此，本章对模拟量控制的讨论，主要是针对自动调节的。

4.1.3 PLC 模拟量控制类型

1. 单回路反馈控制

它只有一个控制回路，是闭环的。具体有：

ON/OFF 控制，最简单。其办法是，把检测到的模拟量的实际值与设定值进行比较，当实际值超过时定值到某界限时，其执行回路 ON（或 OFF）；而低过某界限时，执行回路 OFF（或 ON）。也可检测及处理实际值与设定值的偏差，并根据此调节控制输出 ON 与 OFF 的时间比例，以实现控制。这种控制，仅输入需用模拟量，而输出则用开关量。

P（比例）I（积分）D（微分）控制，它由传感器、模拟量输入单元、PLC 程序、模拟量输出单元（或逻辑量输出点）及执行器组成。它对偏差作 PID 运算，然后产生控制输出。当然，也可只有 P，或 PI 的控制，视系统的要求而定。PID 运算可用 PLC 的数学运算指令实现。较高档的 PLC 多有 PID 指令，或 PID 函数块，则可直接用这个指令，或调用这个函数块实现。也可使用 PID 控制的硬件单元（模块）实现。

其它控制，如模糊控制，它的输出按其与输入对应的模糊关系确定。欧姆龙、西门子的 PLC 就有模糊控制单元，可用以实现这种控制。

单回路反馈控制简单，易于调整、投运，适用于纯滞后和惯性较小、负荷和干扰变化比较平缓的系统的控制。

2. 串级控制

它有主、辅两个控制回路，主回路与辅回路，如图 4-4 所示。从图 4-4 中可知，它的主回路的设定值按要求给定，其输出不直接用以推动执行器，而用作辅调节器设定值。辅调节器的输出才用以推动执行器。

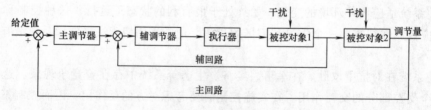

图 4-4　串级控制

图 4-5 说明单回路控制与串级控制的区别。图 4-5a 为单回路控制，控制量为炉温 θ，测出的炉温经变送器变换后，送调节器 T，调节器的输出直接控制调节阀的开度，从而控制送入加热炉中的燃油量。这个系统虽较简单，但燃油压力的波动将影响炉温变化。特别是燃油的压力波动值大且频繁时，炉温的波动更大。

而图 4-5b 为串级控制，就是要解决这个压力波动对炉温的干扰。它先构成一个压力控制回路。用辅调节器 G，去克服燃油压力波动对流量的影响。主调节器则按设定值的要求，依炉温确定应给的燃油流量。

由于多了个辅回路，可使所控制的炉温免受或少受燃油压力波动的干扰，从而提高系统的控制品质。

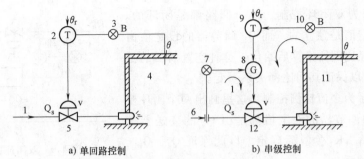

a) 单回路控制　　　　　　　b) 串级控制

图 4-5　单回路控制与串级控制区别

1、6—燃油　2—调节器　3—变送器　4、11—加热炉　5、12—调节阀　7—辅变送器

8—辅调节器　9—主调节器　10—主变送器

应提醒的是，这里调节器用的不是硬件，而是软件，是 PLC 程序。靠运行 PLC 程序实现调节器的控制功能。

3. 前馈控制

图 4-6 所示为前馈控制的例子。它是按扰动进行的开环控制。如图 4-6 所示的换热器，加热的物料流入量是主要的干扰因数时，可用如图 4-6 所示的办法，随着进料的变化，通过前馈补偿器，调节用以加热物料的蒸汽流量，从而控制容器的温度。

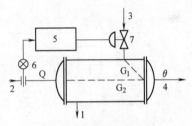

图 4-6　前馈控制例子

1—排水　2—进料　3—蒸汽

4—出料　5—前馈补偿装置

6—进料变送器　7—调节阀

如果弄清物料流量对温度的影响规律，可做到系统的误差为零。

当然，前馈与反馈控制也可结合起来进行，以得到更高系统的控制品质。

应提醒的是，这里的前馈补偿器也不是硬件，而是软件，也是 PLC 程序。用运行 PLC 程序实现前馈补偿器的控制功能。

4. 比值控制

在生产中，有时要求若干变量间保持一定的比例关系，如煤气加热炉，就要求煤气与空气要有合适的比例，即空燃比。比例调节器就是要保证在煤气变化的同时，空气也要有相应的变化。比值控制有开环、闭环及多变量比值等。

图 4-7 所示为开环比值控制。Q_b 的流量按比例 k，跟随流量 Q_a 变化。

图 4-8 所示为闭环比值控制。Q_b 的流量为闭路控制。它的设定值为 kQ_a，随 Q_a 而变。

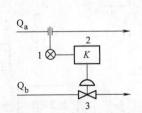

图 4-7　开环比值控制

1—变送器　2—比例器　3—调节阀

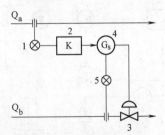

图 4-8　闭环比值控制

1、5—变送器　2—比例器　3—调节阀　4—调节器

图 4-9 所示为双闭环控制，两个回路都是闭环的。Q_a 调节器的设定值是独立的，而 Q_b 调节器的设定值由 Q_a 的变送器，经比例器换算后给出。这种空置的目的是 Q_b 要随 Q_a 变，以保证其间比例关系不变。

图 4-10 所示为多值比例控制。这里画出两个闭环控制回路。它们的调节器的设定值都是由 Q_a 的变送器送出、经比例器 K_1、K_2 换算后确定。以此保证 Q_a、Q_{b1}、Q_{b2} 之间的比例关系。

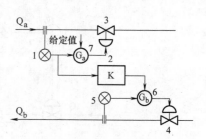

图 4-9　双闭环比值控制

1、5—变送器　2—比例器

3、4—调节阀　6、7—调节器

图 4-11 所示也为多值比例控制。这里也画出两个闭环控制回路。Q_{b1} 调节器的设定值都是由 Q_a 的变送器送出、经比例器 K_1 换算后确定。而 Q_{b2} 调节器的设定值则是由 Q_{b1} 的变送器送出、经比例器 K_2/K_1 换算后确定。它是用从变量间的协调，保证 Q_a 与 Q_{b1} 以及 Q_{b1} 与 Q_{b2} 之间的比例关系。

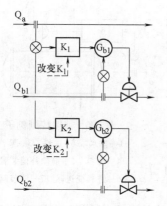

图 4-10　多值比例控制

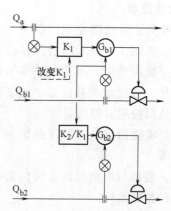

图 4-11　多值比例控制另例

图 4-12 所示有 3 个调节回路。调节器 T，用以调节炉温。当温度变化时，它改变燃气调节器的设定值。进而改变燃气流量 Q_a。而当燃气流量改变时，经比例器 K 也改变空气调节器的设定值。也会改变空气的流量 Q_b。从而达到当温度变化时，既改变燃气，又改变空气的流量，以保证炉温恒定。

图 4-13 所示为变比值的控制回路。流量 Q_b 的调节器的设定值由乘法器给定。乘法器进

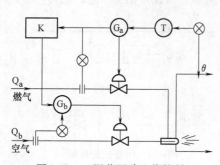

图 4-12　三调节回路比值控制

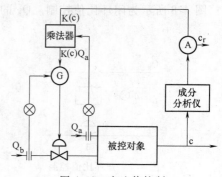

图 4-13　变比值控制

行 K(c) 与 Q_a 的乘运算。而 K（c）则由成分分析仪测出成分值 c 后，由控制器 A 把其与设定值 c_r 比较、换算得出。这种控制可保证不同的流量 Q_a 时，将有不同比例的 Q_b 值。

应提醒的是，这里除变送器、调节阀之外，其它的如调节器、比利器、成分分析仪、乘法器等均为软件，为 PLC 程序，通过运行 PLC 的程序实现有关的控制功能。

5. 其它控制

其它常用的控制方法还有均匀控制、分程控制、多冲量控制等。

均匀控制用于连续生产的过程中。目的是保证前后设备间的物料流动能得以平衡，以达到均匀生产的目的。

分程控制用于有不同工况的生产过程。可做到在各个工况下，都能实现合适的控制。

多冲量控制用于有多个相互有联系的被控对象，被控量不仅与控制量有关，还与其它变量有关。多冲量控制就是将这些变量组合起来，一起去控制控制量。

此外，还有一些高级控制，如模糊控制、专家控制、最优控制、自适应控制、自学习控制、预测控制及复合控制等。

这些控制也都可用 PLC 予以实现。

4.1.4 PLC 模拟量控制特点

用 PLC 实现模拟量控制有 3 个基本特点：一是有误差；二是断续的；三是有时延。

1. 误差

PLC 只能处理数字量，而要用它控制模拟量，必须先对这些模拟量要进行量化。即求出与实际的模拟量最接近的数字量。

正是要量化，所以量化后的值与模拟量的原值总是有差异的。即存在误差。但这个误差是可控的。办法靠选用合适的模入、摸出模块的位数。如用的是 8 位模拟量输入模块，其量化的值只能是 0~255（十六进制 FF）之间的整数。故其分辨率为 1/256。如用的是 12 位模拟量输入模块，其量化的值只能是 0~4095（十六进制 FFF）之间的整数。故其分辨率为 1/4096。如果选的位数多，分辨率高，精度也高。但位数多，模块也贵。高过 16 位时，还要用双字指令处理，这也将多增加资源开销与处理时间。

误差可得到控制是一个重要的优点。历史上出现用数字计算机代替模拟计算机，正是前者的误差是可控的。靠模拟控制的金属切削机床被数控机床所代替，原因之一也与这有关。所以，这里量化后有误差可能还是它的优点。

只是这里也有一个合理的"度"，应在保证精度的要求下，力争减少位数。

2. 断续

模拟量本身变化总是连续的。但 PLC 系统的对它"采样"（即取值）则是按一定时间间隔进行的。只在采样的瞬间才能代表当时的模拟量，其它时刻的模拟量值它不代表。

同理，模拟量输出也是断续的。因为也只是在 PLC 输出刷新时，模出模块或输出点才把控制信号送给系统并控制系统。

这个断续说明，只是在 I/O 刷新期间才相当于它的采样开关合上，系统是闭合的。其它较长的时间是用在 PLC 运行程序、对采集到的数据进行处理。而这期间系统闭环是断开的。可知，PLC 模拟量控制系统是典型的采样控制系统。

为了保证采样信号能较少失真地恢复为原来的连续信号，根据采样定理，采样频率一般应大或等于系统最大频率的两倍。最大频率是系统幅频特性上幅值为零时的频率。

3. 时延

实际系统本身的惯性以及动作传递也有个过程，有一定时延。用 PLC 进行控制，采样、信息处理及控制输出也有个过程，更有时延。在实施一个新一轮的控制作用之后，不能指望立即就会有所反应。所以，不能因一时未得到所期望的反应，就一味地改变控制作用。那样，很可能使系统出现不稳定。再如，用 PID 控制其运算间隔时间不能太短。如无特殊措施，其间隔起码要大于程序的扫描周期。

以上 3 个特点，在确定控制算法、设计控制程序及选定控制参数时是必须考虑的。

4.1.5　PLC 模拟量控制要求及性能指标

1. 要求

一般讲，对 PLC 模拟量控制系统的要求都是看在某种典型输入信号作用下，其被控量变化的过程。例如自动调节系统，就是看扰动作用引起被控量变化的过程；随动系统就是看被控量，如何克服扰动影响，跟随给定量的变化而变化的过程。对每类系统被控量变化过程的共同要求是稳定性、快速性和准确性，即稳、准、快。

（1）稳定性

稳定性一般指系统的被控量一旦偏离期望值，则应随时间的增长逐渐减小或趋于零。对于稳定的自动调节系统，其被控量因扰动而偏离期望值后，经过一个过渡时间，应恢复到原来的期望值；对于稳定的随动系统，被控量应能跟踪给定量的变化而变化。反之，不稳定的控制系统，其被控量偏离期望值后，将随时间的增长而越来越偏离期望值。

所以，稳定性是保证控制系统正常工作的先决条件。稳定是所有控制系统首先要满足的要求。不稳定，被调节量老是变化不定，以至于产生震荡，那是绝对不允许的。

（2）准确性

准确性是指当过渡过程结束后，被控量的稳态值与期望（给定）值一致性。实际上，由于系统结构、外作用形式以及摩擦、间隙等非线性因素的影响，以及受模拟量控制与数字量相互转换分辨率的限制，被控量的稳态值与期望值之间总会有误差，称为稳态误差。在实际上，完全没有这个误差是不可能的。

这个稳态误差小，则精度高。使这个误差应尽可能小，这是对控制的基本要求。精度当然越高越好，但也要有个合适的"度"。一般讲，合乎要求也就可以了。

（3）快速性

除了稳定性、准确性，在多数情况下，还对过渡过程的形式和快慢要有要求，一般称之为动态性能。例如，对用于稳定的高射炮射角随动系统，虽然炮身最终能跟踪目标，但如果目标变动迅速，而炮身跟踪目标所需过渡过程时间过长，就不可能击中目标；对用于稳定的飞机自动驾驶仪系统，当飞机受阵风扰动而偏离预定航线时，具有自动使飞机恢复预定航线的能力，但在恢复过程中，如果机身摇晃幅度过大，或恢复速度过快，就会使乘员感到不适；函数记录仪记录输入电压时，如果记录笔移动很慢或摆动幅度过大，不仅使记录曲线失真，而且还会损坏记录笔，或使电器元件承受过电压。

总之，快速性是指系统实际值偏离要求（设定）值时，系统能很快（过渡时间短）而又平稳（无振荡，或振荡幅度小、次数少）地回到设定值。

2. 模拟量控制指标

上述模拟量控制要求可用控制指标做量化衡量。这些指标有时域指标、频域指标及积分指标。具体指标可参阅有关介绍。

4.2　PLC 模拟量输入及输出

4.2.1　模拟量输入

1. 用模拟量输入单元输入模拟量

把模拟量输入给 PLC 最简单的方法是用模拟量输入单元（模块），简称 AD 单元。它不仅可完成从模拟量到数字量的转换，有的还可作相应处理，如滤波、求平均值、保持峰值、按比例转换等。

模拟量一般指标准电信号，即电流或电压。电流为 4~20mA。电压为 0~10V，或 1~5V，或 ±10V 等。具体是什么，又是多少，可依型号情况及设定开关设定。

转换后的数字量可以为二进制 8 位、10 位、12 位、16 位或更高。对应的分辨率分别为量程的 1/255、1/1023、1/4095 及 1/32767，或更小。分辨率高精度也高。大、中型机的，精度高，多为 12 位，小型机差点，不少为 8 位。

AD 自身有输入电路、多路选择器、A/D 转换器、范围选择器、光电耦合器、CPU、内存、看门狗定时器、电源及总线接口。它可接电流信号，也可接电压信号。

一个 AD 单元一般只有一个 A/D 转换器。但有了多路选择器的依次切换，则可实现多路模拟信号处理。转换后再经光耦器转储到它自身的内存中。这样做当然要耽误一些时间，但节省了器件与空间。算是以时间换取空间。

有的 AD 单元可在存储之前进行相应的处理，处理后才存。存储后的数据，再经 PLC 的 I/O 总线接口，在 PLCI/O 刷新或通过执行相应指令（对某些三菱 PLC）时，被读入到 PLC 内部继电器或 I/O 继电器的相应通道中。

由于这里用有光耦器，故与普通的 I/O 单元一样，抗干扰的能力也很强。但有的公司为了降低成本，也生产无隔离的 AD 单元。当然，它抗干扰能力也差了。

常用的 AD 单元有 4 路、8 路的，还有多达 16 的。也有少的只有 1 路、2 路的。

（1）AD 单元性能

主要有如下 5 项：

1）模拟量规格：指可接受或可输出的标准电流或标准电压的规格，一般规格越多越好，便于选用。

2）数字量位数：指转换后的数字量，用多少位二进制数表达，位多的好，精度高。

3）转换路数：指可实现多少路的模拟量转换，路多的好，可处理多路信号。

4）转换时间：指实现一次模拟量转换的时间，时间越短越好。

5）功能：指除了实现数模转换时的一些附加功能，有的还有标定（Scaling）、平均（Mean）、峰值（Peak Vaule）及开方（Square Root）功能。其含义可参见有关说明。当然，如果使用 AD 模块没有上述功能，而实际又需要时，也可用程序实现。只是，这时要占用 PLC CPU 及内存的资源，同时还要增加程序扫描时间。

（2）AD 单元使用

有如下 3 点：

1）要选用性能合适的单元，既要与 PLC 的型号相当，规格、功能也要一致，而且配套的附件或装置也要选好。

2）要按要求接线，端子上都有标明。用电压信号只能接电压端；用电流信号只能接电流端。接线要注意屏蔽，以减少干扰。

3）要做好有关设定。有硬设定及软设定。硬设定用 DIP 开关，软设定则用存储区，或运行相应的初始化 PLC 程序。做了设定，才能确定要使用哪些功能，选用什么样的数据转换，数据存储于什么单元。总之，没有进行必要的设定，如同没有接好线一样，单元也是不能使用的。

2. 用其它模拟量处理模块输入模拟量

随着 PLC 模拟量控制应用的增多，还有可进行温度检测、流量检测、称重检测等模拟量输入单元。可把检测这些物理量的传感器接入这些单元，不用变送器，即可直接实现这些物理量到数字量间的转换。有了这些模块，对这些模拟量的检测就更方便了。

再就是还有种种某个物理量控制单元，不仅能检测这些物理量，而且，还可按一定算法产生模拟量输出，不通过 PLC 的 CPU 就可实现对控制对象的控制。如 PID 控制、模糊控制单元就是这样。再如温度控制单元，实质上，它就是挂接在 PLC 上的一块温度控制表。这时，PLC 的作用只是与其交换数据与实施必要的监控。

3. 用高速计数输入点或模块输入

由于脉冲技术的进步，模拟量也可很方便地转换为脉冲量。所以也可用采集脉冲量的方法输入模拟量。具体方法上一章已有介绍。

4.2.2 模拟量输出

1. 用开关量 ON/OFF 比值控制输出

改变开关量 ON/OFF 比例，进而用这个开关量去控制模拟量，是模拟量控制输出的最简单的办法。如图 4-14 所示，输出的为某开关量，改变输出周期，即可调整这个输出点 ON/OFF 的时间比例。如电源通过这个触点，加载到某模拟量控制对象，则这个对象所接收的能量将与这个 ON/OFF 比例相关。显然，这里改变输出周期，即控制了相关的模拟量。

图 4-15 所示为实现这个算法的四种 PLC 的梯形图程序。它各都用了两个定时器，一个控制工作周期（图 4-15d 为 Cycle），另一个控制输出周期（图 4-15d 为 ttOut）。当"输出周期"小于"工作周期"时，部分时间有输出；当"输出周期"大于或等于"工作周期"时，全部时间都有输出。

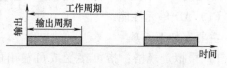

图 4-14 ON/OFF 时间比例输出

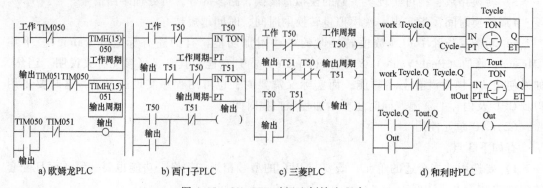

a) 欧姆龙PLC　　　　b) 西门子PLC　　　　c) 三菱PLC　　　　d) 和利时PLC

图 4-15 ON/OFF 时间比例输出程序

这个方法不用模拟量输出模块，即可实现模拟量控制输出控制。不足的是，这个方法的控制输出是断续的，系统接收的功率有波动，不很均匀。如系统惯性较大（它对波动有滤波作用），或要求不高，容许不大的波动时，还是可用的。而为了减少波动，也可缩短工作周期。但要使用晶闸管输出点。

2. 用高速计数模块或输出点输出

用高速计数模块或输出点主要输出可调制脉冲宽度的脉冲。进而得到不同的输出值。具体脉冲输出方法，上一章已有介绍。

3. 用模拟量输出单元控制输出

（1）DA单元概述

为使所控制的模拟量能连续地、无波动的变化，最好的办法是用模拟量输出单元（模块）。它是把数字量转换成模拟量的PLC工作单元，简称DA单元。多数PLC的DA单元是单独的模块，但也有集成到CPU模块中的。

转换前的数字量可以为二进制8位、10位、12位、16位或更高。对应的分辨率分别为量程的1/255、1/1023、1/4095及1/32767，或更小。分辨率高精度也高。

转换后的模拟量都是标准电信号——电流或电压。电流为4~20mA。电压为0~10V，或1~5V，或±10V等。具体是什么，又是多少，可依型号情况及设定开关设定。

模拟量输出单元在PLC I/O刷新时，通过I/O总线接口，从总线上读出PLC I/O继电器或内部继电器指定通道的内容，并存于自身的内存中；再经光耦器传送到各输出电路的存储区；再分别经D/A转换向外或输出电流，或输出电压。

由于也用了光耦器，其抗干扰能力也很强。

DA单元有2路的，还有4路、8路的，少的只有1路。

有的模拟量输出单元还有一些特殊功能，即：输出限定（Out Limit）、输出限定报警（Out Limit Alarm）及脉冲输出（Pulse Output）。其含义为：

1）输出限定：可设定输出的限定使能，并设置具体的上限与下限值。有了限定，输出将只能在限定值间变化，设定值超过上限，实际只能为上限；低过下限也类似。

2）输出限定报警：可设定超限定具有报警的功能并设置它的相应报警值。若做了设定，则：

上限报警ON：模出≥模出限定报警上限

　　　　OFF：模出<模出限定报警上限−死区宽

下限报警ON：模出≤模出限定报警下限

　　　　OFF：模出>模出限定报警下限+死区宽

3）脉冲输出：可设脉冲输出使能，进而设脉冲周期及输出点。若做了设定，其脉冲充填系数（占空比）与相应的模出量成比例。即

$$占空比 = x/FFF \times 100\%$$

这里，x为输出通道的内容，十六进制数；FFF为十六进制数。

（2）DA单元使用

1）要选用性能合适的单元。要选性能合适的单元，既要与PLC的型号相当，规格、功能也要一致，而且配套的附件或装置也要选好。

2）要按要求接线，端子上都有标明。用电压信号，只能接电压端；用电流信号只能接电流端。接线要注意屏蔽，以减少干扰。

3）要做好有关设定，有硬设定及软设定。硬设定用 DIP 开关，软设定则用存储区，或运行相应的初始化 PLC 程序。做了设定，才能确定要使用哪些功能，选用什么样的数据转换，数据存储于什么单元等。总之，没有进行必要的设定，如同没有接好线一样，单元也是不能使用的。

4.2.3　模拟量模块访问与数据处理

多数 PLC 模拟量输入、输出模块都有自己实际地址，一般按这样地址都可对其进行读写访问。但有的还需考虑如下问题：

1. 数据格式

一般讲，模拟量输入、输出都使用二进制数，有的还可带符号位。有 8 位、12 位、16 位或更多。但有的可自动转换为 BCD 码。有的一个地址字存了两路的数据，如欧姆龙 CPM1A 的模拟量输入单元。还有的一个字虽存放一路数据，但最低的 3 位不用，如 S7-200 的 EM231（模拟量输入）、EM235（模拟量输出）模块，实际数据是左端对齐，存在模拟量输入、输出地址字的高 12 或 13 位之间，最高（左）位是符号位。为此，如使用这样的模拟量输入单元，用数据读入后，要先做处理，然后才可使用；如使用这样的模拟量输出单元，写数据写出前，要先进行处理，然后才可写出。具体细节一定要按有关模块的说明书操作。

2. 访问方法

对模拟量输入、输出模块数据（有的称缓冲存储区）区的访问，多数 PLC 使用任何数据处理指令，如传送（MOV）、数据运算（ADD、SUB 等）指令，都可直接实现。但有的 PLC，如三菱 FX 机只能使用特定指令才能访问。其特定指令有：FROM、DPRO（读）、TO、DTO（写）两种。有的模块使用 RD3R（读）、WD3R（写）指令。如要使用输入的模拟量，则先要用这里特定读指令，把缓冲存储区的数据读到指定数据区中，然后再使用这指定的数据区（等于使用相应的模拟量）；如要控制输出的模拟量，则先要把数据写到指定的数据区，然后用这里的特定写指令，把指定数据区的数据写给缓冲存储区。显然，这样处理要麻烦些，也增加了处理时间。不过，它的新型机有的情况已有改变，也可直接访问了。

它的 FROM、TO 指令简介如下：

FROM 指令：

其格式如图 4-16 所示。

图中，n1 为模拟量输入、输出模块的起始 I/O 号（二进位制 16 位）；n2 为被读取数据的起始地址（二进位制 16 位）；Ⓓ代表存储被读数据的软元件的起始地址（二进位制 16/32 位）；n3 为被读数据的数量（1 到 6144）。

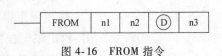

图 4-16　FROM 指令

当执行条件满足，执行本指令，将使模块的缓冲存储器中，从由 n2 指定的地址开始，读取 n3 个字的数据，然后存入从Ⓓ指定的软元件开始的区域中。

本指令可加前、后缀。如前加 D，为双字指令；如后加 P，为微分执行。

使用例：图 4-17a 所示为读缓冲存储区梯形图程序，4-17b 为 Q68ADV 模拟量输入模块在 Q 型 PLC CPU 机架上安装的简图。此程序的功能是：当 X000 ON，执行 FROM 指令，把模块 I/O 地址为 4 的模块，从图 4-17 可知，即 Q68ADV 模拟量输入模块的缓冲存储区起始地址为 10 的字，读一个字，送 D0 中。按 Q68ADV 模拟量输入模块的说明书指明，这缓冲存储区 10，即为该模拟量通道 1。

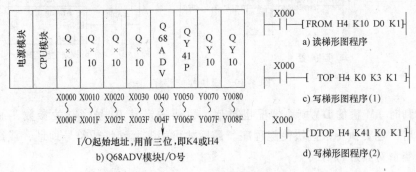

图 4-17 FROM 指令使用实例

TO 指令：

其格式如图 4-18 所示。

图中，n1 为模拟量输入、输出模块的起始 I/O 号（二进位制 16 位）；n2 为被写出数据的起始地址（二进位制 16 位）；Ⓢ是存储被写数据的软元件的起始地址（二进位制 16/32 位）；n3 为被写数据的数量（1~6144）。

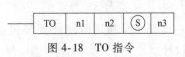

图 4-18 TO 指令

当执行条件满足，执行本指令，该指令从Ⓢ指定的软元件开始的区域，将 n3 个字的数据，写给 n1 模块，其起始地址为 n2 的缓冲存储器中。

本指令也可加前、后缀。如前加 D，为双字指令；如后加 P，为微分执行。

使用例：图 4-17c 所示为写缓冲存储区梯形图程序，当 X000 ON，微分执行 TO 指令，把常数 0，写给模块 I/O 地址为 4 的模块，从图知即 Q68ADV 模拟量输入模块的缓冲存储区起始地址为 0 的字。

使用例：图 4-17d 所示也为写缓冲存储区梯形图程序，当 X000 ON，微分执行双字 TO 指令，把常数 0，写给模块 I/O 地址为 4 的模块，从图知即 Q68ADV 模拟量输入模块的缓冲存储区起始地址为 41、42 的字。

这两个写程序都是用作对模拟量输入模块作相应设定。

> 提示：三菱 PLC 的模拟量输出、输出模块访问指令，不都是用上述 FROM、TO 指令，如 FX 机有的 AD、DA 模块用 RD3R、WD3R 指令，而有的新机型、或模块也可直接访问。具体应按说明书规定进行操作。

对于和利时 LM 机，在访问模拟量模块之前，必须运用 PowerPro 软件进行设定。先是在 PLC 硬件配置添加该模块时，在基本参数栏中选定节点的 ID 号。此后，在通道参数栏中，确定是否使用该通道，以及有关参数。如图 4-19a 所示，滤波系数（Filter_Factor）设为 1，含义为不作滤波。死区（Deadband）也可在最大、最小值之间选定。如配置 LM3311，还包括断路检测等参数。最后，用程序使能 AD 模块。为此，要加载有关的库文件。如 LM 机常用的 AD 模块，要加载 Hollysys_PLC_ANALOG. LIB 库文件。之后，要执行图 4-19b 模块使能程序。

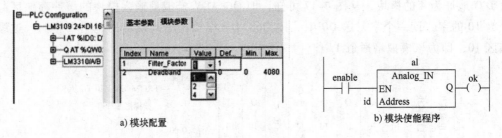

a) 模块配置   b) 模块使能程序

图 4-19   模块使能程序

使用和利时 LM 机的 DA 模块情况也类似。也要选定其 ID 号、有关参数、加载有关的库文件。之后，也要执行该模块使能程序。最后才可用实际地址或符号地址，或声明与实际地址关联的变量对其进行访问。

4.3   模拟量开环控制

模拟量开环控制的类型较多，主要有程序控制、比例控制及补偿控制等。

4.3.1   程序控制

程序控制是指使被调节量按预定规律变化所做的控制。这预定规律可根据要求任意设计。

以下为两个电动机速度程序控制实例。在使用时，还需把这里的模拟量输出做功率放大，以加载给直流电动机，或用输出控制变频器输出频率，用变频器加载给交流电动机。此输出可理解为 0~5V 或 10V 电压。此电压高，直流电压也高，或变频器的输出频率也高；用它驱动电动机时，电动机的转速也高。所以，控制此数值即可控制电动机速度。

控制要求如图 4-20 所示，即运动部件先作等加速度运动；增速到 Max 值时，速度保持这 Max 值，作等速运动；到总行程"行程快到"后，作等减速度运动；减速到 Min 值后，速度保持 Min 值，作等速运动，直到行程到"行程到"时，运动停止。

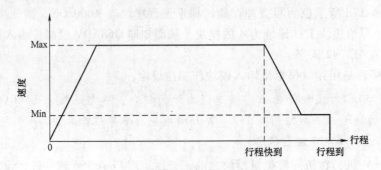

图 4-20   运动速度与行程关系

图 4-21 所示为三种 PLC 实现这个控制的程序。

为了便于说明，图中用的都是符号地址，且 3 种 PLC 的符号明均相同。如图 4-21 所示，"起动"信号 ON 后，"运行"将 ON，并自保持。这时，由于"减小"OFF，其常闭触

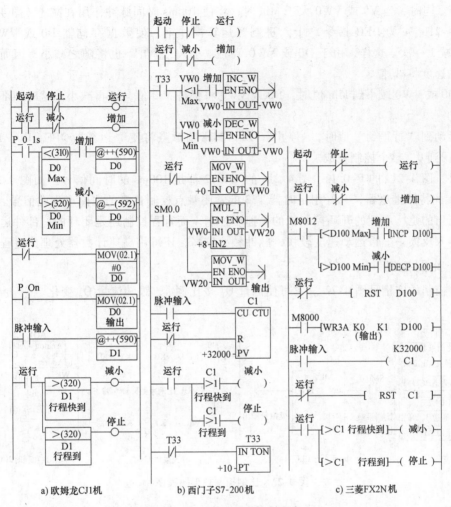

a) 欧姆龙CJ1机 b) 西门子S7-200机 c) 三菱FX2N机

图4-21 电机速度控制程序

点ON，故"增加"ON。

"增加"ON，且D0或VW0小于Max时，将使100ms时间脉冲作用在加1（图4-21a为++，图4-21b、c为INC指令）十六进制数运算操作上，使数据存储器D0或VW0每经100ms，加1一次。而此D0或VW0的值总是传送给"输出"，因为它的传送条件总是P-ON、SM0.0或M8000，均为常ON特殊继电器。图4-21a用的都是十六进制数，直接传送；图4-21b考虑到模拟量输出为"左对齐"，故作乘8（左移3位）传送；图4-21c则根据模拟量模块访问的特点，用相应访问指令传送。这样，由于D0或VW0值的增大，"输出"也将随之增大，因而，所控制部件的速度将增速。

当D0或VW0增到Max值时，D0或VW0将保持Max值，不再增大。这时，部件将作等速运动。

当部件运动时，将产生"脉冲输入"信号。每输入一个脉冲，对于图4-21a程序，将使D1加1，图4-21b、c则使增计数器C1加1。

当D1或C1增加到等于或大于"行程快到"值时，"减小"ON，其常闭触点将使"增加"OFF。同时，当 V0 或 VW0 大于 Min 时，将使 100ms 时间脉冲作用在减 1（图 4-21a 为 --，图 4-21b、c 为 DEC 指令）十六进制数运算操作上，使数据存储器 D0 或 VW0 每经 100ms，减 1 一次。这样，由于 D0 或 VW0 值的减小，"输出"也将随之减小，因而，所控制部件的速度将减速。

当 D0 或 VW0 减小到 Min 值时，D0 或 VW0 将保持 Min 值，不再减小。这时，部件将作等速运动。

当运动到"行程到"值时，"停止"ON，其常闭触点将使"运行"OFF。D0、D1、C1 或 VW0 回到 0，整个控制完成。

另外，图 4-21a 的 P-0.1s、图 4-21c 的 M8012 都是 100ms 的时间信号。而图 4-21b 中，S7-200 无此特殊继电器，只好用定时器 T33 的常闭触点控制自身的线圈产生此信号。

应指出的是，本例的开环控制指的是速度控制。而行程控制还是闭环的。部件运动行程用脉冲输入反馈。如果运动速度较快，脉冲频率较高，还可用高速计数器处理此过程。

4.3.2　比例控制

比例控制的实例见图 4-22 。它可使流量 Q_b 按比例 k，跟随流量 Q_a 变化。

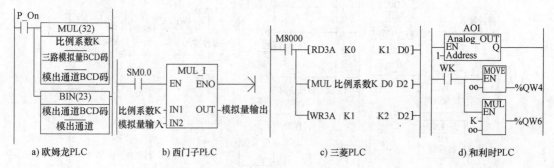

图 4-22　比例控制梯形图程序

从图 4-22 知，图 4-22a 的"模出通道"的 BCD 码值为"三路模拟量 BCD 码"与"比例系数 K"的乘积。再转换为十六进制后输出给"模出通道"，即可使"模出通道"控制的模拟量，按比例系数 K，随"三路模拟量 BCD 码"的变化而变化。

图 4-22b 用的是十六进制数，只要"模拟量输入""模拟量输出"格式相同，无须转换，则把"比例系数 K"与"模拟量输入"相乘，结果给"模拟量输出"就可以了。

图 4-22c 用的也是十六进制数。但要用 RD3A（有的模块用 FROM 指令）指令先从模拟量输入模块取得"模拟量输入"数据（存于 D0），把"比例系数 K"与 D0 相乘，结果存于 D2。再用 WR3A（有的模块用 TO 指令）指令把 D2 的值写给模拟量输出模块。

图 4-22d 先是使能模拟量输出模块。接着只要 WK（工作）ON，则把"OO"的值，即上述流量 Qa 控制值传送给"%QW4"（模拟量输出模块）。并把字"OO"乘以 k 后，赋值给"%QW6"（另一模拟量输出模块）。有了它，也可使"%QW6"的模拟量输出将为"%QW4"模拟量输出的 K 倍。

还可能实现多值比例控制。图 4-23 为与其对应的梯形图程序。这里有两个比例器 K_1、K_2，都由输入量 Q_a 控制，以保证实现 $Q_{b1} = K_1×Q_a$、$Q_{b2} = K_2×Q_a$ 的比例关系

图 4-23a 的"模出通道 1BCD 码""模出通道 2BCD 码"值分别为"三路模拟量 BCD

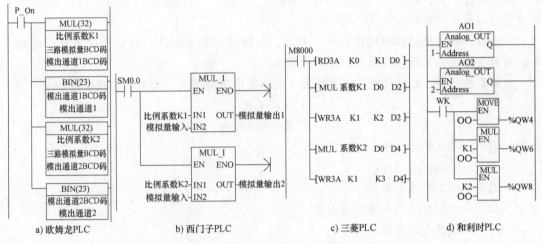

a) 欧姆龙PLC　　　　　b) 西门子PLC　　　　　c) 三菱PLC　　　　　d) 和利时PLC

图 4-23　多值比例控制梯形图程序

码"与"比例系数 K1""比例系数 K2"的乘积。再经转换为十六进制数，然后输出给"模出通道 1"、"模出通道 2"，即可使"模出通道 1""模出通道 2"控制的模拟量，按比例系数 K1、K2，随"三路模拟量 BCD 码"的变化而变化。

图 4-23b 用的都是十六进制数，把"比例系数 K1"与"模拟量输入"相乘，结果给"模拟量输出 1"、把"比例系数 K2"与"模拟量输入"相乘，结果给"模拟量输出 2"就可以了。

图 4-23c 用的也是十六进制数。但也要用 RD3A（有的模块用 FROM 指令）指令先从模拟量输入模块取得"模拟量输入"数据（存于 D0），把"系数 K1"与 D0 相乘，结果存于 D2、把"系数 K2"与 D0 相乘，结果存于 D4。再用 WR3A（有的模块用 TO 指令）指令把 D2、D4 的值指写给模拟量不同的输出模块。

图 4-23d 先是使能模拟量输出模块。接着为字"OO"，即上述流量 Qa 控制值传送给"%QW4"（模拟量输出模块）。并把字"OO"乘 K1 后，赋值给"%QW6"（另一模拟量输出模块），及把字"OO"乘 K2 后，赋值给"%QW8"（又另一模拟量输出模块）。有了它，也可使"%QW6""%QW8"的模拟量输出将分别为"%QW4"模拟量输出的 K1、K2 倍。

> 提示 1：这里乘后的"积"为双字，要确保它的"积"处在模出通道的有效值范围之内。
>
> 提示 2：如 K1、K2 不是整数，可先把 K1、K2 乘 10、或乘 100 等，使其变成整数，然后再作这里的乘。得出结果后，再用双字长除指令，把"得出结果"的除 10 或 100 等，使最后的结果处在模出通道的有效值范围之内。

4.3.3　补偿控制

前面介绍的图 4-6 为前馈控制，也即这里的补偿控制。如图 4-6 所示，加热物料流入量是容器温度的主要干扰因数。如用一传感器检测热物料流入量，并通过模入单元把检测到的这个量送入 PLC，再由 PLC 按干扰规律对其进行处理（按扰动影响规律，把输入变换成相应的输出），然后再通过模出单元去控制蒸汽阀，即可实现调节蒸汽的前馈控制。从而使加热物料流入量对容器温度的干扰，得到相应补偿。

这里所说模入、模出、PLC及其处理程序，即为图4-6的前馈补偿器。而在这几项中，最难的是弄清扰动影响规律。

一般讲，确定扰动影响规律有两个方法，即解析法和实验法。解析法探求相应函数关系；实验法检测一系列相关数据，建对应数表。

对简单的过程，如负载电流对直流发电机输出电压的影响，用解析法就比较好求。因为

$$U_d = E - I_d R_0$$
$$U = U_d - \Delta I\, R_0 = E - (I_d + \Delta I) R_0$$

式中　　U_d——额定输出电压；

　　　　E——发电机电动势；

　　　　I_d——额定负载电流；

　　　　ΔI——实际电流与额度电流差值；

　　　　R_0——电机电枢电阻。

负载电流对输出电压的扰动是线性的。要补偿它的扰动，可提高电动势 E。而

$$E = C\Phi n$$

式中　　C——电机常数，与电机的结构等因素有关；

　　　　Φ——激磁磁通；

　　　　n——电机转速。

在这3个量中，较便于处理的是增加辅助激磁线圈，以增加的激磁磁通 $\Delta\Phi$。如用这个辅助激磁磁通 $\Delta\Phi$，所多得到的电动势 ΔE 正好等于 $\Delta I R_0$，则可使电流变化对电压的干扰得到补偿。即

$$\Delta\Phi = (R_0)/(Cn) \times \Delta I$$

有了这个关系，把模入单元检测到的 ΔI 值，按 $(R_0)/(Cn)\Delta I$ 关系，变换为 $\Delta\Phi$，并送模出单元，去产生辅助激磁磁通。即可实现这个补偿。

这里的按 $(R_0)/(Cn)\Delta I$ 关系变换，对 PLC 来说，运用一些运算指令即可实现，并不难。

但是，如果找不出这些量之间解析关系，那只好用实验法。它的要点是，通过实验，逐个测出不同的扰动量时，要用多大的控制量，才能使系统的调节量达到期望值。然后，列出一个数表，存于 PLC 存储区中。

这种情况下的扰动补偿程序，就可根据扰动用这个数表实现补偿。图4-24即为4种 PLC 的这种程序。

从图4-24可知，其中图4-24a：用了两条应用指令。一是"MOV"指令，用"一路模拟量 BCD 码"对指针赋值。另一为"BIN"指令，把指针指向的 DM 地址的内容，转换为十六进制数，再传送给"模拟量输出"。与图4-6对照，这里的"一路模拟量 BCD 码"与"物料流入量"对应，"模出通道"与"蒸汽流量"对应。

图4-24b：用了4条应用指令。一是 MOV-DW 指令，读取 VW100 的地址。二是 I-DI 转换指令，把模拟量输入字转为双字。三是 ADD-DI 为双字加指令，进行指针计算。四是 MOV-W 字传送指令，把指针指向地址的数据送"模拟量输出"。与图4-6对照，这里的"模拟量输入"与"物料流入量"对应，"模拟量输出"与"蒸汽流量"对应。

图4-24c：也用了4条应用指令。一是 RD3A 指令，读取模拟量输入存于 D0。二是

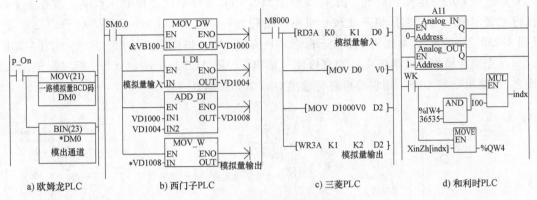

图 4-24　补偿控制梯形图程序

MOV 传送指令，把 D0 传送给变址器 V0。三是 MOV 传送指令，从 1000 开始加变址器 V0 的值作寄存器 D 的地址的值传送给 D2。四是 WR3A 写模拟量输出通道指令，把 D2 的值送"模拟量输出"。与图 4-6 对照，这里的 D0 与"物料流入量"对应，D2 与"蒸汽流量"对应。

图 4-24d：用数组处理，先对所用变量声明如下：

```
VAR
    XiuZh AT % MW200: ARRAY [1..100] OF INT;
(*定义 100 个元素的一维数组,"XiuZh"并与 M 区地址% MW200 到% MW400 关联*)
    wk:BOOL;
    indx: WORD;
END_VAR
```

具体程序，先是使能模拟量输入模块及模拟量输出模块。接着当工作控制信号"WK"ON 时，读"%IW4"模拟量输入字的值，进而进行变换，并赋值给数组下标"indx"。目的是使原来的 0~36535 之间的变化范围，改变为在 0~100 之间变化。接着，把下标"indx"值的数组元素的值赋值给输出模块"%QW4"。这样，当检测到模拟量输入值时，将按数组预设的值输出，实现对扰动的补偿。

这里的程序较简单，但执行这程序前必须先对指针数据区赋值。有时，也可能还要作一些插值运算，以使控制输出更精确些。

应指出的是，这里讲的控制输出，都是用模拟量输出单元。其实，用脉宽可调的脉冲或比例可调 ON/OFF 继电输出也是可以的。

4.4　模拟量简单闭环控制

闭环控制的类型较多，如定值控制、随动控制、程序控制等。其实，这三个控制本质上是相同的。以下仅对定值控制，即自动调节，进行讨论。

实现自动调节的方法有：输出 ON/OFF 控制、负反馈控制、偏差控制、无差控制等。以下将对这些方法进行讨论。此外，还有 PID 控制、智能控制等。这些将在后续的各节中讨论。

4.4.1　ON/OFF 闭环控制

这种控制的方法是把被控量的实际值与设定值进行比较，再根据比较结果直接产生相应的 ON 或 OFF 的继电控制输出。图 4-25 所示即为 PLC 最简单此类梯形图程序。该程序不断执行"设定值"与"实际值"比较,只要"实际值"(图 4-25d 为%IW2)小于"设定值"(图 4-25d 为 adZH),对图 4-25a 大于标志"P_GT"ON,进而使"输出"ON;对图 4-25b、c、d(先使能模拟量输出模块)则直接使"输出"(图 4-25d 为 zDa)ON,使实际值加大。反之,"输出"将 OFF。用它即可进行输出 ON/OFF 控制。

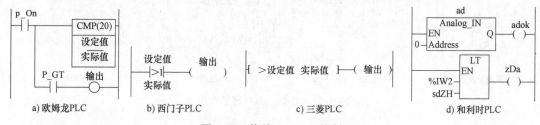

图 4-25 简单 ON/OFF 控制

这种控制只需用模拟量输入单元,而输出则用普通的 I/O 点,较简单。但可能在设定点附近 ON、OFF 动作变换过于频繁。

图 4-26 所示为比较后增加延时,再产生控制输出的 PLC 程序。

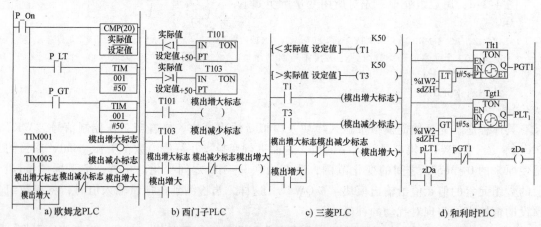

图 4-26 比较设定值加延时控制程序

图 4-26 程序延时都设为 5s,实际设多少,可依具体情况决定。

从图 4-26 知,当"实际值"(图 4-26d 为%IW2)小于"设定值"(图 4-26d 为 sdZH)5s 时,小于标志特殊继电器 P-LT ON。但这情况需持续 5s,TIM001 的常开触点才可能接通。只有这样,才可能使"输出增大标志"(图 4-26d 为 pLT1)ON,使"输出增大"(图 4-26d 为 aDa)ON,并自保持。一旦出现比较大于保持 5s,则"输出增大"OFF。图 4-26b、c、d 情况类似,只是定时器用了 T101、T1(图 4-26d 用定时功能块),具体工作过程就不多解释了。

图 4-27 所示为用上、下限比较,以产生控制输出的 PLC 程序。

从图 4-27 可知,这个系统所控制的"实际值"(图 4-27d 为%IW2)低于"设定值-A"(图 4-27d 为 sdZHX)时,使其增大;高于"设定值+A"(图 4-27d 为 sdZHD)时,使其减少。但当设定值与实际值相等时,则都将使增大、减小停止。当然,如仅有增大或减小控制

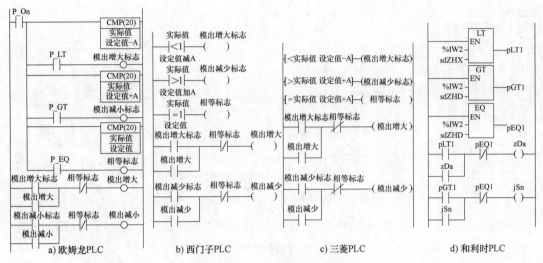

a) 欧姆龙PLC   b) 西门子PLC   c) 三菱PLC   d) 和利时PLC

图 4-27 上限下限比较控制程序

输出，则也可如上述延时程序一样处理。

4.4.2 负反馈控制

图 4-28 表示了负反馈控制的算法框图。这里是用设定值（R）与实际值（C）之差（E）去进行控制。E 经放大（乘 H）后，产生控制输出 M_1，作用于被控对象。M_2 为某干扰量，不可避免地也同时作用于被控对象。被控对象的 G_1、G_2 为接受控制与扰动的特性值，是由系统的特性决定的。即：$C = M_1G_1 + M_2G_2$。

从框图 4-28 可知，以上几个量间还有如下关系：

$$E = R - C$$

$$M_1 = HE = H(R - C)$$

以上关系，经化简后有：

$$C = \frac{HG_1R + G_2M_2}{1 + HG_1}$$

如果 HG_1 选得足够大，既足够的大于 G_2，又足够的大于 1，则有：

$$C = R + \frac{G_2}{HG_1}M_2 \approx R$$

这可使 C 不受或很少受干扰影响，而复现 R 的变化，达到精确控制的目的。

当然，这里讲的只是理想情况。而实际系统是离散的，不仅系统总有惯性，而且 PLC 控制还都有滞后（时延），所以，HG_1 选得足够大，虽可改善系统的静态特性，但很可能出现静态及动态不稳定（振荡）。这也是负反馈控制的不足。

建立这个系统后，可按所要求的被控量 C 值，确定控制量 R 值，以实现相应的定值、或程序、或随动控制。

图 4-29 所示为对应的 PLC 梯形图程序。该图用的是符号地址。

从图 4-29 可知，当"负反馈控制"ON，则执行程序。这时，对图 4-29a，先用"CLC"

图 4-28 负反馈控制算法框图

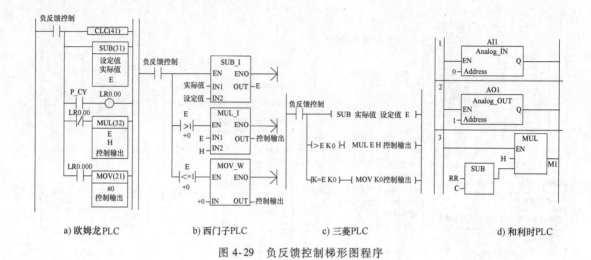

图 4-29　负反馈控制梯形图程序

a) 欧姆龙PLC　　　b) 西门子PLC　　　c) 三菱PLC　　　d) 和利时PLC

指令清进位位（P_CY），以避免进位位对减运算的影响，接着，进行"设定值"与"实际值"相减，结果存于"E"中。而对图 4-29b、c，则直接进行"设定值"与"实际值"相减，结果存于"E"中。如"设定值"大于"实际值"，则 P_CY OFF（图 4-29a），"E"即为这个差值，进而把"E"乘"H"，并存于"控制输出"中。如"设定值"小于"实际值"，则 P_CY ON，接着，把 0 传送给"控制输出"。

"设定值"小于"实际值"时作如此处理，目的是避免"控制输出"出现负值。如"控制输出"允许出现负值时，则更简单。把"设定值"与"实际值"相减得出"E"（或正、或负），再将"E"乘"H"，并把结果存"控制输出"即可。但要清楚，图 4-29a 程序运算用的数据格式为 BCD 码，而图 4-29b、c 运算用的数据格式是十六进制。

图 4-29d 直接执行程序。图中节 1、2 为使能模拟量输入、输出模块。节 3 为进行反馈控制计算。当然，这里的变量需与模拟量输入、输出通道的地址关联。如果必要，还要作些数值换算。

> 提示：编写这类程序一定要处理好数据格式的转换。而模拟量入、模拟量出单元用的数据格式多为十六进制。所以，如数据格式为 BCD 码，则要进行转换。有的 PLC 运算可用浮点数，以提高运算精度。这时，在计算前后，也都要进行数据格式转换。

4.5　模拟量 PID 控制

模拟量闭环控制较好的方法之一是 PID 控制。它作为实用化的控制已有 60 多年历史，现在仍然是应用最广泛的工业控制。PID 控制简单易懂，使用中不必弄清楚系统的数学模型。有人称赞它是控制领域的常青树是不无道理的。

4.5.1　PID 控制算法

在闭环负反馈控制系统中，系统的偏差信号 $e(t)$ 是系统进行控制的最基本的原始信号。为了提高控制系统的性能指标，可以对偏差信号 $e(t)$ 进行改造，使其按照某种函数关系进行变化，形成所需的控制规律 P，从而使控制系统达到所要求的性能指标，即

$$u(t) = f[e(t)]$$

所谓 PID 控制，就是对偏差信号 $e(t)$ 进行"比例加积分加微分"形式的改造，形成新的控制规律 $u(t)$。PID 是比例（P）、积分（I）、微分（D）之意。标准 PID 的控制值是与偏差（设定值与实际值之差）、偏差对时间的积分、偏差对时间的微分，三者之和成正比。如用公式表示，即

$$u(t) = K_p \left[e(t) + \frac{1}{T_i} \int_0^t e(\tau) d\tau + T_d \frac{de(t)}{dt} \right]$$

$$= K_p e(t) + \frac{K_p}{T_i} \int_0^t e(\tau) d\tau + K_p T_d \frac{de(t)}{dt}$$

式中 $K_p e(t)$——比例控制部分，K_p 称为比例常数；

$\frac{K_p}{T_i} \int_0^t e(\tau) d\tau$——积分控制部分，$T_i$ 称为积分时间常数；

$K_p T_d \frac{de(t)}{dt}$——微分控制部分，T_d 称为微分时间常数。

在零初始条件下，将上式两边取拉普拉斯变换，可得

$$U(s) = K_p E(s) + \frac{K_p}{T_i s} E(s) + K_p T_d s E(s)$$

基于 PID 控制的闭环负反馈控制系统的传递函数方块图如图 4-30 所示。

上式用于连续系统的 PID 控制。如在 PLC 控制中用它，则必须将其"离散化"，用相应的数值计算，代替这里的积分、微分。

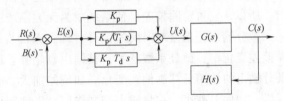

图 4-30 基于 PID 控制的闭环负反馈控制系统

设采样周期为 T，将前述 PID 控制规律 $u(t)$ 进行离散化处理，可得 PID 控制的第 k 个采样周期的离散算法 $u(n)$ 为

$$u(n) = K_p e(n) + \frac{K_p T}{T_i} \sum_{j=0}^{n} e(j) + \frac{K_p T_d}{T} [e(n) - e(n-1)]$$

$$= K_p e(n) + K_i \sum_{j=0}^{n} e(j) + K_d [e(n) - e(n-1)]$$

其中，比例控制部分 $K_p e(t)$ 离散化为 $K_p e(n)$。

积分控制部分 $\frac{K_p}{T_i} \int_0^t e(\tau) d\tau$ 离散化为 $\frac{K_p T}{T_i} \sum_{j=0}^{n} e(j)$。令 $K_i = \frac{K_p T}{T_i}$，并称为积分控制部分的加权系数。

微分控制部分 $K_p T_d \frac{de(t)}{dt}$ 离散化为 $\frac{K_p T_d}{T} [e(n) - e(n-1)]$。令 $K_d = \frac{K_p T_d}{T}$，并称为微分控制部分的加权系数。

根据 PID 控制的位置式离散算法，可得 PID 控制的第 $n-1$ 个采样周期的位置式输出 $u(n-1)$ 为

$$u(n-1) = K_p e(n-1) + K_i \sum_{j=0}^{n-1} e(j) + K_d [e(n-1) - e(n-2)]$$

将上述两式 $u(n)$ 与 $u(n-1)$ 相减，可得 PID 控制的第 n 个采样周期的增量式离散算法 $\Delta u(n) = u(n) - u(n-1)$ 为

$$\Delta u(n) = K_{\mathrm{p}}\big[e(n) - e(n-1)\big] + K_{\mathrm{i}}e(n) + K_{\mathrm{d}}\big[e(n) - 2e(n-1) + e(n-2)\big]$$

于是可得 PID 控制的第 n 个采样周期的位置式输出 $u(n)$ 为

$$u(n) = u(n-1) + \Delta u(n)$$

4.5.2　PID 控制输出及参数

PID 控制是用上述控制量 $u(t)$ 去控制对象。控制量与偏差 $e(t)$ 有关。确定偏差要使用反馈信号，所以它是闭环控制。这里的偏差、偏差对时间的积分、偏差对时间的微分，又分别称为比例输出、积分输出和微分输出。

比例输出由偏差与比例系数相乘构成。比例 K_{p} 系数越大，同样偏差，其控制作用也越强。所以，比例系数是 PID 控制的重要参数。但没有偏差，即使比例系数再大，也没有这个控制输出。也因此如仅用此一项，尽管加大比例系数，可减少偏差，但无法消除偏差。有的人用比例带（或比例度），即与放大系数为倒数关系的 δ，代表它的特性。这样当然是 δ 越大，比例作用也越小。

积分输出与偏差对时间的积分以及积分系数 T_{i} 有关。同样的偏差，经历时间越长，积分系数越小，其控制作用也越强。所以，经历时间长短与积分系数也是 PID 控制的重要参数。积分可加强及累积控制输出。当前偏差可以为 0，有了这个积分项，则仍可产生控制输出。所以，它可消除偏差，使系统成为无差系统。

微分输出是偏差对时间的微分，即偏差的变化率，与微分系数 T_{d} 相乘产生的输出。同样偏差变化率，微分系数越大，其输出也越强。所以，微分系数也是 PID 控制的重要参数。微分输出的作用是抑制偏差变化。如偏差加大，它的控制输出增强，以抑制偏差过分加大；同样，如偏差减小，它将减小控制作用，以抑制偏差的过分减小。所以，它的作用使系统保持稳定。有强的稳定要求时，可加大微分系数。

对离散系统，K_{p} 与连续系统一样，但 T_{i}、T_{d} 要用其加权系数。同样的 T_{i}、T_{d}，采样周期 T 不同，其加权系数也不同。从上述加权系数公式可知，周期加长，同样 T_{i} 值，其加权系数将减小，同样 T_{d} 值，其加权系数将增大；反之，这两者则做相反的变化。因而这个周期也是重要参数。同时，前文也已提及："为了保证采样信号能较少失真地恢复为原来的连续信号，根据采样定理，采样频率（周期的倒数）一般应大或等于系统最大频率的两倍"。所以，在离散系统 PID 控制参数中，采样周期是最重要控制参数。

图 4-31 分别示出当设定值从 0 突变到 x 时，在比例（P）作用、比例积分（PI）作用和比例积分微分（PID）作用下，被调量 y 变化的过渡过程。可以看出，比例积分微分作用效果为最佳，能迅速地使 y 达到设定值 x。比例积分作用则需要稍长的时间。比例作用则最终达不到设定值，而有余差。

PID 控制用途广泛、使用灵活，已有很多成功的实例。在使用时，只需设定好 4 个参数（T、K_{p}、K_{i} 和 K_{d}）即可。在很多情况下，并不一定需要全部三个控制，可以取其中的一到两个控制，但比例控制是必不可少的。

虽然很多工业过程是非线性或时变的，但通过对其简化可以变成基本线性和动态特性不随时间变化的系统，这

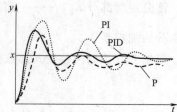

图 4-31　P、PI 及 PID 控制特性

样 PID 控制就可以用了。

但是，PID 控制也有其局限性。PID 在控制非线性、时变、耦合及参数和结构不确定的复杂过程时，效果不是太好。如果系统过于复杂，有时可能无论怎么调参数，都不易达到目的。

4.5.3 PID 控制算法程序实现

1. 离散系统 PID 控制算法

图 4-32 表示了离散系统 PID 控制的算法框图。从图 4-32 可知，它的控制值 $P(n)$ 是 I、KE_n、D 三部分的和。这里未计及偏差为零时的控制值 M，但这可通过执行积分运算实现。图中 M_2 为干扰量，R_0 为设定值，C 为实际值，T 为采样周期（PID 运算间隔时间）。

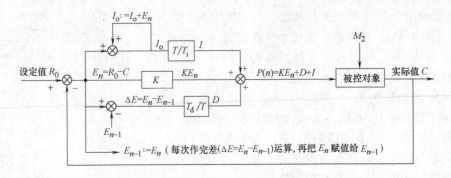

图 4-32　PID 控制的算法框图

2. 离散系统 PID 控制梯形图程序

图 4-33 为与图 4-32 框图算法对应的一种梯形图。它用的是符号地址，较便于理解。

图 4-33 上标有 18 个注解，分别说明如下：

⓪ 对图 4-33b，考虑到模拟量输入格式，把 AW8（假设为模拟量输入字）的内容右移 3 位，并存于"实际值"中。对图 4-33c 读取模拟量输入值，并存于"实际值"中。

① 图 4-33a 用定时器 TIM001、图 4-33b 用定时器 T101、图 4-33c 用定时器 TI、实现每 1s（此值可设）执行一次 PID 运算。这里 1s 即为采样周期 T。

② 求设定值与实际值之差。

③ 对图 4-33a，如设定值比实际值小，则先求偏差的绝对值（因借位位也参与运算，故加 1）。然后，用它去减积分值 0。

④ 对图 4-33a，如积分值 0 小于 0，则其取值为 0（最小值控制）。

⑤ 对图 4-33a，如设定值比实际值大，则把偏差 E_n 加积分值 0。

⑥ 对图 4-33a，如加后积分值 0 超过 9999，则其取值为 9999（最大值控制）。对图 4-33b，如加后积分值加后进位（SM1.1 ON），则其取值为 32727（最大值控制）。对图 4-33c，如加后积分值加后进位（M8022 ON），则其取值为 32727（最大值控制）。

⑦ 积分值 0 除积分常数。

⑧ 求偏差的变化，⑧ₐ 保存原偏差值

⑨ 对图 4-33a，如偏差为负变化，则求其补码。

⑩ 偏差的变化乘微分常数。

⑪ 偏差值 En 与比例系数 K 相承，其积存于"KEn"。

⑫ 积分值与"KEn"偏差相加,其和存于"控制值"。而对图 4-33a,如设定值比实际值大才作此相加。⑫a图 4-33a,如加后有进位,即大于 9999,则"控制值"取值为 9999(最大值控制)。对图 4-33b,如加后积分值加后进位(SM1.1 ON),则其取值为 32727(最大值控制)。对图 4-33c,如加后积分值加后进位(M8022 ON),则其取值为 32727(最大值控制)。

⑬ 对图 4-33a,如设定值比实际值大才作此相减。其后如需要也可作最小值控制。

⑭ "微分值"与"控制值"相加,并存于"控制值"。而对图 4-33a,如偏差正变化才作此相加。

⑮ 对图 4-33a,如加后有进位,即大于 9999,则"控制值"取值为 9999(最大值控制)。对图 4-33b,如加后积分值加后进位(SM1.1 ON),则其取值为 32727(最大值控制)。对图 4-33c,如加后积分值加后进位(M8022 ON),则其取值为 32727(最大值控制)。

⑯ 对图 4-33a,如偏差为负变化,则"控制值"与"微分值"相减,并存于"控制值"。

⑰ 如"控制值"小于 0,则其取值为 0(最小值控制)。

⑱ 把"控制值"转换为二进制数,并送通道 13,即模拟量输出通道。对图 4-33b,考虑到模拟量输出格式,把"控制值"又左移 3 位传 QW10,即模拟量输出通道。对图 4-33c,把"控制值"传模拟量输出模块的指定通道。到此才产生实际模拟量输出。

提示1:用一个字的 BCD 码表达一个数,其值可从 0~9999,无法表达负数。当相减出现负值时,无法处理。为此,要做相应判断,好在欧姆龙 PLC 提供了用进位位(P-CY)可作判断。但还是相当麻烦。此外,BCD 表达的数值范围也小。故最好用双字表达,运算指令也用双字长。特别是存储积分结果值的数据格式,尽量用双字长。这样,可提高控制精度,而且也便于 PID 参数整定。

提示2:用一个字带符号位的十六进制表达一个数,其值可从 -32768~+32767,正、负数均可表达,也都可处理。图 4-33b、c 用的是带符号位的十六进制数,所以,程序简单多了。欧姆龙新型或稍高档的 PLC 也可用此码表达与处理。相反,西门子、三菱 PLC 则无法用 BCD 码对数值进行计算,它们用的都只能用十六进制。

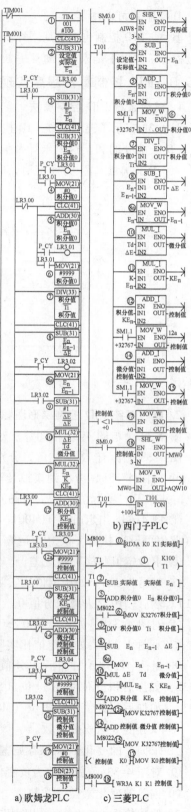

图 4-33 PID 控制梯形图程序

提示3：为了可靠，对计算结果是否越界要进行控制。否则将得不到正确结果。

提示4：一般讲，当今PLC多有PID指令，直接使用它即可实现模拟量的PID控制。用户所要做的工作只是进行有关PID控制参数的设定。有的PLC，这些参数还可通过执行自整定（有的称调谐）命令自动获得，用起来就更方便了。

4.5.4　PID 控制改进算法

在PLC中，PID控制规律是由PLC程序来实现的，因此灵活性很大。为满足不同控制系统的需求，可对PID算法作相应改进。

1. 不完全微分 PID 控制算法

在PID控制算法中，微分部分可以改善控制系统的动态性能指标，但是会放大作用于系统的干扰信号，降低系统的抗干扰能力，容易引起饱和效应和数据溢出。为此，可以在PID控制算法的微分部分之后串联一个时间常数为 T_f 的一阶惯性环节，如图4-34所示。这种对于PID控制的改进算法被称为不完全微分PID控制算法。实际上，一阶惯性环节就是一个低通滤波器，在此处的作用就是对通过微分部分的高频干扰信号实现低通滤波，可以有效地抑制高频干扰信号，从而克服了上述这些缺点。该低通滤波器的滤波特性完全由该一阶惯性环节的时间常数 T_f 确定。

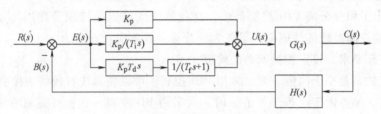

图 4-34　基于不完全微分 PID 控制的闭环负反馈控制系统

2. 先行 PID 控制算法

此算法的传递函数方块图如图4-35所示。这种改进算法的特点是，只对系统的反馈信号 $b(t)$ 进行微分运算，而对系统的参考输入设定值 $r(t)$ 不进行微分运算。此时，当系统的参考输入设定值 $r(t)$ 发生变化时，系统的微分控制部分的输出不会发生变化，从而使得系统输出 $c(t)$ 的变化比较缓和。这种对反馈信号 $b(t)$ 首先进行微分运算的微分先行PID控制算法，比较适用于系统的参考输入设定值 $r(t)$ 频繁发生变化的场合，可以避免由系统的参考输入设定值 $r(t)$ 频繁发生变化所引起的系统振荡。而对系统的反馈信号 $b(t)$ 进行微分运算，可以提高系统的快速性，缩短系统瞬态响应的过渡过程，从而可以明显地改善系统的动态特性。

3. 微分先行的不完全微分 PID 控制算法

此算法的传递函数方块图如图4-36所示。所谓"微分先行的不完全微分 PID 控制算法"，就是指将反馈信号 $B(s)$ 分为两路，并分别进行计算的一种改进的 PID 控制算法。参考输入信号 $R(s)$ 与其中的

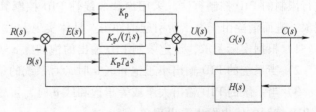

图 4-35　基于微分先行 PID 控制的闭环负反馈控制系统

一路反馈信号 $B(s)$ 相减得到系统的偏差信号 $E(s)$，然后将此偏差信号 $E(s)$ 进行"比例加积分"形式的改造，形成控制规律 $U_p i(s)$。对另一路反馈信号 $B(s)$ 直接进行"微分先行的不完全微分"运算，形成控制规律 $U_d(s)$。最后将 $U_p i(s)$ 与 $U_d(s)$ 相加，得到微分先行的不完全微分 PID 控制算法的控制规律 $U(s)$。

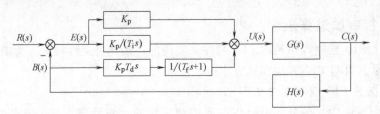

图 4-36   基于微分先行的不完全微分 PID 控制的闭环负反馈控制系统

4. 积分分离 PID 控制算法

在控制系统中增加积分环节的目的，主要是为了消除系统的稳态误差，提高系统的控制精度。但是积分环节对系统瞬态响应的过渡过程不利。当系统在起动过程、停止过程或参考输入设定值大幅度变化时，系统的输出有很大的偏差。由于积分运算的累积作用，从而使得系统的超调量过大，甚至会使系统发生振荡。

为此，提出了积分分离 PID 控制算法。这种算法既可以保持积分作用，又可以减小系统的超调量，使控制系统的性能得到了较大的改善。具体实现方法为

1）根据实际要求，设定衡量偏差的阈值 $\varepsilon>0$。

2）当系统的偏差小于阈值 ε 时，采用 PID 控制，可以使系统有较好的控制精度。

3）当系统的偏差大于或等于阈值 ε 时，只采用 PD 控制，让积分控制不起作用，从而可以避免系统的超调量过大，并可以使系统有较快的响应速度。

5. 死区非线性 PID 控制算法

死区非线性 PID 控制算法是一种对 PID 环节的输入信号（即偏差信号）进行限制的 PID 控制算法。采用死区非线性 PID 控制算法，可以避免控制系统的动作过于频繁，进而消除由于频繁动作所引起的振荡。具体实现方法为

1）根据实际要求，设定限制偏差的死区 $\delta>0$。

2）当系统的偏差小于死区 δ 时，可令系统的偏差为零，则 PID 控制的输出为零，从而可以避免控制系统的频繁动作。

3）当系统的偏差大于或等于死区 δ 时，对系统的偏差进行 PID 控制。

6. 饱和非线性 PID 控制算法

饱和非线性 PID 控制算法是一种对 PID 环节的输出信号（即偏差信号的 PID 改造结果）进行限制的 PID 控制算法。采用饱和非线性 PID 控制算法，可以避免 PID 的输出发生溢出现象，进而消除由于溢出所引起的冲击。具体实现方法为

1）根据实际要求，设定限制 PID 输出的饱和区 $a>0$。

2）当系统的 PID 输出小于饱和区 a 时，对系统的偏差进行 PID 控制。

3）当系统的 PID 输出大于或等于饱和区 a 时，可令系统的 PID 输出为零，从而可以避免 PID 控制的输出发生溢出现象。

4.5.5 PID 控制参数整定

从以上介绍可知，实现 PID 控制，对有关参数作合理整定是重要的。PID 控制参数，多是先确定采样周期 T，再就是比例系数 K，然后为积分常数 T_i，再就是微分常数 T_d。

而且这些参数整定，多都是在凭经验，在现场调试中具体确定。一般是，先取一组数据，将系统投运，然后对系统人为加一定扰动，如改变设定值，再观察调节量的变化过程。若得不到满意的性能，则重选一组数据。反复调试，直到满意为止。

大体的步骤如下：

1. 选定合适的采样周期 T

对流量控制系统，一般为 $1\sim5s$，优先选用 $1\sim2s$。

对压力控制系统，一般为 $3\sim10s$，优先选用 $6\sim8s$。

对液位控制系统，一般为 $6\sim8s$。

对温度控制系统，一般为 $10\sim20s$。

对成分控制系统，一般为 $15\sim20s$。

当然，以上这些数据也是很笼统的，仅仅是参考数。

从实际经验看，T 最好尽可能选得小些。T 小，并把积分作用（见以下参数 T_d 解释）适当减弱，可做到既加快调节过程，又避免由系统离散原因引起的超调。

2. 选定合适的比例带 δ

这时设 T_i 为 ∞（无穷大），T_d 为 0，从大到小改变比例带，直到得到较好的过程曲线。

3. 选定合适的积分常数 T_i

将比例带放大 1.2 倍，从大到小改变积分时间常数，直到得到较好的过程曲线。

4. 再定合适的比例带 δ

积分时间常数不变，再改变比例带（增大或减小），看过程曲线是否改善。若有改善，则继续调整比例带；若没有改善，则将原定的比例带减小，再变更积分时间常数，以改善控制过程曲线。如此多次反复，直到得到合适的比例带及积分时间常数。

5. 选定合适的微分常数 T_d

一般讲，微分时间常数可在积分时间常数的 $1/6\sim1/4$ 间选定。而且，引入微分作用后，积分时间常数可适当减小。这些参数选定后，再观察过程曲线是否理想。如不理想，可再作相应调整，直到满意为止。

> **提示：**这里的参数整定值，是普通的 PID 调节器推荐的。与 PLC 的模拟量控制是有区别的，仅供参考。

有关 PID 控制器（硬件 PID 控制器）的 PID 参数整定，曾流行一些口诀，现转载介绍如下，供参考。

参数整定找最佳，从小到大顺序查。

先是比例后积分，最后再把微分加。

曲线振荡很频繁，比例度盘要放大。

曲线漂浮绕大弯，比例度盘往小扳。

曲线偏离回复慢，积分时间往下降。

曲线波动周期长，积分时间再加长。

曲线振荡频率快，先把微分降下来。

动差大来波动慢。微分时间应加长。

理想曲线两个波，前高后低四比一。

一看二调多分析，调节质量不会低。

4.6 用 PID 指令实现 PID 控制

不少 PLC 已配备有 PID 指令。还把这个控制算法做了一定改进。有的可对参数自动整定，甚至还可因负载的变化引起系统动态特性变化，对 PID 参数也可重新整定。所有这些都为 PLC 使用 PID 控制，不仅提供了方便，而且还可取得更好的控制效果。

4.6.1 PLC PID 指令

1. 欧姆龙 PLC PID 指令

欧姆龙公司 PLC 的 PID 指令格式如图 4-37 所示。

对 C200HS、CPM2A、CQM1H 和 C200HX 等系列 PLC，PID 为扩展

图 4-37 PID 指令

功能指令，使用前，其功能码应先作分配。而 CS1G、CJ1G、CS1H、CS1G-H、CS1H-H、CJ1G-H、CJ1H-H 及 CJ1M. 机，其 PID 指令功能码为 190。其中：S 为输入字，十六进制数，调节量（实际值）输入到这个字中；D 为控制输出字（通道），十六进制数，运算后的 PID 值，即控制值，放在这个字中；C 为 PID 控制参数首字，从 C1~(C1+32)，这 33 个字应放在同一个连续数据区内。

CP2A 等机型 C1~(C1+32) 的各个字的含义见有关说明书。而 CS1G 及其后续机，增加了输出上下限控制，其参数共 39 个字，也应分布在同一连续的数据区中，其中 C1+7、C1+8 即用于存所期望的输出下限值及上限值。欧姆龙 PID 指令的应用可参阅它的相关说明书。

CP2A 等机型 C1~(C1+32) 的各个字的含义见表 4-1。而 CS1G 及其后续机，增加了输出上下限控制，其参数共 39 个字，也应分布在同一连续的数据区中，其中 C1+7、C1+8 即用于存所期望的输出下限值及上限值。表 4-1 所示就是 CP2A 等机各参数含义。

表 4-1 CP2A 等机控制字含义

字	位	参 数 名	功能/设定范围
C1	00~15	设定值（SV）	PID 控制目标值，二进制，位数同输入
C1+1	00~15	比例带宽	比例带宽与输入范围之比，BCD 码，0000~9999 之间对应于 0.1%~999.9%
C1+2	00~15	积分时间	用于积分控制，积分时间与采样时间之比，BCD 码，0000~9999 之间，对应于 0.1%~999.9%（9999 时积分不起作用）
C1+3	00~15	微分时间	用于微分控制，微分时间与采样时间之比，BCD 码 0001~8191 之间，或 0000
C1+4	00~15	采样周期	采样周期，BCD 码，0001~1023。对应时间为 0.1~102.3s
C1+5	00~03	PID 正反向控制指定	0 反向控制，1 正向控制
	04~15	输入滤波系数	确定滤波强度，系数小、滤波器，BCD 码。100~199，或 000，对应于 0.00~0.99 缺省值为 0.65
C1+6	00~07	输出范围	确定输出数据二进制位数，00~08 之间其对应的输出位是 8~16 位
	08~15	输入范围	确定输入数据二进制位数，00~08 之间其对应的输入位是 8~16 位
C1+7 to C1+32	00~15	工作区	系统留用

欧姆龙 PLC 的 PID 指令还用了两个自由度的目标值 PID 控制技术。两个自由度的目标值 PID 控制技术的特点是，除了反馈控制，还用了前馈控制。具体的控制框图见图 4-38。

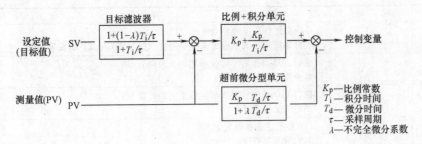

图 4-38 两个自由度算法框图

从图 4-38 可知，它的控制值不仅取决于对偏差值的 PID 运算，而且，还对当设定值做了滤波处理，设定值的变化，也会提前（前馈）作用于控制变量。

有了这个设定值变化的前馈处理，可改善在设定值改变时系统的动态特性。这个技术是欧姆龙专利，不仅其 PLC 的 PID 控制用它，而且其温控仪表也用它。

提示：怎么使用这个前馈控制，要对控制字 C+5 的第 4～第 15 位作相应设定，以确定这个前馈作用的强弱。默认为 000，其滤波系数为 0.65。

此指令不能放在 IL（02）和 ILC（03）、JMP（04）和 JME（05）指令之间，或放在子程序中，或放在步指令（STEP（08）/SNXT（09））中。否则不能执行。

当指令的执行条件 OFF 时，本指令不执行，但设定的参数保留，控制值由输出字 D 的内容确定。这时，直接写 D，改变它的值，可实现手动控制。

当指令的执行条件第一次从 OFF 到 ON 时，先读参数，初始化工作区，然后执行 PID 运算，并把结果值送给 D。要注意的是，对 CS1 机之前的机型，一旦指令开始执行，参数改变将不起作用。

当指令的执行条件继续 ON 时，执行本指令，但只在设定采样时间到的周期才执行。图 4-39 所示为 PLC 扫描周期与采样周期（设为 100ms）以及执行本指令间的关系。

如果 C 数据超出范围，将产生一个错误，PLC 错误标志位 ON。

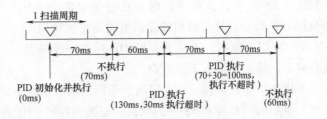

图 4-39 扫描周期与采样周期关系

如果实际采样周期大于指定采样周期的两倍，将产生一个错误，错误标志置 ON，而 PID 控制继续执行。

PID 执行时进位标志置 ON。

对 CS1 机，执行 PID 动作后，操作变量超过上限，大于标志置 ON，此时计算结果以上限值输出。执行 PID 动作后，操作变量低于下限，小于标志置 ON，此时计算结果按下限值输出。

表 4-2 所示为执行 PID 指令时，在不同情况下，各标志位的取值。一般可通过对这些值

的判断，得知本指令是否得以正确执行。

表 4-2　执行 PID 指令时标志位状态

名　称	标　记	操　作
错误标志	ER	C 数据超出范围时置 ON 实际采样周期大于设定采样周期的两倍时置 ON 其它情况置 OFF
大于标志	>	执行 PID 动作后操作变量超出上限时置 ON 其它情况置 OFF
小于标志	<	执行 PID 动作后操作变量低于下限时置 ON 其它情况置 OFF
进位标志	CY	PID 控制正在执行时置 ON 其它情况置 OFF

PID 控制的好处是可以不必了解系统的数学模型，只要能检测出偏差，就可对系统实现准确、没有误差及稳定的控制。

PID 控制用途广泛、使用灵活，已有很多成功的实例。在使用时，只需设定好 4 个参数（T，K_p，K_i 和 K_d）即可。在很多情况下，并不一定需要全部 3 个控制，可以取其中的一到两个控制，但比例控制是必不可少的。

虽然很多工业过程是非线性或时变的，但通过对其简化可以变成基本线性和动态特性不随时间变化的系统，这样 PID 控制就可以用了。

但是，PID 控制也有其局限性。PID 在控制非线性、时变、耦合及参数和结构不确定的复杂过程时，效果不是太好。如果系统过于复杂，有时可能无论怎么调参数，都不易达到目的。

2. 三菱 FX 机 PID 指令

其指令格式如图 4-40 所示。

其中：S1 为目标，即设定值；S2 为测定值或说当前值、实际值；S3 为 PID 参数存储区的首地址，参数区共 25 个字，其各字的含义见有关说明书；D 为执行 PID 指令计算后得到的输出值或说控制输出。

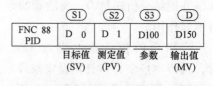

图 4-40　PID 指令

V2. 00 以上版本，不仅可实现 PID 控制，还可参数自整定、输出值上、下限设定。

本指令可多次调用，不受限制，但所用的数据区不能重复。在子程序、步进指令中也可使用，但用前，要清零 S3+7 的数据。三菱高档机 PID 指令功能更强，其编程手册对其有详细介绍。

3. S7-200 PID 指令

其梯形图格式如图 4-41 所示。

其中：TBL 为 PID 控制参数存储区的开始字节地址，这参数区共 36 个字节，存 9 个参数，包括程序变量、设置点、输出、增益、采样时间、整数时间（重设）、导出时间（速率）以及整数和（偏差）的当前值及先前值，详细含义见表 4-3；LOOP 为 PID 回路编号，可在 0～7 间取值，在一个程序不能用相同编号，这意味着在一个 S7-200 的程序中，PID 指令最多只能用 8 次，但此指令也可在子程序、中断程序中执行；EN、ENO 为西门子 PLC 指令调用输入、

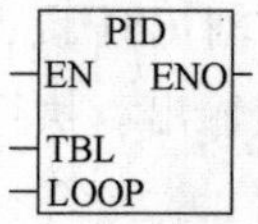

图 4-41　PID 指令

输出机制。输入端 EN 逻辑条件 ON，则执行本指令，OFF 不执行；本指令正确执行，则输出 ENO ON，否则，OFF。

表 4-3 S7-200 PID 指令参数区含义

偏移地址	域	格式	类型	描 述
0	过程变量(PV_n)		输入	过程变量,必须在 0.0~1.0 之间
4	设定值(SP_n)		输入	给定值,必须在 0.0~1.0 之间
8	输出值(M_n)		输入/输出	输出值,必须在 0.0~1.0 之间
12	增益(K_c)		输入	增益是比例常数,可正可负
16	采样时间间隔(T_s)	双字-实数	输入	单位为秒,必须是正数
20	积分时间(T_r)		输入	单位为分钟,必须是正数
24	微分时间(T_D)		输入	单位为分钟,必须是正数
28	积分项前项(MX)		输入/输出	积分项前项,必须在 0.0~1.0 之间
32	过程变量前值(PV_{n-1})		输入/输出	最近一次 PID 运算的过程变量值

STEP 7-Micro/WIN 32 提供有 PID 指令使用向导，为模拟量控制程序定义 PID 算法子程序。选择菜单命令工具→指令向导，并从指令向导窗口选择 PID。即可一步步按提示操作。具体操作步骤是：

1）指定回路编号：只能在 0~7 间选择，且不能重复。

2）设定回路参数：指定表的首地址、回路参数及输入设定值地址。参数有采样时间、增益、积分时间、微分时间。

3）设定回路输入、输出：指定输入和输出地址、极性（单向还是双向）及高、低限。

- 单极（可编辑默认范围 0~32000）；
- 双极（可编辑默认范围 -32000~32000）。

4）设定报警：指定回路警报选项，有过程值（PV）低报警、过程值（PV）高报警及模拟输入模块出错报警，以及这些报警的输出位。同时，要指明该输入模块安放加在 PLC 上的位置。

5）为计算指定内存区：使用 PID 指令，除了要用 V 内存中的一个 36 个字节的参数表，还要求一个"暂存区"，用于存储临时计算结果。在此需指定该计算区开始的 V 内存字节地址。还可以选择增加 PID 的手动控制。如选用也可手动控制，则还要指定使用的控制输入点。

6）指定初始化子程序和中断例行程序名称。

以上选项全部作做完，回答完成，即开始生成代码。当生成代码完成，将在子程序中增加所命名的初始化子程序项及中断子程序项。要使用它，在主程序中调用此初始化子程序就可以了。

4.6.2 PLC PID 指令应用实例

1. 脉冲量入模拟量出 PID 控制

系统的原理框图见图 4-42。

从图 4-42 可知，这里一个重要问题是，如何读入旋转码盘生产的脉冲信号，并将其转换为频率信号，以用做转速反馈值。而有了这个反馈值，加上给定值，再采用某个控制算法计算，即可得出控制量。如果控制算法合适，选用的控制参数得当，则可有效地实现系统闭环控制了。

图 4-43 所示为 PLC 控制程序，设备用的是沈阳旭风电子开发公司的 SAC-PLC-TS4 测试台。

PLC编程实用指南 第3版

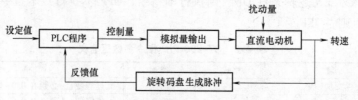

图 4-42   PI/AO PID 控制原理框图

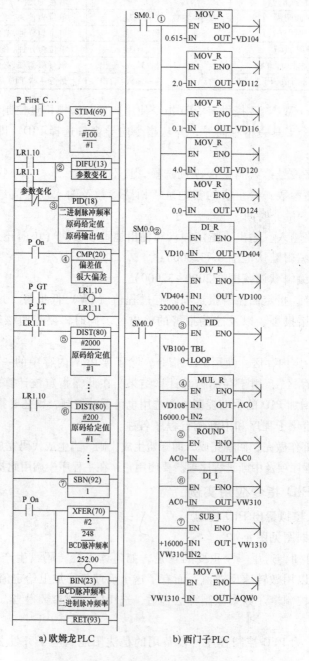

a) 欧姆龙PLC   b) 西门子PLC

图 4-43   脉冲量入模拟量出控制程序

图 4-43a 为欧姆龙 CPM2A 机程序。图中①STIM 为定时中断设定及启用指令。它用"P_First_C"（仅在第一个扫描周期 ON）作为执行条件。两指令配合使用，使定时中断初始化并启用。选定这些操作数的 STIM 指令含义是，每隔 100ms 定时中断一次，中断时调子程序 1。

图中⑦为子程序 1，它用 XFER 指令，把高速计数器的现值（CPM2A 机高速计数器现值存于通道 248、249 中）传送给"BCD 脉冲频率"。接着，使 252.00 ON，使高速计数器复位（高速计数器预设成仅用软复位）。再接着，把"BCD 脉冲频率"转换成"二进制脉冲频率"。当然，为使 CPM2A 具有高速计数功能，还得作相应设定。

可知，这里"BCD 脉冲频率"为每 100ms 采集的脉冲数。因为 CPM2A 的高速计数器用 BCD 码表达，故在 XFER 指令执行后，得到的就是 BCD 码的脉冲频率。

由于欧姆龙的 PID 指令用的反馈值是二进制码。故这里紧接着又做了 BCD 码到二进制码转换。

图中③为执行 PID 指令。仅一个执行条件。这里"参数变化"何意？当偏差与"偏差很大"比较变化时，它的常闭触点 OFF 一个周期，以使所选定的新参数生效。这是因为欧姆龙 C 系列机 PID 指令执行后，改变参数无效，用这么处理就能生效了。

执行 PID 指令后的"原码输出值"也是二进制值，故不必变换，直接用于模拟量出通道就可以了。

要补充的是，最好能依据误差变化，选择不同的控制参数，以提高控制效率。图中④进行偏差大小比较。偏差值大于"很大偏差"时，LR1.10 ON，小于时，LR1.11 ON。这两种情况赋给 PID 指令不同的控制参数。该程序用了 DIST 指令（见图⑤、⑥）。它是偏移传送指令，执行时，把第 1 个操作数传送给，第 2 操作数地址加第 3 个操作数形成的 DM 地址。如图所示，如偏差大于"很大偏差"时，将把 500 赋给"原码给定值"+1 的 DM 地址，即存储"比例带"参数的地址；而小于时，则把 2000 赋给它，使控制作用弱些。还可用第 3 操作数的不同 DIST 指令，以进行其它参数修改。只是该图未把要改的参数全部列出。

欧姆龙 CS 系列机的 PID 指令执行后，参数可即改，即其作用，就无须进行上述处理。

图 4-43b 为 S7-200 机程序。图中①为初始化，为 PID 设定初始化参数；②为把脉冲频率转换为 0~1.0 的实数，而脉冲频率则用高速计数器采集；③为执行 PID 指令；④~⑦为数据转换计算，把控制输出传送给 AQW0。如需多个 PID 参数，可对偏差值进行判断，以选定相应的参数，但该程序没有示出。

2. 模拟量入脉冲量出 PID 控制

这种闭环控制反馈输入的是模拟量，而控制输出是脉冲量。脉冲量可以是不同的输出脉冲数，不同的脉冲频率或不同的脉宽。图 4-44 所示的为模拟量入脉冲量出的电炉温度闭环控制框图。

从图 4-44 可知，它的输入与模拟量控制时的输入相同。输出要用到脉冲量。现以使用

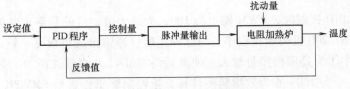

图 4-44 电炉温度 PID 控制框图

脉宽调制的脉冲输出为例，介绍它的PID控制有关程序。

图4-45为用CPM2A及S7-200机实现这个控制的程序。设备用的是沈阳旭风电子开发公司的SAC-PLC-TS3A测试台。

图4-45a为CPM2A机程序。其模拟量模块用CPM1A_MA002。

从图4-45可知，该初始化的目的把常数FEFF赋值给"工作参数设定"通道。参阅CPM1A_MA002说明书知，它使各模拟量输入通道可用电压或电流输入，范围为1~5V或1~5mA。而且，输入值已做了滤波。

由于控制电路的原因，它的参数设定设为正控制，即反馈值大，控制输出也大。这在程序上无法体现，只是在此说明。PID的参数也可用图4-43例子的处理，在此不再重复说明。故该图只是整个程序的控制及输出部分。

从图知，控制程序也仅两条指令，PID及其执行条件。PID指令的输入、输出均为二进制码。反馈输入，即PID指令的第1操作数，直接用模拟量输入通道。输出，即它的第3操作数，也是二进制码，在0~FF间变化。而脉宽调制PWM指令控制输出（第3个操作数，它的第1操作数为指定发送口，第2操作数为指定脉冲频率的10倍）用的是BCD码，而且只能在0~100间变化。故从PID计算得到输出到PWM的真正输出需进行转换。

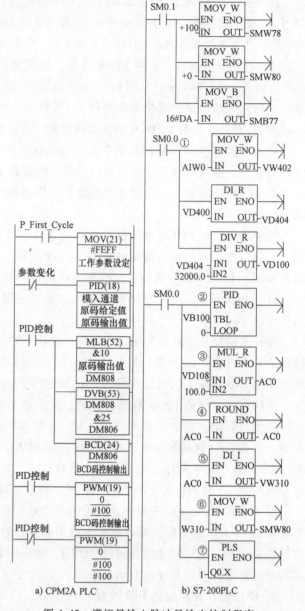

a) CPM2A PLC   b) S7-200PLC

图4-45　模拟量输入脉冲量输出控制程序

该程序用了MLB（二进制运算乘10），DVB（二进制运算除25），及BCD指令就是实现这个转换。

最后不进行PID控制时，PWM输出为100，为最大值，目的是停止电炉加温。

图4-45b为S7-200机初始化程序，为脉冲宽度可调输出进行设定。输出口为Q0.1，周期为100ms。图中①为处理模拟量输入，使其始终在0~1.0之间。图中②为执行PID指令，其输出为VD108。图中③~⑥为数据转换计算，把控制输出传送给SMW80（在0~100ms之间变化），用以控制脉冲宽度。图中⑦为执行PLS指令，进行脉冲输出。如需多个PID参

数，可对偏差值进行判断，以选定相应的参数，但该程序没有示出。

这里程序都不太复杂，但参数怎么设定是很关键的。设置不当，也将达不到预期的控制效果。

4.7 用 PLC PID 功能块（FB）实现 PID 控制

4.7.1 西门子 PLC PID 功能块（FB）

西门子 S7-300、S7-400 系列 PLC 用的编程软件 STEP 7，有 PID 控制软件包，它含有 FB41（CONT_C）、FB42（CONT_S）、FB43（PULSEGEN）功能块（FB），可很方便地用以实现模拟量的 PID 控制。新版本的这个软件还有温度控制模块，可直接用以对温度量进行 PID 控制。

图 4-46 所示为 FB41 函数块的原理图。图中的符号含义见表 4-4。从这些表的数据知，它的功能比 PID 指令更要强些。

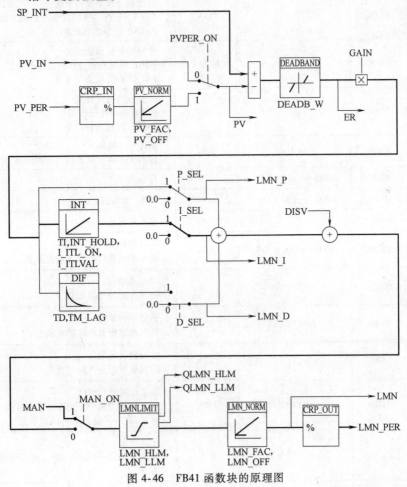

图 4-46 FB41 函数块的原理图

表 4-4 参数含义

参数符号	数据类型	取值范围	默认值	说 明
COM_RST	BOOL		FALSE	重启动 函数块有动程序，当 COM_RST 设为 ON，则运行这重启动程序

（续）

参数符号	数据类型	取值范围	默认值	说　明
MAN_ON	BOOL		TRUE	手动控制开关 TRUE PID 控制停止,控制输出用手动控制,FALSE 相反
PVPER_ON	BOOL		FALSE	选择从模入单元直接取得的调节量的现值开关 TRUE 从模入单元直接取得的调节量的现值 FALSE 人工处理得到节量的现值
P_SEL	BOOL		TRUE	比例作用选择开关 TRUE 选择比例作用 FALSE 取消比例作用
I_SEL	BOOL		TRUE	积分作用选择开关 TRUE 选择积分作用 FALSE 取消积分作用
INT_HOLD	BOOL		FALSE	选择积分作用保持开关 TRUE 积分作用保持(现有的积分值不变) FALSE 积分作用正常
I_ITL_ON	BOOL		FALSE	选择积分初始化开关 TRUE 用积分初值作当前的积分值 FALSE 积分值正常变化
D_SEL	BOOL		FALSE	微分作用选择开关 TRUE 选用微分作用 FALSE 取消微分作用
CYCLE	TIME	>=1ms	T#1s	采样时间间隔 指两次调用此函数块的时间间隔,为常数
SP_INT	REAL	−100.0~100.0(%)	0.0	设定值
PV_IN	REAL	−100.0~100.0(%)	0.0	现值(实际值)
PV_PER	WORD		W#16#0000	输入单元输入值
MAN	REAL	−100.0~100.0(%))	0.0	手动控制值 处于手动操作时送入的控制值
GAIN	REAL		2.0	增益系数 比例作用的比例系数
TI	TIME	>=CYCLE	T#20s	积分时间常数 用其确定积分作用的强弱
TD	TIME	>=CYCLE	T#10s	微分时间常数 用其确定微分作用的强弱
TM_LAG	TIME	>=CYCLE/2	T#2s	微分作用迟延时间 本函数块的微分作用算法中含有微分作用时延,此值可通过 TM_LAG 指定
DEADB_W	REAL	>=0.0(%)	0.0	死区带宽 偏差可指定一个死区,在此死区宽度内,可认为偏差为 0
LMN_HLM	REAL	LMN_LLM~100.0(%)	100.0	控制输出上限 控制输出值是可控制的,LMN_HLM 为其上限,当控制输出大于这上限时,即输出这上限值
LMN_LLM	REAL	−100.0~LMN_HLM(%)	0.0	控制输出下限 控制输出值是可控制的,LMN_LLM 为其下限,当控制输出小于这下限时,即输出这下限值

（续）

参数符号	数据类型	取值范围	默认值	说　　明
PV_FAC	REAL		1.0	实际值因子 模入单元读取实际值时,进行转换时用的相乘因子
PV_OFF	REAL		0.0	实际值偏移 模入单元读取实际值时,进行转换时用的偏移值
LMN_FAC	REAL		1.0	控制输出因子 控制输出要转换为模出单元输出,转换时要乘的即为这个因子
LMN_OFF	REAL		0.0	控制输出偏移 控制输出要转换为模出单元输出,转换时可能要加一个数,即为这个偏移
I_ITLVAL	REAL	−100.0～100.0(%)	0.0	积分初值
DISV	REAL	−100.0～100.0(%)	0.0	偏移值
LMN	REAL		0.0	控制值
LMN_PER	WORD		W#16#0000	控制值(直接作用于模出字)
QLMN_HLM	BOOL		FALSE	控制值达到高限标志
QLMN_LLM	BOOL		FALSE	控制值达到低限标志
LMN_P	REAL		0.0	比例分量
LMN_I	REAL		0.0	积分分量
LMN_D	REAL		0.0	微分分量
PV	REAL		0.0	过程值(实际值)
ER	REAL		0.0	偏差值

具体讲，FB41（CONT_C）函数块的特点如下：

1）数据处理用的数据格式为实数（REAL，浮点数），占两个字。除时间常数设定外，其余各项的取值范围多为−100～100。

2）设有很多选择开关，可进行有关的 PID 控制的结构及工作选定。为在各种情况下使用这个函数块，提供了方便。这些选择是：

① 输入选择：输入模块得到的输入值多为十六进制的整数，占 12 位或 16 位，最多 1 个字，2 个字节。而 PID 函数块处理的实际值为实数，2 个字。所以，从输入模块取得的数需经转换，PID 函数才能处理。这个转换有两个可能的选择：用人工自行转换，转换后赋值给 PV（现值）；或由函数块转换。

用函数块转换时，先把 PV_PER 按下式转换为 CRP_IN：

$$CRP\_IN = (PV\_PER * 100) / 27648$$

然后，再按下式把 CRP_IN 转换为 PV_NORM：

$$PV\_NORM = CRP\_IN * PV\_FAC + PV\_OFF$$

这里的 PV_FAC 及 PV_OFF 值应依实际情况，由用户指定。

② PID 结构选择：可仅选用 P（P_SEL 为 TRUE）；也可既选用 P（P_SEL 为 TRUE），又选用 I（I_SEL 为 TRUE）；也可 PID 全选（P_SEL、I_SEL 及 D_SEL 全为 TRUE）。

选用积分作用时，还可使积分值保持（INT_HOLD 为 TRUE），这时，已有的积分值保持不变。

③ 初始化选择：置 COM_RST 为 TRUE，可使 PID 控制重起动，其积分值又从积分初值计算。

④ 手动、自动选择：置 MAN 为 TRUE，可中断 PID 控制，进入手动控制。这时，控制输出（LMN）可由人工输入确定。

⑤ 输出选择：输出模块输出值多为 12 位或 16 位，最多 1 个字，2 个字节。而 PID 函数块处理的控制输出（LMN）为实数，2 个字。所以，从 LMN 到输出模块的实际输出，得经过数据转换。这个转换也有两个可能的选择：用人工自行转换；或由函数块转换。

用函数块转换时，先把 PV_PER 按下式转换为 CRP_IN：

$$CRP\_IN = (PV\_PER * 100) / 27648$$

然后，再按下式把 CRP_IN 转换为 PV_NORM：

$$PV\_NORM = CRP\_IN * PV\_FAC + PV\_OFF$$

这里的 PV_FAC 及 PV_OFF 值应依实际情况，由用户指定。

输出值还可作限幅控制。

3）PID 参数设定，有比例系数，积分时间常数，微分时间常数，微分作用时延，重起动时积分初值设定以及积分作用保持等功能。

死区处理选择：考虑到在平衡点附近，实际值的小变化有时可忽略。这时可对输入量设一个死区（DEAD BANK）。

4）PID 计算过程的中间值，如偏差值、微分值、积分值，是可视的，有的，如积分值，还可调整（改变）。这为手动、自动无扰动切换以及实现与其它控制算法相配合的控制提供了方便。

5）调用此函数块时，要指定数据块（DB）供其使用。

4.7.2 PID 功能块（FB）应用

使用 Step 7 编程软件，可在指令表（Overviews 项）的标准库（Standard Library）中找到 PID 的 FB41。其 EN 端，即其输入条件，ON，加上与此函数块使用的数据块及相关地址有效，且设定的参数正确，此函数块即执行。如果此函数块已正确执行，则其输出 ENO 端 ON。所以，检查 ENO 端是否 ON，即可弄清此函数块，是否已正确执行。

此外，针对一个控制，调用 FD41 时，还要定义一个与 FB41 函数块关联的（Instance DB，而不是 Shared DB）、专用的 DB 块，供其在进行 PID 运算时使用。而且，这指定的 DB 块，也不能再为别的 PID 控制调用。

以下以邢台钢厂某煤气燃烧炉中的气体压力控制为例，对使用此函数块的有关问题作说明。

（1）系统概况

图 4-47 所示是系统的简况。这里的"调节器"用的为 PLC PID 函数块。"给定压力"即为压力设定值。炉中的气体压力信号经变换，送入 PLC PID 函数块。此值即为压力的实际值。PID 函数块的经输出转换，输出用以控制"调节阀"，以实现实际控制。如本例：若加热炉气体压力大了，经调节器控制，将使"调节阀"开大，多排燃气，以使加热炉气体压力减小；若加热炉气体压力小

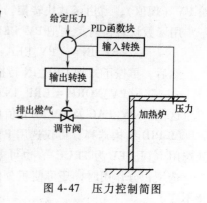

图 4-47　压力控制简图

了，则"调节器"将作相反的控制。

（2）正反控制处理

从以上介绍知，本例为正控制，控制输出与偏差成正比。但 PID 函数块为反控制怎么办？最简单的办法是把送入函数块的给定值与实际值端口对调。这样，当实际值大时，相当于反控制时给定值加大。可使控制作用增强，起到正控制的作用。

（3）输入、输出数据转换处理

本例输入、输出都用人工转换，并都用相对值。

对输入，把可能达到的最大压力设为实数 100，占两个字。为此，先把在这个最大压力时，PLC 从"变送器"读入对应的 12 位二进制数（如 IW000）转换为双字长整型数，进而双字长整型数转换为实数 100。

对输出，把可能达到的最大的"调节阀"开度设为实数 100，占两个字。为此，先把在这个最大开度时，PLC 应从"调节器"送入对应的 12 位二进制数（如 QW008）转换为双字长整型数，进而双字长整型数转换为实数 100。

（4）开关合理选择

本例比例、积分、微分三种作用全部选择。故 P_SEL、I_SEL、D_SEL 全为 TRUE。

另外，在控制输出较大时，使积分保持（INT_HOLD）选择 TRUE，以避免这时控制作用继续增强，出现超调。

（5）手动、自动无扰动切换

自动时，手动输入值（MAN）始终跟随控制输出的变化，以保证，切换到手动时，控制输出不变，避免切换对系统的产生扰动。

手动转换为自动，力争在偏差大体为 0 时进行，并在切换时，把手动控制输出值设为这时的积分初值。这样也可避免切换对系统的扰动。

4.8 PID 控制高级应用及其改进算法

PID 指令或函数块，不仅可简单地用于单个回路的 PID 控制，也可用于串级控制等高级 PID 控制。

4.8.1 串级 PID 控制

串级 PID 控制有主、辅两个控制回路，现以某煤气燃烧炉的温度控制为例对其作说明。图 4-48 所示该系统的简图。

从图 4-48 可知，它用了两个 PID 函数块，主 PID 函数块（控制温度）及辅 PID 函数块（控制流量）。

主 PID 函数块 T 反馈输入信号为"实际温度"，它是把检测到的加热炉温度，经输入转换得来的。主 PID 函数块的给定值为"给定温度"，按加热炉的温度要求选定。主 PID 函数块的控制输出为燃气"给定流量"。用它作辅助控制回路的给定值。

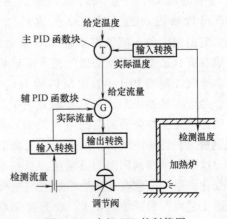

图 4-48 串级 PID 控制简图

辅 PID 函数块 G 反馈输入信号为"实际流量",它是把检测到的燃气管道中的流量,经输入转换得来的。主 PID 函数块的控制输出"给定流量",即为辅 PID 的设定值。辅 PID 函数块的控制输出,经输出转换,加载给调节阀,以确保有合适流量的燃气流入加热炉。

从 PID 函数控制原理可知,当加热炉"实际温度"低于"给定温度"时,主 PID 函数块的控制输出,"给定流量",将增加。即,辅 PID 函数块的给定流量增加。这时,如实际流量没有变化,则流量偏差将增大。经辅 PID 函数块调节,将增大对调节阀的控制输出,使阀门开大,进而,增加燃气流量。

显然,燃气流量增加,将使加热炉温度上升,即实现对温度的调节。

这里,由于可使所控制的炉温免受或少受燃气压力波动的干扰,从而提高系统的控制品质。

4.8.2　串级双辅助回路 PID 比例控制

图 4-49 为串级双辅助回路 PID 串级比例控制示意图。主控回路控制温度,两个辅助控制回路,一个控制燃气流量,另一个控制空气流量。它也是某煤气燃烧炉的温度控制的实例。

从图 4-49 可知,它用了三个 PID 函数块,一个主 PID 函数块 T(控制温度)及两个辅 PID 函数块 G1、G2(一个控制燃气流量,另一个控制空气流量)。

主 PID 函数块反馈输入信号为"实际温度",它从检测到的加热炉温度,经输入转换得来。主 PID 函数块的给定值为"给定温度",按加热炉的温度要求选定。主 PID 函数块控制输出为"给定燃气流量"。用它做两辅控制回路的给定值。

燃气控制辅 PID 函数块反馈输入信号为"实际燃气流量",它从检测燃气管道中的流量,经输入转换得来。主 PID 函数块输出的"给定燃气流量",

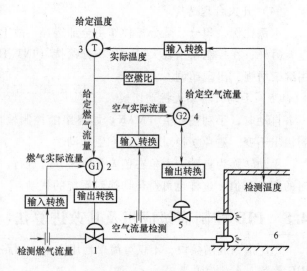

图 4-49　串级比例双辅助回路 PID 串级控制示意图
1—燃气调节阀　2—燃气 PID 函数块　3—温度 PID 函数块
4—空气 PID 函数块　5—空气调节阀　6—加热炉

即为它的给定值。燃气控制辅 PID 函数块的控制输出,经输出转换,加载给燃气调节阀,以确保有合适燃气流量的燃气流入加热炉。

空气控制辅 PID 函数块反馈输入信号为"空际燃气流量",它从检测空气管道中的流量,经输入转换得来。主 PID 函数块控制输出的"给定燃气流量",与"空燃比"(单位重量的燃气完全燃烧所需要的空气重量)相乘,即为它的给定值。空气控制辅 PID 函数块的控制输出,经输出转换,加载给空气调节阀,以确保有合适空气流量的空气流入加热炉。

这里空气控制回路的设定值,总是与燃气控制回路的设定值,按"空燃比"规定的比例变化,目的是使在加热炉中燃气与空气保持合适的比例,以保证有较高的燃烧效率。这是生产工艺对控制系统的要求,也是控制系统必须保证的。

从 PID 函数控制原理可知,当加热炉"实际温度"低于"给定温度"时,主 PID 函数块的控制输出的"给定燃气流量"将增加。即，燃气控制 PID 函数块的给定燃气流量增加。如这时的实际燃气流量未变化，则燃气流量偏差增大。经燃气控制辅 PID 函数块调节，将增大对燃气调节阀的控制输出，使燃气调节阀阀门开大。进而，增加燃气流量。同时，空气控制辅 PID 函数块的给定流量也将按比例（为"空燃比"的倍数）增加。如这时的实际空气流量没有变化，则空气流量偏差增大。经空气控制辅助 PID 函数块调节，将增大对空气调节阀的控制输出，使空气调节阀阀门开大。进而，增加空气流量。

显然，燃气流量、空气流量按比例地都增加，既可保证加热炉良好燃烧，又将使加热炉温度上升，也就较理想地实现了对温度的调节。

4.8.3 串级比例并交叉限幅双辅回路 PID 控制

图 4-50 为串级比例并交叉限幅双辅助回路 PID 控制示意图。主控回路控制温度（这里略），两个辅助控回路，一个控制燃气流量，另一个控制空气流量。它也是用于某煤气燃烧炉的温度控制。

从图 4-50 可知，这里函数块 G1、G2 是起用了上下限限幅功能。限幅的含义是：当控制输出大于设定的限幅上限时，就按上限值输出；当控制输出小于设定的限幅下限时，就按下限值输出。这里控制输出的上下限，由对方控制输出乘"燃空比"（燃空比为空燃比的倒数），再乘"1+Δ"（用于上限），或再乘"1−Δ"（用于下限）得到。

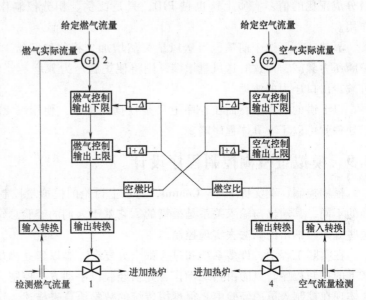

图 4-50　串级比例并交叉限幅双辅助回路 PID 控制示意图
1—燃气调节阀　2—燃气 PID 函数块　3—空气 PID 函数块　4—空气调节阀

为什么要作这个限幅呢？因为有了这个限幅，尽管这两个辅助回路动态特性不完全相同，但仍可保证，在温度调整的过渡过程中，燃气、空气流量的比例与理想的比例相差不大，以做到不仅在稳态时，燃烧效率高，而且，在过渡过程，燃烧效率也高。

图 4-49 与图 4-50 组合，即为实际的用于某煤气燃烧炉的温度控制。运行证明，控制效果是很好的，既节约了能量，又保证了工艺质量，是未来燃气加热炉控制的方向。

4.8.4 前馈与 PID 混合控制

前馈控制可与 PID 控制结合使用，以提高控制效果。这里，前馈用于抗干扰（针对一些突然变化的参数），而 PID 用于常态控制。这在煤炭加热炉的炉膛压力控制中，很常用。

图 4-51 所示为这个应用。这里，为了保持炉膛出口压力处于给定的微负压，用 PID 算法控制引风机转速。当出口压力增大，引风机转速提高，加大引风量，将使出口压力降低。反之，引风机转速降低，减少引风量，将使出口压力提高。

但是，在燃烧过程中，为了保持温度，送风量将随着煤炭输送量的变化经常有所变化。而这个送风量变化是出口压力的主要干扰量，为此，可对此量作前馈控制处理。

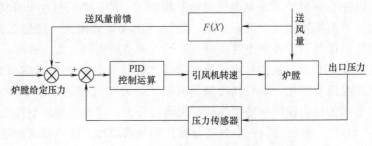

图 4-51　炉膛压力控制简图

从图 4-51 知，它的 PID 控制运算的给定值为"炉膛给定压力"与"送风量前馈"之差。而"送风量前馈"的 $F(X)$ 多为与"送风量"微分成正比的值。实质上这也是 PID，只是比例、积分控制作用令其为 0，而只保留微分作用。

显然，有了这个前馈，当送风量突然增加，将使加载给 PID 控制运算的输入减少，使炉膛压力骤减，而这时送风量增多，则将使炉膛压力骤增。处理得好，可使两者得以相抵，可减少出口压力的波动。

以上讲的是算法，而在程序上只是根据此算法，使用好 PID 指令及做好指令使用的前后处理就可以了。具体程序略。

4.9　模拟量模糊控制程序设计

模糊控制，英文称 Fuzzy Control，与以上讨论的模拟量控制，其输出与输入关系总是精确的不同，其输出与输入关系是模糊的。它基于人们的经验总结出来的一系列规则，并运用这些规则归纳出的算法去实现控制。

在实际工程中，许多系统和过程都十分复杂，难以建立确切的数学模型和设计出通常意义下的控制程序。只能由熟练操作者凭借经验以手动方式控制。其控制规则常常以模糊的形式体现在控制人员的经验中，很难用传统的数学语言来描述。这时，使用模糊控制就有可能获得满意的控制效果。

4.9.1　模糊控制原理

1965 年，美国的控制论专家扎德（L. A. Zadeh）教授提出模糊性概念，创立了模糊集合论。又在 1968~1973 年期间先后提出语言变量、模糊条件语句和模糊算法等概念和方法，使得某些以往只能用自然语言的条件语句形式描述的手动控制规则可采用模糊条件语句形式来描述，从而使这些规则成为在计算机上可以实现的算法。

1974 年，E. H. 曼达尼和 S. 阿西里安成功地把这种想法应用于小型汽轮机的控制，开拓了模糊控制的方向。此后，模糊控制方法迅速得到推广，被应用于热交换器、水泥窑、交通管理等许多领域。

PLC 模糊控制是一系列模糊控制技术的一种。它的核心是利用模糊集合理论，把人的控制策略的自然语言，转化为 PLC 的知识库（使用模糊控制单元时，建立的数据库存于该单元的内存中）及程序，以便在 PLC 运行程序时，能模拟人的思维方式，对一些无法构造数学模型的被控对象进行有效的控制。

PLC 模糊控制目前用的还不算太多。专用的控制单元，见到的似乎仅欧姆龙等少数公

司才有。但是，即使无这种特殊
单元，用模糊控制的算法，去设
计 PLC 控制程序则是不受限制
的。图 4-52 所示为模糊控制的
基本原理。

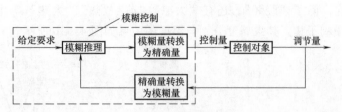

图 4-52 模糊控制原理图

从图 4-52 可知，模糊控制
也是闭环控制，它也要不停地检
测控制对象的输出（调节量）。但它要把输入这个精确量，转换为模糊量（称模糊化），进
而利用输入输出间的模糊关系进行模糊推理。模糊关系就是基于人们，特别是专家的经验，
所形成的一系列规则（大前提）。模糊推理把检测到的模糊输入（小前提）与模糊关系结合
进行判断，以给出控制对象应得到的控制。只是这个结论也是模糊的。要把这个结论用作控
制量，还需把它转换为精确量（称解模糊）。

可知，这里模糊控制就是根据系统输出的误差和误差变化情况来决定控制量。在手工操
作情况下，这项工作原来是由控制人员通过手动控制完成的。把它们的经验表述为一套自然
语言的条件语句，再应用模糊集合论将其转化为一组模糊条件语句，就可用来组成模糊控制
规则。例如，对于由下述语句表述的经验规则："如果误差很大，且误差继续朝不利方向很
快变化，应加大控制量；如果误差大小为中等程度，且朝着有利于减小误差的方向变化，应
使用很小的控制量来使误差继续减少。

模糊控制的特点是不需要考虑控制对象的数学模型和复杂情况，而仅依据由操作人员经
验所制订的控制规则就可构成。凡是可用手动方式控制的系统，一般都可通过模糊控制方法
设计出由 PLC 可执行的模糊控制程序。模糊控制所依据的控制规律不是精确的。其模糊关
系的运算法则、输入精确量到模糊量的转换，以及输出模糊量到实际控制量的转换等，都带
有相当大的任意性。对于模糊控制的性能和稳定性，常常难以从理论上做出确定的估计，只
能根据实际效果评价其优劣。

以下举一个洗澡水温度控制实例，看看模糊控制是怎样进行的。

洗热水澡时，洗澡水一般应是"暖和"的。暖和与不暖和，虽然可用洗澡水的温度衡
量，但不好硬性地说，从多少度到多少度之间的洗澡水是暖和的，而其它温度的洗澡水就不
是暖和的。因为，洗澡水这个暖和的温度特征不是很清晰的，而是模糊的。

所以，在不同温度的洗澡水中，哪些属于暖和，哪些属于不暖和，不好用 17 世纪康德
创立的集合论那样，去精确地划分。而要用札德提出模糊集合的概念处理。

在这里札德引入"度"的概念。这个"度"不是温度的度，而是模糊集合中隶属度的
度（Grade）。对某人、某季节可这样假设，如 40℃ 时，用作洗澡水正好是"暖和"的，则
设其隶属度为 1.0（100%）。而 35℃，或 45℃ 呢？就不那么正好了，设其隶属度为 0.5
（50%）。低于 20℃ 就太凉了，设其隶属度设为 0。而高于 60℃ 就太热了，也设其隶属度也
设为 0。有了这几个特殊温度点隶属度的假设，其它温度时，洗澡水属于暖和的隶属度则可
从图 4-53a 得知了。

有了这个图，即可把不同温度的洗澡水，本来是精确量的温度量，变换为使人们能予以
感觉的模糊量，即模糊子集"暖和"，并用"隶属度"反映其模糊程度。

显然，这个从温度的"度"到这里的"度"的转换，完全是凭经验得出的。

除了"暖和",还有"太凉""凉""热""太热"等也都是模糊的概念,也可有对应的模糊子集。其隶属度分别与温度的关系如图 4-53b 所示。

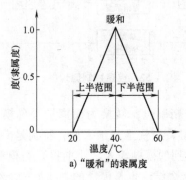 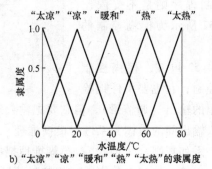

a)"暖和"的隶属度　　b)"太凉""凉""暖和""热""太热"的隶属度

图 4-53　隶属度

这里各模糊子集的隶属度与温度的关系都是线性的,分别为"Δ",或半"Δ"型。也可为别的形,到底怎样,可依经验确定。

有了图 4-53,可很容易地把有精确温度值的水的状态,转换为一些,如"暖和""凉""热"等模糊子集,精确量的模糊化就有依据了。

要使洗澡水达到"暖和"的要求,可依水的状态,凭经验是,拧动水龙头。大体是:

洗澡水"太热"了,水龙头较多地拧向凉水增加方(ZLL);

洗澡水"热"了,水龙头拧稍向凉水增加方(ZL);

洗澡水正好"暖和",水龙头不动(ZO);

洗澡水"凉"了,水龙头拧稍向热水增加方(ZR);

洗澡水"太凉"了,水龙头较多地拧向热水增加方(ZRR)。

这里"水龙头较多地拧向热水增加方"等结论也是模糊的。它与输出水龙头转角这个精确量间的关系如图 4-54 所示。

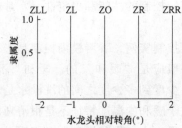

ZLL:水龙头较多地拧向凉水增加方
ZL: 水龙头拧稍向凉水增加方
ZO: 水龙头不动
ZR: 水龙头拧稍向热水增加方
ZRR:水龙头较多地拧向热水增加方

这里各模糊集合的隶属度与输出水龙头转角的关系是垂直形。也可为别的形;到底怎样,也是根据经验确定。

图 4-54　水龙头拧向隶属度

有了这些,可以看看,怎样从检测到的实际温度,去控制水龙头的相对转角的。

如检测的温度这正好是 40℃,那只有"暖和"的隶属度为 1,其它的均为 0。依上述规则,其结论,应为"水龙头不动"(隶属度为 1)。而"水龙头不动"(隶属度为 1)对应的相对转角正好 0。

如检测的温度是 35℃,那"暖和"的隶属度为 0.75,"凉"的隶属度为 0.25,其它的均为 0。依上述规则,其结论,应为"水龙头不动",隶属度为 0.75;"水龙头稍拧向热水增加方",隶属度为 0.25。这时转角多少呢?

有两处理个方法:

1)选隶属度大者输出。如本例"水龙头不动",隶属度大。选它,其对应的则是水龙头相对转角为 0°。

2）依隶属度加权平均确定输出。即

$$水龙头相对转角 = 0.75 \times 0° + 0.25 \times 1° = 0.25°$$

从以上介绍可知，不管检测到的温度是多少，总可计算出与其对应的水龙头相对转角。因此，用这种模糊控制原理是可实现控制的。至于控制的效果如何，正如 PID 控制要选好 PID 参数那样，也要确定好输入量到模糊集的转换、控制规则及模糊量到输出的转换。

> 提示：模糊控制没有用什么精确的公式，也没有什么微分方程。是用基于经验总结出的语言型规则进行控制。其控制机理及策略很易理解，设计简单，应用简便。

4.9.2　模糊控制算法

从模糊控制原理知，模糊控制算法的要点是：

从输入到模糊量的转换，也称模糊化；

建立控制规则，进行模糊推理；

从模糊量到输出的转换，也称解模糊（Defuzzification）。

1. 模糊化算法

输入量模糊化的任务是把检测到的被控量转换为相应隶属度的模糊子集。为此，要对输入量（被控量）划分模糊集。如上例输入量有五个模糊子集，即："太凉""凉""暖和""热"及"太热"。通常按偏差划分，常见的分为 7 个子集，即，负大偏差（NL）、负中偏差（NM）、负小偏差（NS）、零偏差（ZR）、正小偏差（PS）、正中偏差（PM）、正大偏差（PL）。分完子集，还要依经验，确定各个模糊子集的隶属函数。

除了对被控量的值划分模糊子集，如需要，也可对被控量的变化划分模糊子集，如上例，可划分水温很快上升、上升、不变、下降、很快下降等子集，并建立相应的隶属函数。这样，不仅要检测被控量，而且还要检测被控量的变化，用这两者作为控制输入。这样的模糊控制就不是一维的，而是二维的了。

如果把被控量值变化的变化，即被控量的"加速度"，也作上述处理，也作为模糊控制输入，那就是三维模糊控制了。这样的系统当然要复杂些，程序量也大些，但控制的效果肯定要好些。

显然，这里的"划分模糊集"与"建立隶属函数"都要靠经验。没有经验这个"划分"与"建立函数"是难以实现的。

有的被控系统的被控量不止一个，而是两个或多个，则应把各被控量分别作相应的模糊化，都作为模糊控制输入。这样的模糊控制系统就不是单变量的，而是多变量的了。

不管是一维、二维或三维，还是单变量或多变量，模糊化总是先划分模糊子集，然后再建立其隶属函数。实现的方法都是用以上算法，设计 PLC 程序或使用 PLC 专用模块，靠 PLC 运行程序，把检测到的被控量的值转换为相应模糊子集的隶属度。

2. 模糊推理算法

模糊推理的任务是根据当前输入的不同隶属度的模糊子集，遵照预先设定的规则，推断应有的模糊控制输出。这些也是通过运行 PLC 程序，或用 PLC 专用模块实现。

模糊推理依据是规则。常见的规则大体有：

"如 A 则 B"型，可写成：

IF A THEN B（如果 A 成立，那么 B 成立）；

"如 A 则 B 否则 C"型，可写成：

IF A THEN B ELSE C（如果 A 成立，那么 B 成立；否则 C 成立）；

"如 A 且 B 则 C"型，可写成：

IF A　AND　B THEN C（如果 A 成立，同时 B 也成立；那么 C 成立）；

"如 A 或 B 则 C"型，可写成：

IF A　OR　B THEN C（如果 A 成立，或如果 B 也成立；那么 C 成立）。

……

注意，这里的 A、B、C 都是模糊量的集合。如果小前提为 A1，与大前提 A 不完全一样，是否能推断出有价值的结论？这在传统逻辑推理中是不可能的。而用模糊逻辑推理则是可能的。如下显示的即为它的推理过程：

大前提　$A \rightarrow B$

小前提　A1

──────────────

结论　$B1 = A1 \bigcirc (A \rightarrow B)$

这里符号"$\bigcirc$"为矩阵乘。

以下还是以洗澡水温度控制为例，看看有了"如 A 则 B"这个大前提后，是怎么进行模糊推理的。

这个大前提就是水的状态（如"太热"等模糊子集）与控制输出（如"ZLL"等子集）间的关系 R。以上已介绍过，这是凭经验得出的。这个关系可用以下矩阵表达。这里"0""1"代表的是关系隶属度。

	ZLL	ZL	ZO	ZR	ZRR
太热	1	0	0	0	0
热	0	1	0	0	0
暖和	0	0	1	0	0
凉	0	0	0	1	0
太凉	0	0	0	0	1

小前提 A1 如为"太热"，即

$A1 = \begin{vmatrix} 1 & 0 & 0 & 0 & 0 \end{vmatrix}$

则 $B1 = A1 \bigcirc R$。即

$$B1 = \begin{vmatrix} 1 & 0 & 0 & 0 & 0 \end{vmatrix} \bigcirc \begin{vmatrix} 1 & 0 & 0 & 0 & 0 \\ 0 & 1 & 0 & 0 & 0 \\ 0 & 0 & 1 & 0 & 0 \\ 0 & 0 & 0 & 1 & 0 \\ 0 & 0 & 0 & 0 & 1 \end{vmatrix}$$

根据矩阵运算规则可知，这时 $B1 = \begin{vmatrix} 1 & 0 & 0 & 0 & 0 \end{vmatrix}$。即仅"ZLL"子集的隶属度为 1，其它的均为 0。

小前提 A1 如不正好是"太热"，而是在"太热"与"热"之间，如水温为 70℃，如图 4-53 所示。即

$$A1 = \begin{vmatrix} 0.5 & 0.5 & 0 & 0 & 0 \end{vmatrix}, 则$$

$$B1 = \begin{vmatrix} 0.5 & 0.5 & 0 & 0 & 0 \end{vmatrix} \bigcirc \begin{vmatrix} 1 & 0 & 0 & 0 & 0 \\ 0 & 1 & 0 & 0 & 0 \\ 0 & 0 & 1 & 0 & 0 \\ 0 & 0 & 0 & 1 & 0 \\ 0 & 0 & 0 & 0 & 1 \end{vmatrix}$$

根据矩阵运算规则可知，这时 $B1 = \begin{vmatrix} 0.5 & 0.5 & 0 & 0 & 0 \end{vmatrix}$。即"ZLL"子集的隶属度为0.5，"ZL"子集的隶属度也为0.5，其它的均为0。

对"如A则B否则C"型的推理，其"IF A THEN B"部分，与上相同。"ELSE C"部分，要用到模糊非隶属度的运算。这个运算较简单，即

A 非的隶属度 = 1−A 的隶属度

A1 非的隶属度 = 1−A1 的隶属度

有了这个关系，其推理过程可描述如下：

大前提　$\overline{A} \to C$

小前提　$\overline{A1}$

结论　$C1 = \overline{A1} \bigcirc (\overline{A} \to C)$

这里符号"○"也是矩阵乘。再往下的处理与上类似，就不再赘述了。

对"如A且B则C"型及"如A或B则C"型的推理，如弄清模糊逻辑"与"及模糊逻辑"或"的算法，进一步处理也就不难了。

模糊逻辑"与"，其符号为"∧"，如：$D = A \wedge B$，则 D 的隶属度为 A、B 小者，即按最小原则定其隶属度。

模糊逻辑"或"，其符号为"∨"，如：$D = A \vee B$，则 D 的隶属度为 A、B 大者，即按最大原则定其隶属度。

有了这些关系，其推理的进一步处理也与上类似。

从以上介绍可知：

1）模糊推理的算法是确定的，因此，总可用 PLC 相应程序予以实现。

2）有了这个推理方法，同一大前提，但小前提不同，也可推出相应的不同结论。显然，有了它可减少规则数。

3）推理的结论仍是模糊子集，要用于输出，还要解模糊处理。

> 提示：有的系统输入输出关系不是线性的。有的还有时滞，甚至是大滞后，有的还是不确定的，或无法建模的等。这对基于经验总结出的语言型规则，去实现进行控制的模糊控制来说，是无关紧要的。完全可建立相应的控制策略予以实现，并可得到应有的效果。

3. 解模糊算法

模糊推理的输出仍是模糊量，是输出模糊子集。要用它用作控制输出，必须把这个输出模糊子集按照一定算法转换为确定量的控制输出。这也就是解模糊。

为此，首先要确定控制输出的类型。具体有：比例输出积分输出及这二者相结合输出。比例输出是把解模糊求得的值，直接用作控制输出。它响应快，但它的控制是有"静差"的。

积分输出是把解模糊求得的值，与当前控制输出先进行代数和，然后再用这个和作控制输出。它为"无静差"控制，但响应慢，且有可能超调或振荡。

也可把这二者相结合，在一定情况下用比例输出，在另一情况下用积分输出。这样，有时可取得更好的效果。

其次，还要确定解模糊方法。有多种方法，如最大隶属度法、中位数法、加权平均法、估值法、重心法及求和法等。较常用的为最大隶属度法和加权平均法。

最大隶属度法比较简单，选择出隶属度最大的，就用与其对应确定值用作输出。加权平均法就是按隶属度加权平均，把这样求得的值用作输出。

总之，解模糊实际是一些数据处理问题。这对具有较多运算指令的 PLC 处理起来是不难的。

4.9.3 模糊算法实现

本小节介绍的用 PLC 程序实现模糊控制算法，实际是上一节模糊控制算法介绍的注解。所用的实例也是洗澡水温度的模糊控制。整个程序由 3 部分组成：即模糊化程序、模糊推理程序和解模糊程序。

1. 模糊化程序

图 4-55 所示为模糊化子程序。它用于一个"Δ"，或半"Δ"型的模糊子集的隶属度计算。为便于理解，程序所用的数据用符号表示。

图 4-56 为调用它的主程序。为便于理解，程序所用的数据也用符号表示。但在每次调用它之前，先对"标志值形参"赋值，即指明该模糊子集隶属度为 1 时对应的精确量值，如"暖和"隶属度为 1 时，其值是 40℃等；调用后，还得取出返回值，这里即为某输入模糊子集，如暖和等。

对图 4-55a 程序：先是求出"输入现值"与"标志值形参"（其实际值由计算模糊子集确定）的差（差存于 DM72 中），并相应判断这两个值，看哪个大（用 LR0.00 表达，0 时前者大，1 时后者大）。然后，把这个"差"乘 10（积还存于 DM72 中）。再，此"差"被"上半范围"或"下半范围"（见图 4-47）除，其"商"仍存于 DM72 中。最后，用这个"商"去减 10。其结果存于"入模糊集形参"中。这也就是所求的隶属度。只是，它不是处于 0~1 之间的数，而是 0~10 之间的数。因为，这里用的都是整数运算指令，故做了这么处理了。

对图 4-55b 程序：先是比较"输入现值"与"标值形参"（其实际值由计算模糊子集确定）的大小。如前者大，则 SM0.0 ON，否则 M0 OFF。如 SM0.0 ON 则"输入现值"被"标志值形参"减；否者则"标值志形参"被"输入现值"减，其差存于 VW72 中。然后，把这个"差"乘 10（积还存于 VW72 中）。再，此"差"被"上半范围"或"下半范围"除，其"商"仍存于 VW 72 中。最后，用这个"商"去减 10。其结果存于"入模糊集形参"中。这也就是所求的隶属度。只是，它不是处于 0~1 之间的数，而是 0~10 之间的数。因为，这里用的都是整数运算指令，故做了这么处理了。

对图 4-55c 程序：先是比较"输入现值"与"标值形参"（其实际值由计算模糊子集确

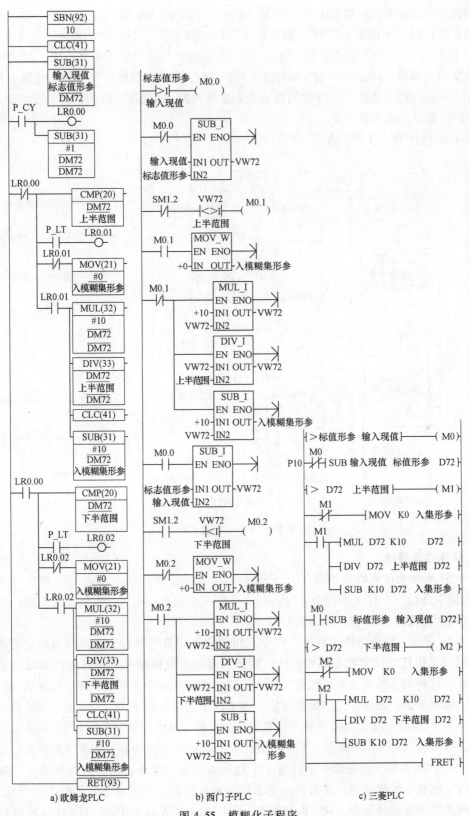

图 4-55　模糊化子程序

a) 欧姆龙PLC　　　　　b) 西门子PLC　　　　　c) 三菱PLC

定）的大小。如前者大，则 M0 ON，否则 M0 OFF。如 M0 ON 则"输入现值"被"标值形参"减；否者则"标值形参"被"输入现值"减，其差存于 D72 中。然后，把这个"差"乘 10（积还存于 D72 中）。再，此"差"被"上半范围"或"下半范围"除，其"商"仍存于 D72 中。最后，用这个"商"去减 10。其结果存于"入集形参"中。这也就是所求的隶属度。只是，它不是处于 0～1 之间的数，而是 0～10 之间的数。因为，这里用的都是整数运算指令，故做了这么处理了。

图 4-56 程序有 5 次调子程序。因为本例有 5 个模糊子集。

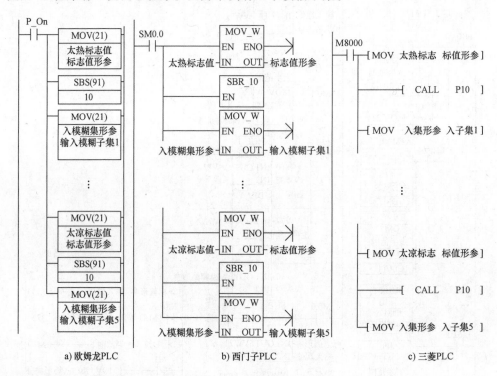

图 4-56　模糊化子程序调用

2. 模糊推理程序

图 4-57 所示为模糊推理子程序（子程序 11）及被它调用的下一层的子程序（子程序 12）。它用于进行一个行（本例为 5 行）与一个列（必须与行相等，本例也为 5 列）的矩阵乘。程序所用的数据用符号表示，较好理解。

图 4-58 所示为模糊推理主程序。程序所用的数据用符号表示。在每次调用它之前，先对"模糊关系指针"及"模糊输出指针"赋值，即指明该模糊关系矩阵列的首地址及模糊输出地址。这种调子程序前赋值给指针，由子程序按指针指向去存储子程序运算结果，可作到一个子程序多用，是较简洁的编程方法。这里调了 5 次子程序，因为，这个矩阵有 5 列。

图 4-57a 子程序 12 为先乘运算，后累加。运算后，修改指针。子程序 11 先是模糊入指针赋值，指出输入矩阵的首地址；后为模糊出指针指向的地址清零，为累加做准备。以下为连续调 5 次子程序 12，以完成一个行与一个列的矩阵乘。显然，执行这主程序及对应的子程序，将完成整个推理过程。之后，可得出模糊输出矩阵。从图 4-58a 子程序指针赋值知，此矩阵的各项的地址分别为：DM70、DM72、DM74、DM76 及 DM78。不过，这模糊输出子

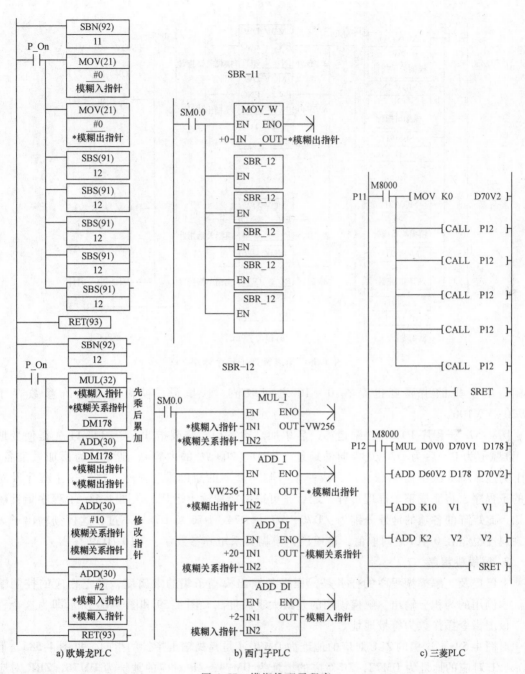

a) 欧姆龙PLC b) 西门子PLC c) 三菱PLC

图 4-57 模糊推理子程序

集的隶属度也是在 0~10 之间取值。这里设，模糊关系矩阵参数存于 DM10~DM59。

图 4-57b 子程序 SBR-12 为先乘运算，后累加。运算后，修改指针。子程序 11 先是模糊入指针赋值，指出输入矩阵的首地址；后为模糊出指针指向的地址清零，为累加做准备。以下为连续调 5 次子程序 12，以完成一个行与一个列的矩阵乘。显然，执行这主程序及对应的子程序，将完成整个推理过程。之后，可得出模糊输出矩阵。从图 4-58b 子程序指针赋值知，此矩阵的各项的地址分别为：VW140、VW142、VW144、VW146 及 VW148。不过，这

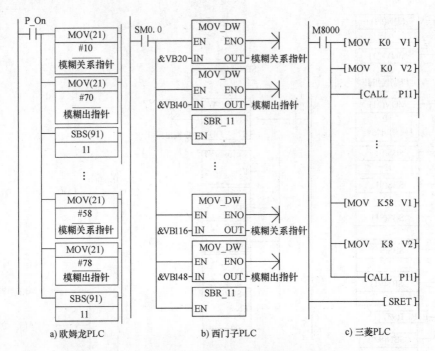

图 4-58 模糊推理子程序调用

模糊输出子集的隶属度也是在 0～10 之间取值。这里设，模糊关系矩阵参数存于 VW20～VW106。

图 4-57c 子程序 P12 为先乘运算，后累加。运算后，修改指针。子程序 11 先是使变址器 V0 赋值为 0，后为 D70V0 指向的地址，即 D（70+V0 的内容），清零，为累加做准备。以下为连续调 5 次子程序 12，以完成一个行与一个列的矩阵乘。显然，执行这主程序及对应的子程序，将完成整个推理过程。之后，可得出模糊输出矩阵。从图 4-53c 子程序指针赋值知，此矩阵的各项的地址分别为：D70、D72、D74、D76 及 D78。不过，这模糊输出子集的隶属度也是在 0～10 之间取值。这里设，模糊关系矩阵参数存于 D10～D59。

3. 解模糊程序

上已提及，解模糊程序的任务是，根据各输出模糊子集的隶属度，确定相应的控制输出。本例用的为积分输出。解模糊用的是最大隶属度法。图 4-59 和图 4-60 所示即为这个程序。该图指令操作数为符号地址。

对图 4-59a：这里的 ZLL 对应的地址为 DM70（是模糊输出指针的指向，见图 4-58a，下同），ZL 对应的地址为 DM72，Z0 对应的地址为 DM74，ZR 对应的地址为 DM76，ZRR 对应的地址为 DM78。

对图 4-59b：这里的 ZLL 对应的地址为 VW140（是模糊输出指针的指向，见图 4-58b，下同），ZL 对应的地址为 VW142，Z0 对应的地址为 VW144，ZR 对应的地址为 VW146，ZRR 对应的地址为 VW148。

对图 4-59c：这里的 ZLL 对应的地址为 D70（是模糊输出指针的指向，见图 4-58c，下同），ZL 对应的地址为 D72，Z0 对应的地址为 D74，ZR 对应的地址为 D76，ZRR 对应的地址为 D78。

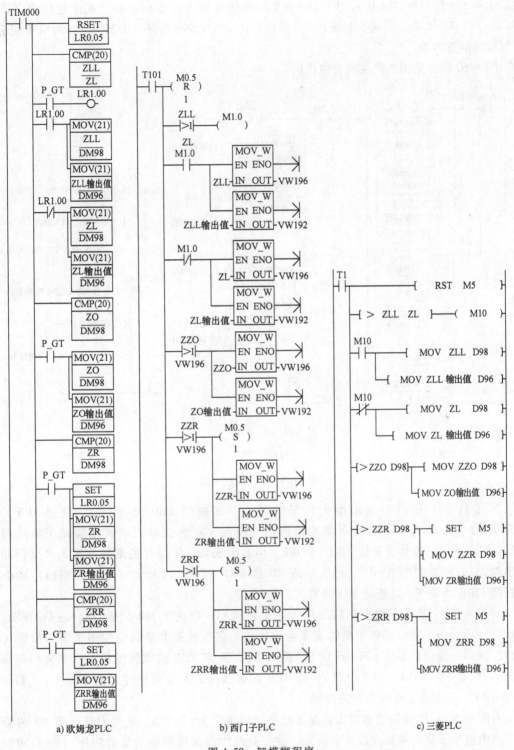

a) 欧姆龙PLC　　　　b) 西门子PLC　　　　c) 三菱PLC

图 4-59　解模糊程序

　　图 4-59 程序用以查找最大隶属度的模糊子集。它用了多个比较指令，目的是把最大隶属度模糊子集的地址保存在相应地址中（图 4-59a 保存在 DM98 中、图 4-59b 保存在 VW196

中、图 4-59c 保存在 D98 中）。同时把这个模糊子集对应的输出值存于相应地址中（图 4-59a 保存在 DM96 中、图 4-59b 保存在 VW192 中、图 4-59c 保存在 D96 中）。为取得相应的控制输出准备数据。

图 4-60 程序是用以产生积分输出的。

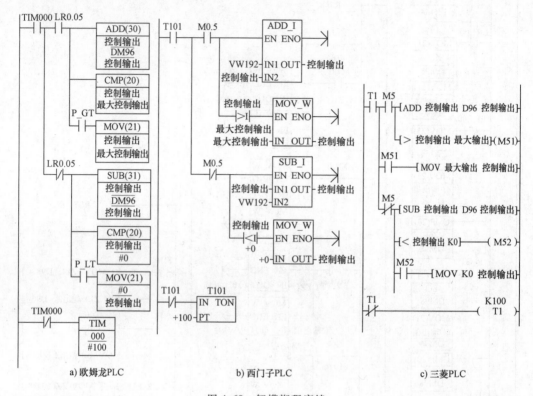

a) 欧姆龙PLC   b) 西门子PLC   c) 三菱PLC

图 4-60　解模糊程序续

对图 4-60a：使控制输出增大还是将减小，取决于 LR0.05 是 ON，还是 OFF。而 LR0.05 的 ON，OFF 则由模糊子集的隶属度大决定。在查找最大隶属度模糊子集的程序（图 4-59）的第一操作就是使 LR0.05 OFF，但如出现 ZR 或 ZRR 的隶属度最大（要使控制输出增大），则置 LR0.05 ON。如未出现 ZR 或 ZRR 的隶属度最大（要使控制输出减小），则保持 LR0.05 OFF。这正是系统所要求的控制。

对图 4-60b：积分是使控制输出增大还是将减小，取决于 M0.5 是 ON，还是 OFF。而 M0.5 的 ON，OFF 则由模糊子集的隶属度大决定。在查找最大隶属度模糊子集的程序（图 4-59）的第一操作就是使 LR0.05 OFF，但如出现 ZR 或 ZRR 的隶属度最大（要使控制输出增大），则置 M0.5 ON。如未出现 ZR 或 ZRR 的隶属度最大（要使控制输出减小），则保持 M0.5 OFF。这正是系统所要求的控制。

对图 4-60c：使控制输出增大还是将减小，取决于 M5 是 ON，还是 OFF。而 M5 的 ON，OFF 则由模糊子集的隶属度最大者决定。在查找最大隶属度模糊子集的程序（图 4-59）的第一操作就是使 M5 OFF，但如出现 ZR 或 ZRR 的隶属度最大（要使控制输出增大），则置 M5 ON。如未出现 ZR 或 ZRR 的隶属度最大（要使控制输出减小），则保持 M5 OFF。这正是系统所要求的控制。

此外，还有以下两点要考虑：

1）这个程序应是"微分执行"，其执行的时间间隔由 TIM000、T101 或 T1 控制。这个间隔可小些，但模糊子集对应的输出值也要小些。因为每次增减量小，可避免"静态不稳定"。

2）控制输出值要控制，最大不能大过允许的最大值；最小不能小于允许的最小值。这在图 4-60 的各组程序中已做了处理。

> **提示**：上面介绍的几个程序基本上是分别编写的。如合成为一个统一的程序，则所使用的实际地址也应统一分配，应避免重复使用。特别要注意，欧姆龙、三菱 PLC 的乘、除运算，存储的结果字的字长为参加运算字的字长的 2 倍。

4.10 模拟量控制其它高级算法

随着现代控制与 PLC 技术的发展，除了 PID 控制和模糊控制，还出现了很多更简便、更有效的模拟量控制的高级算法；如最优控制算法、自适应控制算法、预测控制算法、学习控制算法及专家控制算法等。

这些算法多在计算机上，有的还在单片机上，已通过运行程序实现。而当今的 PLC，特别是中、大型 PLC，计算指令丰富、数据区宏大，也完全可用它的运行程序实现。相信随着有的算法使用效果的增进，PLC 厂商，如同已开发出 PID 模块、模糊控制模块一样，还会开发出相应的硬件模块的。

越来越多的实践说明，这些控制对具有多变量、非线性、时变性和不确定性，难于建立精确的数学模型的实际的工业过程或复杂系统比传统控制更为有效。

前已指出，"模拟量控制程序设计，与其说是取决于设计者对 PLC 的了解，不如说是取决于设计者对自控知识的掌握；它的难点似乎不在于 PLC 程序本身，而在于要很好地运用好有关自控知识"。特别在本节涉及的各种控制中，将更是如此。所以，本章的讨论将只集中在原理的简单介绍上。具体的程序只好由读者依此设想，按需要与可能去设计了。

4.10.1 最优控制

最优控制（Optimal Control）是指怎样选择控制规律使控制系统的性能和品质在某种意义下为最优。如最小时间控制、最少燃料控制和最佳调节器等。

最优控制已经在航天、航海、导弹、电力系统、控制装置、生产设备和生产过程中得到了比较成功的应用，而且在经济系统和社会系统中也得到了广泛的应用。

1. 最优控制发展

在第二次世界大战期间及其后的一段时间内，以提高发射命中率为主要目标的伺服（随动）系统理论得到了迅猛的发展。这一理论在设计与分析单输入、单输出的，线性、时不变的集中参数系统时是行之有效的。然而，随着空间技术的发展，控制系统日趋复杂，其精度要求越来越高，这种理论就日益暴露出它的局限性来。因此，人们又开始寻找新的理论了。

早在 20 世纪 50 年代初期，就发表了从工程观点研究最短时间控制问题的文章，尽管其最优性的证明多半是借助于几何图形，带有启发的性质，但是毕竟为发展现代控制理论提供了第一批实际模型。

由于最优控制问题引人注目的严格表述形式，更因为空间技术的迫切需要，引起了一大批数学家的注意。人们发现，最优控制问题就其本质来说，乃是一个变分学问题。然而，经典的变分理论所能解决的只是其容许控制属于开集的一类最优控制问题，而实际上遇到更多的却是其容许控制属于闭集的一类最优控制问题。这就要求人们开辟求解最优控制问题的新途径。

在解决最优控制问题的种种方法中，有两种方法最富有成效，一种是美国学者贝尔曼的"动态规划"；另一种是苏联学者庞特里雅金的"最大值原理"。

"动态规划"是贝尔曼在1953~1957年间逐步创立的，它依据最优性原理，发展了变分学中的哈密顿——雅可比理论，构成了"动态规划"。

"最大值原理"是庞特里雅金等人在1956~1958年间逐步创立的，它受到力学中哈密顿原理的启发，先是推测出"最大值原理"，随后又提供了一种证明方法，并于1958年在爱丁堡召开的国际数学会议上首次宣读。

最优控制的一个前提是系统的控制是否存在最优解。系统的最优解是否存在，其判定是比较复杂的。故一般都是先假定有一个最优解，然后去求这个最优解。最优解一般总是代表系统工作状态的极值点，所以，有时称其为极值控制系统。

还应了解，所求得最优应是"整体"最优，而不是局部最优。一般很难用定量方法求得整体是最优控制的。因此，常常是求出许多局部最优控制，再挑选整体最优控制。

再就是要了解，怎么去自搜寻最优，并使系统保持在最优点附近的工作。

2. 最优控制算法

最优控制关键在自寻最优。所以，它的算法主要是怎么实现自寻最优的算法。

PLC模拟量最优控制是基于计算机的控制，是用程序实现的。其寻求最优的过程不必弄清系统的数学模型，而是靠实际试探。由于当今的PLC已经有很强的运算能力，很大的内存容量及很快的指令执行速度，已完全可以进行这个探索。

最优控制的过程如图4-61所示。

图4-61 最优控制过程

可知，自寻最优系统应具有两个基本功能：①实时地不断检测本身的工作状态，不断地对系统是否处于当时可能达到的最优状态做出判断；②根据检测和判断所得的信息迅速地做出使系统趋向最优状态的调整。

实现自寻最优点的方法主要有切换、摄动、自导和模型定向等。

（1）切换法

先让输入信号以恒定速度沿着使系统性能改善的方向变化，直到系统性能不再继续改善时为止。这时系统状态可能已越过最优点，但仍处在最优点附近。然后，再让输入信号以同样速度反向变化，重复同样的调整过程。不断地重复这种调整，就可能使系统的工作状态保持在最优点附近。

输入信号作用方向的变化周期称为搜索周期，自寻最优系统的性能值只能在最优点附近变化而不能严格保持在最优值，这种偏差的平均值称为搜索损失。

较长的搜索周期可使系统具有较强的抗干扰能力，但同时也加大了搜索损失。设计自寻最优系统时，应结合实际情况兼顾各方面的性能要求而选取适当的搜索周期。

（2）摄动法

这种方法是切换法的发展。其基本原理是：在系统的输入量上，附加一个周期性的探测信号（摄动量），例如正弦信号。通过在这个混合输入信号作用下，系统输出信号的分析，可以得到系统输出是否向最优点运动的信息。利用这个信息不断地调整输入量即可使系统向最优点运动。采用这种搜索方式时，可根据噪声特性、系统动态特性和对搜索损失的要求来确定探测信号的幅度和周期，以及是否需要采取移相措施等。

（3）自导法

这种方法不需要其它输入信号。将输出量对时间的一阶导数的实测值，经积分作用后送入系统的输入端，以实现对极值点的搜索。取积分的目的是为了减弱或消除外界或内部随机干扰的影响。只要开始时输出量的变动趋势与寻优方向相符，系统就会自动趋向于最优点。具体设计这种系统时，必须考虑系统的动态特性对最优点的影响。

（4）模型定向法

基本思路是建立一个能描述最优运动状态的数学模型（系统的最优点可由此模型确定），再根据这个模型用一定的算法找出所需的输入。为建立这个模型，可以先向系统输入一个试验信号，然后根据系统的输出数据用参数估计方法确定模型的各个参数。模型定向法需要较多的数值计算，用于在线控制时需要使用快速计算机。

具体的程序可分块实现。这些程序块有效果评定程序模块、试探计划程序模块、试探执行程序模块、方案确定程序模块等。具体程序略。

时至今日，最优控制理论的研究无论在深度或是广度上都有了较大的进展。然而，随着人们对客观世界认识的不断深化，又提出了一系列有待解决的新问题。可以毫不夸张地说，最优控制理论依旧是极其活跃的科学领域之一，也是 PLC 实现模拟量控制的重要方面。

3. 最优控制应用

最优控制理论问题较为深奥，但 PLC 模拟量用的最优控制却没那么复杂。只是有这么几种情况：

在控制算法确定后，怎样选定控制参数，使控制效果最佳。如使用 PID 控制时，其控制参数自行整定，也可说成这里的最优控制。而且是自寻最优控制的。再如，在比例控制中，比例系数选定，也有个怎么选择，以实现最优的问题。

在控制结构确定之后，一般都有多种控制算法，如用 PID，或只用 PD，而不用 I，也可能用模糊控制算法等。怎样在其中自动选定一个最优的算法。

控制结构，即用哪些控制量，通过哪些环节实施对系统的控制，如有多种方案可选定，那也可设计相关的最优控制算法，以确保被控制量的变化，或系统的投入、产出获得最佳。

实施这些最优算法，关键要处理好以下两个问题：

1）"优"的评价。什么叫"优"？要有标准。

2）可选方案的设计。根据经验，一般讲，最优方案总是在可预料的范围内出现，即实际系统最优可选变量的定义域总是有边界的。这样，即可在这个定义域内设计可能的方案。

有了这两条，再加上相应搜索程序。实现最优控制是可能的。

4.10.2 适应控制

1. 适应控制（Adaptive Control）概念

适应原为生物学的术语。指的是生物能改变自己的习性以适应新环境的一种特征。自适应控制是指这样的控制，它能不断地检测系统的信息，自动调整控制的参数以至算法、结构，以适应环境条件或过程参数的变化，以使系统始终具有较高的控制性能。

适应控制所依据的是系统在线辨识及自身调整。即在系统的运行过程中，依据对象的输入、输出数据，不断地辨识系统。使控制变得越来越准确，越来越接近于实际。

如当系统在设计阶段，由于对象特性的初始信息比较缺乏，系统在刚投入运行时可能不理想。但在实施控制的同时，进行在线辨识及自身调整，控制系统逐渐适应，最终将调整到一个满意的工作状态。再比如某些控制对象，其特性可能在运行过程中要发生较大的变化，但通过在线辨识和改变控制器参数，系统也能逐渐适应。

对那些对象特性或扰动特性变化范围很大，同时又要求经常保持高性能指标的一类系统，采取自适应控制是合适的。

图4-62所示为自适应控制系统的结构。

从图4-62可知，它比普通的反馈控制系统增加了一个适应控制回路。自适应控制器根据受控对象的输

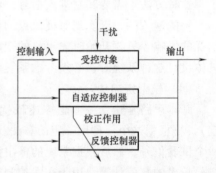

图4-62 自适应控制系统结构

入、输出关系，辨识受控对象和外部干扰的特性。随后，根据辨识的结果校正反馈控制规律，以适应环境特性的变化。无论是辨识，还是控制规律的设计，都可采用不同的方法。它们的不同组合能形成适应控制的不同方案。

2. 适应控制特点

如果自动调节对付的是输入的干扰，而自适应控制对付的是整个环境的干扰。与常规反馈控制相比，有以下特点：①能辨识环境条件过程参数的变化，建立被控过程的模型；②在辨识的基础上综合一种新的控制算法；③根据综合出的控制策略自动地修正控制器参数值。

3. 适应控制发展

适应控制系统主要类型有：自校正控制系统、模型参考适应控制和自寻最优控制系统。

利用实时辨识技术自动校正系统特性的适应控制系统。自校正调节器具有对系统或控制器参数进行在线估计的能力，可通过实时地识别系统和环境的变化来相应地自动修改参数，使闭环控制系统达到期望的性能指标或控制目标，有一定的适应性。

在经典控制理论和最优控制理论中，控制器的设计方法是建立在系统数学模型不变或事先已知的基础上的。但很多实际系统的数学模型是无法确切了解的，并且随着环境变化系统特性也在改变。因此，通常的非适应控制技术不能在线建立数学模型，也不能实时调整系统的参数。

为了克服通常的控制技术的这些缺点，R.卡尔曼于1958年提出自校正调节器的设想。但由于当时适应控制理论尚未充分发展，又缺乏适用的计算机，卡尔曼的设想未能得到进一

步的发展，更未能付诸实施。

1970 年，V. 彼特卡把自校正调节器的理论研究推广到随机情况。其后，随着随机控制理论、系统辨识理论和计算机技术的发展，自校正调节器的研究和应用迅速发展起来。

1973 年，K. J. 阿斯特勒姆和 B. 维滕马克提出一种简易可行的自校正调节器实现方案，引起广泛重视。在这个方案中，用一个表示输入输出关系的线性差分方程（可以包含干扰项）作为系统的预测数学模型（称为可控自回归滑动平均模型，缩写为 CARMA），用递推最小二乘法在线估计模型的参数，直接得到一个输出方差最小的自校正调节器。这种方案中系统的组成结构简单，容易实现，并易于在工业过程控制中推广。它的缺点是对于非最小相位系统控制过程可能发散。

1975 年，D. W. 克拉克和 P. J. 高思罗普又提出广义输出最小方差的自校正调节器方案，不但能限制控制输入的幅度，还能限制输出与设定值之间的误差，能同时用于最小相位系统和非最小相位系统。

1979 年，P. E. 韦尔斯泰德等人提出具有零极点配置功能的自校正调节器，能够在线整定系统或控制器的参数，使闭环系统的零点和极点配置到指定部位上去。随后，针对各种不同性质的系统（多变量系统、非线性系统、分布参数系统、时变系统和连续系统等）提出了相应的自校正调节器方案。此外，还出现了一些专用性的自校正调节器，如自校正 LQG（线性二次高斯）调节器，自校正 PID（比例积分微分）调节器等。

在工作原理上，自校正调节器是以分离原理为依据的，把参数的估计和控制律的计算分开进行。参数估计采用递推方法，计算量较小，易于用计算机实现。自校正调节器已在不少工程技术领域（如造纸、化工、冶金、水泥、热力、船舶和飞机的自动驾驶装置、机械手等）中被采用，取得了较好效果。

适应控制系统主要用于过程模型未知或过程模型结构已知和参数未知且随机的系统中控制器参数的调整。

近年来，对适应控制的研究，大都建立在系统是逆稳定的基础上。而且在适应控制器中由 Riccati 方程确定的量。近期，有人通过对"一步超前"适应控制器的分析，提出"输入匹配"方法，将系统的信号跟踪问题转化为对系统输入的研究。还有人用随机梯度算法，建立了关于"输入匹配"全局收敛的"一步超前"最优适应控制器。又有人建立了随机系统"一步超前"最优适应控制的最小二乘算法，估计出由该算法辨识系统参数的收敛速率。适应控制系统的进一步发展，将走向"自学习"系统和"智能控制"系统。

4. 适应控制应用

适应控制在 PLC 控制中可设想的应用大体是在控制算法上，如有几个算法可适用各种不同的"环境情况"。那么，系统工作时，在可检测反馈量的同时，还要检测这个"环境情况"，并依检测的"环境情况"的不同或变化，选择控制的算法。以使系统的控制达到最好的效果。

不仅在算法上，其它的，如控制结构、控制参数，也都可准备多种方案，供系统"环境情况"变化时选择，以使系统能"适应""环境变化"，始终能在最佳的状态下工作。

4.10.3　预测控制

1. 预测控制（Predictive Control）的产生

20世纪60年代初形成的现代控制理论，在航天领域取得了辉煌成果，利用状态空间法分析和设计系统，提高了对被控制对象的洞察能力，提供了在更高层次上设计控制系统的手段。但是，它在工业过程控制应用中，遇到了三大困难：

1）没有或极难找到精确的数字模型。

2）被控制对象的结构、参数和环境具有很大的不确定性。

3）要求控制手段经济性。

这三大难题阻碍了现代控制理论在复杂工业过程中的有效应用。这个工业实践向控制理论的挑战促使预测控制，一种新型的基于计算机的控制的诞生。

预测控制采用多步测试、滚动优化和反馈校正等控制策略，因而控制效果好，适用于控制不易建立精确数字模型，且比较复杂的工业生产过程，所以它一出现就受到国内外工程界的重视，并已在石油、化工、电力、冶金、机械等工业部门的控制系统得到了成功的应用。

20世纪70年代，人们除了加强对生产过程的建模、系统辨识、自适应控制等方面的研究外，开始打破传统的控制思想的观念，试图面向工业开发出一种对各种模型要求低、在线计算方便、控制综合效果好的新型算法。

在这样的背景下，预测控制的一种，也就是模型算法控制（MAC-Model Algorithmic Control）首先在法国的工业控制中得到应用。因此，预测控制不是某一种统一理论的产物，而是工业实践中逐渐发展起来的。同时，计算机技术的发展也为算法的实现提供了物质基础。

现在比较流行的算法包括模型算法控制（MAC）、动态矩阵控制（DMC）、广义预测控制（GPC）、广义预测极点（GPP）控制、内模控制（IMC）、推理控制（IC）等。

20世纪70年代，在美、法等国的工业过程领域内出现了一类新型的计算机控制方法，即预测控制，在锅炉、分馏塔及石油加工生产装备上获得了成功应用。现已有成熟的商品软件包供应。

2. 预测控制的基本思想

预测控制是一种基于模型的控制算法，这一模型称为预测模型。预测模型的功能是根据被控对象的历史信息和未来输入，预测其未来输出。

输入控制量为阶跃函数或脉冲函数。被控量（输出）的采样值为

$$a_i = a(iT) \quad i = 0, 1, \cdots, N$$

其中，T为采样周期，当$t = NT$时，认为系统的输出值已稳定。向量$[a_0, a_1 \cdots, a_N]^T$称为模型向量（非参数模型），N称为建模时域。同时认为系统是线性的，满足叠加原理：

若
$$f(t) = y(t)$$

则
$$\alpha f(t) + \beta f(t) = (\alpha + \beta) f(t)$$

其意义是可以根据所加控制量，利用模型向量计算出（预测）被控量（输出）。

预测控制是一种优化控制算法，通过性能指标的最优来确定未来的控制量。这一性能指标涉及系统未来的行为。

1）根据实践经验，提出系统输出的曲线形式。

2）确定一系列优化性能指标。

3）根据优化性能指标求出 M 个未来时刻的控制量，只用下一时刻的控制量去实际控制。

预测控制是一种闭环控制算法。在通过优化确定了一系列未来的控制量后，为了防止模型失配或环境干扰引起控制对理想状态的偏离，预测控制通常不把这些优化计算出的控制量逐一全部实施，而只是实现本时刻的控制量。到下一时刻，首先检测被控对象的实际输出，利用这一实时信息对基于模型的预测进行修正，然后再进行新的优化。

反馈校正的形式多种多样，如可以把预测值和实际测量值的差（即预测误差）加权后与下一时刻的预测值的和作为下一时刻的真正预测值来优化计算控制量。使得优化不仅基于模型，而且利用了反馈信息，构成了闭环优化。

下面以模型算法控制为例子来说明预测控制的基本原理，如图 4-63 所示。

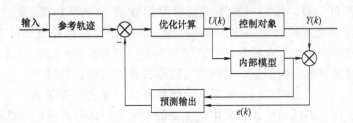

图 4-63　预测控制基本原理

模型算法（MAC）控制主要包括内部模型、反馈校正、滚动优化和参数输入轨迹等几个部分。它采用基于脉冲相应的非参数模型作为内部模型，用过去和未来的输入输出状态，根据内部模型，预测系统未来的输出状态。经过用模型输出误差进行反馈校正以后，再与参考轨迹进行比较，应用二次型性能指标进行滚动、优化，然后再计算当前时刻加于系统的控制，完成整个动作循环。

3. 预测控制应用

预测控制伴随着工业的发展而来，所以，预测控制与工业生产有着紧密的结合，火电厂钢球磨煤机是一个多变量、大滞后、强耦合的控制对象，其数学模型很难准确建立。而目前国内火电厂所装设的控制器大部分是 PID 控制器。由于系统各变量耦合严重，PID 控制器很难适应，致使钢球磨煤机不能投入自动运行。曾有人用 8051 单片机加上 A/D 8 路接口及其接口电路，再加上控制键和显示器，组成了预测控制器。在采用了 MAC 算法之后，就能够弥补 PID 控制器的不足。

8051 单片机加上 A/D 8 路接口及其接口电路能做到的，功能比起它要强大得多的 PLC 难道做不到吗？

预测控制具有适应复杂生产过程控制的特点，具有强大的生命力。可以预言，随着预测控制在理论和应用两方面的不断发展和完善，它必将在工业生产过程中发挥出越来越大的作用，展现出广阔的应用前景。而且，目前已有公司，如 Emerson Process Management 公司，就开发有专门软件，如该公司的 DeltaV PredictPro 多变量、模型预估控制（MPC）软件，能提供实用的模型预估控制。

4.10.4 学习控制

1. 学习控制（Learning Control）概念

学习控制，面对更大的不确定性。是靠自身的学习功能来认识控制对象和外界环境的特性，并相应地改变自身特性以改善控制性能的系统。它具有一定的识别、判断、记忆和自行调整的能力。能在其运行过程中逐步获得受控过程及环境的非预知信息，积累控制经验，并在一定的评价标准下进行估值、分类、决策和不断改善系统品质。

学习控制的学习方式分为受监视学习和自主学习两类。

受监视学习这种学习方式除一般的输入信号外，还需要从外界的监视者或监视装置获得训练信息。所谓训练信息，是用来对系统提出要求或者对系统性能做出评价的信息。如果发现不符合监视者或监视装置提出的要求，或受到不好的评价，系统就能自行修正参数、结构或控制作用。不断重复这种过程直至达到监视者的要求为止。当对系统提出新的要求时，系统就会重新学习。

自主学习简称自学习。这是一种不需要外界监视者的学习方式。只要规定某种判据（准则），系统本身就能通过统计估计、自我检测、自我评价和自我校正等方式不断自行调整，直至达到准则要求为止。这种学习方式实质上是一个不断进行随机尝试和不断总结经验的过程。因为没有足够的先验信息，这种学习过程往往需要较长的时间。

在实际应用中，为了达到更好的效果，常将两种学习方式结合起来。学习控制系统按照所采用的数学方法而有不同的形式，其中最主要的有采用模式分类器的训练系统和增量学习系统。在学习控制系统的理论研究中，贝叶斯估计、随机逼近方法和随机自动机理论，都是常用的理论工具。

2. 学习控制发展

学习控制的设想与研究始于20世纪50年代，学习机就是运用学习控制的一例，是一种模拟人的记忆与条件反射的自动装置。下棋机是学习机早期研究阶段的成功例子。

20世纪60年代发展了自适应和自学习等方法。另一类基于模式识别的学习控制方法也用于学习控制系统。研究基于模式识别的学习控制的第三种方法是利用Bayes学习估计方法。

20世纪80年代提出了反复学习控制及重复学习控制，并获得发展。

学习控制有4个主要功能，即搜索、识别、记忆、推理。在学习系统研制初期，对搜索和识别方面研究较多，而对记忆和推理的研究还是薄弱环节。为此，傅京孙提出了需要进一步深入的课题：

1）在非稳定环境中的学习。大多数学习算法仅在稳定的环境中有效，若把一个非稳定环境近似为若干个稳定的环境，则可应用模式识别等技术加以解决。

2）提高学习效率。多数算法都需要较长时间，不适于快速响应系统的控制，可增加有利的先验知识加以改进。

3）结束规则（stopping rule）。若系统已达到指定的要求，则需要有适当的结束规则，以缩短学习时间。

4）学习系统的多级结构。对不同复杂程度的环境信息分别用不同的学习算法处理，且处于不同层次，高一级中的学习品质取决于低一级中一个或几个学习机构所获得的信息。

5）把模糊数学用于学习系统。

6）直觉推理的应用。很多（包括复杂的）控制问题，有时只需要用直觉推理方法就可解决。

7) 文法推理。近年来，控制理论正向广度和深度发展，把人工智能技术应用于自动控制取得了可喜的成果。Saridis 提出了很多有关学习控制的新的思想方法。Astrom 等在以"专家控制"为题的开拓性论文中指出，用专家系统的方法实现工程控制中存在的很多启发式逻辑推理，可使常规控制系统得到简化，并获得新的功能等。

3. 学习控制结构

学习控制最有效的途径仍是仿人和吸收人工智能的研究成果。近年来，仿人智能控制器的研究已初见成效。智能控制算法的基本思想是仿人的学习、在线特征辨识、特征记忆、直觉推理和多模态控制策略等，而在结构上是分层的。

一个通用的仿人智能控制器（SHIC）应具有在线特征辨识的分层递阶结构，如图 4-64 所示。图中，主控制器 MC 和协调器 K 构成运行控制级；自校正器 ST 构成控制参数自校正器；自学习器 SL 构成控制规则组织级。MC、ST 和 SL 分别具有各自的在线特征辨识器 CI、规则库 RB 和推理机 IE，SL 还有作为学习评价标准的性能指标库 PB。3 个层级共用 1 个公共数据库 CDB，以进行密切联系和快速通信。各层级的信息处理和决策过程分别由 3 个三元序列 {A，CM，F}、{B，TM，H} 和 {C，LM，L} 描述。

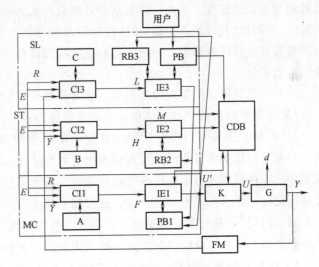

图 4-64　一个多级学习控制系统

来自指令 R、系统输出 γ 和偏差 E 等在线信息，分别送到 MC 和 ST 的 CI1 和 CI2，与相应的特征模型 A（系统动态运行特征集）及 B（系统动态特性变化特征集）进行比较和辨识，并通过 IE1 和 IE2 内的产生式规则集 F 和 H 映射到控制模式集 CM 和参数校正集 TM 上，产生控制输出 U' 和校正参数 M'。U' 经协调器 K 形成受控对象 G 的输入向量 U，而 M' 则输入到 CDB，以取代原控制参数 M。

对于执行控制级的 MC 和参数校正级的 ST，{A，CM，F} 和 {B，TM，H} 均为由设计者赋给的或由 SL 形成的先验知识，分别存放在规则库 RB1、RB2 和 CDB 中。SL 中的 RB3 是控制器的总数据库，用于存放控制专家经验集 {C，LM，L}，它包含 {A，CM，F} 和 {B，TM，H}，选择、修改和生成规则以及学习效果的评判规则。其中，存放的性能指标包括总指标集 PA 和子指标集 PB。PA 由用户给定，PB 则为 PA 的分解子集，由 CI3 的特征辨识结果选择与组合，作为不同阶段和不同类型对象学习的依据。

学习过程分为启动学习和运行学习两种。启动学习过程是控制器起动后初始运行的学习，它反复依据当前特征状态 C，前段运行效果的特征记忆 D 以及相应问题求解的子指标集 PB 之间的关系，确定 MC 的 {A，CM，F} 和 ST 的 {B，TM，H}，即

IF< C，D，PB>

THEN {A, CM, F} AND {B, TM, H}

运行学习过程是指控制运行中对象类型变化时的自学习过程。首先，SL 从反映对象类型变化的特征集 C′确定出新的子指标集 PB′，然后依据特征记忆 D′来增删或修改 {A, CM, F} 和 {B, TM, H}，即

IF C′THEN PB′

IF< C′, D′, PB′>

THEN {A′, CM′, F′} AND {B′, TM′, H′}

学习过程结束后，ST 就停止工作，处于监视状态。对于受控对象类型不变时参数和环境的不确定性变化，由 MC 和 ST 来实现快速自校正。

仿人智能控制器实时运行时，实现高品质、快速自适应和自学习控制的关键在于在线信息处理和决策的速度。为此，需要从硬件和软件两方面来解决。硬件方面除采用高速微处理芯片外，可设计并行运算的多 CPU 控制技术来支持分层递阶信息处理和决策机制。软件方面则要充分发挥特征辨识、特征记忆和直觉推理等作用，减少规则数，缩小搜索空间，以减少信息处理量。

按照上述智能控制器的设计思想，学习控制系统的设计应遵循下列基本原则：

1）控制系统应具有分层信息处理和决策能力。

2）控制器应具有在线特征辨识和特征记忆的功能。当被控对象的数学模型不完全清楚，且处于快速瞬变过程时，现有的系统辨识算法难以满足实时控制的要求。而在仿人智能控制中，往往只需要有限的反映受控对象特性的动态特征量，就能满足控制要求。另外，通过特征记忆，可以积累有用的信息，使控制决策更有预见性。

3）控制器应具有多模态控制。在研究人的手动控制行为时可以发现，人的控制策略是多模态的和开闭环结合的控制方式。仿人控制具有类似的控制方式。

4）应用直觉推理逻辑，使控制器的决策更灵活和迅速，以提高自学习效率。

4. 学习控制应用

学习控制要用到仿人智能，这将在下一小节作简要说明。而在 PLC 控制中，学习控制不一定就那么复杂，但实实在在存在着如何通过学习、提高 PLC 的控制质量及效率的问题。有这么几方面应用：

最简单的，如：十字路口的红绿灯怎么变换才算好？可否通过学习，选定各方向的红绿灯亮、灭的合理时间分配？可否设定一个评价标准，在 PLC 实施实际控制的同时，收集数据，不断按这个标准进行评价，并依据评价结果确定转换时间。直至还可边学习，边改进。直到最合理。

再如：示教控制。可先由人工，运行程序。PLC 把人工操作记录下来。第二次，PLC 将按记录的程序，自行操作。这样的学习程序 PLC 是完全可做到的，也是较常用的等。

4.10.5 专家控制

由本章第 9 节介绍的模糊控制算法可知，模糊控制是基于人的经验的，具有"仿人智能"的特性。故也称其为是智能控制，或说它是智能控制之一。本节讨论的专家控制，则具有"高度仿人智能"的特性，是模糊控制的进一步发展，更是智能控制，或说更是智能控制之一。

1. 专家控制概念

图 4-65 所示为专家系统简化结构。它主要由知识库与推理机组成。知识库存储大量专家知识。而推理机则根据输入或提问，运用一定的推理规则，在与知识库交互中，求得与输入对应的输出，或推出提问的答案。

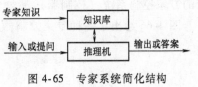

图 4-65　专家系统简化结构

专家系统知识库的数据有的为手工录入，有的可自动生成，更高级的还可自学习，不断地在使用中充实、完善。

专家系统可用于各种不同的场合：如总结医生看病的经验而建立的专家系统，可进行特殊疾病诊断；再如总结设备修理的经验而建立设备诊断知识库，可协助进行设备故障诊断等。这些技术在实际中得到了很好的运用，也取得了可喜的成果。

专家（Expert Control）控制则在此基础上，还要更进一步。要把专家系统和实际控制过程结合起来，用专家系统做实际控制过程的调节器。为此，专家控制就要不间断地监测被控系统状态，并运用相应的推理规则，在与它的知识库交互中，实时求得与系统状态对应的控制输出，使被控系统的工作能达到预期的效果。

可知：专家控制的知识库应是完备的，对应于每一被控系统状态，必须要有相应的控制输出答案，而这个答案必须达到人类专家的水准；专家控制的求解过程应是自动的，能根据接收到的反馈信号进行独立的、自动的决策，产生相应的控制输出；专家控制还应是实时的，要很快对反馈输入做出反应。实时性问题是专家控制应用于工业控制面临的最大困难。

为了满足工业过程的实时性要求，知识库的规模不宜过大，推理机也应尽可能简单。含有与控制有关的知识，能有效地进行推理也就够了。

在设计专家控制时，应十分注意对过程在线信息的处理与利用。在信息存储方面，应对那些对做出控制决策有意义的特征信息进行记忆，对于过时的信息则应加以遗忘；在信息处理方面，应把数值计算与符号运算结合起来；在信息利用方面，应对各种反映过程特性的特征信息加以抽取和利用，不要仅限于误差和误差的一阶导数。灵活地处理与利用在线信息将提高系统的信息处理能力和决策水平。

控制策略的灵活性是对专家控制所的又一要求。工业对象本身的时变性与不确定性以及现场干扰的随机性，要求专家控制采用不同控制策略，并能通过在线获取的信息灵活地修改控制策略或控制参数，以保证获得优良的控制品质。此外，专家控制还应设计异常情况处理的适应性策略，以增强系统的应变能力。

运用专家控制，可使控制系统的设计不完全依赖于被控对象的数学模型，而主要利用人的有关知识，也可使被控对象按一定要求达到预定的控制目的。所以，在复杂的工业控制环境中，有许多未知因素和不确定因素，而利用专家知识可实现对其控制时，使用专家控制是很合适的。

2. 专家控制类型

专家控制的主要形式有专家控制系统和专家式控制器（expert controller）两种。前者系统结构复杂、研制代价高，因而目前应用较少；后者结构简单、研制代价低，性能又能满足工业过程控制的一般要求，因而获得日益广泛的应用。

3. 专家控制结构

专家控制系统因为应用的场合和控制要求的不同,其结构也可能不一样。然而,几乎所有的专家控制系统(控制器)都包含知识库、推理机、控制规则集和控制算法等。

图4-66给出了一种专家控制器的框图。

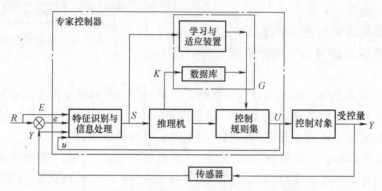

图4-66 专家控制器

从图4-66可知,知识库由经验数据库和学习与适应装置组成。经验数据库存储经验和事实;学习与适应装置在线获取信息,补充或修改知识库内容,改进系统性能,提高问题求解能力。控制规则集(CRS)是对被控过程的各种控制模式和经验的归纳和总结。由于规则条数不多,搜索空间很小,推理机构(IE)就十分简单,采用向前推理方法逐次判别各种规则的条件,满足则执行,否则继续搜索。

特征识别与信息处理(FR&IP)部分的作用是实现对信息的提取与加工,为控制决策和学习适应提供依据。它主要包括抽取动态过程的特征信息,识别系统的特征状态,并对特征信息作必要的加工。

专家控制器的输入集为

$$E = (R, e, Y, U), e = R - Y$$

式中　R——参考控制输入;

　　　e——误差信号;

　　　Y——受控输出;

　　　U——控制器的输出集。

专家控制器的模型可用式 $U = f(E, K, I)$ 表示,智能算子 f 为几个算子的复合运算

$$f = ghp$$

其中　$g: E \rightarrow S$; $h: S \times K \rightarrow I$; $p: I \rightarrow U$

g、h、p 均为智能算子,其形式为

$$\text{IF A THEN B}$$

其中,A为前提或条件,B为结论。A与B之间的关系可以包括解析表达式、Fuzzy关系、因果关系和经验规则等多种形式。B还可以是一个子规则集。

上述系统当然是比较复杂的。只能运行在PC的平台上。PLC使用的专家控制应力求简单、有效。其结构要简化一些。随着PLC性能进一步提高,较为复杂,以至于知识库可自动扩充、能自学习的专家系统会越来越多地出现。

4. 专家控制应用

专家控制在我国已取得很大成功。正从教授、专家手中走出来，实现专家控制的工程化、实用化、转化为社会生产力。

实例1：广西大学自动化研究所已经开发出实时智能控制软件包RICP、智能集成开放控制器IIOC等产品。软件包RICP有以下3个软件组成：

1）模糊控制系统开发工具FCDS；

2）专家控制系统开发工具ECSS；

3）神经网络开发工具NNDS。

RICP提供模糊控制、专家控制、神经网络的开发工具，可帮助用户进行模糊控制、专家控制、神经网络的设计、分析和调试，用户无须掌握深奥的智能控制理论和知识，就可以在短时间内构建智能控制系统。

RICP采用COM、ODBC、ActiveX、OLE、OPC，将RICP软件包与国内外各种工业监控组态软件（"力控""组态王""MCGS""世纪星""天工"等）无缝连接，提供PLC、DCS、工控机、现场总线、以太网控制系统的接口。

RICP人机界面友好，软硬件配套集成，图形编程组态，用户无须掌握复杂的编程知识、技术，在常规控制设备中可实现智能控制。

RICP适用于难以建模、对象和任务复杂系统的控制，可解决工业生产过程控制的非线性，大滞后，不确定等难控问题。

实例2：恒压供水专家控制系统，用于城市高楼供水。它是非线性、不确定的控制过程，很难建立精确的数学模型。因此，有人将专家控制经验与传统的PID控制相结合，形成一套行之有效的控制算法，它的规则描述如下：

1）IF $|e(K)|>M_1 \wedge e(K)>0$, THEN $u(K)=U_1$

2）IF $M_3<e(K) \leqslant M_2 \wedge e(K)>0$, THEN $u(K)=u(K-1)+K_1 e(K)-K_2 e(K-1)$

3）IF $|e(K)| \leqslant M_3$, THEN $u(K)=u(K-1)$

4）IF $|e(K)|>M_1 \wedge e(K)<0$, THEN $u(K)=0$, 关变频器

5）IF $M_3<|e(K)| \leqslant M_1 \wedge e(K)<0$, THEN $u(K)=U_2$

6）IF $M_2<|e(K)| \leqslant M_1 \wedge e(K)>0$, THEN $u(K)=U_3$

其中，$e(K)=K$时刻压力设定值减去K时刻压力实测值。U_1，K_1，M_i（$i=1$，2，3）为现场设定值，由现场调试经验而定。$M_1>M_2>M_3$。控制过程首先验证条件，条件满足则激活相应的控制策略，各控制策略之间存在一定的相互关系。

采用上述控制系统及控制规则，实现了对北京商检局及总后军需研究所的地下温泉供水系统进行变频调速恒压供水自动控制的改造，压力值的控制精度达$\pm 0.2 \mathrm{kg/m^2}$满足用户要求，节能效果显著。

实例3：小直流电动机转速专家控制。

系统构成主要是：直流电动机，加载给直流电动机的可调压直流电源，测量电动机转速用的光电码盘及其脉冲检测装置。具体使用装置是沈阳旭风电子科技发展有限公司生产的TD3电源板、TS1、TS4实验板、PLC及模拟量模块元件板。

直流电动机转速由直流电源电压控制。这个电压高，电动机转速也高，两者大体为正比关系。而直流电源的电压则由PLC脉宽输出控制。本系统用的PLC为晶体管输出的PLC，

可产生脉宽调制的脉冲输出。

电动机转动将带动光电码盘转动。脉冲检测装置将检测出脉冲信号。显然，脉冲信号的频率与电动机转速是正比关系的。系统用 CPM2A 的输入点 000.00 接收这高速脉冲信号。而且，每间隔 1s 计一次所采集到的脉冲数。这脉冲数也就是这个脉冲信号的频率。也就是这个频率的高低反映了电机转速高低。

用 PLC 对电动机转速进行专家控制的目的就是，不管出现怎样的扰动，电动机转速将随给定值变化。

它用的算法是，先计算计算偏差及偏差变化率，然后，根据偏差及偏差变化率的大小，按一定规则改变控制输出，达到控制所要求的效果。整个控制效果如何？将取决专家的经验，即选定好控制周期、比较参数及变化参数。

图 4-67~图 4-70 为该系统的实际程序。其中：图 4-67 所示为偏差计算及确定偏差方向（正或负）及大小。从图知它主要用比较与减指令实现；图 4-68 所示为偏差变化率计算。并指明变化的大小及变化方向；图 4-69 所示为偏差变化分类。可依据此分类确定相应的控制输出。

图 4-70 所示依据偏差及偏差变化分类，确定控制输出应做的相应变化。输出用的是脉宽控制。而且，每一控制周期执行一次这个程序。这里的控制周期的长短，"多点""少点"以及上述其它图中的"偏差很大""变化很大值"等的数值，可按照专家或使用中积累的经验确定。图中只画出了负偏差的程序。正偏差时，情况类似。

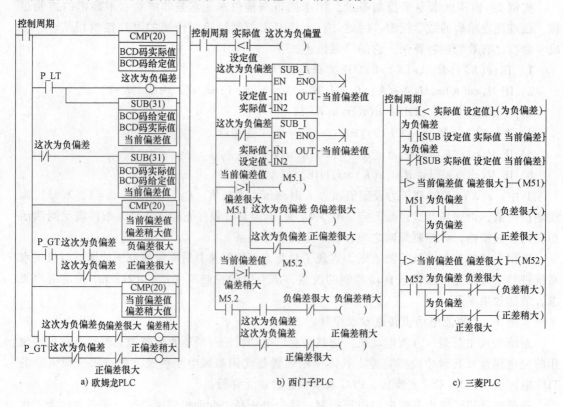

图 4-67　偏差计算

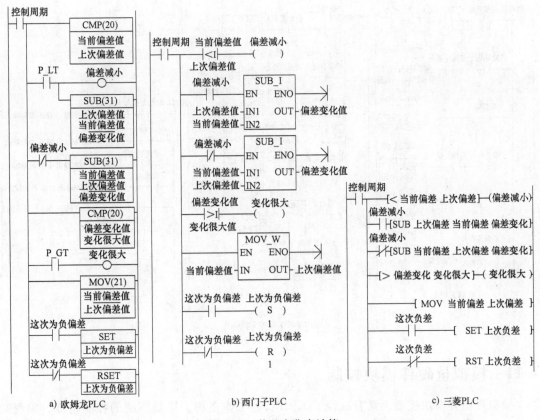

a) 欧姆龙PLC   b) 西门子PLC   c) 三菱PLC

图 4-68 偏差变化率计算

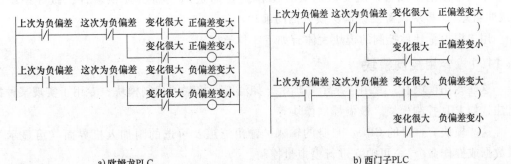

a) 欧姆龙PLC   b) 西门子PLC

c) 三菱PLC

图 4-69 偏差变化分类

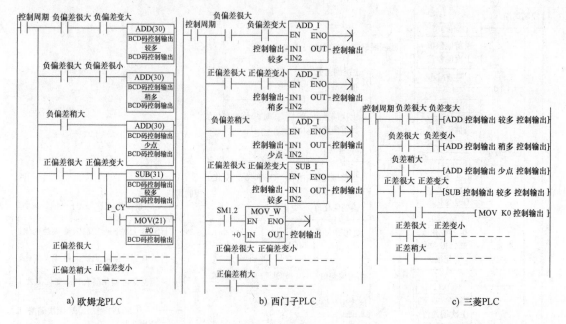

图 4-70　控制输出

4.11　模拟量硬件模块控制

模拟量硬件模块控制，具有减轻 PLC CPU 的工作负担、提高系统的控制精度、编程简单方便等优点，已成为当今 PLC 发展的一个趋势。

用硬件控制模拟量，所要做的编程工作主要的是用厂商所提供软件，做好系统配置（或叫组态）、模块设置及数据交换方面的编程。

用于模拟量硬件控制的模块大体有如下 3 种类型。

4.11.1　专用控制模块

这些专用模块有：专用于某个物理量，如温度，控制的控制模块；专用于实现某种控制算法，如 PID 控制模块、模糊控制模块等。

这些模块有自身的 CPU、自身的输入、输出通道及可选的附加人机界面（可显示及输入数据或操作命令）。可独立进行模拟量控制。

1. PID 控制模块

用于实现 PID 控制算法，并自身具有模拟量输入通道及输出通道。仅使用此类模块，无须 PLC CPU 的参与，即可进行模拟量的 PID 控制。多数公司的 PLC 都有此类控制模块。

欧姆龙公司：C、CS 系列机有 C200H-PID01、02、03 等 PID 单元，可进行两路控制。输入为标准电压或电流信号，而输出时间比例 PID 电流或半导体的 ON/OFF 接点。

西门子公司：S7—300 的闭环控制模块，如 FM355，有 4 个单独的闭环控制通道。再如 S7—400 的闭环智能控制模板，能完成范围广泛的闭环控制任务，如温度控制、压力控制和流量控制等。有 2 种类型：FM455C 为 16 模拟量输入，连续动作的控制器；FM455S 为步进控制器或脉冲控制器。

2. 温度控制模块

它具有温度变送器，可直接检测到控制对象的温度量。而且多有配套的产品，有可接收热电偶信号输入的，也有可接收热电阻信号输入的。控制输出的类型多为半导体，且输出电流或电压是可控制的。因为温度是过程控制中常见的物理量，所以，多数公司的 PLC 都有此类控制模块。

1）欧姆龙公司：大、中、小型机都有此类模块。如 C200H-TC001、C200H-TC002、C200H-TC003、C200H-TC101、C200H-TC102、C200H-TC103 等模块。可进行两路 PID 温度控制。可接收不同规格温度传感器输入，产生不同形式的控制输出。实际上它就是两块温度控制表。还可配置专用的数据操作器，用以进行对模块的操作，以及设定与显示控制数据。

2）三菱 PLC 也有这样的温度控制模块，如 Q 系列机，有 Q64TCTT（热电偶输入、晶体管输出）、Q64TCTTBW（也是热电偶输入、晶体管输出，但具有断线检测功能）、Q64TCRT（铂电阻输入、晶体管输出）、Q64 TCRTBW（也是铂电阻输入、晶体管输出，但具有断线检测功能）。

> **提示：**温度检测模块与温度控制模块是不同的。前者只是用于检测温度，不实施控制。对 PLC 而言，它只是专用于检测温度的模拟量输入模块。而后者实质是一个温度控制表，只要做好输入、输出接线，即可组成一个完整的温度控制系统。有的此类控制模块还可另配自身的控制面板，也可用其进行温度控制的有关设定，并能实时地显示温度的当前值、设定值。

3. 模糊控制模块

它具有自身的模拟量输入、输出通道，有相应的存储器，可用以建立模糊控制规则，并有自身的 CPU，可进行模糊推理。所以，使用它可根据模糊控制算法实现对模拟量的控制。OMREON 公司于 20 世纪末，开发了分别用于大、中型机的模糊控制单元。图 4-71 所示为 C200H-FZ001 模糊控制单元外观。

它可处理 8 个输入、4 个输出。最多有可建立 128 个规则。每个规则可有 8 个条件与 2 个结论。

西门子公司也有类似模块。

4.11.2　回路控制模块

回路控制单元（LC）或回路控制内插板（LCB）主要用于回路 PID 控制。前者结构与其它特殊单元相同，最多的可控制 32 个回路；后者嵌入 CPU 单元中，故称内插板，具有更强的功能，最多的可控制 500 个回路。这两者，除了用于回路控制，还可进行顺序逻辑控制及步进控制。也可不做控制，而单独用作 PLC 的报警与监控终端。

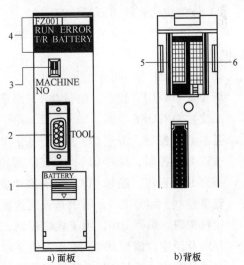

a) 面板　　　　b) 背板

图 4-71　模糊模块

1—内装电池　2—rs-232 通信口　3—单元号开关
4—指示灯　5—DIP 开关 1　6—DIP 开关 2

欧姆龙公司开发此类模块，用的是基于 PLC 的过程控制技术，以在 PLC 平台上，实现过程控制。由于它保留了传统 PLC 特点，所以，用它配置的过程控制系统，与 DCS 相比，具有高得多的性能价格比。

图 4-72 所示为该单元的外观图。表 4-5 所示为回路控制单元（板）的型号与规格。

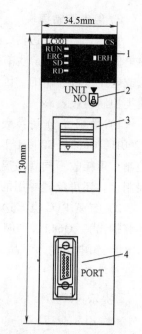

图 4-72 回路控制单元
1—指示灯 2—单元号开关
3—电池盒 4—RS-232 通信口

表 4-5 回路控制单元（板）型号

名　称	规　格	型　号
回路控制板	功能块数量：50 块 max	CS1W-LCB01
	功能块数量：500 块 max	CS1W-LCB05
	功能块数量：500 块 max 支持双机：（CS1D）操作	CS1D-LCB05D
回路控制单元	控制回路数：32 回路 max 操作数量：249max	CS1W-LC001

回路控制模块的特点如下：

1）该模块无硬件输入、输出通道或输入、输出触点，仅有各种功能很强的软件模块。所以，实质上它只是协助 PLC CPU 处理过程控制的协处理器。但是，通过自身的终端等功能块（也是软件模块），它可访问与 PLC 输入、输出通道对应的内部器件或 PLC 其它内存区。通过自身的接口功能块（也是软件模块），还可与在网络节点上的其它 PLC 的交换数据。所以，用它进行回路控制或实现其它功能，需要模入、模出等单元或网络模块配合；也可能得到模入、模出等单元或网络模块配合。

2）该模块的软件功能模块有：

① 系统公用（System Common）块，编号 000，用于所有功能块的公共设定及系统输出。

② 各种控制（Control）块，如：

两位置 ON/OFF 控制，编号 001，用于两位置 ON/OFF 控制，块地址 000。

三位置 ON/OFF 控制，编号 002，用于三位置 ON/OFF 控制，块地址从 001 开始。

基本 PID 控制，编号 011，用于基本 PID 控制，块地址从 001 开始。

改进 PID 控制，编号 012，具有欧姆龙前馈控制的 PID 控制，块地址从 001 开始。

混合 PID 控制，编号 013，用于累计量控制，块地址从 001 开始。

流量控制，编号 014，用于是否到达设定流量值，控制阀门启闭，块地址从 001 开始。

模糊逻辑，编号 016，用于模糊控制，块地址从 001 开始。

显示及设定，编号 031，用于现值显示及给定值设定，块地址从 001 开始。

显示及操作，编号 032，用于现值显示及输出值设定，块地址从 001 开始。

比率设定，编号 033，用于现值显示及比率与偏差设定，块地址从 001 开始。

现值指示，编号 034，用于带报警的现值指示，块地址从 001 开始。

……

③ 接口（External Controller）块。

④ 处理（Operation）块。

⑤ 顺序控制（Sequential Control）块。

⑥ 终端（Field Terminal）块。

……

3）实现该模块的功能，就是靠运行它自身的程序，调用这些软件模块。此程序是独立于 PLC 程序而自行运行的。其循环运行的周期（控制周期）可用工具软件设定，与 PLC 的扫描周期无关。周期与控制的路数有关。周期小，则控制的回路数少。而且，只要上电，模块的程序就可运行，或由工具或监控软件控制其运行。而与 PLC 处于什么工作模式无关。

4）不能用通用的 PLC 编程软件编程。要用欧姆龙提供的回路控制模块的编程工具软件（CX-Process Tool）编程。该软件是可视化的，编程很简单。就像建立流程图一样，先选定好功能块，然后用鼠标将这些块连连接线，相互连接起来，再作些参数选定就可以了。可以进行从基本 PID 控制到串级和前馈控制等各种各样的控制。增加控制回路的数量，仅是增加模块调用。但编程后，要通过 HOST LINK 网（串口）或 CONTROL LINK 网的通信口下载给模块，才能生效。

5）该模块无人机界面，要用欧姆龙提供的回路控制模块的监控软件（CX-Process Monitor）进行数据设定与监视。CX-Process Monitor 是可视化的软件，可实现图形监视，可建趋势图，报警记录等。也可用其它可视化的监控软件进行数据设定与监视，以建立友好的人机界面。

4.11.3 过程控制 CPU

1. 三菱公司 PLC 过程控制（PPC）CPU

三菱公司没有回路控制模块，但有 PPC，具体有 Q12PH、Q25PH 等型号。后者程序容量大 1 倍，达 250K 步。一台这样 CPU，可同时执行顺序控制及回路控制。

其特点是：

1）自身没有 I/O 点，或模拟量输入、输出通道。但通过配置对这些模块实施控制。可使用通道隔离、高精度、高分辨率，具有报警范围设定和输入信号检测功能的模拟量处理模块，以增强控制功能。

2）用低成本的 PLC 系统，提供了小型 DCS 系统的功能。

3）一台过程 CPU 可同时执行顺序和回路控制。I/O 控制点数可达 4096 点。

4）可根据系统规模，构建最适合的系统。当所控制规模小时，用一个过程 CPU，可进行多达 100 回路的控制；如规模大，可用多个过程 CPU，进行多达 500 回路的控制。

5）可使用 5 种语言（LD、IL、ST、SFC、FB）编程。可用过程控制软件包 PX-Developer 创建 PID 程序，并可与用 GX-Developer 创建的程序组织在一个工程下管理。同时，还自带有监控软件（Monitor Tool）。

2. SIMATIC PCS7 过程控制系统

西门子没有过程控制 PLC，但有小型的基于 PLC 的 DCS 系统，即 SIMATIC PCS7。它采用西门子的 WinCC 组态软件做人机界面，分布式 I/O 接收现场传感检测信号，利用现场总线和工业以太网实现现场信息采集和系统通信，采用 S7 自动化系统作为现场控制单元实现过程控制。

SIMATIC PCS7 采用符合 IEC 61131-3 国际标准的编程软件和现场设备库，提供连续控制、顺序控制及高级编程语言。有了它，可简化组态工作，缩短编程周期。SIMATIC PCS7

具有开放性，可以很容易地连接上位机管理系统和其它控制系统。

当然，使用它所进行的编程已不是 PLC 编程了。

结语

模拟量主要用于过程控制。多在连续的生产过程应用它。实现模拟量控制，关键要能检测到模拟量。为此，要有模拟量输入模块，用其把模拟量转换为数字量。而又怎么把该模块转换后的数字量读入 PLC 内存？不同 PLC 有不同的方法。三菱 FX 机要用指令读入，S7-200 机从指定地址读入，但读的数据不是数字量左移 3 位的值；欧姆龙读入的为实际数，但也要分清是二进制数，还是 BCD 码。模块还需做好初始化设定等。这是其一。

其次是实现模拟量控制有效的方法是闭环控制。有时也可辅以开环。而闭环控制最有效的算法是 PID。各家 PLC 以至于同一家 PLC 但机型不同，所用的指令也不完全一样。所以，对此要注意区别。

再有就是过程控制的程序实施有个参数设定问题。而这些参数合理选定与 PLC 控制系统的动力学特性有关。所以，过程控制的程序调试，只能在现场完成与完善。

本章介绍了一些高级算法，可作为提高控制质量及实现过程控制智能化参考。较有效的闭环控制可使用 PID 模块、温度控制模块等。如果控制回路较多，还可使用回路控制模块，或过程 CPU 及基于 PLC 的 DCS 系统。

在本章介绍的算法实例化中，用了 PID 以及很多运算、转换指令。所以，在本章的学习中，也还可加深对第 1 章的内容的理解。

第5章

PLC通信程序设计

本章将讨论 PLC 与 PLC、PLC 与计算机、PLC 与人机界面以及 PLC 与其它智能装置间的通信程序设计。

5.1 概述

5.1.1 PLC 连网通信目的

PLC 可与 PLC、计算机、人机界面、智能设备连网通信，各有其目的。

1. PLC 与 PLC 通信目的

1）扩大控制地域及增大控制规模。PLC 多安装于工业现场，用于当地控制。但如果进行连网通信，则可实现远程控制。距离近的可以为几十、几百米，远的可达几千米，或更远，可大大扩大 PLC 的控制地域。

连网后还可增加 PLC 控制的 I/O 点数，扩大控制规模。这里，尽管每台 PLC 控制的 I/O 点数不变（有的 PLC，加远程单元后也可增加 I/O 点数），但由于连网后，为多台 PLC 参与控制，其控制总点数为参与连网的 PLC 控制点数之和。显然，其控制的规模要比单个 PLC 的规模大。

不少事实说明，两个或若干个中、小型 PLC 连网，也可达到一个大型机的控制规模，而费用则比大型机要低得多。因而，用中、小型 PLC 连网去替代大型 PLC，已成为一个趋势。

2）实现系统的综合及协调控制。用 PLC 实现对单个设备的控制是很方便的。但如果有若干个设备要协调工作，用 PLC 控制，较好的办法是连网通信。单个设备各由各的 PLC 控制，而设备间的工作协调，则依靠连网通信后 PLC 间的数据交换解决。

这样连网通信，可使 PLC 控制从设备一级提升到对生产线一级。便于实现工厂的综合自动化。

3）提高 PLC 工作的可靠性。连网通信后各 PLC 还是独立工作的。只要协调好，个别站出现故障，并不影响其它站工作，更不至于全局瘫痪。故可降低系统的故障风险。

4）连网通信更便于实现冗余配置。工作 CPU 与热备用 CPU 使用连网通信处理转换，用起来非常方便。系统也非常可靠。是当今冗余配置的一个趋势。

2. PLC 与计算机通信目的

1）实现 PLC 编程及程序调试。用计算机与 PLC 连网，再使用相应编程软件，则可使用梯形图或流程图语言，以至于还可用其它高级语言编程，是很方便的。

而且，用计算机编程还可对所编的程序进行语法检查，便于发现与查找程序中的语法错误。同时，还可进行程序仿真、对输入点的状态进行强制置位或复位、模拟现场情况，进而可发现与解决程序中语义方面的问题。

此外，计算机编程还可存储、打印 PLC 程序，或把程序写入 ROM 或存入 U 盘，便于 PLC 程序的移植及重用。

2）实现计算机对控制系统的监控与数据采集 SCADA（Supervisory Control and Data Acquisition）。这是实现信息化基础上自动化的一个重要工作。具体是：

① 读取 PLC 工作状态及 PLC 所控制的 I/O 点及内部数据的状态，并显示在计算机的屏幕上，以便于人们了解 PLC 及其控制的设备的工作状态。

② 通过向 PLC 写数据，改变 PLC 所控制的设备工作状况，或改变 PLC 的工作模式，实现人们对控制的必要干预。

③ 读取由 PLC 所采集的数据，并进行处理、存储、显示及打印，便于人们使用现场数据。

3）实现远程诊断与维护。有的 PLC 配备有远程诊断与维护系统。可通过连网，甚至互连网，利用厂商提供的通信模块与专用软件，实施远程数据采集与故障诊断，并实施相应维护，如下载新版本的 CPU 操作系统、硬件驱动程序等。

3. PLC 与人机界面通信目的

人机界面（Human Machine Interface）可显示数据，又可输入数据。具有信息处理、采集及信息显示功能。近来已用得越来越多。它与 PLC 连网通信，可从 PLC 读取数据，并予以显示。也可向它写数据，再传输给 PLC，改变 PLC 的状态或数据，实现对 PLC 或系统的控制。虽然，它的功能不如计算机，但它的体积小、工作可靠，可安装在工业现场。所以，用起来是很方便的。在一定程度上，也可起到计算机的 SCADA 作用。

有的 PLC 厂商生产的人机界面还可对 PLC 编程或修改 PLC 程序。

4. PLC 与智能设备通信目的

1）简化系统布线。工业现场的普通开关量及模拟量输入、输出信号，都是通过信号线与 PLC 的 I/O 点相连。连线很多，布线也很复杂。特别是一些远离 CPU 的输入、输出点多时，则更为复杂。而如果用连网通信传送输入、输出信号，则简单得多。因为通信线仅用两根或几根，就可传送很多输入、输出信号。尽管这样处理有一定延时，但由于网络传送及信号处理速度的不断提高，这点时延，对一般的控制过程是不会有什么影响的。

2）便于系统维修。输入、输出信号用连网通信处理，布线简单了。这既可节省硬件开支，还便于系统维修。试设想，一大堆的输入、输出接线，真有个别出现问题，在现场查找是很不易的。

3）实施对智能设备的管理。智能设备都有自身的 CPU、内存及通信接口。自身可采集、处理或使用数据。但是，如果没有连网通信，它们还只是"信息孤岛"。无法与其它控制协调，或实现信息共享。而如果与 PLC 连网通信，这些装置将不再是"信息孤岛"了。

特别要强调的是，信息化已是当今信息社会的潮流。已给世界带来了巨大的经济效益与社会效益。而企业的信息化，推行企业资源计划（ERP）、信息执行系统（MES），以至于产品生命周期计划（PLM），更是给企业带来了不可估量的效益。

而企业信息化的基础是准确的生产一线的数据。PLC 连网通信后，这些数据可自动采集，避免了人为干扰，因而是客观的、准确的，而且是完整的、及时的。这就为建立智能工厂、透明工厂、全集成系统或 e 自动化等，取得成功提供基础。进而实现系统控制的自动化、远程化、信息化、智能化。

5.1.2 PLC 连网通信平台

PLC 与 PLC、计算机、人机界面或智能设备通信最简便的是利用标准串口。而理想平台是 PLC 相关网络。

1. 标准串口

（1）RS-232C 接口

RS-232C 串口是数据终端设备 DTE（Data Terminal Equipment）和数据通信设备 DCE（Data Communication Equipment）之间串行二进制数据的交换接口。DTE 可以是计算机，也可是 PLC 或智能设备，指需要数据通信站点。DCE 是用以实现站点间通信的设备，如调制解调器（Modem）等。它的典型应用如图 5-1 所示。

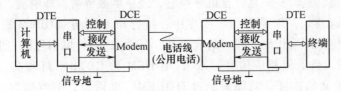

图 5-1 RS-232C 串口典型应用

从图 5-1 可知，有了 DCE 这个通信设备，两个 DTE（站点）才可建立物理连接，进而也才可进行数据通信。

DCE 还可以是无线调制解调器。在各无线调制解调器间，可通过无线电波或红外线传送信号，也可达到数据通信的目的。

RS-232C 规定了接口引脚功能和接线。当初，它规定了 21 条信号线，但在这 21 条中，常用的仅 9 条，也因此 9 针连接器就很常用起来了。这 9 针连接器引脚的信号线定义见表 5-1。

表 5-1 9 针 RS-232C 接口引脚定义

引脚号（9 针）	信号	方向	功能
1	DCD	IN	数据载波检测
2	RxD	IN	接收数据
3	TxD	OUT	发送数据
4	DTR	OUT	数据终端装置（DTE）准备就绪
5	GND		信号公共参考地
6	DSR	IN	数据通信装置（DCE）准备就绪
7	RTS	OUT	请求传送
8	CTS	IN	清除传送
9	CI(RI)	IN	振铃指示

RS-232C 还规定物理连接的插头和插座的几何尺寸、插针或插孔芯数及排列方式、锁定装置形式等。目前常用的 9 针 DB 连接器（插头、插座）简图如图 5-2 所示。

RS-232C 还规定了串口通信的实现过程。这与是否通过 DCE 有关。一般总是要先拨号，要求建立连接；经对方回应确认，实际建立连接；然后才可通信。通信后还要挂机，断开连接。图 5-3 所示为计算机串口与 PLC 串口，通过 DCE（调制解调器，MODEM）连接示意。

图 5-2 9 针接口简图

对这样连接，如果计算机发起通信，则要把 PLC 方的 MODEM 置为准备接收呼叫状态。办法是，把 PLC 方的 MODEM 接于计算机串口，调 Windows 附件中的超级终端，在其窗口上键入以下 3 条命令：

atso = 1　　（设置准备接收状态）

at&wo　　（存于寄存器）

at&yo　　（上电时调寄存器）

这样，MODEM 接 PLC，上电后，则它的 AA 指示灯亮。这表明 PLC 方 MODEM 已

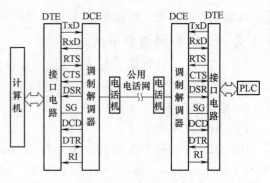

图 5-3　计算机与 PLC 通过 DCE 连接示意

作好接收呼叫的准备。这时，一旦计算机呼叫它，经一声振铃响，即响应，并强占电话线。

计算机方要发起通信，则要在用户程序中，执行与 PLC 方 MODEM 通信的呼叫代码。也可通过超级终端键入呼叫代码。呼叫的代码是："atdt+PLC 方电话号码+回车"。

一旦呼叫成功，将返回相应信号，双方 MODEM 的 CD 指示灯均亮。这时，计算机与 PLC 通信完成了通信连接。其间虽经过 MODEM、电话局，但将如同直接连线，即可通信。

当通信距离较近时，可不需要 DCE。通信双方可以直接连接。有两种连接方式：一种是有握手信号连接；另一种是无握手信号连接。后者更常用。

有握手信号连接它除了双方数据交叉相接，信号地线直接相连外，其它的信息线也要相应地进行连接。较完整的连接如图 5-4 所示。

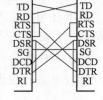

这种连接称为交叉环回接口连接，也称假 MODEM 连接。双方需用 7 条线，数据交换前要进行"握手"。"握手"成功才可交换数据。双方"握手"信号过程如下：

图 5-4　RS-232C 口
有握手信号连接

1）当甲方的 DTE 准备好，发出 DTR 信号，该信号直接连至乙方的 RI（振铃信号）和 DSR（数传机准备好）。即只要甲方准备好，乙方立即产生呼叫（RI）有效，并同时准备好（DSR）。尽管此时乙方并不存在 DCE。

2）甲方的 RTS 和 CTS 相连，并与乙方的 DCD 互连。即一旦甲方请求发送（RTS），便立即得到允许（CTS），同时，使乙方的 DCD 有效，即检测到载波信号。

3）甲方的 TXD 与乙方的 RXD 相连，一发一收。图 5-5 是零 MODEM 方式的最简单连接（即 3 线连接），图中的 2 号线与 3 号线是交叉连接。这样，把通信双方都当作数据终端设备看待，双方可发，也可收。通信双方的任何一方，只要请求发送 RTS 有效和数据终端准备好 DTR 有效，即能开始发送和接收。

（2）RS-232C 的不足之处

RS-232C 接口信号电平值较高，易损坏接口电路的芯片。只能进行一对一的连接。不能实现与多个站点通信。使用一条共用信号地线，共地传输，易产生共模干扰，所以抗噪声干扰性弱。所以，传输距离（电缆长度）是受限制的。当传输速率为 19200bit/s，误码率小于 4% 时，要求导线的电容值

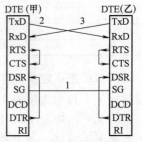

图 5-5　RS-232C 口
无握手信号连接

应小于 2500pF。对于普通导线，其电容值约为 170pF/m。所以，其最大传输距离可按下式计算：

$$允许距离\ L = 2500pF/(170pF/m) = 15m$$

当使用 9600bit/s，普通双绞屏蔽线时，距离可达 60m（200ft）。当使用 1200bit/s，普通双绞屏蔽线时，距离可达 900m（3000ft）。

（3）RS-422A 接口

为了克服 RS-232 接口的不足，于 1977 年底，EIA 颁布了新的接口标准。几经改进，后出现了 RS-422A 标准。规定控制信号不用了。规定的信号电平降低为 ±6V（±2V 为过度区域，仍为负逻辑）。规定发送器、接收器分别采用平衡发送器和差动接收器。这相当于差动直流放大器可消除零点漂移一样，消除共模干扰。所以，抗串扰能力大大增强。

图 5-6 所示为 RS-422 四线接口电气原理图。除 4 条信号线，还有一条信号地线。数据线发送端（SDA、SDB）与对方的接收端（RDA、RDB）相连。各有其通道。无须握手直接可以进行双向数据交换。

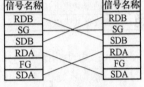

图 5-6　RS-422 四线
接口电气原理图

RS-422A 的接收器输入阻抗较高（4kΩ），发送器的驱动能力也比 RS-232 大，所以它允许一个发送器可连接多到 10 个节点。但其中只有 1 个主站点（Master），其余为从站点（Salve）。而且从站点之间不能通信。

RS-422A 平衡双绞线的长度与传输速率成反比。最大传输距离为 1219m（约 4000ft），最大传输速率为 10Mbit/s。一般 100m 长的双绞线上所能获得的最大传输速率仅为 1Mbit/s。

RS-422A 连线时，在传输电缆的两个最远端，要接终端电阻，要求其阻值约等于传输电缆的特性阻抗。但距离较短、300m 以下，一般可不接。

（4）RS-485 口

RS-485 是从 RS-422 基础上发展而来的。它的许多电气规定与 RS-422 相仿。如都采用平衡传输方式、在传输线终端，接终端电阻的要求也与 RS-422 相同。但 RS-485 连线可用四线制，也可用二线制。

采用四线连接也只能有一个主（Master）站，其余为从站。从站之间也不能通信。但从站数可增加到 32 个。

RS-485 用的更多的是二线制，采用半双工方式。靠使能控制达到双向通信的目的。其接线如图 5-7 所示。在一个总线上，它可允许连接多达 128 个 RS-485 接口（站点）。而且，站点间可实现相互通信。

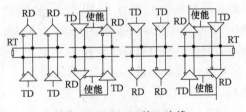

图 5-7　RS-485 接口连线

从图 5-7 可知，在 RS-485 中有一个"使能"端（该图未全画出），用于控制发送驱动器与传输线的切断与连接。哪个站点要发送数据，则用"使能"端激活，而其它站点则只能接收数据。

RS-232C、RS-422A 及 RS-485 有关电气规定参见表 5-2。

表 5-2　RS-232C、RS-422A 及 RS-485 有关电气规定

规定		RS-232	RS-422	R-485
工作方式		单端	差分	差分
节点数		1 收、1 发	1 发 10 收	1 发 32 收
最大传输电缆长度/(m/ft)		15/50	120/400	120/400
最大传输速率/(Mbit/s)		0.02	10	10
最大驱动输出电压/V		+/−25	−0.25~+6	−7~+12
驱动器输出信号电平 （负载最小值）/V	负载	±5~±15	±2.0	±1.5
驱动器输出信号电平 （空载最大值）/V	空载	±25	±6	±6
驱动器负载阻抗/Ω		3000~7000	100	54
摆率（最大值）/(V/μs)		30	N/A	N/A
接收器输入电压范围/V		±15	−10~+10	−7~+12
接收器输入门限/V		±3	0.2	0.2
接收器输入电阻/kΩ		3~7	4（最小）	≥12
驱动器共模电压/V			−3~+3	−1~+3
接收器共模电压/V			−7~+7	−7~+12

提示： 由于 RS-485 接口的优越的特性，有的 PLC 专用网络的物理层，如 Profibus、CC-Link 网，也是用 RS-485 串口标准。

计算机一般不配 RS-485 口，但工业 PC 多有配置。一般计算机要配备 RS-485 口，也可通过插入通信板扩展。

PLC 的不少通信模块配用 RS-485 口。如和利时的 LM3108、3109。OMROM 的 CP1H 的内置串口板，西门子的 S7 机的 PPI、MPI、Profibus 网用的也都是 RS-485 口。

提示： RS-232C、RS-422A 与 RS-485 标准只对接口的电气特性做出规定，而不涉及接插件、电缆或协议，在此基础上用户可以建立自己的高层通信协议。

（5）USB 口

除了串口，用串行传输方式传送数据的，还有 USB（Universal Serial Bus）接口。是康柏、微软、IBM、DEC 等公司为解决传统总线不足，于 1995 年推广的一种新型的接口标准。

目前使用的有 USB1.1 和 USB2.0 两个版本。USB1.1 的最高数据传输率为 12Mbit/s。USB2.0 规范是由 USB1.1 规范演变而来的。它的传输速率达到了 480Mbit/s，足以满足大多数外设的速率要求。USB2.0 中的"增强主机控制器接口"（EHCI）定义了一个与 USB1.1 相兼容的架构。它可以用 USB2.0 的驱动程序驱动 USB1.1 设备。也就是说，所有支持 USB1.1 的设备都可以直接在 USB2.0 的接口上使用而不必担心兼容性问题，而且像 USB 线、插头等附件也都可以直接使用。

USB 连接线为设备还可提供最高 5V、500mA 的电力。USB 口的数据传输距离不大。超过 5m 不能通信。

USB 口可热插拔，其连接的外设可即插即用。此外，USB 接口还具有体积小、安装方便、高带宽、价位低、易于扩展、可连接数多台外设（最多可连接 127 台），以及可在线供电、不占系统资源、可错误检测与复原、节省能源等优点。所以 USB 接口已经成为计算机的标准接口之一。

USB 接口有如下 3 种类型：

——TypeA：一般用于 PC；

——TypeB：一般用于 USB 设备；

——Mini-USB：一般用于数码相机、数码摄像机、测量仪器以及移动硬盘等。

配备 USB 口两台计算机还可通过 USBLink100 专用电缆非常方便地实现双机连网。该电缆提供有驱动程序（SMART-Linq 程序）。安装好驱动程序（安装程序会在桌面上建立一个 PC-Linq 的快捷菜单），做好计算机 BIOS 正确设定，重新启动计算机，即可连网。这时，两个计算机分别运行 PC-Linq 程序，即可看到，类似 Windows 下的"资源管理器"一样 PC-Linq 窗口，将分别显示两个计算机的资源。在这个窗口上，同样支持复制、粘帖、创建、删除和直接拖曳等，与"资源管理器"的功能相同。不同的只是"资源管理器"只能管理本地计算机上的资源，而 PC-Linq 窗口却能同时管理两台计算机上的资源。

除以上所介绍的常用功能外，在 PC-Linq 窗口中还可以共享另一台计算机的软驱、光驱、文件和打印机等资源。其中，共享对方的软驱、光驱和打印机时，无论从操作方式还是从速度上看，与在本地计算机上几乎没有什么区别；如果对方计算机上的应用程序没有严格的连接要求，一般都能通过调用在本地计算机上运行。其它的如 WAV、MP3 及一些文本文件都可以直接在本地计算机上顺利地调用。

> 提示：在从计算机上拔掉 USB Link 电缆之前一定要先关闭本地的 PC-Linq 窗口，否则会因终断连接而产生蓝屏，甚至是死机。

正是 USB 口有这么多的优点，最新出厂的 PLC，如欧姆龙的 CP1H、CP1E 机及 CJ2 机等，也配置有这个接口，可使用它通过厂商所提供的编程软件，与计算机直接通信。而且，对于 CJ2H-CPU6@-EIP 或 CJ2M-CPU3@，还可通过 USB 端口访问 EtherNet/IP 网络中的 PLC。

最后要指出的是，在美国旧金山举行的 2007 秋季 IDF 上，由英特尔、微软、惠普、NEC、NXP 半导体和德州仪器 6 家行业巨头组成的 USB3.0 促进者社团（USB3.0 Promoter Group）发布了超高速 USB（Super Speed Universal Serial Bus）互联规格，即 USB3.0。该社团宣布，其传输速率可达 2.0 版的 10 倍，将广泛应用于 PC、消费电子和移动设备领域。而 NEC 公司已宣布将发布首款支持 USB3.0 标准的控制芯片 μPD720200 和支持 PCI-E2.0 总线的扩展卡。这意味着 USB 口将又有更长足的进步。

（6）IEEE1394 口

IEEE1394 口的前身叫 Firewire（火线），是 1986 年由苹果电脑公司针对高速数据传输所开发的一种数据传输接口，并于 1995 年获得美国电机电子工程师协会认可，成为正式标准。现在看到的 IEEE1394、Firewire 和 i.LINK 其实指的都是这个标准。

通常，在个人计算机领域将它称为 IEEE1394，在电子消费品领域，则更多的将它称为 i.LINK，而对于苹果机则仍以最早的 Firewire 称之。

IEEE1394 也是一种高效的串行接口标准，功能强大而且性能稳定，并支持热拔插和即插即用。IEEE1394 可以在一个端口上连接多达 63 个设备，设备间采用树形或菊花链拓扑结构。

IEEE1394 标准定义了两种总线模式，即 Backplane 模式和 Cable 模式。其中 Backplane 模式支持 12.5Mbit/s、25Mbit/s、50Mbit/s 的传输速率；Cable 模式支持 100Mbit/s、200Mbit/s、400Mbit/s 的传输速率。目前最新的 IEEE1394b 标准能达到 800Mbit/s 的传输

速率。

IEEE1394是横跨计算机及家电产品平台的一种通用界面，适用于大多数需要高速数据传输的产品，如高速外置式硬盘、CD-ROM、DVD-ROM、扫描仪、打印机、数码相机、摄影机等。

IEEE1394分为有供电功能的6针A型接口和无供电功能的4针B型接口，A型接口可以通过转接线兼容B型，但是B型转换成A型后则没有供电的能力。6针的A型接口在Apple的电脑和周边设备上使用很广，而在消费类电子产品以及计算机上多半都是采用简化过的4针B型接口，需要配备单独的电源适配器。

相比于USB1.1，1394a接口在速度上占据了很大的优势。而当USB2.0推出后，1394a接口在速度上的优势就不再那么明显了。同时现在绝对多数主流的计算机并没有配置1394接口。但可以通过插接IEEE1394扩展卡的方式获得此接口。而PLC则都还没有配置这样接口的机型。

IEEE1394接口工作速度虽快，但传输的距离更短，最长仅4m左右。

（7）通信口转换

从以上介绍可知，标准通信接口种类很多。不同的类型的接口，其电气、机械及工作特性也不相同。所以，要实现通信，两个设备的通信接口类型不同，其间的连接、通信是无法实现的。

计算机及需要通信的设备类型、品牌、规格很多，生产的厂商也很多，要求所有这些产品都使用同一种通信接口，当然是不可能的，更何况通信接口技术还在不断发展呢！所以，为实现不同特性接口的计算机及设备能够互联、互通，则必须使用接口转换器，或称适配器，如USB口转换成RS-232C的适配器，RS-232口转换成RS-422A、485的转换器等。用它后，可对其中的一方接口进行转换。把其中一方的通信接口转换与另一方的相同，双方的连接、通信则有可能了。

特别当今，有的电脑，特别是"笔记本电脑"，已不配置串行接口，而只配置USB口。为了与配备RS-232C、RS-485/422口的设备连接、通信，就必须使用USB口到RS-232C、RS-485/422口的转换器，以便它转换为RS-232C口、RS-485/422才可。

再就是，由于计算机要接入的通信设备不断增多，有时可能出现通信接口不够使用的情况。这时，计算机还可配置如以太网卡那样的串行接口卡。配置后，其上就有相应标准接口。一个板卡提供几个、10几个接口的都有。

可知，有了转换器、板卡，计算机的标准接口可以转换，也可以增多。而且现在，开发、生产这样转换器、板卡的厂商很多。市场上这类产品也很多，价格也较为低廉，这就为计算机通过标准接口，实现与多种设备连接、通信提供了很大方便。

要指出的是，把USB口转换为标准串口只是"虚拟串口"。可能有的以前在传统RS-232C口上运行的软件，使用它却不能够正常运行。所谓"传统RS-232C口"是指从PC的主板或者总线，比如台式机的PCI或者ISA总线、笔记本电脑的PCMCIA总线上扩展出来的RS-232C口。这是因为USB与PCI之类的并行总线有本质的区别。USB口没有分配固定的总线I/O地址，也没有固定的中断号，它的地址是通过软件来虚拟的。而传统的RS-232C口有固定的I/O地址以及中断号。这就是某些通信软件在传统RS-232C口可以运行，而在USB到串口转换器的RS-232C口上不能够运行的原因。如果通信软件内有直接I/O读写语句，那么肯定无法在 USB/串口转换器的串口上运行。另外还有一个原因就是对 RTS/CTS、DTR/DSR 这些握手信号的操作，即使是通过虚拟读写不是通过直接 I/O 读写来操作这些握手信号，但由于 USB/串口转换器对这些握手信号的虚拟读写过程的初始化往往比较耗时，所以容易导致握手信号读写失败。

除了转换器，还有标准串口的"增强器"。用它可提高标准接口的通信能力，如增大通信距离，增强防干扰或抗雷击能力。这类"增强器"名称不一，或称适配器，或称收发器，或称串口泵。如 RS-232C 接口，原来最大传输距离只有 15m、波特率最高只有 19200bit/s，而经使用某厂商生产的串口泵"增强"，其传输最大距离可达 2km，波特率也可达 57600bit/s。这些增强技术的奥秘是，将 RS-232C 接口数据传送方式转换成浮地隔离双端平衡传输。同时，采用了光隔离，使得串口与设备之间没有电接触，只有光传送，大大地提高了系统的抗干扰能力，内置的抗雷击电路也可确保系统的安全。

串口连接媒体本来是使用双绞线，也可用适配器"增强"，变为使用光纤。很多 PLC 厂商，如欧姆龙就生产有这类适配器。使用这类适配器后，设备间用光纤连网、通信，不仅可增大网络站点间的距离、避免雷击、提高保密性，同时也可提高传输速率。有的产品还介绍说，经使用它的"光纤"产品"增强"，传输距离可扩大到 20km。

再就是还有种种传输"中继器"，它们可把收到的已减弱信号放大，放大后再向前传送。所以，也是接口通信能力的"增强"。特别在使用 RS-485 时，在站点间增加多个中继器，可大大增加数据的传输距离。同时，还能增多网络站点的配置。

此外，目前不仅有各种标准接口之间相互转换及增强的适配器，而且还有把标准串口或 USB 口转换成以太网的适配器、连接移动通信的适配器。用它也可通过标准串口或 USB 口接入以太网、移动通信网络。这样，站点间的数据交换及相互操作也可通过互联网、移动通信实现。

其实，在某种意义上讲，Modem 也可看成这样的转换器。有有线 Modem，还有无线 Modem。有线 Modem 可使两个站点通过拨号、应答，通过电话网络实现连接。而连接后这个电话网络对两个站点将是"透明"的，其间通信如同直接连线一样，而通信距离却随着电话系统而无限增大。无线 Modem 信号有电磁波传送的，还有红外线传送的。前者要使用专用频率，距离可长可短，视生成信号的功率而定。后者距离较短，两个站点要处在相互视野顾及之内。小功率的电磁波及红外信号传送很适合用于移动站点与固定站点之间的通信。在立体仓库中用得很多。

（8）串口设定

使用串口还要做好设定，也就是要确定它的波特率、帧格式及校验处理。波特率控制数据发送与接收速率，只有通信双方传输速率相等，所发送的数据才能被正确接收。帧格式是指起始位、数据位及停止位的分配。常用的是一位起始位，7 或 8 位数据位，1~2 位停止位。校验有奇偶校验，也可设为不用校验。帧格式及校验处理通信双方也要设定一致。注意，如果传输的为十六进制数，而不是 ASCII 码，则必须用 8 位数据位。

此外，还有数据流的控制。因为接收方在收到数据后，总是要进行处理的。如果接收方处理速度较慢，也有可能未把所接收的数据处理完毕，接收缓冲区还未清空，发送方又把数据发来。这样，就要造成数据丢失。这当然是不允许的。流控制就是接收方通过控制信号通知发送方是否发送或停止发送数据。

流控制有两种办法：硬件流控制及软件流控制。

1）硬件流控制：硬件流控制常用的有 RTS/CTS 流控制和 DTR/DSR（数据终端就绪/数据设置就绪）流控制。为此，必须将相应的电缆线连上。在编程时，要根据接收端缓冲区大小设置一个高位标志（可为缓冲区大小的 75%）和一个低位标志（可为缓冲区大小的 25%），当缓冲区内数据量达到高位时，在接收端将 CTS 置逻辑 0，当发送端的程序检测到 CTS 为逻辑 0 后，就停止发送数据。当到接收端缓冲区的数据量低于低位时，再将 CTS 置逻辑 1。这时，发送端的程序检测到 CTS 为逻辑 1 后，又继续发送数据。

2）软件流控制：由于有的串口不使用控制信号线，流控制可用软件流实现。常用方法是：当接收端的输入缓冲区内数据量超过设定的高位时，就向数据发送端回应 XOFF 字符（十进制 ASCII 码值 19），而发送端接收到"XOFF"字符后，就停止发送数据。当接收端的输入缓冲区内数据量低于设定的低位时，就向数据发送端回应"XON"字符（十进制的 ASCII 码值 17），而发送端接收到"XON"字符后，继续发送数据。

应该注意，若传输的是二进制数据，标志字符也有可能在数据流中出现而引起误操作，这是软件流控制的缺陷，而硬件流控制不会有这个问题。

串口的设定多数是用软件在串口初始化时实现。有的设备也可使用硬件开关选定。

此外，对 PLC 串口，由于功能的增加，其设定的选项也相应增多。除了选定通信参数，还要选定所使用的功能及相关协议。

2. PLC 网络

PLC 网络指分布在不同地理位置上、各自独立工作的 PLC、计算机或智能设备，通过通信组件与通信介质，在物理上相互连接在一起，并在网络软件及通信程序管理与协调下实现数据通信的系统。

在 PLC 网络中各个独立工作的 PLC、计算机或智能设备称为网络结点，也称站点或节点。

PLC 网络站点的多少，取决网络的规模。多的有几十，甚至更多。少的只有十几个、几个，以至于仅两个。如仅拥有两个站点的网络有时也称链接。

PLC 网络还可互连。互连指的是通过网关、网桥，使不同网络相互连接，从而可使在不同网络的站点之间，也可实现数据通信。网络互连后，仍然统称为网络。

PLC 网络类型大体上分有企业级（主要用于 PLC 与计算机连网，为以太网）、车间级（主要用于 PLC 与 PLC 连网）、现场级（主要用于 PLC 与现场智能设备连网）。

提示：这里把网络分为 3 级（或 3 层）。但这个层与 OSI（Open Systems Interconnection，开放系统互联的体系结构）的网络参考模型的层是不同的。后者定义的 7 层，即物理层（规定使用互连电路、电气特性、连接器的配置等）、数据链路层（规定信息基本单元的封装格式）、网络层（确定源及目标地址，建立连接及数据传送）、传输层（传输信息或报文）、会话层（协调、同步对话）、表示层（进行有关代码、字符、语法及其它方面的转换）及应用层（与用户的应用程序紧密相关），是构成标准网络的层。既然是参考模型，所以，多数 PLC 网络都不是完全按照这个模型构成的，而多只是它的简化。

（1）企业级网络

也称信息层，管理级、有的称为数据通信层，主要用于 PLC 与计算机或计算机与计算机连网、交换数据，以实现生产等种种管理。其通信的数据量大、要求通信的速度高，但通信的实时性要求可低些。即使短时间停止数据交换也是允许的。

企业级网络最简单的办法是用标准串口。如欧姆龙 PLC 可用标准通信串口建立 HOST LINK 链接或网络。其目的是实现 PLC 与计算机通信，可一台 PLC 与一台（通过 RS-232C）计算机进行链接；也可一台计算机（通过 RS-422）与多台 PLC，或多台计算机与多台 PLC 连网。进行上位链接或连网后，PLC 的编程就可使用计算机。PLC 的工作也可由计算机进行监控。

而最有效的方法还是使用有关通信模块，组成相应通信网络。如欧姆龙 PLC 可组成的网络有，CONTROL-LINK 网，SYSMAC-LINK 网，SYSMAC-NET-LINK 网及以太网。但比较常用的是以太网。

以太网（Ethernet）可以说是局域网中历史最悠久的一种。以太网的部分历史可以追溯到 1973 年。Robert Metcalfe 在它的博士论文中，描述了它对局域网技术的许多研究。毕业之后，它加入了施乐（Xerox）公司，并参与了一个小组的工作，为解决网络中零散的和偶然的堵塞继续开发。这项工作最终发展成现在所知的以太网。以太网是用以太命名的，以太是一种想象中的物质，许多人曾经相信以太充满整个空间，并且是光波传输的媒质。它采用带冲突检测的载波监听多路访问协议（Carrier Sense Multiple Access with Collision Detection, CSMA/CD）总线结构。现在泛指所有采用 CSMA/CD 协议的局域网。

IEEE802.3 标准就是在最初的以太网技术基础上开发的。在此基础上，后来又有了大发展，而且还在继续向前发展。目前以太网主要有：传统以太网、快速以太网、交换以太网、工业以太网以及作为工业以太网之一的 PLC 以太网。

PLC 以太网是工业以太网重要组成。PLC 厂商推出自身的以太网，目的是使自身 PLC 能廉价与方便地与企业信息网互连，实现 PLC 与计算机非实时的数据交换。进入 21 世纪以来，由于以太网及现场总线技术的进步，PLC 以太网发展也很快，功能也有所增加，已得到广泛的应用。并组建了多个国际性协议组织，形成了几个各有其特点的开放的 PLC 以太网。如 EtherNet/IP、Modbus TCP/IP、PROFINET 及 CC-Link IE 等。

Ethernet/IP 工业协议是 ODVA 开发的一个开放的工业网络标准。它使用标准的以太网、TCP/IP 技术和一种名叫 CIP（Control and Information Protocol）的开放性应用层协议。这个开放性的应用层协议使得面向自动化和控制应用的在 EtherNet/IP 上的工业自动化和控制设备的互操作性和互换性成为现实。

PROFINET 由 PROFIBUS 国际组织（PROFIBUS International，PI）推出的新一代基于快速以太网技术的、开放的自动化总线标准，已集成全双工切换技术，并已进行了标准化。涵盖实时以太网、运动控制、分布式自动化、故障安全以及网络安全等技术，可实现管理层与现场总线系统的无缝集成与通信的连续性，为自动化通信领域提供了一个完整的网络解决方案。

PROFINET 以交换机为网络架构的核心。所以从狭义上说，PROFINET 就是工业以太网中的一个协议。而从广义来说，当网络设备通信使用 PROFINET 协议时，这个网络就可以称作 PROFINET 网络。

CC-Link IE 继承了 CC-Link 循环通信技术，基于以太网，是从控制层网络到现场和运动控制网络的整合。也称为 CC-Link IE 整合网络．利用它可实现无网络层次的无缝数据传送。

其特点如下：

1）CC-Link IE 基于以太网技术，实现了从信息层到现场层"一（e）网到底"的垂直整合，全面的削减了用户从工程设计、施工到维护的整体成本。如在配件上采用符合国际标准的以太网电缆或光纤、工业级 HUB 等，方便全球采购。众多设备供应商生产的标准的网络分析仪、多样的设备种类，可方便用户灵活选购。

2）1Gbit/s 的高速通信，采用周期性数据循环通信，非周期性数据瞬时通信两种通信方式，且两种通信方式享有独自的带宽，确保循环通信的实时性，确保通信的稳定性与可靠性。

3）大容量的通信数据。实时数据与非实时数据可同时存在。实时数据的交换基于分布式共享内存架构，各设备间实现了最大 256KByte 的大容量网络共享内存。可共享大容量的控制信息。能简单地实现各设备间的联动与各设备的分散控制。

4）CC-Link IE 继承与发展了 CC-Link 的开放性、易使用性及丰富的 RAS（Reliability 可靠性、Availability 可使用性、Serviceability 可维护性）功能。稳定、可靠、使用简单。

5）拓扑结构灵活：现场总线网有线型、星型、环型及其相关组合等；控制层为环形拓扑，一旦检测出电缆断线或出现异常情况时，可将异常部分切断，正常站间仍继续进行循环传输。

6）在网络构成上，CC-Link IE 可以构筑单层网络（最大连接 120 台设备），也可以构筑多层网络（最大连接 239 台设备），使用户可以灵活地配置网络系统。通过 SLMP 通用协议实现了 CC-Link IE、CC-Link 及以太网设备之间的无缝通信，最大限度地扩展了网络设备的访问与管理功能。

7）它实时通信靠令牌传递实现。所以，连网用集线器就可以了，不需要昂贵的交换机。

8）编程简单：程序设计时只需对分布式共享内存进行读/写，不必要考虑网络拓扑结构。

（2）车间级网络

也称控制层、单元级，有的称为数据及现场通信层，主要用于 PLC 间连网、通信，以实现对多台设备或生产线的控制。它交换数据量小些，但通信的可靠性、实时性要求很高。一般即使短时间的数据交换停止也是不允许的。

车间级网络最简单的办法是用标准串口。如欧姆龙 PLC 可用标准通信串口建立数据链接网络，或通过通信指令实现通信。而最有效的方法还是用有关通信模块，组成相应通信网络。如欧姆龙 PLC 可组成 COMBOBUS/S 网、PLC I/O 链接网、PLC 链接网、CONTROL-LINK 网、SYSMAC-LINK 网或 SYSMAC-NET-LINK 网自身专用的控制网络，也可组成 COM-BOBUS/D 网（即 DeviceNet 网）这样基于事实标准的通用网络。

目前通用的基于事实标准的 PLC 控制网络，除了 DeviceNet 网，还有 CC-Link、ControlNet 及 Profibus 等。这些网络具有现场总线的特点，如：不是一 PLC 厂商专用，而是多个 PLC 厂商共享；协议公开，任何符合协议的产品都可入网；网络性能高、技术进步快、不断有新的产品推出；使用面广、产品可批量生产、价格低、网络组建成本低；也具有设备网的功能，可与从站实现远程 I/O 通信；可与设备网、信息网无缝连接，便于实现企业控制的信息化等。

DeviceNet 是数字、多分支的网络，用以连接控制器、I/O 部件相互通信。是多点传送（一对多）的点对点、多主站和主/从网络。每个控制器或 I/O 部件即为网络上的一个站点。也是生产者（提供通信数据站点）、消费者（消费通信数据站点）的网络，支持多通信层次与信息优化。本质上讲，它还是运行在低成本的 CAN 总线上的 CIP 网络。

CC-Link 是 CLPA（CC-Link 协会）最先推出的、可同时进行控制和信息传递的高速现场总线。传输速率高达 10Mbit/s 时，传输距离为 100m，可支持 64 个站。因其卓越的性能，被授予 SEMI 认证。其开放性也在不断地加速中。此外，还有 CC-Link Safety，是 CC-Link 实现安全系统架构的安全现场网络，与 CC-Link 具有高度的兼容性，可以使用如 CC-Link 电缆或远程站等既有资产和设备。"CC-Link Safety" 也能够实现与 CC-Link 一样的高速通信，并提供实现可靠操作的 RAS 功能。

ControlNet（控制网）是开放的、工业的、实时控制层网络，可在单一的物理媒体上高速传输 I/O 数据以及消息数据，后者包括上传/下载程序和配置数据、点到点的消息等。ControlNet 提供控制器与输入输出设备、驱动、操作员界面、计算机或其它设备间的连接，并且能整合 AB PLC 的 DH+网络和远程 I/O 等现存通信方式。

Profibus 由 3 个兼容部分组成，即 Profibus-DP（Decentralized Periphery）、Profibus-PA（Process Automation）及 Profibus-FMS（Fieldbus Message Specification）。Profibus-DP 用于控制器与分散式 I/O 或作为从站的其它控制器之间通信。Profibus-PA 专为过程自动化设计，可使传感器和执行机构联在一根总线上，并有本征安全规范。Profibus-FMS 用于控制器之间相互通信，是 DP 的先驱。此外，还有运功及安全控制用 Profibus，而 PLC 主要用的是 Profibus-DP。

（3）现场级网络

也称设备层，有的称现场通信层，主要用于 PLC 与现场设备及传感器/执行器通信，以实现 PLC 对现场设备及智能装置的信息采集与工作控制。交换数据量更小。但通信的可靠性、实时性要求更高。即使短时间的数据交换停止，将影响 PLC 控制功能的实现。

经过多年发展，目前 PLC 的设备网有三类：一是 PLC 公司专用的，主要是 PLC 远程 I/O 网，只能接入本公司的产品或非智能的现场设备；二是基于现场总线标准的开放设备网，可与具有相应标准通信接口的设备或其它 PLC 连网；三是控制网或信息网扩展而成的远程 I/O 网络，通信速率很高，也有一定的网络标准可循，已出现相互兼容的可能。

由于 PLC 公司专用远程 I/O 网存在固有的不足，目前已逐步退出，只是老产品还在使用。至于控制网或信息网扩展而成的远程 I/O 网络，由于与控制网、信息网联系密切，可归类为上述相应的网络。这样，最常用的设备网络主要是基于现场总线的网络。目前主要是 AS-i、CompoNet 及 C-Link/LT。

AS-i 首先由德国人于 1990 年提出并开始研发，1994 年开始加以推广与应用，并与当时欧洲几大行业公司联合成立了 AS-i 社团组织。后来逐渐发展壮大，吸纳了世界著名的传感器、执行器制造商和研究单位，发展成为国际 AS-i 组织。主要参加单位包括：P+F、FESTO、西门子、ASINTERNATIONAL、ITEI、SEARI、TSINGHUA 等。在 ASI 国际联合会的大力支持下，于 2003 年在北京成立了 ASI 中国协会，参加的有国外自动化领域的著名大公司，国内大学和研究机构，并将吸收国内企业加入。

AS-i 总线技术成熟，简单可靠，费用较低，应用广泛。不仅成为国际标准（IEC 62026-

2），并且也成为中国的国家标准（GB/T 18858. 2—2002）。

CC-Link/LT 是 CC-Link 现场总线的简化，是专门为传感器、执行器和其它小型 I/O 的应用设计的。CC-Link/LT 为主从网。从实质上讲，CC-Link/LT 就是具有现场总线特征的 PLC 远程 I/O 网。CC-Link/LT 只能有 1 个主站，但可以有多达 64 个从站。网络由主站管理。主站主要是配置有主站模块的 PLC 或相关网桥。从站则是远程 I/O 站及字数据站。网络通信由主站发起，从站响应，主站收到响应报文后，再访问下一站点。直到访问完最后站点又从头开始，周而复始，不断重复。

CompoNet 是继 DeviceNet 之后按 ODVA 新公布的标准开发的网络。通信的站点更多、速度也更快、距离也更长。但通信的帧较小，更适合底层 I/O 设备连网。原始名称为 "CipNet SA"，2006 年 4 月，ODVA 官方正式命名为此名。其产品由欧姆龙首先推出。CompoNet 也是主从网。用来在控制器（主站、Master）和传感器/执行器（从站、Slave）之间交换信息，可按位通信，主要针对 "位" 一级数据传输的执行器、传感器使用。是 CIP 网络家族（DeviceNet$^{(TM)}$，ControlNet$^{(TM)}$ andEtherNet/IP$^{(TM)}$）的补充，符合 ODVA 组织的行业标准。

> **提示 1**：以上提到很多网络的含义与细节可参阅有关说明书。另外，可能还会有新的网络模块或网络推出，如欧姆龙、三菱已推出 Profibus 模块，它们有的 PLC 也可进 Profibus 网。
>
> 有的公司还专门开发有可进行不同网络间进行协议转换的模块等。对此也要加以关注，以求在进行网络配置时，能做出更好的解决方案。
>
> **提示 2**：由于工业以太网通信速度的不断提高及技术的完善，通信的可靠性大为增强，以太网通信的实时性已再不令人担心。所以，近来，几乎各个级（层）的设备多也配备有以太网接口。所以，以上介绍的 3 级（层）网络，都使用以太网也是完全可能的。若如此，也许网络的结构反而简单了。也许这也是将来工业网络发展的一个很值得注意趋势。
>
> **提示 3**：只要有相应的接口，一个 PLC 可同时与多个通信对象连接、组网。这样的 PLC 也称网桥。有了这些网桥，可实现网间互联，即使不在同一网上，也有可通信、交换数据。

要指出的是，这样划分也是相对于变化发展的。如控制网，虽主要用于在 PLC 之间通信、交换数据，但也可在计算机与 PLC 以及 I/O 设备与 PLC 之间通信、交换数据。再如信息网，情况也类似。特别是随着以太网技术的应用以及以太网技术的进步，除了以太网自身的网速高、组网简单、成本低廉、软件丰富、互连容易、使用方便、应用广泛这些固有的优点外，它在工业应用中的环境适应性、组装方便性、工作可靠性、信息安全性以及通信实时性也都有很大长进。因而已出现 "一（e）网包打天下" 局面。极有这样可能，在未来 PLC 的 3 种网络中，都使用以太网。果真那样，也许 PLC 的组网将会变得更简单、更方便与更低廉，其应用也更广泛、更普及与更有效。那将是控制自动化、信息化、网络化发展的幸事！

5.1.3 PLC 连网通信方法

PLC 通信方法与通信平台有关。同一平台多有多种通信方法。同一通信方法也多可用于不同的平台。

1. 自动通信

这种机制是，经过网络组态，不必运行通信程序，各站点即可通信。多用运于 PLC 站点之间通信。非常可靠，也非常方便。具体有如下 3 种形式：

（1）地址映射通信

用于 PLC 主从网络中主站与从站间一对一通信。之前要进行网络组态。并指定用于实现能自动通信的、相互映射的、读写数据地址。

图 5-8 所示为主从网络一例。图中：1 为主 PLC 上的远程主控单元或接口，为通信主站；2 和 6 为从 PLC；3 和 7 分别为从 PLC2、6 上的 PLCI/O 链接或从站单元，为通信从站；4 和 5 为主 PLC 的远程 I/O 终端，无自身 CPU，分别作为主 PLC 的 I/O 点受主 PLC 管理。8 为网络终端器。

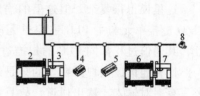

图 5-8　主从网络
1—主 PLC 上的远程主控单元
2、6—从 PLC　3、7—PLCI/O
链接单元　4、5—主 PLC 远程
I/O 终端　8—网络终端器

远程 I/O 终端与主 PLC 虽有通信，但它不是独立站点。作为主 PLC 的 I/O 点，在逻辑上与主 PLC 当地的 I/O 点没有区别。所差的只是 I/O 的响应时间略有通信所需的若干毫秒的延迟。

从站 PLC 有自身的 CPU，还有自身的 I/O，对其自身 I/O 的控制完全由自身管理。要与主站 PLC 交换信息，必须通过之间通信、交换数据实现。这里关键是使用了 PLC I/O 链接或从站单元。它既是从 PLC 的扩展模块，在从 PLC 中有其 I/O 地址；又是主 PLC 的远程 I/O 终端，在主 PLC 中也有其映射的 I/O 地址，如图 5-9 所示。

以图 5-9 为例，从站 1 的读（输入）区（字）10，在主上的映射地址为 1000。从站 2 的读（输入）区（字）10（不一定非是 10），在主站上的映射地址为 1002。且都是主站的写（输出）区（字）。从站 1 的写（输出）区（字）11，在主站上的映射地址为 1001。从站 2 的写（输出）区（字）11（不一定非是 11），在主站上的映射地址为 1003。且都是主站的读（输入）区（字）。可知，每个从站在主站中都有专用于通信的数据读写映射地址。

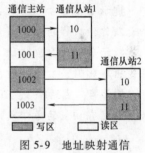

图 5-9　地址映射通信
机理示意

这样，当主站轮流与各个从站及远程 I/O 终端通信时，将把主站映射区的数据依次发送给对应的从站输入区，各从站输出区的数据也依次返回给主站对应的映射区。而从站之间、主站远程 I/O 终端之间、从站与主站远程 I/O 终端不能通信，不能交换数据。

在这样系统中，如果从站 1 的 PLC 要向主站 PLC 发送数据，其具体过程可分为如下 5 步：

1）把要向主 PLC 传送的数据，写入通信用输出区（如从站 1 的内存字为 11）。

2）通过从 PLC 输出刷新，把数据传到 PLCI/O 链接单元或从站单元的存储区（如从站 1，为字 11 的地址）。

3）通过网络通信，把 PLCI/O 链接单元或从站单元存储区的数据，送主站主控单元的存储区（字 1001 的映射区）。

4）通过主 PLC 输入刷新，主站主控单元存储区的数据，被读入主 PLC 的地址映射区（主 PLC 的字 1001）。

5）主 PLC 从地址映射区（主 PLC 的字 1001）读取这个数据。

主 PLC 向从 PLC 发送数据的过程与此过程相反。先是主 PLC 向映射区写数据；再经主 PLC 输出刷新，传入主站主控单元的存储区；再通过网络通信，传入从 PLCI/O 链接或从站单元存储区；再经从 PLC 输入刷新，传到从 PLC 的输入存储区；最后由从 PLC 读取这个数据。

这里说得很复杂。但这里的输出、输入刷新都是 PLC 操作系统自动实现的。这里的 PL-CI/O 链接单元与主 PLC 主控单元间的数据传送，是由远程网络通信系统自动完成的。而且，其通信过程如同 PLC 的扫描过程一样，总是周而复始地重复着。

这种通信，用户所要做的只是编写有关的数据读写程序。只是它所交换的数据量不大，多只有一对输入、输出通道，故只能用于较底层的网络上。

图 5-9 中的 4、5 是主 PLC 的远程 I/O 终端，不是从 PLC，是直接受主 PLC 控制。所以，这种网络也是 PLC 远程 I/O 系统的延伸。欧姆龙称之为远程 I/O 链接，是主、从 PLC 网络。被链接的从 PLC，有自身的 CPU，可独立运行程序和进行实际控制。只是为了与主 PLC 交换数据才与主 PLC 连网。

采用地址映射通信，输出对输入的响应是有延时的。从以上对它的通信过程叙述就可看出。具体的不再赘述。

> **提示 1**：用数据区地址映射通信只能在主站与从站之间进行。而从站之间通信则要通过主站转达。
>
> **提示 2**：主站 PLC 及各从站 PLC"写区"、"读区"的大小取决于使用什么样的网络平台及作什么样的设置（组态）。
>
> **提示 3**：PLC 远程 I/O 系统从站没有 CPU，不能自行控制。控制的成本虽低，而一旦通信出现故障，从站的控制将无法实现。
>
> **提示 4**：主站除了为 PLC，有的也可为计算机，从站除了 PLC，也可能是智能设备。只要配置有相应的通信硬件就可以。

（2）地址链接通信

用于 PLC 对等网络中两站点或多站点之间通信。之前也要进行网络组态。并指定用于实现能自动通信的、相互链接的、读写数据地址。又称数据链接（Data Link）通信。三菱称之为循环通信（Cyclic Communication），多用于控制网。西门子的 MPI 网把它称为"全局数据包通信"。而哪个站点成为发送站点，由"令牌"或与其类似的代码授权。谁拥有"令牌"，谁就成为发送站点。这个代码，轮流在通信的各站点间传送。无论是管理网络的主站，还是被管理的从站，都同样有机会拥有这个"令牌"。其通信机理如图 5-10 所示。

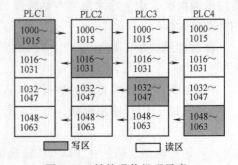

图 5-10　链接通信机理示意

图 5-10 为 4 个 PLC 进行数据链接通信的示意。字地址 1000~1063 之间的 64 个字被设置作为这个链接的数据区。而每个 PLC 都把它的这个区分为写与读两个部分。且这个划分对每个

参与链接的 PLC 都是互补的。如 PLC1，其"写区"为 1000～1015 字，"读区"为 1016～1063 字，则 PLC2 的"写区"为 1016～1031 字，"读区"为 1000～1015 字及 1032～1063 字等。

这 4 个 PLC 的数据链接通信分如下 5 步实现：

1）运行程序，把要向外传送的数据写入自身的写数据区。

2）输出刷新，把"写区"数据传到 PLC 链接单元或接口的对应（写）缓冲区。

3）参与 PLC 链接的 PLC 链接单元或接口间相互传送数据，把各链接单元或接口对应（写）缓冲区的数据传给其它 PLC 的 PLC 链接单元或接口的对应（读）缓冲区。

4）输入刷新，把 PLC 链接单元或接口缓冲（读）区的数据读入到读数据区。

5）运行程序，把要使用的数据从自身的读数据区读走。

这里的输出、输入刷新是在程序扫描开始前或结束后由系统自动实现。必要时，也可在程序中加入 I/O 刷新指令实现，以加快程序对链接数据的响应速度。

这里的各 PLC 链接单元或接口间的数据传送，则由 PLC 链接系统的网络通信自动完成的。其通信过程如同 PLC 的扫描过程一样，总是周而复始地重复着，力求使各 PLC 链接单元的存储区的数据保持一致。

说得通俗一点，这里设置的链接数据区相当于邮局的信箱，数据发送与接收如同发信与收信。要外送的数据先投（写）入信箱，靠信箱的传送机制，把数据传送给对方；要用的数据则从来自别的 PLC 数据的信箱中取出。其间的数据传送如同邮局为你服务一样，会自动实现的。若要快速传送，可另作 I/O 刷新，这如同寄快信一样。

总之，这个通信数据交换，经历了两种过程：

一是 PLC 的内存区中"链接区"与 PLC 链接单元或接口的缓冲区之间数据交换。这是由 I/O 刷新实现的。其周期取决于各 PLC 的程序扫描周期或程序中使用 I/O 刷新指令的情况。

二是各 PLC 链接单元或接口间的数据交换。它由主站 PLC 管理"令牌"，进而使各 PLC 轮流把链接单元或接口缓冲区中"写区"的数据，传送给其它 PLC 的"读区"。

这两个过程各按照各的周期重复进行着。也正是有了这两个过程，PLC 间的数据交换才成为可能，而且非常可靠。

链接通信交换的数据量比较大，可以为几个、几十字。是很常用、很方便的 PLC 间的对等通信的方法。具体大小取决于链接数据区的大小及参与链接的 PLC 数量。

提示： 参与链接的不一定都是 PLC，只要配置有相应的通信硬件，如计算机上安装有欧姆龙 CONTROLLINK 网络通信板及相关驱动程序，也可与连网的 PLC 链接通信。

（3）生产者、消费者通信

发送数据的站点用广播方式发送生产者数据，同时被其它所有站点同名的消费者接收。在网络组态时，也要先对生产者、消费者的标签作设定。然后把设定下载给相关 PLC。当这些 PLC 都处运行状态时，生产者标签即可根据设定的时间间隔或现值变化的情况，向其它站点同名的所有消费者标签传递它的现值。可知，它的基本机理于数据链接类似。只是它的设定更加灵活。

2．对话通信

站点间通信靠相互对话实现。要发起者通信的站点，先运行通信程序，发送通信命令，通信对方接收命令后，或由它的操作系统应答及处理，或运行人工程序应答及处理。针对不同通信平台有以下4种形式：

（1）自由协议通信

多用在串口连网的平台上。通信双方根据自行约定，调用串口通信指令进行通信。也称无协议通信。

自由协议通信用于 PLC 之间通信，双方都要有串口通信指令。用于 PLC 与计算机，双方都要编程。主要是串口读、串口写及串口设定、使能指令。后两者用于串口初始化。当然，这个设定与使能有的也可用编程软件预先完成。

要弄清的是执行读、写指令只是对 PLC 串口缓冲区的读、写。而数据发送及接收则是 PLC 通信管理系统分时完成的。一般讲，PLC 用于处理通信的时间大体占其程序扫描时间的 10%~20%。所以，执行数据发送指令后不是马上就把数据发送出去的。反之，不执行接收指令也不等于 PLC 不接收数据。只是把收到的数据放入接收缓冲区。

> 提示：只要串口的物理电气、功能特性相同，双方又同处于可使用自由协议通信，那么，使用各自的串口指令，还可以在不同品牌 PLC 间进行通信。

（2）串口协议通信

主动方根据被动方的通信协议，向被动方发送通信命令；被动方接收到命令后，不必运行通信程序，而由操作系统处理通信命令，并按要求向主动方应答。

显然，这里弄清通信协议是关键。否则主动方无法编程。在串口连网平台上，计算机与 PLC 通信、PLC 与现场设备通信多是用协议通信。

（3）网络协议通信

在 PLC 网络平台上，主动方（PLC 或计算机）按网络协议，执行网络通信指令，与被动方 PLC 通信。它交换数据量大，可达几百个字节；通信速度快（取决于网络底层特性）。而且，只要有网关，有的还可跨网络通信，即网络中继运作（network relay operations）。

网络通信指令有读、写及操作命令。主动方发送命令，都可对指定网络、指定站址、指定数据区进行读或写。可向对方发送操作命令，使对方改变工作模式。可强制或复位对方是工作位及文件操作等。

但是，被动方也可执行保护自身的指令。执行它后，可不让对方读、写自身数据，或受其操作。

网络协议通信要建立在 PLC 网络的平台上，而这样平台各厂商 PLC 多互不兼容。因此，用这样通信只能在同类型 PLC 间进行。

（4）套接字（Socket）服务通信

套接字原是计算机应用程序使用 TCP 和 UDP 协议的以太网接口技术。有的 PLC 以太网也支持这个技术。用它可实现 PLC 与计算机以及 PLC 与 PLC 间通信。在使用这个技术时，要预先做好 PLC 的设定，然后设法把套接字激活或调用网络通信命令进行通信。

PLC 的套接字通信服务支持 UDP（无连接通信），也支持 TCP（有连接通信）。也还可执行 FTP（文件控制传输）协议。

3. 专用软件通信

专用软件用于计算机与 PLC 间连网通信。并多可在多种通信平台上使用。专用软件通信的好处是不必弄清 PLC 的通信协议，不用编程或作简单编程即可通信，有的还可用于 PLC 编程及网络设置。但要计算机上装载这些软件、函数、控件或运行通信服务程序。

（1）用 PLC 厂商提供编程软件通信

PLC 厂商编程软件除了可以用于脱机编程，还可用于与 PLC 联机。可对 PLC 以至于 PLC 网络进行设定（或称配置、组态），下载、上载 PLC 程序，读写 PLC 数据以及改变 PLC 工作状态。有的 PLC 编程软件还有监控数据动画图形显示功能。

（2）用 PLC 厂商提供网络管理软件通信

PLC 厂商除了提供编程软件，一般还提供专用于网络配置、测试与管理的软件。可用以网络配置、通信及测试。

（3）用 PLC 厂商提供有通信接口函数（API）通信

API 函数原是微软在设计 WINDOWS 操作系统时加进去的。PLC 厂商提供的 API 则是 PLC 厂商适应 WINDOWS 操作系统开发的，专用该厂商 PLC 与计算机通信的函数。与厂商专用通信软件不同的是这些通信函数不能单独运行，是要嵌入到用户的程序中，由应用程序调用才可工作，才能实现计算机与 PLC 的通信。

使用 API 的好处是不必弄清 PLC 的通信协议，但要在计算机上装载相关的驱动。

（4）用 PLC 厂商提供有通信控件通信

控件是很多 PLC 厂商都开发有可为可视化编程软件使用的，针对自身 PLC 串口或网络模块的通信控件（ActiveX 控件）。如欧姆龙、三菱 PLC 都有专门通信控件。用户的应用程序可调用这些控件，即可实现与 PLC 通信。使用控件的好处也是不必弄清 PLC 的通信协议，但要在计算机上装载这些控件。

（5）用 OPC 通信

OPC 是以 OLE（Object Linking and Embedding）/COM（Component Object Model）机制作为应用程序的通信标准。OLE/COM 是一种客户/服务器模式，具有语言无关性、代码重用性、易于集成性等优点。OPC 规范了接口函数，不管现场设备以何种形式存在，客户都以统一的方式去访问，从而保证软件对客户的透明性，使得用户完全从低层的开发中脱离出来，为基于 Windows 的应用程序和现场过程控制应用建立了桥梁。

可知，使用 OPC 可把通信程序与应用程序分开。通信程序由 PLC 厂商或专门软件公司提供，用于与 PLC 通信，作 OPC 的服务器。而应用程序由 PLC 用户编写，作为 OPC 的客户。两者再通过程序之间的数据交换，使 OPC 客户间接实现了对 PLC 监控与数据采集。

用于 PLC 的 OPC 服务器除了自身实现与 PLC 通信的功能外，与其它 OPC 服务器一样，也要有一组组接口（interface），并通过这些接口，为客户提供服务。OPC 的服务软件多是要收费的。使用它也可不必弄清有关通信协议。

（6）用组态软件通信

组态软件是专业公司在编程软件平台上开发的，介乎编程软件与应用软件之间"应用软件的半成品"。作为商业产品，组态软件一般都提供了友好的用户使用界面，还有变量库、图库、控件库以及脚本语言。同时，还都还提供（收费，或免费）种种与硬件通信的驱动程序。所以，有了它，用户可简便、灵活地设计画面，定义变量及调用驱动程序，基本上不用编写程序代码，或编写篇幅不大的脚本，就可组态成自己的应用软件。而实现的功能却与用编程软件开发的应用完全相当，而且，一般还都具有更漂亮的画面。由于组态软件都提供有与 PLC 的驱动程序。所以，也不必了解有关通信协议也可实现与 PLC 通信。

4. 互联网通信

（1）利用互联网通信

最成熟通信是电子邮件，可发送、接收报文，还可添加附件。通信数据量可大到以兆计。只是这样通信没有建立连接，通信不是很可靠的。为此，最好双方要有约定，要通过应答确保数据的安全传送。

（2）web 通信

有的 PLC 的以太网模块可内置 web（万维网）的网页，提供网址，作为服务器。计算机用户可使用浏览器阅读此网页，读取 PLC 数据，以至上、下载文件。还可进行 PLC 的远程诊断及系统维护。

（3）互联网其它通信

如图 5-11 所示，计算机还可通过互联网与 PLC 连接。

从图 5-11 可知，这里 PLC 站点与计算机站点都是通过路由器、ISP（Internet Service Provider，互联网服务供应商服务器）接入互联网，然后进行通信。

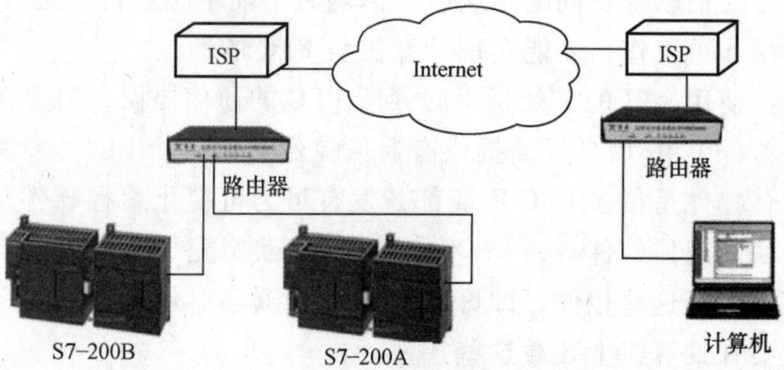

图 5-11　计算机通过互联网与 PLC 连网

为了 PLC 系统安全，建议在 PLC 方最好使用可设定密码的路由器，如图 5-12 所示的深圳赛远公司的 SY-RSCM300。其主要性能有：全双工 10/100Mbit/s；路由及防火墙功能；可设置密码；工业 IC 设计稳定可靠；支持广域网、局域网等。该公司同时还提供有设置与使用软件。

图 5-12　深圳赛远公司 SY-RSCM300

从图 5-12 可知，它除了外接电源，还有配置口（用于路由器以配置）、一个 WLAN 口（上接互联网接）及 4 个 LAN 口（可接 4 个 PLC）。为了使用该产品，该公司还设有测试实验系统，提供有 SY-RSC 远程通信接入软件、账户与密码。运行此软件后出现的界面如图 5-13 所示。

从图 5-13 可知，只要输入所提供的账户、密码，先用鼠标左键点击【参数保存】键，后点击【连接】键。单击完以后耐心等待，依据计算机和网络的速度，一般连接服务器时间为 30~60s 左右。如账号、密码正确，网络正常将弹出连接成功的应答窗口。并在计算机桌面右下角出现网络连接小图标。计算机还增加一个与上述账号、密码对应连接。

连接成功后，打开 S7-200 编程软件 STEP 7 MicroWIN V4.0 SP7。先按图 5-14 所示操作，设置 PG/PC 接口。进而按图 5-15 所示配置 S7-200IP 地址。

在配置正确的 IP 地址并刷新后，如果如图 5-16 所示显示该 IP 地址，表示连接到了远

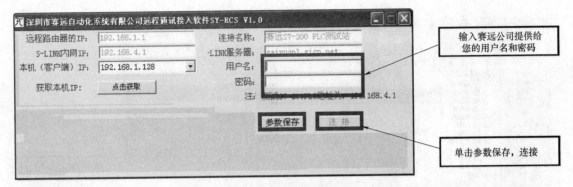

图 5-13 远程接入软件界面

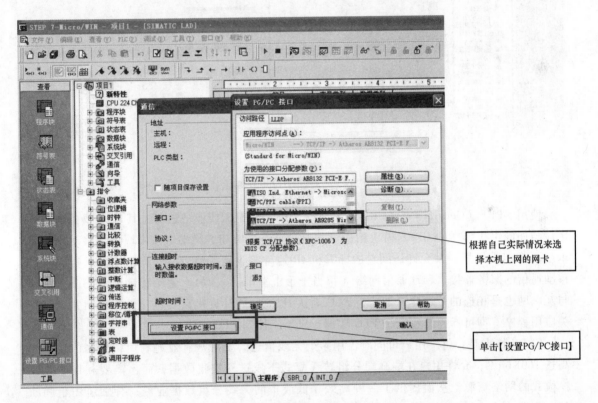

图 5-14 设置 PG/PC 接口

程的 PLC。

一旦连接成功，如同当地串口与 PLC 连接一样，可上下载程序、数据，对 PLC 监控。可完成运行编程软件所有的工作。

5. 利用移动电话通信

移动电话通信可使用发短讯与 PLC（GSM）通信，也可使用 GPRS 与 PLC 通信。

使用 GSM 通信可以不建立连接，不占用线路，费用是按流量收取，费用较低，很适合 PLC 把事件信息向计算机或其它 PLC 发送。但为了通信可靠，最好发去的信息能得到对方回应。这样的回应只要各方都运行了相关通信程序并不难实现。

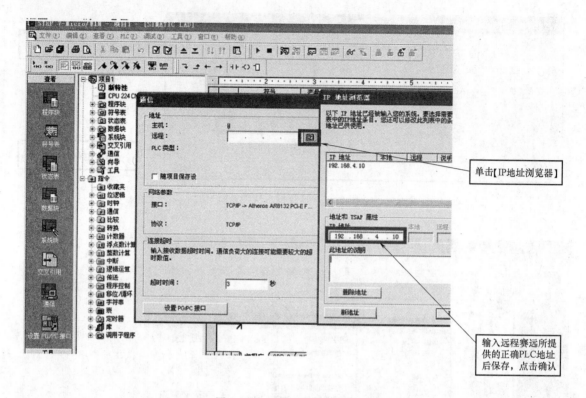

图 5-15　配置 S7-200IP 地址

使用 GPRS（General Packet Radio Service）通用分组无线业务通信。其 PLC 要先通过其串口与如同手机那样的 GPRS 模块相连。并通过 Windows 超级终端对该模块做好移动通信标示号（类似手机号）及允许访问它的计算机 IP 地址等设定。然后，PLC 上电、运行，通过移动通信的服务器接入移动通信网络（相当于手机上电后入网）。由于移动通信的服务器是与互联网也是相连的，这样，被这个 PLC 确认 IP 地址的计算机只要也接入互联网并运行相关应用程序，即可远程读写这个 PLC 数据，以至于控制 PLC 工作。

GPRS 特点是：每个用户可同时占用多个无线信道，资源被有效地利用，数据传输速率高达 160Kbit/s；允许用户在端到端分组转移模式下发送和接收数据，而不需要利用电路交换模式的网络资源，从而提供了一种高效、低成本的无线分组数据业务；特别适用于间断的、突发性的、频繁的、少量的数据传输，也适用于偶尔的大数据量传输；用户可永远在线，但收费不是按时间计算，而是按流量计，服务成本也较低。

此外，由于移动电话技术的发展，目前已可利用它作为互联网的接入接口。如果 PLC 以太网模块也具备接入无线互联网能力，也可通过它利用互联网通信。

5.1.4　PLC 通信程序特点

PLC 通信程序与控制程序、数据采集程序相比有如下几个特点：

1. 交互性

通信是双方的需要，也是双方要处理的工作，所以，通信程序总是分布的。一般讲，在通信的各方都要编写有相应的程序。

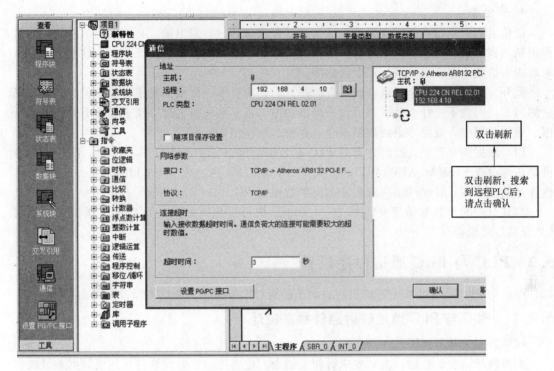

图 5-16 显示 IP 地址连接成功

这些程序大体有如下 3 类:

1) 数据准备程序, 用以提供要发送的数据, 以备对方使用;

2) 对话程序, 用在通信中进行必要的发令与应答。

3) 数据使用程序, 用于读取对方发送的数据, 并加以使用。

这类程序在各方又是相对应的。如甲方从乙方要数据, 则甲方要编写"要数据命令及数据使用"程序, 而乙方则要编写"数据准备及命令回应"程序。反之也一样。

2. 相关性

PLC 通信程序有很强与通信网络及其协议相关性。通信程序必须按照对象的协议编写, 否则, 所编的程序无法实现通信。

附带在此提及的是, 本章介绍的仅仅是通信程序编写, 并不太牵涉到网络本身。只要使用的方法相同, 不管什么网络, 程序的算法则是相同的。要仔细介绍 PLC 网络, 如仅仅介绍一家, 就可能需要多本专著。好在这些网络的通信特性、组成模块及系统组态, 各 PLC 厂商的说明书都有详细介绍。在系统集成时, 也可取得有关代理商的技术支持。所以, 本书不对其展开介绍。

3. 从属性

PLC 通信、交换数据不是目的, 而是为了使用这个数据。数据使用只能在有关控制或数据处理程序中实现。至于数据准备之前的工作, 如数据采集、处理, 也只是程序其它部分要做的工作。

所以, PLC 通信程序往往只是 PLC 整个程序的一部分, 具有从属性。编写这类程序一定要与编写 PLC 其它程序配合与协调, 才能取得通信程序的效果。

4. 安全性

通信可靠，不出现数据或命令传送错误是很重要的。数据出错，特别关键的控制用的数据出错，将出现灾难性的严重后果。为了通信可靠，除了硬件要有保证外，在软件上，也可采取很多措施。如报文校验、冗余通信等。

此外，还有通信安全问题。网络开放是好的，为系统的使用提供了方便。但也带来不安全的因素。因为不是什么数据都可让任何人知道，也不是任何人都有权去修改有关数据。所以，通信编程时，就要考虑到数据安全、保密、写保护等问题。

PLC 数据安全管理，欧姆龙有的 PLC 有数据访问禁止指令 I/OSP（187），执行该指令可禁止外设或 SYSMAC NET LINK 网、或 SYSMAC LINK 网、或 HOST LINK 网……对本 PLC 内存区的读或写。有此可在一定程度上保护数据的安全。

与其对应的为数据访问允许指令，I/ORS。执行后允许访问。只是这两条指令目前仅 CV 及其后续机拥有。

5.2 PLC 与 PLC 通信程序设计

PLC 与 PLC 通信可以用地址映射、地址链接、串口指令、串口协以及网络指令。

5.2.1 PLC 与 PLC 地址映射通信程序设计

通信程序的基本算法是：

主站向从站发送数据：主站要执行相关指令，把要传的数据写到与从站读数据地址映射的写区；而从站也要执行相关指令，读取此读区数据。

从站向主站发送数据：从站要执行相关指令，把要传的数据写到与主站读数据地址映射的写区；而主站也要执行相关指令，读取此读区数据。

为了安全，还可增加定时监控。看发出的控制命令在预定的时间内是否得到回应？未能按时回应，可作相应显示或处理。

1. 欧姆龙 PLC 间主、从网络通信程序实例

图 5-8 所示为欧姆龙 PLC 的主、从网络。要求用主站上的一个起、停按钮，去控制从站的一个装置工作，看看这样的地址映射通信程序是怎么编的。

图 5-17 所示为主机上的程序。

图 5-17 中：①用以把"起、停按钮"的输入信号转换为脉冲信号，"起、停按钮脉冲"，即"起、停按钮"ON 时，"起、停按钮脉冲"仅 ON 一个扫描周期；②用以控制"命令远程工作"的起停（ON/OFF），这个电路前已做过讨论，这里不再重复。"命令远程工作"的状态将通过网络通信，复制给下位机的"命令远程工作映射"。而下位机的程序见图 5-18，很简单，只有 2 个梯级指令，

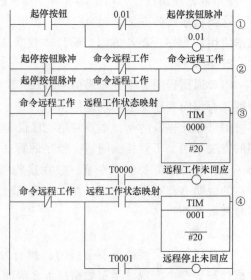

图 5-17 地址映射通信主机程序

第 1 梯级的目的是把"命令远程工作映射"赋值给"远程工作"。

显然，有了以上的这些对应程序，完全可达到用主站上的一个起、停按钮去控制从站的一个装置工作的目的。

但对重要的远程装置的工作控制，仅此是不够的。发出工作命令后，应确切弄清控制命令是否执行了，进而可选择相应的对策。

为此，图 5-17 中加入了③、④梯级程序。从图知，只要"命令远程工作"状态改变，就可使定时器工作。如"命令远程工作"与"远程工作状态映射"一致，则定时器工作停止。而"远程工作状态映射"是下位机"远程工作状态"的映射，是通过通信传来的。从图 5-18 梯级②知，

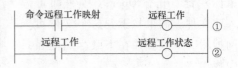

图 5-18　地址映射通信从机程序

"远程工作状态"是"远程工作"的直接赋值。故只要在一定时间（为了通信传送数据需要）内，下位机实现了上位机"命令远程工作"的要求，"远程工作未回应"或"远程停止未回应"都不会 ON，否则就可能 ON。依此，上位机就清楚了下位机是否执行了给其控制命令了。

提示：本例用的为符号地址。而建立好符号地址与实际地址对应关系是编程的关键，一定要弄清。为此，必要时可参阅有关产品说明书。

2. S7-200 与 S7-300 通过 PROFIBUS 连网通信编程实例

首先需打开 STEP7 软件，对 S7-300 站组态。S7-200 使用 EM277 Profibus 模块，但不须组态。有关 S7-300 组态过程如下：

1）建立仅含有 S7-300 主站的 Profibus 网络。

2）安装 EM277 从站配置文件。办法是，用鼠标左键点击 STEP7 的硬件组态窗口主菜"Option"项下的"Install new GSD"项，以导入 SIEM089D.GSD 文件，如图 5-19 所示。

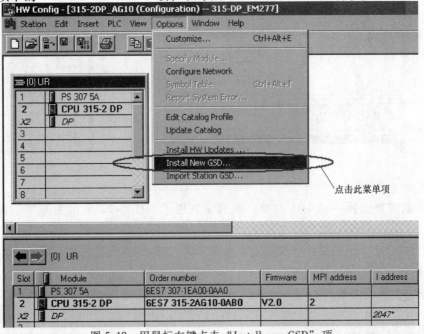

图 5-19　用鼠标左键点击"Install new GSD"项

3）在弹出如图 5-20 所示的
"Installing new GSD" 窗口的 "SI-
MATIC" 文件夹中，选中 EM277 的
GSD 文件（SIEM089D. GSD），并用
鼠标左键点击 "Open" 按钮即可导
入该文件。如果找不到这个文件可上
网搜索、下载。并在下载存储的目录
中找出它。

4）导入 GSD 文件后，在 "HW
Config" 窗口右侧的设备选择列表的
"PROFIBUS DP" → （下的）"Addi-
tional Field Devices" → （下的）

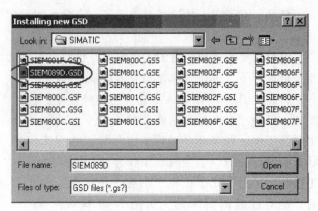

图 5-20　Installing new GSD 窗口

"PLC"（下的）→ "SIMATIC" → （下的）"EM277" 以及下的诸项。这时还是用拖放方法
（见图 5-21），先把 "EM277" 拖放到所建的仅有主站的网络上。之后会弹出 "Properties
Profibus Interface EM277 Profibus-DP" 窗口，从中可选定从站地址。还可从中用鼠标左键点
击 "Properties" 按钮，进而做相应选定。但此时 "EM277 Profibus" 下仍为空。表示仍需指
定实际的 I/O 点数。

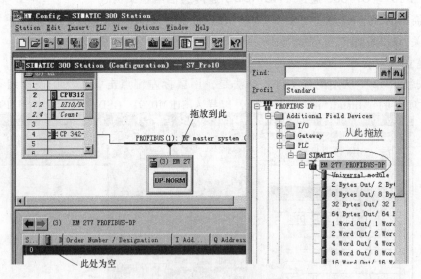

图 5-21　把 "EM277" 拖放到网络上

5）根据需要选择一种 I/O 点数。本例中选用了如图 5-22 所示为 8 字节输入/8 字节
输出。

6）根据 EM277 上的拨位开关设定以上 EM277 从站的站地址，如图 5-23 所示。但此地
址应与上述软件设置的地址一致。

7）组态完系统的硬件配置后，存盘并将硬件信息下载到 S7-300 的 PLC 当中。这样，
在 S7-200 中的 VB0~VB15 将对应到 S7-300 的 PQB0~PQB7 和 PIB0~PIB7。也就是，VB0~
VB7 是 S7-300 写到 S7-200 的数据，VB8~VB15 是 S7-300 从 S7-200 读取的值。

有了上述组态，两个主从 PLC 即可进行数据交换。而如何准备与使用这些交换数据那是通信编程的任务。办法可参阅上述欧姆龙 PLC 通信例。

5.2.2　PLC 与 PLC 地址链接通信程序设计

通信算法与地址映射通信基本相同。也是发送方在其写区，写数，接收方在其读区，读数。所差的只是，在多台 PLC 链接时，数据间的相互关系稍复杂些。

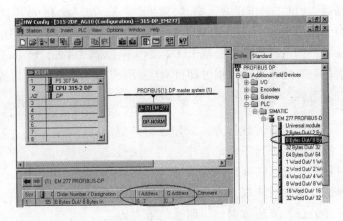

图 5-22　选用 8 字节输入、8 字节输出

1. 欧姆龙 PLC 间链接通信程序设计

以图 5-10 所示链接为例，如果 PLC1 要把工作数据传送给 PLC2，并要得到 PLC2 是否收到的回应，看看这样的地址映射通信程序是怎么编的。

图 5-24 所示为链接通信发送数据方，即 PLC1 机上的程序。图中用的也是符号地址。

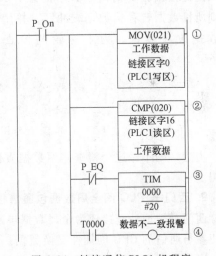

图 5-24　链接通信 PLC1 机程序

图 5-23　硬件设定 EM277 从站地址

从图 5-24 知，梯级 1 就是把"工作数据"写入"PLC1 链接写区字 0"。其实，如不要求对方的回应，整个通信程序本身仅此已足够了。有了梯级 1 程序，已把"工作数据"写入链接区，那个 PLC 要用这个数据，到与这个对应的读区去取就是了。

然而，怎么知道这个数据是否传过去了呢？最好能得到对方的回应。图 5-24 梯级②、③、④及图 5-25 的程序即为此而增加的。

图 5-25 为 PLC2 的程序，它的作用是把读到的数据，返回给对方。显然，如系统通信

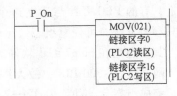

图 5-25　链接通信 PLC2 机程序

畅通，PLC2工作正常，则"链接区字0"与"链接区字16"肯定是相等的。那么，经图5-24梯级②比较，不会出现不相等。从梯级③、④知，不会产生"数据不一致报警"信号。反之，如系统通信不畅或PLC2工作不正常，那么，经2s延时，定产生"数据不一致报警"信号。有此，发送数据方即可对应采取措施，以确保系统安全。

> **提示**：如这里"工作数据"较长时间不变，有可能检测不出通信或对方工作不正常。

同样，在读数据方，最好也要认定所读的数据是否为正确的程序。其方法是定时把读区数据转存给数据缓冲区，然后用非法数据改写读区。下一次再读时，如读区存的仍为非法数据，说明通信或对方工作不正常。图5-26即为这个程序。

从图5-26可知，用梯级①程序，可产生2s脉冲信号（T0001）。T001 ON将执行梯级②、③、④的程序。先看非法数据是否被链接通信所更改。如未更改，说明数据链接出错，则"读数错报警"ON，否则所读数据转存给数据缓冲区，并用非法数据改写读区。为下一轮的检查做准备。

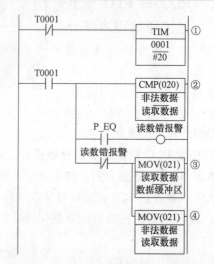

图5-26 定时检查通信是否正常程序

> **提示**：运行图5-26程序，如"读取数据"等于"非法数据"，可知通信或对方工作有问题。但反过来，还不能说通信肯定没有问题。很可能有新的数传来了，但因通信受干扰，而不正确。故，较可靠的检查为图5-24和图5-25的程序。

当然，如不做这个检查，用数据方使用这个"读取数据"就是了。这样检查程序用不着编。

2. 西门子PLC间全局数据包通信程序设计

西门子把地址链接成为全局数据包通信。它的通信是通过全局数据通信服务。这个服务可使参与通信的CPU周期性交换数据。其通信机理与地址链接通信完全相同。在所全局数据包中，有的数据对某PLC指定为发送，而其它需与其通信的PLC则指定为接收。反之，有的数据则可能是相反。而同一数据则只能一个发送，可一个接收，也可多个接收。在通信网上，有的PLC可参与建立这个数据包，有的也可不参与，或部分参与，或只参与接收，或只参与发送，可任意组态，比较灵活。

其组态是在Step7编程软件的GD表中进行。不同网络，不同机型有不同限制，如使用MPI网，对S7-300 PLC，最大建立4个全局数据包，每包可有22字节。

完成组态后，如不做这个检查，用数据方，直接使用发送方发来数据了。如果要检查通信及数据的可靠性，则可按图5-26、图5-24的算法处理。

（1）MPI网络及其PLC站点的组态

MPI网络组态是，确定站点数，设定站点地址及网络通信有关参数。PLC站点组态是，选用CPU型号、电源、机架及信号模块等有关模块，以按要求构成PLC控制系统。其具体步骤是：

1）生成网络及其站点。以 3 个 S7-300 站点为例。其过程为：首先，在 STEP7 中生成 MPI 网络项目；其次，在 MPI 网络项目中生成 SIMATIC300（1）、SIMATIC300（2）及 ST-MATIC300（3）站点；最后，对每个站点分别作确定选用的 CPU、电源及其它模块，进行硬件配置。配置的结果如图 5-27a 所示。

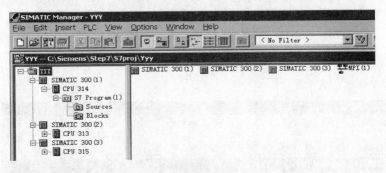

a) 生成MPI网络

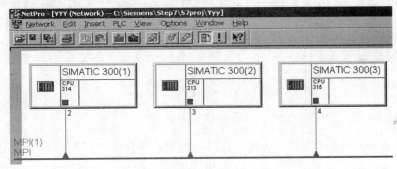

b) 网络站点连接情况

图 5-27　生成 MPI 网络及其站点和连接情况

2）MPI 网络连接。在 MPI 网络项目中，双击"MPI 图标"，打开"NETPRO"窗口，选择 MPI（1）进行组态。这时，可对一条红线（MPI 网线）和 3 个互不相连的站点上建立连接。办法是分别用鼠标左键按住站的红点，并拖到 MPI 网线上。连接情况如图 5-27b 所示。

3）连接后再用鼠标右键点击各个站点，修改通信参数或进行各站点的硬件配置。具体过程与单机系统类似，这里不再赘述。

（2）全局数据表组态

如果要使用全局数据表连接通信，还需要进行全局数据表组态。其过程是：

1）生成空 GD 表。这可在图 5-27 所示的"NETPRO"窗口上，选中 MPI 网络线（变粗）。然后用鼠标左键点击"OPTIONS"菜单项下的"DEFINE GLOBAL DATA（定义全局数据）"项。这时将弹出如图 5-28a 所示空 GD 表。

2）填写 CPU。双击"GDID"右边的方格，在出现的"SELECT CPU"对话框中双击站 1 的 CPU 图标，该 CPU 就出现在"GDID"右边的方格中。用同样方法将站 2 的 CPU 和站 3 的 CPU 放到对应的方格中。图 5-28b 所示为已完成 3 个 CPU 的选用。

3）填写 GD 包。在 CPU 下面的一行中，生成 1 号 GD 环 1 号 GD 包中的 1 号数据。这

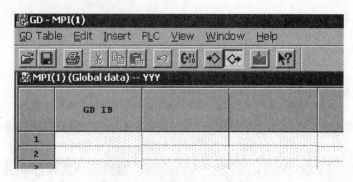

a) 空GD表

b) 已完成3个CPU的选用

图 5-28 GD 表

可用鼠标右键点击 CPU314 下面的方格，在出现的菜单中选择"SENDER"（发送者），该方格变深色，且在左端出现">"符号。这时输入要发送的全局数据的地址 MW0。用鼠标左键点击 CPU313 下面的方格单元，输入要接收的全局数据的地址 QW0。该方格的背景为白色，表示在该行中 CPU313 是接收站。

用同样方法可以填写其余的 GD 数据。其示例如图 5-29 所示。

GD ID	SIMATIC 300(1)\ CPU 314	SIMATIC 300(2)\ CPU 313	SIMATIC 300(3)\ CPU 315
1	>MW0	QW0	
2	QW0	>IW0	
3	>MB10:8	MB0:8	MB20:8
4	MB20:10		>DB3.DBB0:10
5	MB30:10		>QW0:5
6			

图 5-29 GD 数据包填写示例

提示： 每行中应定义一个并且只能有一个 CPU 作为数据的发送方。要输入数据的实际地址。

这里变量引号"："之后的数据为变量的复制因子，是用来定义数据区以字节为单位的长度。例如，MB20：8 表示数据区是从 MB20 开始的连续 8 个字节。而所占区域还要加上两个说明字节，共占 10 个字节的区域。MW0：11 表示数据区是从 MW0 开始的连续 11 个字，加上两个说明字节，共占 24 个字的区域。

4）第 1 次编译 GD 表。其办法是，用鼠标左键点击菜单项"GDTABLE"下的"COM-PILE…"项。之后将生成 GD 环，如图 5-30 所示。例如，GD1.2.1 表示 1 号 GD 环 2 号 GD 包中第 1 组变量。

5）设置扫描速率。第 1 次编译 GD 以后，用鼠标左键点击菜单项"VIEW"下的"SCANRATES"项。之后，每个数据包将增加标有"SR"的行，如图 5-31 所示。这行可用来设置该数据包的扫描速率（1~255）。S7-300 默认值为 8，S7-400 默认值为 22。CPU-400扫描速率设置为 0，表示是事件驱动的 GD 发送和接收。

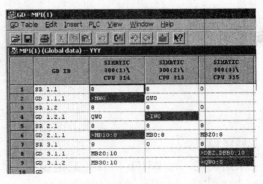

图 5-30　第一次编译后生成的 GD 环　　　　图 5-31　出现标有"SR"行的画面

6）设置 GD 包状态双字的地址。第 1 次编译 GD 以后，再用鼠标左键点击菜单项"VIEW"下的"STATUS"项，将出现如图 5-32所示的 GDS 行。可在其上给每个数据包指定一个用于反映状态双字的地址（不过此图中还没有给出此状态双字赋予的地址）。其中 GST 是各 GDS 行中的状态双字相"与"的结果。有了这状态双字，可便于用户程序能及时了解通信的有效性和实时性，增强了系统的诊断能力。

7）以上设置下载给 PLC，然后运行PLC，才能进行通信。

3. 三菱 PLC 间循环通信程序设计

三菱称之为循环通信（Cyclic Communication），多用于控制网。发送数据的站点用广播方式发送数据，同时被其它所有站点接收。

如 FX 机可通过 RS-485 通信扩展板进行 $N:N$（N 最大为 8）链接，实现地址链接通信。

其硬件配置如图 5-33 所示。

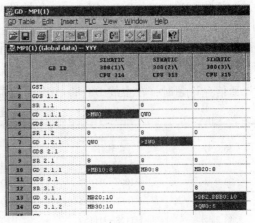

图 5-32　出现标有 GDS 行的画面

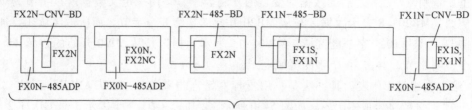

在系统中,如未使用FX2N-485-BD或FX1N-485-BD,总扩展距离可达500m,否则最大仅50m。

图5-33 N:N链接通信硬件配置

具体接线见图5-34。

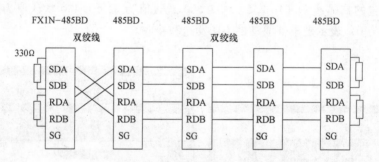

图5-34 链接通信接线图

其网络设定:

主从站设定:在 D8176 中设。只能设定一个主站,其它为从站。指定为 0 的为主站,其它 1~7 为从站。注意,站地址不能重复。

从站数量设定:在主站 D8177 中设定。默认为 7。即 7 个从站。在从站中不必设。

链接模式(规模)设定:在主战 D8178 中设。有 3 种可能设定,即 0、1 及 2。设为 0 时,4 字 D(D0~D3,D10~D13,…余类推)参与链接;设为 1 时,除 D0~D31,还增加 M1000~M1031,M1064~M1095,…余类推);设为 2 时,规模比 1 增大一倍。即 D0~D7,D10~D17,…余类推,及 M1000~M1063,M1064~M1127,…余类推。详细见表5-3。

重复次数:在主战 D8179 中设。

通信允许超时:在主战 D8180 中设。单位毫秒(ms)。

表5-3 链接范围设定

站点号	模式1		模式2	
	位软件	字软件	位软件	字软件
	32 点	4 点	64 点	8 点
第 0 号	M1000~M1031	D0~D3	M1000~M1063	D0~D7
第 1 号	M1064~M1095	D10~D13	M1064~M1127	D10~D17
第 2 号	M1128~M1159	D20~D23	M1128~M1191	D20~D27
第 3 号	M1192~M1223	D30~D33	M1192~M1255	D30~D37
第 4 号	M1256~M1287	D40~D43	M1256~M1319	D40~D47
第 5 号	M1320~M1351	D50~D53	M1320~M1383	D50~D57
第 6 号	M1384~M1415	D60~D63	M1384~M1447	D60~D67
第 7 号	M1448~M1479	D70~D73	M1448~M1511	D70~D77

为了完成这个设定，需运行初始化程序。图 5-35 所示为主站上使用的初始化程序。至于连接后通信数据的准备及使用，以及通信安全保证，则可按图 5-32、5-33、5-34 的算法处理。

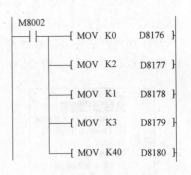

图 5-35　链接初始化程序

从图 5-35 可知，这里本站为主站，从站有 3 个，模式为 1，重复通信次数为 3，通信允许超时为 40ms。

此外，还可利用通信过程的标志位，即有关特殊继电器的状态，检查是否出错。可根据出错情况作相应处理。这些标志位的含义见表 5-4。

表 5-4　通信出错标志及其含义

特性	专用继电器	名称	描述	响应类型
只读	M8038	$N:N$ 参数设置	选择 $N:N$ 通信	主站、从站
	M8183	主站通信有错误	M8183 为 ON	主站
	M8184	从站 1 通信有错误	M8184 为 ON	主站、1 从站
	M8185	从站 2 通信有错误	M8185 为 ON	主站、2 从站
	…	…	…	…
	M8191	从站 8 通信有错误	M8191 为 ON	主站、8 从站

4. 生产者消费者链接通信

这里的关键也是做好相应组态。图 5-36 所示为两个控制器（AB PLC）及计算机以太网连网配置实例。

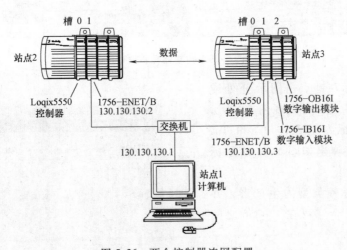

图 5-36　两个控制器连网配置

从图 5-36 可知，这里有站点 1 上计算机以太网网卡、站点 2 的以太网通信模块及站点 3 上的以太网通信模块，都是通过交换机及通信介质相互连接，以组成 EtherNet/IP 网络。这里站点 2、3 机架上都配置有控制器（PLC CPU），目的是通过 EtherNet/IP 实现控制器间标签链接实时数据交换。为此，要做数据生产者/消费者设置。其设置具体步骤如下：

1）创建生成生产者标签的应用。过程是：

① 创建新工程。运行 RSLogix5000 软件，打开它的一个例程。建立新工程，输入控制器

名称为"Producer"（当然也可用别的名称），选择槽位与类型合适的机架，做好所需要的 I/O 配置，并存储文件。

② 添加生产者标签。在如图 5-37 所示工程窗口双击"Controller Tags"项，将出现如图 5-38 所示 Controller Tags 窗口。

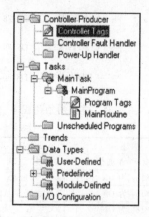

图 5-37 工程窗口

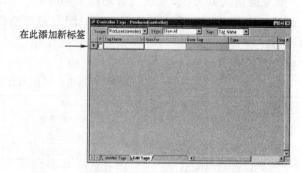

图 5-38 Controller Tags 窗口

在其上添加名称 Produced data 及 T1，类型分别为 DINT 及 TIMER 的 2 个标签，如图 5-39 所示。

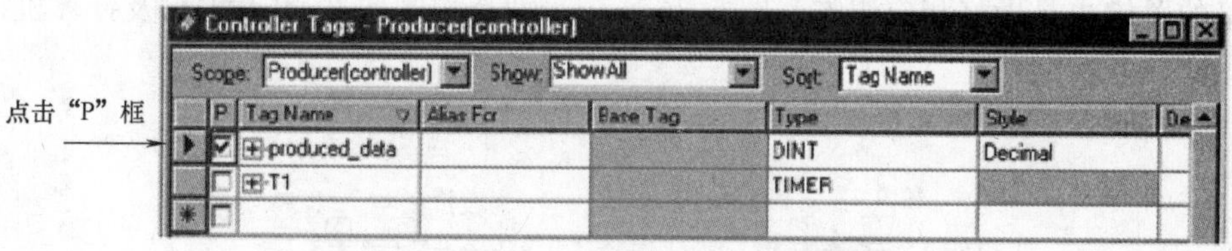

图 5-39 控制器标签窗口

这时可用鼠标左键点击图示 P 处或用鼠标右击该标签名，在出现图 5-40 所示窗口上，用鼠标左键点击"Edit Tag Properties"项。将弹出如图 5-41 所示标签属性窗口。

在此窗口上标签类型为生产者，并选定其消费者为 2 个（可在 1~256 之间选定）。

③ 编写程序，用鼠标左键点击 Communications 菜单项，选定"Who Active"，将弹出如图 5-42 所示"Who Active"窗口，在其上将显示已安装的驱动。

④ 在其上选择以太网驱动（即 AB_ETH-1），并在当地机架上的扩展此下拉项。用鼠标左键点击在"Logix 5550"及

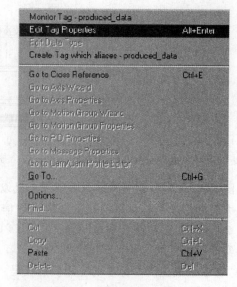

图 5-40 点击图示 P 处或用鼠标右击该标签名的窗口

加亮的"Download"按钮。之后，将显示如图 5-43 所示"Download"窗口。

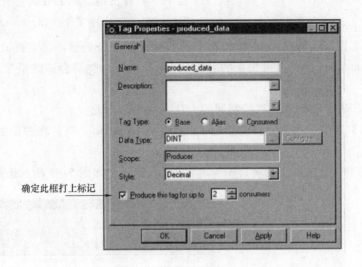

图 5-41　标签属性窗口

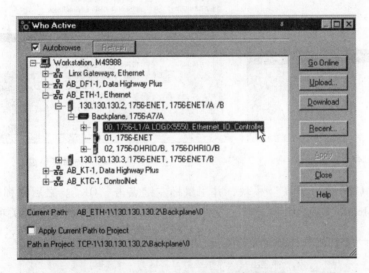

图 5-42　"Who Active"窗口

⑤ 用鼠标左键点击"Download"窗口上"Download"按钮，下载设置于程序。

⑥ 置 PLC 与运行模式。

⑦ 最小化本 RSLogix 5000 例程。

2）创建生成消费者标签的应用。目的是增加生产者标签到到此应用的 I/O 配置中，添加接收数据的消费者标签，并测试其效果。过程是：

① 运行"RSLogix5000"打开它的又

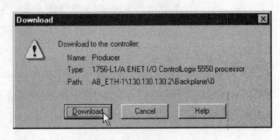

图 5-43　"Download"窗口

一例程（原例程仍运行）。

> 提示：RSLogix5000 软件可多例程，但在一个例程上创建的工程只能针对一个控制器，而不像西门子、欧姆龙编程软件一个例程创建的过程可处理多个 PLC。

② 创建新工程。运行 RSLogix5000 软件，打开它的一个例程。建立新工程，输入控制器名称为 "Consumer"（当然也可用别的名称），选择槽位与类型合适的机架，做好所需要的 I/O 配置。

③ 添加生产者标签到本工程控制器的 I/O 配置中。为此：

a）在工程窗口中，用鼠标右键点击 " I/O Configuration" 项，将弹出如图 5-44 所示下拉菜单窗口。

b）在下拉菜单上选择新模块（New Module），将弹出如图 5-45 所示选择模块窗口。

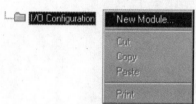

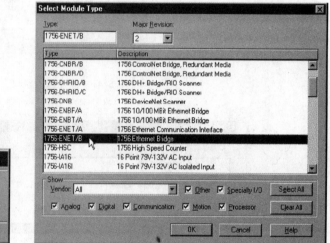

图 5-44 下拉菜单　　　　　　　　　　图 5-45 选择模块窗口

c）选择 "1756-ENET/B" 模块，并用鼠标左键点击 "OK"。之后将弹出如图 5-46 所示模块特性（Module Properties）窗口。在该窗口输入 Name、IP 地址等有关项目如图所示。

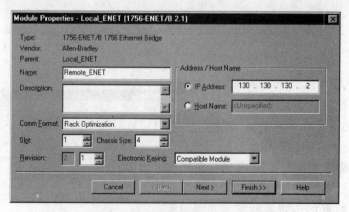

图 5-46 模块特性（Module Properties）窗口

d）再点击 "Finish"，接收此配置后，1756-ENET/B 模块将显示在它的 I/O 配置项中

（如图 5-47a 所示）。进而，还必须把原当地的 1756-ENET/B 模块作为子模块添加到本应用中。做法是，用鼠标右键点击图 5-47a 的 1756-ENET/B Local_ENET 项，然后出现如图 5-47b 所示下拉菜单。

e）从下拉菜单中选择新模块（New Module），并在随后又出现的如图 5-45 所示的选择模块类型（select Module Type）的窗口中。

f）在窗口中选择 1756-ENET/B 模块，并用鼠标左键点击"OK"按钮。之后又弹出图 5-48 模块特性窗口。但这时选用的 IP 地址为 130. 130. 130. 2。

g）用鼠标左键点击"Finish"按钮，接受这个配置。这时 I/O 在配置文件夹中，远程的 1756-ENET/B Remote_ENET 模块将缩进显示在当地的 1756-ENET/B Local_ENET 之下，如图 5-48a 所示。

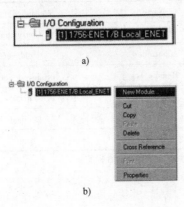

图 5-47　I/O 文件夹及下拉菜单

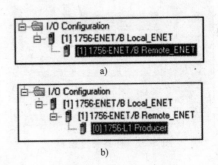

图 5-48　I/O 在配置文件夹

h）添加远程控制器（生产者）到 I/O 配置中，并置于远程 1756-ENET/B 模块之下，如图 5-49b 所示。具体过程略。

④ 通过如图 5-49 所示工程窗口创建消费者标签。其过程是：

a）用鼠标左键双击图 5-49 所示"Controller Tags"项，将又出现图 5-47 控制器标签窗口。

b）在控制器标签窗口上，添加"consumed_data"标签，如图 5-50 所示。数据类型也是 DINT。

c）与创建"produced_data"一样，打开标签特性窗口，如图 5-51 所示。不过此时卡选定标签类型为"Decimal"。并且，在"Controller"项打开后可看到"Producer"控制器（因为它在运行，并与本控制器连网）。具体参数按表 5-5 所示选定。

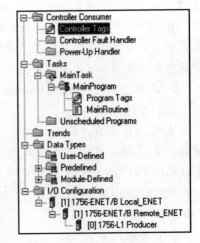

图 5-49　工程窗口

d）用鼠标左键点击"OK"按钮，存储标签特性。接着要下载这个消费应用配置给消费应用控制器，并置其处运行模式。为此，当然也与下载生产者应用一样做相应操作。具体过程略。

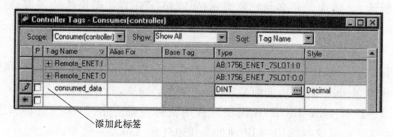

图 5-50　添加"consumed_data"标签

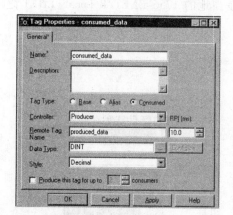

图 5-51　标签特性窗口

表 5-5　"consumed_data"标签参数

Name	consumed_data
Tag Type	Consumed
Controller	Producer
Remote Tag	produced_data[1]
Data Type	DINT[1]
Style	Decimal[1]
RPI	10ms[1]

[1] 参数必须与生产者标签一致。

⑤ 测试。这时，如果联机生产者应用，并置"Produced_data"一个值，如 8888，则转过来使消费者应用联机观察"consumed_data"的值，即可看到它也将是 8888。

⑥ 当然还可以创建更多的消费者应用。那样的结果就是，一个数据多个使用。也可在消费者应用中创建生产者标签。那样的结果就是，消费者应用向生产者应用读取数据。具体设置与上述类同，这里不再赘述。

5. 三菱主站 PLC 通过 CC-Link 网络与本地站 PLC 通信编程

（1）系统配置

图 5-52 所示有主站及本地站，为本例系统配置。系统要求之一是当主站的 X20 ON 时，本地站的 Y41 ON，否则 Y41 OFF；当本地站的 X21 ON 时，主站的 Y40 ON，否则主站的 Y40 OFF。

（2）系统设置

1）主站设置。先要在主站模块的面板上设置。站号设置开关 0（10）、0（1），即主站设为"00"。传送速率/模式设置开关设为 0，即速率 156kbit/s，模式在线。

使用编程软件，先用鼠标左键点击网络参

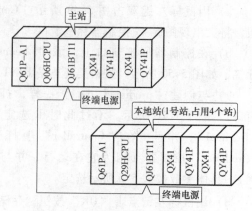

图 5-52　主站与本地站相连系统配置

数项1。之后弹出网络参数小窗口2。再点击其上"CC-Link"项，将弹出设置窗口3。有了此窗口即可进行相应设置。图 5-53 所示为本例网络参数设置。

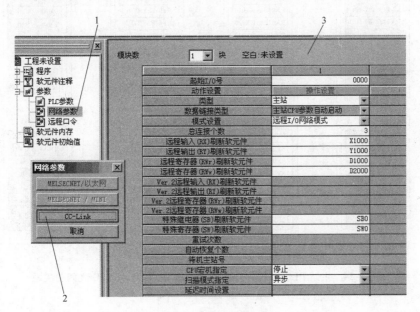

图 5-53　主站网络参数设置例

本例设置为 3 个从站，远程 I/O 网络模式，远程输入 RX 对应（刷新）的 PLC 软元件为 X1000（可从 X，M，L，B，D，W，R 或 ZR 中选择），远程输出 RY 对应（刷新）的 PLC 软元件为 Y1000（可从 Y，M，L，B，T，C，ST，D，W，R 或 ZR 中选择），特殊继电器 SB 对应（刷新）的 PLC 软元件为 SB0（可从 M，L，B，D，W，R，SB 或 ZR 中选择），特殊继电器 SW 对应（刷新）的 PLC 软元件为 SW0（可从 M，L，B，D，W，R，SB 或 ZR 中选择）等。设置主站的网络参数使用三菱编程软件。主要是：类型：主站，模式：在线远程网络模式、扫描模式：异步等。设置主站的自动刷新参数为：将远程输入（RX）的刷新软元件设置为 X1000；将远程输出（RY）的刷新软元件设置为 Y1000；将远程寄存器（RWr）的刷新软元件设置为 D1000；将远程寄存器（RWw）的刷新软元件设置为 D2000；将特殊继电器（SB）的刷新软元件设置为 SB0；将特殊寄存器（SW）的刷新软元件设置为 SW0。

2）本地站设置。设置本地站的自动刷新参数为：将远程输入（RX）的刷新软元件设置为 X1000；将远程输出（RY）的刷新软元件设置为 Y1000；将远程寄存器（RWr）的刷新软元件设置为 D1000；将远程寄存器（RWw）的刷新软元件设置为 D2000；将特殊继电器（SB）的刷新软元件设置为 SB0；将特殊寄存器（SW）的刷新软元件设置为 SW0。

（3）主站 PLC CPU 的软元件和本地站 PLC CPU 的软元件之间的关系

经上述设置其输入输出 I/O 关系如图 5-54 所示。图中阴影部分指的是实际应用的软元件。寄存器、特殊继电器及寄存器之间也有对应关系。具体略。

（4）创建一个程序

有了图 5-54 关系，就可按启动循环通信、实现数据链接及执行读取缓冲存储器及实现用户对控制的要求编写程序。图 5-55 所示为主站控制程序。图 5-56 所示为本地站控制程序。

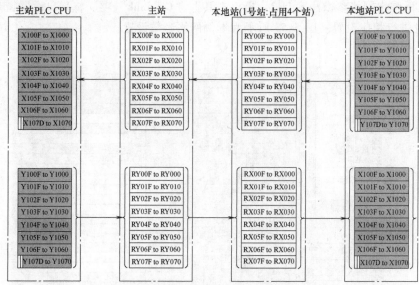

注 … 最后两位不能用于主站和本地站之间的通信。

图 5-54　主站 PLC CPU 的软元件和本地站 PLC CPU I/O 之间的关系

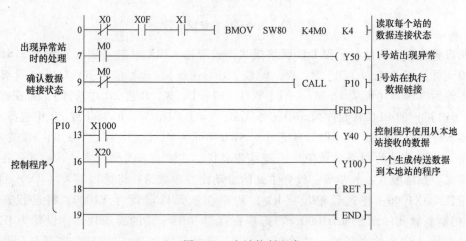

图 5-55　主站控制程序

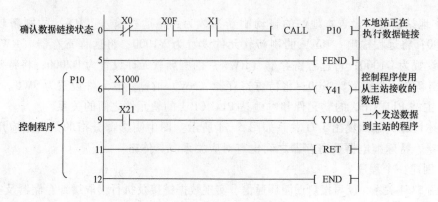

图 5-56　本地站控制程序

（5）执行程序

首先接通远程 I/O 站的电源，然后接通主站的电源，启动数据链接。之后可用主站及本地站的 LED 显示器确认运行情况。图说明了当正常执行数据链接时，主站和远程 I/O 站的 LED 显示状态。也可利用控制结果看是否能达到要求确认网络工作正常。

> **提示**：CC-Link 为主从网。但这里从站为本地站，可与主站及其它本地站进行循环（n：n 链接）通信。

6. 三菱主站两 PLC 站点通过 CC-Link IE 控制网通信编程

（1）配置实例

它有两个站点。如图 5-57 所示，1 号站位管理站，2 号站位普通站。要说明的是，本例选材来自三菱电机自动化（中国）有限公司网站中 E-learning。

所用可编程序控制器的模块构成和 I/O 分配如图 5-58 所示。

其以太网模块上有"IN""OUT"连接器。可用它连接光纤。一个站的"OUT"和下一站的"IN"通过光纤电缆相连。如图 5-59 所示，依次连接好"OUT"→"IN""OUT"→"IN"后，形成一个环。如站点多，也是类似依次连接成如图 5-59 所示的环型拓扑结构。

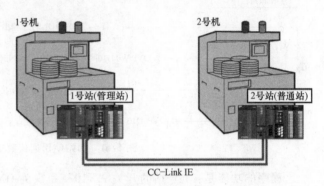

图 5-57 两站连网

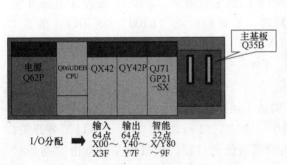

图 5-58 站点模块配置

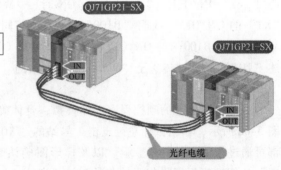

图 5-59 依次连接成环形网络

1 号站（管理站）的网络设定是：起始 I/O 号为 0080，网络号为 1，总站数为 2，组号为 0，站号为 1。2 号站（普通站）的网络设定是：起始 I/O 号为 0080，网络号为 1，总站数为 2，组号为 0，站号为 2。管理站中还要进行的通用参数分配，其设定的范围如图 5-60 所示。

链接继电器	链接寄存器
1号站 LB0～LBFF (256点)	1号站 LW0～LWFF (256点)
2号站 LB100～LB1FF (256点)	2号站 LW100～LW1FF (256点)

图 5-60 通用参数设定的范围

为了实现通信，要在计算机上运行三菱 GX Developer 编程软件，并 PLC 联机，把上述设定下载分别给两个 PLC 站点。为了使用好链接数据，还要编写相应程序。如两站有如图 5-61 所示程序。

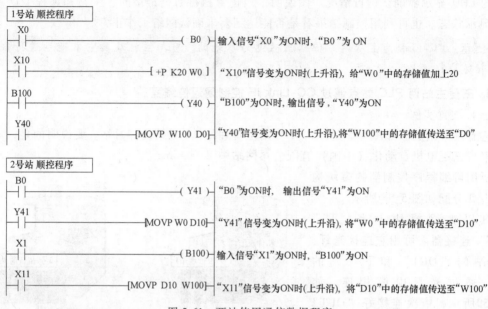

图 5-61　两站使用通信数据程序

这程序的功能是：1 号站的开关"X10"每次为 ON 时，"W0"被加上 20（数值每次增加 20）。同时 2 号站的"W0"的值也随之变化。将 1 号站的开关"X0"ON/OFF 时，线圈"B0"ON/OFF，同时 2 号站的触点"B0"随之 ON/OFF。2 号站的"B0"ON/OFF 时，线圈"Y41"ON/OFF。"Y41"变为 ON 时，"W0"的值被传送至"D10"。随着 2 号站开关"X1"的 ON/OFF，线圈"B100"ON/OFF，同时 1 号站的触点"B100"ON/OFF。随着 1 号站触点"B100"的 ON/OFF，线圈"Y40"ON/OFF。2 号站开关"X11"ON/OFF 时，上述"D10"的值被传送至"W100"。1 号站的"Y40"变为 ON 时，"W100"的值被传送至"D0"。

这些都可通过的顺控程序动作模拟，具体确认上述操作执行过程中数据通信的进展。如图 5-62 所示，如用鼠标左键点击 1 号站的"X0""X10"、2 号站的"X1""X11"各开关，都可通过指示灯、数据显示、以及梯形图确认数据通信的过程。用鼠标左键点击"初始状态"按钮，则返回操作开始前的初始状态。

至于更多细节可登录该网站参与学习。这里略。

提示 1：建立这样标签总数是有限制。这如同一个单一控制器所能处理的 I/O 总数有限一样。这里的限制主要来自网络的传输能力。

提示 2：PLC 间链接通信编程是最简单的。做好链接组态是编程的最主要的工作。否则数据链接将无法实现。

5.2.3　PLC 与 PLC 用串口指令通信程序设计

1. PLC 串口通信指令

串口自由通信要用到串口通信指令或通信功能块。表 5-6 所示为三家 PLC 串口通信指令。

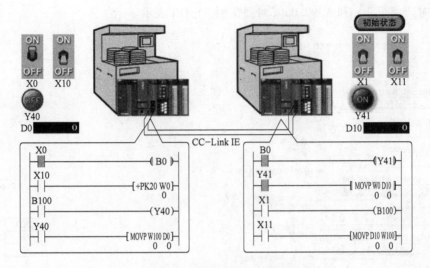

图 5-62　通信程序效果模拟

表 5-6　三家 PLC 串口通信指令

指令名称	含　义	欧姆龙 PLC	西门子 PLC	三菱 PLC
设定	设定通信口	STUP	SET_ADDR	
读设定	读口地址		GET_ADDR	
发送	发送数据	TXD TXDU	XMT	
接收	接收数据	RXD RXDU	RCV	
协议宏	几个读、写指令组合	PMCR		
发送、接收				RS

在这些通信指令中，最常用的是发送与接收指令。

（1）欧姆龙 PLC 串口指令

其指令较多。同样指令，机型不同，功能也不完全相同。表 5-7 所示为 CJ 系列机的串口指令。

表 5-7　CJ 系列机串口指令

指令语言	助记符	FUN 编号	指令语言	助记符	PUN 编号
协议宏	PMCR	260	串行通信单元	RXDU	255
串行端口输出	TXD	236	串行端口输入		
串行端口输入	RXD	235	串行端口通信设定变更	STUP	237
串行通信单元 串行端口输出	TXDU	256			

串口帧格式也有多种，如图 5-63 所示。使用什么帧格式，由调用指令时，使用的控制字决定。

1）发送指令 TXD。用以向串口发送数据，指令的梯形图格式如图 5-64 所示。

这里：S 指定发送数据存放的首地址；C 为控制字；N 为指定发送数据的字节数。

执行本指令，将从串口发送操作数 N 指定字节的数据。数据的开始地址由操作数 S 指定。选用哪个串口及通信帧格式由控制字 C 指定。控制字 C 的含义如图 5-65 所示。

不过，数据真正发送还需在串口发送准备就绪才能实现。而这就绪则是用辅助继电器

A392.13（对通信板 1）和 A392.05（对通信板 2）ON 表示。

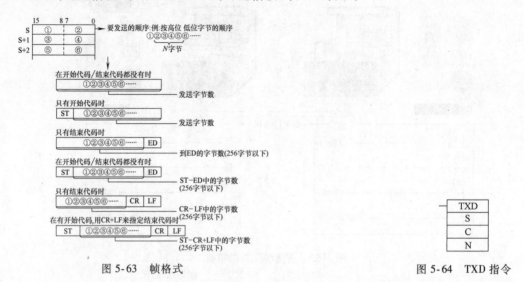

图 5-63　帧格式　　　　　　　　　　　　图 5-64　TXD 指令

最多可发送的字节数为 259。但除去帧的开始及结尾，真正包含的数据最多数据为 256 字节。

2）接收指令 RXD。用以从串口读取数据，指令的梯形图格式如图 5-66 所示。

这里：D 指定接收数据存放的首地址；C 为控制字；N 为指定接收数据的字节数。

执行本指令，将串口接收操作数 N 指定字节的数据，并予以存储。数据存储的开始地址由操作数 D 指定。选用哪个串口及通信帧格式由控制字 C 指定。控制字 C 的含义如图 5-67 所示。

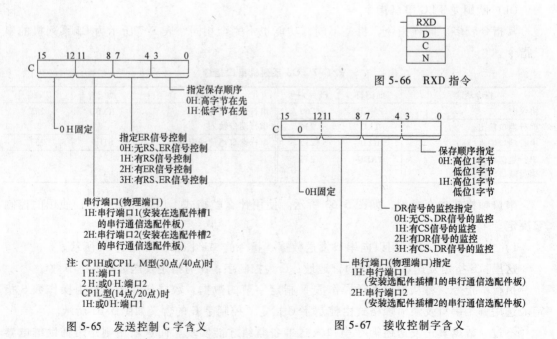

图 5-65　发送控制 C 字含义　　　　　　图 5-67　接收控制字含义

不过，数据接收还需在串口接收准备就绪才能实现。而这就绪则是用辅助继电器A392.14（对通信板1）和 A392.06（对通信板2）ON 表示。

最多可接收的字节数为 259。但除去帧的开始及结尾，真正包含的数据最多数据为 256 字节。

使用发送、接收指令，首先要做好串口设定，其次还要弄清有关通信控制与状态辅助继电器的含义及其使用。表 5-8 所示为有关辅助继电器的功能及其说明。

表 5-8　串口有关辅助继电器功能及其说明

名　称	地　址	内　容
串行端口 1 接收完成标志	A392.14 （CP1H、CP1LM）	在无协议模式中接收结束时为 1(ON) 接收字节数指定时：接收指定字节数时 ON 结束代码指定时：在结束代码接收或 256 字节接收中为 ON
	A392.06 （CP1LL）	
串行端口 2 接收完成标志	A392.06	
串行端口 1 接收超限 标志	A392.15 （CP1H、CP1LM）	在无协议模式中超越接收数据量进行接收时为 1(ON) 接收字节数指定时：接收结束后在执行 RXD 指令之前，进行数据接收时为 ON 结束代码指定时：结束代码接收后在执行 RXD 指令之前，进行数据接收时为 ON 结束代码未接收时、256 字节接收后、第 257 字节不为结束代码时为 ON
	A392.07 （CP1LL）	
串行端口 2 接收超限 标志	A392.07	
串行端口 1 接收计数器	A394 CH （CP1H、CP1LM）	无协议模式时，对接收数据的字节数目十六进制数来表示
	A393CH（CP1LL）	
串行端口 2 接收计数器	A393CH	
串行端口 1 端口再起 动标志	A526.01 （CP1H、CP1LM）	将这个标志设为 ON 时对串行端口进行初期化。接收结束标志和接收超限标志为 OFF，接收计数器为 0。还有接收缓冲器也被消除 处理结束后这个标志在系统中变为 OFF
	A526.00 （CP1LL）	
串行端口 2 端口再起 动标志	A526.00	

提示：早期欧姆龙 C 系列机没有串口指令。串口只能按 Host Link 协议被动接受通信。自 C200Hα 机后才有串口指令，才可主动发起通信。在主动发起通信的同时，仍可使用 Host Link 协议被动通信。但对 CJ 机，当处于 Host Link 协议时，不能调用通信指令，而处 RS-232 模式时才可调用。

3）串口通信单元发送指令。用以发送数据，其梯形图格式如图 5-68 所示。

这里：S 指定发送数据存放的首地址；C 为控制字；N 为指定发送数据的字节数。

执行本指令，将从 S 到 S+（N/2）-1 源字中读取数据，在串口通信模块处于无协议模式下，将所读数据向通信对方发送。选用哪个模块、模块上哪个通信口以及通信帧格式式由控制字 C 及 C+1 指定。控制字 C 及 C+1 的含义如图 5-69 所示。

```
┌─────┐
│TXDU │
├─────┤
│  S  │
├─────┤
│  C  │
├─────┤
│  N  │
└─────┘
```
图 5-68　TXDU 指令

与 TXD 命令不同的是它的控制字有两个。C 仅用低字节，功能与 TXD 的相同。C+1 是新加的。其低字节用以指定通信模块的地址。通信模块的地址与所设定的机号有关。可按下

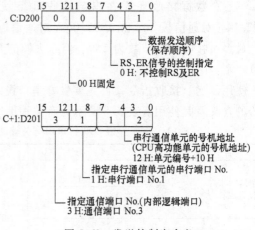

图 5-69 发送控制字含义

式计算：

80(十六进制) + 4 × 机号(对口 1)或

81(十六进制) + 4 × 机号(对口 2)

其高字节的第 8~11 位，指定使用模块上的串口 1 (设定值为 0) 或 1 (设定值为 1)。高字节的第 12~15 位，指定通信使用的逻辑通信口，在 0~7 之间选择。因为通信模块通信要接收 FINS 协议管理。不同通信口可共用一个逻辑通信口，但同时只能一个使能 (Enabled)。使能与否，分别由辅助继电器 A202.00~202.07 的状态位 (对应逻辑口 0~7) 显示。还有其它一些辅助继电器，其功能见表 5-9。

此外，使用串口通信模块通信所做的设定不像 CPU 模块上的串口，使用 CX-Programmer 设定窗口进行。而用 I/O 表及其设置项进行。也可对指定的相关数据区赋值实现。相关数据区与设定模块机号有关。其计算公式如下：

表 5-9　有关辅助继电器功能

名　　称	地　　址	内　　容
网络通信指令可执行标志	A202.00 ~ A202.07	网络通信(包括 TXDU 指令)在能够执行时为 1(ON) 各位对应通信端口(内部逻辑端口)No. 位 00~07:通信端口 No.00~07 在网络执行中为 0(OFF),在执行结束(不管是正常还是异常)后为 1(ON)
网络通信响应代码	A203 ~ A210 CH	网络通信被执行时保存响应代码(结束代码) 各 CH 对应通信端口(内部逻辑端口)No. A203~A210CH:通信端口 No.00~07 在通信指令执行中为 00 Hex,反映在通信指令执行结束时,运行开始时消除
网络通信执行出错标志	A219.00 ~ A219.07	在网络通信执行中发生出错(异常)时为 1(ON) 各位对应通信端口(内部逻辑端口)No.。位 00~07:通信端口 No.00~07 在执行下一个网络通信之前,状态被保持。即使异常结束,也要到在下一个的通信指令执行时为 0(OFF)

$$m = D30000 + 100 \times 单元编号 \ CH$$

$$n = 1500 + 25 \times 单元编号$$

而对 CP1H 机，其计算公式为

数据存储区：$m = D30000 + 100$　　　模块机号

核心区：$n = CIO\ 1500 + 25$　　　模块机号

而这些内存区的设定及状态见表 5-10、表 5-11 所示。

图 5-70 所示为这个指令的使用实例。

本例的使用模块的机号设定为 2，用端口 1。所使用数据区 D30205 为 1100Hex，含义为使用帧起始、结束代码。D30204 为 203Hex，含义是制定帧起始代码为 02Hex (ST)、结束代码为 03HexD30205 设定为 003Hex。

控制字 C 设为 1Hex，C+1 为 3112Hex。含义为低字节先发送，指定逻辑端口 3，使用串口 1 及串口通信单元地址 12Hex。

表5-10 有关数据存储区设定

名 称		位	内 容	设 定
端口1	端口2			
m+2	m+12	15	无协议模式 时发送延迟时间	0:默认值(0ms) 1:任意设定
		14～00	无协议模式 时发送延迟 任意设定时间	(0000～7530H:十进制 0～300000ms) [10ms单位]
m+4	m+14	15～08	无协议模式时开始代码	00～FF H
		07～00	无协议模式时结束代码	00～FF H
m+5	m+15	15～12	无协议模式 时开始代码 有无设定	0Hex:无 1Hex:有
		11～08	无协议模式 时结束代码 有无设定	0Hex:无 1Hex:有 2Hex:CR+LF指定

表5-11 有关内存位状态

通 道		位	内 容
端口1	端口2		
n+9	n+19	05	TXDU指令执行中标志 1:执行中、0:非执行中

结合本例，如果原数据区的内容如图5-71a所示，那么，对应所发送的字符串将是如图5-71b所示。

执行本程序，只要逻辑通信口使能（A202.03ON）、之前指令又不是执行中（1559.05 OFF），当0.0 ON时，将把字符串 ST"+"1234ABCDEF"+"ED" 发送给通信对方。

4）串口通信单元接收指令。其梯形图格式如图5-72所示。

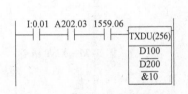

图5-70 使用发送指令程序

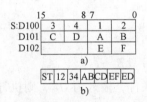

图5-71 原数据区内容

图5-72 RXDU指令

执行本指令，将从通信模块的串口上，接收通信对方发送的，由操作数N指定字节的数据。所接收数据存储开始地址由操作数D指定。而选用从哪个模块、模块上哪个通信口接收，以及通信帧格式由控制字C及C+1指定。控制字C及C+1的含义如图5-73所示。

与RXD命令不同的是它的控制字有两个。C仅用低字节，功能与RXD的相同。C+1是新加的。其低字节用以指定通信模块的地址。通信模块的地址使用及相关设置与TXDU指令相同。

提示：CJ系列机有关串口通信模块有多种型别与版本。不是所有机型都支持这两个指令。是否支持，在使用之前可用CX-Programmer软件对其进行配置。如可设置成无协议通信模式，则支持；否则不支持。

（2）西门子S7-200串口指令

1）RCV：为 S7-200 串口接收指令。其梯形图格式如图 5-74 所示。

这里　EN——指令执行条件，输入为 ON，则执行本指令；

　　　TBL——字表的首地址；

　　　PORT——选用的通信口。

执行本指令，则从指定通信口接收 1 个或多个字符，并存储于 TBL+1 开始的存储区中。而接收字节数则由 TBL 确定，最多可接收 255 个。同时可以通过设定在接收时产生相应的中断事件，如接收到一个字符中断或接收到终止字符中断，以调用中断子程序，作相应的通信数据处理。

2）XMT：为 S7-200 串口发送指令。其梯形图格式如图 5-75 所示。

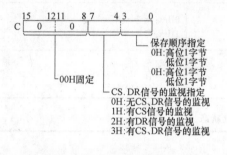

图 5-74　RCV 指令

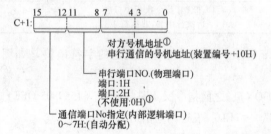

图 5-73　控制字设置

图 5-75　XMT 指令

这里　EN——指令执行条件，输入为 ON，则执行本指令；

　　　TBL——字表的首地址；

　　　PORT——选用的通信口。

执行本指令，则从指定通信口发送接收 1 个或多个字符。而所发送数据则预先存储于 TBL+1 开始的存储区中。而发送字节数则由 TBL 确定，最多可接收 255 个。同时，也可以通过设定，在发送时产生相应的中断事件，以调用中断子程序，作相应的通信数据处理。

提示：S7-200 机使用上述两指令，必须使用程序，把通信口设定自由协议方式。否则指令无法正确执行。同时，RCV 及 XMT 指令不能同时有效，如果同时发生则会产生错误，通信口不能进行新的通信，需要重新启动才可以清除错误。在用 PC/PPI 电缆时，发送和接收之间有一定的时间间隔，这是由电缆本身的切换时间决定的。关于通信超时的问题，在 SM187.2 设为 1 的时候，并不是超过 SMW192 的时间值即终止接收，而是只有接收到首字符后未能在规定时间内完成接收才可以自动终止接收，如果收不到首字节，RCV 将一直保持有效。

（3）三菱 PLC 通信指令 RS

其为三菱 PLC 串口通信发送、接收指令。其梯形图格式如图 5-76 所示。

这里　S——预先存储发送数据的首
地址；

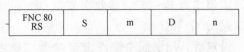

　　　m——发送数据的字数；

　　　D——存储接收数据的首地址；

　　　n——接收数据的字数。

图 5-76　RS 指令

由于它的发送、接收都用同一指令。所以在进行通信时，虽先执行此指令，但真要发送或接收数据，还要由特殊继电器激发。如 FX 机发送由 M2122，接收由 M8123 激发。其使用如图 5-77 所示。

由图 5-77 可知：①为先执行 RS 指令，为通信做好准备；②为处理发送数据，当 X010 从 OFF 到 ON，则使 M8122 置位，启动发送请求，当发送完毕，M8122 将自动复位；③是处理接收数据，当作好通信准备，如接收完数据，则 M8123 ON，则可把接收区的数据传送到 D200～D209 中。如收到数据后需要发送，可把要发送的数据从 D300～D319 中的数据传送到 D0～D19 中，并启动数据发送。至于 M8123 的复位将自动完成，不必用程序干预。

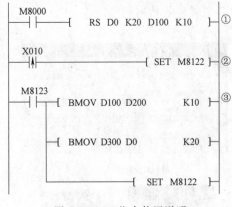

图 5-77　RS 指令使用说明

2. 通信处理及通信程序实例

PLC 间用串口通信指令通信，主要是理解好、用好上述指令或功能块。具体有两种情况：

（1）单向通信

一方只发数据，另一方只收数据。

发送数据方先准备好数据，再执行发送指令发送数据。注意，两次发送数据发送之间要有时间间隔，而且时间间隔也要恰当。否则发送数据缓冲区可能推满数据，造成通信故障或发送数据不够及时，降低通信效率。

接收方则定时执行接收指令、接收数据。其时间间隔应与发送方的一致。接收数据后，还要作数据转移及处理。

有的 PLC 的数据接收缓冲区，有收到数据的标志，则可利用此标志，启动接收数据指令的执行。缓冲区没有数据，不执行读数据指令，一旦缓冲区有数据，则执行读数据指令。

有的 PLC 有通信中断功能，那在通信之前先开接收数据中断。一旦收到数据，再用中断子程序进行读数。

以下列举程序实例：

两台欧姆龙 PLC 串口指令通信实例。PLC1 定时发送数据，PLC2 即时接收数据。在通信前，首先要分别对两台 PLC 都做好串口设定。设定可使用 CX-Programmer 软件，通过 USB 口与 PLC 联机后进行。图 5-78 所示为串口 1 设定的情况。

联机后，首先要使 PLC 处编程状态。接着打开设定窗口。这里选用通信板 1，即串口

1。从图 5-78 可知，通信设置为定制，即用户自定。图 5-78 中 1 示出：选波特率为 9600；格式为 8 位数据位（可保证传送所有二进制数据）；2 位停止位；无奇偶校验。图中 2 所示的通信模式为 RS-232，接收字节为 16，不用起始码及结束码。这样选择，所使用的数据区不超过 16 个字节。

设定后，用鼠标左键点击窗口上"选项"下拉菜单，再在其上选"传送到 PLC"项（图中 4）。按提示操作，将把这里的设定下载给 PLC。

下载后，可再在"选项"下拉菜单中，选"校验"项，将进行是否下载成功的检查，如成功将弹出"PLC 设置检验"窗口，并提示"检验成功"。否则将显示"检验错误"。

> 提示：有时，设定下载后，需对 PLC 重新上电，设定才能生效。

除了设定，还要编程。图 5-79a 所示为 PLC1 为定时发送数据程序。而图 5-79b 所示为 PLC2 定时接收数据程序。

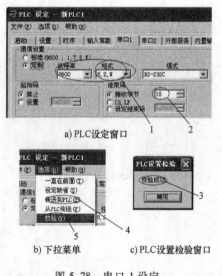

图 5-78　串口 1 设定

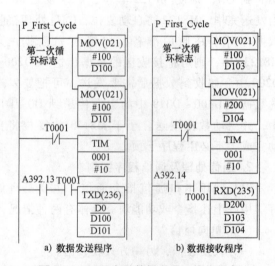

图 5-79　PLC 定时数据发送、接收程序

从图 5-79 可知，两个程序都是先进行初始化，做好通信准备。图 5-79a 把 D100（控制字）赋值为十六进制数 100（使用串口 1，无起始及结束字节，先发送高字节），D101 赋值为十六进制数 10（发送 16 个字节、8 个字）。图 5-79b 把 D103（控制字）赋值为十六进制数 100（使用串口 1，无起始及结束字节，先发送高字节），把 D104 赋值为十六进制数 10（发送 16 个字节、8 个字）。

进而，都是进行定时器调用。目的都是生成 1s 脉冲信号 T1。接着 PLC1 是在发送就绪标志 ON 及定时时间到时，调用发送指令。而 PLC2 是在接收完成标志 ON 及定时时间到时，调用接收指令。

可知，PLC1 执行图 5-79a 程序，将相隔 1s 都将把 D0～D7 间 8 个字、16 个字节的当前值向 PLC2 发送。当然，不用定时发送，而用先设置逻辑条件，在条件满足时发送也是可以的。

而 PLC2 执行图 5-79b 程序，将相隔 1s 把从串口读取的数据，存入 D200～D207 间 8 个字、16个字节中。

　　一般讲，数据发送比数据接收要简单些。发送准备就绪，执行发送指令总能把数据发出。但数据接收则比较麻烦些。当串口出错、接收数据溢出等情况，将不能接收数据。有时，还可能出现数据存储"串位"。图5-80所示为改进的数据接收程序。

　　从图5-80可知，程序总是进行接收计数器与设定的接收数据字节设定值比较。一旦出现前者大于或等于后者，将执行接收指令。之后还使串口复位、初始化，为新的接收做准备。而且一旦串口出错，即标志A392.12ON，也将初始化串口。经实际调试，效果能好些。

　　（2）双向通信

　　先甲方发数据、乙方收数据，后可能乙方发数据、甲方收数据。双向地交换数据。

　　编写这样的通信程序，也是要用好发送与接收指令。同时，还要处理好时序、应答及故障应对3个问题。

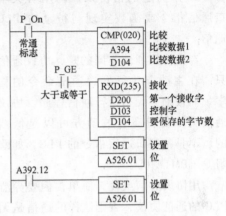

图5-80　改进的数据接收程序

　　这里时序很重要。一方发送数据后，要等待一定时间才能得到对方的应答。发送数据与得到应答总是成对的，有确定的顺序，要用定时器处理好这个顺序。

　　由于RS-232、RS-422是双工的，发送与接收各有其信道，可同时进行，而互不干扰。若处理不好时序，很可能把对上一次的应答当作对本次的应答。这时，尽管通信正常，但由于"张冠李戴"，将是危险的。

　　而如用RS-485口通信，由于它是单工的，在发送数据时，就不能接收数据，反之也一样。而且，从硬件上讲，在"收"状态与"发"状态转换是要时间的，如几毫秒，这就不仅要处理好时序，还要处理好必要的转换等待。否则将出现通信停顿：要不双方都发数据，结果谁也收不到数据；要不双方都在接收数据，当然也是什么数据都收不到。

　　应答也很重要。应答的数据最好能把发送的数据适当重复返回，这样即使时序错位，出现"张冠李戴"现象，也能察觉出来，可避免出错。

　　为了避免通信停顿，有如下两个办法：

　　1）双方基本状态，都应处在接收数据状态，发送数据后，就进入此状态。

　　2）指定一方为主动方，一旦通信停顿或出现其它通信不当，主动方负责发起再通信，

　　而由于这时另一方是处于接收数据状态，故新的通信进程可得以启动。这正像通电话：如突然断线，大家都回到接电话状态，并默认由某方再拨号，另一方等着。通话很快可得以继续。否则，双方都拨电话，或都不拨电话，通话就不能继续了。

　　故障应对也是必须要考虑的。因为用通信交换数据，涉及通信双方，出错的几率总是存在的。为此，可用定时器及计数器进行控制。定时器类似看门狗，看通信的应答是否超时。超时，则重发数据。用计数器计重发次数。一旦次数也超过，则报警或提示作相应处理。

　　从以上介绍可知，PLC间用串口通信指令通信是较麻烦的，故用得很少。较好的通信方法是用串口链接或协议通信。

5.2.4　PLC 与 PLC 串口协议通信编程

在串口连网的平台上，通信主动方 PLC 处于自由协议模式，根据通信被动方 PLC 厂商通的信协议，调用有关串口通信指令或函数实现与被动方 PLC 通信。

与无协议通信不同的是，协议通信只需在主动方执行发送通信命令的程序，而被动方无须执行通信程序。协议通信另一好处是，被动方可以是低档的、不具备串口通信指令的 PLC，如欧姆龙 CPM1A 机。

用协议通信虽较为简单，但要弄清 PLC 的通信协议，否则这样的通信是无法实现的。

以下以欧姆龙 PLC 为例介绍此类通信。这里 PLC1 为通信主动方，用自由协议，设定为 RS-232 模式，要执行发送与必要的接收程序；而 PLC2 为被动方，用 Host Link 协议，设定为 Host Link 模式，不用执行程序。

图 5-81 所示为协议通信准备程序。

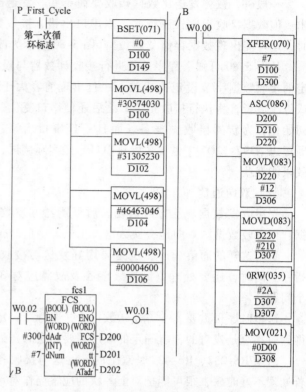

图 5-81　协议通信准备程序

而调用发送指令的细节与无协议通信相同。在此略。该程序的通信命令为 ASCII 码字符串，本例为 "@00WR0100FFFF"。其含义是使对方 PLC 的 0100 通道的各个位置 1。

提示 1：要使这个通信命令实现，还要预先把对方 PLC 处于"监控"模式。如果处于"运行模式是无法改写 PLC 数据的。

提示 2：有关 HOST LINK 协议及 FCS（校验码）见本书附录。

该程序运行开始时，即把命令用的 ASCII 字符的十六进制值，用双字传送指令赋值给 D100~D107 中（D107 仅用高字节）。接着调用 FCS 功能块，以进行校验码计算。这是 Host Link 协议要求的。校验码是上述命令字符 ASCII 码十六进制值的异或而得。占两个字节。不足两个字节时，高位应补 0。加在上述命令码之后。

计算 FCS 校验码功能块用 ST（结构化文本语言）编写。其变量设置如图 5-82 所示。这里有输入变量、输出变量及内部变量。

其中内部变量 a 定义为字数组变量，而且用 AT 地址，即与实际内存地址关联。所以，a 数组虽为内部变量，但实际为实际内存地址。所以，实质是用以作通信命令字符串的输入。输入变量 dNum，为无符号整型数 INT，指明通信命令字节数。输出为字 FCS，存放校验码 ASCII 字符的十六进制值。

a 数组设定如图 5-83 所示。图中"编辑变量"窗口是功能块在选择插入变量时打开的。

名称	数据类型	AT
I1	INT	
TeH	WORD	
TeL	WORD	
TeW	WORD	
TeHi	INT	
a	WORD [50]	D100
TeLi	INT	
dL	INT	
TeWi	INT	

内部	输入

a) 内部变量

名称	数据类型	AT
ENO	BOOL	
FCS	WORD	
tt	WORD	
ATadr	WORD	

内部	输入	输出

b) 输出变量

名称	数据类型	AT
EN	BOOL	
dAdrr	WORD	
dNum	INT	

内部	输入

c) 输入变量

图 5-82 变量设置

从图 5-83 可看出，在打开的"编辑变量"窗口上，有"高级"按钮项（只有内部变量编辑时此按钮才激活）。用鼠标左键点击此"高级"按钮，将弹出"高级设置"窗口。之后，可在"高级设置"窗口上，选择"数组变量"，并定义数组大小（本例选用 50）；再选择"AT（指定地址）"，规定的选择范围为 D0~D32718 中选择（本例选 D100）。选择后，用鼠标左键点击"确定"，高级设置成功，并关闭"高级设置"窗口。再在"变量设置"窗口上，用鼠标左键点击"确定"，a 数组设定成功，并关闭"变量设置"窗口。

图 5-83 编辑变量及高级设置窗口

经这样设置，a 数组下标 0，将指向 D100；下标 1，将指向 D101。余类推。建立与实际地址关联的数组，为计算 FCS 提供了方便。

而用 ST 语言编写的计算 FCS 校验码的程序代码如下（代码含义见注释）：

```
TeW:=0; (*先把结果初值设为 0 程序*)
FOR I1 := 0 TO dNum DO (*自 D100 开始,逐字循环进行异或计算;结果存入 TeW 中程序*)
TeW:=a[I1] xor TeW ;
END_FOR;
TeWi:=word_to_int(TeW); (*把 TeW 转换为整型数*)
TeLi:=TeWi mod 256; (*求 TeWi 的低字节*)
TeHi:=TeWi/256; (*求 TeWi 的高字节*)
TeL:=int_to_word(TeLi); (*把 TeWi 的低字节的整型数转换为字节型 TeL*)
TeH:=int_to_word(TeHi); (*把 TeWi 的高字节的整型数转换为字节型 TeH*)
FCS:=TeH xor TeL; (*把 TeL 与 the 异或,其结果值即为所求 FCS*)
(*而这里所求的只是异或值,按 Host Link 协议,应把它转换为代表它的字符*)
(*但是,欧姆龙的 ST 语言没有相应的转换函数,故只好在使用它时对它再做转换*)
```

提示：欧姆龙新型 PLC 有 FCS 指令，可用于 FCS 计算。

在图 5-81 程序中，W0.0 ON 时，将调用 XFER 指令，把 D100~D107 之间 7 个字的值，

即上述命令码，依次传送给 D300～D306。接着调"ASC"指令，把在 D200 中存储 FCS 的值转换为 ASCII 码，并存入 D220 中。再调两次"MOVD"指令，实现把 FCS 两个字节加在命令码之后。之后，再调"逻辑或"及"MOV"，在命令字符字符串的最后，再加上字符"＊"（十六进制值 2A）及回车符（十六进制值 0D）。最终按 Host Link 协议，把编辑后的命令字符串存放在 D300～D308（D308 仅使用其高字节）中。

有了合乎 Host Link 协议的通信命令字符串，调用命令发送指令，即可发送通信命令。如通信正确，则使对方 PLC 的 0100 通道的各个位置 1 了。当然，也可使 0100 字的各个位置不同的值。

> **提示 1**：欧姆龙 CJ 机还支持 MODIBUS RTU 协议。可作为主站发送 MODIBUS RTU 协议命令，与对方作为 MODIBUS RTU 协议从站的 PLC 或只能装置通信。其细节见本书附录 E。
>
> **提示 2**：对被动方而言，协议通信的命令并不是 PLC 要执行的指令，而是一种能为 PLC 识别的操作要求。PLC 接受通信命令后，将按要求，与对方交换数据，或进行相应的操作。

5.2.5 PLC 与 PLC 网络指令通信程序设计

1. 欧姆龙 PLC 与 PLC 网络命令通信

网络协议通信指令如表 5-12 所示。

表 5-12 网络协议通信指令

网络发送	SEND	Explicit 读出指令	EGATR
网络接收	RECV	Explicit 写入指令	ESATR
指令发送	CMND	ExplicitCPU 单元数据读出指令	ECHRD
通用 Explicit 信息发送指令	EXPLT	Explicit ExplicitCPU 单元数据写入指令	ECHWR

以下仅对 SEND、RECV 及 CMND 指令做简要介绍。其它可参阅有关说明书。

（1）SEND 指令

用于向网络节点发送数据。其梯形图格式如图 5-84 所示。

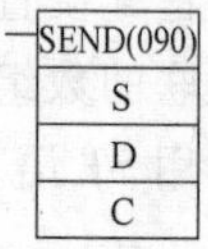

这里　S——源字首地址，指明从本 PLC 哪个内存区读取数据；

　　　D——目标字首地址，指明所读取的数据发送给哪个 PLC 的哪个内存区；

　　　C——控制字首地址，指明要发送多少数据等信息，含义见表 5-13。

```
SEND(090)
  S
  D
  C
```

图 5-84　SEND 指令

表 5-13　控制字 C～C+4 含义

字	位 00～07	位 08～15
C	字数：0001～允许最大值（4 位十六进制数字）	
C+1	目标网络地址：	位 08～11：串行端口号 第 12～15 位：总为 0
C+2	目标单元地址：	目标节点地址
C+3	重复次数：00～0F（0～15）	位 08～11：通信端口号 第 12～15 位：响应设置
C+4	响应监视时间：0001～FFFF（0.1～6553.5s） （默认设置 0000 设定监视时间位 2s）	

如图 5-85 所示，执行 SEND 指令，则把从本地节点的 S 地址开始的 C 指明的字数，传

给目标节点的 D 地址开始的目标存储区中。

被传送的 PLC 不必编程。本指令也可微分执行。

图 5-86 所示为数据传送路径简图。

如果目标节点号被设为 FF，数据将向指定网络的所有节点广播。这就是广播传送。

如果需要响应（C+3 的为 12~15 设置为 0），但在响应监视时间内未收到响应，数据可最多传输 15 次（在 C+3 的位 0~3 中设置重试次数）。广播传输没有响应或重试。

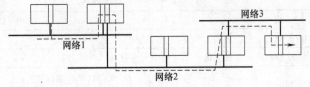

图 5-85 网络数据传送

图 5-86 数据传送路径

图 5-87 所示为发送数据梯形图程序。当"输入条件"和 A20200（对某机型端口 00 的通信端口允许标志）为 ON 时，D00100~D00109 的 10 个字被传输到本地网的节点 3D00000~D00009 的 10 个字中。如果在 10s 之内未收到响应，数据将传输 3 次。

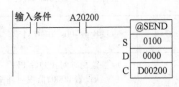

图 5-87 发送数据梯形图程序

C	D00200	0	0:0	A	要传送的字数：10个字
C+1	D00201	0	1:0	0	传输到网络0和串行通信板的端口1
C+2	D00202	0	0:1	0	节点号0，单元地址10
C+3	D00203	0	0:0	0	请求应答，端口0，无重试
C+4	D00204	0	0:0	0	应答监视时间：2 S（0000：默认值）

（2）RECV 指令

用于从网络节点读取数据。其梯形图格式如图 5-88 所示。

这里 S——源字首地址，指明从哪个内存区接收数据；

D——目标字首地址，指明所接收的数据存放在哪个内存区；

C——控制字首地址，指明要接收多少数，从哪个节点接收等信息。

图 5-88 RECV 指令

如图 5-89 所示，执行 RECV 指令，请求把从指定节点，字 S 开始的 C 中指定数目的字传输到本 PLC，并写入以 D 开始的数据区中。

图 5-90 所示为数据传送路径简图。

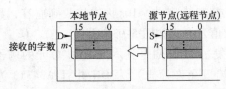

图 5-89 网络数据读取

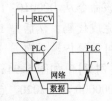

图 5-90 数据读取路径

RECV（098）要求有响应，因为响应包含要接收的数据。如果在 C+4 中设置的应答监视时间内没收到应答，数据传输请求重复达 15 次（重试次数在 C+3 的 0 位~3 位设置）。

（3）CMND 指令

用以向网络节点发送命令。其梯形图格式如图 5-91 所示。

这里　S——源字首地址，指明从哪个内存区接收数据；

　　　D——目标字首地址，指明所接收的数据存放在哪个内存区；

　　　C——控制字首地址，指明要接收多少数，从哪个节点接收等信息，见表 5-14。

图 5-91　CMND 指令

表 5-14　控制字 C~C+4 含义

字	位 00~07	位 08~15
C	命令数据的字节：0002~允许最大值[①]（4 位十六进制）	
C+1	应答数据的字节：0000~允许最大值[①,②]（4 位十六进制）	
C+2	目标网络地址：00~07	位 08~11：串行端口号 位 12~15：总是 0
C+3	目标单元地址：00~FE[③]	目标节点号： 00~允许最大值
C+4	重试次数：00~0F（0~15）	位 08~11：端口号 位 12~15：应答设置
C+5	应答监视时间：0001~FFFF（0.1~6553.5s） （默认设置 0000，监视时间 2s）	

执行本指令，可向网络上的节点发送通信命令。用这些命令可改变相关 PLC 的工作状态，如可改变指定的 PLC 处于监控工作模式等。其通信过程如图 5-92 所示。

从图 5-92 可知，执行 CMND 指令，将通过 PLC 的 CPU 总线或网络发送以字 S 为起始地址的指定字节数的 FINS 命令到指定的设备。应答数据存储到以 D 开始的存储区中。

CMND 发送的是欧姆龙 FINS 协议的命令代码。如代码为 0102，那么执行 CMND 指令，如同执行 SEND。代码为 0101，执行 CMND 指令，如同执行 RECV。

图 5-92　通信过程

【例 1】　如图 5-93a 所示程序，就是一个发送 FINS 命令到另一个 CPU 单元的例子。当 000000 和 A20207（某型机端口 07 的通信端口允许标志）为 ON 时，CMND 将 FINS 命令 0101（内存区读）传输到节点号 3。应答存储到 D00200~D00211 中。

该命令从 D00010~D00019 中读取 10 个字。应答包含有 2 字节的命令代码（0101），2 字节完成代码，然后是 10 字的数据，总共 12 字或 24 个字节。10s 内未接收到应答，数据将最多可重复传输 3 次。这里的 S 及 C 中各字的取值及含义如图 5-93b 所示。

【例 2】　如图 5-94a 所示程序，显示了一个发送 FINS 命令到本地 CPU 单元的例子。当 CI/O000000 和 A20207（某型机端口 07 的通信端口允许标志）为 ON 并且 A34313 为 OFF 时，CMND（490）将 FINS 命令 2215（创建/删除目录）传输到本地 CPU 单元。应答存储到

D00100~D00101 中。这里，FINS 命令将在欧姆龙目录下创建一个叫 CS/CJ 的目录。命令代码（2 字节）和结束代码（2 字节）将被返回并作为应答存储。这里的 S 及 C 中各字的取值及含义如图 5-94b 所示。

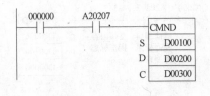

a)

利用网络通信指令，进行通信，过程较复杂。若被传的对方也正处于通信状态，则这个传送将不执行。故通信指令执行中，要求设定重试及其次数，还有不少成功或失败的标志。另外，被通信的对方也可设定或用指令（程序），予以禁止或保护，以保护自己的数据及自身安全。

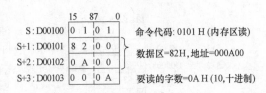

b)

图 5-93　CMND 通信示例程序以及图中 S 及 C 中各字的取值及含义

2. 西门子 PLC 间网络指令通信

（1）S7-200 网络通信命令

1）网络读（NETR）指令。用以在 PPI 网络上进行网络初始化，以读取指定站点、指定存储区的数据。其梯形图格式如图 5-95 所示。

这里　EN——指令执行条件，输入为 ON，则执行本指令；

TBL——字表的首地址；

PORT——选用的通信口。

执行本指令，则从 PORT 指定的通信口，从 TBL 字表中指定的远程站点、指定的存储区，读取 1 个或多个字符，并存储于 TBL 字表指定的存储区中。而接收字节数则由 TBL 字表确定，最多可接收 16 个。

2）网络写（NETW）指令。用以在 PPI 网络上，进行网络初始化，以把数据写入 TBL 指定站点、指定存储区。其梯形图格式如图 5-96 所示。

这里　EN——指令执行条件，输入为 ON，则执行本指令；

TBL——字表的首地址；

PORT——选用的通信口。

执行本指令，则用 PORT 指定的通信口把 TBL 字表指定的存储区中数据传送给 TBL 字表中指定的远程站点、指定的存储区。而传送字节数则由 TBL 字表确定，最多可接收 16 个。

以上两个指令，在每一 PLC 中最多可使用 8 次。

此两个指令的 TBL 字表长度最大为 23 个字节，其含义见图 5-97。

图 5-97 中偏移 0 字节，即 TBL 指向的字节为状态字节。位 D 为 1，执行功能完成；0 未完成。位 A 为 1，通信功能激活；0 未激活。位 E 为 1，通信出错；0 未出错。如出错，错误码记录在它的 0~3 位中。

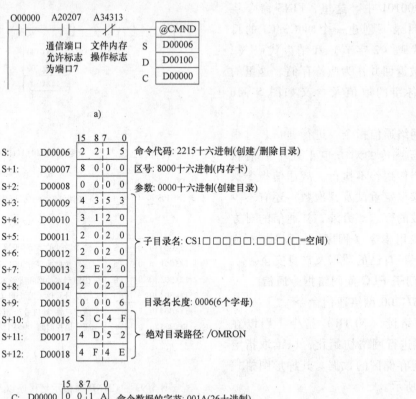

a)

S: D00006 命令代码: 2215十六进制(创建/删除目录)
S+1: D00007 区号: 8000十六进制(内存卡)
S+2: D00008 参数: 0000十六进制(创建目录)
S+3: D00009
S+4: D00010
S+5: D00011 子目录名: CS1□□□□.□□□ (□=空间)
S+6: D00012
S+7: D00013
S+8: D00014
S+9: D00015 目录名长度: 0006(6个字母)
S+10: D00016
S+11: D00017 绝对目录路径: /OMRON
S+12: D00018

C: D00000 命令数据的字节: 001A(26十进制)
C+1: D00001 应答数据的字节: 0004(4)
C+2: D00002 目标网络地址: 00十六进制(本地网)
C+3: D00003 目标单元地址: 00十六进制目标节点号: 00十六进制(本地节点的CPU单元)
C+4: D00004 请求应答,端口号7,重试0次
C+5: D00005 应答监视时间: 0000十六进制(6553.5s)

b)

图5-94　CMND通信示例程序二及图中S及C中各字的取值及含义

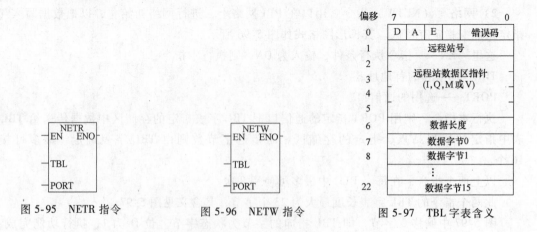

图5-95　NETR 指令　　　图5-96　NETW 指令　　　图5-97　TBL 字表含义

偏移 1 字节, 指定远程站点站号。偏移 2~5 共 4 个字节, 指定远程站点的存储区指针。而存储区可以是输入区 I、输出区 Q、辅助区 M 或数据存储区 V。偏移 6 字节, 指定读、写

数据的字节数。在偏移 7 字节及其后，用于存储读、写数据。其最大偏移字节，取决于指定读、写数据的字节数。如指定读、写数据的字节数为 16 个，则最大偏移为 22 个字节。

用这两个网络通信指令的特点是，只需一方执行程序，调用此指令，而被读、写方不必编程，不必执行程序，也可实现通信。但双方都应处于 PPI 下，否则无法通信。

方便的是，S7-200 编程软件 STEP 7 Micro／WIN 提供有使用者两个指令的导向，可按自身要求指定有关参数。完成后，将生成一个 NET-EXE 子程序供调用。而且查找指令帮助，STEP 7 Micro／WIN 还提供编程实例。

（2）S7-300、400 网络通信函数

S7-300、400 PLC 不用指令，而是函数。而且这类函数很多，并多与使用通信模块或网络有关。在 MPI 网上，可使用的有 X-PUT（SFC67）、X-GET（SFC68）、X-SEND（SFC65）及 X-REC（SFC66）等。在 PROFIBUS 网上，可使用的有 DPWD-DAT（SFC15）、DPRD-DAT（SFC14）、DP-SEND（FC1）及 DP-REC（FC2）等。在以太网上，可使用的有 AG-SEND（FC5）及 AG-REC（FC6）等。在使用串口通信时，可使用的有 P-SEND（FB2）、P-RCV（FB3）、P-SEND-RK（FB8）及 P-REC-RK（FB7）等。当然，有的函数在使用前还需对网络进行相关的组态。

有的函数为单边通信方式，如用 X-GET、X-PUT，使用时，编程一方作为客户机，而不编程一方作为服务器。特别适合 S-300（作为客户机）与 S7-200（作为服务器）通信。只要在 S7-300 上执行 X-GET、X-PUT 指令，即可从或向函数指定站点的 S7-200 上的函数指定的字节中读取或写入数据。而读取或要写入的数据则存于函数指定 S7-300 的存储区中。

而有的函数为双边通信方式，如 X-SEND、X-REC，使用时，通信双方都要编程。一方发送，用 X-SEND 指令，把函数指定存储区中数据打包，记上包的标志（REQ-ID，其值由用户选定），发送函数指定的站点。另一方接收，用 X-REC 指令，接收发来的数据，并存于指令指定的存储区中。但不管谁发来的数据，它都接收。所以，还要对数据包的标识（REQ-ID）进行判断，以确定是否为所要接收的数据。

也可使用标准的通信函数块 PUT（FB14）、GET（FB15）、SEND（FB12）及 REC（FB13）。其功能与上述 4 个函数基本相同。但只能在 S7-300、400 间通信，而且，在使用前，要做相应组态，要指定双方为通信伙伴。

S7-300、400 还有很多通信函数或函数块，功能很强，并多与使用说明网络及通信模块有关。有了这些函数或函数块，为设计 PLC 通信程序提供了很大方便。

以下为两套 S7-300 通过以太网实现数据链运行网络指令实现通信的实例。运行程序前首先要做好网络组态，其步骤如下：

1）打开 SIMATIC Manager，根据本系统要求，插入两个 S7-300 的站，插入 CPU，并开始相应硬件组态。

2）分别插入两个系统的以太网模块。如图 5-98 所示在 CPU 314C-PtP 机架上插入 CP343-1 模块。在弹出的 "Properties-CP343-1" 窗口上，用鼠标左键点击 "Properties" 按钮。

3）之后，将弹出如图 5-99 所示的 "Properties-Ethernet interface CP343-1" 窗口。并在其上设置 IP 地址及子网掩码，并建立以太网。

4）另一 S7-300 站也做类似组态。组态完两套系统的硬件模块后，分别进行下载，然后

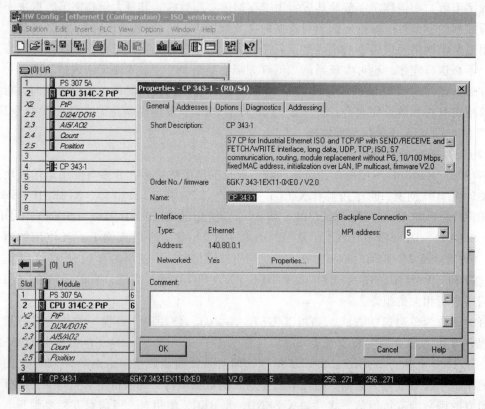

图 5-98　插入 CP343-1 模块

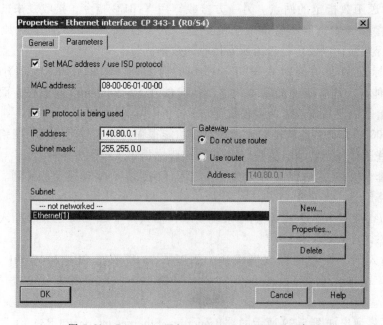

图 5-99　Properties-Ethernet interface CP343-1 窗口

用鼠标左键点击 Network Configuration 按钮，打开如图 5-100 所示的系统的网络组态窗口 Net-

Pro，并选中 CPU314。

5）在窗口的左下部分点击鼠标右键，插入一个新的网络链接，并设定链接类型为 ISO-on-TCP connection 或 TCP connection 或 UDP connection 或 ISO Transport connection，如图 5-101 所示。

6）以上选定后，用鼠标左键点击"OK"按钮，将弹出如图 5-102 所示的"Properties-ISO-On-TCP Connection"（链接属性）窗口。使用该窗口的默认值，并根据图 a 对话框右侧信息再进行有关程序块的参数设定：

7）当两套系统之间的链接建立完成后，用鼠标选中图标中的 CPU，分别进行下载。

8）到此为止，系统的硬件组态和网络配置已经完成。下面进行系统的软件编

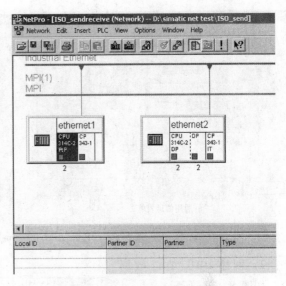

图 5-100　网络组态窗口上选中 CPU314

制，在 SIMATIC Manager 界面中，分别在 CPU314C-2PTP、CPU314C-2DP 中插入 OB35 定时中断程序块和数据块 DB1、DB2，并在两个 OB35 中调用 FC5（AG_Send）和 FC6（AG_Recv）程序块，如图 5-103 所示。

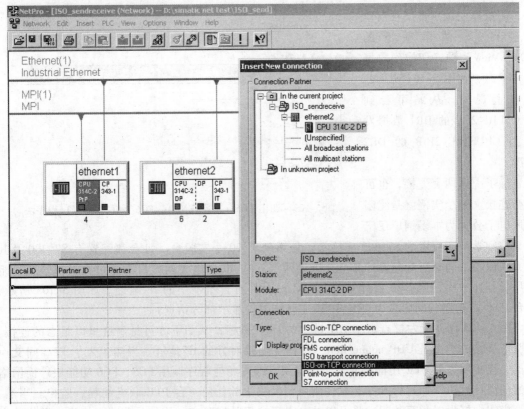

图 5-101　插入新连接

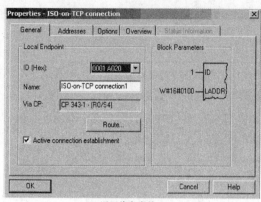

a) 通用信息表单

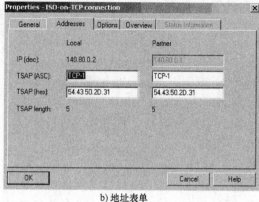

b) 地址表单

图 5-102　Properties-ISO-on-TCP connection 窗口

9）创建 DB1、DB2 数据块，如图 5-104a 所示。

10）两套控制程序已经编制完成，分别下载到 CPU 当中，将 CPU 状态切换至运行状态，就可以实现 S7-300 之间的以太网数据交换了。这时，用鼠标左键点击编程窗口的"View"菜单项下的"Data View"项，切换到数据监视状态，在图 5-104 所示的窗口上观测。从站可看到 CPU314C-2DP 的 DB1 数据发送到 CPU314C-2PtP 的 DB2 情况。

除了上述两套连接，也可多套连接。一个实例就是沈阳旭风电子公司为本溪钢厂辽宁冶金技师学院所配置的 S7-300 实验室。

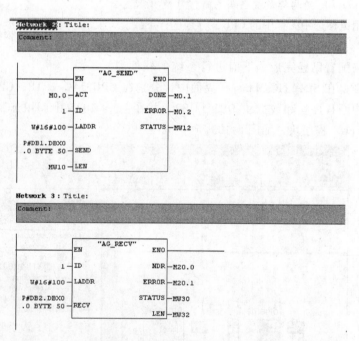

图 5-103　调用 FC5（AG_SEND）、FC6（AG_RECV）程序块

该系统有 20 个实验台。每台都配置有 S7-300 及其以太网模块。同时还都配置计算机及以太网卡。这 40 个以太网接口都通过交换机连接，组成星形拓扑的因特网。20 台计算机、PLC 站点都有自身唯一的 IP 地址。如图 5-105 所示，每台 PLC 站点还分别命名为 IE1～IE20（但该图仅显示部分站点）。

图 5-105 用鼠标左键点击了 IE1 站点的 CPU 图标，从图下方可见到这里以组态的连接。指明了连接的类型是 UDP connection，自身及连接对方的 IP 地址。当然，为了 PLC 间交换数据，连接双方的 PLC 还都得两定义数据块，编写相应程序调用 FC5、FC6 功能块。而网络上的任何计算机，如运行 Step 7 软件则可与网络上的任何一台 PLC 联机编程、监控。当然，计算机间做好设置相互访问也是可以的。由于这里是实验室，用的是普通交换机，网络的实

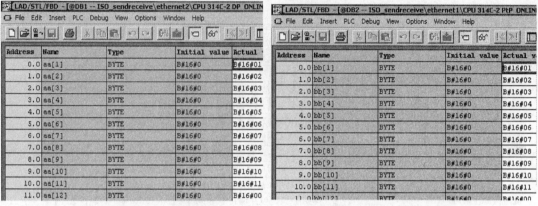

a) DB1、DB2数据块

b) CPU 314C-2DP DB1发送数据　　　　c) CPU 314C-2PtP DB2接收数据

图 5-104　CPU 314C-2DP DB1 及 CPU 314C-2PtP DB2 数据块及其监视画面

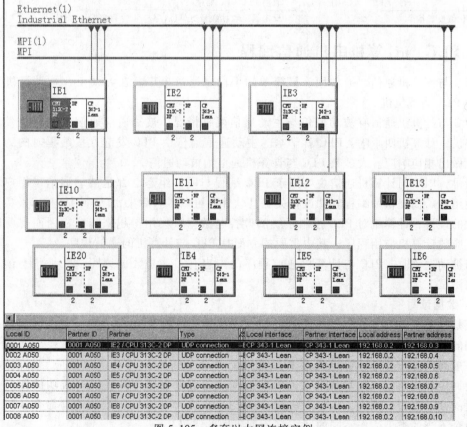

Local ID	Partner ID	Partner	Type	Local interface	Partner interface	Local address	Partner address
0001 A050	0001 A050	IE2 / CPU 313C-2 DP	UDP connection	CP 343-1 Lean	CP 343-1 Lean	192.168.0.2	192.168.0.3
0002 A050	0001 A050	IE3 / CPU 313C-2 DP	UDP connection	CP 343-1 Lean	CP 343-1 Lean	192.168.0.2	192.168.0.4
0003 A050	0001 A050	IE4 / CPU 313C-2 DP	UDP connection	CP 343-1 Lean	CP 343-1 Lean	192.168.0.2	192.168.0.5
0004 A050	0001 A050	IE5 / CPU 313C-2 DP	UDP connection	CP 343-1 Lean	CP 343-1 Lean	192.168.0.2	192.168.0.6
0005 A050	0001 A050	IE6 / CPU 313C-2 DP	UDP connection	CP 343-1 Lean	CP 343-1 Lean	192.168.0.2	192.168.0.7
0006 A050	0001 A050	IE7 / CPU 313C-2 DP	UDP connection	CP 343-1 Lean	CP 343-1 Lean	192.168.0.2	192.168.0.8
0007 A050	0001 A050	IE8 / CPU 313C-2 DP	UDP connection	CP 343-1 Lean	CP 343-1 Lean	192.168.0.2	192.168.0.9
0008 A050	0001 A050	IE9 / CPU 313C-2 DP	UDP connection	CP 343-1 Lean	CP 343-1 Lean	192.168.0.2	192.168.0.10

图 5-105　多套以太网连接实例

时性、确定性不是很理想。但作为实验、熟悉以太网组态及编程应用还是很理想的。再就是这里站点间建立连接的数量是有限制的。具体与因特网模块的性能有关。

3. 三菱 PLC 网络指令通信

所用的网络指令很多，也多与使用通信模块、网络或协议有关。表 5-15 所示为它的 Q 不同协议使用的通信指令。

表 5-15　三菱 PLC 网络通信命令

分类	命令	说明	协议		
			MC	Non	Bi
数据通信用	ONDEMAND	使用响应要求功能发送数据	○	×	×
	OUTPUT	发送指定数量的数据	×	○	×
	INPUT	接收数据(读取接收到的数据)	×	○	×
	BIDOUT	发送数据	×	×	○
	BIDIN	接收数据(读取接收到的数据)	×	×	○
	SPBUSY	对每条专用指令读取发送/接收的数据状态	○	○	○
	CSET	在不中断数据传送处理的情况下,允许清除到现在为止所接收的数据	×	○	×
	BUFRCVS	使用中断程序接收数据(读取接收到的数据)	×	○	○
	PRR	使用传送时间表,通过用户设定所发送数据	×	○	×
设定值的注册/读取	PUTE	在 Q 系列 C24 的闪存 ROM 中存储用户设定帧	○	○	○
	GETE	将用户设定帧存储在 Q 系列 C24 的闪存 ROM 中(写入)	○	○	○
PLC CPU 监视指令	CSET	进行 PLC CPU 监视注册　　对于 PLC CPU 监视功能	○	○	×
		取消 PLC CPU 监视			
初始化值设置指令		设定通讯数据数量的单位(字/字节)和数据通信区			○

5.3　PLC 与计算机串口通信编程

PLC 与计算机通信，最常用、最简单的手段是通过串口。在习惯上，称计算机为上位机，而 PLC 为下位机。

PLC 与计算机通信有被动通信与主动通信两种情况。被动通信通信由计算机发起，按通信协议，计算机叫干啥，PLC 就干啥。主动通信通信由 PLC 发起，按编程时的约定，令计算机做出相应响应。大多数 PLC 与计算机通信为被动通信。

最早，PLC 与计算机通信主要用于 PLC 编程与硬件组态，都是被动通信，用户不必编程，使用好厂商提供的编程软件或相关工具软件就可以了。后来，随着网络技术及控制系统信息化的推进，计算机对 PLC 控制系统的监控与数据采集用得越来越多，因而也要求用户编写相应的计算机应用程序，其中重要的方面是 PLC 与计算机的通信程序。

当被动通信时，PLC 与计算机通信程序的内容有：一是数据读写；二是状态读写；三是通信测试。

1. 数据读写

或是计算机向 PLC 的某个数据区写数据，或是计算机从 PLC 的某个数据区读数据。读写不同的数据区，用的命令也不同。

一般通信过程总是计算机先给 PLC 发送有关命令，接着 PLC 予以回应。如读数命令，PLC 会回应相应数据。如写数命令，PLC 被写成功后也会给计算机以写成功的回应。如计算机发的读、写命令不当，PLC 无法执行或 PLC 未执行计算机所发的读写命令，PLC 也会按照命令不当的类型，作不同的回应（返回不同的错码）。

也有的 PLC 的协议在读写过程中还要求更多的应答。如西门子 PPI 协议，读命令发后，PLC 先应答，然后计算机回应，最后 PLC 才把数据传送给计算机。再如三菱的 RS-232 口通信协议，当收到所读数据后，计算机还需发送一个已收到数据的回应。

2. 状态读写

计算机可通过通信命令读或写 PLC 的状态。如运行状态、监控状态或编程状态。

状态读写实际是计算机对 PLC 的操作与控制。计算机可使 PLC 停机（程序停止运行）或开机（运行程序）。所以，此类通信程序要慎重使用。

3. 通信测试

计算机向 PLC 发送通信测试命令，用以测试通信系统是否正常。在搜索通信口状态的设定时，常用到它。

> 提示：在被动通信时，PLC 对计算机通信命令的应答都是由 PLC 操作系统处理，无须执行任何用户程序。

当 PLC 主动通信时，PLC 可通过串口或网络接口，向计算机发送数据。计算机收到数据后怎么响应，按事先与计算机的约定，由计算机处理。

5.3.1　计算机方程序设计要点

从以上介绍可知，如为被动通信，编程的工作量主要在计算机方，所用的编程语言可以是 BASIC 、C、C++、VB、VC、JAVA、DELPHI 及 C++BUILT 等，所有编程语言都可以用。

1. 通信口设定及打开、关闭

使用普通串口，就要选用哪个口进行通信，以及确定有关通信参数，如波特率等。这些参数应与 PLC 所设定的参数完全相同。而在 PLC 方，这些参数一般也可相应软器件予以设定。

当然，这组通信口管理的程序仅仅与计算机配置、计算机操作系统及语言选用有关，除通信参数要与 PLC 一致外，其它的与 PLC 没有关系。

很多经验计证明，计算机与 PLC 通信不正常往往与这些通信参数设定不当有关。此外，与使用存盘文件类似，在通信前，应打开通信口，而在通信完毕，最好把通信口关闭。

2. 发送通信命令

这与用什么网络及 PLC 的通信协议有关。如欧姆龙 PLC 可通过 RS-232C 口，使用 HOST LINK 协议，其格式如图 5-106 所示。

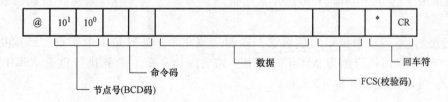

图 5-106　C 系列机发通信命令格式

如三菱 FX 系列机编程口通信协议，其命令帧格式如图 5-107 所示。

这里 STX 为 ASCII 码 2，不可视字符，表示通信帧的开始；ETX 为 ASCII 码 3，也是不可视字符，表示通信帧结束；命令码有读或写等，占一个字节；数据项中有地址，有要读、

图 5-107 C 系列机发通信命令格式

写数据字节数，如写命令，还要继以相应要写的具体数据；累加和是从命令码开始到结束字符（含结束字符）间，所有字符 ASCII 码值的累加，超过两位数时，取低两位，不足两位时高位补 0。所有命令码及所有数据均用十六进制表示。

3. 接收数据

这也与用什么网络及 PLC 的通信协议有关。如欧姆龙 PLC 通过 RS-232C 口，使用 HOST LINK 协议、发"读"命令，其后接收到的数据格式如图 5-108 所示。

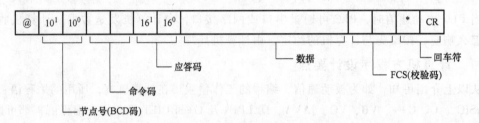

图 5-108 接收数据

如命令成功执行，则"应答码"为 00，图中的数据栏即为所读数据；如未成功，则"应答码"为相应错误码，无数据返回。

如欧姆龙 PLC 用 HostLink 协议、发"写"命令，其后接收到的数据格式为图 5-109 所示。

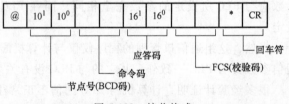

图 5-109 接收格式

如此命令成功执行，则"应答码"为 00；未成功，则"应答码"为相应错误码，都无数据返回。

如欧姆龙 PLC 用 HostLink 协议、发通信测试命令（TS 码），其接收格式与发的命令相同。

对三菱 FX 系列机编程口通信协议，如响应写命令，则只是 1 个字符。已成功执行为 ASCII 码 06H，未能执行则为 ASCII 码 15H。如响应读命令，未能执行也是 ASCII 码 15H；成功执行，其响应帧如图 5-110 所示。

图 5-110 接收数据

4. 处理数据

计算机从 PLC 读取数据总是要进行处理。它包括：

数据变换：如字到位的变换、ASCII 码到数字的变换、二进制十进制变换等；

数据显示：可以用文字显示，也可用图形显示，有时还可用动画显示；

数据存储：可定时的以文件的形式存储，也可以数据库的形式存储；

数据打印：必要时，可把采集的数据打印出来，供分析及使用。

5. 人机交互界面

如果要通过计算机，对 PLC 所控制系统进行远程操作，那还要在计算机上设计相应的人机交互界面。在这个界面上应有如按钮、指示灯、输入数据窗口、选择键等，以方便人机对话。

以下将介绍几个与通信有关的计算机编程方法与程序实例。至于数据处理、人机交互界面的程序，因牵涉到较多的计算机编程问题，不是本书讨论的课题，只好略之。

> **提示 1**：上述四个要点是相互关联的，且有相应时序的配合。从打开通信口、发送通信命令到接收数据，要有等待时间。因为，计算机命令传送、PLC 处理命令及 PLC 返回数据传送都需要相应时间。为此，不能执行发送命令后，立即就去接收数据。那样，肯定会出现通信失败。而对单工的通信口，如 RS-485，还要考虑到接收与发送状态的转换时间。尽管这时间仅几毫秒，但也要等待
>
> **提示 2**：如不用通信协议，而要进行通信，除了计算机方的程序外，还必须弄清 PLC 的有关通信指令，编写相应接收数据、发送数据的 PLC 程序。而且，双方都要运行相应程序，才能实现通信。

5.3.2 计算机用微软控件通信编程

1. 微软串口通信控件

常用的微软串口通信控件有 Mscomm（Microsoft Communication Control）及 SerialPort。前者用于 Visal Studio 6.0。后者包含在 NET Framework 2.0 类库中，用于 Visual Studio2005 及以上版本。使用串口通信控件是比较方便的。但使用前要先把串口通信控件，从控件库调入到编程软件的工具箱中。

（1）Mscomm 控件

1）属性。主要有：

① CommPort（通信口）属性：指定用计算机的哪个串口进行通信。若用多个串口与不同的对象通信，则可多用几个控件。一个控件管理一个通信口。

② Settings（参数设定）属性：指定串口的波特率、奇偶校验及停止位等特性。此设定应与 PLC 的设定一致。

③ Port Open（打开）属性：设置其为真，打开；否则关闭。进行通信之前，必须先打开。

④ InputMode（读取数据类型属性）属性：确定 Input 属性如何取回数据。设为 comInputModeText（默认），数据将以字符或字符串格式读出。设为 comInputModeBinary，数据将以二进制数用数组格式读出。如果数据只用 ANSI 字符集，则用 comInputModeText。否则用

comInputModeBinary。

⑤ Input（读取）属性：把输入缓冲区的内容读到指定的字符变量中。读后缓冲区的内容清为零。缓冲区的大小可设，最大可达 2~4k 字。

如果接收数据类型设为字符格式，则要先声明一个字符串变量。直接接收数据，之后就可以显示它了。如：

```
Dim a As String              '声明字符串变量
a=MSComm1.Input              '接收数据
Text1.Text=a                 '在文本控件上显示字符串
```

如果接收数据类型设为二进制数，读取为数值，是不可以视的。要先声明一个字节数组，读取后再转换为字符串才可以显示。如：

```
Dim b()As Byte                   '声明字节数组
l=MSComm1.InBufferCount          '确定接收数据的字节数
b=MSComm1.Input                  '接收数据
If l > 0 Then
  For i=0 To l-1                  '根据接收数据字节数把不可视的数字转换可视字符
    aa=Hex(b(i))                  '把一个字节的十六进制数转换为两个字节的字符
    If Len(aa)=1 Then aa="0"+aa   '确保每个字节是两个字符
    a=a+aa                        '把单个字符组织成字符串
  Next i
  Text1.Text=a                   '在文本控件上显示字符串
Else
  Text1.Text=""                  '未接收到数据文本控件上显示空
End If
```

⑥ Output（输出）属性：把输出的命令送输出缓冲区，并且逐字向指定通信对象发送，直到缓冲区空。

发送的数据可以是可视的字符串，也可以是不可视的二进制数。

如果是可视的字符串，要先声明一个字符串变量，并进行赋值。然后发送这个字符串就可以了。即

```
Dim a As String              '声明字符串变量
  a="ABCD"                    '字符串变量赋值
  MSComm1.Output=a           '发送字符串
```

如果发送的数据类型设为二进制数，因为它是数值，是不可视的，要先声明一个字节数组，再把可视的数值转换为不可视的二进制数，并赋值给所声明的字节数组。然后发送这个字节数组。

```
即:Dim b()As Byte            '声明字节数组
Dim a As String              '声明字符串变量
a="ABCD"                     '十六进制数用的字符串变量赋值
l=Len(a$)                    '计算字符串包含的字节数
  For k=0 To l-2 Step2        '把可视的字符串转换为字节数组,两个十六进制字符存于一
                              个字节中
  b(k\ 2)=Val("&H"+Mid(a,k+1,2))
```

```
Next k
MSComm1.Output=b              '发送字节数组
```

> **提示**：发送、接收使用二进制方式，虽然它的数据不可视、不太方便，但通信效率高。同样的帧长，而收、发的数据可增大1倍。更何况有的协议，如 MODIBUS RTU 还必须使用二进制格式通信。

⑦ RThreshold（接收字符数）属性：设定值为整型数。如果设置为 0（默认值）接收缓冲区接收到字符不产生 OnComm 事件。如果设置为 1，每收到 1 个字符会使 MSComm 控件产生 OnComm 事件。其余类推。

2）事件。只一个事件，即 OnComm（ ）事件。只要 Comm Event（也是一种属性）的值发生变化，On Comm（ ）事件就发生。

Comm Event 取值与通信口的状况有关。有 18 个可能的取值，其中 10 个与通信口的出错（如缓冲区满、通信时间超出…）有关；而 7 个与通信的进程（如输入或输出缓冲区内容改变…）有关。如什么事件也不发生，则其值为零。

3）通信进程访问方法。有两种：

① 程序访问方法。它用程序定时或依需要访问事件属性或访问缓冲区计数值（InBufflrCount 或 OutBuff Count）的变化，依其变化情况作相应的通信处理。

② 事件驱动方法。执行本程序效果与上述访问方法相同。只是如果通信不正常，将没有提示。必要时可增加 Timer 控件予以监视。超出监视时间还没有回应，也可提示出错。但，用控件也好，必须先弄清有关通信协议。不清楚协议，通信程序是无法编写的。

（2）SerialPort 控件

1）CommPort（通信口）属性：指定用计算机的哪个串口进行通信。若用多个串口与不同的对象通信，则可多用几个控件。一个控件管理一个通信口。

2）Settings（参数设定）属性：指定串口的波特率、奇偶校验及停止位等特性。此设定应与 PLC 的设定一致。

3）Port Open（打开）属性：设置其为真，打开；否则关闭。进行通信之前，必须先打开。

……

2. 使用微软串口通信控件编程实例

【实例程序 1】 计算机与欧姆龙 PLC Host Link 协议通信 VB6.0 编程。要求：调 Read DM 过程实现读 PLC DM0000 及 0001 的内容。

本例使用的窗口为 Form1。其上加载的控件有 Mscomm1（通信控件，未特别指明其特性用默认值）、Tsxt1（文本控件，用以显示所得到数据）及 Command1（按钮控件，用以激发 Command1_Click 过程，实现通信）。如图 5-111a 所示。

它用程序定时或依需要访问事件属性或访问缓冲区计数值（InBufflrCount 或 OutBuff Count）的变化，依其变化情况作相应的通信处理。以下以读 PLC DM0000 及 0001 的值为例说明这个编程。这里用了两种方法。

① 通信进程访问方法。程序代码如下（" ' " 之后为注解）：

```
Private Sub Command1_Click()
```

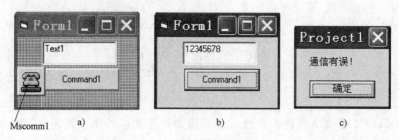

图 5-111　程序访问方法显示窗口及控件

```
MSComm1.CommPort = 1  '使用计算机串口1
MSComm1.Settings = "9600,e,7,2"'通信速率9600bit/s、偶校验、2位停止位
MSComm1.PortOpen = True'口打开
o$ = "@ 00RD00000002"'FCS之前命令帧
oo$ = o$ + fcs(o$)+"*"'FCS之前命令帧+FCS校验码+"*"
MSComm1.Output = oo$ + Chr(13)'再加回车后,发送
tt = Timer'记录当前时间
Do'等待
   Dummy = DoEvents()'释放控制权,允许CPU处理其它作业
   ll = MSComm1.InBufferCount'记录缓冲区已收到字符数
Loop Until ll >= 11 Or Timer > tt + 0.2'已收到19个字符或等待0.2s跳出循环
Instring = MSComm1.Input  '读缓冲区,接收数据
If Mid$(Instring, 6, 2) = "00" Then'如果通信无误
   Text1.Text = Mid$(Instring, 8, 8)'显示数据
Else'否则通信有误
   MsgBox "通信有误!"'提示通信有误!
End If
MSComm1.PortOpen = False'关闭串口口
End Sub
```

而 FCS 函数代码为

```
Public Function fcs(a$)
   b% = 0'初始化为0
   l% = Len(a$)'计算命令FCS之前帧字符串长度
   For I% = 1 To l%    'fcs check
      b% = b% Xor Asc(Mid(a$, I%, 1))'按位依次异或
   Next I%
      ff$ = Hex$(b%)'转换为字符
      If Len(ff$) = 1 Then
      ff$ = "0" + ff$  '如果FCS字符串仅1位,高位补"0"
      End If
         fcs = ff$ '函数输出
   End Function
```

运行本程序,用鼠标左键点击"Command1"按钮,如果通信正常,Text1 将显示所读数据。如 7-102b 所示为 12345678（如果 PLC DM0000、DM0001 存的数是此值）。如果通信

不正常，将弹出对话框，如图 5-111c 所示，显示"通信有误!"

② 事件驱动方法。所用说明实例及使用控件同上。程序代码如下（"'"之后为注解）：

```
Private Sub Command1_Click()
    MSComm1.CommPort = 1  '使用计算机串口 1
    MSComm1.Settings = "9600,e,7,2" '通信速率 9600bit/s、偶校验、2 位停止位
    MSComm1.PortOpen = True ' 口打开
    MSComm1.RThreshold = 19 '当输入缓冲区收到 19 个字符激发接收事件
    o$ = "@ 00RD00000002" 'FCS 之前命令帧
    oo$ = o$ + fcs(o$)+"*" ' FCS 之前命令帧+FCS 校验码+"*"
    MSComm1.Output = oo$ + Chr(13) '再加回车后,发送
End Sub
  Private Sub MSComm1_OnComm()
    If MSComm1.CommEvent = 2 Then '当确认为接收事件执行以下代码
      Instring = MSComm1.Input '接收字符
      Text1.Text = Mid$(Instring, 8, 8) '显示有效字符
      MSComm1.PortOpen = False '关闭口
      MSComm1.RThreshold = 0 '串口状态复原
    End If
End Sub
```

执行本程序效果与上述访问方法相同。只是如果通信不正常，将没有提示。必要时可增加 Timer 控件予以监视。超出监视时间还没有回应，也可提示出错。

【实例程序 2】 计算机与三菱编程口通信协议通信 VB6.0 编程 VB 编程。图 5-112 所示为 FX 机 VB 通信程序画面。程序可实现对字数据读、写及对位数据置位、复位的功能。

如图 5-112 所示，如点击"写数据"键，将把要写的数据，本例为"34127856CDAB"，写入 PLC 的"D"区，从地址 0 开始的 6 个字节（以上均可选定），即 D0、D1、D2 中。再点击"读数据"键，将向 PLC 发送读命令，本例为读取从 D0 开始的 6 个字节的通信命令（以上均可选定），如 PLC 正确回应，则把 CHR（2）+"34127856CDAB"+CHR（3）+"B1"记入读数据显示区中。

> **提示**：这里 D0 实际数据为 1234、D1 实际数据为 5678、D2 实际数据为 ABCD。只是根据它的通信协议，传送字时，低字节先传。所以，使用此数据要做相应处理。

以下为读数据，即 Command5_Click（）程序：

```
Sub Command5_Click()
  Select Case Combo1(0).Text
    Case "D"
        adr$ =Hex(Val(Text1(3).Text)*2+Val("&H"+"1000"))
        If Val(Text1(3).Text)>= 8000 Then
          adr$ =Hex((Val(Text1(3).Text)-8000)*2+Val("&H"+"0E00"))
        End If
    Case "C 字"
        adr$ =Hex(Val(Text1(3).Text)*2+Val("&H"+"0A00"))
```

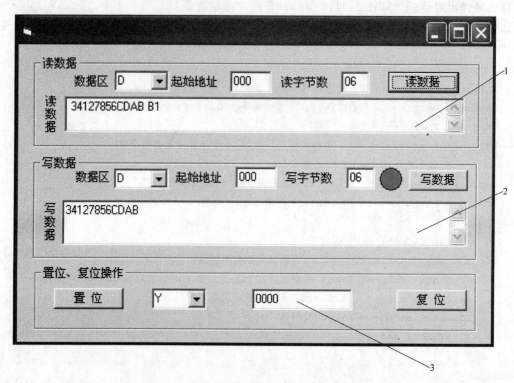

图 5-112 FX 机 VB 通信程序

1—读数据显示区（Text3） 2—写数据输入区［Text1（2）］   3—置位复位地址指定区（Text4）

```
    If Val(Text1(3).Text)>= 200 Then

      adr $ =Hex((Val(Text1(3).Text)-200)*4+Val("&H"+"0C00"))

    End If
Case "T字"

    adr $ =Hex(Val(Text1(3).Text)*2+Val("&H"+"0800"))

Case "M"

    adr $ =Hex(Val(Text1(3).Text)\8+Val("&H"+"0100"))

    If Val(Text1(3).Text)>= 8000 Then

      adr $ =Hex((Val(Text1(3).Text)-8000)*2+Val("&H"+"01E0"))

    End If
Case "Y" '八进制需先转换为十进制

    adr $ =Hex(Val("&O"+Text1(3).Text)\8+Val("&H"+"00A0"))

Case "X" '八进制需先转换为十进制

    adr $ =Hex(Val("&O"+Text1(3).Text)\8+Val("&H"+"0080"))

Case "S"

    adr $ =Hex(Val(Text1(3).Text)\8+Val("&H"+"0000"))

      Case "C位"

      adr $ =Hex(Val(Text1(3).Text)\8+Val("&H"+"01C0"))

Case "T位"

    adr $ =Hex(Val(Text1(3).Text)\8+Val("&H"+"00C0"))
```

```
End Select
        If Len(adr$)=1 Then adr="000"+adr
        If Len(adr$)=2 Then adr="00"+adr
        If Len(adr$)=3 Then adr="0"+adr
        ll=Hex$(Val(Text1(4).Text))
        If Len(ll)=1 Then ll="0"+ll
        '以上为数据长度计算
        o$="0"+adr$+ll
        oo$=Chr(2)+o$+SumChk(o$) '计算校验和
        '以上为命令合成计算
If MSComm1.PortOpen=False Then MSComm1.PortOpen=True '打开通信口
  MSComm1.Output=oo$  '发送命令

t=Timer
Do
  X%=DoEvents()
Loop Until MSComm1.InBufferCount >= 2*Val(Text1(4).Text)+3 Or Timer>t+0.1*
Val(Text1(4).Text)
    '等待回应
        Dim a$
        Dim l,ascV As Integer
        a=MSComm1.Input
        l=Len(a)

        Text3.Text=a
        If l > 0 Then
          ascV=Asc(Mid(a,1,1))
        If ascV=6 Or ascV=2 Then
          MsgBox "读数据成功！"
        End If

        End If
If MSComm1.PortOpen=True Then MSComm1.PortOpen=False '关闭通信口
End Sub
```

以下为写数据，即 Command4_Click（）程序

```
Private Sub Command4_Click()
  Select Case Combo1(1).Text
    Case "D"
        adr$=Hex(Val(Text1(0).Text)*2+Val("&H"+"1000"))
        If Val(Text1(0).Text)>= 8000 Then
          adr$=Hex((Val(Text1(0).Text)-8000)*2+Val("&H"+"0E00"))
        End If
    Case "C 字"
```

```
            adr $ =Hex(Val(Text1(0).Text)*2+Val("&H"+"0A00"))
              If Val(Text1(0).Text)>= 200 Then
                adr $ =Hex((Val(Text1(0).Text)- 200)*4+Val("&H"+"0C00"))
              End If
          Case "T 字"
              adr $ =Hex(Val(Text1(0).Text)*2+Val("&H"+"0800"))
          Case "M"
              adr $ =Hex(Val(Text1(0).Text)\8+Val("&H"+"0100"))
              If Val(Text1(0).Text)>= 8000 Then
                adr $ =Hex((Val(Text1(0).Text)- 8000)*2+Val("&H"+"01E0"))
              End If
          Case "Y" '八进制须先转换为十进制
              adr $ =Hex(Val("&0"+Text1(0).Text)\8+Val("&H"+"00A0"))
          Case "X" '八进制须先转换为十进制
              adr $ =Hex(Val("&0"+Text1(0).Text)\8+Val("&H"+"0080"))
          Case "S"
              adr $ =Hex(Val(Text1(0).Text)\8+Val("&H"+"0000"))
          Case "C 位"
                adr $ =Hex(Val(Text1(3).Text)\8+Val("&H"+"01C0"))
          Case "T 位"
              adr $ =Hex(Val(Text1(3).Text)\8+Val("&H"+"00C0"))
      End Select
        '以上为地址计算
      If Len(adr $ )=1 Then adr="000"+adr
      If Len(adr $ )=2 Then adr="00"+adr
      If Len(adr $ )=3 Then adr="0"+adr
      ll=Hex $ (Val(Text1(1).Text))
      If Len(ll)=1 Then ll="0"+ll
        '以上为数据长度计算
      o $ ="1"+adr $ +ll+Text1(2).Text
      oo $ =Chr(2)+o $ +SumChk(o $ )'计算校验和
        '以上为命令合成计算
  If MSComm1.PortOpen=False Then MSComm1.PortOpen=True '打开通信口
      MSComm1.Output=oo $   '发送命令

  t=Timer
  Do
    X% =DoEvents()
  Loop Until MSComm1.InBufferCount > 1 Or Timer > t+0.03
        '等待回应
  Dim a $
  Dim l,ascV As Integer
  a=MSComm1.Input
```

```
l=Len(a)
If l > 0 Then ascV=Asc(Mid(a,1,1))
If ascV=6 Then
    Shape1(0).Visible=True: Shape1(1).Visible=False '命令已执行
    MsgBox "写数据成功！"
 Else
    Shape1(1).Visible=True: Shape1(0).Visible=False '命令未执行
End If
If MSComm1.PortOpen=True Then MSComm1.PortOpen=False '关闭通信口
End Sub
```

以下为计算校验和，即 Function SumChk（Dats＄）函数程序

```
Function SumChk(Dats $ )As String
    Dim i&
    Dim CHK&
    Dats $ =Dats $ +Chr(3)
    For i=1 To Len(Dats)
        CHK=CHK+Asc(Mid(Dats,i,1))
    Next i
    SumChk=Chr(3)+Right(Hex $ (CHK),2)
End Function
```

以下为打开窗口时加载，即 Form_Load（），程序

```
Sub Form_Load()
    Text1(2).Text="34127856CDAB"
    For J% =0 To 1
        Combo1(J% ).AddItem "D"
        Combo1(J% ).AddItem "C 字"
        Combo1(J% ).AddItem "T 字"
        Combo1(J% ).AddItem "M"
        Combo1(J% ).AddItem "Y"
        Combo1(J% ).AddItem "X"
        Combo1(J% ).AddItem "C 位"
        Combo1(J% ).AddItem "T 位"
    Next J%
        Combo1(2).AddItem "Y"
        Combo1(2).AddItem "X"
        Combo1(2).AddItem "S"
End Sub
```

如图 5-112 所示，再如点击"置位"键，将把指定的位，如本例为 Y0000，置成 1。而如击"复位"键，将把指定的位，如本例为 Y0000，置成 0。

其置位程序，即 Command1_Click（）如下：

```
Sub Command1_Click()
```

```
Select Case Combo1(2).Text
    Case "Y" '八进制需先转换为十进制
        adr $ =Hex(Val("&O"+Text4.Text) \ 16+Val("&H"+"0500")+Val("&O"+Text4.Text)
Mod 15)
    Case "X" '八进制需先转换为十进制
        adr $ =Hex(Val("&O"+Text4.Text) \ 16+Val("&H"+"0400")+Val("&O"+Text4.Text)
Mod 15)
    Case "S"
        adr $ =Hex(Val(Text4.Text) \ 16+Val("&H"+"0000")+Val("&O"+Text4.Text)Mod
15)
    End Select
    '以上为地址计算
    If Len(adr $ )=1 Then
        adr="0"+adr+"00"
    ElseIf Len(adr $ )=2 Then
        adr=adr+"00"
    ElseIf Len(adr $ )=3 Then
        adr=Mid(adr,2,2)+"0"+Mid(adr,1,1)
    ElseIf Len(adr $ )=4 Then
        adr=Mid(adr,3,2)+Mid(adr,1,2)
    End If
    o $ ="7"+adr
    ooo $ =SumChk(o $ )'计算校验和
    o $ ="7"+adr
    oo $ =Chr(2)+o $ +ooo $
If MSComm1.PortOpen=False Then MSComm1.PortOpen=True '打开通信口
    MSComm1.Output=oo $  '发送命令
t=Timer
Do
    X% =DoEvents()
Loop Until MSComm1.InBufferCount >= 1 Or Timer > t+0.8
    '等待回应
            Dim a $
            Dim l,ascV As Integer
            a=MSComm1.Input
            l=Len(a)
            If l > 0 Then
                ascV=Asc(Mid(a,1,1))
            If ascV=6 Or ascV=2 Then
                MsgBox "置位成功!"
            End If

            End If
```

```
If MSComm1.PortOpen=True Then MSComm1.PortOpen=False '关闭通信口
```

其复位程序,即 Command2_Click() 如下:

```
Sub Command2_Click()
Select Case Combo1(2).Text
    Case "Y" '八进制需先转换为十进制
        adr $ =Hex(Val("&O"+Text4.Text) \ 16+Val("&H"+"0500")+Val("&O"+Text4.Text)
Mod 15)
    Case "X" '八进制需先转换为十进制
        adr $ =Hex(Val("&O"+Text4.Text) \ 16+Val("&H"+"0400")+Val("&O"+Text4.Text)
Mod 15)
    Case "S"
        adr $ =Hex(Val(Text4.Text) \ 16+Val("&H"+"0000")+Val("&O"+Text4.Text) Mod
15)
    End Select
    '以上为地址计算
  If Len(adr $ )=1 Then
      adr="0"+adr+"00"
    ElseIf Len(adr $ )=2 Then
      adr=adr+"00"
    ElseIf Len(adr $ )=3 Then
      adr=Mid(adr,2,2)+"0"+Mid(adr,1,1)
    ElseIf Len(adr $ )=4 Then
      adr=Mid(adr,3,2)+Mid(adr,1,2)
  End If

  o $ ="8"+adr
  ooo $ =SumChk(o $ )'计算校验和
  o $ ="8"+adr
  oo $ =Chr(2)+o $ +ooo $

If MSComm1.PortOpen=False Then MSComm1.PortOpen=True '打开通信口
  MSComm1.Output=oo $ '发送命令
t=Timer
Do
  X% =DoEvents()
Loop Until MSComm1.InBufferCount >= 1 Or Timer > t+0.8   '等待回应
          Dim a $
          Dim l,ascV As Integer
          a=MSComm1.Input
          l=Len(a)
          If l > 0 Then
            ascV=Asc(Mid(a,1,1))
          If ascV=6 Or ascV=2 Then
```

```
        MsgBox "复位成功！"
      End If
    End If
If MSComm1.PortOpen=True Then MSComm1.PortOpen=False '关闭通信口
```

【实例程序3】 计算机与 S7-200 PPI 协议通信 VB6.0 编程。图 5-113 所示为其通信程序画面。程序可实现对字数据读、写等功能。

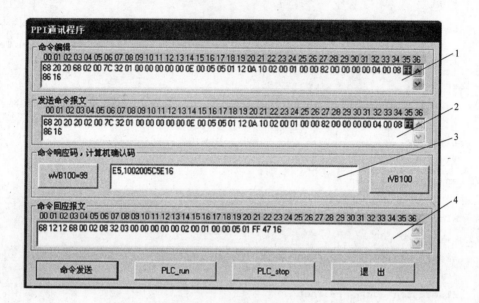

图 5-113　PPI 通信程序画面

1—命令编辑框（Text4）　2—发送命令报文框（Text1）　3—命令响应、确认框（Text2）　4—命令回应框（Text3）

从图 5-113 可知，它除了有 4 个文本框，还有 6 个按钮，即 "wVB100=99" "rVB100" "命令发送" "PLC-run" "PLV-stop" 及 "退出"。用鼠标左键点击上述按钮，将执行与其名称对应的过程（SUB），调用相关命令。如击 "wVB100=99"，则执行 Sub Command10_Click （）。其余类似，见以下程序注解。

为了程序简练，这里增加了发送通信命令的带参数调用的子过程，即 Sub sendOrder（o $）。每个相关命令调用后，对命令码先赋值，然后，调 Sub sendOrder（o $），发送由命令码字符 0 $ 编辑的命令。

此外，当程序启动时，将执行 FORM-LOAD 过程，对通信口参数进行设定，并打开通信口。当通信口输入事件中断开通时，如通信口得到数据，将运行 MSComm1_OnComm 过程（SUB）。

以下为以上各个过程的程序代码。可参照注解阅读。

```
Private Sub Form_Load()  '初始化通信口
  MSComm1.CommPort=1  '指定用口 1 通信
  MSComm1.Settings="9600,e,8,1"  '指定通信参数
  MSComm1.PortOpen=True  '打开串口
  MSComm1.InputMode=comInputModeBinary  '指定输入为二进制模式
End Sub
Private Sub MSComm1_OnComm()  '输入响应
```

```
    If MSComm1.CommEvent=2 Then
        Dim ia As Variant
        Dim Ra()As Byte
        Dim i,L  As Integer
        Dim a,aa As String

        ia=MSComm1.Input    '读串口
        Ra=ia
        L=UBound(Ra)
        a=""
        For i=0 To L '把字节数组转换为字符
          a=Hex(Ra(i))
          If Len(a)=1 Then a="0"+a
          aa=aa+a+""
        Next
        Text3.Text=Text3.Text+aa '接收字符显示
    End If
End Sub
Sub sendOrder(o$)   '发送通信命令
    Dim Temp(0 To 220)As Byte   '建立临时字节数组
    Dim rOrder(0 To 5)As Byte   '建立确认字节数组
    Dim FCS,i,L,i1,i2 As Integer

    o$=Trim(o$)
    L=Len(o$)
    Do '清除非法字符
    If Asc(Mid(o$,L,1))<48 Then L=L-1
    Loop Until Asc(Mid(o$,L,1))>47
    o$=Mid(o$,1,L)
    i1=1
    Do  '把字符转换为字节数组
      i2=InStr(i1,o$,"")
      If i2>i1 Then Temp(i)=Val("&H"+Mid(o$,i1,i2-i1)): i=i+1
      If i1=i1 Then i1=i2+1
    Loop Until i2=0

    Temp(1)=i-5  '计算有效命令长度
    Temp(2)=i-5

For i1=4 To i-2 '校验和计算
        FCS=FCS+Temp(i1)
    Next
    Temp(i-1)=FCS Mod 256
```

```
    Temp(i)=&H16

    ReDim sOrder(i)As Byte  '建立发送字节数组
    For i1=0 To i
      sOrder(i1)=Temp(i1)
    Next i1

Dim a$
  For i1=0 To i '把字节数组还原为字符,以便检查
    If Len(Hex(sOrder(i1)))=1 Then
      a$=a$+"0"+Hex(sOrder(i1))
    Else
      a$=a$+Hex(sOrder(i1))
    End If
    a$=a$+""
  Next i1
  Text1.Text=a$
  MSComm1.RThreshold=0  '禁止接收中断
  MSComm1.Output=sOrder '发送通信命令
  Text3.Text=""  '接收数据显示清零
  Text2.Text=""  '命令响应码,命令确认码显示清零

Dim xxx%
Do  '等待命令响应码
  xxx%=DoEvents()
Loop Until MSComm1.InBufferCount>0

Dim ia As Variant
Dim aa()As Byte
ia=MSComm1.Input  '读串口
aa=ia
L=UBound(aa)
a$=""
For i=0 To L  '把字节数组转换为字符
  If Len(Hex(aa(i)))=1 Then
    a$=a$+"0"+Hex(aa(i))
  Else
    a$=a$+Hex(aa(i))
  End If
Next i
a$=a$+","
Text2.Text=a$   '命令响应码显示
```

```
    Dim queRen(5)As Byte
    queRen(0)=&H10   '命令确认码赋值
    queRen(1)=&H2
    queRen(2)=&H0
    queRen(3)=&H5C
    queRen(4)=&H5E
    queRen(5)=&H16


    For i=0 To 5
      If Len(Hex(queRen(i)))=1 Then
        a$=a$+"0"+Hex(queRen(i))
      Else
        a$=a$+Hex(queRen(i))
      End If
    Next i
    Text2.Text=a$    '命令响应码加命令确认码显示清零


    MSComm1.RThreshold=1  '启动接收中断
    MSComm1.Output=queRen  '命令确认码发送


End Sub
Sub Command11_Click()  'wVB100=99
    Dim o$
    o$="68 20 20 68 02 00 7C 32 01 00 00 00 00 00 0E 00 05 05 01 12 0A 10 02 00 01 00 01
84 00 03 20 00 04 00 08 99 46 16"  'wVB100=99 命令赋值
    sendOrder(o$)
End Sub
Sub Command10_Click()  'rVB100
    Dim o$
o$="68 1B 1B 68 02 00 6C 32 01 00 00 00 00 00 0E 00 00 04 01 12 0A 10 02 00 01 00 01 84
00 03 20 8B 16"  rVB100 命令赋值
    sendOrder(o$)
End Sub
Sub Command1_Click()  'PLC-run
    Dim o$
    o$="68 21 21 68 02 00 6C 32 01 00 00 00 00 00 14 00 00 28 00 00 00 00 0000 FD 00 00
09 50 5F 50 52 4F 47 52 41 4D AA 16"  'PLC-run 命令赋值
    sendOrder(o$)
End Sub
Sub Command1_Click()  'PLC-stop
    Dim o$
    o$="68 1D 1D 68 02 00 6C 32 01 00 00 00 00 00 10 00 00 29 00 00 00 00 00 09 50 5F 50
52 4F 47 52 41 4D AA 16"  'PLC-stop 命令赋值
```

```
        sendOrder (o $ )
End Sub
Sub Command2_Click()    '命令发送
        Dim o $
        o $ =Text4.Text    '编辑命令赋值
        sendOrder (o $ )
End Sub
```

图 5-114 所示为运行上述程序后出现的 PPI 通信程序运行画面。对其进行操作过程是先在命令编辑框上写入命令代码（可参照本章附录中关于 PPI 协议填写），然后用鼠标左键点击"命令发送"按键。

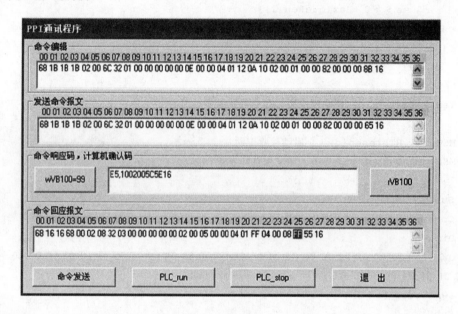

图 5-114　PPI 通信程序运行画面

如图 5-114 所示，这时，将在"发送命令报文框"显示所编辑命令（图示的仅校验码与编辑框不同，本软件可自动生成校验码及命令长度，编辑时，可任意填写）。如通信成功，还将有命令响应码、计算机确认码及命令回应报文。在这个命令回应报文中，黑体字 FF 即为所读的 QB0 的数据（为什么是它？请参阅本书附录 C）。

如直接用鼠标左键点击"wVB100 = 99"，将使 PLC 的 VB100 写为 99。如直接用鼠标左键点击"VB100"，将读 PLC 的 VB100 的值，并显示在命令回应报文的倒数第 5、6 字中。如直接用鼠标左键点击"PLC-run"，将使 PLC 运行。如直接用鼠标左键点击"PLC-stop"，将使 PLC 停止运行。

本软件方便之处是通信命令可任意编辑。只要编辑正确，合乎协议要求，即可执行。建立用它对协议的一些细节多些测试。以便更全面地弄通 PPI 协议。

【实例程序 4】　计算机与欧姆龙 PLC 通信 VB. Net 编程。VB. Net 包装在微软新版本的 Visual Studio 2005 开发工具中。使 VB 提升为也可面向对象及多线程编程。在它的 NET Framework 2.0 类库中，包含有 SerialPort 类（用于串口通信），类似 VB6.0 的 Mscomm 控件，但功能也有很大提升，可更方便地用于串口通信程序编程。

图 5-115 所示为 VB. Net 的开发环境及建立的一个工程 "VB. Net" 窗口。

从图 5-115 可知，在 VB. Net 窗口上，加载了 5 个 button 按钮控件及 3 个 textBox 文本控件。前者用于激发执行与通信相关的程序，后者用以键入与显示通信数据。此外，还有串口通信控件 SerialPort1。

这 5 个 button1~5 分别用于打

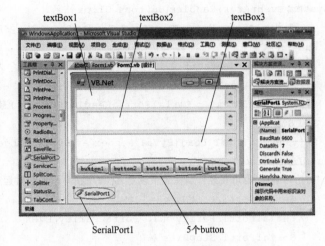

图 5-115 VB. Net 开发环境及 Form1 窗口

开串口、关闭串口、启动 fcs 校验码计算、发送通信命令及接收通信数据。3 个 textBox，1 用于键入通信命令，2 用于存储 fcs 运算结果，3 用于显示接收数据。

程序作为 Form1 类包装在一起，其有关代码及必要注释如下。

```
Public Class Form1
 PrivateSub Button1 _ Click ( ByVal  sender  As  System.Object,  ByVal  e  As
System.EventArgs)Handles Button1.Click
    If SerialPort1.IsOpen = False Then SerialPort1.Open()
 End Sub
 PrivateSub Button2 _ Click ( ByVal  sender  As  System.Object,  ByVal  e  As
System.EventArgs)Handles Button2.Click
    If SerialPort1.IsOpen = TrueThen SerialPort1.Close()
 End Sub
 PrivateSub Button3 _ Click ( ByVal  sender  As  System.Object,  ByVal  e  As
System.EventArgs)Handles Button3.Click
    Dim bb, LL, II AsInteger
    Dim ff As String
    bb = 0 '初始化为
    LL = Len(TextBox1.Text)'计算命令 FCS 之前帧字符串长度
    For II = 1 To LL    'fcs check
      bb = bb Xor Asc(Mid(TextBox1.Text, II, 1))'按位依次异或
    Next II
    ff = Hex $ (bb)'转换为字符
    If Len(ff) = 1 Then
      ff $  = "0" + ff $  '如果 FCS 字符串仅位,高位补"0"
    End If
    TextBox2.Text = TextBox1.Text + ff + "* "'命令输出
 End Sub
    PrivateSub Button4 _ Click ( ByVal  sender  As  System.Object,  ByVal  e  As
```

```
System.EventArgs)Handles Button4.Click
    SerialPort1.Write(TextBox2.Text + Chr(13))'发送命令
End Sub
  PrivateSub Button5 _ Click ( ByVal  sender  As  System.Object, ByVal  e  As
System.EventArgs)Handles Button5.Click
    TextBox3.Text = SerialPort1.ReadTo(Chr(13))'接收数据,直到收到回车符(Chr(13))
End Sub
PrivateSub Form1_Load(ByVal sender As System.Object, ByVal e As System.EventArgs)
HandlesMyBase.Load
    '初始化串口,也可在控件属性表中设定,此程序在串口加载时运行
    SerialPort1.PortName = "COM1"
    SerialPort1.Parity = IO.Ports.Parity.Even
    SerialPort1.StopBits = 2
    SerialPort1.BaudRate = 9600
End Sub
End Class
```

图 5-116 所示为本程序运行画面。这时，如在 textBox 中键入"@00RD00000020"通信命令（读 DM0000 开始的 10 个字的数据），然后用鼠标左键点击 button3（FCS 校验），再用鼠标左键点击 button1（打开通信口），再用鼠标左键点击 button4（发送命令），再用鼠标左键点击 button5（接收数据）。如通信正常，将看到如图 5-116 所示的情况。输入其它命令将有不同显示。要结束通信，可用鼠标左键点击 button2（关闭通信口）。要退出系统，可用鼠标左键点击窗口右上角的"　✕　"键。

【实例程序 5】 计算机与欧姆龙 PLC 通信 C#编程。C#编程语言是微软在微软新版本的 Visual Studio 2005 中，新开发的编程语言。具有 VB 界面好、开发快及 VC 程序效率高、运行速度快的双重优点。也是与 SUN 公司 JAVA"PK"的产物。它也自带有通信控件 SerialPort，可很方便地用以编程写通信程序。

图 5-117 所示为 C#的开发环境及建立的一个工程"C#"窗口。

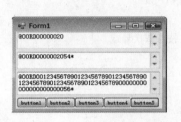

图 5-116　通信程序运行画面

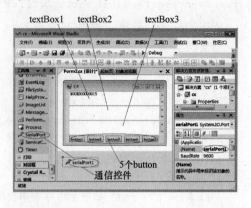

图 5-117　C#开发环境及 Form1 窗口

从图 5-117 知，在 C#窗口上，与上述 VB. Net 窗口一样，也加载了 5 个 button 按钮控件及 3 个 textBox 文本控件。前者用于激发执行与通信相关的程序，后者用以键入与显示通信

数据。此外，还有串口通信控件 SerialPort1。

这5个 button1 到5分别用于打开串口、关闭串口、启动 fcs 校验码计算、发送通信命令及接收通信数据。3个 textBox，1用于键入通信命令，2用于存储 fcs 运算结果，3用于显示接收数据。

程序关代码及必要注释如下。

```csharp
using System;
using System.Collections.Generic;
using System.ComponentModel;
using System.Data;
using System.Drawing;
using System.Text;
using System.Windows.Forms;
namespace WindowsApplication6
{
public partial class Form1 : Form
    {
      public Form1()
      {
        InitializeComponent();//用于初始化及加载窗口上所有控件
      }
      //以上各代码是系统生成的,以下为用户键入的
  privatevoid Form1_Load(object sender, EventArgs e)
      {
        serialPort1.PortName = "COM1";//使用串口1
        serialPort1.Parity = System.IO.Ports.Parity.Even; //偶校验
        serialPort1.StopBits = System.IO.Ports.StopBits.Two; //2位停止位
        serialPort1.BaudRate = 9600; //波特率9600
      }
private void button1_Click(object sender, EventArgs e)
      {
      if(serialPort1.IsOpen==false)
          serialPort1.Open();//如果串口未打开,则打开
      }

privatevoid button2_Click(object sender, EventArgs e)
      {
      if (serialPort1.IsOpen == true)
          serialPort1.Close();//如果串口打开,则关闭
      }

      privatevoid button4_Click(object sender, EventArgs e)
      {
```

```
            serialPort1.Write(textBox2.Text+"\r");//发送通信命令
        }

    privatevoid button5_Click(object sender, EventArgs e)

    {
        textBox3.Text = serialPort1.ReadTo("\r");//接收数据,直到回车符
    }
    privatevoid button3_Click(object sender, EventArgs e)
        {//计算校验码 FCS
    int ll,bb=0;
    string aa,ff;
    aa=textBox1.Text;//读入通信命令
    ll=aa.Length;//计算命令字符串长度
    char[] chars = aa.ToCharArray();//命令转换为字符数组

    for (int i = 0;i < ll;i++)
        bb=bb^chars[i];//按位依次异或
        string s = "";
        s = String.Format("{0:X}",bb);//转换为十六进制数的字符串
        if (s.Length  == 1)
            s = '0' + s;//如果字符串不到 2 位,高位加"0"
        textBox2.Text=textBox1.Text+s+"*";//输出到 textBox2
        }
    }
}
```

本程序运行与图 5-116 所示 VB.Net 的运行画面相同。如在 textBox 中键入 "@00RD00000020" 通信命令（读 DM0000 开始的 10 个字的数据），然后用鼠标左键点击button3（FCS 校验），再用鼠标左键点击 button1（打开通信口），再用鼠标左键点击 button4（发送命令），再用鼠标左键点击 button5（接收数据）。如通信正常，将看到如图所示的情况。输入其它命令将有不同显示。要结束通信，也可用鼠标左键点击 button2（关闭通信口）。要退出系统，可用鼠标左键点击窗口右上角的 " ✕ " 键。

5.3.3 计算机用微软应用程序接口通信编程

1. 微软应用程序接口

Windows 是多任务的操作系统。除了协调应用程序的执行、分配内存、管理系统资源……之外，她同时也是一个很大的服务中心。调用这个服务中心的各种服务（每一种服务就是一个函数），可以帮应用程序达到开启视窗、描绘图形、使用周边设备等目的。由于这些函数服务的对象是应用程序（Application），所以便称之为 Application Programming Interface，简称 API 函数。WIN32 API 也就是 Microsoft Windows 32 位平台的应用程序编程接口。

Api 内容丰富、功能很强、种类繁多。其中有串口通信的多个函数，用来处理通信是很

方便的。有关用于串口通信的函数较多，但主要有 4 个，即串口设定与打开 CreateFile（）、串口写数据 WriteFile（）（发送通信命令）、串口接收数据 ReadFile（）及串口关闭 Close-Handle（）。

用 VC 编程，调用 Api 函数，先写好头文件调用语句就可以了。所以较方便。而用 VB 编程，用前要先按 VB 的格式定义该函数。以下就是这个口的设定及打开（CreateFile）与口关闭（CloseHandle）函数声明。

Public Declare Function CreateFile Lib "kernel32" Alias "CreateFileA"（ByVal lpFileName As String, ByVal dwDesiredAccess As Long, ByVal dwShareMode As Long, lpSecurityAttributes As SECURITY_ ATTRIBUTES, ByVal dwCreationDisposition As Long, ByVal dwFlagsAndAttributes As Long, ByVal hTemplateFile As Long）As Long

Public Declare Function CloseHandle Lib "kernel32" Alias "CloseHandle"（ByVal hObject As Long）As Long

（1）串口通信用 API 函数

CreateFile，打开串口；

GetCommState，读取串口通信参数；

SetCommState，设置串口通信参数；

BuilderCommDCB，用字符串中的值来填充设备控制块；

GetCommTimeouts，读取通信超时参数；

SetCommTimeouts，设置通信超时参数；

SetCommMask，设置被监控事件；

WaitCommEvent，等待单个被监控事件发生；

WaitForMultipleObjects，等待多个被监测对象的结果；

WriteFile，发送数据，即写串口；

ReadFile，接收数据，即读串口；

GetOverlappedResult，返回最后重叠（异步）操作结果；

PurgeComm，清空串口缓冲区，退出所有相关操作；

ClearCommError，更新串口状态结构体，并清除所有串口硬件错误；

CloseHandle，关闭串口。

（2）串口通信程序要点

串口通信有两种操作方式：同步操作方式和重叠操作方式（又称为异步操作方式）。同步操作时，调用的 API 函数会阻塞直到操作完成以后才能返回（在多线程方式中，虽然不会阻塞主线程，但是仍然会阻塞监听线程）；而重叠操作方式，API 函数会立即返回，操作在后台进行，避免线程的阻塞。

无论哪种操作方式，一般都通过四个步骤来完成：即打开串口、配置串口、读写串口及关闭串口。

1）打开串口。用 API 函数 CreateFile 来打开或创建。该函数的原型为

```
HANDLE CreateFile(
    LPCTSTR lpFileName,
    DWORD dwDesiredAccess,
```

```
    DWORD dwShareMode,
    LPSECURITY_ATTRIBUTES lpSecurityAttributes,
    DWORD dwCreationDistribution,
    DWORD dwFlagsAndAttributes,
    HANDLE hTemplateFile
);
```

其中，

lpFileName：将要打开的串口逻辑名，如"COM1"；

dwDesiredAccess：指定串口访问的类型，可以是读、写或读写共三种方式；

dwShareMode：指定共享属性，由于串口不能共享，该参数必须置为0；

lpSecurityAttributes：引用安全性属性结构，默认值为 NULL；

dwCreationDistribution：创建标志，对串口操作该参数必须置为 OPEN_EXISTING；

dwFlagsAndAttributes：属性描述，用于指定该串口是否进行异步操作 FILE_FLAG_OVERLAPPED，表示使用异步的 I/O；该值为 0，表示同步 I/O 操作；

hTemplateFile：对串口而言该参数必须置为 NULL；

2）配置串口。在打开串口，获得通信设备句柄后，需要对串口进行配置。为此，要用到 DCB（Device Control Block，设备控制块）结构。DCB 结构包含了串口通信的各项参数设置，诸如波特率、数据位数、奇偶校验和停止位数等信息。下面仅介绍该结构几个常用的参数：

```
Typedef struct _DCB{
    ...
    DWORD BaudRate;               //波特率,指定通信的传输速率
    DWORD fParity;                //指定奇偶校验使能
    ...
    BYTE ByteSize;                //每字节的位数
    BYTE Parity;                  //奇偶校验方法
    BYTE StopBits;                //停止位的位数
    ...
    } DCB;
```

用 CreateFile 打开串口后，可以调用 GetCommState 函数来读取串口通信初始参数。即

```
BOOL GetCommState(
    HANDLE hFile,                 //通信端口的句柄
    LPDCB lpDCB                   //指向 DCB 结构的指针
    );
```

如果需要修改通信参数，可先修改 DCB 结构，然后再调用 SetCommState 函数实现所作的更改。即

```
BOOL SetCommState(
    HANDLE  hFile,                //通信端口的句柄
    LPDCB  lpDCB                  //指向 DCB 结构的指针
    );
```

除了上述设置，一般还要设置 I/O 缓冲区大小和超时值。Windows 用 I/O 缓冲区来暂存串口输入和输出的数据，调用 SetupComm 函数可以设置串口的输入和输出缓冲区的大小。即

```
BOOL SetupComm(
    HANDLE hFile,                    //通信端口的句柄
    DWORD dwInQueue,                 //输入缓冲区的大小(字节数)
    DWORD dwOutQueue                 //输出缓冲区的大小(字节数)
);
```

在读写串口时，需要考虑超时问题。超时的作用是指在指定的时间内没有读取或发送指定数量的字符，读写仍然会结束。

要查询当前的超时设置应调用 GetCommTimeouts 函数，该函数会填充一个 COMMTIME-OUTS 结构。调用 SetCommTimeouts 可以用某一个 COMMTIMEOUTS 结构的内容来设置超时。经验证明 COMMTIMEOUTS 结构中各个参数的设置将会影响到通信效率。在保证正确通信的前提下，各个参数的值越小，通信速度越快。

3）读写串口。可以使用 ReadFile 和 WriteFile 读写串口，下面是这两个函数：

```
BOOL ReadFile(
    HANDLE hFile,                    //串口的句柄
    LPVOID lpBuffer,                 //读取数据存储的地址指针
                                     //即读取的数据将存储在该指针指向的内存区
    DWORD nNumberOfBytesToRead,      //需要读取串口数据接收缓冲区的字节数
    LPDWORD lpNumberOfBytesRead,     //指向一个 DWORD 指针,返回
                                     //实际读取的字节数
    LPOVERLAPPED lpOverlapped,       //重叠执行时,该参数指向一个 OVERLAPPED
                                     //结构,同步执行时,该参数为 NULL
);
BOOL WriteFile(
    HANDLE hFile,                    //串口的句柄
    LPCVOID lpBuffer,                //写入的数据存储的地址指针
    DWORD nNumberOfBytesToWrite,     //需要写入串口数据发送缓冲区的字节数
    LPDWORD lpNumberOfBytesWritten,  //指向一个 DWORD 指针,返回实际写
                                     //入的字节数
    LPOVERLAPPED lpOverlapped        //重叠执行时,该参数指向一个 OVERLAPPED 结构
                                     //同步执行时,该参数为 NULL
);
```

在使用 ReadFile 和 WriteFile 读写串口时，既可以同步执行，也可以重叠执行。同步执行时，函数直到操作完成后或设置的超时时间到才返回，这意味着当前线程被阻塞，从而导致效率下降。重叠执行时，即使操作还未完成，这两个函数也会立即返回，费时的 I/O 操作可以在后台进行。

如果操作成功，这两个函数都返回 TRUE。需要注意的是当 ReadFile 和 WriteFile 返回 FALSE 时，不一定就是操作失败，线程应该调用 GetLastError 函数分析返回的结果。例如，在重叠操作时如果操作还未完成函数就返回，那么函数就返回 FALSE，而且 GetLastError 函

数返回 ERROR_IO_PENDING，这说明重叠操作还未完成。

4）关闭串口。利用 API 函数关闭串口非常简单，只需使用 CreateFile 函数返回的句柄作为参数调用 CloseHandle 即可。

```
BOOL CloseHandle(
HANDLE hObject;                          //串口的句柄
);
```

2. 实例：计算机与欧姆龙 PLC Host Link 协议通信 VB 编程

要求是可编辑通信命令并按命令要求实现通信。图 5-118 所示为对其话框。其上有 5 个"按钮"和 3 个"文本框"。"按钮"分别为打开通信口（Open Port）、关闭通信口（Close Port）、FCS 校验（FCS）、发送（Send）及接收（Receive）。"文本框"分别为命令原码（用以输入通信命令）、"命令原码+校验码及结束码"（用以显示 FCS 计算后的命令码）、接收字符（用以显示接收到的字符）。

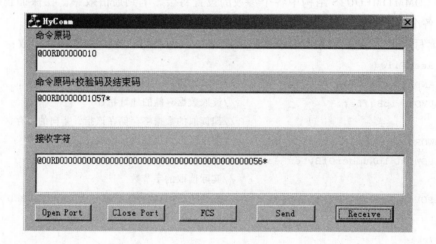

图 5-118　通信对话框

只要运行本程序后，在"命令原码"处键入命令，然后用鼠标左键依次点击 FCS 校验（FCS）、打开通信口（Open Port）、发送（Send）、接收（Receive）、关闭通信口（Close Port）"按钮"，如通信正常，将看到如图 5-118 所示的情况。

调头文件代码：

这可在与对话框对应的 .CPP 文件的开头处，加入#include "mscomm. h"语句就可以了。

有关 4 个要点代码，见下：

串口建立及打开：

```
void CHyCommDlg::OnOpenPort()
{
  m_hComm = CreateFile( "COM1",
                GENERIC_READ |GENERIC_WRITE,
                0,
                NULL,
                OPEN_EXISTING,
```

```
                   FILE_ATTRIBUTE_NORMAL |FILE_FLAG_OVERLAPPED,
                   0);
if (m_hComm == INVALID_HANDLE_VALUE)
{
  AfxMessageBox("COM1 Port can't be opened! ");
}
else
{
  // Success for opening COM port, then we must set state of
  // COM device
  DCB dcb;
  FillMemory(&dcb, sizeof(dcb), 0);
  if (! GetCommState(m_hComm, &dcb))     // get current DCB
  {
    // Error in GetCommState
    AfxMessageBox("Error in GetCommState");
  }
  else
  {
    // Update DCB rate.
    dcb.BaudRate = CBR_9600 ;
    dcb.ByteSize = 7;
    dcb.Parity  = EVENPARITY;
    dcb.StopBits = TWOSTOPBITS;
    // Set new state.
    if (! SetCommState(m_hComm, &dcb))
    {
      // Error in SetCommState. Possibly a problem with the communications
      // port handle or a problem with the DCB structure itself.
      AfxMessageBox("Error in SetCommState");
    }
    else
    {
      // Success in SetCommstate
      CreateReceiveThread();
    }
  }
}
}
```

FCS 计算:
```
void CHyCommDlg::OnFcs()// 准备发送命令存于 m_strSrc
{
  UpdateData(TRUE);
```

```
    CString str = m_strSrc;
    FCS(str);
    m_strFcs = str;
    UpdateData(FALSE);
} void FCS(CString & str)    //加上校验码(FCS)后的报文存于 m_strFcs
{
    CString o,oo,ff,fcs,o1;
    int b,l,i;
    char o2;
    o = str;
    b = 0;
    l = o.GetLength();

    for(i=0;i<l;i++)
    {
        o2=o.GetAt(i);
        b=b^o2;
    }
    ff.Format("% X",b);    //这里% X 必须大写
    if(ff.GetLength()==1)
        ff = '0' + ff;
    fcs = ff + "*";
    oo=o+fcs;
    str=oo + "\ r";
}
```

发送数据：

```
void CHyCommDlg::OnSend()//发送读数据命令,即发 m_strFcs
{
    DWORD dwActualWrite;
    OVERLAPPED o = {0};
    BOOL fRes;
    DWORD dwRes;
     if (! WriteFile(m _ hComm, ( LPCTSTR) m _ strFcs, m _ strFcs. GetLength ( ),
&dwActualWrite,&o))
      {
        if (GetLastError()! = ERROR_IO_PENDING){
          // WriteFile failed, but isn't delayed. Report error and abort
          fRes = FALSE;
        }
        else
          // Write is pending
          dwRes = WaitForSingleObject(o. hEvent, INFINITE);
        switch(dwRes)
```

```
        {
            // OVERLAPPED structure's event has been signaled
case WAIT_OBJECT_0:
            if (! GetOverlappedResult(m_hComm, &o, &dwActualWrite,FALSE))
            {
                fRes = FALSE;
            }
            else
            {
                // Write operation completed successfully
                fRes = TRUE;
            }
            break;

default:
            // An error has occurred in WaitForSingleObject
            // This usually indicates a problem with the
            // OVERLAPPED structure's event handle
            fRes = FALSE;
            break;
        }
    }
    else
    {
        // WriteFile completed immediately.
        fRes = TRUE;
    }
}
```

接收数据：

```
void CHyCommDlg::OnReceive()
{
    CString s;
    int ll;
    char odw;
    DWORD dwActualRead;
    OVERLAPPED o = {0};
    CString str = m_strSrc;
    odw=str.GetAt(3);
    if(odw=='W')//如果是写命令,接收字符长度为11
    ll=11;
    else
    {
```

```
    str=str.Mid(9,4);
    ll= atoi( str )*4+11;//如读命令,从命令中读接收的字符长度
    }
LPSTR p = s.GetBuffer(ll);
ReadFile(m_hComm,p,ll,&dwActualRead,&o);//接收数据
s.ReleaseBuffer();//接收数据
m_strReceived = s; //显示接收数据
UpdateData(FALSE); //显示接收数据
}
```

串口关闭:

```
void CHyCommDlg::OnClosePort()
{
    if(m_hComm)
    {
        CloseHandle(m_hComm);
        m_hComm = NULL;
    }
    if(m_hRcvThread)
    {
        CloseHandle(m_hRcvThread);
    }
    if(m_dwRcvThreadID)
    {
        m_dwRcvThreadID = 0;
    }
}
```

VC 通信程序可处理成多线程的, 即在前台处理其它工作的同时, 另建立一个线程, 在后台处理通信 (VB 只好用中断了), 这既提高了工作速度, 又可做到程序的其它任务处理与通信两不误。

5.3.4　计算机用 PLC 厂商通信控件编程

1. PLC 厂商通信控件概述

很多 PLC 厂商, 也包括欧姆龙、西门子及三菱, 都开发有可为可视化编程软件使用的针对自身 PLC 串口或网络模块的通信控件, 为用户设计监控应用提供方便。只是这些软件有的是要收费的。

如欧姆龙 CXP-One 软件, 在计算机上安装后, 就有这些控件将加载到编程软件平台上。图 5-119 所示为在 VB 控件视窗上显示的欧姆龙 PLC 的控件。

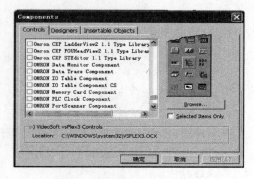

图 5-119　欧姆龙 PLC 控件

图 5-120a 所示为仅加载一个 Command1 及一个 DataMonitor1 控件使用的窗口。加载后用鼠标右键点击该控件图标，将弹出一个菜单，从中选定特性，则显示如图 5-120b、c 所示的 "Property pages"（特性页设备）。在该页面，可设定连接的 PLC 及通信网络。本例连接 CP1H 机，使用 USB 口。

这时，如果用鼠标左键点击左上角 "通信"，则转为显示通信页面。再点击 "测试通信" 按钮，则在窗口右方显示测试信息。这里显示 "已连接"，说明连接成功。

在本例中，Command1＿ Click（）过程，仅写 DataMonitor1. Show 一个语句。其含义是打开 CX-one 内存窗口。所以，如果本程序运行用鼠标左键点击 Command1 按钮，将弹出相关内存窗口。对其使用与在 CX-Programmer 编程软件中一样。

再如 S7-200 机，西门子公司为其开发有 SIMATIC Micro Computing 软件，它在计算机上安装后，也可使得来自 S7＿200 的数据可以在标准 Windows 应用中显示，并进行处理（例如：visual Basic，visual C++ 或 Excel）。

DataMonitor1控件
a)FROM1窗口

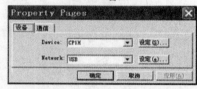

b)特性窗口1

c)特性窗口2

图 5-120　DataMonitor 控件使用

还如三菱的 MX Component 软件，在计算机上安装后，有关用于应用开发的控件将加载到如 VB、VC 这样可视化编程软件平台上，供应用开发调用，以实现计算机与 PLC 通信。图 5-121 所示为在 VB 控件视窗上显示的三菱 PLC 控件。可看出，这里的控件就较多。至于这些控件怎么使用，可参阅有关说明。

图 5-121　三菱 PLC 控件

2. 三菱 PLC 用 MX 通信控件 VB 编程实例

三菱有全系列 PLC 的通信控件（MX Component），安装完三菱的 MX Component 后，还提供 VB 程序实例。其开发窗口的图形画面见图 5-122，运行窗口的图形画面图 5-123。

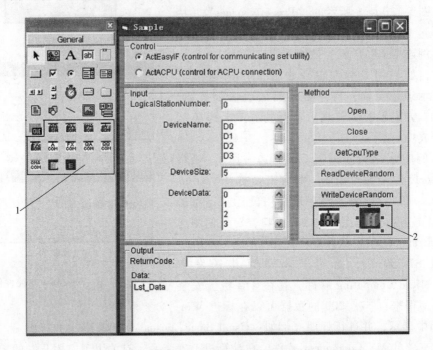

图 5-122　用 MX 通信控件开发的 VB 通信程序实例开发窗口

1—提供控件　2—程序已加载控件

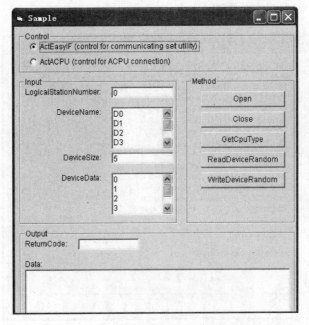

图 5-123　用 MX 通信控件开发的 VB 通信程序实例运行窗口

从图 5-122 可知，该应用加载了两个控件。一个用于 FX 机，另一用于 A 系列机。如连接 QPLC 时，可以连 422 口、USB 口、QJ71C24 通信口，可更换控件，代码中替换一下控件名。

对 FX 机，如读 X3—X6，D0 1，可使用代码：

```
Ret=ActFXCPU1.ReadDeviceRandom("K1X3"+vbLf+"D0"'2'lData(0))
```

如读正确，Ret 为 0，所读值存于数组 IData () 中。

如要写数据，可先对数组 lData () 赋值，然后使用如下代码：

```
Ret=ActFXCPU1.WriteDeviceRandom(被写对象,被写对象数,相应数组值)
```

该软件还提供有关说明。

5.3.5 计算机用 PLC 厂商通信函数编程

1. PLC 厂商通信函数概述

有的厂商，如西门子，不提供网络或串口通信协议，只提供它自己开发的通信用 Api 函数。这些函数是在安装它的 PRODAVE 通信软件后，加载给 WINDOWS 的。使用这些 Api 函数，即使不清楚它的通信协议，也可编写使用串口及 Profibus 网络的通信程序。

PRODAVE 通信软件提供的 Api 函数很多，如：load_tool () 口设定及打开、unload_tool () 口关闭、d_field_read () 读 DB 块、d_field_write () 写 DB 块等。还有很多其它软器件的读、写函数。这些函数可用于 S7 各个机型，可用于 MPI 网，也可用于 PROFIBUS 网。

正如使用 WINDOWS 的 Api 函数一样，如 VC 使用，先写好头文件调用语句就可以了。而如果 VB 使用，必须先对函数进行声明。以下就是打开口（load_tool）与关闭口（unload_tool）的函数声明。

Declare Function load_tool Lib "w95_s7. dll" (ByVal nr As Byte, ByVal dev AsString, adr As plcadrtype) As Long

Declare Function unload_tool Lib "w95_s7. dll" ( ) As Long

2. 西门子 PRODAVE Api 函数 VB 编程实例

图 5-124 所示为安装完西门子用于 S7-300、400 PRODAVE 通信软件，该软件提供的使用 PRODAVE Api 通信的 VB 示例程序。

该图的"PRODAVE MPI for S7 300/400"窗口为主窗口，用鼠标左键，用鼠标左键点击"READ"菜单项，将弹出如图所示的"LESEN/READ"读数据窗口。

在其上可选择要读取的数据类型。如图所示，选择"Datablock"，进一步如图所示再选数据块 10，数据块起始地址为 0，共读两个字，并用十进制格式显示。

选定后，如用鼠标左键点击"read"键，则读一次 DW0、DW2 ，读的值显示在"Value"的文本框中。如用鼠标左键点击"cycle read"键，则循环读 DW0、DW2 ，每次读的值也显示在"Value"的文本框中。如用鼠标左键点击"cancel"键，则停止读取数据，并退出本窗口。

该实例提供有全部的 VB 原代码，熟悉 VB 的读者可参阅，以得到更多的信息。

5.3.6 计算机用 OPC 编程

1. OPC 概述

OPC 服务器接口由三类对象组成，相当于三种层次上的接口：服务器（Server）、组

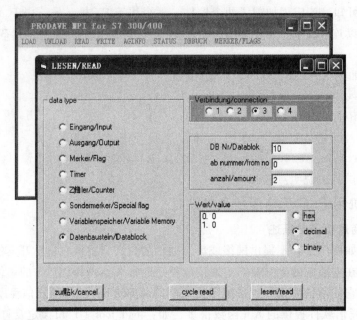

图 5-124　使用 PRODAVE Api 通信 VB 程序

（Group）和数据项（Item）。

1）服务器对象（Server）拥有服务器的所有信息，同时也是组对象（Group）的容器，一个服务器对应于一个 OPC Server，即一种设备的驱动程序。在一个 Server 中，可以有若干个组。操作系统用 CLSID，即 128 位长的标识码，识别。在每一这类文件安装时，由操作系统向其指定的唯一标识码。

2）组对象（Group）拥有本组的所有信息，同时包容并逻辑组织 OPC 数据项（Item）。组是应用程序组织数据的一个单位。客户可对之进行读写，还可设置客户端的数据更新速率。当服务器缓冲区内数据发生改变时，OPC 将向客户发出通知，客户得到通知后再进行必要的处理，而无须浪费大量的时间进行查询。OPC 规范定义了两种组对象：公共组（或称：全局组，public）和局部组（或称：局域组、私有组，Local）。公共组由多个客户共有，局部组只隶属于一个 OPC 客户。全局组对所有连接在服务器上的应用程序都有效，而局域组只能对建立它的 Client 有效。一般说来，客户和服务器的一对连接只需要定义一个组对象。在一个组中，可以有若干个项。

3）数据项（Item）是读写数据的最小逻辑单位，一个项与一个具体的位号相连。项隶属于某一个组。是服务器端定义的对象，通常指向设备的一个寄存器单元。OPC 客户对设备寄存器的操作都是通过其数据项来完成的。通过定义数据项，OPC 规范尽可能地隐藏了设备的特殊信息，也使 OPC 服务器的通用性大大增强。OPC 数据项并不提供对外接口，客户不能直接对之进行操作，所有操作都是通过组对象进行的。

应用程序作为 OPC 接口中的客户（Client）方，硬件驱动程序作为 OPC 接口中的服务器（Server）方。每一个 OPC Client 应用程序，都可接若干个 OPC Server，每一个硬件驱动程序可以为若干个应用程序提供数据。

客户操作数据项的一般步骤为：

① 通过服务器对象接口枚举服务器端定义的所有数据项。

② 将要操作的数据项加入客户定义的组对象中。

③ 通过组对象对数据项进行读写等操作。

每个数据项的数据结构包括三个成员变量：即数据值、数据质量和时间戳。数据值是以变量类型表示的。

……

有的厂商PLC不提供通信协议，只提供OPC服务程序。而用OPC实现通信比较方便，故越来越多地被采用。

2. FinsGateway

FinsGateWay现在版本是finsgateway2003。是欧姆龙的FINS协议的驱动程序。通过该驱动，上位机可以通过各层网络（包括网络互连）来访问网上的PLC。若采用运行版（Run-time版），上位组态软件可直接通过FinsGateWay的驱动，方便地与PLC进行通信。若采用开发版，则该软件提供Sysmac Compolet，即VB/VC控件，同样也可以为自己开发的程序提供驱动。它实质也是OPC。

FinsGateway有两种通信服务。一是FINS信息服务通信，使用网络通信命令，计算机发送，PLC响应，总是成对的；二是数据链接通信，用内存共享。在计算机方，参与共享内存称之为事件内存（EventMemory），可与PLC的DM区进行数据链接通信。事件内存还可作为FINS服务器，被其它应用访问。

图5-125a所示为FINS信息服务通信示意。它的数据交换是靠发送通信命令及接收响应实现。计算机接收到数据存于事件内存中。图5-125b所示为事件内存与PLC DM数据链接通信示意。它的数据交换是自动实现的。

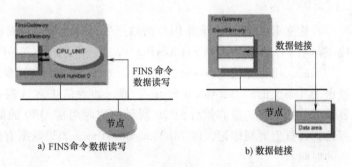

a) FINS命令数据读写　　　　　b) 数据链接

图5-125　数据链接示意

FinsGateway还有网络中继功能，可跨网络通信。还有套接字代理服务器功能，允许被TCP/IP网络上程序访问。此外，欧姆龙的还有PLC reporter32数据收集软件，安装后在EXCEL表格中直接设定，可把读取DM区的数据，转为EXCEL表格显示。

3. 计算机与S7-200使用OPC通信VB程序实例

西门子公司为S7-200运用OPC通信提供了S7-200_PC Access软件。它的演示版可从西门子网站下载。此软件还提供使用VB等实例程序，可用以当OPCServer与S7-200通信时，实现VB程序与OPCServer交换数据。图5-126所示为运行S7-200_PC Access后显示的画面。

从图5-126可知，它已建立了1个PLC，为NewPLC。而在NewPLC下，建立了1个NewFolder。在此NewFolder下，建立了两个Item，一个为NewItem，另一个为NewItem（1）。前者指定地址为QB0，后者指定地址为iVB100。并指定其为字节，可读写（RW）。

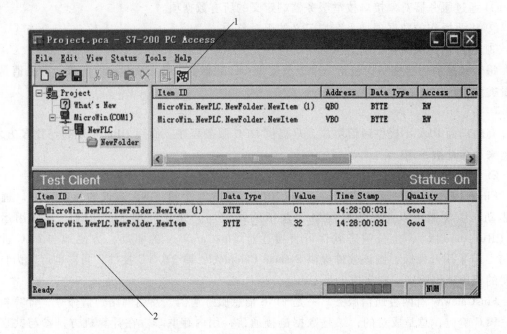

图 5-126　运行 S7-200_PC Access 程序画面

1—"Test Client Status"键　2—"Test Client"窗口

在建立 PLC 时，还要对 PLC 的站点号进行设定，以确保读写是针对该 PLC 的。该图设定了两个 PLC，一个为站 2（NewPLC），另一为站 3（NewPLC（1））。

然后，用鼠标把 NewItem、NewItem（1）拖放到测试窗口（Test Client）。再用鼠标左键点击工具条上的"Test Client Status"键，如通信正常（测试窗口的 Quality 项 good），则将显示所监控数据的值。如图 5-126 所示，这时对应 QB0 的值为 01，对应 VB100 的值为 32。而且，还打上时间印记，即 14h28min00s31ms。如果数据有变化，时间印记将改为当时计算机的时间。

这里只建立不多的数据，即 PLC、Folder 及 Item 监视。其实可建立更多项。监视的 PLC 可遍及整个 PPI 网络，数据项也只是受计算机及通信速度的限制。可知，有了这个软件，通过 PPI 网实现计算机与 S7-200 通信是很方便的。什么程序都不用编，做好以上建立及有关设定，即可把这个 OPC 的服务器运行起来，用以监视 PLC 的数据。

然而，它的这个 OPC 服务器，不能写数据，也不能处理、存储数、打印数据或进行动画显示。所以，还不能作为实际的应用程序。

为此，要有 OPC 客户机。本 OPC 可用 VB、VC 以至于微软的 EXCEL 都可作为它的客户机。图 5-127 所示为用 VB 编写的 OPC 客户机画面。这是西门子提供的例子程序。

运行该程序后，要先建立连接（用鼠标左键点击"Connect"键），然后再用鼠标左键点击"Add Group"键，加入组"Group2"（图 5-127 中 4）。再填写"Item1""Item2"的内容，分别为"2，QB0，byte""2，VW4，word"（图 5-127 中 3、7），用鼠标左键点击"Add Item"键，加入项目"Item1""Item2"的内容。

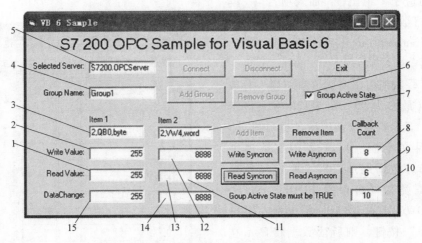

图 5- 127　用 VB 编写的 OPC 客户机样板程序

> **提示**：在建立连接时，指定"S7-200. OPC Server"，在加入项目时，指定"2，QB0，byte"等是不能有错的。前者代表OPC服务器名，后者代表访问的数据特征。这里的2为PLC站址，QB0为数据地址，byte数据类型。应按要求填写，不能出错。

这时，可用鼠标左键点击"Read Syncron"或"Read Asyncron"键，进行同步或异步读数据。如读通信成功，将在图中 1、11 文本框中，显示所读值。

如异步读（用鼠标左键点击"Read Asyncron"键），则会在图 5-127 中 9 文本框中，计数所读次数。如图示，已读 6 次。同步读则不计次数。

在图 5-127 中 2、12 文本框中，写入合法数据，再用鼠标左键点击"Write Syncron"或"Write Asyncron"键，如通信成功，可把所填数据写入 PLC 的"2，QB0"及"2，VW4"中。

如异步写（用鼠标左键点击"Write Asyncron"键），则会在图中 8 文本框中，计数所写次数。如图 5-127 所示，已读 8 次。同步写则不计次数。

如在图 5-127 中 6 处的选择框中进行选定（如图示，打上对号），则只要 PLC 数据变化，将把变化后的数据显示在图 5-127 中 14、15 文本框中。如不选定，则数据变化，也不把变化的数据读入。

该实例提供有全部的 VB 原代码，熟悉 VB 的读者可参阅，以得到更多的信息。

> **提示**：一般讲，OPC 的服务器程序必须运行，然后客户机才能对其进行访问。但运行上述 VB 程序，可不必运行 S7-200_ PC Access 程序。因为在这个 VB 程序中，已加载了有关 S7-200_ PC Access 的 OPC 类。这样，在表面上，虽没有单独运行 OPC 服务程序，但因调用这类的有关对象时，实际上等于已运行了它的程序。

以下再介绍一个实际 VB 程序，看其代码的编写过程。图 5-128 所示为这个 VB 实例程序窗口画面。

该程序所用控件主要有：项目文本框（Text2 组）、数据文本框（Text1 组）、进度条（ProgressBar1）滚动条（VScroll1）、项目数文本框（Text3）及命令按键（Command1、2、

3、4 、5 对应于"退出""加入项目""读数据""写数据"及"加入项目")。此外，还用 Frame1、Picture1 及 Picture2 作上述控件容器。

在读、写数据前，要先填写所读、写数据项目数（最多为 99，图 5-128 中只显示 15 个项目，其余的可拉动滚动条也可显示）及每个项目文本框。要填写 PLC 站地址（默认为 2）、数据地址（S7-200 定义的地址）及数据类型（可以是 BOOL、BYTE、WORD 或 DWORD）。然后，用鼠标左键点击"读数据"按键，则所读数据将显示在数据文本框中。如写数据，则应先在数据文本框中填写要写的数据，再击"写数据"按键。在"进度条"上显示已完成，而又没有出错显示，则可确认数据已写入。

要强调的是，在建立本工程时，一定要加载如图 5-128 所示的关于 S7-200. OPCServer 的 OPC 类，即 OPCSimens-DAAutomation OPCServer 类，如图 5-129 所示。

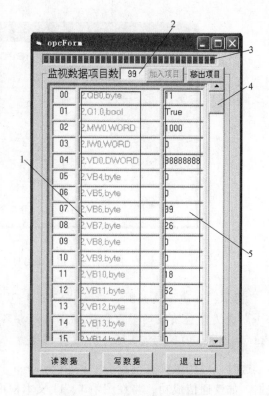

图 5-128　VB 实例程序窗口画面

1—项目文本框　2—项目数文本框　3—进度条　4—滚动条　5—数据文本框

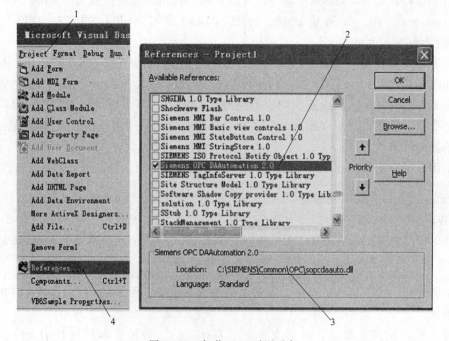

图 5-129　加载 OPC 引用对象

1—工程（Project）菜单　2—引用对象　3—相关文件名及路径　4—引用（References）子菜单

其过程是，用鼠标左键点击工程（Project，图 5-129 中 1）下菜单项应用（References，图 5-129 中 4）。点击后，将弹出 References 对话框。由于安装 S7-200 Access OPC 软件时，已在图 5-129 中 3 所示的路径，安装上了 sopcdaauto.dll 库文件，故在图 5-129 中可看到"Simens DAAutomation2.0"项。选择它，并用鼠标左键点击"OK"键，将把这个 OPC 类加载到本工程中。

这时，可在 VB 平台上，用鼠标左键点击"View"-"Object Browser"菜单项，将弹出如图 5-130 所示的"Object Browser"窗口。

如图 5-130 所示，这里的 OPC-SimensDAAutomation 类有的成员很多。OPCItem 就是其中一员，它的特性、方法很多。AddItems 方法就是其中一个。可利用加入项目组。

这样，在实际上可以不运行 OPC 程序，也可用 VB 程序，利用这些对象特性及方法访问 PLC。

图 5-130　对象浏览器窗口
1—OPCItems（项目集合）　2—OPCSimensDAAutomation 对象
3—AddItems（加入项目）方法　4—对 AddItems 方法解释

有了以上加载，还要定义与这些类有关的窗口全局变量。以便在程序中使用这些变量。以下就是这些定义：

```
Dim MyOPCServer As OPCServer           'OPC 服务器对象
Dim MyGroups As OPCGroups              'OPC 组,集合对象
Dim WithEvents MyGroup As OPCGroup     'OPC 组对象
Dim MyItems As OPCItems                'OPC 项目集合对象
Dim MyItemServerHandles()As Long       '用于项目的服务器句柄
Dim MyTID As Long                      '异步调用时用的标识 ID
```

提示：如没有加载 OPCSimensDAAutomation OPCServer 类，以上定义是不成立的。

再次是，建立 OPC 连接，加入项目组。这些用初始化程序实现。
初始化程序如下：

```
Private Sub Form_Load()
  On Error Resume Next
  Picture1.Height=(Val(Text3.Text)+1)*Text1(0).Height
  For i% =1 To Val(Text3.Text+1)
    ProgressBar1.Value=i%
```

```
    Load Text1(i%)        '加载 Text1
    Set Text1(i%).Container=Picture1
    Text1(i%).Visible=True
    Text1(i%).Left=Text1(0).Left
    Text1(i%).Top=Text1(0).Top+i% * Text1(0).Height

    Load Text2(i%)        '加载 Text2
    Set Text2(i%).Container=Picture1
    Text2(i%).Visible=True
    Text2(i%).Left=Text2(0).Left
    Text2(i%).Top=Text2(0).Top+i% * Text2(0).Height
    Text2(i%).Text="2,VB"+Trim(Str(i% - 1))+",byte"

    Load Label1(i%)       '加载 Label1
    Set Label1(i%).Container=Picture1
    Label1(i%).Visible=True
    Label1(i%).Left=Label1(0).Left
    Label1(i%).Top=Label1(0).Top+i% * Text1(0).Height
    Label1(i%).Caption=Format(i%,"00")
  Next
  Set MyOPCServer=New OPCServer    '建立 OPC 服务器对象
  MyOPCServer.Connect ("S7200.OPCServer")'建立连接
  Set MyGroups=MyOPCServer.OPCGroups
        '自 MyOPCServer 取得 OPCGroups 集合对象
  MyGroups.DefaultGroupIsActive=500 '设定数据更新时间为 500 ms
  Set MyGroup=MyGroups.Add("Group1")'加入新 Group 到 Groups 集合中
  ProgressBar1.Value=ProgressBar1.Max
End Sub
```

对项目的数量及具体内容可进行选择。选择后，用鼠标左键点击"加入项目"键，则执行加入如下项目程序：

```
Private Sub Command2_Click()
  On Error Resume Next
  Dim i,N As Integer
  N=Val(Text3.Text)+1
  Dim ItemObj As OPCItem
  Dim ItemIDs(100)As String
  Dim ItemClientHandles(100)As Long
  Dim Errors()As Long
  Set MyItems=MyGroup.OPCItems    '自 MyOPCServer 取得 OPCItems

  For i=1 To N
    ItemIDs(i)=Text2(i - 1).Text '自 Text1(i)读 ItemId
  Next
```

```
        Call MyItems.AddItems(N,ItemIDs,ItemClientHandles,MyItemServerHandles,Er-
rors)
        '加入项目到 Group 中

        For i=1 To N
            If Not Errors(i)=0 Then
    MsgBox "Item "+Str $ (i)+" FAILED. Error Code="+Str $ (Errors(i)),vbCritical
            End If
        Next
        Command2.Enabled=False
        Command3.Enabled=True
        Command4.Enabled=True
        For i=0 To Val(Text3.Text)
          Text2(i).Enabled=False
        Next


End Sub
```

项目数变化时，可重新激发初始化。项目数变化程序如下：

```
Private Sub Text3_Change()
  If Val(Text3.Text)>99 Then Text3.Text=99
  If Val(Text3.Text)<2 Then Text3.Text=2
  Call Form_Load
End Sub
```

项目多时，如未显示的，可拉动滚动条使其显示。拉动滚动条程序如下：

```
Private Sub VScroll1_Change()
  VScroll1.Max=1000
  Picture1.Top=-VScroll1.Value*32
End Sub
```

这时，如要读数据，可用鼠标左键点击"读数据"按键，执行读数据程序。读数据程序如下：

```
Private Sub Command3_Click()
    If ProgressBar1.Value <> ProgressBar1.Max Then Exit Sub
    '等待上次读、写完成
    Dim i,N As Long
    Dim Values() As Variant
    Dim Errors() As Long          '出错数组
    Dim Qualities As Variant    'Qualities 值反馈数组
    Dim TimeStamps As Variant    '时间标志数组
    N=Val(Text3.Text)+1
    ProgressBar1.Value=10
    Call MyGroup.SyncRead(OPCDevice,N,MyItemServerHandles,Values,Errors,Quali-
```

```
ties,TimeStamps)
            '同步读数据
        For i=1 To N '16
          If Qualities(i)=192 Then '正常
                    Text1.Item(i-1).Text=Values(i)'把值写入 Text(i)
                    Text1.Item(i-1).BackColor=&HFFFFFF
              Else  '出错
                    Text1.Item(i-1).BackColor=&H8080FF
          End If
          ProgressBar1.Value=i
        Next
        ProgressBar1=ProgressBar1.Max '置完成标志
    End Sub
```

这时，如写读数据，可先在数据区填写合法数据，再用鼠标左键点击"写数据"按键，执行写数据程序。写数据程序如下：

```
Private Sub Command4_Click()
    If ProgressBar1.Value <> ProgressBar1.Max Then Exit Sub
        '等待上次读、写完成
    Dim i,N As Integer
    N=Val(Text3.Text)+1
    Dim Values(100)As Variant
    Dim Errors()As Long            '出错数组
    ProgressBar1.Value=2
    For i=1 To N
        Values(i)=Text1(i-1).Text '自 Text(i)向 Values(i)赋值
    Next
    ProgressBar1.Value=20
    '同步写数据
    Call MyGroup.SyncWrite(N,MyItemServerHandles,Values,Errors)
    For i=1 To N  '错误检查
      If Not Errors(i)=0 Then MsgBox "Item "+Str $ (i)+" FAILED. Error Code="+Str $
(Errors(i)),vbCritical
        ProgressBar1.Value=i
    Next
    ProgressBar1=ProgressBar1.Max '置完成标志

End Sub
```

其它程序：
```
Private Sub Command1_Click()
  End
End Sub
```

为了重新设定项目，要新移除现有项目，然后，再作项目填写，再加入项目。才又可重新读、写数据。此移除过程代码如下：

```
Private Sub Command5_Click()
    Dim i As Long
    Dim Errors()As Long   '定义返回错误数组
    Call MyItems.Remove(2,MyItemServerHandles,Errors)
    '调移除项目方法
    For i=1 To 2 '检查错误
        If Not Errors(i)=0 Then
    MsgBox "Item "+Str $ (i)+" FAILED. Error Code ="+Str $ (Errors(i)),vbCritical
        End If
    Next
    Erase MyItemServerHandles   '清除项目句柄
    '以下为设定按键状态
    Command2.Enabled=True
    Command2.Enabled=True
    Command2.Enabled=True
    Command5.Enabled=False
    For i=0 To Val(Text3.Text)
        Text2(i).Enabled=True
    Next
End Sub
```

以上程序是西门子例子程序的简化，但可读写更多的数据。

5.3.7　计算机与 PLC 用公网平台通信编程

1. 固定电话网络通信编程

计算机、PLC 串口，使用调制解调器（MODEM），可通过市话系统通信。凡是电话能到达的地方都可通信。有的厂商 PLC，如西门子 S7-200，还有 MODEM 模块，那样在模块上做好设定。经计算机呼叫，如成功，则建立了连接也可通信。

这样模块不像通用的调制解调器，而是一个智能扩展模块，不占用 CPU 的通信口。它有密码保护及回拨功能。可通过模块上的旋转开关，实现从 300baud 到 33.6Kbaud 的自动波特率选择。是用脉冲，还是用语音拨号，也可选择。

2. 移动电话网络通信编程

移动电话在我国发展很快。目前装机量已超过固定电话。所以，利用它进行 PLC 与计算机通信或与个人手机互发短信是很方便的。

为此，要有两台 GSM 的 modem，如 BM2403A。还要有两张手机的 SIM 卡。系统配置如图 5-131 所示。

此外，还要对串口特性和通信模式进行设置。要把 PLC 串口设置为无协议方式，特性与 MODEM 一致，并编写调用 TXD 指令程序。

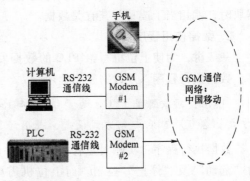

图 5-131　PLC 移动通信配置

运行 PLC 程序后，当执行 TXD 指令条件具备时，则自动发送 AT 指令给 GSM MODEM，MODEM 再将设定好的信息以短信的方式发送给用户手机、计算机。只要在中国移动通信的网络覆盖范围之内，就可收到此短信。

如发送"OK"，其 AT 命令为

AT+CMGS＝"13912345678"（报头及手机号码）回车（结束符）OK（发送信息）发送符

以上为字符，实际要转换为 ASCII 码，并要预先存放在 TXD 指令的源字中。如它的开始字为 DM100 中，则对应的在 DM100～DM112 中的值（十六进制）分别为

DM100（4154，即字符 AT），DM101（2B，即字符+C），DM102（4D47，即字符 MG），DM103（533D，即字符 S＝），DM104（2231，即字符 1），DM105（3339，即字符 39），DM106（3132，即字符 12），DM107（3334，即字符 34），DM108（3536，即字符 56），DM109（3738，即字符 78），DM110（220D，即字符回车），DM111（4F4B，即字符 OK），DM112（1A00，即字符! Nul）。

3. 无线网络通信编程

如果使用的为无线 MODEM，通过专用无线电台传送信号，就成了无线网络。威海市自来水公司调度中心计算机与全市 20 多个供水站 PLC 之间就是这样通信的。各个供水站用 PLC 控制进、出水阀门的开闭。并实时检测与记录进、出水流量、压力。中心计算机定时与 PLC 通信，采集各水站的这些数据，并通过 PLC 控制各水站工作。只是这里的无线网络是专用的，不是公网。

5.3.8　PLC 方程序设计

如为被动通信或协议通信，PLC 方基本上可不用编写程序。但为了提高程序效率与性能，多数还是要编写一些准备数据及使用数据程序。

如为主动通信或无协议通信，PLC 方必须编写相应程序。

1. 数据准备程序

最好把上位机要读的数据作些归拢，集中在若干连续的字中。这样，当上位机读时，一个命令即可读走。不然，如果数据分布较分散，则要用多个命令、分多次读。这既增加通信时间，又增加上位机编程的工作量。

如有的 PLC 与上位机通信，只能用指定的数据区。这时，则必须建立一个通信用的数据块，把要与上位机交换的数据，与这个数据块中的数据相互映射，以做到上位机读写这数据块时，就相当于读写与其有关数据。

2. 数据使用程序设计

一般讲，为使上位机写给 PLC 的数据发挥作用，PLC 还要有相应的程序。有两方面程序：数据执行程序，及数据复原程序。

> **提示**：对欧姆龙 PLC，为了让计算机能向 PLC 写数据，首先应使 PLC 处在监控工作方式。这可用 PLC 起动方式设定，或用计算机写 PLC 处于监控状态实现。

数据执行程序：实际上是有关控制程序的一部分。如图 5-132 所示"工作"，下位机是由"起动"及"停止"控制。而上位机需要对"工作"进行控制，可直接对其置位、复位。只是有时通信命令不便对位进行操作，而只能对字进行操作。这怎么办？

如图 5-132a 用 LR0.0、LR0.1 操作。上位机用写命令，使 LR0 的值为 1，即 LR0.0 为

1，其余位均 0。使 LR0 的值为 2，即 LR0.1 为 1，其余位均 0。而在程序的最后又使 LR0 置零。这里 LR0.0、LR0.1 仅 ON 一个扫描周期，但其作用却等同于这里的"启动""停止"。LR0 的其它位也可用作类似控制。

如图 5-132b 用 M0.0、M0.1 操作。上位机用写命令，使 MB0 的值为 1，即 M0.0 为 1，其余位均 0。上位机用写命令，使 MB0 的值为 2，即 M0.1 为 1，其余位均 0。而在程序的最后又使 MB0 置零。这里 M0.0、M0.1 仅 ON 一个扫描周期，但其作用却等同于这里的"启动""停止"。MB0 的其它位也可用作类似控制。

如图 5-132c 用 M0、M1 操作。上位机用写命令，使 K4M0（M0～M15）的值为 1，即 M0 为 1，其余位均 0。使 K4M0（M0～M15）的值为 2，即 M1 为 1，其余位均 0。而在程序的最后又使 K4M0 置零。这里 M0、M1 仅 ON 一个扫描周期，但其作用却等同于这里的"启动""停止"。M0～M15 的其它位也可用作类似控制。

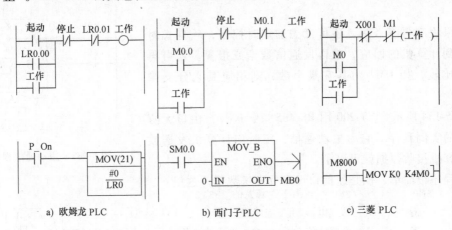

图 5-132 数据使用程序

这里在程序的最后又使 LR0、MB0、K4M0 置零，又称在数据复原程序。一般讲，上位机所写的数据经使用后，最好用 PLC 程序使其复原（处于 0 状态），使其不再起作用。

> 提示：如上位机可对位的状态进行操作，如本例，可直接写"工作"。这样，下位机的程序什么都不用改。也可写"启动"或"停止"，如"启动"或"停止"为 PLC 的输入点，计算机写它的值，只能保持一个扫描周期。之后，将取决于当时的输入状态。这时，下位机的程序也是什么不用改。但有的 PLC，如西门子，上位机不能写输入点，或有的协议不能对位进行操作，那只好按图 5-132 的办法处理。

3. PLC 主动通信程序

主动通信是 PLC 发起的。PLC 根据控制状态或采集到的数据情况，主动给上位机发送数据，等待计算机回应。当 PLC 接收到这数据，再按约定向 PLC 发写数据回应命令。PLC 再对回应进行判断，以进行下一步处理。

PLC 如果用串口与计算机主动通信，则要用串口通信指令。如果用其它网络接口与计算机主动通信，则要用网络通信指令或函数。图 5-133 所示为欧姆龙 PLC 用串口指令，主动与计算机通信的一个例子程序。

从图 5-133 可知，当 9.01 ON（要进行某个控制）时，PLC 向串口发送一组数据。注意，这里的 TXD 指令为微分执行，即仅发一次数据。控制字 0，说明用 RS-232 口发数据。第 3 个操作数为#4，说明发 DM10、11 中 4 个字节数据。从程序知，这 4 个字节的内容为"1112AAAA"。因用的是 HOST LINK 方式通信，所以，会自动加入报头及结尾。

与其连网的计算机，不断地读串口。一旦收到此数据，经判断、确认，如按约定发向 PLC 的 DM1 写"ABCD"的通信命令。如 PLC 接受了这个写操作（注意，无须编程，系统为之实现），从图的梯级 2 知，其比较结果使 P_ EQ（相等标志）ON，则使 8.01 置位，并自保持，程序进入下一步操作。且使 9.01、DM1 复位。为以后通信应答做准备。

如果程序再细一些，还可考虑加定时控制，一旦长时间得不到计算机的回应，或再发通信数据或报警。还可再作别的比较，如 DM1 为其它某个数，则相应其它分支操作等。

图 5-134 所示为 S7-200 用 RS-485 口，进行自由口无协议通信的实例程序。它为主动通信，定时向计算机发送数据。计算机接收数据就可以了。

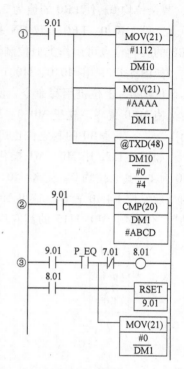

图 5-133　主动通信程序

其程序很简单，仅是通信口设定及发送数据。这里：

```
LD    SM0.1      //SM0.1相当于欧姆龙的25315特
                  殊继电器,用于程序初始化

MOVB  9,SMB30    //设置通信方式,SMB30为通信参数
                  设定字节,把9赋给它,含义是
                 //波特率9600,无校验,用自由口0
                  自由方式通信等

MOVB  4,VB199    //VB199为发送指令(见下面XMT
                  指令)发送数据首地址,VB199
                 //4,即发送VB199后4个字节数据

LD    SM0.5      //秒脉冲,意即每隔一秒,要向计算
                  机发送一次数据

EU               //微分上升延,时间到,只ON一个扫
                  描周期

XMT   VB199,0    //发送数据指令,指定在通信口0,发
                  送数据(VB200、VB201、VB202、VB203)
```

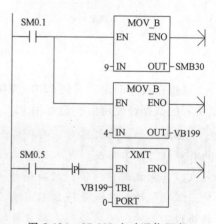

图 5-134　S7-200 主动通信程序

5.4　PLC 与计算机以太网通信编程

以太网通信编程要使用 TCP（控制传输协议）或 UDP（用户数据报协议）协议。前者需先建立连接才可发送、接收数据，通信较为可靠。后者无需建立连接，即可传送数据，比较简便，但不大可靠。与欧姆龙 PLC 以太网通信编程也使用这两个协议，而且还要与 FINS 相结合。

TCP、UDP 通信要用到的 Socket。是由美国伯克利大学开发的，在 UNIX 系统上的通信编程规范。用于计算机通信，则代表一种点到点数据传输。通信双方由代表两点的"服务器"和"客户端"组成，基于 IP 协议进行按照 TCP 或 UDP 规范进行信息交换。

建立双方通信的过程即称为建立一个"套接字（Socket）"，建立后利用得到的"套接字"进行各种信息的交流。随着 Windows 系统的流行，开始有人在原来的基础上移植到 Windows 平台上。微软在早期编写了基于 Windows 特征的（消息驱动等）"套接字"编程 API，一般称其为"Winsock API"。此外，还有"Winsock"控件。

5.4.1 计算机用 Winsock Api 函数通信编程

1. Winsock API

1）以太网 TCP 协议通信用 Api 函数主要有：

socket，创建套接字；

listen，监听；

accept，请求连接；

connect，建立连接；

send，发送数据；

rec，接收数据；

closesocket，关闭套接字。

2）以太网 TCP 协议通信程序要点。

① 对服务器端其要点是：

用 socket 函数，创建套接字；

用 bind 函数，将套接字绑定到一个本地 ip 地址及端口上；

用 listen 函数，将套接字设为监听模式，准备接收客户请求；

等待客户请求到来，如果到来，用 accept 函数，接收请求，并返回一个新的对应于此次连接的套接字；

用 send 或 recv 函数，通过这个新的套接字，从客户机读取数据或向客户机发送命令；

返回，等待另一个客户连接；

如果不再通信，关闭套接字。

② 对客户端其要点是：

用 socket 函数，创建套接字；

用 connect 函数，向服务器发出连接请求；

用 send 或 recv 函数，通过套接字，向服务器发送命令或从服务器读取数据；

如果不再通信，关闭套接字。

5.4.2 计算机用 Winsock 控件通信编程

利用 WinSock 控件可以与通信对方建立连接，并通过传输控制协议（TCP）进行数据交换。

1. Winsock 控件属性、方法及事件

（1）主要属性

主要属性有：

BytesReceived：返回当前缓冲区中接收到的字节数量。

LocalHostName：返回本机名字符串。

LocalIP：返回以（xxx.xxx.xxx.xxx）格式表达的 IP 地址串。

LocalPort：本机使用的地址，可读写，设计时可用，Long 型。对于客户，如果不需要指定端口，则用端口 0 发送数据。在此情况下，控件将随机选择一个端口。在一个连接确定后，成为 TCP 的端口。对于服务器，指用于监听的端口。如设置为 0，则用随机数。在调用 Listen 方法后，该属性自动包含用到的端口。端口 0 总是用于在两计算机间建立动态连接。客户希望通过端口 0 获得一个随机端口以"回调"连接服务器。

Protocol：套接字类型，为 TCP 或 UDP 二者之一，默认为 TCP 类型。设置为 sckTCPProtocol 表示 TCP 协议 sckUDPProtocol 表示 UDP 协议。在此属性被重置之前需用 Close 方法关闭之。

RemoteHost：发送或接收数据的主机，可提供主机名如："FTP：//ftp.microsoft.com"；或一 IP 地址串，例如 "100.0.1.1"。

RemoteHostIP：远程主机的 IP 地址。对于客户程序，在连接确定后使用 Connect 方法，此属性包含远程主机的 IP 名串。对于服务器程序，在引入连接需求后（ConnectionRequest 事件），此属性包含 IP 串。当使用 UDP 套接字，在 DataArrival 事件发生后，此属性为发送 UDP 数据的机器 IP 地址串。

RemotePort：连接套接字端口值。例如通常 HTTP 应用使用 80 端口，FTP 则使用 21，LM 机的端口为 502。

State：控件状态，只读。可为以下值：0（sckClosed），默认值，关闭；1（sckOpen），打开；2（sckListening），侦听；3（sckConnectionPending），连接挂起；4（sckResolvingHost），识别主机；5（sckHostResolved），已识别主机；6（sckConnecting），正在连接；7（sckConnected），已连接；8（sckClosing），同级人员正在关闭连接；9（sckError），错误。

（2）主要方法

主要方法有：

Accept：仅用于 TCP 服务器应用。这个方法用于在引入一个连接时响应的事件，即 ConnectionRequest 事件。语法：object.AcceptrequestID 返回值：Void。响应事件时必须传递 RequestID 参数给此方法，以生成新的 Socket 实例用于实际的信息传输。

Bind：设定 LocalPort 及 LocalIP 用于 TCP 连接。当有多个协议适配器时使用。语法：object.BindLocalPort，LocalIP。LocalPort 此端口用于连接，LocalIP 生成连接的 IP 地址。如果已设定相关属性，可不必携带相关参数。在调用 Lisent 方法之前调用此方法。

Close：在客户或服务器方关闭 TCP 连接。语法：object.Close。参数：无。返回值：Void。

GetData：接收存于可变类型中的数据块。返回值：Void。语法：object.GetDatadata，［type，］［maxLen］。Data：接收数据的变量，如果空间不够，将设置为空。Type：可选，接收的类型，自行设置。MaxLen：可选参数。设定接收数组或字符串类型数据的尺寸。如果参数没有，将接收所有的数据。如果提供数组或字符串以外的数据类型，则忽略此参数。Type 可以设置为常用的数据类型。通常在 DataArrival 事件中使用该方法。此事件包含 totalBytes 参数。如果设定的 maxlen 小于 totalBytes 参数，将得到一个由 10040 表示的剩余字节将丢失的警告信息。

Listen：建立一个设置为监听模式的套接字。此方法仅用于 TCP 连接。语法：object. Listen 参数：无。返回值：Void。当调用 Listen 之后，引入一个连接时发生 ConnectionRequest 事件。当处理 ConnectionRequest 时，应用程序必须使用 Accpet 方法来响应。

PeekData：同 GetData 类似，但是 PeekData 不从输入队列中移去数据。此方法仅用于 TCP 连接。语法：object. PeekDatadata，[type,] [maxLen]。

SendData：向远地主机发送主机。返回值：Void。语法：object. SendDatadata。Data：发送的数据为二进制数，使用字节数组。当使用 UNICODE 格式串时将在发送之前转换为 ANSI 串。

Connect：客户机端可以用此方法请求与服务器连接。连接前应指定远程服务器 IP 地址及端口号。但也可以调用此方法是指定。

（3）主要发生的事件

主要发生的事件有：

Close：发生于远程主机关闭连接。为了正确地关闭 TCP 连接应当使用 Close 方法。

Connect：当连接行动完成时，语法：object. Connect（）。用此事件表明连接成功。

ConnectionRequest：发生于一个远端主机要求确定一个连接时。仅用于 TCP 服务器应用。RemoteHostIP 及 RemotePort 属性在此事件后存储了关于客户机的信息。语法：object_ ConnectionRequest（requestIDAsLong）。requestID：引入的连接的请求标识。此参数传给 Accept 方法中的第二个控件实例。服务器可以决定是否认可该连接。如果引入的连接未被认可，客户将受到一个 Close 事件。使用 Accept 方法接受引入的连接。

DataArrival：当新数据抵达时发生。语法：object_ DataArrival（bytesTotalAsLong）。BytesTotal，Long 型。总计收到的数据量。此事件在调用 GetData 方法之前将不会再发生。仅在有新数据抵达时激活。可以在任何时刻使用 BytesReceived 属性检查多少数据有效。

Error：表明发生了错误。限于篇幅，错误码忽略。

SendComplete：当发送动作完成时发生。语法：object_ SendComplete。参数：无。

SendProgress：当发送数据时产生本事件。语法：object _ SendProgress（bytesSentAsLong，bytesRemainingAsLong）。

BytesSent：本事件发生以来发送的数据量。

BytesRemaining：缓冲区中等待发送的数据。

2. 计算机与和利时 LM 机以太网 Modbus TCP 协议通信 VB 编程实例

计算机与 PLC 通信，计算机为客户机，而 PLC 为服务器。PLC 程序由调用以太网功能块时，自动生成，用户不必编程。计算机程序必须用户编写。

图 5-135 所示为这个计算机程序表单。其上有发送报文文本框及接收报文文本框。有建立连接、发送命令及接收数据按钮。

图 5-135 计算机与以太网 PLC TCP IP 协议通信程序表单

作为客户机，计算机程序要点是：

在使用这些控件之前，要先把 winsock 控件，从控件库中调入到本工程 VB 的工具箱中。Protocol（套接字类型）属性设为 TCP，使用 TCP 协议。

用 connect 方法请求连接。其参数是指定 PLC 的 ip 地址（PLC 配置时指定）及使用的通信口（LM 机协议规定为 502）；

生成命令，并用 sendData 方法发送命令；

用 getData 方法接收并显示数据。

具体程序为：

（1）建立连接程序

```
Private Sub Command1_Click()
  If Winsock1.State <> 0 Then Winsock1.Close
    Winsock1.RemoteHost=Text1.Text          '确定服务器的主机名
    Winsock1.RemotePort=Val(Text2.Text)     '502
    Winsock1.Connect  '"169.254.202.1",502 也可在此指定远程 IP 地址及端口号
    Do While Winsock1.State <> sckConnected: DoEvents '等待连接
      If Winsock1.State=sckError Then GoTo skip
    Loop
  Exit Sub
  skip:
    MsgBox"连接出错！"
End Sub
```

（2）生成并发送命令程序

```
Private Sub Command2_Click()
  If Winsock1.State=7 Then
    Dim b(100)As Byte                    '声明字节数组
    a$ =Text3.Text                       '发送文本
    l=Len(a$)
    For k=0 To l-2 Step 2
      b(k\2)=Val("&H"+Mid(a,k+1,2))
  '把可视的字符串转换为字节数组,两个十六进制字符存于 1 个字节中
    Next k
    Winsock1.SendData b()
  End If
End Sub
```

（3）接收并显示数据程序

```
Private Sub Command3_Click()
  If Winsock1.State <> 7 Then Exit Sub
    Dim rD As Variant
    Dim b()As Byte
    Winsock1.GetData rD
    l = Len(rD)
```

```
b() = rD
    If l > 0 Then
        For i = 0 To l - 1            ' 根据接收数据字节数把不可视的数字转换可视字符
            aa = Hex(b(i))            ' 把1个字节的十六进制数转换为两个字节的字符
            If Len(aa) = 1 Then aa = "0" + aa        ' 确保每个字节是两个字符
            a = a + aa                                    ' 把单个字符组织成字符串
        Next i
        Text4.Text = a                                ' 显示接收文本
    Else
        Text4.Text = "未读到数据!"
    End If
    Winsock1.Close
End Sub
```

该程序可用以读取 Q 区位或字，写 I 区的位或字。

从图 5-135 可知，它向 PLC 发送读取 PLC%QW4 字的命令，目的是读取%QW4 字的值，并予以显示。从图 5-135 可知，此命令已得到执行，并得到相应的回应。接收报文的最后 FF （65535），即为此值。该程序还可以改变命令码，用以读取 Q 区其它位或字，也可用以写 I 区的位或字。

5.4.3　互联网通信编程

主要指通过同处于互联网上的计算机与 PLC，通过相互发送与接收电子邮件传送数据。图 5-136 所示为在互连网上计算机向欧姆龙 PLC 发送邮件的示意。与计算机间发送邮件一样，中间也是通过 SMTP 服务器。

PLC 发送邮件由邮件头、邮件体及附件组成。而附件可以是由以太网模块自动生成的 I/O 内存数据文件，扩展名为 IOM （二进制）、TXT （文本）或 CSV （逗号隔开的数据文件）。也可是任意在 CPU 单元文件存储器中的文件。但每个邮件只能附加一个文件。

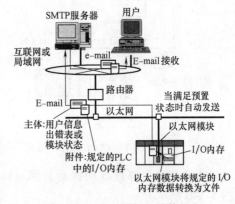

图 5-136　在互联网上计算机向欧姆龙 PLC 发送邮件示意

图 5-137 所示为加上附件 DATA0.CSV 的邮件传送情况。该附件含有 DM100～DM119200 个字的数据，每个字用逗号隔开。

PLC 什么时候发送邮件，由相应条件触发。此条件可以是用户设定的 CPU 单元 I/O 内存字段值大小或位的 ON/OFF 变化，也可是 PLC 工作状态变化，也可是定时触发。定时时间可在 10min～10 天之间设定。任一设定条件满足，都将向指定邮件地址发送邮件。

同样，计算机也可向指定邮件地址的 PLC 发送邮件。图 5-138 所示为 PLC 接收电子邮件的情况。经设定后 PLC 以太网模块会定时检查是否有邮件发来。如果有邮件，即可接收。接收完成后，将向对方发送回复邮件，以确认邮件已收到并回送相应的处理信息。

为了确保安全，可对收取的电子邮件作限定。如只能收取指定地址的邮件，限制对方邮

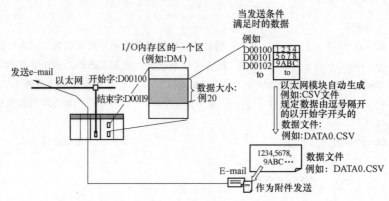

图 5-137　加上附件 DATA0.CSV 的邮件传送情况

件的命令，只能收取某种扩展名的文件等。如所收邮件不合上述条件，PLC 将不予处理。

图 5-139 所示为接收的含有 FileWrite（文件写）命令邮件格式如图 5-139 所示。

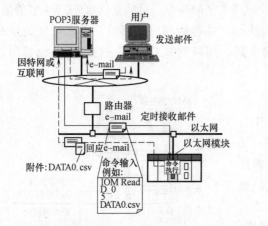

图 5-138　PLC 接收电子邮件的情况

图 5-139　接收邮件格式

接收到此命令邮件成功执行后回复邮件的格式如图 5-140 所示。

欧姆龙定义有多个接收的邮件命令。除了上述 FileWrite（文件写）外，还有 FileRead（文件读）、FileDelete（文件删除）、FileList（File List Read）、UMBackup（User Memory Backup）、PARAMBackup（Parameter Area Backup）、IOMWrite（I/O Memory Write）、IOMRead（I/O Memory Read）、ChangeMode（Operating Mode Change）、ErrorLogRead（Error Log Read）、ErrorLogClear（Error Log Clear）、MailLogRead（Mail Log Read）、MailLogClear（Mail Log Clear）、Test（Mail Test）、FinsSend（FINS Command Send）等。这些命令还都有各的发送与回复格式。但回复码（Respone Code）总是要依据接收邮件的情况自动确定。其含义见表 5-16。

图 5-140　回复邮件格式

响 应 码	含 义	响 应 码	含 义
0000	正常执行	F301	译码错
F101	信件太大	F302	附件非法
F102	地址错	F303	没有附件
F103	非法命令	F304	文件被保护
F104	命令执行受保护	F305	文件太大
F105	非法标题	F2FF	其它错误
F201	非法参数		

要指出的是，由于邮件的数据量较大，所以传送的时间是较长的。表 5-17 为 CJ1H 机不同长度邮件在 PLC 处编程及监控状态下的预计接收时间。

表 5-17 CJ1H 机不同长度邮件接收时间

命 令	数据大小	CPU	
		编 程	运 行
		—	10 毫秒循环时间
FileWrite	1KB	0.2s	0.4s
	10KB	0.9s	2.6s
	100KB	9.0s	25.7s
	1MB	90.5s	302.8s
FileRead	1KB	0.1s	0.3s
	10KB	0.4s	1.8s
	100KB	4.0s	17.8s
	1MB	48.4s	272.0s
IOMWrite	1word	0.1s	0.1s
	6000words	0.1s	0.2s
IOMRead	1word	0.1s	0.1s
	6000words	0.1s	0.2s

从以上介绍可知，这个电子邮件通信的功能是很强的。使用它可使上位计算机在互连网所覆盖范围内与 PLC 通信，实现与其数据交换及对其实施操作。但这也只是欧姆龙 100Base-TX 以太网，并将其接入互连网后才有此可能。

5.4.4 PLC 方程序设计

首先，要进行以太网配置。其次，有的 PLC，如和利时 LM 机，还要运行相关程序，以使能以太网模块。最后，要做好通信数据准备与使用编程（这点与串口通信编程类似）。以下以 LM 为例介绍其相关配置与模块使能。

1. 以太网模块配置

LM 机使用的以太网模块为 LM3403。它的配置在"PLC 配置"窗口上进行。如图 5-141 所示的配置是 CPU 模块用 LM3109，扩展为 LM3403 以太网模块。

从图 5-141 可知，以太网模块的节点 id 默认设置为 0（因在它之前没有别的扩展模块）。当使能此模块时，需使用这个 id 号。输入地址从%IW4 开始（因在它之前 CPU 模块占用%IW0、%IW1 \ %IW2、%IW3），输出地址从%QW2 开始（因在它之前 CPU 模块占用%QW0、%QW1，该图没有示出）。以太网模块的 IP 地址、子网掩码、网关、输入输出区大小等通信参数设定见图 5-142。

IP 地址（Internet Protocol Address）是分配给每个站点的 32 位各不相同的数字，以作为

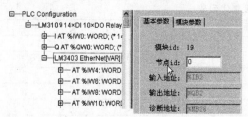

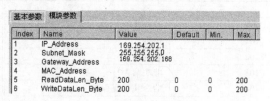

图 5-141　以太网模块 LM3403 的基本参数配置　　　图 5-142　以太网模块 LM3403 的模块参数

在网络上相互区分的标识。32 位二进制数分成四段，每段 8 位，中间用小数点隔开，然后将每 8 位二进制数转换成十进制数。而实际上，每个 IP 地址是由网络号和站点号两部分组成。前者用来标识该网络在 Internet 上的网络号，后者用来标识该站点在该网络上的站点号。

根据网络上的站点多少，网络可分为：大型、中型及小型三种。分别对应于有 A 类、B 类、C 类三种 IP 地址，见表 5-18。

表 5-18　A、B、C 三类 IP 地址

类　号	第 1 组数字	网络号的组数	网络上站点的最大数目
A	1~126	1 组	16387064
B	128~191	2 组	64516
C	192~223	3 组	254

PLC 以太网都是 C 类。所设定的 IP 地址不能与其它通信站点相同，否则无法通信。

子网掩码用以判断站点的 IP 地址是否属于同一子网。两个站点各自的 IP 地址与各自子网掩码进行 AND 运算后，如果得出的结果是相同的，则说明这两台计算机是处于同一个子网络上的。在同一子网的站点之间可以进行直接通信。

此子网掩码必须与计算机的子网掩码一致。图 5-142 设的 IP 地址为 169.254.202.1，子网掩码为 "255.255.255.0"。计算后得出的 169.254.202 是网络号，而 1 是站点号。这个网络号必须与通信对方的网络号相同。

网关地址也必须与通信对方的网关地址一致。图 5-142 设的为 "169.254.202.168"。而 MAC_Address 不填。

ReadDataLen_Byte 为 PLC 接收数据的长度，此处设定为最大接收字节数 200。地址为 %IW4~%IW202，单号无效。WriteDataLen_Byte 为 PLC 发送数据的长度，此处设定为最大发送字节数 200。地址为 %QW2~%QW200，单号无效。

2. 以太网模块使能程序

EtherNet_TCP 以太网功能块包含在库文件 Hollysys_PLC_Ether-Net.lib 中。可用于以太网模块使能及参数设置。其梯形图格式如图 5-143 所示，输入输出说明见表 5-19。

图 5-143　以太网功能块 EtherNet_TCP

表 5-19　以太网功能块 EtherNet_TCP 输入输出说明

通道说明	CPU 模块输入输出数据存放地址:%IWxx 和%QWxx,PLC 配置中规定的 IW 和 QW 区地址		
	参数名称	数据类型	功能描述
输入	EN	BOOL	上升沿使能
	Address	BYTE	读模块节点 iD:0~7,与 PLC 配置里的节点 iD 一致

(续)

通道说明	CPU 模块输入输出数据存放地址:%IWxx 和%QWxx,PLC 配置中规定的 IW 和 QW 区地址		
	参数名称	数据类型	功 能 描 述
输出	Q	BOOL	是否读到有效数据,0:未读到数据;1:读到有效数据
	Err	BYTE	与以太网模块通信的故障号 0:无故障 1:等待以太网模块 Ready 错 2:读中断以太网模块错 3:读应答错 4:读数据长度错 5:读数据错 6:写数据错 7:写中断以太网模块错

如图 5-144 所示为以太网模块使能程序。以下为它使用的变量声明:

```
VAR
EtherNet_TCP1: EtherNet_TCP;     (*定义功能块*)
err1: BYTE;                       (*以太网通信的故障号*)
di1: BOOL;                        (*定义布尔型变量*)
do1: BOOL;                        (*定义布尔型变量*)
END_VAR
```

从图 5-144 可知,它的地址就是图 5-141 设置的 id 号 0。当 di1 置位时,功能块使能,调用以太网模块。如果设置数据有效,do1 置位。当 di1 复位时,不调用以太网模块,do1 复位。

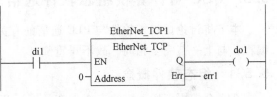

图 5-144 以太网模块使能程序

3. 计算机与 LM 机以太网通信 PLC 方程序实例

图 5-145 所示为通过计算机发送命令,使%QX0.0 ON 及使%QX0.0 OFF 及读取%MW100 数据的 PLC 程序。当然在运行此程序之前,还需要对 PLC 硬件进行如图 5-142 和图 5-143 所示的配置。

图 5-145 中节 1 为使能以太网模块。节 2、3 为利用以太网的输入点置位、复位%QX0.1。节 4 为把要读的字%MW308 的值赋值给以太网模块的输出字%QW4,以便计算机读取。

而计算机方的程序主要是针对以太网的读、写区,进行读或写命令的发送,然后接收 PLC 的应答。结合本例有 3 个命令:

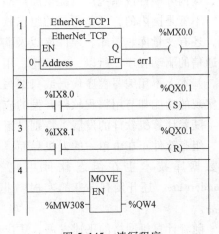

图 5-145 读写程序

(1) 使%IX4.0 ON 以使%QX0.0 置位

计算机命令为: "0x00、0x00、0x00、0x00、0x00、0x06、0x00、0x05、0x00、0x00、0xFF、0x00"。其含义是从模块 IP 地址指定的站点,强制(由第 8 字节指定)%QW4.0(由第 9、10 字节指定)的 1 个位为 1(由第 11、12 字节指定)。

PLC 收到此命令后,将使%QW4.0 置位,并作与命令码相同的回应。

（2）使%IX8.1 ON 以使%QX0.1复位

计算机命令为："0x00、0x00、0x00、0x00、0x00、0x06、0x00、0x05、0x00、0x01、0xFF、0x00"。其含义是从模块 IP 地址指定的站点，强制（由第 8 字节指定)%QW4.1（由第 9、10 字节指定）的 1 个位为 1（由第 11、12 字节指定）。

PLC 收到此命令后，将使%QW4.0 置位，并作与命令码相同的回应。

（3）读取%QW4 以间接读取 MW308 的内容

计算机命令为："0x00、0x00、0x00、0x00、0x00、0x06、0x00、0x04、0x00、0x01、0x00、0x01"。其含义是从模块 IP 地址指定的站点，读取（由第 8 字节指定)%QW4（由第 9、10 字节指定）的 1 个字（由第 11、12 字节指定）的数据。

PLC 收到此命令后，若%MW308 当前内容为 65535，即%QW4 也为 65535，则将作如下回应："0x00、0x00、0x00、0x00、0x00、0x05、0x00、0x04、0x02、0xFF、0xFF"。其中：

第 1 字节~第 5 字节同命令码。

第 6 字节指定在此后有 5 个字节。

第 6、7 字同命令码。第 9 节为数据字节数。

第 10、11 字节为数据，这里为 65535。

5.5 PLC 与计算机组态软件通信编程

本节将讨论用组态软件与 PLC 通信的有关问题。但只讨论计算机方编程。至于 PLC 方编程，与上一节完全相同，故不再重复。

5.5.1 组态软件概念

在当今中国市场上，组态软件产品按厂商划分大致有 3 类，国外专业软件厂商提供的产品、国内外硬件或系统厂商提供的产品及国内自行开发的产品。

不管是国内的，还是国外的组态软件，作为商业产品，一般都提供了友好的用户使用界面，还有变量库、图库、控件库以及脚本语言。同时，还都提供（收费或免费）种种与硬件通信的驱动程序。所以，有了它，用户可简便、灵活地设计画面，设计变量及调用驱动程序，基本上不用编写程序代码或只编写篇幅不大的脚本，就可组态成自己的应用软件。而它所实现的功能却与用编程软件开发的应用完全相当，而且，一般还都具有更漂亮的画面。

随着计算机软件的发展，特别是组态软件的广泛应用，组态软件发展也很快。

组态软件正在由单一的人机界面，向数据处理机方向发展。管理的数据量越来越大。大型数据库技术也在组态软件中也得到应用。很多组态软件，如力控、Intellution、Wonderware，还开发有自身的实时数据库。它既是组态软件的一部分，又是独立的软件产品。

随着计算机网络的飞速发展，还出现了分布式、网络化、大型的组态软件。有的能直接支持 Internet 远程访问。

有的组态软件还可冗余备置，可热备工作。一旦一个计算机出现故障，备份的仍可进行监控。为了适应高可靠工作行业（如电力工业）的要求，还出现种种专业版，如电力版。

商用软件技术，如动画技术、分布式运算等，也已逐渐在组态软件上得到应用。

同时，组态软件还向小型化发展。这些主要用于嵌入式计算机。

……

早期组态软件的主要问题是：国外产品价格太高，用不起；国内的价格很低，但不太稳定，不敢用。再就是组态软件速度低、不够灵活，很难完全适合所有工程实际的要求。所以，很多人宁可自己用 Delphi、VB、VC 这样编程软件编写人机界面程序，而不用组态软件。

　　而当今，情况已有了很大改变。国外软件价格在降低，国内的软件质量在提高。随着计算机工作速度的不断提高，速度低已不再是尖锐的问题；组态软件也改善自身的脚本语言及增加了种种程序接口，灵活性也有了很大提高；几乎大部分用编程软件所编的程序的功能，用组态软件编的程序也都能实现。

　　再加上组态软件自身的以下固有优点：

　　1）易学习。学半个月到一个月就可上手，而 Delphi、VB、VC 没有一年半载很难入门。

　　2）易开发。用组态软件开发应用，一个中等难度的一般工程，半个月可以了，Delphi、VB、VC 少的一两个月，长的就更难说。

　　3）易维护。组态软件开发的应用，维护、修改很容易，而 Delphi、VB、VC 开发的应用，换一个人去读懂代码都不易，改就更难。编程的人"跳槽"，往往使"老板"为难也与此有关。

　　4）界面好。组态软件是专业厂商作为商品提供的，界面都比较美，所以，用它开发的应用画面都可做得比较美观。

　　5）接口多。组态软件接口多，上可接各种数据库和管理网络，如 ERP 系统等，下可接各种现场设备，可发挥承上启下的作用。

　　此外，随着计算机技术的发展及信息化的推进，组态软件的概念也在改变，功能也在扩展。已由单纯地用于开发人机界面（HMI）或监控数据采集系统（SCADA）的工具，发展成自带数据库、自带工具包的综合平台。用组态软件既可开发监控及数据采集应用，又可开发各种数据处理应用、网络服务应用，以至于企业管理系统应用。

　　所以，在自动化系统中，组态软件应用越来越广，作用越来越大，产品越来越多，前景也越来越看好。

5.5.2　组态软件简介

　　目前进入市场的组态软件有一二十个主要品牌。互联网上都有这些产品的介绍。以下择其主要者，分国外、国内两部分，作一简单介绍。

1. 国外组态软件

（1）InTouch　Wonderware 公司开发的组态软件

Wonderware 公司创建于 1987 年 4 月。开创了组态软件的先河。

InTouch 应用范围广泛。其市场包括食品加工、半导体及电子业、石油及天然气、汽车、化工、制药、纸浆与造纸、运输、智能楼宇、水电公用事业和其它各专业领域。

InTouch 软件开发环境通用，但体系结构灵活，可适应不同的自动化应用场合。它可以是：

　　1）单机使用：应用安装在单个电脑上。对于不需要多个操作员站来观察和控制同一个工业过程时，常是这么使用。它的每个结点都是完全的系统，运行不依赖于任何其它电脑。而且，这些系统也可联网。

　　2）客户机/服务器：应用安装在一个客户机/服务器环境中。这种方法有利于节省软件维护和管理。它有几种不同的情况。

3）标记服务器配置：在进行这种配置时，可以选定一台电脑作为标记服务器，也可以选定多台电脑作为标记服务器。标记服务器存储标记名（tagname）词典（在 InTouch 应用中使用的全部标记），记录历史事件、运行 QuickScript（脚本）、作为一个报警设备，并连接输入/输出（I/O）数据。运行在客户机节点（操作员站）上的应用连接到标记服务器，可显示信息。

4）动态网络应用开发（NAD）：动态网络应用开发可以通过网络服务器来集中维护 In-Touch 应用。在每个客户机结点上，建立主应用的一个本地副本。这种方法具有的冗余特点。如果服务器不可用，客户机结点使用应用的本地副本仍能正常工作。当服务器恢复正常后，重新连接完全是透明的、无缝的。

NAD 的另一个强大的特点是，用户可以在客户机节点上接收 InTouch 应用的变化，而不必停止 InTouch 应用的运行。当应用被改变时，系统为操作员提供警报，此时操作员可以在方便时接收变动。接收变动后，只有发生变化的应用程序组件会被下载到客户机节点上并更新。如果操作员选择不接收配置变化，那么在下一次系统重新启动时可以下载最新的应用程序。因此，操作员可以始终使用当前的应用，并且可以在任何时候更新运行的应用，不会导致系统停工或者过程的可视化内容的丧失。

5）终端服务：终端服务体系机构允许对多种操作系统进行集中部署、软件维护和管理、硬件的重用、高级安全和支持客户机，包括 Windows CE、嵌入的 Windows NT 、Windows for Workgroups 3.11、95、98 和 NT3.51/4.0、2000、XP、Linux 和 UNIX 操作系统。另外，客户可以使用瘦客户机终端把视图延伸到它们的过程中。瘦客户机终端可以与常规的计算机节点一起使用，为应用提供额外的低成本视图，或者替换指示设备，例如图表记录仪或温度控制器。另外，InTouch 应用的终端业务还可以在个人数字助理（PDA）上运行。这样，用户可以在自由移动的同时仍拥有对应用的恒定视图和控制。

6）InTouch 视图：实现 FactorySuite 工业应用服务器的系统，可以使用 InTouch 为过程提供视图。工业应用服务器可以极大地减少在一个工厂或跨多个工厂维护和部署大型系统所需的工程工作和时间。

其它的分布式系统特性：InTouch 还提供几个附加的特性，以支持对分布式环境更好地进行应用设计和控制。

（2）FIX、iFIX Intellution 公司产品

Intellution 公司也是组态软件产品的大厂商。它的产品适用各种 PLC，例如支持欧姆龙，西门子 200/300/400，三菱 A 系列、FX 系列，莫迪康，GE 等。支持各种工控板卡，RS-232，RS-485，honywell 公司 R-150，R-160，S9000，各种智能变送器．也可用于工业控制管理网络。

FIX、iFIX 是一个软件系统。最基本的功能是数据采集和数据处理。FIX、iFIX 提供了大量 I/O 驱动器。这些驱动器具有查错、报告、恢复、内置数据报告以及支持冗余通信。FIX、iFIX 软件还支持 DDE 服务器。FIX、iFIX 提供 I/O 设备的驱动程序。

FIX、iFIX 具有强大的 ODBC 技术，支持 Oracle、Sybase、FoxPro 等关系数据库。

它组件也很多，有：

1）iFIX——分布式的人机界面和过程可视化解决方案；

2）iDownTime——设备故障诊断专家系统；

3）infoAgent——基于 Web 的生产数据可视化分析工具；

4）iWorkInstructI/On——iBatch 的 S-88 配方工作流指令组件；

5）iWebServer——基于 Web 的人机界面解决方案；

6）iHistorian——企业实时历史数据库平台，以极高的速度采集、归档，并发布可发布海量的现场实时信息，每一台服务器可同时采集 100000 数据点。

无论产品的功能，还是从产品的性能看，FIX、iFIX 确是世界级专业组态软件。

（3）SIMATIC WINCC 德国西门子公司产品

是它的 SIMATIC PCS 7 过程控制系统及其它西门子控制系统中的人机界面组件。

WinCC 还提供有丰富的选件（options）和附加件（add-ons）。

WinCC 应用范围广泛。它的系统设计，模块化结构，以及灵活的扩展方式，使其不但可做单用户应用，还可做多用户应用。甚至在工业和楼宇技术中，包含有几个服务器和客户机的分布式系统，也可用它。

WinCC 集生产自动化和过程自动化于一体，实现了相互之间的整合。

WinCC 的组态界面完全是国际化的：可在德文、英文、法文、西班牙文和意大利文之间进行切换。亚洲版还支持中文、韩文和日文。可以在项目中设计多种运行时目标语言，即同时可使用几种欧洲和亚洲语言。

WinCC 提供了所有最重要的通信驱动，用于连接到 SIMATIC S5/S7/505 控制器（例如通过 S7 协议集）的通信，以及如 PROFIBUS-DP/ FMS、DDE（动态数据交换）和 OPC 等非专用驱动；也能以附加件的形式获得其它通信驱动。

SIMATIC WinCC 在其基本系统内，集成有基于 Microsoft SQL Server 2000 的功能强大、可延展的"Historian"系统，并以跨公司"Historian"服务器的形式用作中央信息交换系统。不同的评估用客户机、开放性接口（开放性数据库接口：ADO，OLEDB，SQL；编程接口：VBScript 和有访问 COM 对象模型和 API 功能的 ANSI-C）以及各种任选件（WinCC/Dat@ Monitor ，WinCC/Connectivity Pack，WinCC/IndustrialDataBridge）构成了灵活而高效的 IT 和商务集成的基础。尤其是，这样就可以与生产和公司管理层软件（MES 和 ERP）相连接。

（4）RSView32 AB 公司产品

AB 公司是世界最大的 PLC 生产公司之一。它的 RSView32 是基于 Windows 环境（支持 Windows 2000）的工业监控软件。利用 RSView32 可以广泛地和不同的 PLC，包括第三方的 PLC，建立通信连接，建立广阔的监控应用。

RSView32 突出特点是：

全面支持 ActiveX 技术，使得用户可以在显示画面中任意简单地插入 ActiveX 控件，来丰富应用。

开发了 RSView32 的对象模型（Object Model），使得用户可以简单地将 RSView32 和其它的基于组件的应用软件互操作或者集成应用。

集成微软的 Visual Basic for ApplicatI/Ons（VBA）作为内建的脚本语言编辑器。可以随意定制开发后台应用程序。同时支持 OPC 的服务器和客户端模式。亦即既可以通过 OPC 和硬件通信，又可以向其它软件提供 OPC 的服务。

支持附加件结构-AOA。使得用户可以将其它功能模块直接挂接到 RSView32 的核心上去，生成一体的应用。

可利用远程客户扩展 RSView32 的应用：

RSView32 Active Display System 是用于 RSView32 的客户/服务器应用。利用这个系统，可以从远程客户端高效实时地监控到现场的设备运行状况-不但可以读取到实时的数据变化，也可以控制现场。

RSView32 WebServer 对于有权用户提供了不限制客户连接数量的，基于网络浏览器（任何支持 HTML、在任何平台下-包括 Linux/Unix 等的浏览器）的远程监控方案。可以在远程看到现场的画面，参数值，报警。

2. 国内组态软件

（1）世纪星世纪星

全称为《世纪星通用工业自动化监控组态软件》，可作为一个实时的人机界面实用程序生成器，产生在管理级别上的监控和数据采集（SCADA）程序。是北京世纪佳诺科技有限公司自主产权的软件产品。1999 年投入市场。

世纪星由开发系统 CSMAKER 和运行系统 CSVIEWER 两部分组成。CSMAKER 和 CSVIEWER 是各自独立的 Windows 32 位应用程序，均可单独使用。

其开发系统是应用程序的集成开发环境。在这个环境中可完成工况画面的设计、数据库定义、动画连接、设备安装、命令语言编写等。开发系统具有先进完善的图形生成功能；数据库中有多种数据类型，对应于控制对象的特性，对数据的报警、趋势曲线、历史数据记录、安全防范等重要功能有简单的操作方法。

其运行系统是世纪星的实时运行环境，用于显示开发系统中建立的动画图形画面，并负责数据库与 I/O 服务程序的数据交换。它通过实时数据库管理从工业控制对象采集到的各种数据，并把数据的变化用动画的方式形象地表示出来，同时完成报警、历史数据记录、趋势曲线等监视功能。

它的基本结构是以数据库（DataBase）为核心，向上表现为人机界面（HMI，包括画面制作、报表、趋势曲线、报警）及其它应用（如网络、ODBC 等功能），向下表现为与其它应用程序的动态数据交换（DDE）及与现场设备的驱动程序（I/O Driver）。

它提供的脚本语言，既和 C 语言一样简练、灵活，同时又具有 Basic 语言易学易用的特点。还提供较丰富的内部函数，包括：数学函数：三角函数、对数和指数函数、字符串函数、控件函数、系统函数。用户还可自定义函数。

此外，还有网络功能。可在不同计算机上《世纪星组态软件》中的变量之间传递数据。还可双机热备。双机热备是，主机通过连好的网络（至少包括一台主机，一台从机，一台采集站），监测采集站的工作，从机始终保持监视状态，监视主机的工作情况。一旦发现主机异常，从机将在很短的时间内代替主机，进行实时监测并保存历史数据；一旦主机重新启动，而从机检测到主机的存在，则会自动将主机丢失的历史数据拷贝给主机，同时从机将重新处于监视状态。

（2）组态王

是北京亚控科技发展有限公司面向低端自动化市场及应用，自主开发的组态软件。是国内较早出现的组态软件产品之一。可支持 1500 多种硬件设备（包括 PLC、总线设备、板卡、变频器及仪表）。组态王基于网络的概念，是一个工业级软件平台。

组态王版本较多,如通用版、专用版、网络版、嵌入版等。据介绍,其新版本在工程管理、画面制作、报警和事件系统、报表系统、控件、OPC、通信系统、安全系统、网络功能及冗余系统都有其特色。还为用户提供组态王英文版、日文版、韩语版、繁体版等版本,方便用户国际化应用;还特别针对大客户提供 OEM 的客制化版本。

支持 1000 多个厂商近 4000 种设备,包括主流 PLC、变频器、仪表、特殊模块、板卡及电力、楼宇等协议。

组态王在 Web 发布方面也取得新的突破,全新版的 Web 发布可以实现画面发布,数据发布和 OCX 控件发布,同时保留了组态王 Web 的所有功能:IE 浏览客户端可以获得与组态王运行系统相同的监控画面,IE 客户端与 Web 服务器保持高效的数据同步,通过网络您可以在任何地方获得与 Web 服务器上相同的画面和数据显示、报表显示、报警显示等,同时可以方便快捷的向工业现场发布控制命令,实现实时控制的功能。

组态王新版本在继承组态王系列产品功能强大、运行稳定可靠的基础上,提出"工程二次组态"的概念,逐步重点推出提高工程组态效率方面的特性,为用户提高工程组态效率、降低工程实施成本、提高效益提供有力支持。同时还增加了符合 FDA 21CFR Part11、GMP 规范的电子签名 & 电子记录功能,产品质量追溯功能更加完整。增加了产品的开放性,提高了"组态王"的互联互通能力,为支持信息化和智能制造提供了有力地支持。

其主要的新特性是:

符合 FDA 21CFR Part11、GMP 要求的电子签名 & 电子记录功能。

模板功能,模块化组态单元,提高工程组态效率。

开放的 API 接口,XML 技术应用,系统开发集成更灵活。

组态王移动客户端,适应移动互联时代的需要。

AutoCAD 设计图形导入到组态王画面。

国际化,组态工程兼容多语言环境。

新的授权,提供新的应用便利。

易用性提升,降低组态工作量。

经过多年市场实践磨砺,组态王的功能性和易用性有了极大的提高。目前,该产品已广泛应用于我国(包括台湾)的各行各业,同时在美洲、欧洲、日本和东南亚等国际市场被成功应用于市政、交通、环保、大型设备等多个领域。

(3) ForceControl(力控)

是大庆三维公司的开发的组态软件。大约在 1993 年左右,力控就已形成了它的第一个版本。但直至 Windows95 版本的力控诞生之前,它主要被用于公司内部的一些工程项目。之后,力控版本不断更新,得到了长足的进步。

力控产品在数据处理性能、容错能力、界面容器、报表等方面都有其特点。主要有:

提供在 Internet/Intranet 上通过 IE 浏览器以"瘦"客户端方式来监控工业现场的解决方案。

支持通过 PDA 掌上终端在 Internet 实时监控现场的生产数据,支持通过移动 GPRS、CDMA、GSM 网络与控制设备或其它远程力控节点通信。

面向国际化的设计,同步推出英文版和繁体版,保证对多国语言版的快速支持与服务。

力控软件内嵌分布式实时数据库,数据库具备良好的开放性和互连功能,可以与 MES、

SIS、PIMS 等信息化系统进行基于 XML 、OPC、ODBC、OLE DB 等接口方式进行互连，保证生产数据实时地传送到以上系统内。

支持通过移动 GPRS、CDMA 网络与控制设备或其它远程力控节点通信。支持控制设备冗余、控制网络冗余、监控服务器（双机）冗余、监控网络冗余、监控客户端冗余等多种系统冗余方式。支持通过 RS-232、RS-422、RS-485、电台、电话轮循拨号、以太网、移动 GPRS、CDMA、GSM 网络等方式和设备进行通信。支持主流的 DCS、PLC、DDC、现场总线、智能仪表等 1000 多种厂商设备的通信。

支持离线诊断，在开发环境下可以诊断是否正常通信。

支持不同协议的设备在一条通信链路进行通信。

支持在大型 SCADA 系统中的远程通道冗余通信。

此外，在图形系统还有如下特点：

方便、灵活的开发环境，提供各种工程、画面模板、可嵌入各种格式（BMP、GIF、JPG、JPEG、CAD 等）的图片，方便画面制作，大大降低了组态开发的工作量。

强大的分布式报警、事件处理，支持报警、事件网络数据断线存储，恢复功能。

支持操作图元对象的多个图层，通过脚本可灵活控制各图层的显示与隐藏。

强大的 ActiveX 控件对象容器，定义了全新的容器接口集，增加了通过脚本对容器对象的直接操作功能，通过脚本可调用对象的方法、属性。

全新的、灵活的报表设计工具：提供丰富的报表操作函数集、支持复杂脚本控制，包括：脚本调用和事件脚本，可以提供报表设计器，可以设计多套报表模板，报表文件格式兼容 Excel 工作表文件，支持图表显示自动刷新，可输出多种文件格式：Excel、TXT、PDF、HTML、CSV 等。

（4）昆仑通态

昆仑通态 MCGS 是北京昆仑通态公司开发的具有自主产权的组态软件。有通用版、网络版、嵌入版。

其 MCGS6.2 通用版特点是：

全中文可视化组态软件，简洁、大方，使用方便灵活。

完善的中文在线帮助系统和多媒体教程。

真正的 32 位程序，支持多任务、多线程，运行于 Win95/98/NT/2000 平台。

提供近百种绘图工具和基本图符，快速构造图形界面。

支持数据采集板卡、智能模块、智能仪表、PLC、变频器、网络设备等 700 多种国内外众多常用设备。

支持温控曲线、计划曲线、实时曲线、历史曲线、XY 曲线等多种工控曲线。

支持 ODBC 接口，可与 SQL Server、Oracle、Access 等关系型数据库互联。

支持 OPC 接口、DDE 接口和 OLE 技术，可方便地与其它各种程序和设备互联。

提供渐进色、旋转动画、透明位图、流动块等多种动画方式，可以达到良好的动画效果。

上千个精美的图库元件，保证快速的构建精美的动画效果。

功能强大的网络数据同步、网络数据库同步构建，保证多个系统完美结合。

完善的网络体系结构，可以支持最新流行的各种通信方式，包括电话通信网，宽带通信网，ISDN 通信网，GPRS 通信网和无线通信网。

支持设备很多，如采集板、PLC、智能仪表、智能模块、称重仪表、变频器等。

此外，国内有不少单位，如一些高校、研究所、公司，甚至一些个人正在积极地搞组态软件产品的开发。国产化的组态软件具有较强的价格竞争优势，并适合中国国情，所以，已在中国的组态软件市场上占越来越多的份额。

5.5.3 组态软件编程

1. 编程准备

首先，要选好用什么品牌的组态软件。从以上简要介绍可知，有国外的，也有国内的，产品很多。可选择一个合适的产品。

要选好版本。有的是单机版，有的是网络版。还有很多组件，要依需要选用。

要选用合适的点数。一般讲，点数多，售价也贵。最贵的为无限点，使用的点数不受限制。其它的，如 250 点，那在建立变量库时，所能建立的用户变量最多不超过 250 个。点数与系统的复杂程度有关。要监控及采集的数据多，用点数也多。

要安装好软件。安装前，要按组态软件要求，配置好操作系统。然后，按要求安装组态软件。

要做好解密。作为软件商品，所有组态软件都是加密的。没有解密，有的打不开，或打开了但只能运行一两个小时。解密有两个方法：在计算机的并口上，插入厂商提供的"解密狗"（芯片），用硬件解密；用厂商提供的授权软盘，运行授权程序，把软盘上的"权"转移到计算机的硬盘上，用软件解密。有的干脆两者都用。

2. 编写程序

下面以使用"世纪星"为例，看如何用组态软件编程。一般有如下步骤：

1）建立工程。安装完"世纪星"软件后，在桌面上有两个"世纪星"图标。用鼠标双击"世纪星开发系统"图标或从开始菜单启动世纪星开发系统 CSMAKER，则进入开发环境。出现如图 5-146 所示的"世纪星"窗口。

在"世纪星"窗口中，用鼠标左键点击"文件"菜单，

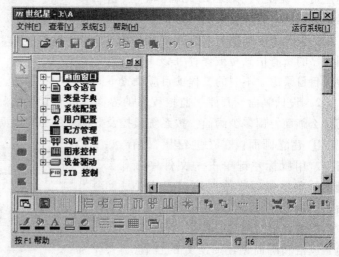

图 5-146 "世纪星"窗口

再在其上用鼠标左键点击"工程项目管理器"子项。将出现如图 5-147 所示的"工程项目管理器"窗口。

此窗口可做 5 个选择。①新建，用于新建工程；②打开，用于打开现有工程，如图 5-135，如选择演示工程 1，再用鼠标左键点击打开，则弹出演示工程 1 窗口；③连接；④修改；⑤删除。可对工程项目做相应操作。

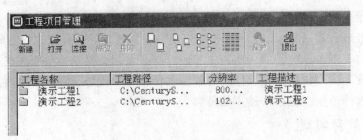

图 5-147　工程项目管理器

提示：只当有关闭所有画面时，"文件"菜单中才出现"工程项目管理器"菜单项。

如图 5-147，单击"新建"图标，则弹出"新建工程项目"窗口（见图 5-148）。

在该窗口可键入工程项目名称，并选择工程项目存储路径以及显示分辨率。必要时，还可在工程项目描述中写入工程项目的有关说明。

当作好以上选定后，用鼠标左键点击"确定"，则退出此窗口，回到工程项目管理器画面。建立了工程，设置了工程项目名，用户应用程序的所有信息将被保存在该工

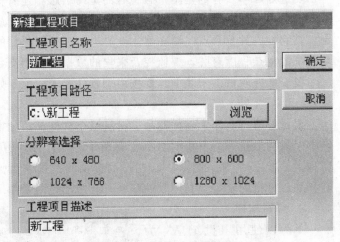

图 5-148　新建工程项目窗口

程项目目录中。不同的工程项目应设置不同的工程项目名，可避免混淆和数据丢失。

2）设计画面。画面是监控程序的界面，没有它无法显示数据，也无法进行任何操作。用什么画面？用多少画面？按系统监控及数据采集的需要而定。

① 建立画面：在"世纪星"窗口上，用鼠标左键单击"文件→新画面"菜单选项或使用热键 Ctrl＋N后，则弹出"新画面"对话框，在对话框中可定义画面的名称、背景颜色、风格和画面创建时所处的位置。创建新画面的对话框如图 5-149所示。

② 设计画面：在画面上，可使用世纪星所提供的图素，如直线、矩形（圆角矩形）、椭圆（圆）、点位图、多边形、文本等，或图形对象，

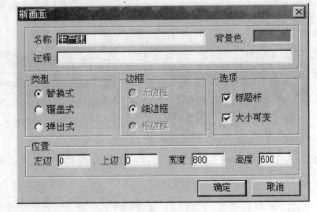

图 5-149　新画面对话框

如按钮、趋势曲线窗口、报警窗口等，建立画面的图形界面。

一个画面要用什么图素或图形对象，可按实际需要选定。如要在画面上加入"按钮"，可选择"按钮"菜单命令，此时鼠标的光标变为"十"字形，将鼠标光标置于一个起始位置。按下鼠标左键并拖动鼠标，此时屏幕上出现一个随鼠标移动而变化的矩形框，此矩形框表示所绘制按钮的大小。移动鼠标到新的位置，然后松开左键，即完成按钮的绘制。绘制的按钮如图 5-150a 所示。

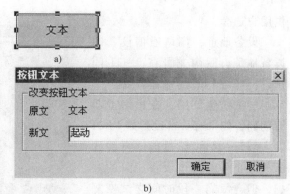

图 5-150　按钮设计

如要改变按钮上的文字或文字显示颜色，可选该按钮。然后用鼠标右键点击之，将弹出一个菜单。在其中再选"改变文本"项，即弹出"按钮文本"对话框，如图 5-150b 所示。这时，可输入新的按钮名称。如图，这时如用鼠标左键点击"确定"，则显示的按钮文本将是"起动"，而不再是"文本"。

3）选择驱动。世纪星运用"设备驱动向导"，进行 I/O 设备配置。当选择"文件/驱动设备管理"或在浏览器中双击"驱动设备管理"，则弹出驱动设备管理对话框，如图 5-151 所示。

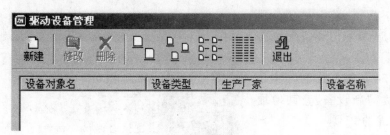

图 5-151　设备管理对话框

接着，在"驱动设备管理"中，选择"新建"项，或在浏览器中双击"设备安装向导"则弹出设备安装向导对话框，如图 5-152 所示。

这时，从树形设备列表区中，可选择 PLC、智能仪表、智能模块、变频器等节点中的一个。然后选择要配置串口设备的生产厂家、设备对象名称。

进而，单击"下一步"按钮，则弹出设备安装向导对话框，如图 5-153 所示。

图 5-152　设备安装向导对话框 1

图 5-153 中有如下各项，可选填。

设备对象名称：要安装串口通信设备的名称。

通信端口：串口设备与计算机相连的串口号，该下拉式串口列表框共有 32 个串口号可供用户选择。

设备地址：串口通信设备的
设备地址。欧姆龙可在 0~31 间
选，但应与 PLC 的地址一致。

尝试恢复间隔：在世纪星运
行期间，如果有一台设备如 PLC1
发生故障，则世纪星能够自动诊
断并停止采集与该设备相关的数
据，但会每隔一段时间尝试恢复
与该设备的通信，如图所示，尝
试时间间隔为 3s。

最长恢复时间：若世纪星在
一段时间之内一直不能恢复与

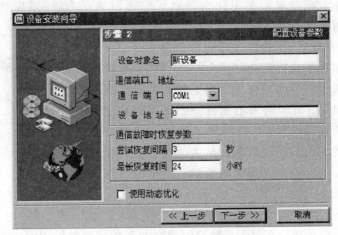

图 5-153　设备安装向导对话框 2

PLC1 的通信，则不再尝试恢复与 PLC1 通信，这一时间就是指最长恢复时间。

使用动态优化：世纪星对全部通信过程采取动态管理的办法，只有在数据上位机需要时
才被采集。

继续单击"下一步"按钮，则
弹出如图 5-154 所示的设备配置向
导对话框。

从图 5-154 可知，这里已建立
设备对象名为"新设备"，其地址
为 0，是欧姆龙的 PLC。

在此向导页，显示已配置的串
口通信设备的设备信息。如果需要
修改，单击"上一步"按钮，则可
返回上一个对话框，可进行修改。
如果不需要修改，单击"完成"按
钮，则完成设备安装。这时，在

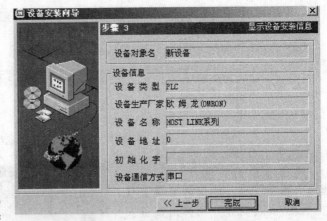

图 5-154　设备配置向导对话框

"世纪星"窗口的浏览器的"当前驱动设备"中，将增加新安装的设备。

4）建立变量库。世纪星提供的变量数据库是一个实时数据库。其中变量类型有系统变
量、内存变量、I/O 变量和特殊变量。

① 系统变量：是系统预先设置的变量，这些变量用户可以直接使用。系统变量又分为
系统离散、系统整数、系统实数、系统信息和系统报警组变量。系统变量属性有的为只读，
有的可读写。如系统时间是只读变量，由系统自动更新，用户不能改变这些变量的数值；对
于具有读写属性的系统变量，用户可以改变变量的数值。

② 内存变量：是用户定义在系统内部的变量。存放计算处理的中间值，以及在系统仿
真时模拟 I/O 变量。内存变量又分为内存离散变量、内存整数变量、内存实数变量和内存信
息变量四种。

③ I/O 变量：是能与其它应用程序进行数据交换的变量。本系统的 I/O 变量能以多种

数据交换协议同外部应用程序进行数据交换，如（DDE）、OPC、网络、串口、总线、板卡等。具有读写属性的 I/O 变量数据变化时，系统立即将 I/O 变量的值写到外部应用程序。I/O 变量的值也可以由外部应用程序更新。I/O 变量又分为 I/O 离散变量、I/O 整数变量、I/O 实数变量、I/O 信息变量 4 种。

④ 特殊变量：有报警窗口变量、历史曲线变量两种。主要用于系统报警显示和历史趋势曲线显示。

⑤ 变量的域：反映变量的属性。如实数变量的报警具有"高报警限""低报警限"等属性，历史曲线变量具有曲线起始时间、曲线时间长度等属性。在定义变量时，同时需要设置变量的域值。可以用命令语言编制程序来读取或设置变量的域，变量的域具有只读和读写两种类型。变量的域的表示方法为："变量.域"。

弄清有这些变量，而各种变量又是怎么创建的呢？这在"世纪星"窗口中，选择"系统→变量数据库"菜单，或选择浏览器中的"变量字典"项，弹出变量数据库管理对话框如图 5-155 所示。

这时，如用鼠标左键点击新建，则弹出如图 5-156 所示的"变量数据库"对话框。可在其上输入相应数据。

图 5-155 变量数据库管理对话框

图 5-156 "变量数据库"对话框

从图 5-156 可知，它已建立一个 I/O 整数变量。变量名为"输出通道"。设备对象名"新设备"，即以上建立的欧姆龙 PLC。寄存器为"IR10"，是 PLC 输出通道地址。

其它变量可按需要建立。所谓组态软件点数，就是指可最多可建立的变量数。

5）数据连接如果已建立如图 5-157 所示的简单画面。并建立了如图 5-158 所示加入的"输出通道"I/O 整型变量。看如何建立数据连接。

图 5-157 画面的目的是，用启动按钮去启动工作（这里即使 PLC 的 10.00 点 ON），用停车去停止工作（这里即使 PLC 的 10.00 点 OFF），并用工作指示灯的颜色显示这工作状态。

图 5-157 简单画面

连接的办法是双击启动按钮，则弹出如图 5-158 所示的"动画连接"窗口。

再在其中选"命令语句"项，并用鼠标左键点击之。则又弹出如图 5-159 所示的"按钮命令语言连接"窗口。

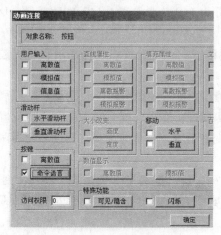

图 5-158　动画连接窗口

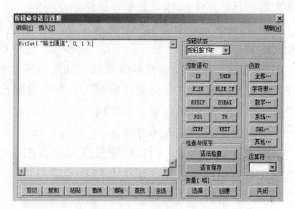

图 5-159　按钮命令语句连接

可在其中键入："BitSet（"输出通道"，0，1);"。再用鼠标左键点击"语法检查"。如检查通过，用鼠标左键点击"语言保存"，保存所做的选定。这里"BitSet（"输出通道"，0，1);"是世纪星的脚本语言的命令语句。其含义是把"输出通道"的第 0 位设为 1。而从变量定义中知道，"输出通道"即为 PLC 的 10 通道。在图 5-160 的函数栏处，用鼠标左键点击"全部"，即可找道这个函数。

从图 5-160 看，这个命令语句是在按钮按下时执行的。也可为按钮弹起或按钮按住时执行，可任选。

对停车按钮也可进行连接。方法相同。但它的命令语句为"BitSet（"输出通道"，0，0);"，即把"输出通道"的第 0 位设为 0。

建立指示灯的连接是：在显示工作指示灯上点击鼠标右键，则弹出如图 5-158 类似的动画连接窗口。选其中的"特殊功能"可见/隐含，再用鼠标左键点击之。此时，将弹出如图 5-160 "可见状态连接"窗口。

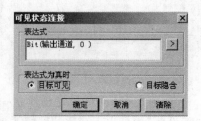

图 5-160　可见状态连接

从图 5-160 可知，所列的表达式为真时，目标可见。这里"Bit（输出通道，0);"是世纪星的脚本语言的命令语句。其含义是读"输出通道"的第 0 位。如为 1，则此指示灯显示，否则隐含（画面看不到）。

在显示停车指示灯上也可作类似设定。只是选表达式为真时目标隐含。

有了以上画面、I/O 变量及其连接，运行时，如用鼠标左键点击"启动按钮"，则 PLC 的 10.00 ON，工作指示灯显示；如用鼠标左键点击"停车按钮"时，则 PLC 的 10.00 OFF，停止指示灯显现。如两指示灯位置重叠，则可认为是一个指示灯一样，工作显示蓝灯，停车显示绿灯。

提示：这里选整型量代替开关量，目的是节省"点"。用此方法，一个整型数的"点"可抵 16 个开关量的"点"，而效果完全相同。

6）脚本设计。世纪星的脚本语言类似于 C 语言。可用它编写命令（脚本）语言程序，以增强应用程序的灵活性。命令语言有如下 5 种。

① 应用程序命令语言程序：可以在程序启动时执行、关闭时执行或者在程序运行期间定时执行。如果希望定时执行，还需要指定时间间隔。

② 热键命令语言程序：被链接到设计者指定的热键上，软件运行期间，操作者按下热键即启动这段命令语言程序。

③ 事件命令语言程序：规定在事件发生、存在、和消失时分别执行的程序。离散变量名或表达式都可以作为事件。

④ 数据改变命令语言：只链接到变量或变量的域。在变量或变量域的值变化到超出变量字典中所定义的变化灵敏度时，它们就执行 1 次。

⑤ 高速命令语言程序：有关高速采集时用，当 $ 启动高速命令语言为 1（真）时，该语言才会执行。

命令语言的句法和 C 语言非常类似，是 C 的 1 个子集，具有完备的语法查错功能和丰富的运算符、数学函数、字符串函数、控件函数和系统函数。各种命令语言通过"命令语言"对话框编辑输入，在世纪星中被编译执行。

命令语言还提供很多函数，可实现各种功能。如进行画面切换，可使用 Show window（"画面编号"）实现。至于什么情况下执行此函数，按要求确定。

7）系统设定。在"世纪星"窗口中，选择"系统→系统配置→运行系统"菜单，或选择浏览器中的"系统配置→运行系统配置"项，则弹如图 5-161 所示的"运行系统配置"窗口。

从图 5-161 可知，它有 3 个表单项：系统配置、初始窗口及定制菜单。该图显示的为系统配置选定窗口。可按情况填写或选择其中的内容。

图 5-161　"运行系统配置"窗口

选表单"初始窗口"，可在其上选定运行第一个出现的窗口。

选表单"定制菜单"，可在其上选定运行时出现的菜单项。

8）存储编译。做完了以上工作，则基本完成了一个简单的设计。当然，如要报警、显示历史曲线等，还有不少工作要作。

之后，别忘了程序存储。存储后，世纪星会自动编译。到此，组态软件编程即告完成。

3. 运行调试

编程完成后，用鼠标左键点击如图 5-135 中"世纪星"窗口右上角上的"运行系统"，则进入所编程序的运行。

如出现问题，再回到开发系统，修改或重新开发。再运行，再调试，直至达到要求为止。

以上讲的是单机版编程。网络版基本与它相同，但要作有关网络的配置及处理好服务器、客户机等问题。

5.6 PLC与人机界面通信程序设计

人机界面（Human Machine Interface），也称可编程终端（Programmable Terminal），它既可显示数据，又可写入数据。有的，如欧姆龙的NT631C，还可当简易编程器使用。它的NS触摸屏，最新人机界面，如拥有NS-EXT01软件，可以像上位机一样，能在线监控PLC的梯形图，并且具有指令查找、地址查找、I/O内存监控等功能。

PLC与人机界面的通信程序含人机界面及PLC两部分。

5.6.1 常用的人机界面

人机界面主要有两类：可显示图形、动画的高级人机界面，只能显示文本数据的人机界面。前者功能很强，但价格较贵；后者功能较差，但价格便宜。可根据需要及投资的情况选用。

较大的PLC厂商一般都生产人机界面。其产品可与自身的PLC联机使用，也可与其它厂商的PLC联机使用。此外，还有专门生产人机界面的厂商，它的产品更可与任何PLC（只要有相应的通信接口）联机使用。

1. 欧姆龙人机界面

图5-162所示的为欧姆龙公司生产的几种人机界面。

图5-162 可编程终端

其类型较多。以显示屏的尺寸分，有大、中、小多种，大的可达194mm×140mm（640×480点），小的只有100mm×40mm；以色彩分，有单色及彩色的；以显示屏的显示原理分，有液晶、电发光、STN彩色等。

从操作键看，有的靠按键进行输入；有的靠触摸按钮输入数据或进行操作；也有带少量功能键，操作靠功能键，而输入数据用触摸按钮。有的还可实现手持编程器的功能。

从内存看，其容量各异，少的几十k，多的几百k，以至于几十M。内存大，意味着可显示与处理的画面多，交换的数据多。另外，与PLC交换数据有直接访问方式（Direct Access Method），可通过软件编程指定要显示或写入的PLC内部器件地址；还有数据内存方法（Data Memory Method），靠设定指定PLC的内部器件区用作交换数据。

从通信协议看，也是多种多样的。有HOST link方式，还有NT及RS-232方式。通信口有RS-232、RS-422，还可直接用SYSMAC I/O BUS，即用的是并行的信号。

欧姆龙公司NT31、NT31C（彩色）可编程终端，为320×240点，57in。NT631、NT631C（彩色），为640×480点，113in，除了STN彩色，还有TFT彩色。这几个型号都是针对中国市场开发的，自带有简体汉字字库，可显示简体中文。同时，增加了历史曲线及报警数据的记录，而且可通过并口，实现屏幕打印。此外，它配置有两个RS-232口，在与PLC通信的同时，还可接计算机，可很方便地实现与计算机通信，或对PLC监控。

此外，欧姆龙上海公司还开发了微型可编程终端（MPT1、2及5）。它用文字或简单的图形显示，用按键操作。文字可显示两行，每行若显示中文为10个，数码或英文为20个。由于价格低廉，操作方便，可在简单的PLC控制系统得以方便地应用。

欧姆龙还推出高档新品牌的可编程终端，NS系列产品（N12、NS10、NS12）。都是256彩色的，有效显示面积分别为12.1in、10.4in及7.7in。见图5-163。

图 5-163　高档可编程终端
1—NS7 7.7in　2—NS10 10.4in　3—NS12 12.1in

该系列产品不仅有串口，还有以太网口、控制网口，不仅可通过 HOST LINK 网，还可通过以太网或控制网与 PLC 通信。具有 WINDOWS 风格的接口，改善了图形显示效果。还有视频信号显示功能，可直接显示现场画面。同时，还可利用它对 PLC 进行梯形图监控。

2. 西门子人机界面

西门子公司是生产人机界面较早的厂商。品种很多。

有操作面板，具有强大功能，确保高效的控制和监视。基于文本的显示设备具有更多功能（OP3，OP7 和 OP17）；基于图形的显示设备可显示曲线及棒图（OP77B、OP170B 和 OP270）。除标准功能外，OP 系列还提供参量管理、线性转换、可变限值变量、可装载固件、在线语言选择及更多明亮的大显示屏功能。它的蜜蜂键盘以及合理布局的大尺寸按键确保方便可靠的操作。通过密封键盘提供操控和过程监视，支持文本显示（包含掌上设备）和图形显示（同样支持彩色显示）。

还有触摸面板，它无需物理按钮，能用触摸-感应，能使操作者直观地通过图形控制监视系统。其型号有 TP170A、TP170B 和 TP270。

还有多功能面板。它基于 Windows CE 操作系统，性能则介于工业 PC 和 PLC 或操作员面板之间，装有凹凸质感键盘。其软件包包含了西门子 A&D 软件重工业用途与解决方案部分。基于 SIMATIC 工具 STEP-7 和 ProTool，此软件包还包含控制器的可视化功能模块。

此外，用户还可以利用类似 ActiveX 的工具增加组件，可加入用户需要的或有特殊视觉效果的程序。

图 5-164 所示为西门子若干人机界面的外观。

3. 三菱人机界面

三菱公司也是较早生产人机界面的厂商。其品种也很多，有 F900GOT 和 A900GOT 两大类。如图 5-165 所示。

前者是低档的，有 F920GOT、F930GOT、F940GOT、F940WGOT 等。其中有的是人机界面与手持编程器二合为一的新型触摸显示器。可在它的触摸屏上直接对 PLC 进行监控及编程。可代替 FX-20 批 E 编程器在现场使用。F940WGOT 提供 7in 256 色 TFT 液晶显示器，可高清晰度的图像，并支持中文。

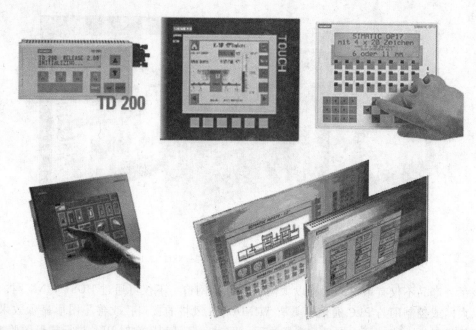

图 5-164 西门子若干人机界面的外观

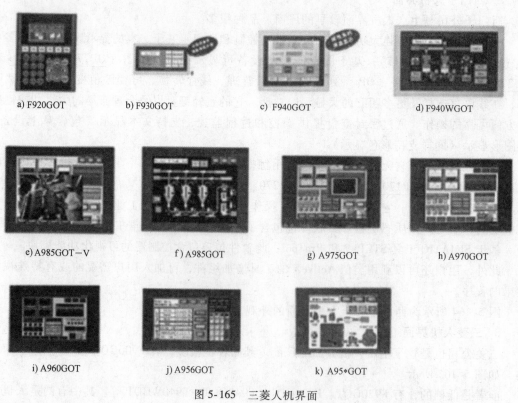

a) F920GOT   b) F930GOT   c) F940GOT   d) F940WGOT

e) A985GOT—V   f) A985GOT   g) A975GOT   h) A970GOT

i) A960GOT   j) A956GOT   k) A95*GOT

图 5-165 三菱人机界面

后者是高档的，有 A985GOT—V 、A985GOT 、A975GOT、A970GOT 、A960GOT、A956GOT 及 A95 * GOT 等。其中 A985GOT系列的特点是：内置 32 位的 RISC 高速图形芯

片，在所有三菱的人机界面中处理速度最快；机身只有4cm，可节省空间；可外接扬声器及使用PCMCIA卡传送画面和操作数据；备有256色、高亮度TFT屏幕，可直接显示颜色鲜艳的照片。除了可与三菱PLC连接外，还可与其它品牌PLC连接使用。

A985GOT使用编程软件为三菱的GT-DESIGNER-C。可在WINDOWS操作系统下使用。并可输入中文，用起来比较方便。

5.6.2　人机界面方程序设计

人机界面的程序要用厂商提供的软件，先在计算机上编程。经编译，再下载给人机界面。这样，人机界面才能监控PLC工作。但有的（如西门子的TD200、欧姆龙的MPT01）没有画面，比较简单，可直接连接PLC，在与PLC联机时编程。编后，即可使用。

编程前要先作设定或选择。因为这些软件是全方位的，面向很多型别。但实际用的只能是其中的一种。

编程情况与组态软件编程颇类似。相当于组态软件在开发环境下编程。编好的程序经编译、下载给人机界面后，再使人机界面与PLC联机运行，相当于组态软件编译好的程序，在运行环境下运行。

其实，从对PLC控制系统监控的角度看，这两者是没有什么本质区别的。只是一个用功能很强、性能很高的计算机，另一个适合于工业环境，但功能、性能，略不如计算机的人机界面。所以，人机界面编程更需计算机"帮忙"，但编程的方法、过程基本相同。具体的细节可能与人机界面有所不同，但主要的工作也都是设计画面、地址对应、动作关联、编译下载等过程。

1. 画面设计

图5-166所示为一个简单的人机界面画面例子。其功能也是想用按下触摸按钮"起动"使PLC的10.00点ON、工作，按下"停车"使其OFF、停止工作。并用指示灯的颜色反映10.00是否工作。

从图5-166可知，它与用组态软件建立的简单画面很相似，功能也相同。这当然这是为了便于理解才这么举例的。

至于这个画面怎么建立？图怎么画成了这样的？细节虽与组态软件不同，但大体是类似，也是用种种图形对象画图。参阅有关软件的说明就清楚了。

本例还有一个"切换到画面2"的触摸按钮。按下它，在人机界面上将显示画面2。而这时是显示1标准画面。其实，组态软件编程也有画面切换的操作，只是它用命令语句Showwindow（"画面编号"）实现。而不是这里用的方法（见以下介绍）。

地址对应：图5-166人机界面画面功能的实现要靠地址对应。这点与组态软件不同。组态软件用变量库中的I/O变量及设备驱动设定，而人机界面用地址对应。它用地址对应，使图形对象与PLC地址关联。图5-167所示的是"触摸开关"的设定操作，目的是使PLC的10.00位ON（设置）。

图5-168所示是"标准灯"的灯功能操作，目的用灯的不同颜色反映以PLC的10.00位ON/OFF。图中PLC地址窗口是用鼠标左键点击标准灯窗口的"设定（S）"键后弹出的。此窗口用以直接选择PLC地址。选择好，用鼠标左键点击"确定"键，则关闭此窗口。

至于10.00 ON/OFF对应的灯的显示颜色，见图5-169"标准灯"通用设定。

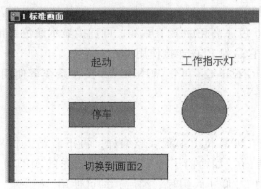

图 5-166　人机界面画面

图 5-167　触摸开关设定操作

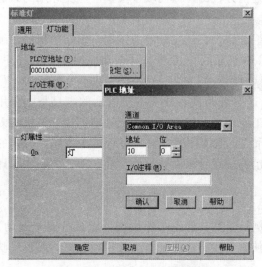

图 5-168　"标准灯"功能操作

图 5-169　"标准灯"通用设定

从图 5-169 可知，12.00 ON 时，显示绿色；12.00 OFF 时，显示蓝色。当然，选别的颜色显示也可，在其中作相应选择就是了。

2. 动作关联

除了关联 PLC 地址，有的图像对象还可与有关动作关联。5-170 所示为触摸开关设定功能操作时，可能选定的功能。其中"切换画面""打印画面"等就是操作动作。触摸开关动作时，与哪个动作关联，在此可选定。

图 5-171 所示为选定触摸开关的功能为切换画面。并设定切换到画面 2。

3. 编译下传

有了以上编程，应存储所编程序，并编译它。也可脱机演示。为了实际进行控制人机界面需与计算机联机，并把已编译的程序下载给人机界面。

4. 实际运行

人机界面装入程序后可与计算机脱机，并再依配置要求与 PLC 相连接（接线）。PLC 通电，人机界面也通电，即可观察人机界面的程序能否达到显示数据、输入数据及存储数据的要求。

如上例，按起动触摸按钮，则 10.00 ON 灯显示蓝色；按停止触摸按钮，则 10.00 OFF 灯显示绿色；按切换到画面 2 触摸按钮，则显示画面 2。

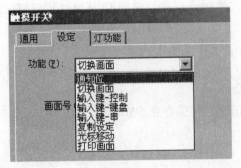

图 5-170　触摸开关设定功能操作

图 5-171　触摸开关的功能为切换到画面 2

5.6.3　PLC 方程序设计

PLC 方程序的功能有：画面控制、数据准备、数据使用。

数据准备、数据使用，其程序和 PLC 方与计算机通信的程序相同。故这里不再重复介绍。

画面控制是指 PLC 根据控制情况，使人机界面显示应显示的画面或在人机界面上显现报警或其它操作。这是用人机界面监控与用计算机监控的一个不同之点。用计算机监控画面的切换，由计算机根据读取到的 PLC 数据情况自行确定。而人机界面则用设定的 PLC 的某个控制位是否 ON 确定。只要 PLC 的某个控制位 ON，就可使人机界面上与其对应的某个画面显示。

所以，PLC 方在什么时候要求人机界面显示什么画面？怎么利用上述对应关系（当然，不同的人机界面，这里的细节可能有所不同）去要求人机界面显示该显示的画面？等等，PLC 方就要编写相应的控制程序了。

PLC 对画面的控制实质是逻辑关系，如同 PLC 控制一个输出点一样。这样的程序编起来是不难的。本书第 3 章已作过很多讨论。所以这里不再赘述了。

5.7　PLC 与智能装置通信程序设计

智能装置指智能传感器、智能仪表、智能执行器及其它带有串口或相关网络接口的装置。由于这些装置有通信口或相关网络接口，所以，与 PLC 交换数据可用通信的方式进行。用通信交换数据连线少、信息量大、用的是数字量，而不用模拟量（标准信号），抗干扰能力强。同时还可增大传送的距离。是 PLC 与传感器、执行器可靠交换数据较好的方法。

由于可使用的通信接口有标准串口及网络接口两种，故通信方法对应也有用通信指令通信、地址映射通信。本节将分别介绍这些通信。

PLC 与智能装置通信，编程主要在 PLC 方。智能装置方一般不要编程，但必须弄清它的有关通信协议，否则 PLC 方的程序也难以编写。

5.7.1　用通信指令通信

命令通信主要用于串口通信。对欧姆龙 PLC 主要是用传送（TXD）及接受（RXD）指令实现。其机理与 PLC 间串口通信是相同的。可参考在 PLC 间串口通信的有关说明。

如智能装置有高级的网络接口，如以太网接口，而 PLC 又有相同的网络单元，那也可用网络通信命令发送数据（SEND）、接收数据指令（RECV）通信。其机理与 PLC 间网络命令通信是相同的。可参考在 PLC 间网络命令通信的有关说明。

以下用欧姆龙公司"OMP 开发二课"编的此类例子程序，说明 CPM2A/CPM2AH 怎样用通信命令与变频器（3G3MV）通信。

. 此程序含：

Modbus 协议需要的 CRC16 冗余校验码计算；

用 TXD 命令向变频器（3G3MV）发送控制命令；

用 RXD 命令接受变频器（3G3MV）的响应信息，并保存在 DM 区。

通信算法框图如图 5-172 所示。

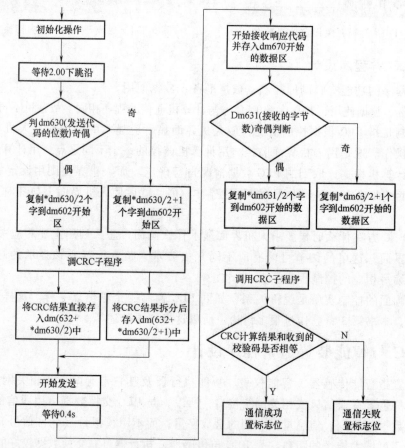

图 5-172　通信算法框图

为了实现的通信及方便客户使用，CPM2A/CPM2AH 通过此程序能正确的向变频器（3G3MV）发送控制命令及接受变频器的返回信息

请注意发送的时序。（因 Modbus 协议本身原因，变频器不允许连续接受控制命令。）

通信开始"通信键"（即图 5-173 中的 2.00）按下，见图 5-173。

从图 5-173 可知，这时将使"发送周期"ON，进入发送周期。此时，先按图 5-173 的算法对通信命令（发送报文）进行 CRC 计算，把报文加 CRC 校验码（两个字节）组成发送数据帧。当"CRC 结束标志位"ON，微分指令使"CRC 结束微下"ON 一个扫描周期。由它启动数据发送通信（TXD）指令，向 CPM2A 向变频器（3G3MV）发送该数据帧。

经过延时，接收变频器（3G3MV）的响应码，并对该响应码的代码段进行 CRC 校验计算，用计算的 CRC 代码结果和收到响应码中的 CRC 代码进行比较。根据比较结果进行处理：如果相等，说明通信成功；如果不等，则说明通信失败。

程序使用的资源有：

DM600～DM699。

DM630：设定发送的指令的字节数（不包括 CRC 校验码）。

DM631：设定回收的响应代码的字节数（不包括 CRC 校验码）。

DM632～DM641：具体指令设定区。

DM670～DM699：回收响应代码的存储位置。

TIM240～TIM249：定时器标志。

IR218～IR227：各状态标志。

IR2.00：发送触发。

据介绍，该程序已在 CPM2A/CPM2AH 与变频器（3G3MV）间进行过多次通信。并通过变频器（3G3MV）的动作及响应验证证明，该程序是可靠的。且得到了熟悉变频器（3G3MV）的技术人员检查、确认。此程序的更详细代码，可从欧姆龙技术支持网站上下载。

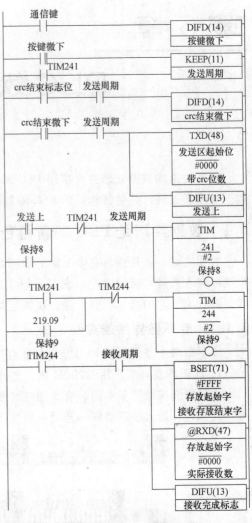

图 5-173 发送、接收程序

5.7.2 用从站地址通信

当智能装置与 PLC 连网，成为 PLC 的一个从站点时，将具有具体站点地址。PLC 就可用这个地址的读写与从站通信。条件是 PLC 必须具有主站功能，而智能装置也必须有连网条件。

如欧姆龙 3G3EV 系列的变频器与 PLC 进行通信，如 PLC 具有 SYS BUS 主站功能，就可以上远程 I/O（即 SYS BUS）总线。用读写从站的方式，与变频器通信。

再如 3G3FV 系列，则可选用通信卡单元，上 CompoBus/D 网络。此时可通过 Remote I/O 和 Message Service 两种通信方式监控变频器参数。

结语

PLC 连网平台多样。通信程序类型也很多。应按通信要求及资源情况选用相应的方法编程。

通信程序具有交互、相关、从属及安全性的特点，所编程序要考虑网络实际，遵照网络协议。同时，要注意交互作用。通信双方都要考虑到。而且还要考虑与整体程序的配合。

编写通信程序涉及面广，除了应具备 PLC 编程知识，还要熟悉计算机的编程知识。后者也许是从事 PLC 人员的弱项。但是，现在组态软件发展很快，尽可能使用它或许可弥补这个不足。

第 6 章

PLC数据处理程序设计

本章讨论的数据处理主要指用 PLC 采集数据、录入数据、存储数据、显示数据、传送数据与数表处理，并与其相关的 PLC 编程。

6.1 数据终端是 PLC 的新角色

数据终端一般是指具有以上讲的数据处理功能的基于计算机技术的设备。一般讲，用单片机或嵌入式计算机构成的系统多可担任这个角色。而有了足够存储空间的 PLC 也完全可以，而且由于它的抗干扰能力强，在特定场合还能更好地担任起这个角色。

6.1.1 专职数据终端实例

以下举两个实例说明 PLC 是怎样担任着这个数据终端角色的。

1. 沈阳华润啤酒厂用 C200H 机，进行灌装生产线数据采集例

沈阳华润啤酒厂某车间，有 5 条啤酒灌装生产线，两班倒。啤酒灌装的过程如图 6-1 所示，具体是：送入装箱空瓶→开箱→清洗空瓶→装酒→加温消毒→贴标→装箱→入库。

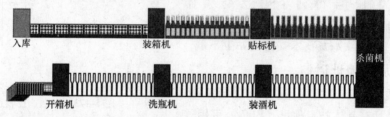

图 6-1　啤酒灌装生产线

1994 年，该厂配置了 C200H CPU 21 的 PLC，专门对这 5 条装酒生产有关数据进行采集、处理、显示、存储及传送，当作数据终端使用。

具体的数据有如下 3 组：

1）啤酒产量数据。各班次从管道流入的啤酒重量（用流量计检测）、空箱数、空瓶数、装酒瓶数、装箱数。

2）啤酒质量数据。各班次加温消毒是否超温或欠温的有关记录。

3）生产工作数据。各班次生产线何时开工、停工（含中间开、停工）有关记录。

以上记录的数据要在车间的数据显示屏上实时显示。同时，当计算机与其通信时，将按要求把这些数据传送给计算机，再由计算机作进一步处理与存储、报表打印及显示。构成了完整的啤酒灌装生产线的数据管理系统。

像这样用 PLC 作数据终端，成本虽高，但非常可靠。而且上手很快。这套系统除布线较麻烦，花的时间较长外，硬件安装、编程、调试都较简单，仅半个月就完成了。

实践证明，有了这套系统，对该厂啤酒灌装管理、减少消耗及发挥各班次工人生产积极性都起到很好的作用。并为实施该厂的 ERP（企业资源计划）积累了经验。

2. 沈阳三泰轮胎公司用 C200HE 机，对 27 台轮胎硫化机的合、开模时间、工作温度，进行实时记录例

2002 年，沈阳三泰轮胎公司为了加强对生产管理，用 1 台 C200HE 机与 27 台"轮胎硫化机"控制用的 C200H 机相连，建立 PLC 链接网（PLC LINK NET），通过数据链接，采集各"硫化机"的合、开模时间、工作温度等数据。图 6-2 示出该系统的简况。

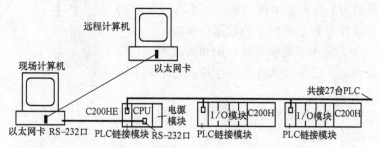

图 6-2 轮胎硫化机实时记录

从图 6-2 可知，各 PLC 都配备一个 PLC 链接模块（C200H LINK 401）。然后，用双绞线把所有这链接模块连接起来，组成 PLC LINK 网。

该网共有 28 个节点。用 LR 区实现链接。每个 PLC 设不同站号，0~27。对应占用不同的两个 LR 区的可写字。如站号设为 0，则可写字为 LR0 及 LR1 两个。再如站号设为 10，则可写字为 LR20 及 LR21 两个。余类推。

各个硫化机都采集本机的工作温度数据。并把此温度数据及本机合模、开模信号写在自己可写的 LR 字中。C200HE 机定时读取、处理 LR 区的全部数据（通过链接通信，各站数据都集中于此）。并分历史与实时两类存储，以备现场计算机读取。

现场计算机与 C200HE 机通过 RS-232 口通信，读取存储于 C200HE 机中的实时数据，并予以显示。同时，每天 3 次自动读存于 C200HE 机中历史数据（也可多次读），并进行处理、归档。

远程计算机通过以太网卡及其连线与现场计算机通信，读取有关数据，并予以显示、打印。

使用这个系统，可清楚地知道：每台硫化机何时合模，何时开模，进而统计各"硫化机"的实际产量（每 45min，合、开模一次，出产两个轮胎）；弄清合模的时间是否过长或过短，而影响产品质量；弄清开模时间是否过长，而影响工作效率；弄清各"硫化机"工作温度有否超温或欠温，如超温或欠温，发生在什么时刻，有多长。所有这些数据，都以计算机文件的形式存储。并随时可在现场计算机或远程计算机上查看、打印。

显然，有了这个系统，该公司在生产信息化上前进了一大步。为加强生产管理与产品质量控制打下坚实的基础。

6.1.2 兼职数据终端实例

在 PLC 实施控制的同时，如果需要，也可用 PLC 实施数据采集、处理、存储、显示及传送；可更好地发挥 PLC 的优势；这也就是 PLC 兼做数据终端。以下也举两个实例说明

PLC 在这方面的应用。

1. 辽宁义县某水果园各灌溉点的用水量统计例

1997 年，辽宁义县某果园引进以色列节水灌溉技术，用 CPM1A 机，控制 16 个果园小区的灌溉。同时，要统计各小区月累计供水时间及累计供水量，以便收费。所以，在 PLC 编程时，不仅考虑有关控制问题，还要考虑有关数据采集、处理及存储问题。

图 6-3 所示的为上位机显示的画面。而上位机显示的数据，则是从读取存于 PLC 中的有关数据得来的。

1998 年，沈阳苏家屯李英乡果园也用相关技术。它仅有 4 个果园。但控制、记录与义县是一样的。它用的 PLC 也是 CPM1A。

显然，为了向上位计算机提供有关数据，CPM1A 机就要担负起数据终端的角色。

小 区	累 计 时 间	累 计 水 量
小区 01		
小区 02		
小区 03		
小区 04		
小区 05		
小区 06		
小区 07		
小区 08		
小区 09		
小区 10		
小区 11		
小区 12		
小区 13		
小区 14		
小区 15		
小区 16		
合 计		

图 6-3　显示数据

2. 辽源汽车油泵厂油泵测试数据记录例

汽车油泵产量很大。而且，出厂前必须对其有关性能进行测试。要检查在额定转速下，它的流量、压力及扭矩。

2001 年，辽源汽车油泵厂从德国引进不用油液的油泵测试机，但控制系统自行设计。其解决方案是：一台上位计算机，两台测试机。这两台测试机都用 CPM2A 控制，并记录以上 3 个数据，占 3 个 DM 字。

在开始测试记录此数据前，还要用手工输入"件号"。这个"件号"占了两个 DM 字，也要存储，以区别是不同泵的测试数据。

手工输入件号输入用小键盘。通过 PLC 的输入点送入相应 DM 的两个字。可知，这时的 CPM2A 还是一个录入终端。

测试后，每个泵的记录占用了 5 个 DM 字。

CPM2A DM 区有 2000 个字，故最多可存储 400 个泵的测试数据。但实际上还要少些。因为还要有一些 DM 字用作控制。

由于测试机可存储这么多数据，故两台测试机可先单独作测试与记录。到记录足够数据后，再与上位计算机联机，把数据传给上位机，并清除已存数据。传给上位机后，上位机再作进一步处理、存档及打印。

显然，如果不是 CPM2A 用这 2000 字的 DM 区，兼作数据终端，这个方案是不能实现的。

从以上的 4 个实例的介绍可知，PLC 用作数据终端或兼作数据终端，已是 PLC 应用的一个重要方面。随着在信息化基础上的自动化的发展，PLC 这个应用将越来越增多。

用 PLC 作数据终端的好处是：做数据终端的同时，可用作控制；抗干扰能力强，可靠性高；体质小；可在工业现场直接采集数据；用 PLC 作数据终端，开发费用小，开发周期短，很快就可投用；此外，PLC 连网能力强，可通过各种网络途径使其成为某计算机的数据终端。

6.2　数据采集程序设计

数据采集可分为开关量采集、模拟量采集及脉冲量采集。而采集时一般总要与时间相联系，总是要指明采集当时的时刻和日期。以下，分别对这些量的采集作说明。

6.2.1　开关量采集

开关量仅两个取值，较简单，如 ON 代表开工、OFF 代表停工。采集它的目的主要是弄清什么时候发生了变化，如什么时候开工，什么时候停工。图 6-4 所示梯形图即为这个开关量采集程序。

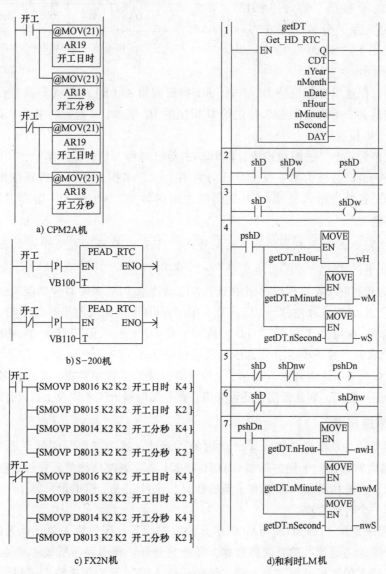

图 6-4　开关量采集程序

图 6-4a 为 CPM2A 机的程序。当"开工"信号 ON，则把 AR19 的值，即 PLC 的"当前时日"值，传送给"开工日时"存储字，AR18 的值，即 PLC 的"当前分秒"值，传送给"开工分秒"存储字。而当"开工"信号 OFF，则也是如此。注意，这里用的都是"微分"传送，只是在 ON 或 OFF 的那个扫描周期才进行这个传送。

图 6-4b 为 S-200 机的程序。它在"开工"ON 或 OFF 的第一扫描周期中，执行 READ-

RTC 指令。把 PLC 实时时钟的年、月、日、时、分、秒、星期等值读到 VB100 开始的 8 个字节中。对应图 6-4a 的"开工日时"为 VW102,"开工分秒"为 VW104;"停工日时"为 VW112,"停工分秒"为 VW114。

图 6-4c 为 FX2N 机的程序。它的实时时钟当前的"日值"存于 D8016,当前的"时值"存于 D8015 中,当前的"分值"存于 D8014,当前的"秒值"存于 D8013。为了把"日时"及"分秒"集中在一个字中,这里用了"SMOV"指令。其格式如图 6-5 所示。

(S·)	m1	m2	(D·)	m
FNC 13 SMOV	D1	K4	K2	D2	K3

图 6-5　SMOV 指令

其功能为:把这里 S 指定的 D1 字中,m1 指定的第 4(K4)位(最高数位)开始(倒数),m2 指定的共 2(K2)数位,传送给 D 指定的 D2 字中,n 指定的第 3(K3)数位开始(倒数)的两个数位。

这里的数位为 4 个二进制位组成,即 Digit。前已解释,1 个字,有 2 个字节,4 个数位。三菱的解释是,最高数位为第 4 位,最低的为第 1 位。本指令还可与特殊继电器 M8168 配合使用,选择是否处理十六进制与 BCD 码制之间的转换。M8168 ON 则不进行 BCD 转换,原样按数位移动。

> 提示:三菱 PLC 记录数据均为二进制格式,所谓 BCD 码,或为十进制表示,则 1 个字最大值只能为 9999。如为十六进制格式,则最大数可达 65535 或 FFFF。

图 6-4d 为和利时 LM 机程序,图中节 1 为启动读取 PLC 实时时钟功能块。节 2、3 用开工信号"shD"生成相应脉冲"pshD"。节 4 用"pshD"把读取的当时的小时、分、秒赋值给相应字。节 5、6 用开工信号"shD"从 ON 到 OF,生成停工脉冲"pshDn"。节 7 用"pshDn"把读取的当时的小时、分、秒赋值给相应字。

显然,PLC 采集了这组数据,再有了上位计算机读取这两组数据,稍作比较,就可清楚,当前是开工,还是停工?如是开工,还可知道,是什么时候开工?以及上次是什么时候停工?

6.2.2　模拟量采集

PLC 的模拟量是从模拟量输入单元读取的。而且,这个读取时间的延迟是很短的。一般为 PLC 扫描周期级的。个别的,如 C200H-TS001 之类温度检测单元要做一些平均数计算,为秒级。所以,当模拟量输入通道有了新的数时,也就完成了模拟量采集。图 6-6 所示的梯形图即为这样一个转换程序。

图 6-6a 程序为用于 CPM1A_MA002 单元的数据读入。因该模入单元读入的是 8 位二进制数,故一个模入通道读入的是两路数据,需把它分开。该图程序所做的就是这个工作。它把模入通道 1 读入的数据分成"第 1 路二进制码输入值"及"第 2 路二进制码输入值"。

图 6-6b 程序用于 S7-200 EM231 模块单极性使用时的转换程序。它的原始数据格式如图 6-7 所示。

所以,使用应左移 3 位。图 6-6b 程序中 VW0 就是左移 3 位后的数据。

图 6-6c 程序用于 FX0N3A 模块的数据读入程序。这里的用了 RD3A 指令采集数据。指令中 K0 为模块号 0,K1、K2 为模拟量模块上的输入通道 1、2。执行本程序的功能是,不停地读取模拟量模块输入通道 1、2 的数据,并分别存储在 D0 及 D1 中。

提示：模拟量采集程序所用的指令及地址不仅与 PLC 的类型有关，还与模块的类型及其安装情况有关。设计这个程序，应参照所使用模块的有关说明书进行。此外，在模块使用前，还要做些硬件设定，或执行一些初始化程序，以确定使用的模拟量种类、变化范围、初值及比例系数等。

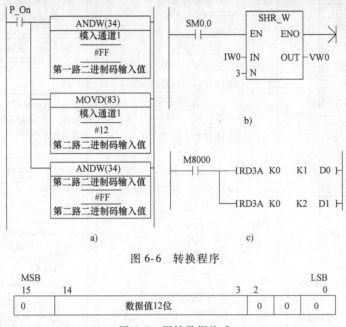

图 6-6 转换程序

MSB				LSB	
15	14	3	2		0
0	数据值12位		0	0	0

图 6-7 原始数据格式

有时还须把采集的数据与采集时间关联，以看出被采集量随时间的变化，即所谓变化趋势监视。这个工作一般由上位机去做。但 PLC 本身也可完成。而且，由 PLC 做此工作，实时性更强。

为此，可在 PLC 的某存储区设定一组（如 10 个字）工作区。用这个工作区动态记录被采集数据与采集时间有关的信息。

对此，有两种方法：一是定时采集；二是变化采集。

（1）定时采集

可按一定的时间间隔采集数据，并按固定的地址记录。因采定时采集的时间是固定的，可不必记下采集时间。如每隔 5min 采集一次，那最近 5min 采集的数据存储在数据区的最低的地址，次近的存储高一个字的地址，其余依次存储。所以，它的算法应是：每有新数据采集，先把低字的内容依次移向高字（原最高地址字的内容丢失），然后，再把采集的新值存入最低字。图 6-8 所示即为这种梯形图程序。

图 6-8a 为欧姆龙 PLC 程序。这里先是把"当前时分"（存储当前几时几分的字）被常数 5（也可为别的常数）整除，其商数存于 HR0，余数存于 HR1 字中。然后再对 HR1 与常数 5 作比较。

如这时的时间为 5min，或 10min……，则比较相等（P-EQ ON），进而先把 DM100~DM1009 中的数按字移位，DM108 的数移存给 DM109，DM107 的数移存给 DM108 等。然后把最新的"第 1 路 BCD 码输入值"存入 DM100。

477

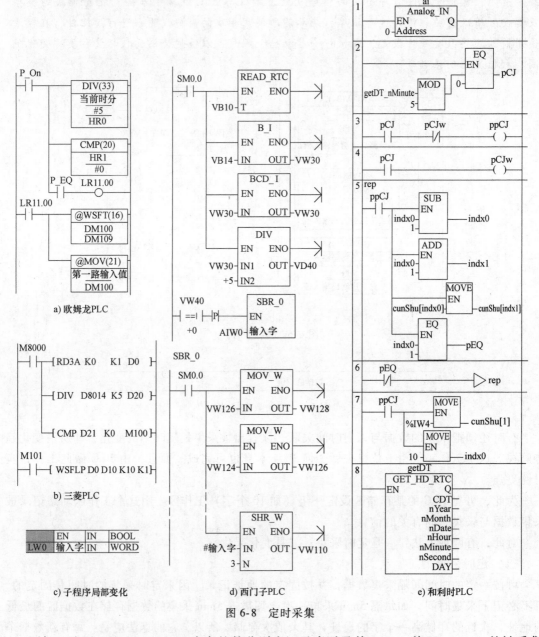

a) 欧姆龙PLC

b) 三菱PLC

c) 子程序局部变化

d) 西门子PLC

e) 和利时PLC

图 6-8　定时采集

可知，这里 DM100～DM109 中存的数分别为记录当时及前 5min、前 10min……的被采集的数据。并每 5min 作一次更新。

图 6-8b 为三菱 PLC 程序。它先用 RD3A 指令读取数据，并存放在 K4M0，即 M0 到 M15 中。然后计算时间，把 PLC 的实时分值除以常数 5，余数存于 D21 中，再判断 D21 是否为 0，若为 0，即，如这时的时间为 5min，或 10min……，则比较相等标志 M101 ON，将微分执行指令 WSFL。此为字左（高）移指令。其格式如图 6-9 所示。

它的含义是，把 D 指定的 D10 开始到 D25，即

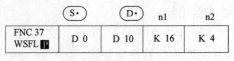

FNC 37 WSFL **P**	(S·) D 0	(D·) D 10	n1 K 16	n2 K 4

图 6-9　WSFL 指令

n1 指定的 K16（16 个字），每次做 n2 指定 K4（4 个字）左移，同时，把 S 指定的 D0~D3 的内容分别填入 D10~D13 中。结合本例，是从 D10~D9 作字左移，并把 D0 的内容填入 D10 中。

图 6-8d 为西门子 PLC 程序。它先读 PLC 的实时时钟，按 READ_ RTC 指令使用的操作数 VB10 知，当前分值存于 VB14 字节中，而且是 BCD 码。所以，要转换为字，并译成十六进制码，然后进行带余数的除 5 运算。本例余数存于 VW40 中，商存于 VW42 中。接着，判断 VW40 等于 0 否？等，则微分调用带参数的子程序 SBR_0。为什么这里用带参数的子程序？因为 S7-200 没有字移位指令，只好用它代用。

子程序 SBR_0 的功能是实现从 VW110~VW138 间的字移位。同时，把局部变量 "#输入字" 字右移 3 位后，存入 VW110 中。子程序的局部变量表见图 6-8c，仅一个输入字，由调用它的程序指定。本例指定的为 IW0，即模拟量输入模块的输入字。

执行上述主、子程序，近期采集的数据，将依次存于 VW110~VW128 中。其功能与图 6-8a、b 是完全一样的。

图 6-8e 为和利时 LM 梯形图程序。程序所用变量声明如下：

```
VAR
    getDT: Get_HD_RTC;
    ai: Analog_IN;
    pCJ: BOOL;
    pCJw: BOOL;
    ppCJ: BOOL;
    pEQ: BOOL;
    cunShu:ARRAY[1..10]OF WORD;
    indx0:BYTE:=10;
    indx1:BYTE;
END_VAR
```

图 6-8e 中节 1 为启动模拟量输入功能块。节 8 为启动读取 PLC 实时时钟功能块。节 2 为当前时间的 "分" 对 5 取模计算，然后与 0 比较。其含义是每当 0min、5min、15min、…min 时，采集信号 "pCJ" ON。节 3、4 只要 "pCJ" 从 OFF 到 ON，则生成脉冲信号 "ppCJ"。节 5、6 为存数的数组 "cunshu" 低下标单元字的值依次赋值给高下标单元字。节 7 把模拟量新值赋值给数组下标最低的单元，并使下标变量 "indx" 返回原始值。

可知，执行了上述程序，只要 PLC 的实时时钟处于 0min、5min、15min、…min 时，脉冲信号 "ppCJ" 将使存数的数组 "cunshu" 低下标单元字的值依次赋值给高下标单元字。同时，把模拟量当时的值赋值给数组下标最低的单元。这样，数组中 10 个单元存储的将依次是当时的、前 5min 的、再前 5min 的…模拟量输入数据。

（2）变化采集

即跟踪被采集量，视其变化情况，若被采集量的变化超过某个范围，则存储，并同时记下这时的时间。再有新的变化再采集。图 6-10 所示即为这种梯形图程序。

图 6-10a 为欧姆龙 PLC 程序。从图知，这里总是进行 "输入值" 与 "输入暂存值" 相减，得其差的绝对值。然后把这个 "差" 与常数 5 比较。如比较大过常数 5（也可为别的常数），则 P-GT ON，进而 LR10.00 ON。接着，先把第 2 路 BCD 码输入值传 "输入暂存器"，再把 DM200~DM209 中的数按字移位，DM208 的数移给 DM209，DM207 的数已给 DM208

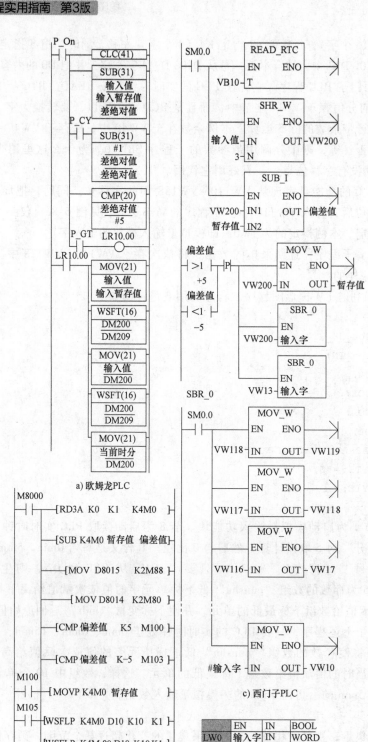

图 6-10　变化采集

等。然后把最新的"第 2 路 BCD 码输入值"存入 DM200。再接着，又把 DM200～DM209 中的数按字移位，DM208 的数移给 DM209、DM207 的数已给 DM208，等等。然后把"当前时分"存入 DM200。

> **提示：** 欧姆龙 PLC BCD 减运算，如被减数小于减数时，进位位置 1（借位），"这个差"为 10000+"被减数"与"减数"之差。要将其变为"差的绝对值"，必须再清进位位，使"0"被"这个差"减。即：10000－｜（10000+"被减数"）－"减数"｝，即"减数"－"被减数"。但欧姆龙 PLC BCD 加、减运算时，其进位位也参加运算，这里在未清进位位，故这里使"1"被"这个差"减。

可知，这里 DM200～DM209 中存的为 5 组数。分别为记录当时的"时分"及与这个"时分"相应的被采集数据。只要变化绝对值超过常数 5，数据就会更新一次。

图 6-10b 为三菱 PLC 程序。从图知，这里把采集的模拟量输入存于 K4M0 中。接着，总是进行 K4M0 与"暂存值"相减，其差的存于"偏差值"中。然后把这个"偏差值"与常数 5 及-5 比较。如比较大过常数 5（也可为别的常数）或小于-5，则先把 K4M0 传给"暂存值"，再把 D10～DM19 中的数按字移位，D18 的数移给 D19，D17 的数已给 D18，等等。同时，把最新的 K4M0 值传送给 DM10。再接着，又把 D10～DM19 中的数按字移位，D18 的数移给 D19，D17 的数移给 D18 等。同时把"当前时分"存入 D10。

可知，这里 D10～D19 中存的为 5 组数。分别为记录当时的"时分"及与这个"时分"相应的被采集数据。只要变化绝对值超过常数 5，数据就会更新一次。

图 6-10c 西门子 PLC 程序。它先读 PLC 的实时时钟，按 READ_RTC 指令使用的操作数 VB10 知，当前时分值存于 VW13 字中。接着，处理"输入值"，并存于 VW200 中。再就是进行 VW200 与"暂存值"相减，其差存于"偏差值"中。进而判断"偏差值"是否大于 5 或小于-5（也可为别的常数），是则微分调用带参数的子程序 SBR_0。为什么这里用带参数的子程序？也是因为 S7-200 没有字移位指令，只好用它代用。

子程序 SBR_0 的功能是实现从 VW110～VW128 间的字移位。同时，把局部变量"#输入字"字传送给 VW110。子程序的局部变量表见图 6-10d，仅 1 个输入字，由调用它的程序指定。本例指定的为 W200 及 VW13，即处理后的"输入字"及当前时分。

可知，这里 VW110 到 VW128 中存的为 5 组数。分别为记录当时的"时分"及与这个"时分"相应的被采集数据。只要变化绝对值超过常数 5，数据就会更新一次。

6.2.3　脉冲量采集

随着脉冲频率的不同，脉冲量，采集的方法也不同。

1. 较低频率脉冲量采集

如采集数据频率不高，其周期不要小于扫描周期的 2 倍，如扫描周期 100ms，如脉冲的周期不能小于 200ms，即每 s 不大于 5 次，可用普通的输入点，可进行采集。

采集的办法用计数指令，也可用 INC（加一指令）。但用后者时，一定要令其微分执行。否则，在脉冲的正半周，每扫描周期都将加一。

但是，如果频率高过此限制，则将丢失脉冲，或不能计数。图 6-11 所示为用 FX2N 进行有关采集测试程序。其中，图 6-11a 为未运行时的状态，图 6-11b 为运行状态。

从图 6-11b 知，C0、D0 在增 1 后不再增加，而 C2、D2 将增加。原因是调子程序的频率与 M0 变化的频率相等，而 M2 的频率为调子程序的频率的一半。前者不能反映出脉冲信号的 ON、OFF 变化，故不能正常计数；而后者能反映出脉冲信号的 ON、OFF 变化，故可

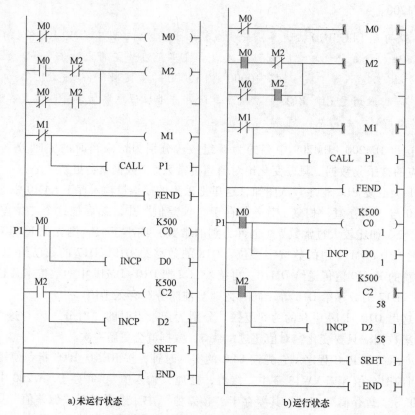

a)未运行状态　　　　　　　　　　b)运行状态

图 6-11　FX2N 脉冲信号采集测试程序

以正常计数。

2. 较高频率脉冲量采集

如脉冲周期小于 PLC 扫描周期的 2 倍,用普通输入点就不行了。但如不小于中断处理周期 2 倍,可使用中断方法采集。

如采集其生产线装酒的瓶数,若最高每秒通过 20 瓶,为确保脉冲不丢,可采用每 25ms 一次定时中断,执行采集中断子程序。而子程序,就是执行计数指令或微分执行 INC 指令。输入 1 个脉冲,计数器加 1。下班时,计数器值转存到存储区,并清零。

再如脉冲油泵流量计,它发送脉冲的频率与通过它的流量成正比。如它的频率不是太高,也可用外中断采集脉冲,而用定时中断进行频率计算。

图 6-12 所示为这个脉冲频率采集程序。

图 6-12a 为 CPM1A 机程序。从图知,它有 1 个主程序,2 个子程序。主程序主要是进行中断初始化工作。这里"P_First…"是欧姆龙的特殊继电器,仅在扫描第 1 周期 ON,其它周期均 OFF,就是用它作外中断及定时中断初始化设定。

图 6-12 中 INT 指令有 3 个操作数。第 1 个操作数是 0,含义是允许输入中断;第 2 个操作数是 0,默认值;第 3 个操作数是 #E,含义是输入点 0.03 用作外中断(此外,还应把 DM6628 设为 0001。这些也可用 CXP 软件在设定窗口上设),所调的中断子程序号是 0。

STIM 指令用以作定时中断设定。第 1 个操作数是 3,含义是间隔定时中断开始执行;第 2 个操作数是 DM1000,是低字地址,还有高字地址是 DM1001。从图 6-12 知,在执行

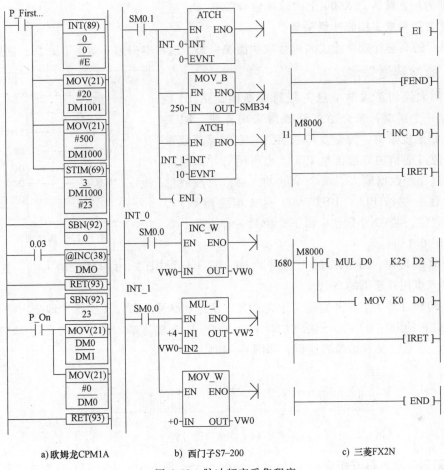

a) 欧姆龙CPM1A　　　　　b) 西门子S7–200　　　　　c) 三菱FX2N

图 6-12　脉冲频率采集程序

STIM 指令之前，已对 DM1000、DM1001 赋值，一个 20，一个 500，相乘为 10000，含义是定时间隔时间为 1s；第 3 个操作数是#23，指定调中断子程序号是 23。

执行图 6-12a 程序的结果是，只要 0.03 点有脉冲信号输入，系统将调子程序 0，使 DM0 加 1，计脉冲。而每经历了 1s，系统将调子程序 23，使 DM0 中的数传给 DM1，DM0 清零。显然，这里 DM1 中存的数即为每秒接收的脉冲数，即脉冲频率。

图 6-12b 为相应的 S7-200 机程序。图中 SM0.1 仅在 PLC 进入运行模式时 ON 一个扫描周期，用于进行初始化设定。本程序设定项目有 I0.0 外中断与中断子程序 0（INT_0）关联、定时中断 0 与中断子程序 1（INT_10）关联、并设定时中断时间间隔为 250ms，最后是使中断允许。

然后就是两个中断子程序。INT_0 执行，就是使 VW0 加 1。INT_1 执行就是把 VW0 的值乘 4，并存于 VW2 中，同时 VW0 清零。可知，这里 VW2 存的即为加在输入点 I0.0 上的脉冲信号频率。

图 6-12c 为相应的 FX2N 机程序。图中先是使中断允许。然后就是两个中断子程序。I1、I680。I1 为当 X000 ON 时调用的中断子程序。I680 为间隔 80ms 定时中断子程序。执行 I1，就是使 D0 加 1。执行 I680 就是把 D0 的值乘 25，并存于 D2 中，同时 D0 清零。可知，这里

D2 存的即为加在输入点 X000 上的脉冲信号频率。

3. 更高频率或三相脉冲量采集

用 PLC 的高速计数功能或高速计数功能块采集。这在本书第 3 章已有介绍。这里略。

6.2.4 脉冲选通采集

这里用大连理工大学信息工程研究所研制的 DUT-3000 作为一个实例，来介绍这种数据采集方法。DUT-3000 是 8 路温度采集、控制及传送装置。它的温度数据可用串口通过通信的方法传给 PLC。也可用脉冲选通的方法，通过 4 个数据输入点及 1 个脉冲选通点，按数位（DIGIT）逐一送给 PLC。DUT-3000 有 8 组温度数据，每组 4 个数位，共 32 个数位。以下介绍后一种方法。系统布局如图 6-13 所示。

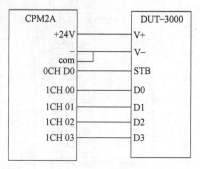

图 6-13　系统布局

从图 6-13 可知，CPM2A 的 1 通道的 00~03（4 个 BIT）用作数位输入点。选通信号（STB）输入点用 0 通道的 00 点。

DUT-3000 工作时，STB 每隔若干毫秒发一次选通脉冲。每发 1 次脉冲即依次把 32 个数位逐个通过它的 D0~D3 口，送给 CPM2A 的 1.00~1.03 输入端。而每发送完这 32 位，停止 38 个时段。之后，又开始新的过程，如图 6-14 所示。

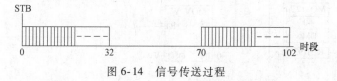

图 6-14　信号传送过程

为了采集数据，得有相应的 PLC 程序。图 6-15、图 6-16、图 6-17 即为这个程序。图 6-15 为初始化程序。目的是设定外中断、定时中断及工作参数初始赋值。外中断用于选通脉冲输入点，只要出现选通脉冲，即调子程序 0。定时中断设定时，每一定时间隔调子程序 23。工作参数初始赋值是把 0 赋值给 BM110 及把 2 赋值给 DM112。

图 6-16 为数据采集子程序。只要出现选通脉冲信号，则采集 1 个数位。

从图 6-16 可知，执行一次本子程序，先是 DM113 加 1。再是，第 1 次执行时，把 1 通道的 0 数位，即含有 00~03 的值，送 DM111 的 0 数位（因此时 DM112 为 0）。接着把 DM112 加 100。再接着进行比较，看 DM112 是否不小于 402。这时是小，故跳出子程序。

第 2 次执行，把 1 通道的 0 数位，即含有 00~03 的值，送 DM111 的数位 1（因此时 DM112 为 102）。接着把 DM112 加 100。再接着进行比较，看 DM112 是否不小于 402。这时还是小，故跳出子程序。

第 3 次执行，把 1 通道的 0 数位，即含有 00~03 的值，送 DM111 的数位 2（因此时 DM112 为 202）。接着把 DM112 加 100。再接着进行比较，看 DM112 是否不小于 402。这时还是小，故跳出子程序。

第 4 次执行，把 1 通道的 0 数位，即含有 00~03 的值，送 DM111 的数位 3（因此时 DM112 为 302）。接着把 DM112 加 100。再接着进行比较，看 DM112 是否不小于 402。这时不小，故子程序往下执行。注意，这时 DM111 已把 4 数位的数据全部采集到了。

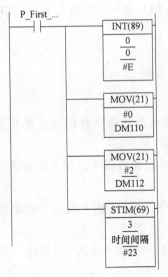

图 6-15　初始化程序

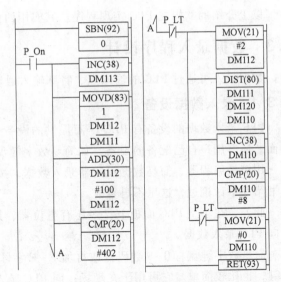

图 6-16　数据采集程序

第 1 次执行这后一段子程序时，先是 DM112 恢复为初始值，接着把 DM111 的值传给 DM120（这里用了偏移传送，第 1 次执行，DM110 值为 0）。传后，DM110 加 1。再比较，看 DM110 是否不小于 8，这时不小。则退出子程序。

接着，由于 DM112 已是初始值，故又重复上述 4 次执行过程。当 DM112 不小于 402 时，第 2 次执行这后一段子程序时，又先是 DM112 恢复为初始值，接着把 DM111 的值传给 DM121（这时 DM110 值为 1）。传后，DM110 加 1。再比较，看 DM110 是否不小于 8，这时还是不小。则退出子程序。

直到第 8 次执行最后一段子程序时，先是 DM112 恢复为初始值，接着把 DM111 的值传给 DM127（这里用了偏移传送，第 1 次执行，DM110 值为 7）。传后，DM110 加 1。再比较，看 DM110 是否小于 8，这时不小，把 0 赋值给 DM110，使其恢复为初始化值。子程序数据全部复原。又可进行新一轮的采集。

图 6-17 为同步处理程序。从以上介绍可知，这里的时序关系很重要。一旦时序出错，所有数据将"张冠李戴"，不能使用。为避免出现此情况，特用了同步处理程序。

从图 6-17 可知，它是定时中断子程序。每隔一定时间执行一次。执行时先比较 DM113 及 DM114，看是否相等？相等，则使 DM110、DM112 初始化；不等，则把 DM113 的值传给 DM114。从图 6-15 信号传送过程知道，这里数据传送是有停顿的。目的之一也是为了同步处理。从图 6-17 知，每次调子程序 0 时，DM113 的值总是加 1，是变化的。而不调时，即传送停顿时，它的值不变。此程序正好利用这个不变，使使 DM110、DM112 初始化。显然，DM110、DM112 初始化正确，也就确保了这个同步了。

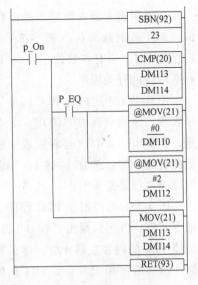

图 6-17　同步处理程序

以上介绍的欧姆龙 PLC 实现程序。其实用西门子、三菱 PLC 也同样可以实现，这里略。

6.3　数据录入程序设计

数据录入可通过 PLC 的输入点、特殊输入通道或通信口实现。

6.3.1　录入数据设备

PLC 录入数据的设备有 PLC 厂商提供的设备，如简易编程器、简易数据设定器及人机界面。还有用户自己配备的设备，如简易数字键盘。

用简易编程器、简易数据设定器录入数据，按有关说明操作就可以了。用人机界面已在本书第 5 章讨论过，这里不再重复。

此外，在小型 PLC 面板上，多还有电位器，用它，也可通过特殊输入通道，粗略地实现向 PLC 录入数据。

简易数字键盘有 0~9 数码键或再加 A~F 字母键，或再加一些如"确认""清除"等操作键，也比较简单。它可用于在现场，向 PLC 录入数据。

由于 PLC 厂商不提供这种键盘，所以，目前这个输入只好用普通的输入点。这当然不太经济。不过，欧姆龙、三菱公司还总算理解到用户的需要，在有的 PLC 上，开发有键盘录入指令。用了这些指令，可减少使用输入点，经济上较合算。

此外，也可用拨码开关录入数据。每个开关可任意置 0~9，或 0~F 多个值。正好与 1 个数位（digit）对应。而每个开关按 8421 编码，与 PLC 的 4 个输入点相接。1 个输入通道，4 个数位，接 4 个拨码开关，对应 1 个字。一些定时器、计数器的设定值，要在现场确定时，可使用这样的输入通道实现。

再，就是一些智能设备，如条码读入器，可利用 PLC 串口或外设口，向 PLC 送入数据。这是有关通信、连网的问题，在此就不讨论了。

6.3.2　用通用指令录入

用通用指令录入数据，是以数位（digit，占 4 个 bit）为单位，逐个数位键入。每个数位（对十进制数为 0~9 数字符号，对十六进制数为 0~F 数字符号）用一个输入点。每键入 1 个数位时，原有各数位左（向高位）移，新键入数位处最右（最低）位。图 6-15 示的为 4 种 PLC 的有关程序。

图 6-18a 为欧姆龙 PLC 程序。它用数位（digit）移位（SLD）及数位传送（MOVD）指令实现。该图只画出"键 0"及"键 1"的情况。当任一键按下（对应的输入点 ON），先是，使 DM0、DM1（可看成双字长的数，即 8 位数）中的各数位的数丛低到高移位。然后，把此键值，如"键 0""键 1""键 2"……的相应数字符号送入最低位。注意，这里的指令为微分执行是必要的。

图 6-18b 为西门子 PLC 程序。它用双字左移位（SHL-DW）及字节逻辑或（WOR-B）指令实现。该图只画出"键 0"及"键 1"的情况。当任一键按下（对应的输入点 ON），先是使 VD0 的内容左移 4 位，即：VB0 的低 4 位移给 VB0 高 4 位，VB0 高 4 位丢失；VB1 的高 4 位移给 VB0 低 4 位，VB1 的低 4 位移给 VB1 高 4 位；VB2 的高 4 位移给 VB1 低 4 位，VB2 的低 4 位移给 VB2 高 4 位；VB3 的高 4 位移给 VB2 低 4 位，VB3 的低 4 位移给 VB3 高 4 位，VB3 低 4 位被 0 填充。然后把此键值（如"键 0""键 1""键 2"……）的相应数字

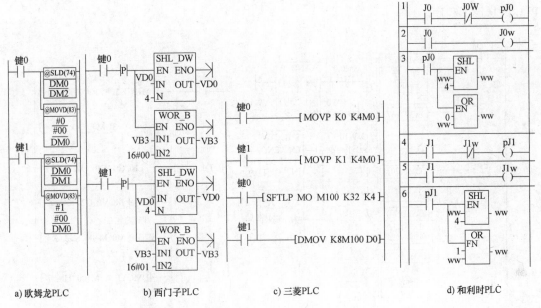

a) 欧姆龙PLC   b) 西门子PLC   c) 三菱PLC   d) 和利时PLC

图 6-18 键入数位 1

符号与 VB3 作逻辑或运算，把与 "键 0" 等对应的值将送入最低位（VB3 的低 4 位）。注意，这里在指令执行前，先对执行条件进行微分处理是必要的，因为西门子 PLC 没有微分执行一说，故只好先作此处理。

图 6-18c 为三菱 PLC 程序。它主要用位左移（SFTL）指令实现。其格式如图 6-19 所示。

执行这个指令，把这里 D 指定的 M0 开始的，n1 指定的位数 16（K16）位，左移由 n2 指定 4（K4）位。同时，在移位后，还把 S 指定 X000 开始的 4（n2指定的 K4）个位送入 D 的被移出位。图 6-18c 只画出 "键 0" 及 "键 1" 的情况，如 "键 1" ON，则把常数 1 传送给 K4M0，然后微分执行 "SFTL" 指令。它把 M100~M131 的各位依次左移 4 位，同时，把 K4M0 的低 4 位传送给 M100~M131 的低 4 位。接着，执行 DMOV 指令，再把 K32M100 的内容传送给 D0、D1，从而实现了录入数位 1 的目的。

	$S \cdot$	$D \cdot$	n1	n2
SFTL	X000	M0	K16	K4

图 6-19 左移（SFTL）指令

图 6-18d 所示的为和利时 LM 机有关程序。图中节 1、2 及 4、5 为生成脉冲信号。节 3、6 为数字输入。当 "0 键" "1 键" 按下，即与其对应的输入点 "J0" "J1" ON 时，对应的 "pJ0" "pJ1" 将 ON1 个扫描周期。进而，使被输入字 "ww" 的内容，先向左移 4 个位（左移 1 个数位），接着再与 "0" 或 "1" 进行 "或" 逻辑运算，运算的结果又存入 "ww" 字。显然，每次做这样操作，都将使 "ww" 原有数的高数位移出，同时把 "0" 或 "1" 补充在它的低数位。起到了输入录入这个 "0" "1" 数据的作用。

只是这里程序仅列出按 "键（J）0" "键（J）1"。其实，还可加上 "键（J）2" "键（J）3" 等按键。这样，也就可以录入像 "2" "3" 等这样的数据了。本程序可以实现双字、8 数位的录入。自然，要录入 8 位完整的数据，必须键入 8 次。当然，如高位为 0，在录入前，把有关数据区清零，可以减少键入次数。

图 6-20 所示为是用编码指令向目标地址（目标低字到目标高字间）录入数据的 3 种 PLC 的梯形图程序。

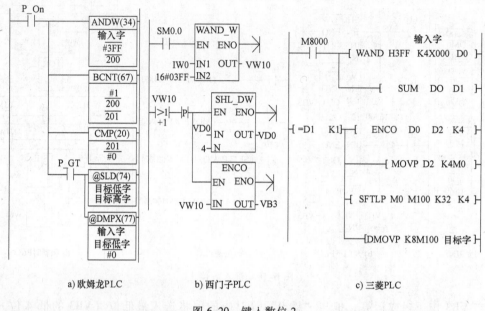

a) 欧姆龙PLC   b) 西门子PLC   c) 三菱PLC

图 6-20　键入数位 2

图 6-20a 为欧姆龙 PLC 程序。如图所示，当任一键（这里只定义 10 个键 0~9，对应输入点输入通道的第 0~第 9 位，也可增多）按下，则 200 通道大于 0，这将使目标低字到目标高字移位，然后，把此键的值（见 DMPX 指令的含义），如"0""1""2"、…送入最低位。注意，这里的指令也应为微分执行。

图 6-20b 为西门子 PLC 程序，当任一键（这里只定义 10 个键 0~9，对应输入点输入通道的第 0~第 9 位，也可增多）按下，则 VW10 大于 0，这将使目标双字 VD0 移位（4 个 bit），然后，把此键的值（见 DMPX 指令的含义），如"0""1""2"…送入 VB3，即 VD0 的最低位。注意，这里的指令也应为微分执行，为此，用了指令 P。

图 6-20c 为三菱 PLC 程序。如图所示，当任一键（这里只定义 10 个键 0~9，对应输入点输入通道的第 0~第 9 位，也可增多）按下，则 D1 = 1，这将此键对应的值传送给 K4M0，然后微分执行 "SFTL" 指令。它把 M100~M131 的各位依次左移 4 位，同时，把 K4M0 的低 4 位传送给 M100~M131 的低 4 位。接着，执行 DMOV 指令，再把 K32M100 的内容传送给目标字，从而实现了录入数位 1 的目的。注意，这里的指令也应为微分执行。

图 6-21 所示为 3 种 PLC 目标地址可选的录入程序。它的目标地址不是固定的，可按需要选择。所以，它的算法是先选定（录入）目标地址，确定后，再向选定的目标地址录入数据。

图 6-21a 为欧姆龙 PLC 程序。该图用的指令与图 6-20 相同。只是先选定目标地址（对指针赋值），后录入数据（向指针指向地址送数）。具体过程是，先使"选目标地址"ON，"指针"清 0。开始录入数据，但这时录入的为目标地址，即向指针赋值。地址送入后，再使"录入数据"ON（这时，"选目标地址"应已 OFF），则 201.00 OFF，201.01ON。这时，

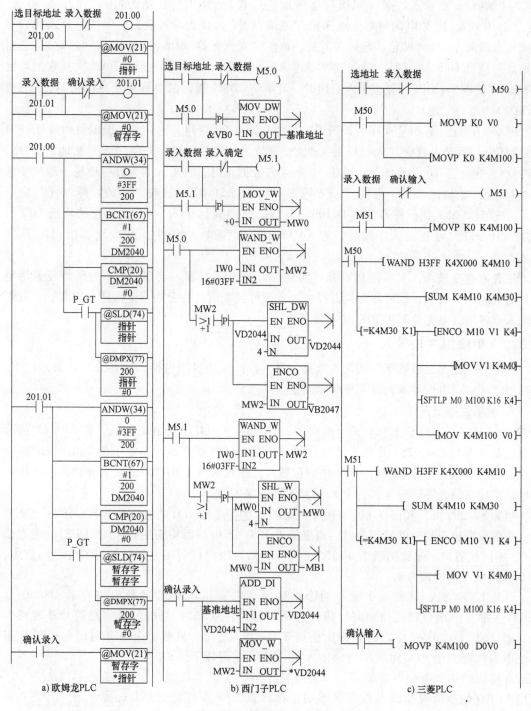

图 6-21　目标地址可选的录入

录入数据将送"暂存器"。最后，使"确认录入"ON（其它的均已 OFF），则使 201.01 OFF，停止录入，同时把"暂存器"的内容送指针指向的地址。

图 6-21b 为西门子 PLC 程序。该图用的指令与图 6-16 相同。只是先选定目标地址（对

VD2044 赋值），后录入数据（向指针指向地址送数）。具体过程是，先使"选目标地址"ON，M5.0 ON，使VB0的绝对地址送给"基准地址"。开始录入数据，但这时录入的为目标地址，即向VD2044赋值。地址送入后，再使"录入数据"ON，M5.1 ON（这时，"选目标地址"应已OFF）。这时，录入数据将送MW0。最后，使"确认录入"ON（其它的均已OFF），则使M5.1 OFF，停止录入。同时，计算VD2044指向的目标地址，再把MW0的值送VD2044指向的地址。

图6-21c为三菱PLC程序。该图用的指令与图6-20相同。也只是先选定目标地址（对指针赋值），后录入数据（向指针指向地址送数）。具体过程是，先使"选目标地址"ON，M50 ON，变址器V0及K4M100清0。开始录入数据，但这时录入的为目标地址，即向变址器V0赋值。地址送入后，再使"录入数据"ON，M51 ON（这时，"选目标地址"应已OFF），这时，录入数据将存于K4M100。最后，使"确认录入"ON（其它的均已OFF），则使M51 OFF，停止录入。同时，把K4M100的内容送D0V0的，即变址器指向的D区地址。

用普通指令录入，大多数PLC都可实现。但它使用的输入点多，PLC的硬件资源将得不到有效利用。当然，也可作切换选择，加上硬件接线时，在公用点上做适当隔离，也可做到输入点多用，以充分利用PLC的硬件资源。

6.3.3 用模拟方法录入

以上介绍的都是以数字形式录入数据。其实，PLC还可用模拟形式（方法）录入数据。有两种方法：用电位器录入及用定时示教录入。

1. 用电位器录入

如CPM机，其面板上都有两个电位器，它直接与PLC指定通道关联，如CPM2A的两个电位器分别与250、251关联。当电位器旋钮顺时针转到头时，通道值为200；当电位器旋钮逆时针转到头时，通道值为0；中间位置时，按比例居于0~200之间。显然，用户可利用电位器旋钮的处不同位置，使PLC得到不同的输入值。

再如S7-200机，其面板上也有两个电位器，它直接与PLC的特殊继电器SMB28、29关联。当电位器旋钮顺时针转到头时，通道值为255；当电位器旋钮逆时针转到头时，通道值为0；中间位置时，按比例居于0~255之间。显然，用户可利用电位器旋钮的处不同位置，使PLC得到不同的输入值。

再如FX1N机，其面板上也有两个电位器，它直接与PLC的数据寄存器D8030及D8031关联。当电位器旋钮顺时针转到头时，通道值为255；当电位器旋钮逆时针转到头时，通道值为0；中间位置时，按比例居于0~255之间。显然，用户可利用电位器旋钮的处不同位置，使PLC得到不同的输入值。除了在面板上，FX机还有相应的扩展电位器功能板，其上集成有多个这样电位器，可用VRRD指令读取反映电位器状态的数据。该指令的格式如6-22所示。

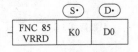

图6-22　VRRD指令

这里S为扩展板上的电位器编号，K0为0号，D为读入数据存放地址，D0数据存入D0中。数据的变化范围也是0~255。

遗憾的是，这样输入没有指示，只能靠操作者的感觉。而且精度也不高。故只能用于要求不高的场合。

2. 用定时示教录入

图 6-23 所示即为 4 种 PLC 的这个梯形图程序。

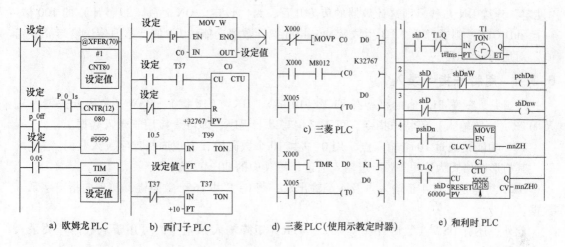

图 6-23　定时示教录入

图 6-23a 为欧姆龙 PLC 程序。从图知，它用于定时器 007 的定时值（即图中的"设定值"）的设定。当"设定" ON，可逆计数器 CNTR080 开始计数，每 0.1s 增 1。如"设定"连续 ON 几秒，则这计数器的值为几十，为"设定" ON 时间（以秒计）的 10 倍。一旦"设定" OFF，则先是把可逆计数器 080 的计数值传送给"设定值"，进而使计数器清零，为下一个设定进行准备。

提示： 图 6-23a XFER 传送指令为微分执行是很必要的。否则"设定值"将永远为 0。

图 6-23b 为西门子 PLC 程序。从图知，它用于定时器 99 的定时值（即图中的"设定值"）的设定。当"设定" ON，增计数器 C0 开始计数，每 0.1s（用定时器 T33 取得此时间间隔）增 1。如"设定"连续 ON 几秒，则这计数器的值为几十，为"设定" ON 时间（以秒计）的 10 倍。一旦"设定" OFF，则先是把可逆计数器 C0 的计数值传送给"设定值"，进而使计数器清零，为下一个设定进行准备。

图 6-23c 为三菱 PLC 程序。从图知，它用于定时器 T 0 的定时值（即图中的"设定值"）的设定。当对应"设定"的 X000 ON，增计数器 C0 开始计数，每 0.1s（用特殊继电器 M8012 取得此时间间隔）增 1。如"设定"连续 ON 几秒，则这计数器的值为几十，为"设定" ON 时间（以秒计）的 10 倍。一旦"设定" OFF，则先是把可逆计数器 C0 的计数值传送给"设定值"，进而使计数器清零，为下一个设定进行准备。

此外，FX2N 机还有示教定时器指令（TIMR），直接可实现此功能。TIMR 指令的格式如图 6-24 所示。

执行此指令，在 D 指定的 D300 的高一地址，即 D301 中，存储本指令执行条件 ON 的时间，而 D300 存储的为此时间乘 10 的 n 指定的常数 K 的次方。如 K 为 0，则乘 1，K 为 1 则乘 10 等。这里图 6-23d 即为使用示教定时器 TIMR 的程序，它与图 6-23c 的功能是完全相同的。

FNC 64 TIMR	D300	K 0

（D·）　　　　n

图 6-24　TIMR 指令

图 6-23e 所示为和利时 LM 机程序。当对应"设定"shD ON，定时功能块 T1 每隔 1msON 一次对应。用它作为增计数功能块 C1 的计数输入。每 0.01s 使气计数值增 1。如"设定"连续 ON 几秒，则这计数器的值为几百，为"设定"ON 时间（以秒计）的 100 倍。一旦 shD OFF，则通过节 2、3 生成脉冲 pshDn 把计数器功能块 C1 的计数值传送给与"设定值"对应的 mnZH0。

6.3.4 用特殊指令录入

欧姆龙、三菱 PLC 有的机型有 TKY（10 键）、HKY（16 键）、DSW（数码开关键入）、及 MTR（矩阵输入）等特殊指令，可不必编写以上程序，即可直接用于录入数据。

TKY 功能是通过 10 个输入点，用 0~9 共 10 个数码键，实现向指定字录入数据。

其梯形图格式为这里 IW 指定输入通道，用其中的 00~09 位。

HKY 功能是通过 4 个输入点及 4 个输出点，用 0~F 共 16 个数码键，实现向指定字录入数据。

此外，还有 DSW（数码开关键入）、MTR（矩阵输入）指令。可用于从数码开关录入更多的数据。

具体可参阅有关说明书。

6.3.5 用编码键盘录入

如有如图 6-25 所示的编码键盘，有 0~E 共 15 个键。但自身有硬件编码器。根据不同键按下（要做到，只能一键按下有效，多键按下无效），在其输出 8421 端，将有按二进制编码的不同的通路。如按下 7 键，则 4、2、1 三端都与 COM 端通，8 端不通，代表二进制 0111。其它 1~9 键，与此类似。0 键按下，4 端全通，即 1111，用以代表输入 0（内部程序可做处理，以实现这个目的）。还有 ABCDE 键，分别用 1010、1011、1100、1101 及 1110 编码，可用作操作键，如清除、退格等。

有了以上硬件条件，4 种 PLC 即可通过图 6-26 程序实现数据录入。它的算法也是先"移位"，后送数据（对三菱则先设数据，后移位及送数据）。只是，它送的数据已用硬件做了编码处理。

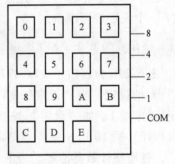

图 6-25　编码键盘

图 6-26a 为欧姆龙 PLC 程序。它先取"数据输入通道"的最低数位存于 200 通道中（假设 8421 分别接此通道的 03、02、01、00 点，若不是应另做处理）。然后把 200 通道与常数 0 比较。如大，说明 200 通道有大于 0 的数据，则置"有数据输入"ON。

当"有数据输入"ON，先看此数是否为 FFFF，如是，令其变成 0。因为前已假设用 FFFF 替代 0。如不是，不做处理。

最后，目标字的各数位各向其高 1 位移位及把输入的数送目标低字的最低位。此即完成了 1 个数位的录入。

图 6-26b 为西门子 PLC 程序。它先取"输入字"的最低数位存于 MW0 字中（假设 8421 分别接此通道的 03、02、01、00 点，若不是应另做处理）。然后把 MW0 字与常数 0 比较。如大，说明，MW0 字大于 0 的数据，则置"有数据输入"ON。

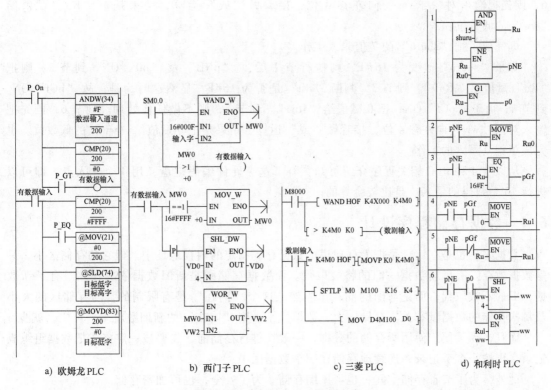

a) 欧姆龙 PLC　　　　b) 西门子 PLC　　　　c) 三菱 PLC　　　　d) 和利时 PLC

图 6-26　编码键盘录入数据程序

当"有数据输入"ON，先看此数是否为 FFFF，如是令其变成 0。因为，前已假设用 FFFF 替代 0。如不是，不做处理。

最后，目标双字 VD0 的各数位各向其高 1 数位移位，之后用逻辑或指令，把输入的数传送给目标双字的最低位。此即完成了 1 个数位的录入。

图 6-26c 为三菱 PLC 程序。它先取"输入字"的最低数位存于 K4M0 中（假设 8421 分别接此通道的 03、02、01、00 点，若不是应另做处理）。然后把 K4M0 与常数 0 比较。如大，说明，K4M0 有大于 0 的数据，置"数据输入"ON。

当"数据输入"ON，先看此数是否为 FFFF，如是令其变成 0。因为，前已假设用 FFFF 替代 0。如不是，不做处理。

最后，目标字 M100～M131 的各数位各左移位 4 位（bit），即向其高 1 数位位移位，同时，把 M0～M3 传送给 M100～M103。接着，把 K4M100 传送给目标字 D0。此即完成了 1 个数位的录入。

图 6-26d 所示为和利时 LM 机编码键盘录入数据程序。图中节 1 的"shuru"为编码键盘键入字。由于只用其中最低的 4 位。故先与 15（16#F）做"与"运算。结果存于"Ru"中。接着进行两个比较，为以后的处理做好准备。节 2、3、4、5 为比较结果处理。节 6 为录入数据。

这样，如果"shuru"改变为 7，则执行节 1 后，"pNE"及"p0"ON。到节 2，则把"Ru"赋值给"Ru0"。到节 3，判断"Ru"是否为 16#F？显然这时不是，故"pGf"OFF。到节 4，因为"pGf"OFF，所以不做任何处理。到节 5，则把"Ru"赋值给"Ru1"。到节

6，则先把输入对象"ww"向左移4位，接着做"或"运算，结果是把"Ru"赋值给"ww"的低数位。

即完成了把"shuru"的7值录入工作。

如果"shuru"改变为16#F，则执行节1后，"pNE"及"p0"ON。到节2，则把"Ru"赋值给"Ru0"。到节3，判断"Ru"是否为16#F？显然这时为是，故"pGf"ON。到节4，由于"pGf"ON，把0赋值给"Ru1"。到节5，则不做任何处理。到节6，则先把输入对象"ww"向左移4位，接着做"或"运算，结果是把0赋值给"ww"的低数位。也完成了把0录入的工作。

从以上4种PLC相关程序介绍可知，有了这个硬件编码键盘，用4个输入点，即可以进行15个数码的录入。是比较合算的。

6.4 数据存储程序设计

数据采集也是存储，是把I/O通道的数据存到指定的内存地址中。但它的存储区小，只是数据暂存。有了新数据，旧的将被取代。而数据存储则是新旧数据依次存储。有了新数据，旧的不被取代，而是与旧的同在。当然，这个"同在"是有限制的，与存储区的大小及每次存储的数据量有关。存储区大，数据量小，则"同在"的新旧数就多。反之，就少。

而且，为了便于使用所存储的数据，一般在进行存储前，先要按一定格式把数据组织成记录，再按一个个记录，连续地存储在一个数据区中。

此外，为了节省存储空间，也可压缩存储。为了安全，也可加密存储。

6.4.1 记录存储

1. 记录

记录是指一组有关联的数据。记录要有关键字（或多字），以区分不同记录。

如电量采集数据，所存的记录就是一组数，共4个字。第1个字，存年月；第2个字，存日及时段；第3、4个字，存电量累计值（用双字长）。每天分7个时段定时存储，每天7个记录。

再如以上讲的（图6-2）硫化机合模、开模，所存的记录就是1组数，共4个字。第1个字，存对应的硫化机号（3位数）及开（用A表示）或合（用B表示）模标志；第2个字，存年月；第3个字，存日时；第4个字，存分秒。只要开或合模一次，即被监测的数据有了变化，则存储1个记录。但由于硫化机工作时间是有规律的，大体每小时，开合模1次。所以，它每天的存储长度可预计。

再如，还是以上讲的（图6-2）硫化机的温度监测，也是按记录进行存储的。每个记录为5个字。第1个字，存对应的硫化机号；第2个字，存年月；第3个字，存日时；第4个字，存分秒；第5个字，存储当时的温度值。它也是变化存储。但只是出现超温时才存储。但什么时候超温，则是随机的，所以，它每天的存储长度不好预计。

数据存储的记录除了定长的（固定格式），也有非定长的（非固定格式）。可按实际情况组织。后者，可节省存储空间，但程序的算法要复杂些。

组织成记录后怎么存储？存储区的地址怎么分配？方法也很多。可以是地址不固定，当数据存储时，按数据区地址升幂（或降幂）顺序依此存储。当数据满后，又回到起点，用新的记录取代旧的记录，继续存储。也可以是固定地址的，什么时候、存储在什么地址是固定的。但多数用的是地址不固定的。

什么时候存储可按时间设定，每天有固定的存储时间，这叫定时存储。也可为事件存储，当发生所定义的事件时，才存储。

数据存储方法一般用间接地址，即指针访问。这样的程序较简练。也可用在数据采集程序中用过的字移位，如图 6-8、图 6-10 所示。只是存储区大，执行这样的移位指令，执行时间可能很长。

如有不同对象的数据记录，可 1 个对象存储在 1 个存储区。也可多对象混合存储在 1 个存储区。

2. 定时存储

分时段记下监测量的当时值，有时还要记下当时的时间。图 6-27 所示为定时存储例子。

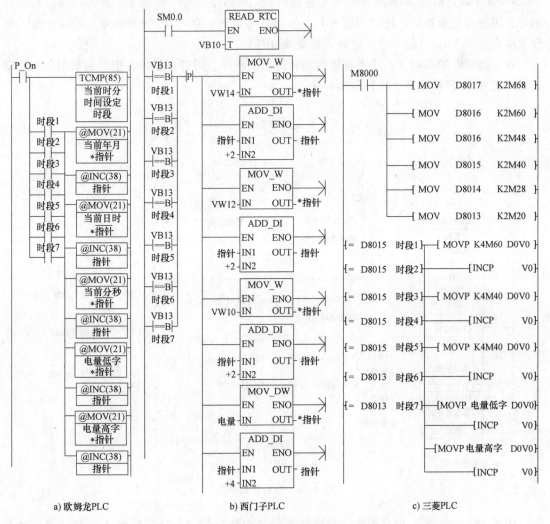

a) 欧姆龙PLC b) 西门子PLC c) 三菱PLC

图 6-27 定时变地址存储

图 6-27a 为欧姆龙 PLC 程序。从图知，它先把"当前时分"与"时间设定"进行表比较。"当前时分"是从 PLC 时钟中读出，随时间而变。"时间设定"是 1 组数，按要存储的

时段划分。如 700 代表 7 点 0 分。通道"时段"中的相应位是 ON，还是 OFF，与比较的结果有关。如"时间设定"的第 1 个数为 700，而"当前时分"又正好 7 点 0 分，则"时段"通道的"时段 1"位 ON。

当"时段 1""时段 2""时段 3"等 ON 时，将把"当前日时"等数据，存入指针指向的地址。存 1 个数，修改 1 次指针（地址加 1）。可见，它是定时，但变地址存储。

图 6-27b 为西门子 PLC 程序。它先读 PLC 的实时时钟，按 READ_ RTC 指令使用的操作数 VB10 知，当前时值存于 VB13 字节中，而且是 BCD 码。然后把它与"时段 1"等（也应是 BCD 码）进行比较，如相等，则进行记录存储。把"当前日时"等数据，存入指针指向的地址。存 1 个数，修改 1 次指针。可见，它是定时，但变地址存储。

图 6-27c 为三菱 PLC 程序。从图知，它先把"当前年月""日时"及"分秒"分别存于 K4M60、K4M40 及 K4M20 中。然后进行时值（D8015）与"时段 1"等进行表比较。如相等，则进行记录存储。把"当前年月、日时"等数据，存入 D0V0 的地址。存 1 个数，修改 1 次变址器 V0。可见，它是定时，但变地址存储。

在上述程序的基础上，还要有进行指针控制的程序，以确保只能在指定的数据区中存储记录。图 6-28 所示为这个指针控制程序。

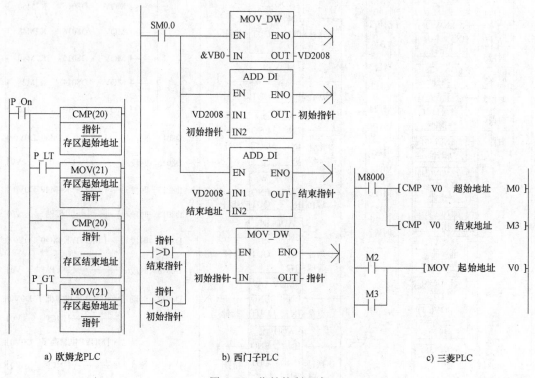

a) 欧姆龙PLC   b) 西门子PLC   c) 三菱PLC

图 6-28 指针控制程序

图 6-28a 为欧姆龙 PLC 程序。它始终进行"指针"与"存区起始地址"及"存区结束地址"比较。只要指针不在此区间，则用"存区起始地址"赋值给"指针"，使指针复原。对指针的这个控制，可确保数据始终在存储区中，周而复始地存储。

图 6-28b 为西门子 PLC 程序。它先根据"初始地址"及"结束地址"计算"初始指

针"及"结束指针"。然后也是通过比较控制"指针",使其始终处在"初始指针"与"结束指针"之间。

图 6-28c 为三菱 PLC 程序。它用比较控制变址器 V0,使其始终处于"起始地址"与"结束地址"之间。这即可确保所存储的记录始终在指定的 D 区中。

可知,执行了上述程序,只要 PLC 的实时时钟与时间段处的设定值相等,则先是下标加 1,接着计算"年月"字的值,并向存数的数组存储。接着,下标再加 1,再计算"日时"字的值,并向存数的数组存储。最后,下标再加 1,并向存数的数组存储模拟量输入值。同时判断数组下标是否越界,如果越界,则返回初始值。

3. 事件存储

发生某个事件,如监测量超限、监测量变化(对开关量),或变化超过某范围(对模拟量),就进行存储。存储时,不仅记下监测量的当时值,还要记下当时的时间。

图 6-29 所示为超限存储梯形图程序。但该图未把全部程序画出。

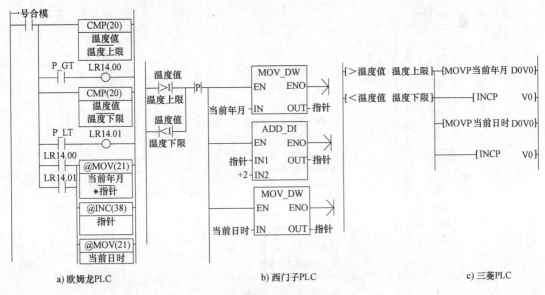

图 6-29　超限存储

图 6-29a 是欧姆龙 PLC 程序。该程序用于图 6-2 介绍的轮胎硫化机温度超限记录。从图知,如"一号合模"ON,即一号机工作,则不断地进行"温度值"与"温度上限"及"温度下限"比较。一旦超限,即这里的 LR14.00 或 LR14.01ON,则都会进行数据存储操作。这时,先是把"当前年月"存入"指针"指向的地址,后修改指针。接着存"当前日时"…以下存储在图中未画出。当然指针控制程序也是绝对需要的。这里也未画出。

图 6-29b 为西门子 PLC 程序,图 6-29c 为三菱 PLC 程序。也都是用于当超温与欠温事件发生时存储记录的。

可知,执行了上述程序,只要 PLC 的模拟量输入值超限,则先是计算"月日"字的值,并向存数的数组(其第 2 下标为 1)存储。接着,再计算"时分"字的值,并向存数的数组(其第 2 下标为 2)存储。再接着,向存数的数组(其第 2 下标为 3)存储模拟量输入值。最后是,数组第 1 下标加 1,并判断数组下标是否越界,如越界在节 7 使其返回初始值。

4. 固定地址存储

以上两例都是非固定地址存储。特点是"指针"随存储修改，存储区可很大。而固定地址存储的特点是"指针"用存储事件赋值。发生什么事件，就有什么事件的"指针"值，因而，该事件的数据存的地址也就固定了。图 6-30 所示为固定地址存储的梯形图程序。该

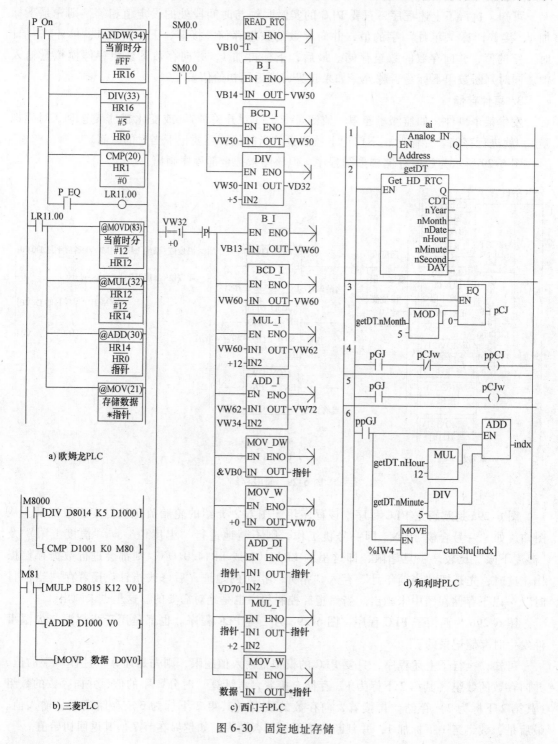

图 6-30 固定地址存储

程序是每"整 5min"存储一次数据。存储地址与存储的时刻有关,是固定的。

图 6-30a 为欧姆龙 PLC 程序。从图知,它先把当前实时时钟的分值除以 5。其商存于 HR0 中,余数存于 HR1 中。接着,判断 HR1 是否等于 0。如相等,即为"整 5min",则 LR11.00 ON。进而,启动数据存储。但在存储数据前,先根据"当前时分"计算指针值,然后,再按"指针"指向的地址存储"存储数据"。所有的计算与存储指令,都是微分执行的。目的是确保是在进入"整 5min"0s 时,存数据。

从程序计算情况可知,当时间从 0 点 0 分~23 点 55 分之间变化时,"指针"的值将在 0~287 之间变化。即"存储数据"将存储在 DM0~DM287 之间的数据区中,而且,不同的存储时间,有自身的固定 DM 地址。

图 6-30b 为三菱 PLC 程序。从图知,它先把当前实时时钟的分值(D8014)除以 5。其商存于 D1000 中,余数存于 D1001 中。接着,判断 D1001 是否等于 0。如相等,即为"整 5min"。进而,启动数据存储。但在存储数据前,先根据"当前时分"计算指针值,然后,再按"指针"指向的地址存储"存储数据"。所有的计算与存储指令,都是微分执行的。目的是确保是在进入"整 5min"0s 时,存数据。

从程序计算情况可知,当时间从 0 点 0 分~23 点 55 分之间变化时,"指针"的值将在 0~287 之间变化。即"存储数据"将存储在 D0~D287 之间的数据区中,而且,不同的存储时间,有自身的固定 D 区地址。

图 6-30c 为西门子 PLC 程序。从图知,它先读 PLC 的实时时钟,按 READ_ RTC 指令使用的操作数 VB10 知,当前分值存于 VB14 字节中,而且是 BCD 码。所以,要转换为字,并译成十六进制码,然后进行带余数的除 5 运算。本例余数存于 VW30 中,商存于 VW32 中。接着,判断 VW30 等于 0 否?如相等,即为"整 5min"。进而,启动数据存储。但在存储数据前,先根据"当前时分"计算指针值,然后,再按"指针"指向的地址存储"存储数据"。所有的计算与存储指令,都是微分执行的。目的是确保是在进入"整 5min"0s 时,存数据。

从程序计算情况可知,当时间从 0 点 0 分~23 点 55 分之间变化时,"指针"的值将在 0~574 之间变化。即"存储数据"将存储在 VW0~VWD574 之间的数据区中,而且,不同的存储时间,有自身的固定 D 区地址。

图 6-30d 所示为和利时 LM 机程序。程序所用变量声明如下:

```
VAR
    ai: Analog_IN;
    pCJ: BOOL;
    pCJw: BOOL;
    ppCJ: BOOL;
    indx: WORD:=1;
END_VAR
VAR  RETAIN(*声明掉电保持*)
    getDT: Get_HD_RTC;
    cunShu AT% MW100:ARRAY[0..287]OF WORD;
END_VAR
```

图 6-30d 中:节 1 为启动模拟量输入功能块;节 2 为启动读取 PLC 实时时钟功能块;节

3为对当时的时间的分值，求"模5"的运算，如果结果为0，即当时时间为0min、5min、10min……，则"pCJ"ON；节4、5，如果"pCJ"ON，则生成脉冲信号"ppCJ"；节6，在脉冲"pCJ"ON的周期，进行地址计算，并根据计算结果指向的地址，存储模拟量输入数据。

可知，执行了上述程序，只要PLC当时时间为0min、5min、10min、……，则先是根据当时的时分，计算数组下标。这里是"小时"值乘12，再与当时的"分"值除5后相加。并以这个计算结果值作为下标值，用于数据存储。

从程序计算情况可知，当时间从0点0分~23点55分之间变化时，"指针"的值将在0~287之间变化。即"存储数据"将在cunshu[0]~cunshu[287]之间的数据区中，而且，不同的存储时间，有自身的固定下标值。

固定地址存储时，时间值可以不存。从地址即可知道它是什么时间的"存储数据"。也很节省存储空间。

5. 多对象存储

非固定地址存储，可存储多个对象。如图6-2轮胎硫化机实时记录，用的就是这种存储。它把各个轮胎硫化机的数据，都存储在一个4K字的存储区中。用统一的存储指针存储。但不同的轮胎硫化机，有不同的关键字，用关键字区分它们的记录。

多对象存储把存储区连成一片，较节省存储空间。而且，上位机读此数据时，也简单，发一个读命令，等着接收与应答即可。上位机读取数据后，可按标志的不同，把数据分开，并进行处理及存储。

6.4.2　压缩存储

为了节省数据的存储空间，可对数据编码长度进行压缩。数据压缩后，再行存储，即压缩存储。读取压缩存储的数据要解压缩，才能清楚它的含义。一般讲，这是上位计算机要做的事。只要清楚数据是怎么压缩的，解压缩是不难的。

压缩存储不仅节省存储空间，而且也节省数传输的开销。

数据压缩分为两种：一种和语义无关，压缩时只从数据的形式出发，不涉及数据信息内容，这种技术适用于任何数据；另一种与语义相关，压缩时考虑数据信息内容和语义，去掉其中一些冗余的信息。计算机常用的压缩技术有模式替代、压缩重复字符、免写空字域、编码替代、不等长编码、相邻数据利用、消除冗余信息等。

1. 基本数据压缩技术

（1）用十六进制码取代BCD码

BCD码中每1位都用4位二进制数存放，表达的数字仅是0~9，10个数码。其实，4位二进制数可表达16个数码。所以，用BCD码存数存在资源浪费。1个字（16位二进制数），用以表达（或存）BCD码数，最大只能到9999。而用以表达（或存）16位二进制数，最大可达65535。如果预先将它转换成二进制就能节省很多存储空间，而且还便于算术运算。

（2）合并数据代替单独数据

日期数据有年、月、日，要用两个字，4个字节表示。如2004年6月30日，则写成2004（1个字），06（1个字节），30（1个字节）。当然，如千年不考虑，用3个字节也可，如上例，用04，06，30也可表示。如把这数据合并，合并后再存储，就不要3个字节了。

合并数据的方法是，各合并数先加权，后相加。如本例月先乘40（一个月最多31天，为了好算），年先乘 400（年最多 366 天、考虑闰年，为了好算），日不乘。这样，2004，06，30 的日期，合成的值将是 1690。如果计算到 2099 年 12 月 31 日，则此值为 44431。用十六进制格式存储这个数，两个字节就够了。存储长度压缩了 1/3。

数据还原也不难，如 1690，先被 400 整除，得 4，即 2004 年。再把它的余数 270 被 40 整除，得 6，即 6 月。而后者的余数 30，即 30 日。

处理时、分、秒，也可用类似方法。但为了充分利用内存，最好把年（只考虑 80 年）、日、时，分在一组，用 1 个字存，而月、分、秒，分在 1 组，也用 1 个字存。两个字，即可把本应用 3 个字才能存的年、月、日、时、分、秒，进行存储。

（3）存相对值而不存绝对值

对数值数据可以采取求差法，例如电量，存增量，一个字节就够了。需得知月累计值，可在读出数据后计算。

但这么做数据不太安全。万一有一次存储数据丢失，累计值就不对了。故一般不用。

（4）以位（bit）计算存储单位

每个记录不以字或字节为单位，而二进制位（bit）为单位，计算存储长度。这可充分利用剩余的二进制位，提高存储效率。只是算法复杂些。

2. 高级数据压缩技术

原则上说，数据压缩技术与数据的语义有关。合理的压缩是去掉数据中的无关信息，而保存有关信息。数据的形式虽有变化，但它所保存的有关语义信息没有变化。具体的方法很多。在此不多介绍了。

3. 问题

数据压缩也带来一些问题。数据压缩会增加程序系统的复杂性；被压缩后的数据可能会失掉原有的良好的标准形式，降低它的通用性、可移植性及可靠性。因此，是否采用压缩技术需要根据具体问题来决定。

6.4.3 安全存储

1. 数据安全

数据安全是指：数据不能丢失，即使丢失，最好也能找回来；不能被没有授权的人读写，即使把数据读取了，也令其无法使用。

对 PLC，数据不能丢失是不难的。因为它的数据存储区都是或都可是掉电保护的。即使停电了，其所存的数据也不会丢失。再就是在程序上，要使用好地址及控制好指针，要确保存储区的数据不被误改写。

要是能把丢失的数据找回来，就要作数据备份。备份是原数据的复制。有了新型的内存卡，PLC 也可作数据备份了。这也是一种重要的安全机制。

2. 读写保护

为了数据安全，作好写保护是需要的。欧姆龙 PLC 进入运行方式，其数据只能由指令写，人工或通信，都不能写。这也是很好的数据保护。

有的 PLC 为防止在连网中或外设操作中数据丢失，或不宜被别人访问，设有相应的管理指令或设定。执行了这类指令或做了这些设定，数据将不会被读写。可确保数据安全。

3. 数据加密

如果读写保护不好实现，也可对数据加密，这样，即使数据被人读取了，但它如不知是怎么加密的，则也无法理解其含义，也可保证数据安全。

加密是对数据进行混乱的拼凑或者隐藏信息的过程，从而使数据难以理解，除非进行解密或者破译，把它转换成原始的样子。加密是防止非法使用数据的最后一道防线。

在使用这些数据和文件之前再将其还原成原来样子，称为解密。密码数据被第三者截获，探知其真实内容，称为破译。

其实，数据压缩后，如不知加压的算法，也无法解压。这样的数据也等于是加密的数据。被读走，也无妨。

数据加密的方法通常是用一个通用的算法再加上一个密钥。算法可以是公开的，但密钥是保密的。加密过程就是把该算法施行于要加密的数据，密钥作为控制参数控制加密过程。常用的加密方法有3种：移位法、代替法和代数法。

移位法是将原来数据中的字符顺序重新排列。

代替法是用替代字符取代信息中的字符，或用替代字符组来取代信息中的字符组。

这两种方法简单，但不可靠，容易被破译。

代数法是先把信息转换成等效的数字序列，然后用代数方法对数字序列施行变换，得到密码。例如把数字序列和密钥的二进制码作异或运算得到密码。解密过程也很容易，用同一密钥再作一次异或运算就可得到原文。

数据加密，虽能保护数据安全，但也增加不少麻烦。只是非常需要时，才用它。

6.5　数据显示程序设计

在PLC上，有很多指示灯，可用以观察PLC的CPU单元、I/O单元、特殊单元及通信单元的工作情况。但PLC的内部数据，PLC本身无法显示。而没有数据显示，无法与PLC对话。

为此，要用PLC的外设。如简易编程器、数据访问器、高档及低档人机界面（可编程终端）等，可以通过PLC的外设口，或通信口与PLC连接，用以显示与修改PLC的内部数据。只是，这些设施价格较贵些。而且也稍有不便。

此外，还可以用输出点驱动数码管，作数据显示。而且，数码管还可以通过数据脉冲选通的方法显示数据，以节省输出点的使用。

近年来，不少公司为自身的PLC开发有多功能简易显示模块，不通过通信口，直接与PLC连接，也可以实现数据显示。也有的在CPU模块上集成有显示界面。有的还另设有输入按钮，或在画面上设有触摸按钮。一定程度上可以实现可编程终端的功能。

以下分别对这些显示进行介绍。

6.5.1　数据数码管显示

数码管有7段显示灯（称为7段码），如图6-31所示，可用以显示0~9间的10个数码。

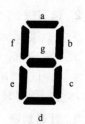

从图6-31可知，这7段码不同的显示组合，将反映不同的数值。如这里a、b、c 3段亮，其它的不亮，则显示数码7。再如，仅b不亮，其它全亮，则显示数码6。用这种7段的不同组合去显示数字，故称7段码。

图6-31　7段码显示

为了显示 7 段码，数码管要有 7 个与这 7 段码对应的接口及电源端口。而为控制这个显示，PLC 就要用 7 个输出点。

这样显然是不经济的。为此，做了两个改进：

一，很多数码管已内置有译码电路，可把 8421 码或 BCD 码自动译成 7 段码。8421 码或 BCD 码用 4 个接口加电源接口，就可接收 0~9 共 10 个数字信号。PLC 控制这个数字，则也只要用 4 个输出点。

二，PLC 用动态输出模块（也称多点输出模块）去控制数码管。如欧姆龙动态输出模块，价格比普通的贵 1 倍，但动态输出的点数可达 128 点，为普通的 8 倍。

显然，经此两项改进，一个动态输出模块可控制 32 个数码管（每个管 4 点），可显示两个字的信息。

6.5.2　数据动态显示

用动态的方法显示数据，可减少输出点，是数据显示的好方法。动态方法可用动态输出模块实现，也可用指令选通方法实现。图 6-32 所示为选通显示数码管组件。

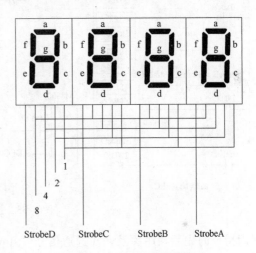

图 6-32　选通显示数码管组件

从图 6-32 可知，这里每个数码管都有 4 个 8421 二进制码输入端，每个管的这 4 个端是又分别相连。8421 端与 PLC 的 4 个半导体的输出点相接（继电器触点速度低，有不适经常通断，故不适于显示数据）。如 1 接 1100、2 接 1101、4 接 1102、8 接 1103。这样，这 8421 端的 4 根输入线组合，即与 11 通道的最低数位的值有关。将在 0~9（BCD 码）或 F（十六进制码）间取值。

图 6-32 中每个数码管，分别有 1 个选通信号输入端，如 "StrobeA" "StrobeB" 等。硬件设计成，当选通端有信号（高电平），8421 端的当时数据生效；当选通端无信号（零电平），8421 端的原数据保持。

有此硬件，再加上图 6-33（用于生成选通信号）及图 6-33（用于输出数据）程序，用 8 个 PLC 的输出点，4 个用于接 8421 端，4 个用于接 4 个选通端，即可实现 1 个字的数据显示。

图 6-33a 为欧姆龙 PLC 程序。从图知，不停地调用它，将依此使 "StrobeA" "Strobe B" "StrobeC" 及 "StrobeD" 不停地轮流的 ON。图中用 200.00 作 "StrobeA" 过渡，是为了 "同步化"。

图 6-33b 为西门子 PLC 程序。从图知，它用移位指令使 V0.0、V0.1、及 V0.3，即图相当于图 6-33a 的 "StrobeA" "Strobe B" "StrobeC" 及 "StrobeD"，轮流 ON。

图 6-33c 为三菱 PLC 程序。从图知，该程序用了计数器 C0 做 0~3 计数（4 后，将复位为 0），并用 DECO 指令，把 C0 的值译码成 M0~M3 的不停地轮流 ON。

图 6-33d 为和利时 LM 机程序。图中节 1 为启动定时功能块，用以生成每 4ms 间隔的定时脉冲信号；节 2 为在定时脉冲 ON 期间，执行节 3~9 间指令，否则，不执行；节 3~9 间

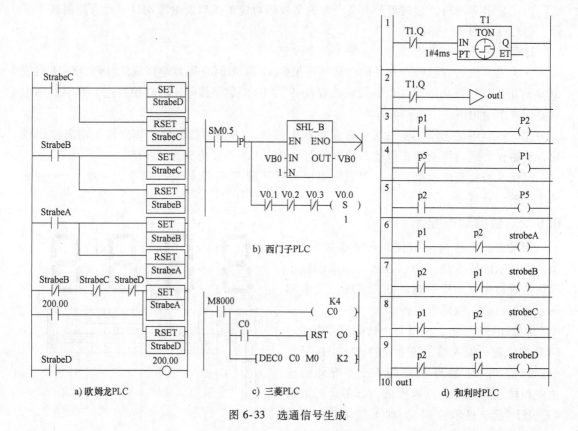

图 6-33　选通信号生成

利用指令的先后顺序关系，使选通信号"strobeA""strobeB""strobeC""strobeD"依次循环 ON。

图 6-34 所示为数据输出程序。依不同的选通信号，从显示数据字（通道）中，选择不同数位显示。4 个选通信号、4 个数码管，正好显示 1 个通道的数据。只是这里也是动态工作的，新数据显示，将有延迟。

在上述基础上，如硬件再作改进，再对选通信号编码。4 个选通输出点，可编成 16 个循环的选通信号。那样，4 个 8421 数据输出加 4 个选通输出，就可显示 4 个通道的数据，是较合算的。

图 6-34a 为欧姆龙 PLC 程序。它用了 MOVD 指令，可灵活地把一个字的不同数位的值传送到目标字的指定数位中。本程序，是随着"StrobeA"等 ON 的变化，把"显示数据"的不同数位传送给 10 通道的 0~03 位。

图 6-34b 为三菱 PLC 程序。它用了 SMOV 指令，也可灵活地把 1 个字的不同数位的值传送到目标字的指定数位中。本程序，是随着"StrobeA"等 ON 的变化，把"显示数据"的不同数位传送给"输出数位"的低 4 位。

图 6-34c 为西门子 PLC 程序。由于西门子 PLC 无上述指令，故这里右移位及逻辑或指令处理，也可把 1 个字的不同数位的值传送到目标字的指定数位中。程序稍复杂，但功能与上述程序相同。

图 6-34d 为和利时 LM 机程序。其中节 11 为当"strobeA"ON 期间执行的指令；节 12

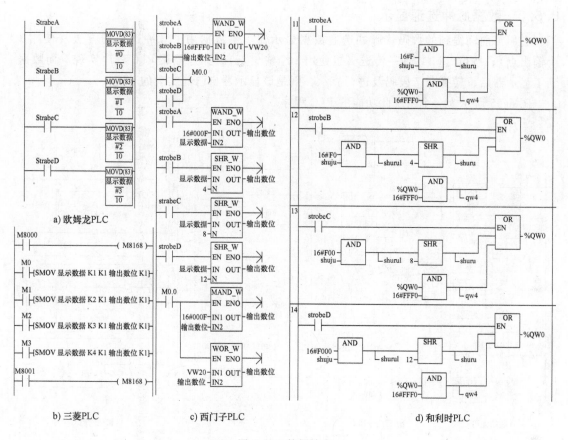

图 6-34　数据输出

为当 "strobeB" ON 期间执行的指令；节 13 为当 "strobeC" ON 期间执行的指令；节 14 为当 "strobeD" ON 期间执行的指令。

程序中 "shuju" 为要显示的数据字，2 个字节，4 个数位。选通信号 "strobeA" ON，显示最低的数位（即二进制字的第 3~0 位）。"strobeB" ON，显示次低的数位（即二进制字的第 7~4 位）。"strobeC" ON，显示次高的数位（即二进制字的第 11~8 位）。"strobeD" ON，显示最高的数位（即二进制字的第 15~12 位）。

而数据是通过 %QW4 字的最低的数位（即二进制字的第 3~0 位）显示。选通信号可以用 %QW4 字的其它位。这可以在变量声明时予以指定。

为了把数据传递给 %QW4 的最低的数位，而且还不影响 %QW4 的其它位正常工作，所以，在每次选通输出时，都先做了逻辑运算处理。处理后，再进行移位运算。移位运算后，再用逻辑 "或" 赋值。

用数码管显示数据非常直观、好看，而且可大可少。在 PLC 早期的数据显示手段中，它是很常用的。

> **提示**：本程序需在具有晶体管输出点的 PLC 上运行。总的看，简易键盘加数码显示是较原始的数据录入及数据显示方法。而用可编程终端则是较好的方法，PLC 基本上不用编程，也不占输入、输出点，即可用以录入、显示数据。

6.5.3 数据脉冲选通显示

它用了前面提到的数码管脉冲选通数据显示器。字数据用了脉冲选通的方法（使用1个输出点），按位（bit）逐一传送（也使用1个输出点）。其过程靠 PLC 程序实现。而数据到了显示器后，转换成7段码及进行显示，则是该显示器自己能实现的功能。

图 6-35 所示为一个实现此功能的 PLC 程序。

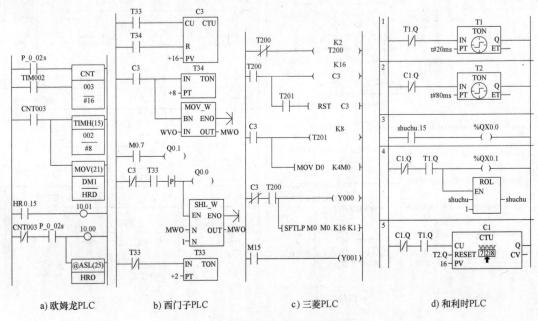

a) 欧姆龙PLC　　b) 西门子PLC　　c) 三菱PLC　　d) 和利时PLC

图 6-35　数据脉冲选通显示程序

图 6-35a 为欧姆龙 PLC 程序。该图用了 1 个计数器 CNT003，进行 16～0 减计数。计数用脉冲是 P_ 002S，为 20ms 脉冲。从 16 减到 0 后，计数停止，CNT003 ON 。而 CNT003 ON 将使定时器 TIMH2 工作。经 80ms 延时，计数器复位。计数器复位又可计数，又重复上述过程。为了等待处理，及工作同步，这 80ms 暂停传送是必需的。

要显示的数据存于 DM1 中。当 CNT003 ON 时，用 MOV 指令，把它传送给 HR0 通道。当 CNT003 OFF 期间，用移位指令逐位传给 10.01，而选通脉冲用 P_ 002S 控制 10.00 产生。这两者配合，即可把 DM1 的 16 位（bit）的值，逐一传给该数据显示器。

图 6-35b 为西门子 PLC 程序。该图用了 1 个计数器 C3，进行 0～16 增计数。计数用脉冲是 T33 提供，为 20ms 脉冲。从 0 增到 16 后，计数停止，C3 ON 。而 C3 ON 将使定时器 T34 工作。经 80ms 延时，计数器复位。计数器复位又可计数，又重复上述过程。为了等待处理，及工作同步，这 80ms 暂停传送是必需的。

要显示的数据存于 VW0 字中。当 C3 ON 时，用 MOVW 指令，把它传送给 MW0 字。当 C3 OFF 期间，用移位指令逐位传给 Q0.1，而选通脉冲用 T33 控制 Q0.0 产生。这两者配合，即可把 VW0 的 16 位（bit）的值，逐一传给该数据显示器。

图 6-35c 为三菱 PLC 程序。该图用了 1 个计数器 C3，进行 0～16 增计数。计数用脉冲是 T200 提供，为 20ms 脉冲。从 0 增到 16 后，计数停止，C3 ON 。而 C3 ON 将使定时器 T201 工作。经 80ms 延时，计数器复位。计数器复位又可计数，又重复上述过程。为了等待处

理，及工作同步，这80ms暂停传送是必需的。

要显示的数据存于D0字中。当C3 ON时，用MOV指令，把它传送给K4M0。当C3 OFF期间，用移位指令逐位传给Y001，而选通脉冲用T200控制Y000产生。这两者配合，即可把D0的16位（bit）的值，逐一传给该数据显示器。

图6-35d为和利时LM机程序。图中：节1为启动定时功能块，以生成间隔20ms的时间脉冲；节2为启动定时值为80ms的定时功能块；节3为输出字"shuchu"的高位值；节4为发选通脉冲，并使"shuchu"循环左移1位；节5为调用增计数功能块，每间隔20ms计1个数。计到了16，即完成了字的数据发送与数据的循环复原，输出点C3.Q ON，停止位及选通脉冲输出。

执行了上述程序，PLC将不断把"shuchu"字的16个位的值及16个脉冲选通信号发送给显示装置。当完成一个循环，则使定时功能块T2工作，隔80ms，T2定时到，它把C1功能块复位，又启动上述过程。这里隔80ms是必要的。目的是便于接收方便于调整信号"位"的同步。

显然，这里的数据显示是有延时的。每隔20ms传1位（bit）数，16位需320ms，再加等待80ms。这里，未计及I/O刷新，最少需经400ms，才能完成1个字的显示。不过不到半秒的延时，问题是不大的。

这里只用1个字移位，实现1个字的显示。其实也可以用两个字，以至于更多字的移位，以实现两个字，以至于更多字的显示。只要显示时间延长能够忍受，理论上讲再多的显示都是可以的。这样以时间的延长，换取空间的节省，是比较合算的。

> **提示**：本程序需在具有晶体管输出点的PLC上运行，所选定的时间脉冲频率要与PLC的程序扫描周期协调，以确保数据能正确显示。

不仅有这样可选通接收数据的数据显示装置。也有利用选通发送数据的数据数据采集装置。如果要接收这样装置的数据，则要编写相反的程序。这里略。

6.5.4 高档数据显示设施

三菱公司开发有多功能简易显示模块（5DM），不通过通信口，直接与PLC连接，可实现数据显示。其功能较多，见表6-1。欧姆龙CPH1机面板上也有两个数码管，也可用以显示一些PLC的重要信息。

表6-1 三菱公司开发简易显示模块功能

功　能		内　容
时钟功能	显示	显示时钟功能（FX1S、FX1N内置）的当前时刻
	设定	时间的设定（年，月，日，时，分）
软元件监控功能	位软元件监控	显示X，Y，M，S的ON/OFF
	字软元件监控（16位）	显示T，C的当前值/设定值以及D的当前值
	字软元件监控（32位）	显示32位计数器C的当前值/设定值以及D的当前值
缓冲存储器监控功能		显示特殊模块、特殊程序组的缓冲存储器（仅FX1N有效）
出错显示功能		发生可编程控制器出错时，显示出错代码和出错步号
强制设定/重新设定		强制ON/OFF Y，M，S的软元件
T，C复位功能		消除T，C的当前值（当前值：0，接点：OFF）
数据更改功能	当前值更改	更改T，C，D的当前值
	设定值更改	更改T，C的设定值
保护功能		可以设定操作者功能的所有操作有效、仅监视功能有效、仅时钟时刻显示有效

(续)

功　　能	内　　容
指定软元件监视功能	可指定 5DM 上显示的软元件种类以及软元件编号
出错显示有效/无效	可以设定操作者功能的出错显示功能的有效或无效
背景光自动熄灭	可以设定背景光的自动熄灭时间(初始值：10min)
操作键状态	可识别 4 个操作键的 ON/OFF

此外，西门子公司开发的 C7 系列机，就是带有显示与操作界面的 PLC。它把 S7—300PLC 和 1 个操作员面板（OP）合二为一，既提供了友好的操作界面，又使得整个机器控制系统实现了尺寸最小化，工程造价经济化。

不仅如此，现在还出现有带显示屏的 PLC。相信，随着此类技术在 PLC 上的应用，1 个界面友好的，可方便用于数据处理的 PLC，将越来越多地展现在 PLC 用户面前。

最后要提及的是，自带有简易编程装置的微型 PLC。它点数不多，但输出电流很大，可直接代替继电器控制。这种 PLC 就是典型的带有操作与显示界面的 PLC。图 6-36 所示为欧姆龙 ZEN 系列机。图 6-37 所示为西门子 LOGO 系列机。图 6-38 所示为三菱公司 ALPHA 机外形简图。

图 6-36　欧姆龙 ZEN 机外观

a) LOGO!基本型

b) LOGO!不带显示屏

c) LOGO!加长型

d) LOGO!总线型

图 6-37　西门子 LOGO 系列机外观

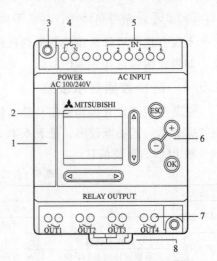

图 6-38　三菱 ALPHA 机外形简图

1—内存盒、编程口端盖　2—液晶显示屏
3—安装孔　4—电源端子　5—输入端子
6—操作键　7—输出端子　8—导轨安装爪

从图 6-36~图 6-38 可知，在它们的面板上，都配置有操作键、液晶显示屏。可通过它用梯形图编程。也可用专用编程软件，在计算机上进行。同时，也可用其显示数据。

有了上述种种数据显示设施，可直接察看 PLC 的内部数据。为使 PLC 实现数据终端的功能提供了很大方便。

6.6 PLC数据传送程序设计

在数据源和数据宿之间传送数据的过程，也称数据通信。数据源和数据宿的概念是相对的。一般讲，作为数据终端的PLC即为这里讲的数据源。而上位机则为数据宿，是PLC采集、加工数据的归宿。但是有时PLC也要执行上位机给予它的命令，完成一些数据显示、打印或报警等工作。

传送数据有两种方法：在线传送及脱机传送。

1. 在线传送

在线传送也就是连网传送。它通过通信口及通信介质，按一定协议传送。有两个方式：被动传送及主动传送。

1）被动传送：被传送数据或命令由上位机发出，PLC接到数据或命令后予以响应。什么时候传送，传送什么，由上位机决定。

被动传送时，虽然PLC总是工作，但是上位计算机较灵活，可以不必整天开机。只是需要时，开机与PLC连网，与PLC进行数据传送。

2）主动传送：被传送数据或命令由PLC发出，上位机接到数据或命令后予以响应。什么时候传送，传送什么，由PLC决定。

如用PLC控制甲设备，而这个甲设备的工作要与乙设备的协调。甲设备与乙设备直接又不能交换数据，但是可与上位机传送数据。这时，PLC就要用主动通信。对甲设备操作时，要先与上位机传送数据，经确认，才可以进行对甲设备的操作。

再如，用PLC采集与存储数据，如存储区满，也必须主动把数据传送给上位机传送数据，或向上位计算机提出传送数据要求，待上位计算机确认后再传送数据。这种情况，如不主动传送，将丢失数据。

主动传送时，PLC与上位机都要工作，并连网。任何环节出现问题，PLC的正常控制或数据传递都可能无法实现。

2. 脱机传送

脱机传送用于手工操作。其条件是要有相应的数据载体。

早期PLC只有传送程序的载体，如内存卡，可用于PLC间，脱机进行程序传送。办法是，配备有内存卡的PLC，先把程序存入卡中，然后，把已存有程序的卡另装到另一PLC中，以进行向另一PLC的程序传送。

用载体传送数据过去是没有的。但是现在由于PLC内存及内存卡容量的增大，这两者不仅可以存储大量程序，而且，也可以文件的形式大量存储数据。这样，可以从PLC转存到内存卡，并用卡作载体，再转存到别的PLC，或计算机（新型的内存卡，如CJ1J机的内存卡，计算机可向其读写数据）。

脱机传送，不仅要有载体，还要人工参与，是费钱、费力的方法。所以一般是不用的。但是脱机传送不用通信设备，系统较简单，数据传送也比较安全。

6.7 数表处理程序设计

数表是指在一个存储区中连续存储的一组数据。数表可大可小。大的可以是某个内存区，小的可能只有几十个字。在数据采集、存储中，常要用到数表。

为了用好数表，往往要处理数表，如在数表中求最大数、求平均数，或对数表排序等。

数表处理可以使用普通指令，这些将是本节讨论的内容。除了用普通指令，高档或新型PLC多有专门数表处理指令。这样，要编写此类程序，只要理解好该指令的含义与功能，在程序中，正确加以使用也就可实现了。

6.7.1 排序

排序可用的算法很多。计算机用的，PLC大也都可用。以下用依次比较这个最基本的方法进行排序。图 6-39 所示为这个程序。它用普通指令，可在指定的数据区内，实现按降幂排序。

图 6-39a 为欧姆龙 PLC 程序。该图用的是符号地址。从图知，当"启动" ON 时，第 1

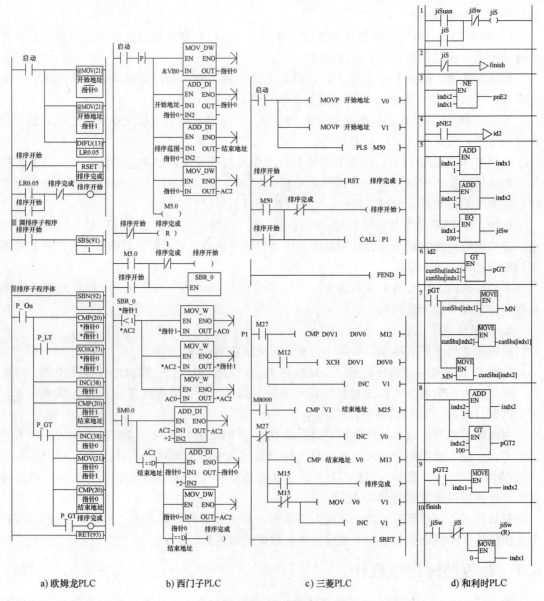

a) 欧姆龙PLC   b) 西门子PLC   c) 三菱PLC   d) 和利时PLC

图 6-39 排序程序

条执行的指令 MOV，用"开始地址"赋值给"指针0""指针1"。注意，这两个指令都是微分执行的。再就是执行微分指令，使 LB0.05 ON 一个扫描周期。

LB0.05 ON，将使图中"排序开始"ON，并自保持。在"排序开始"ON 期间，将调子程序1。每个扫描周期都将调1次。

图 6-39a 中，从 SBN 指令开始到 RET 指令之间的程序，为子程序。每调1次，总是把"指针0"指向的数与"指针1"指向的数进行比较，如前者小，则把前后两者互换（用 XCHG 指令）。接着，修改"指针1"，并判断是否"指针1"已大于"结束地址"。

如"指针1"值大过"结束地址"，则修改"指针0"，则把"指针0"的现值赋值给"指针1"。并判断"指针0"是否已大于"结束地址"。如不大于，则重复上述循环。如大于，则"排序完成"ON，其常闭触点，使"排序开始"OFF，说明排序完成。"排序开始"OFF 又使"排序完成"复位，程序复原。

执行这个程序后，将使从开始地址到结束地址的 DM 区的数作降幂排序。如要作升幂排序，可把图中 P_ LT 改为 P_ GT 即可。

图 6-39b 为西门子 PLC 程序。该图用的也是符号地址。从图知，当"启动"ON 时，第1条执行的指令 MOV_ DW，把 VB0 的绝对地址赋值给"指针0"，然后再把"指针0"与"开始地址"相加并赋值给"指针0"。接着，计算"结束地址"。之后，还产生 M5.0 输出。注意，以上指令都是在"P"指令后执行的，所以只在"启动"从 OFF 到 ON 一个扫描周期中执行。M5.0 也仅 ON 一个扫描周期。

M5.0 ON，将使图 6-39b 中"排序开始"ON，并自保持。在"排序开始"ON 期间，将调子程序0（SBR_ 0）。每个扫描周期都将调1次。

图 6-39b 中从 SBR_ 0 之后为子程序。每调1次，总是把"指针0"指向的数与 AC2（也是指针）指向的数进行比较，如前者小，则用3个传送指令，把前后两者互换。接着，修改 AC2，并判断 AC2 是否等于"结束地址"。

如 AC2 等于"结束地址"，则修改"指针0"，则把"指针0"的现值赋值给 AC2。并判断"指针0"是否已等于"结束地址"。如不大等于，则重复上述循环。如等于，则"排序完成"ON，其常闭触点，使"排序开始"OFF，说明排序完成。"排序开始"OFF 又使"排序完成"复位，程序复原。

执行这个程序后，将使从开始地址到结束地址的 V 区的数作降幂排序。如要作升幂排序，可把图中大小比较符号作适当修改即可。

图 6-39c 为三菱 PLC 程序。该图用的也是符号地址。从图知，当"启动"ON 时，第1条执行的指令 MOV，用"开始地址"赋值给变址器 V0、V1。注意，这两个指令都是微分执行的。再就是执行微分指令，使 M50 ON 一个扫描周期。

M50 ON，将使图中"排序开始"ON，并自保持。在"排序开始"ON 期间，将调子程序 P1。每个扫描周期都将调1次。

图 6-39c 中，从 P1 开始到 SRET 指令之间的程序，为子程序1。每调1次，总是把 D0V0 地址的数与 D0V1 地址的数进行比较，如前者小，则把前后两者互换（用 XCH 指令）。接着，修改 V1 值，并判断"V1 值是否已大于"结束地址"。

如 V1 值大过"结束地址"，则修改 V0 值，并把 V0 的现值赋值给 V1。再判断 V0 值是否已大于"结束地址"。如不大于，则重复上述循环。如大于，则"排序完成"ON，其常闭触点，使"排序开始"OFF，说明排序完成。"排序开始"OFF又使"排序完成"复位，程序复原。

执行这个程序后，将使从开始地址到结束地址的D区的数作降幂排序。如要作升幂排序，可把图中比较标志作些改动即可。

图6-39d所示为和利时LM机程序。其使用的变量声明如下：

```
VAR
    indx1: WORD;
    indx2: WORD;
    jiSuan:BOOL;
    jiS: BOOL;
    jiSw: BOOL;
    pGT:BOOL;
    MN:REAL;
    pNE2: BOOL;
    pGT2: BOOL;
END_VAR
VAR  RETAIN                     (*掉电保持*)
    cunShu :ARRAY[1..100]OF REAL;(*被处理数组*)
END_VAR
```

图6-39d中：节1、2为启动排序计算；节3为比较数组（所处理的对象）的两个下标变量；节4为节比较结果处理，如果两变量不等，将越过节5，否则执行节5指令；节5为修改下标变量1（indx1）、2（indx1）的值，并进行标变量1是否到了上限的比较；节6为不同下标的数组两个单元值的比较；节7为比较结果处理，以把大的数存于下标小的单元中；节8为修改标变量2的值，并进行是否达到数组上限的比较；节9，如节9的比较结果为真，则用下标变量1（indx1）的值赋值给下标变量2（indx1），为新的一轮比较做准备；节10，处理完成后，完成信号"jiSw"复位，并使下标变量"indx1"回原始值。

可知，执行了进行了两个循环的比较及处理。数组中的所有单元的数据都一一做了比较。可使最大的排列在数组下标值最小的单元中。其余的也依次按降幂排列。程序是每隔1个扫描周期，执行1次。执行时，先修改数组下标值，再进行指定数组单元与预存的最大（小）数比较。接着根据比较结果，先修改下标变量1，然后一直修改下标变量2。直到下表变量2到了数组下标地上限，才修改下标变量1。这样，逐个找出它的相对大的值，并存储于下标相对小的单元中。这个过程一直持续到下标变量1达到数组下标的上限，即完成所有数的排序，"jiSw"ON。之后，停止计算，并在节7使"jiSw"与数组下标回原值。

执行本程序，将使数组中的数作降幂排序。如要作升幂排序，可把图中比较标志作些改动即可。

> **提示1**：图6-39a、图6-39b"结束地址"指向的数是在排序范围之内。故指针增加后，判断大于"结束地址"排序才完成。而图6-39b"结束地址"指向的数不在排序范围之内。故指针增加后，判断与"结束地址"相等排序即完成。
>
> **提示2**：这里排序用了两次循环，并需多个扫描周期才能完成。如果用循环指令也可以在一个扫描周期内完成。但是那样也不好，在排序这个周期，扫描时间可能太长。可能影响程序的实时性。

6.7.2 求总数

求总数，用的基本算法是累加。图 6-40 所示为在指定的数据区内，求总数梯形图程序。

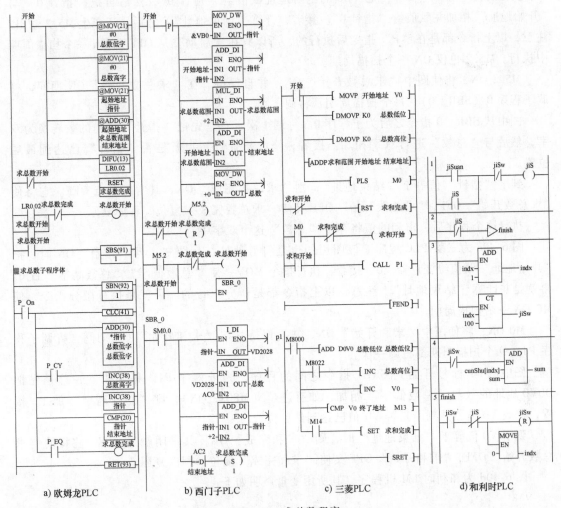

图 6-40 求总数程序

图 6-40a 为欧姆龙 PLC 程序。该图用的是符号地址。从图知，当"开始"ON 时，执行指令 MOV，使"总数低字""总数高字"置 0。再就是把"起始地址"赋值给"指针"，并计算"结束地址"。注意，以上指令都是微分执行的。再就是执行微分指令，使 LR0.02 ON 一个扫描周期。

LR0.02 ON，将使图中"求总数开始"ON，并自保持。在"求总数开始"ON 期间，将调子程序 1。每个扫描周期都将调 1 次。

图中从 SBN 指令开始到 RET 指令之间的程序，为子程序 1。每调 1 次，总是先清进位位，再把"指针"指向的数与"总数低字"相加，如有进位，则"总数高字"加 1。接着，修改指针，并判断是否"指针"已达到最后位置。

到了"指针"值等于"结束地址"，则"求总数完成"ON，其常闭触点 OFF。它将使"求总数开始"OFF，"求总数开始"OFF 又使"求总数完成"复位，程序复原。

执行这个程序后，求和的值将存于"总数高字"及"总数低字"中。

图 6-40b 为西门子 PLC 程序。该图用的也是符号地址。从图知，当"开始"ON 时，第 1 条执行的指令 MOV_DW，把 VB0 的绝对地址赋值给"指针 0"，然后再把"指针 0"与"开始地址"相加并赋值给"指针 0"。接着，计算"结束地址"。之后，还产生 M5.2 输出。注意，以上指令都是在"P"指令后执行的，所以只在"启动"从 OFF 到 ON 一个扫描周期中执行。M5.2 也仅 ON 一个扫描周期。

M5.2 ON，将使图中"求总数开始"ON，并自保持。在"求总数开始"ON 期间，将调子程序 0（SBR_0）。每个扫描周期都将调 1 次。

图中从 SBR_0 指令之后为子程序 0。每调 1 次，总是先把"指针"指向的数转换为双字，然后与"总数"进行双字相加。接着，修改指针，并判断是否"指针"已达到最后位置。

到了"指针"值等于"结束地址"，则"求总数完成"ON，其常闭触点 OFF。它将使"求总数开始"OFF，"求总数开始"OFF 又使"求总数完成"复位，程序复原。

执行这个程序后，求和的值将存于"总数"这个双字中。

图 6-40c 为三菱 PLC 程序。该图用的也是符号地址。从图知，当"开始"ON 时，把"开始地址"赋值给变址器 V0。接着，执行指令 MOV，使"总数低字""总数高字"置 0。再就是并计算"结束地址"。注意，以上指令都是微分执行的。再就是执行微分指令，使 M0 ON 一个扫描周期。

M0 ON，将使图中"求和开始"ON，并自保持。在"求和开始"ON 期间，将调子程序 P1。每个扫描周期都将调一次。

图中从 P1 标号开始到 SRET 指令之间的程序，为子程序 P1。每调 1 次，总是先把 D0V0 地址的数与"总数低字"相加，如有进位（M8022 ON），则"总数高字"加 1。接着，修改 V0 值，并判断是否 V0 值已达到最后位置。

到了 V0 值等于"结束地址"时，则"求和完成"ON，其常闭触点 OFF。它将使"求总数开始"OFF，"求和开始"OFF 又使"求和完成"复位，程序复原。

图 6-40d 为和利时 LM 机程序。其所用变量声明如下：

```
VAR
    indx: WORD;
    jiSuan:BOOL;
    jiS: BOOL;
    jiSw: BOOL;
    sum: REAL;
END_VAR
VAR  RETAIN
    cunShu :ARRAY[1..100]OF REAL;
END_VAR
```

图 6-40d 中：节 1、2 为启动求总数计算；节 3 为修改与控制数组（所处理的对象）的下标；节 4 为加运算；节 5，处理完成后，完成信号"jiSw"复位，并使下标变量"indx"回原始值。

可知，执行了上述程序，只要启动求总数计算，每隔 1 个扫描周期，将先修改数组下标值，再进行加运算。这个过程一直持续到数组下标达到数组下标的上限，即完成所有数的累加，"jiSw" ON。之后，停止计算，并在节7进行"jiSw"与数组下标回原值。

执行这个程序后，求和的值将存于"总数高字"及"总数低字"中。

> 提示：这里求总数也需多个扫描周期才能完成。程序中最好加入溢出控制。以确保数据计算安全。

6.7.3　求平均数

在求出总数后，再除以求总数的范围，就是平均数。故，此程序可在图 6-40 的基础上，加入除运算就可以了。图 6-41 所示为其程序。

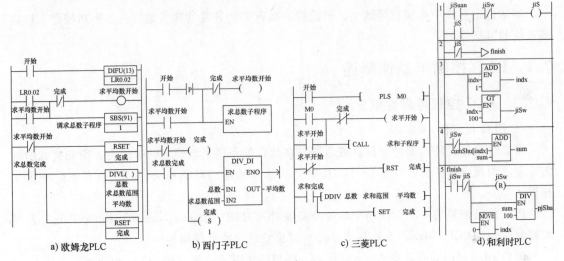

图 6-41　求平均数程序

从图 6-41 可知，当"开始"ON，将使"求平均数开始"ON（对图 6-41c 为"求平开始"ON），并自保持。这时，将调用求总数子程序（含图 6-41 的主程序及子程序）。当"求总数完成"ON（对图 6-41c 为"求和完成"ON），则进行总数被平均数范围的双字除。结果存于"平均数"中。

> 提示：这里用的"双字除"指令，除数与被除数都应是双字。而在欧姆龙、三菱 PLC 求总数的程序中，"求总数（和）范围"是字，所以，在除之前，应确保与它对应的"高字"设为 0。

结语

数据终端是 PLC 的新角色。可以专职，也可兼职。本章介绍的几个实例就是很好的说明。本章还介绍了实现终端角色种种 PLC 程序，这些可供读者在实际工作中参考。

在本章介绍的算法实例化中，用了多扫描周期子程序执行的方法，还用了一些较复杂的间接寻址及运算指令等。所以，在本章的学习中，还可加深对第一章的内容的理解。

第7章

PLC控制可靠性程序设计

PLC 控制系统可靠性是一个综合的问题。既牵涉到 PLC 自身，也涉及被控制对象。既牵涉到硬件，也涉及软件。比较复杂。

本章讨论只集中在编程问题上，讨论程序执行中的异常处理及编写一些附加程序，以提高系统的可靠性。

7.1 PLC 控制可靠性概述

7.1.1 PLC 控制可靠性概念

1. PLC 可靠性

可靠性是指元件、器件、设备或系统，在规定的条件下与规定的时间内，所能完成的规定功能。而规定的条件、规定的时间及规定功能与具体的对象有关。随之也有不同的量化指标。

PLC 是可修复的产品，常用平均故障间隔时间 MTBF（Mean Time Between Failure）及平均修复时间 MTTR（Mean Time To Repair）评价它的可靠性的指标。

因为 PLC 使用的有效度 A（Availability）与两个时间是密切相关的。见下式：

$$A = MTBF/(MTBF+MTTR)$$

式中　A——有效度；

　　MTBF——平均故障间隔时间；

　　MTTR——平均修复时间。

显然，A 值越大越好，它可使 PLC 系统得到充分的利用。而从上式知，MTBF 越大，MTTR 越小，则 A 越大。所以，PLC 的可靠措施都是围绕提高 MTBF 及降低 MTTR 值进行的。

增加平均故障间隔时间，主要是厂商的工作。厂商不断地改进 PLC 的硬件及操作系统，取得了很大进步。像 CPU 这样复杂的模块，现在，这个时间已从 5 万小时提高到近 70 万小时。内存模块甚至可达 120 多万小时。这是很可观的。

增加平均故障间隔时间，对用户而言，主要是严格按规定的条件，正确使用 PLC。确保达到厂商规定使用时间。

为减少平均修复时间，PLC 厂商也做了很多努力，已为用户创造了很多条件。用户则应充分利用好这些条件，减少平均修复时间。

例如，PLC 有很多指示灯及存于内部的出错标志。如出现故障，可利用它们判断故障原因，以至于故障定位。

再如，当出现故障时，有的 PLC 有故障记录。可用其了解故障出现的时间、条件，进而判断故障原因，以至于故障定位。

一旦故障原因清楚，故障能定位到模块，维修是很简单的。更换有问题的模块，就可以了。所以，PLC自身的可靠性是有保证的。对用户讲，正确使用PLC，充分利用厂商提供的可靠性的保证条件也就够了。

2. PLC控制可靠性

PLC控制可靠性是指，PLC与其被控对象相结合所组成的系统的可靠性。系统的目的也是在规定的条件下与规定的时间内，能完成规定功能。

PLC可靠不等于PLC控制系统可靠。PLC控制系统除了PLC还有系统的传感器、操纵器。前者与PLC的输入有关，后者与PLC的输出有关。

这里的关键一是系统要配置好，要提高构成系统的各元件本身及协调工作的可靠性。另一是程序要设计好，充分利用好硬件条件，确保系统可靠。

系统配置主要是硬件问题。程序设计则是这里要介绍的内容。设计好程序，以确保系统可靠，是我们追求的目标。

为此，必须做到如下3点：

1）尽量避免出故障：用可靠的硬件配置及程序设计，避免系统出故障，以增加系统的平均无故障间隔时间。

2）避免灾难性故障：系统出故障，应通过应急程序控制这个故障。力求避免故障扩大，以避免出现灾难性故障。

3）便于进行故障诊断：出了故障要有故障记录。这类似于飞机上的"黑匣子"，有了它，可便进行故障诊断、定位，以减少排故时间。

7.1.2 PLC控制可靠性类型

PLC控制可靠性类型主要指，应该从哪几个方面入手提高PLC控制系统的可靠性。大体有：

（1）PLC自身工作可靠性

PLC自身工作可靠是提高PLC控制可靠性的关键。没有它自身工作可靠，系统可靠是不可想象的。

确保PLC自身工作可靠，其编程工作量不大。主要是能按要求作好必要的设定，能用工具软件查看有关错误记录，能了解与使用有关错误的代码等。

再，就是能利用好有关错误处理指令、错误的代码，进行错误诊断。

（2）输入程序可靠性

无数的实践证明，控制系统的错误多数是由输入错误引起的。传感器错误，输入断线，输入信号受干扰等，都会引起输入错误。

输入程序可靠性设计就是，用它的程序去应对可能出现的输入异常、错误。以确保系统安全。

（3）输出程序可靠性

输出错误也是PLC控制系统常见的一种错误。输出程序可靠性程序设计就是用相应程序，去避免这些错误，或出现错误时，还能确保系统安全。

（4）通信程序可靠性

如果系统是连网的，网络是否正常？通信是否无误？是系统可靠的重要方面。为此，就要设计可靠性很高的通信程序，确保通信数据无误。

同时，还要有通信错误的应对程序，以便出现错误时，不致系统瘫痪，保证系统工作可靠。

再，当网络开放时，通信的权限也必须管理。不能什么人都可读写数据。

（5）主体程序可靠性

PLC主体程序也要可靠。而且，还要尽量在错误预测、错误避免、错误控制、错误记录、错误报警、错误诊断、容错操作、掉电保户及应急处理方面，也有相应的处理程序。

最后，如有特殊可靠性的要求，还可采用冗余PLC控制系统及安全PLC控制系统。

7.2　PLC自身工作可靠性

7.2.1　PLC错误（故障）类型

PLC自身工作是非常可靠的。但还是难免要出错误（也称故障，下同）。各PLC厂商对自身PLC可能出现的错误都做了分类，并赋以相应的故障代码。进而，还为故障排除提出建议。这些都为PLC自身的可靠性提供了一定保证。

以欧姆龙CJ系列机为例，有CPU错误、内存错误、I/O错误、程序出错、扫描时间超出错误等。它还把错误分为非致命错误和致命错误。出现非致命错误，系统的报警灯闪烁，但PLC仍继续运行工作；出现致命错误，系统的报警灯常红，PLC停止运行、不能工作。CJ系列PLC还有待机错误，即PLC只能在编程状态下待机，不能进入运行或监控状态。

再如西门子S7-200机，也有相应的故障分类及代码编号。它的错误也是分为致命及非致命两大类。

致命错误，会使PLC无法执行某一或全部功能。PLC CPU检查到此错误时，则变为STOP模式，点亮系统错误LED和STOP指示灯，并关闭输出。而且，只有把它出现的原因或条件消除，才能使PLC正常工作。

出现致命错误，可用STEP7 MICRO-WIN编程软件的信息窗口上观测到出错代码及有关信息。

非致命错误不会使PLC停机，也不会使CPU无法执行用户程序或I/O更新，但会导致CPU运行的某些效率降低。所以，也需加以排除。非致命错误又分有程序运行错误及编译错误。出现非致命错误，可用STEP7 MICRO-WIN编程软件的信息窗口上观测到出错代码及有关信息。

再如三菱FX机，用特殊继电器及对应的数据存储器对出现的故障进行记录。在M8060～M8067中，任意一个继电器ON，表明PLC出错。其中编号最小的地址，将保存在D8004中。而且，与其对应的特殊继电器M8004 ON。

在M8060～M8067中记录的错误，其错误代码存储在对应的数据寄存器D8060～D80678中。

7.2.2　系统错误记录

PLC多有错误记录区。如CJ系列机，每出现1个错误，操作系统将在错误记录区中存储1个错误记录。出错记录包括错误代码（存入A400），出错内容（出错信息，也用代码表示）和出错时间。最大可以存储 20 个记录。

当这个记录数超过 20 时，最旧的记录（A195～A199）被删除。最新的记录则存储在 A100～A104 中。图 7-1 所示为 CJ1 机错误记录区存储错误信息的情况。

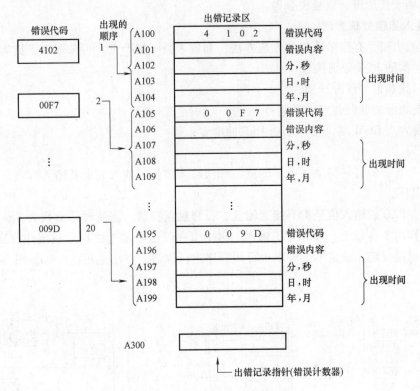

图 7-1 错误记录区存储的错误信息

通过接通出错记录指针复位位（A50014）可以复位出错记录指针，从手持编程器或 CXP 编程软件都可有效地消除出错记录。复位指针不能消除出错记录区的内容。

错误记录可用编程器阅读，也可在 CXP 软件 PLC 错误窗口上查看。

如果有的 PLC 没有进行故障记录的功能，必要时，用户也可编写一些故障记录及处理程序。可利用指令执行中的出错标志，或不希望的结果进行记录与处理。

7.2.3 PLC 故障及其排除

如果对 PLC 在运行过程中出现的各种故障有了记录，正如飞机出事有了"黑匣子"一样，就便于对故障进行分析，进而为排除故障提供了方便。同时，PLC 可能出现的故障及其排出方法，在各厂商的 PLC 使用说明书中都有详细介绍。所以，用户完全可根据 PLC 出错现象和错误记录，按说明书介绍的方法予以排除。当然，排除不了，则只好更换模块或返回给厂商修理了。

7.3 PLC 输入程序可靠性

虽然 PLC 有很高的可靠性，但如果输入信号出错，模拟量输入偏差太大，也都可能出现控制出错，造成损失。有人统计，一些自控系统错误来源几乎 90% 以上就是它。

1．输入信号出错

输入出错常与输入元器件、接线及信号受干扰有关，如：开关或继电器的机械触点接触不良或抖动；变送器不能正常工作或偏差太大；传输信号线短路或断路，现场信号无法传送给PLC；现场干扰严重，信号失真等。

2．防输入出错处理方法

防止输入出错，有很多硬件的处理办法，如输入受干扰严重，可采取如下措施：

1）变频器和PLC分别接地；

2）动力线和信号线分开接；

3）把变频器的载波频率设低些；

4）在输入点COM端，接一个0.1mF的电容；

……

但软件怎么做？有防抖动，数字滤波，非法输入防止、输入冗余及输入容错。

（1）防抖动

一般讲，PLC的输入信号都有接通滤波，以防触点抖动。滤波时间常数为8ms，即只有当输入信号作用8ms以上，才算有了输入。这个值一般还可通过对PLC设定作改变。

有时，通过设定还满足不了要求也可用程序进行滤波，办法是用定时器。图7-2即为一例PLC程序。

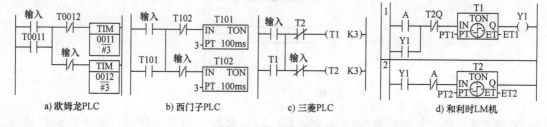

a）欧姆龙PLC　　　b）西门子PLC　　　c）三菱PLC　　　d）和利时LM机

图 7-2　输入信号滤波

从图7-2可知，当"输入"（图7-2d为A）ON时，只有超过300ms（图7-2d为PT1时间值），TIM0011、或T101、或T1才能ON，并自保持。接着，当"输入"（图7-2d为A）OFF时，也只有超过300ms（图7-2d为PT1时间值），TIM0012（或T102、或T2）才能ON，进而才能使TIM0011（或T101、或T1)OFF。显然，TIM0011（或T101、或T1）常开触点的通断，就相当滤波后的"输入"的通断。这里，接通进行滤波，断开也进行滤波。

> **提示**：不少PLC也可以通过输入特性设定，利用硬件实现滤波，以达到防输入抖动。

（2）防输入脉冲丢失

采集脉冲量应避免丢失脉冲。其办法有：

1）用高速计数功能采集，只要确保高速计数最高工作频率高于脉冲频率，就不会丢失脉冲。

2）用定时中断及脉冲采集子程序采集，只要确保采集时间间隔小于脉冲频率的倒数，就不会丢失脉冲。

3）用外中断（有中断功能的输入点）及脉冲采集子程序采集，也要确保中断响应速度足够高，才不会丢失脉冲。

4）如果脉冲频率不高，如每秒在 20 次以下，一般的输入点直接进行采集，问题也不大。

（3）数字滤波

若采集的为模拟量，由于多数 A/D 单元自身有滤波功能，有的还可求平均值，作预处理。故，进入 PLC CPU 的已是排除干扰后的信号。

有的 A/D 单元求平均数，如欧姆龙的 CPM1A_ MD002，则可用以滤波，可防干扰。其效果是较明显的。

若 A/D 单元没有防干扰措施，也可通过程序进行数字滤波克服干扰。滤波的方法很多，可以求平均值，也可加权平均，此外还有中值法、抑制脉冲算术平均法、一阶惯性滤波法、程序判断滤波法和递推平均滤波法等。

有人总结出经典的数据滤波方法有如下 10 种：

1）限幅滤波法（又称程序判断滤波法）。根据经验判断，确定两次采样允许的最大偏差值（设为 A）。每次检测到新值时判断：如果本次值与上次值之差小或等于 A，则本次值有效；如果本次值与上次值之差大于 A，则本次值无效，放弃本次值，用上次值代替本次值。

这种滤波的优点是，能有效克服因偶然因素引起的脉冲干扰；缺点是，无法抑制那种周期性的干扰，平滑度差。

2）中位值滤波法。连续采样 N 次（N 取奇数），把 N 次采样值按大小排列，取中间值为本次有效值。

这种滤波的优点是能有效克服因偶然因素引起的波动干扰，对温度、液位的变化缓慢的被测参数有良好的滤波效果；缺点是对流量、速度等快速变化的参数不大好用。

3）算术平均滤波法。连续取 N 个采样值进行算术平均运算。N 值较大时：信号平滑度较高，但灵敏度较低；N 值较小时：信号平滑度较低，但灵敏度较高。N 值的选择取决于采集对象：一般讲，如采集流量，$N=12$；采集压力：$N=4$。

这种滤波的优点是它有一个平均值，信号在某一数值范围附近上下波动，适用于对一般具有随机干扰的信号的滤波。其缺点是，对于测量速度较慢或要求数据计算速度较快的实时控制不大适用，所占用的内部器件较多。

4）递推平均滤波法（又称滑动平均滤波法）。把连续取 N 个采样值看成一个队列，队列的长度固定为 N。每次采样到一个新数据放入队尾，并扔掉原来队首的一次数据（先进先出原则）。把队列中的 N 个数据进行算术平均运算，就可获得新的滤波结果。

N 值的选取：流量，$N=12$；压力，$N=4$；液面，$N=4\sim12$；温度，$N=1\sim4$。

这种滤波的优点是对周期性干扰有良好的抑制作用、平滑度高、适用于高频振荡的系统；其缺点是灵敏度低，对偶然出现的脉冲性干扰的抑制作用较差，不易消除由于脉冲干扰所引起的采样值偏差，不适用于脉冲干扰比较严重的场合，所占用的内部器件较多。

5）中位值平均滤波法（又称防脉冲干扰平均滤波法）。相当于"中位值滤波法" + "算术平均滤波法"。它连续采样 N 个数据，去掉一个最大值和一个最小值，然后计算 $N-2$ 个数据的算术平均值。N 值的选取：3~14。

这种滤波融合了以上两种滤波法的优点，对于偶然出现的脉冲性干扰，可消除由于脉冲干扰所引起的采样值偏差。其缺点是测量速度较慢，和算术平均滤波法一样，所占用的内部器件较多。

6）限幅平均滤波法。相当于"限幅滤波法"＋"递推平均滤波法"。它每次采样到的新数据先进行限幅处理，再送入队列进行递推平均滤波处理。

这种滤波的优点是融合了以上两种滤波法的优点，对于偶然出现的脉冲性干扰，可消除由于脉冲干扰所引起的采样值偏差。其缺点是所占用的内部器件较多。

7）一阶滞后滤波法。取 $a = 0 \sim 1$，本次滤波结果 $= (1-a)^* $ 本次采样值 $+ a^*$ 上次滤波结果。

这种滤波的优点是，对周期性干扰具有良好的抑制作用，适用于波动频率较高的场合。其缺点是，相位滞后，灵敏度低（滞后程度取决于 a 值大小），不能消除滤波频率高于采样频率的 $1/2$ 的干扰信号。

8）加权递推平均滤波法。是对递推平均滤波法的改进，即不同时刻的数据加以不同的"权"，通常是，越接近当前时刻的数据，这个"权"取得越大。给予新采样值的权系数越大，则灵敏度越高，但信号平滑度越低。

这种滤波适用于有较大纯滞后时间常数的对象和采样周期较短的系统。但对于纯滞后时间常数较小，采样周期较长，变化缓慢的信号，不能迅速反应系统当前所受干扰的严重程度，滤波效果差。

9）消除抖动滤波法。设置一个滤波计数器，将每次采样值与当前有效值比较：如果采样值等于当前有效值，则计数器清零；如果采样值不等于当前有效值，则计数器加 1，并判断计数器是否大、等于上限 N（溢出）。如果计数器溢出，则将本次值替换当前有效值，并使计数器清零。

这种滤波对于变化缓慢的被测参数有较好的效果，可避免在临界值附近控制器的反复开/关跳动或显示器上数值抖动。但它不宜用于采集快速变化的参数。而且，如果在计数器溢出的那一次采样到的值恰好是干扰值，则会将干扰值当作有效值导入系统。

10）限幅消除抖动滤波法。相当于"限幅滤波法"＋"消抖滤波法"。它先限幅，后消除抖动。

这种滤波具有"限幅"和"消除抖动"的优点。改进了"消除抖动滤波法"中的某些缺陷，可避免将干扰值导入系统。但它不宜用于采集快速变化的参数。

提示：还可能设计更多的软件滤波方法，但最有效的滤波还在硬件。在硬件上，采取有效的防干扰措施，才是可靠的滤波。软件滤波只是硬件防干扰措施的补充。

图 7-3 所示为欧姆龙等 3 种 PLC 程序。它为连续采集 5 次数，但剔除其中最高及最低两个数，然后再对其余的 3 个数作平均，并以其值作为采集数。这 5 个数通过 5 个周期（长度可选定，该图程序周期为 1s）进行采集。

该图 7-3a、b、c 都有如下 4 个部分：

① 用移位指令，产生自 200.00 ~ 200.04、（或 M0.0 ~ M0.4，或 M0 ~ M4）轮流为 ON 的控制位。

② 用 200.00 ~ 200.04（或 M0.0 ~ M0.4，或 M0 ~ M4）把 A/D 有关通道的内容（图为 100 通道、或"采集数据"），分别存入 D100 ~ D104（或 VW0 ~ VW8，或 D10 ~ D14）中。

③ 在 200.04（或 M0.4，或 M4）ON 时，进行一系列比较（图未详细列出具体指令），把 D100 ~ D104（或 VW0 ~ VW8，或 D10 ~ D14）中的最大及最小数剔除，中间数存于 D110 ~

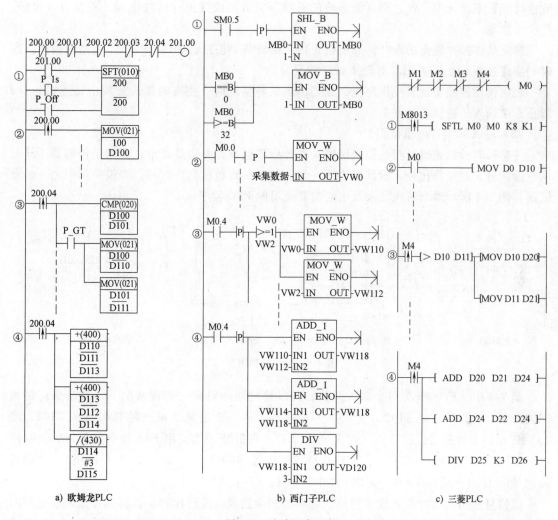

图 7-3 滤波程序又例

D112（或 VW110～VW114，或 D20～D22）中。

④ 对 D110～D112（或 VW10～VW14、或 D20～D22）中的数求和并除以 3，其结果存于 D115（或 VD120，或 D26）中。这里的 D115（余数存于 D115）、VW122（余数存于 VW120）或 D26（余数存于 D27）即为滤波后的值。也可不用除 3，直接用这个和，只是要清楚，这个数是被采集数的 3 倍。

（4）非法输入防止

利用信号之间关系来判断信号是否非法。如左右两个行程开关，绝对不可能两者同时处于 ON 状态。出现那样状态，即为非法输入，应报警，并禁止其起作用。再如进行液位控制，由于储罐的尺寸是已知的，进液或出液的阀门开度和压力是已知的，在一定时间里罐内液体变化高度大约在什么范围可预测的。如果液位计送给 PLC 的数据和估算液位的高度相差较大，判断可能液位计出错。对这个错误输入应报警，并予以拒绝。

又如各储罐有上下液位极限开关保护。如开关动作，可先判断这个信号是否正确？可将这信号和该罐液位计信号对比，如果液位计读数也在极限位置，说明该信号是正确的；如果液位计读数不在极限位置，则可能是液位极限开关错误或液位计读数错误。对此也应报警，并应予拒绝。

再就是误操作避免的设计，如电机正传、反转两个按钮，如同时按下，就是误操作。这时，应通过输入互锁使 PLC 对此不做任何反应。

也可使用连锁实现误操作避免，如当出现某种情况时，使有的输入被禁止（连锁），以防止非法输入，确保系统安全。

（5）输入冗余与出错检测

传感器有检测逻辑量与模拟量两种。对传感器监控，办法是冗余，用两个传感器。同时从它读信号，然后作比较，看其是否不一致。如不一致超过允许时间，即说明其中之一必有错误。图 7-4 所示即为输入冗余及出错报警逻辑的 PLC 程序。

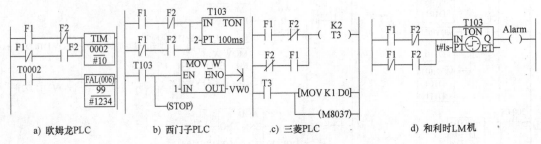

a) 欧姆龙PLC   b) 西门子PLC   c) 三菱PLC   d) 和利时LM机

图 7-4 　输入出错报警

图 7-4 中，F1、F2 为两个输入开关，用以检测同一对象。正常情况下，其结果应是相同的。所以，T002（或 T102，或 T3）不会工作。若一个出现错误，则 T002（或 T102，或 T3）工作，当时间超过设定值（此次定为 10s），则报警（如使用 FAS 指令代替 FAL，则停机，下同）、或使 PLC 停机（三菱 PLC 特殊继电器 M8037 ON，将强迫 PLC 停机），并记录出错号码 1234（或在 VW0，或 D01）中写入 1。

模拟量传感器的监控大致也相同。它靠对两个测量值进行比较。视其偏差是否在允许的范围内。若超过允许范围，再看是否处于允许的时间之内。只有超过允许误差范围，而又超过允许的超差时间，才视为出了错误。

（6）输入容错

对重要的输入，必要时也可作 3 选 1 配置，一旦一个出错，一方面报警，另一方面可按 3 选 2 的原则继续工作。当然，这么做代价是较高的。

7.4　PLC 输出程序可靠性

虽然 PLC 输入信号没有错，模拟量输入偏差也不大，PLC 处理后，得出控制输出也正确，但如果 PLC 输出控制的执行机构没有按要求动作，这些也会使系统出现错误。

为此，在提高输入可靠性的同时，也要提高输出执行动作的可靠性。一旦出现错误，PLC 应及时发现，及时报警。

1. 输出执行错误

输出执行错误与系统的执行机构有关，如：

1）控制负载的接触器不能可靠动作，虽然 PLC 发出了动作指令，但执行机构并没按要求动作。

2）控制变频器起动，由于变频器自身错误，变频器所带电机并没按要求工作。

3）各种电动阀、电磁阀该开的没能打开，该关的没能关到位。

……

2. 处理输出执行错误监控

有两种方法：一是用"看门狗"；另一是用动作反应检测。这两个方法本质上是相同的，只是，一个看在给定的时间内动作完成了没有；一个不太考虑延时，只看动作执行了没有。

（1）"看门狗"

英文称 Watching dog。其机理是起动一个动作后，如系统工作正常，经若干时间总会完成的，完成总有反馈信号，总会有转入下一步动作的信号。"看门狗"就是定时器，在起动一个动作的同时，也将其启动，给定的时间到仍无完成反馈信号，即说明出现错误，进而可报警或记录。可记下出错误的时间及那个动作，以备诊断。图 7-5 为这种监控的 PLC 梯形图程序。

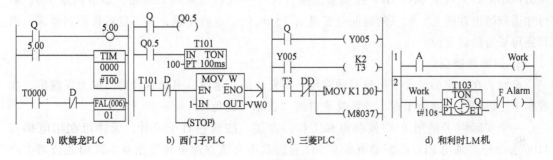

图 7-5　输出监控 1

从图 7-5 可知，Q（图 7-5d 为 A）起动动作 5.00（或 Q0.5，或 Y005，或 Work）的同时，把 TIM0000（或 T101，或 T3，或 T103）功能块也同时起动。这里的定时值设为 10s。若 10s 内反馈信号 D（图 7-5c 为 DD、图 7-5d 为 F）到来，则不执行后续指令。不然，对图 7-5a，将执行 FAL 指令。PLC 的 ALARM（报警）灯闪烁，并于 253（对 C 系列机而言）通道的低字节记 01（错误号）。对图 7-5b，将执行 MOV-W 及 STOP 指令，对图 7-5c 将执行 MOV 及使三菱 PLC 强制 PLC 停机的特殊继电器 M8037 ON。这将把错误标志 1 存入 VW0 或 D0 中，同时使 PLC 停机，以确保系统安全，对图 7-5d 是 "Alarm" ON，报警。

如果要把错误的时间、错误号记入数据区，可用上述数据采集的方法进行。这里略。

（2）动作反应检测

图 7-6 为 PLC 有关程序。

从图 7-6 可知，当动作起动后，它即起动定时器，同时等待动作的反应。如图，若 5.00（或 Q0.5，或 Y005，或 Work）用于起动接触器，即 5.00（或 Q0.5，或 Y005，或 work）ON，接触器合。合后必有反应。如这里用了 F，代表它的常闭触点。从图知，从 5.00（或 Q0.5，或 Y005，或 Work）ON 或 OFF 后到接触器反馈信号 F 入，其间只要小于 10s，将不报警或停机。若超出，则报警或停机。

西门子 PLC 搞输出热备，用的即为这个思路。它把这里的 F 称回读（Readback）信号。

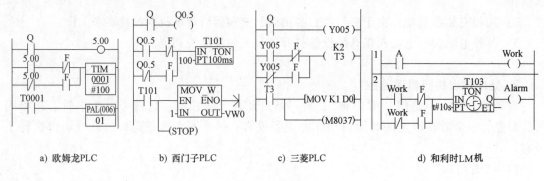

图 7-6 输出监控 2

但信号从 5.00（或 Q0.5，或 Y005）输出处读取，不从接触器处读取。因为，它监视 PLC 有无错误，而不是接触器这样执行元件。

其实，图 7-5 与图 7-6 逻辑关系并无两样。只是一个利用正常动作转换进行时间监控，而另一个是判断这里 ON、OFF 控制输出能否及时实现。一旦出了问题，如本例限 10s，就可知道问题出在哪儿，记录的时间也正是出事的时间。这就是说，它不仅可检测到错误，而且还可进行错误定位。

3. 误动作避免

有时，在特定的情况下出现某种输出是不允许的。这时，可把这种输出视为误输出，在逻辑上予以禁止，避免出现。此即这里讲的"误动作避免"。

一个实际例子是用 PLC 控制电梯工作。据讲，按前些日子统计，天津市在用电梯有 4100 多台种。采用 PLC 控制的电梯有 562 台。其中交流双速电梯采用日本欧姆龙公司生产的 C 系列 PLC 占多数。

电梯拖动控制采用交流接触器切换的方法，变换串接阻抗，实现电机的加、减速控制。其端站的安全保护采用机械式换速开关、限位开关及极限开关实现。此种设计尽管能满足运转需要，但在使用中可能出现接触器触点粘连、弹簧失效、触头不能复位、电器元件误动作、开关机械损坏等故障。故仍会发生"冲顶或蹲底"事故。为防止发生此类故障，除了提高施工质量和元器件质量外，该厂利用 PLC 中的定时器和继电器，借助 PLC 的故障诊断功能，用程序实现端站保护，弥补上述不足，从而提高电梯的可靠性。有关细节可向该厂咨询。

7.5 PLC 通信程序可靠性

随着通信技术的进步，PLC 与 PLC、PLC 与计算机、PLC 与可编程终端及 PLC 与智能装置可靠通信是有硬件保证的。但由于通信系统分布广，易受到种种干扰。通信出错是难免的。故通信程序对此也应能检测，以确保通信可靠。此外，通过网络读写 PLC 数据与状态，还必须有权限要求，以确保 PLC 工作及数据安全。

1. 通信可靠

为保证通信可靠，可用数据校验或重复通信。

（1）数据校验

为确保传送的数据传送准确无误，常在传送过程中进行相应的校验，以便及时发现问题，避免不正确数据被误用。

检测可分为横向与纵向两种：横向，对 1 个字符的 ASCII 代码作检测，也就是奇偶校验；纵向，对 1 串字符作检测，也就是冗余检测。

这里加入校验码的目的仅是为了发现通信中的错误，以免误把错误的数据当作正确的数据使用。要注意的是，这里加入的校验也不一定能完全查出错误。如奇偶校验，有两位错了，就校验不出来。再如冗余校验，如两处出错的结果相互抵销，也查不出错。

（2）重复通信

重复通信相当于，人们谈话，多问多听几次。听清了再做处理。PLC 通信也类似，一般为两次过程——写数据、要得到"写成功"的应答。读数据、看得到的数据是否正确，及校验码对否。

如欧姆龙公司的 HOST link 网，计算机与 PLC 通信时，PLC 总有应答信号送计算机。如应答码为"00"，说明 PLC 已正确执行了计算机的命令，否则为出错。

三菱公司 PLC 通信有 3 个过程——发读命令给对方、从对方取得数据、再向对方发送已取得数据的应答。

为了确保通信正确，有时使用更为可靠的办法。这些办法是：

多次通信传送同一数据，接收方用"表决"的方式确定所收到的数据。如发送方对某数据发送 3 次，接收方收到的为 01011001、01011001 及 01001001，由于 01011001 收到两次，故确认收到的字符为 01011001。这当然也是冗余，是帧发送冗余。

再有，也可是接收方收到数据后，再把相同的数据回传给发送方，发送方再作检查。这也叫回声检测（Echo Checking）。发的与回传的相同，则通信无误。如不同，说明有误，进而再作相应处理。

2. 通信安全

通信安全主要指在通信中，数据的读写及节点间互操作要有权限设定。不同的人有不同的操作权限。如上位计算机对 PLC 的操作，有的人权限最高，可读写 PLC 数据，可操作 PLC；而有的人只能读写；还有的只能读，不能写，甚至什么操作都不允许。

7.6　PLC 异常处理程序

为了安全，PLC 程序应有种种异常情况及出错处理。具体处理有掉电保护、标志位使用、错误报警、错误控制、状态记录、故障预测与预防、故障或错误诊断。此外，为了更加可靠，有的还可作冗余或容错配置或处理。

1. 掉电保护

控制对象工作过程中，有时出现电源突然掉电，过后又恢复，这是常见的异常现象。对此要区别对待：

1）电源恢复后不继续工作。要求工作人员对系统作初始化、重启动，才能重新工作。这样的程序必须设计成，电源掉电而又恢复时，不能使各工作部件工作。实现它的办法是：各个动作加自保持（一旦失电，不启动不能再得电）及做必要的连锁。

2）电源恢复后要继续工作，继续原来依顺序进行。这样，最好于掉电时能记录下掉电前的情况，当电源恢复后，对象仍可自动的按原顺序继续工作。这时就用到掉电保持的器件，如用保持继电器代替内部继电器、用计数器代替定时器。所设计程序也要考虑到前后衔接。

图 7-7 所示就是第 2 章图 2-10 程序的改进。目的是能处理掉电问题。

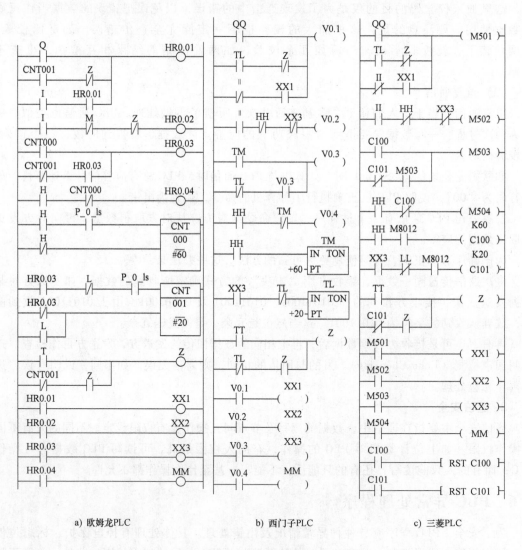

a) 欧姆龙PLC　　　　　　　b) 西门子PLC　　　　　　　c) 三菱PLC

图 7-7　掉电保护程序

从图 7-7a 可知，它把中的 XX1、XX2、XX3、MM 代之以保持继电器 HR0.01、HR0.02、HR0.03、HR0.04。Z（内部继电器）的物理地址指定为保持继电器 HR0.00（图未表示）。接着，再用 HR0.01、HR0.02、HR0.03、HR0.04 对应地去控制输出继电器 XX1、XX2、XX3、MM。此外，定时器 TM 、TL 要改用计数器，并用时间脉冲实现计数。因为定时器掉电是不保持的。

从图 7-7b 可知，它把中的 XX1、XX2、XX3、MM 代之以保持继电器 V 0.1、V 0.2、V 0.3、V 0.4。Z（内部继电器）的物理地址指定为保持继电器 V0.0（图未表示）。接着，再用 V0.1、V0.2、V0.3、V0.4 对应地去控制输出继电器 XX1、XX2、XX3、MM。

从图 7-7c 可知，它把中的 XX1、XX2、XX3、MM 代之以保持继电器 M501、M502、M503、M504。Z（内部继电器）的物理地址指定为保持继电器 M500（图未表示）。接着，再用 M501、M502、M503、M504 对应地去控制输出继电器 XX1、XX2、XX3、MM。此外，定时器 TM 、TL 要改用计数器，并用时间脉冲实现计数。因为它的定时器掉电也是不保持的。

使用该图程序，掉电后再得电，系统将在原来的基础上继续工作。

2. 标志位使用

PLC 有很多标志位，将在指令不同执行时，有不同的取值。如 P_ ER，出错标志，程序出错时，此位 ON；再如 P_ CY，进位标志，加运算进位时，ON；PID 执行了，它也 ON。还有其它标志位等。

往往可使用这些标志位监视指令是否正确执行，并根据监视情况作作异常处理。

3. 错误报警

在有的 PLC 控制系统中，使用了 3 级错误报警系统。1 级设置在控制现场各控制柜面板，用指示灯指示设备正常运行和错误情况，当设备正常运行时，对应指示灯亮，当该设备运行有错误时，指示灯闪烁。2 级错误显示设置在中心控制室大屏幕监视器上，当设备出现错误时，有文字显示错误类型，工艺流程图上对应的设备闪烁，历史事件表中将记录该错误。3 级错误显示设置在中心控制室信号箱内，当设备出现错误时，信号箱将用声、光报警方式提示工作人员及时处理错误。

在处理错误时，又将错误进行分类，有些错误是要求系统停止运行的，但有些错误对系统工作影响不大，系统可带错误运行，错误可在运行中排除，这样就大大减少了整个系统停止运行的时间，提高系统可靠性运行水平。

当然，为了信息显示的准确，这些设备或指示灯必须保持完好无损。因此，应有相应的检查与测试程序。

在故障或出错报警的同时，做好故障记录也是必要的。这也可与状态记录一起编程。

4. 错误控制

一旦系统出错，除了报警、记录，还应马上考虑的是对出错或故障性质、严重程度的判断，一旦确认是严重故障，应有应急处理机制或程序。能控制住故障，以确保设备安全，特别是人身安全。

一般而言，可将与机器有关的危险隔离，主动或被动地将它封住，或者在探测到危险时即时终止过程，以免人员受伤等。

另外，隔离危险，防止接近危险，或者在探测到危险时即时终止过程，这是唯一能把握并能避免死亡或受伤同时优化生产过程的机会。

这里最简单方法是设备紧急停车，或使 PLC 禁止输出等。

总之，应在程序中考虑这些措施，确保故障能得以控制。

5. 状态记录

飞机失事，第一件事是想方设法先找到黑匣子，因为它记录着飞机的飞行数据。用此，很容易查找、判断出事的原因。PLC 运行也可有自己的"黑匣子"，那就是 PLC 的数据区。而且，现在这个数据区已相当大。只要编有相应的 PLC 运行情况数据记录，就可把它存储在这个数据区中。注意，这里讲的状态不仅是故障，还可以是系统运行负荷情况，以及在不同负荷下运行时间，系统的重要性能特性等。一旦 PLC 控制系统出现故障，便可找出这个记录，分析这个记录。这对故障的判断和定位都将是很大的帮助。

6. 故障预测与预防

设备修理，最原始的方法是坏了修，不坏不修。但重要设备长期不修，一旦突然坏了，给生产带来的损失将是很大的。

为此，用了计划预修，使用时间长了，坏不坏都强迫修理。这可减少突然坏了给生产带来的损失。但资源却不能得到充分利用。

最好的办法是故障预测与预防。用传感器不断监测设备的工作状态参数，并记入 PLC 的数据区。再由 PLC 实时判断，可视情况，对可能的故障进行预测或提示维护、提示停机修理，以作必要预防。对机械设备，一般检查轴承噪音及润滑油变脏的时间。一般讲，噪音变大、润滑油变脏时间缩短，将是需要维修的征兆等。

事实上，只要做了有关配置，用 PLC 程序是完全有可能实现这种故障预测及预防的。真是如此，那即可充分利用资源，又不会因设备突然损坏给生产带来损失。

7. 故障或错误诊断

故障或错误诊断是对已出故障或错误的定性与定位，为排除故障、纠正错误提供依据。为此，可在计算机上建立故障或错误诊断知识库，以及运行系统监视与诊断程序。PLC 在现场监视系统工作，实时监测系统状态，采集与存储有关数据。必要时，两者联机、通信，PLC 把采集及存储的有关数据的传送给计算机，计算机处理这些数据，并存入数据库。一旦系统出现故障，知识库即可根据知识库的规则及推理机制，对故障进行实时诊断。每次诊断后，知识库的学习机制还可丰富、修改知识库的有关规则，使知识库的功能不断地增强。当然，在这样知识库的建立与使用上，PLC 是无能为力的。但 PLC 所提供实时数据，则是计算机进行诊断的基础与依据。

8. 冗余配置与程序设计

在重要的使用场合，PLC 冗余配置已用得越来越多。如使用 OMRON PLC 的 CVM1D、CS1D，西门子的 S7-400H/F/FH 及三菱的 Q4AR、MELSEC Q 系列冗余系统都可实现冗余配置。两个系统，一个工作，一个热备。一旦工作系统出现故障，可即时启动热备，使其工作。S7-400 还可用于容错式 S7-400H 系统，如带一个 F 运行授权，还可以在安全型 S7-400F/FH 系统中作为安全型 CPU 使用。

以上各机型除了 CVM1D、CS1D 及 Q4AR 的工作与冗余 CPU、电源同安装在一个双机底板上外，其它机型都是分别安装在两个底板上，用光缆连接，靠通信方法实现工作与冗余系统间的切换。

一般讲，冗余有电源冗余、CPU（含内存）冗余、I/O 冗余及网络冗余。模块还可在线插拔，在线更换，实现不停机修理。显然，有了这些冗余或容错，PLC 控制系统的可靠性将得到进一步提升。

冗余主要用硬件处理。软件上，如 CPU 冗余，其实所编的程序与非冗余多是一样的。虽有两个 CPU，但运行的程序完全相同。出现故障后 CPU 间的工作切换是系统自动完成的，无需人工干预。

但有的 PLC 也有冗余软件配置的。那样，也可能也要编写少量的用户程序。

结语

PLC 用于种种控制，可实现系统自动化，用于连网、通信及信息处理可实现信息化。但也因此带来大系统的出现及系统的复杂化。这样，如果个别部分出现故障，将相互影响，其结果可能是灾难性的。为此，防止故障扩大及进行系统可靠性设计是绝对必要的。

更有甚之，最好能实现系统控制冗余及智能化。出现故障仍可工作，同时还能自己诊断，使系统能很快恢复正常。

可靠性当然不只是软件的问题，在硬件上采取措施更为重要。在硬件上的措施，PLC 厂商多有建议，应按相应规定处理，不可马虎。至于工作环境恶劣，会受到种种干扰，从而可能降低其可靠性。为此，也要分析干扰源，并采取必要的抗干扰措施。

第8章

PLC程序组织

以上各章已对PLC实现各种功能的编程做了讨论。本章将讨论怎样把各个功能不同的程序合成一个整体，进而组成一个工程，即PLC程序的组织问题。

8.1 PLC程序组织概述

8.1.1 PLC程序组织步骤

PLC程序组织是指怎样把各个功能不同的程序块、函数块、功能块，所使用的库文件，再加上PLC的硬件配置、相应的设定及地址分配，以至于网络配置、视图监视，组成一个工程的过程。

在本书第1.1.6节曾提到"工程是PLC编程以至于其它自动化程序的组织单位"。"建立工程是PLC编程的开始"，并简单说明了组织工程的大体步骤。本节将具体介绍这些步骤及程序组织简单实例。

1. 建立工程

建立工程是程序组织的第一步。首先是打开编程软件，在它的主菜单"文件"项下用鼠标左键点击"建立新工程"项弹出相关对话窗口，进而再做相应的选定。有的编程软件还提供有建立工程的向导，利用它可简化工程建立。有的编程软件在建立工程时就要确定工程名称（尽管以后还可更改）；而有的则可先编程，在存储工程文件时，再确定名称等。建立了工程也就为程序组织的后续步骤做好了准备。

2. 硬件配置

这在本书第1章已有所说明，这里略。要说明的是，有的软件，1个工程只能添加1个PLC，只能对1个PLC编程；而有的可以添加多个PLC，可分别为多个PLC编程。有的还可创建网络，以至于可创建多个网络，并为各个网络创建不同的PLC站点。

3. 变量编辑

即前面章节中提到的I/O、符号地址与变量编辑。具体是根据程序需要增加（新）及编辑（确定变量数据类型等）变量。所增加的变量，有的要与PLC硬件I/O地址或内部器件相关联；而有的可以不关联，由系统自动占用PLC数据内存区。有的可在编写程序时，随用、随增、随编；而有的要先增、先编后用。有的是PLC全局使用的，对所有程序有效，以至于还可用到组态软件或为PLC网络其它站点所用；而有的则是PLC局部程序使用的，仅对所在程序有效。所有这些都与PLC所使用的编程软件、品牌、型号及硬件配置有关。

4. 编写程序

是指为所配置的PLC编写程序。首先要添加（或称插入）程序块（有的还有功能、功能块）或插入段。针对要处理的具体问题，利用以前各章节讨论的知识分别编写。然后再将其合成。这里的关键是要先添加"哪些",即怎么"分"。然后怎么再把它们组合成一个完整的程序,即怎么合成。这与 PLC 机型、编程软件及程序组织方法有关。

所编写的程序当然还要经过检查、编译(不同软件具体称谓可能不同)。完成后,还要下载、调试。直至全部通过,才算完成编写程序这个步骤。

5. 工程存储

所编程序通过后,总是用工程文件或用文件夹予以存储。不同 PLC 软件,有不同的工程文件或文件夹。以下将简要介绍一些 PLC 的工程文件或文件夹。

(1)欧姆龙 PLC 工程文件

它存储工程文件的扩展名为 CXP,为二进制编码,是不可视的。还有扩展名为 CXT 的工程文件,是助记符的文本文件,未经压缩,可用文本阅读器阅读。CXT 的工程文件与 CXP 的工程文件可相互转换。如用 CXP 软件调出 CXP 工程文件,把它存成扩展名为 CXT 工程文件,即实现了前者到后者的转换。反之,也一样。欧姆龙旧版的编程软件编的程序,也可转换为 CXT,进而转换为或直接转换 CXP 的工程文件。

(2)西门子 PLC 工程文件

它的 S7-200 机存储工程文件的扩展名为 MWP,为二进制编码,是不可视的。还有扩展名为 awl 的工程文件,是语句表的文本文件,未经压缩,可用文本阅读器阅读。单击"File"菜单项下的"Export"项,将弹出如图 8-1 所示的对话框。在其上选择保存目录及键入文件名,再用鼠标左键点击"保存"按钮即可进行存储。单击"File"菜单项下的"Import"项,将弹出类似如图 8-1 所示

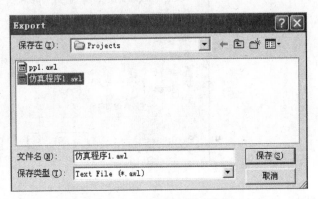

图 8-1 awl 文件存储对话框

的打开对话框。在其上选择保存目录及键入文件名,再用鼠标左键点击"打开"按钮即可打开 awl 文件。这时进行存储,也可得到 MWP 文件。

awl 文件不仅可视,还是它的程序仿真必须使用的程序输入文件。

西门子的 S-300、400 机则用"SIMATIC Manager"管理编程。其所编辑结果要用多个文件存储,并分布在多个子文件夹中。各个文件分别存储不同类型的数据。

(3)三菱 PLC 工程文件

它的 GX 软件存储工程文件用文件夹,含多个文件及子文件夹。各个文件存储着与工程有关的不同数据。文件夹名即为工程名。用鼠标左键点击文件夹下的 Gppw.gpj 或 Gppw.gps 文件,即可打开工程文件夹,进入编程界面。

它的 work2 软件存储工程文件也用文件夹,含多个文件及子文件夹。各个文件存储着与工程有关的不同数据。文件夹名即为工程名。用鼠标左键点击文件夹下的扩展名为 gd2 的文件,即可打开工程文件夹,进入编程界面。

(4)ABB PLC 工程文件、和利时 LM 机工程文件

它存储在一个扩展名为"PRO"的工程文件中。组织的工程的项目也可以打印。打印

之前这些数据、图形还可以存储在扩展名为"mdi"文件中，并可以在计算机上预览。

（5） AB PLC工程文件

它存储在一个扩展名为"ACD"的工程文件中。组织的工程项目也可以打印。打印之前这些数据、图形还可以存储在扩展名为"mdi"文件中，并可以在计算机上预览。

打印的项目还可以选择。其方法是，单击"File"菜单下的"Print"项之后的"Routine"或"Tags"项。弹出与图8-2所示的"Print-Ladder Editor"窗口。在其中可以用鼠标左键点击"OK"。进而将弹出图8-3"另存为"窗口，从中可选择所要文件的名称及路径。而扩展名为"mdi"。

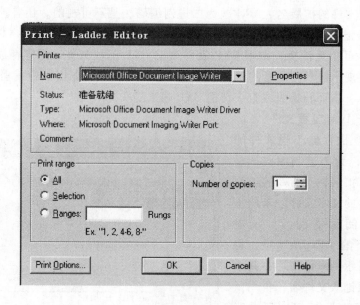

图8-2 "Print-Ladder Editor"窗口

此扩展名文件直接可用"Microsoft Office Tool"项下的"Microsoft Office Documeng Imageing"打开。

（6）施耐德、GE PLC工程文件

施耐德PLC工程文件扩展名为"STU"。单个文件存储。存储目录也可选定，比较简单。而GE PLC工程文件有两个，一个为配置文件，扩展名为"INI"；另一个为编辑文件（Cimplicity Edition File），扩展名为"SwxCF"。这两个文件存于工程名命名的文件夹下。而该文件夹默认处在"C：\ Program Files \ GE

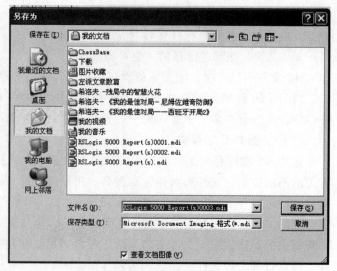

图8-3 "另存为"窗口

Fanuc \ Proficy Machine Edition \ SecurWORX \ Local \ FrameworX"目录下（这里假设软件安

装在 "C：\ Program Files \ " 目录下）。

8.1.2 PLC程序组织简例

图 8-4 所示为用 PLC 的编程软件组织一个工程的简例。

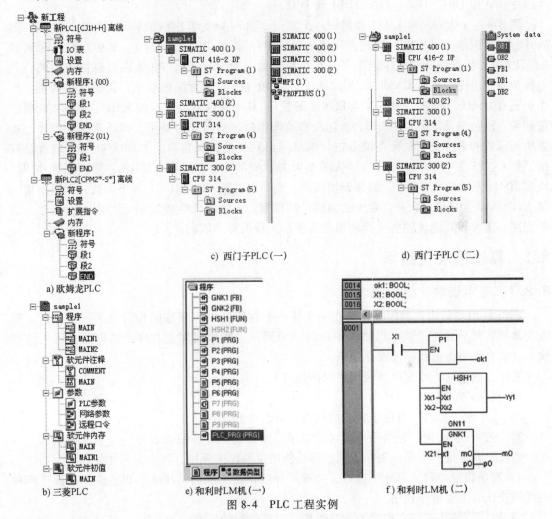

a) 欧姆龙PLC

b) 三菱PLC

c) 西门子PLC（一）

d) 西门子PLC（二）

e) 和利时LM机（一）

f) 和利时LM机（二）

图 8-4　PLC 工程实例

图 8-4a 为欧姆龙 PLC 工程。从图知，这个工程有两个 PLC，一个为 CJ1H-H 机，另一个为 CPM2 机。CJ1H-H 机有两个程序，其中的新程序 1 有 3 个程序段，段 1、段 2 及 END 段。CPM2 机只有，也只能有 1 个程序（它不能多任务编程），该程序也有 3 个程序段，段 1、段 2 及 END 段。这里的各程序段可是以前各章讨论的各种程序。

从图 8-4a 还可知，除了程序合成，还有 PLC 型号选定，如这里选 CJ1H-H 机、CPM2 机。此外，还有符号表设计、I/O 表设计（CPM2A 不是模块型 PLC，无此设计）及进行有关设置。

显然，只有进行了程序组织，形成一个 PLC 工程，并对所编程序进行编译，且与 PLC 联机（本例有两个 PLC，需分别与两个 PLC 联机），再把工程的中的程序、设置等全部下载给 PLC，PLC 才能正确运行这个工程中的程序。

图 8-4b 为三菱 Q 系列机工程。从图知，这个工程有 3 个程序，还有软元件注释、参数、软元件内存及软元件初值等项目。其中参数项，可用于对 PLC 所使用的硬件进行配置，

或说进行组态。

图 8-4c、d 为西门子 S7-300、400 机工程。从图知，这个工程有 4 个 PLC，两个 S7-400，两个 S7-300。还有 MPI 网及 Profibus 网两个网络。从图 8-4d 可知，S7-400（1）有 5 个程序块，即 OB1、OB2、FB1、DB1 和 DB2。

图 8-4e、f 为和利时 LM 工程组织一个实例。图 8-4e 为程序组织单元（POU）生成，图 8-4f 程序组织单元（POU）调用。这里的 P1~P9，都是 PRG（程序）。其中深色显示的如 P1、P2 等，为已被其它程序调用了；浅色显示的，如 P7、P8、P9 为还没有被调用的，只是作为备用。图中还有 GNK1、GNK2 为 FB（功能块），都为深色显示，说明已被调用。图中也还有 HSH1、HSH2、HSH3 为 FUN（函数）。其中深色显示的，如 HSH1、HSH2 说明已被调用；浅色显示的，如 HSH3，为还没有被调用的，只是作为备用。而任意一个程序、功能块或函数的名称处用鼠标左键双击，都将弹出对应的编辑窗口。如图 8-4f 所示的就是双击 "PLC_PRG" 后弹出的窗口。从图 8-4f 知，只要布尔变量 X1 TRUE，则调用程序 P1、函数 HSH1 及功能块 GNK1。如果调用成功，则布尔变量 ok1 TRUE。对于函数，则根据输入值 Xx1、Xx2 生成输出 Yy1。对于功能块，则根据输入值 X21 生成输出 mO 及 pO。当然，这些程序、函数及功能块的生成及调用总是按照工程的要求做的。

8.2　程序模块化组织

8.2.1　程序模块化组织概念

相当多 PLC 的用户程序是存储在一个统一的存储区中。程序的传送也是一次性的。但人为地可将其分成若干块，以块为单位设计及调试。然后再用主程序，按需要去调用这些块。这就是本节讲的程序模块化组织。

程序分成模块，或程序模块化组织的优点是：

1）程序较清晰，可读性强。

2）程序便于更改，也便于扩充或删节，可改性好。

3）程序可标准化，特别是一些功能程序，如实现 PID 算法的程序，可编成标准的。事实上西门子就提供不少标准程序。用户移植使用这些标准程序，可大大简化编程。

4）程序设计与调试可分块进行，把难点分散，便于成功。块小、变量少，也便于用种种逻辑设计的方法设计程序。

5）程序模块化还可实现多人参与编程，提高编程的速度。

6）在存在重复调用一种模块的情况下，可不必重复编写要调用的模块的程序，可减少程序量。

7）在存在不需经常对其扫描的程序块时，还可节省扫描周期，提高 PLC 的响应速度。

模块化组织也便于分步设计程序。第 1 步先划分块，编出的程序最为抽象；第 2 步编出的程序是把第 1 步所编的程序细化，较为抽象；……第 i 步编出的程序比第 $i-1$ 步抽象级要低；……直到最后，第 n 步编出的程序即为可执行的程序。

这一方法原理就是先立足于全局，考虑总体关系。在确保全局的正确性之后，再分别考虑与处理各个局部。自顶而下，逐步求精。

程序模块化组织与 PLC 的指令系统有关。常用的方法有：子程序及其调用，跳转及其条件设置，使用步进指令。此外有的 PLC 还可用 SFC 语言编程，用程序（块）、函数及功能块，用自定义库等。

8.2.2 使用子程序法模块化

程序模块化组织方法之一是使用子程序。子程序使用可分成两种：一种为仅一次调用的，称为专用块，它仅起到划分模块的作用；另一种为要多次调用的，称之为标准块。两种模块的编程是不同的。

第1种模块编程较简单，可直接对指定地址进行编程，无须转换。其编程如同正常的编程，该怎么编就怎么编。

第2种模块编程要复杂一些。因为要多次被调用，故，首先要弄清每次是"谁"调用的，要对这个"谁"进行识别。识别之后，要依"谁"的特点，把与这个"谁"相关的逻辑量或模拟量的值读入。再进行有关逻辑处理或数据处理。最后再把结果赋值给予这个"谁"相关的变量（内部器件）。

子程序的本意不是为了实现程序模块化，而是对实现同一功能的程序编成子程序后，可多次调用，简化编程。但用它实现程序模块化组织还是方便的。

8.2.3 使用跳转指令模块化

跳转指令也可用以实现程序模块化。

对欧姆龙 PLC，在 JMP 与 JME 之间的程序组成块，执行 JMP 的条件 ON 后作为对其调用。由于 JMP—JME 指令可以嵌套，用它也可实现，在模块之下，再分块，类似于子程序再调子程序。

对西门子 PLC，在 JMP 与 LBL（加编号）之间的程序组成块，执行 JMP 的条件 OFF（这点与欧姆龙 PLC 正相反）作为对其调用。由于 JMP—LBL 指令可以嵌套，用它也可实现，在模块之下，再分块，类似于子程序再调子程序。不少 PLC 的跳转也与此类似。

对三菱 PLC，在 JMP 与 P（加编号）之间的程序组成块，执行 JMP 的条件 OFF（这点与欧姆龙 PLC 正相反）作为对其调用。由于 JMP—LBL 指令可以嵌套，用它也可实现，在模块之下，再分块，类似于子程序再调子程序。

与子程序相比这里不同的是：多次实现的功能要多次编写，无法编成标准的子程序，多次作调用。另外，程序虽由 JMP—JME 划分块，但毕竟都还是连续地放在一起，阅读不方便。

8.2.4 使用步进指令模块化

步进指令中的每一步的程序也是自成体系的，也可看成一个程序模块。如果整个程序或程序的一部分是依此顺序、分支或平行执行的，则可步进指令进行程序的模块化组织。

必须再指出的是，用上述几种方法把程序划块只是人为的，不像将要介绍的多任务组织或西门子的 S7-300、400 机那样，真的划分成模块。故只能称之为模块化。但这种虽连成一片，但又划分为模块的做法，比较直接、简便，也不烦琐。熟练地掌握它，也可达到分模块编程的目的。

8.2.5 用 SFC 语言编程

SFC 语言的每一步程序都是自成体系的，可以看成是一个程序模块。如果整个程序或程序的一部分是依次顺序、分支或平行执行的，可以方便地使用指令进行程序的模块化组织。

用 SFC 语言编程的关键是合理地划分"步"及处理好"转移"。至于步、转移中的程序，则都是一个程序块，比较好组织。

8.2.6 用程序块、功能块及函数编程

对可以按国际标准编程的新一代 PLC，多模块组织最好的方法是使用新（自）建的程序（块）、函数或功能块。这点与计算机用汇编语言使用子程序、宏，去实现程序模块化完全相同。如和利时 PLC，其程序（块）、函数及功能块可以在 PowerPro "对象组织器" 的 "程序" 窗口上添加。

这里还要强调两点：

一是程序（块）、函数及功能块的调用是可以嵌套的（即程序还可以调用其它程序、函数及功能块。功能块可以调用函数及其它功能块。函数可以调用其它函数），只是不能直接或间接地调用自身，即不能递归调用。

二是程序可分成两种：仅一次调用的，称为专用块，它仅起到划分模块的作用；要多次调用的，称之为标准块。两种模块的编程是不同的。

第 1 种模块编程较简单，可以直接对指定地址进行编程，无须转换。其编程如同正常的编程，该怎么编就怎么编。

第 2 种模块编程要复杂一些。因为要多次被调用，所以，首先要弄清每次是 "谁" 调用的，要对这个 "谁" 进行识别。识别之后，要依 "谁" 的特点，把与这个 "谁" 相关的逻辑量或模拟量的值读入，再进行有关逻辑处理或数据处理。最后再把结果赋值给这个 "谁" 相关的变量。

对于这第 2 种情况，最好用功能块（如果有多个控制输出）或函数（如果仅有 1 个控制输出），而不用程序。这也是类似 PowerPro 这样编程软件的优点。用了功能块或函数后，上述的几个 "谁" 就好处理了。而且，模块间的通信（数据交换），也不必都用全局变量解决。还可以节省 PLC 的内存。

8.3 多 PLC、多任务（程序、模块）程序组织

多任务（程序、模块）编程是针对高档 PLC 推出的编程方法。它可按要求，把大程序分成多个不同功能及不同工作方式的任务（小程序、模块）。用任务（小程序、模块）的种种调用，推进整个程序的执行，达到运行程序的目的。

8.3.1 欧姆龙 PLC 多任务组织

1. 欧姆龙 PLC 任务类型

任务划分依 PLC 的型号不同而有所不同。大体上任务有两类：循环任务和中断任务。

循环任务大体有 32 个（机型不同，可能有所不同）。任务编号从 0~31。循环任务 00 为起始循环任务。是首先要执行的任务，也是默认要用的任务。如仅 1 个任务（最少也要有 1 个）则就是它。

如有多个循环任务，PLC 开始运行，总是先按序号从小到大，依次周而复始不断地执行着。如被任务管理指令控制，则怎么管理？将怎么执行。

中断任务较多，多达 256 个，机型不同，可能也有所不同。编号也是从 0~255。

中断任务由各种中断事件触发。有了中断事件，就暂时停止循环任务的执行，转去调用相应中断号的中断任务。而且，发生一次事件，仅调用一次。如果同时有两个中断事件发生，则先调中断号小（优先级高）的任务，执行小的后，再执行大的。都执行完中断任务，

再转回执行循环任务。

图 8-5 所示为多任务程序执行的情况。

中断任务有电源断中断任务、定时中断任务、I/O 中断任务、外中断任务。此外，有的机型还有扩充循环任务，是按循环任务处理的中断任务。编号在 8000~8255 之间的十进制数（值 8000~8255 定义 0~255 扩充循环任务）。

电源断中断任务优先级最高，用中断 0 号。中断 1 号、中断 2 号，用于内部定时中断。其定时间隔可用 CXP 编程软件设定。

I/O 中断要用到中断输入单元。其中断号与中断单元的输入点的编号相对应。如输入点为 0，则设定其中断任务号为 100，其余类推。

多任务编程是模块化编程的进一步发展。其好处与模块化组织还要多。如图 8-6 所示，这里任务做了不同的组织，就构成任务 ABC 及任务 ABD 两个不同的程序，很灵活。

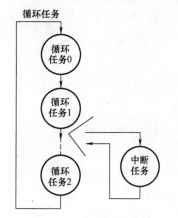

图 8-5 多任务程序执行

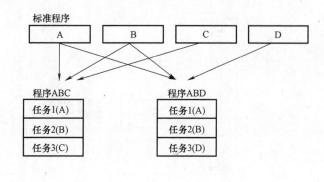

图 8-6 任务的不同组织构成不同的程序

用多任务编程时，每一任务的最后一个指令应是 END。它代表任务的结束。END 指令之后的指令不执行。

执行每一任务开始时，所有的标志位，如"大于""等于"……均复位为 0。每个任务可以有自己的子程序。而且，别的任务不能调用。

但可以设计全局的子程序。这时所有的任务均可调用。图 8-7 所示即为全局子程序使用的情况。

从图 8-7 可知，使用全局子程序，显然可减少程序代码。

2. 欧姆龙 PLC 任务管理

任务管理，也就是任务调用及调用取消有两种方法：由中断事件调用，针对中断任务（无需取消）；用指令调用与调用取消，针对循环任务。

系统提供的指令调用指令为"任务 ON"。调用取消指令为"任务 OFF"。

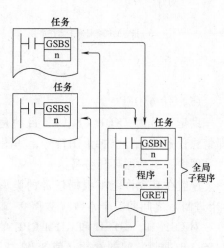

图 8-7 为全局子程序使用

（1）任务 ON

助记符号为 TKON（820），目的是使得指定的任务执行。

梯形图符号如图 8-8 所示。

图中，N 为循环任务号。

图 8-8　TKON 指令

N 应在其允许范围根据任务的类型指定。必须是十进制 00 和 31（十进制）之间的一个常数（数值 0~31 定义任务 0~31）。

对 CS1-H、CJ1-H 和 CJ1M CPU 单元，也可为扩充循环任务号。N 必须是一个在 8000~8255（十进制）间的常数（值 8000~8255 定义扩充循环任务 0~255）。

执行本指令，可使指定的任务置于可执行状态。并把相应的任务标志（TK00~TK31）置 ON。

如果本指令指定任务号小于本任务号，指定的任务将从下一个循环开始执行。如果指定的任务号大于本任务号，该任务在当前的循环执行。图 8-9 所示为以上两种调用情况的图解说明。

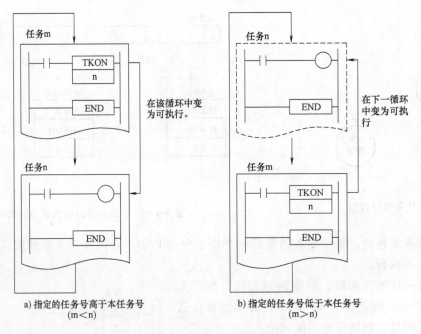

a) 指定的任务号高于本任务号
（m＜n）

b) 指定的任务号低于本任务号
（m＞n）

图 8-9　两种调用情况图解

（2）任务 OFF

助记符号为 TKOF（821），目的是把指定的任务置为待机状态，即禁止任务的执行。梯形图符号，如图 8-10 所示。

图中，N 为循环任务号。

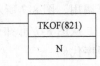

图 8-10　TKOF 指令

N 应在其允许范围根据任务的类型指定。必须是十进制 00 和 31（十进制）之间的一个常数（数值 0~31 定义任务 0~31）。

对 CS1-H、CJ1-H 和 CJ1M CPU 单元，也可为扩充循环任务号。N 必须是一个在 8000~8255（十进制）间的常数（值 8000~8255 定义扩充循环任务 0~255）。

执行本指令，可使指定的任务置于待机状态，并把相应的任务标志（TK00~TK31）

置 OFF。

如果本指令指定任务号小于本任务号，指定的任务将从下一个循环开始待机。如果指定的任务号大于本任务号，该任务在当前的循环待机。情况如同图 8-9 对 TKON 指令的说明。

3. 欧姆龙 PLC 任务组织

任务组织含任务的建立及调用。

中断任务的建立主要是做好有关软、硬件设定及编写中断处理程序。而它的调用无须组织，由中断事件调用。中断处理程序可按照控制或数据处理的要求编写，与以前讨论的没有本质差别。这里不赘述。

循环任务除任务 00 外，所有的都要另行建立。调用也要组织。

建立循环任务时，应在工作区中，先及 PLC 项，再及插入"新程序"。然后，用鼠标左键点击程序的属性项，将弹出（如图 8-11 所示）程序属性窗口。

从图 8-11 可知，可从中选定本程序的任务类型及任务编号。同时，还可选定在操作开始时是否执行本任务。图 8-12 所示为循环任务 02，其名称为"新程序 3"，而且，操作开始时执行。

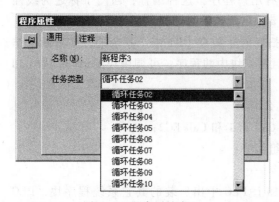

图 8-11 程序属性窗口

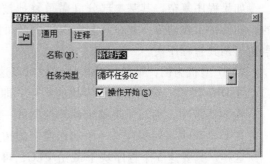

图 8-12 循环任务 02 操作开始选择

任务除了一开始就让它执行，也可开始时不执行，而在某个条件下才执行。图 8-13 所示即为这样的例子。

从图 8-13 可知，当 D0 的值增加到#50 时，才执行 TKON 1 指令，才把任务 1 调用。

已调用的任务还可在一定的条件下让其停止执行。图 8-14 所示即为这样的例子。

从图 8-14 可知，当 D2 增加到#30 时，将执行 TKOF 1 指令，将使任务 1（本例即自身这个任务）停止执行。

在多任务编程的情况下，编写好各任务的代码后，可很方便地，根据任务是否执行的情况进行组织。

8.3.2 S7-300、400 机多模块组织

西门子高档 PLC 的程序是分成模块组织的。S5 型的模块有 5 种，即组织块（OB）、顺序块（SB）、程序块（PB）、功能块（FB）和数据块（DB）。而每种模块都应有不同的编号。S7 型机则分成 3 种，即组织块（OB）、程序块（FC、不带参数或 FB、带参数）及数据块（DB）。这些块与欧姆龙的任务有相同，而又有不同。

在这几块程序中，OB1 块是重复地被扫描。即执行 1 次之后，又从头开始执行，始终不

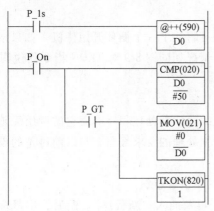

图 8-13　任务调用例子

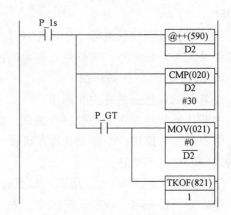

图 8-14　使任务停止执行例子

停。而有的组织块，只是定时或出现中断时执行，有的在 PLC 从停止到运行时执行 1 次等。其它块，则由指令或事件调用。

　　如果程序不复杂，可只在 OB1 中，编写所有用户程序，这种编程，西门子称之为线性编程。由于 OB1 是重复地被扫描，故可按程序要求实现控制。

　　如果程序复杂，其基本部分（需重复地被扫描的）放在 OB1 中。其余的，如中断工作的，初始化工作的等，放在其它组织块中。而且组织块中的程序，可调用块的语句，如 Call 语句，调其它程序块。

　　以 S7 型机为例，最简单的模块编程可以这么编：

　　在 OB1 块中，编两个调程序块的指令：即 Call FC1 和 Call FC2；

　　在 FC1 块中，编写实现某个动作控制的一组指令；

　　在 FC2 块中再编实现另一个动作控制的指令……

　　这样，只要这 3 个程序块下载给 PLC，再加上 PLC 中出厂装的其它系统程序块，PLC 运行后，即可实现对这两个动作的控制。

　　如果要求再对第 3 个动作作控制，可在原有的 FC1 或 FC2 中修改程序；也可再增加 1 个程序块，如 FC3，并在 OB1 中增加 1 条调 FC3 的语句；然后再下载给 PLC，即可实现。后者自然要简便得多，它不会对原已设计好的程序块产生干扰。

　　显然，这里的 FC 块，与 CJ 机的循环任务有点类似。只是，FC 需调用，不调不工作。而循环任务，默认是要调用。停止调用要用 TKOF 指令。

　　FB 可设参数，可带参数调用。为面向对象编程提供方便。FB 设有参数，所以使用应定义一个数据块与其绑定，并供其使用。

　　除了 OB1，还有其它编号组织块。标号不同，功能也不同。只是它用于定时处理的很多。还有出错处理、多 CPU 管理、启动管理等。当然，外中断处理也不少。再如有的仅运行一个扫描周期的，如 OB100，在暖启动时，运行一个周期；OB101，在热启动时，运行一个周期；OB102，在冷启动时，运行一个周期。S7-300、400 无类似欧姆龙 PLC 那样启动时 ON 一个周期的特殊继电器，故用这几个组织块处理。

　　前已提及，S7-300、400 机还有数据块 DB。数据块有两种：共享数据块及专用数据块（与 FB 绑定）。这些数据块也都是程序的一个不可分割的组成模块。

在任一组织块或函数块中，可用 OPEN 指令打开共享数据块。打开后，可直接使用该块所定义变量。如未打开也可使用，只是在使用时，要指明使用的数据块编号。

除了以上用户的编程模块。S7-300、400 机的编程软件，STEP 7 还提供有系统函数块及系统功能块。如第 4 章介绍的 PID 控制用的功能块 FB40，即为系统功能块。厂商开发的这些函数块及功能块，既增强了 PLC 的功能，又简化的编程。并为面向对象编程创造了条件。

西门子高档 PLC 是最早使用多模块组织它的程序的。其技术比较成熟。它不仅可多模块编程，还可分模块下载程序、调试程序。下载时，PLC 还可不停机，使用起来也比较方便。

8.3.3 三菱 PLC 多程序组织

三菱高档 PLC 的程序是多程序组织的。一个（大）程序可分解为若干个（小）程序。而各个（小）程序又可设定为种种不同的执行方式。这些执行方式有初始执行（在 PLC 进入运行状态时，第 1 周期运行）、扫描执行（在 PLC 进入运行状态后的第 2 周期开始，每扫描周期均运行）、固定扫描执行（按设定时间间隔执行）、低速执行（在盈余的时间执行）及待机执行（调用它时才执行）。

所设计的程序的执行方式可以用如图 8-15 所示的 PLC 编程软件的"参数设置"窗口设定。

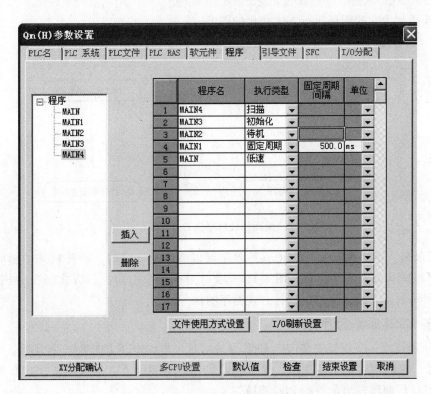

图 8-15　程序执行方式设定示例

如图 8-15 所示，这个工程有 5 个程序，其执行类型分别指定为扫描、初始化、待机、固定周期及低速。实际还可增加程序，执行方式也可与上述的重复。

这些程序执行方式可运用相应指令予以改变。这些指令见表8-1。

表8-1 三菱高档机改变程序执行方式所用指令

执行指令 改变前执行指令	PSCAN	PSTOP	POFF	PLOW
改变前执行指令	没有变化-保持扫描执行类型	变成待机型	在下一次扫描时输出为OFF。此后在下次扫描时变为待机型	变成低速型
初始执行类型	变成扫描执行型	没有变化-保持待机型	没有处理	
待机型				
低速执行型	低速执行型执行停止:从下一次扫描变成扫描执行型(从0步开始执行)	低速执行型执行停止:从下一次扫描变成扫描执行型	低速执行型执行停止,下一次扫描输出转为OFF。此后从下一次扫描变为待机型	没有变化-保持低速执行型
固定扫描执行型	变成扫描执行型	变成待机型	下一次扫描输出要为OFF。此后下一次扫描变成待机型	变成低速型

提示： 这里的（小）程序都是主程序的一部分，不是一般的子程序，也不是中断子程序。它可在编程时设定或在运行时改变其执行方式。

图8-16所示为它的程序执行方式变化的图解。

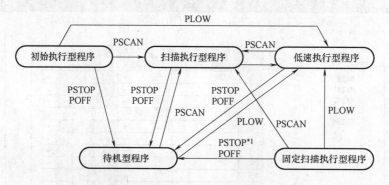

图8-16 三菱高档机程序执行方式变化图解

要提及的是，不同执行方式的（小）程序可以有多个。这时，除待机外，相同方式程序的执行，将按其编号升序执行。图8-17所示即为有多个初始执行方式程序的执行情况。而图8-18所示的则为有多个扫描执行方式程序的执行情况。

8.3.4 多CPU系统程序组织

多CPU配置指一个机架安装多个CPU模块。这可扩大PLC的控制控制规模、增强PLC的控制功能、加快PLC的响应速度、提高PLC的信息处理能力。是当今高档PLC发展的方向。不少PLC厂商已推出此类的PLC系统。

1. 西门子多CPU系统程序组织

它的一个主机架最多可安装4个CPU模块的。图8-19所示的即为S7-400多CPU配置的例子。

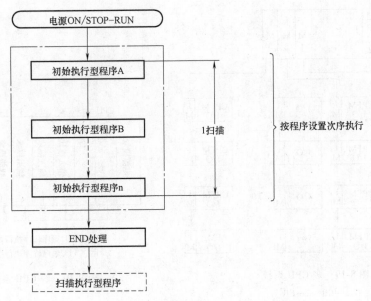

图 8-17 多个初始执行方式程序的执行情况

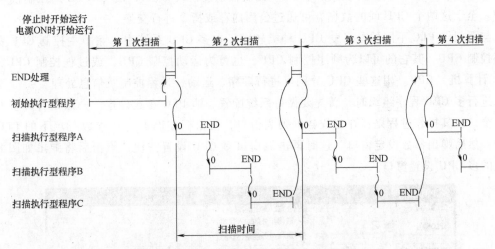

图 8-18 多个扫描执行方式程序的执行情况

从图 8-19 可知，它的主机架上配备有 4 个 CPU。这 4 个 CPU 相互通信，同步自动工作，但各独立执行各的程序，各与各的信号模块（SM）、功能模块（FM）、通信模块（CP）及 I/O 模块相连。故控制任务可并行处理。

而什么时候需要多 CPU 模块呢？程序量太大，一个 CPU 与内存难以处理，用多 CPU 分担处理；或系统中个别要求用特别快的速度处理，可另配置相应的 CPU。如果任务分工明确，用多 CPU 也好管理。

2. 三菱多 CPU 系统程序组织

三菱高档 Q 系列机，在主机板上可配置多达 4 个 CPU，组成多 CPU 的多元（各 CPU 可指定各控制模块）控制系统。而在 CPU 间，又可通过公用内存或相应指令，进行数据交换，以实现整个系统的工作协调。图 8-20 所示为两个 CPU 系统配置的简图。

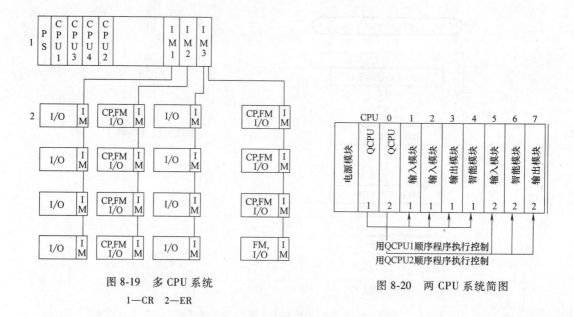

图 8-19　多 CPU 系统
1—CR　2—ER

图 8-20　两 CPU 系统简图

从图 8-20 可知，由软件设定，QCPU1 控制模块 1、2、3、4，而 QCPU2 则控制模块 5、6、7。至于这两个 CPU 间的数据，可通过公用内存或指令进行交换。

与西门子 PLC 不同的是三菱 CPU 种类较多。在多 CPU 系统中，除了主控制 CPU 都是顺序控制 CPU，其它的可以为顺序控制 CPU，也可为运动控制 CPU，或过程控制 CPU，或 PC（计算机）CPU。用这些 CPU 分别可进行顺序、运动、过程控制及信息处理。

进行多 CPU 程序组织时，首先要做好系统配置，即 PLC 参数设定。办法是打开多 CPU 设定窗口。其操作过程是：在工程数据列表窗口，用鼠标左键点击"参数"项下的 PLC 参数项，然后弹出参数设定窗口，这时再击该窗口多 CPU 设置按钮，点击后将弹出如图 8-21 所示的多 CPU 设置窗口。

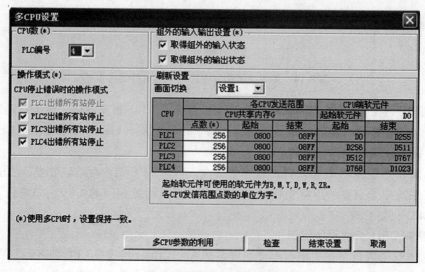

图 8-21　多 CPU 设置窗口

从图 8-21 可知，这里的 PLC 编号（指多 CPU 数）取 4，即为 4 个 CPU 配置。操作模式也做了选择，即 PLC 出错，所有站停止工作。当然，也可不这么选择。对刷新可作 4 组设置。图中的为设置 1，指定了各 CPU 的共享内存区 4 * 256，即 D0 ~ D1023。并指定了个 PLC 的写区。这与链接通信一样，如 PLC1 把数据写入 D0 ~ D255，别的 PLC 要用此数据，到本 PLC 的此区去读取即可。

至于哪个 PLC 控制哪个模块，可在参数设定窗口上用鼠标左键点击"详细设置"按钮弹出图 8-22 所示的"I/O 模块、智能型功能模块设置窗口"。在其上可进行相关设置。

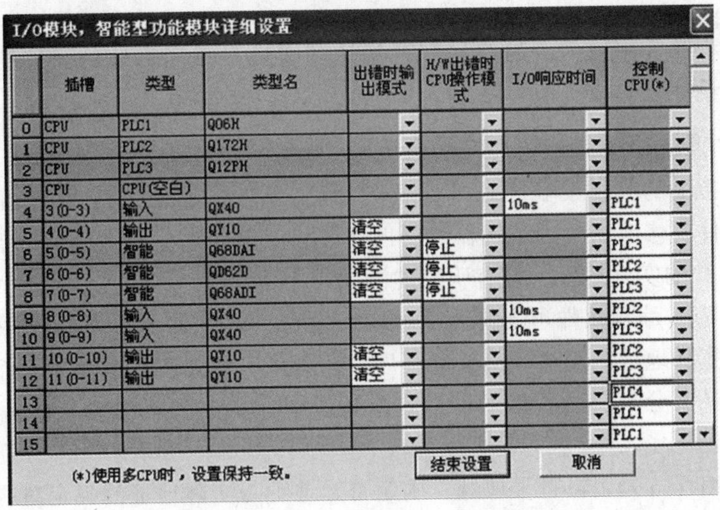

	插槽	类型	类型名	出错时输出模式	H/W出错时CPU操作模式	I/O响应时间	控制CPU(*)
0	CPU	PLC1	Q06H				
1	CPU	PLC2	Q172H				
2	CPU	PLC3	Q12PH				
3	CPU	CPU(空白)					
4	3 (0-3)	输入	QX40			10ms	PLC1
5	4 (0-4)	输出	QY10	清空			PLC1
6	5 (0-5)	智能	Q68DAI	清空	停止		PLC3
7	6 (0-6)	智能	QD62D	清空	停止		PLC2
8	7 (0-7)	智能	Q68ADI	清空	停止		PLC2
9	8 (0-8)	输入	QX40			10ms	PLC2
10	9 (0-9)	输入	QX40			10ms	PLC3
11	10 (0-10)	输出	QY10	清空			PLC2
12	11 (0-11)	输出	QY10	清空			PLC3
13							PLC4
14							PLC1
15							PLC1

(*)使用多CPU时，设置保持一致。　结束设置　取消

图 8-22　I/O 模块、智能型功能模块设置窗口

从图 8-22 可看出，PLC1 将控制槽 3、4 的输入、输出模块，PLC3 将控制槽 5、7、11 上的模块，而 PLC2 将控制槽 6、8、10 上的模块。

做了以上设置，即可按要求进行编程了。要指出的是，如果用的过程 CPU 或运动 CPU，将要另用编程软件。

8.4　PLC 程序柔性化

柔性，英文为 flexible，是灵活的意思。这里讲的柔性化设计是指所设计的程序很灵活，可不修改或仅作简单的修改就能用于新的类似情况。并且，即使要修改，改起来也很方便。显然，能设计成这样的程序是应追求的目标。

这里讲的柔性有 5 个方面内容，即程序使用柔性、地址分配柔性、参数设定柔性、动作选择柔性和信号反馈柔性。

8.4.1　程序使用柔性

可为 PLC 编写很多程序，但在实际工作中，使用哪个程序可以是柔性的，有两个办法：一是全局的，二是局部的。当然，它的实现要有相应的硬件支持。

1. 全局柔性

指使用的程序可全局更换，以使 PLC 适应于不同的工作要求。

对微型机，如欧姆龙的 SP10、16、20 机，它有程序存储卡，可存 26 个程序。可按要求把这 26 个中的 1 个装入 PLC，使 PLC 能灵活地做相应的工作。

再如，有的 PLC 其程序可固化到 PROM 中，可多编几套，各有各的用途，也可达到柔性的目的。

2. 局部柔性

指使用的程序可局部更换，以使 PLC 适应于不同的工作要求。

高性能机型，有从存储卡上读入程序的指令。执行它可把存储卡中的某段程序读入到 PLC，并存储于此指令之后的程序存储区中，之后即执行此新的程序。而原来的程序被新的更换，不起作用。

PLC 使用的程序，用这种全局或局部调换达到柔性是相当方便的。只是它还要相应的硬件条件，还要设计多套或多段程序。

8.4.2 地址分配柔性

早期，PLC 指令的操作数多是 PLC 的实际地址。地址一旦变更，程序就要作相应的改动。尽管编程软件有修改变量的编辑器可帮助修改，但很麻烦。而且还易出错。此外，指令的操作数多是 PLC 的实际地址，没有明确的涵义程序很难读。

如今，很多 PLC 编程软件可支持用符号地址编程，即 PLC 指令的操作数，用有某种涵义的符号名代替实际地址。用这样编址的程序，读起来，就比较好理解了。而且，用符号地址编程，地址可灵活分配，为程序的修改、重用提供很大方便。这也正是地址分配柔性的体现。

用符号地址编程可先编辑符号地址，确定符号地址与实际地址的确定对应关系，然后再用这个符号地址编写程序。也可先按符号编写程序后，再编辑符号地址，确定符号地址与实际地址的确定对应关系。一般支持符号地址编程的软件都允许这么做。

允许后一种做法，意味着程序地址重新分配时，程序本身可不用改动，只需重新编辑符号地址就可以了。

8.4.3 参数设定柔性

PLC 程序多少总有一些参数要设定，如定时器的定时值或比较指令的比较值等。这些参数可直接送入常数，用这个常数作设定数。这么做当然是可以的，多数程序也是这么做的。但这样做时，若要改变参数的设定值时，就得改变程序，不太灵活。

其实，如果出现参数需改变的情况，可指定内部器件的相应通道存这些设定值。改变该通道的内容，也就可改变设定值。而改变通道内容可不必动程序，用终端设备或编程器当 PLC 在线工作时都可以改，要灵活与方便得多。

图 8-23 所示就是 PLC 的定时值设定程序。

图 8-23a 为欧姆龙 PLC 程序。从图中可知，如 HR00 通道（可掉电保持）内容为零（未对其指定一个值），当 PLC 起动，进入运行状态时，由于"第一扫描周期 ON"会 ON 一个周期，可把"默认值"送入 HR00 中。这时，TIM 001 的设定值即为默认值。

若要改变这个值，可通过编程器或终端设备实现，如将其改为#0060，由于 HR 有掉电保持功能，PLC 停止工作，此值可被保留。当程序再起动时，由于 HR00 的值为#0060，不等于 0，P-EQ 为 OFF，将不执行传送指令。因此，这个改后的#0060 会一直保留。显然，若再改成别的值，情况也是完全相同的。

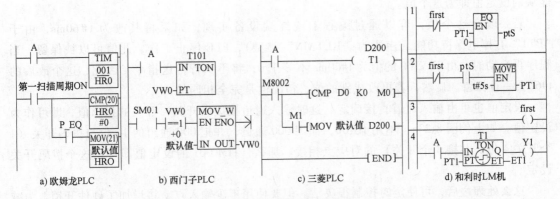

图 8-23 定时器定时值设定

图 8-23b 为西门子 PLC 程序。从图中可知，如 VW0 字（应设定为可掉电保持）内容为 0（未对其指定一个值），当 PLC 起动，进入运行状态时，由于 SM0.1 会 ON 一个周期，可把"默认值"送入 VW0 中。这时，T101 的设定值即为默认值。

若要改变这个值，可通过编程器或终端设备实现，如将其改为#0060，由于 VW0 有掉电保持功能，PLC 停止工作，此值可被保留。当程序再起动时，由于 VW0 的值为#0060，不等于 0，将不执行传送指令。因此，这个改后的#0060 会一直保留。显然，若再改成别的值，情况也是完全相同的。

图 8-23c 为三菱 PLC 程序。从图中可知，如 D200 字（可掉电保持）内容为 0（未对其指定一个值），当 PLC 起动，进入运行状态时，由于 M8002 会 ON 一个周期，可把"默认值"送入 D200 中。这时，T1 的设定值即为默认值。

若要改变这个值，可通过编程器或终端设备实现，如将其改为#0060，由于 D200 有掉电保持功能，PLC 停止工作，此值可被保留。当程序再起动时，由于 D200 的值为#0060，不等于 0，将不执行传送指令。因此，这个改后的#0060 会一直保留。显然，若再改成别的值，情况也是完全相同的。

图 8-23d 为和利时 LM 机程序。其变量声明如下：

```
VAR
    A: BOOL;
    T1: TON;
    Y1: BOOL;
    ET1: TIME;
    first: BOOL;
    pT: TIME;
    ptS: BOOL;
END_VAR
VAR RETAIN
    PT1: TIME;
END_VAR
```

图 8-23d 中节 3 指令可以确保节 1、2 的比较、传送只能在第 1 个扫描周期执行。其含义是当 PLC 启动，进入运行状态时，可把"t#5s"送入"PT1"变量中。这时，T1 定时功

能块的设定值即为这个值。

　　若要改变这个值，可以通过编程器或终端设备实现，如果将其改为 t#60ms，由于"PT1"有掉电保持功能（声明为"RETAIN"类型），PLC停止工作，此值可以被保留。当程序再启动时，由于VW0的值为t#60ms不等于0，将不执行传送指令。因此，这个改后的t#60会一直保留。显然，若再改成别的值，情况也是完全相同的。

　　设定值也可由输入通道直接确定。这时输入通道接拨码开关，开关的指示值，即可作为设定值。如上例图8-23a，不用HR00，而用000通道，并把000通道的16位与拨码开关（1个开关4位，共接4个开关）的对应点相接。那么，TIM 001的设定值即可由这个拨码开关设定。

　　这么处理之后，可使定时控制很灵活。但要使用不少输入点，将增加了硬件开销。为减少硬件开销，也可通过编码传送，实现一字多用，或一数位（digit）多用。图8-24所示即为PLC的一个程序实例。

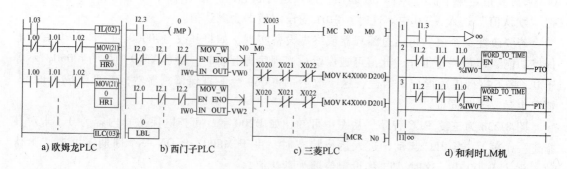

图8-24　拨码开关设定实例

　　图8-24a为欧姆龙 PLC 程序。从图中可知，这里用001通道的00~03位作为编码位，000通道仍然接拨码开关，用以产生设定值。01通道的00~02位，用以选择地址，3位二进制数可选8个地址。01通道的03位作传送使能位。它ON，可实现设定值传送。

　　本例是当使能位ON时，把000通道的内容（由拨码开关设定）送给由01通道00~02指定的地址通道。本例的地址分别为HR00~HR07（仅画出HR00、HR01，其余略）。

　　图8-24b是西门子 PLC 程序。从图中可知，这里用I2.0~I2.2位作为编码位，IW0通道仍然接拨码开关，用以产生设定值。I2.0~I2.2位，用以选择地址，3位二进制数可选8个地址。I2.3位作传送使能位。它ON，可实现设定值传送。

　　本例是当使能位ON时，把IW 0字的内容（由拨码开关设定）送给由I2.0~I 2.2指定的地址。本例的地址分别为VW 0~VW 14（仅画出VW0、VW2，其余略）。

　　图8-24c为三菱 PLC 程序。从图中可知，这里通道的X020~X022位作为编码位，用K4X00016个位仍然接拨码开关，用以产生设定值。X020~X022位，用以选择地址，3位二进制数可选8个地址。X023位作传送使能位。它ON，可实现设定值传送。

　　本例是当使能位 ON 时，把用 K4X00016 个位的内容（由拨码开关设定）送给由X020~X022指定的 D 区地址。本例的地址分别为 D200、D201（仅画出 D200、D201，其余略）。

　　图8-24d 为和利时 LM 程序。这里用%IX1 字 00~03 位作为编码位，%IX0 字仍然接拨码

开关，用以产生设定值。%IX1 字的 00～02 位，用以选择地址，3 位二进制数可选 8 个地址。%IX1 字的 03 位作传送使能位。它 ON，可以实现设定值传送。

本例是当使能位 ON 时，把%IX0 字的内容（由拨码开关设定）转换为时间变量后，赋值给由%IX1 字的 00～02 指定的变量，如"PT0""PT1"等（该图仅画出"PT0""PT1"，其余略）。

本例共用了 20 个输入点，可以使 8 个参数由外部拨码开关确定是较合算的。

有的 PLC，其面板上设有两个模拟量输入电位器。电位器旋钮处于不同位置时，可以使与其对应某通道可在 0～255 之间作变化。利用好它，也可以使参数的设定实现柔性化，还不占用输入点。

8.4.4 动作选择柔性

从关系上讲，PLC 主要用来反映或实现输出与输入之间的对应关系的。动作一般由输出产生。如输出与输入之间的关系用指令直接体现，那动作就没有选择的柔性。

最好输入与输出间的逻辑关系是间接实现，允许其间有所选择。具体办法是设计输出转换程序。有这样的设计，如动作有变化，只需改变动作选择部分的程序。

这样设计的另一好处是：如要禁止输出，可另加控制开关；如它的输出还有别的，如手动控制，可把所有相关控制触点并联后，作用于它的输出点。

8.4.5 信号反馈柔性

输入信号反馈最好也是柔性的。办法也是作些地址转换，把与反馈信号对应的输入先转换到某工作位，再用这个工作位，供程序处理使用。

如要改变反馈作用，程序的逻辑部分可不用改动，而只要把改变输入与某工作位的相应关系就可以了。

在本书第 2 章第 8 节介绍的混合控制中的设计举例，也都体现了这个反馈选择柔性的思想。

总之，柔性化的办法，先是用符号地址编程，用间接数作参数设定；再是程序按功能划分，可分为本体部分、动作选择部分及反馈选择部分。

本体部分用以处理"假想"的输入、输出间的变换，但不直接与输入、输出点关联；真正的关联在动作选择及反馈选择部分。在动作选择部分，把"假想"输出与真正输出关联；在反馈选择部分，把"假想"的输入与真正输入关联。

程序柔性化设计要麻烦一些，但好处是程序很灵活，稍作以至于不必做改动，即可适应很多不同的情况。

8.5 PLC 程序调试

8.5.1 PLC 程序调试概述

1. 程序调试目的

PLC 程序调试，英文称 Debug（找"虫子"），其含义就是测试程序、查找错误、改正错误，直到程序合乎要求，能圆满地实现程序的功能为止。

一个初编的程序没有错误一般不太可能。有人讲，成功的程序不是编出来的，而是调出来的，是不无道理的。

2. 程序调试内容

PLC 程序调试的内容有语法检查、语义检查、输入检查、输出检查、逻辑效果测试和各个功能测试。

1）语法检查。不用与 PLC 联机即可进行。在用编程软件送入指令时，一般就会进行语法检查。一旦语法出错，将有提示。语法错误多是对指令理解不正确或指令的操作数使用不当造成的。在进行程序编译时，编程软件还会进行全面的语法检查。如有错误，将有很详细的提示。

2）语义检查，比较难。这类错误的特点是，语法正确，但不能产生所期望的结果。对它的测试，可按指令类型分组进行。以确保所使用的指令及其操作数，能达到预期的目的。

3）输入、输出检查，则是更大范围的调试。主要是观测输入与输出间的对应关系是否与预期的相同。这种测试要用多组数据。以至于对可能出现的非正常数据也要做些测试。

4）逻辑效果测试及各个功能测试。那是更全面的测试。通过这些测试，务必要查清程序能否达到用户的使用要求。

3. 程序调试类型

PLC 程序调试的方法有脱机调试、仿真调试、联机调试和现场调试。

1）脱机测试。运行 PLC 厂商提供的编程软件，不与实际的 PLC 或模拟的 PLC 联机，进行语法检查，直到纠正所有的语法错误为止。

2）仿真调试。在计算机上，用模拟软件进行。不仅可检测语法错误，还可检测语义错误。

3）联机调试。不一定在工业现场，但必须有 PLC，并与其联机。它也是"真刀真枪"的调试，可发现及纠正的程序错误更多些。

4）现场调试。到工业现场进行的程序最后调试。只有这通过这个调试，编程工作才算是真正的成功。

8.5.2　PLC 程序仿真调试

仿真调试的关键得有仿真软件。目前 PLC 用的仿真软件有两类：一是集成在编程软件中，打开编程软件的同时，也打开了仿真软件；二是单独的仿真软件，需要仿真时要单独运行。

集成在编程软件的仿真，操作很方便。只要在联机登录（称谓可能不同）前，先设定为仿真方式，然后联机，则编程软件将不与实际 PLC 联机，而是进入计算机仿真状态。随后的操作与实际 PLC 联机一样，也要下载程序、数据，也可对仿真 PLC 进行监视、监控。

单独运行的仿真软件操作稍麻烦些，但仿真将更逼真。其编程软件操作与实际 PLC 联机一样，但对仿真机（另有画面）还需单独操作。

要指出的是，尽管仿真调试，也可以发现程序的语义及逻辑不当的问题。但是涉及 PLC 硬件一些问题，如模拟量，脉冲量输入、脉冲量输出、中断以及连网通信等实时性强的问题，还有系统动力学的问题，都不好仿真。这些大多只能在联机或以至于现场调试中才能解决。

8.5.3　PLC 工作模式及其改变

PLC 多有几种工作模式。各种模式有各自的作用。应对这些模式的特点及其形成与转换应有所了解，否则无法正确使用 PLC 及进行联机或现场程序调试。而各厂商、各型别 PLC 的工作模式及其形成与转换多不大相同。以下针对三种 PLC 的特点作简要介绍：

1. 欧姆龙 PLC 工作模式

欧姆龙中、小型机有 3 种模式，即编程、运行及监控，大型机还有跟踪模式。模式可用简易编程器改变，也可用上位机改变。当 PLC 上电时，默认模式为编程。但可通过编程软件选定为其它，如监控或运行模式。

PLC 处于编程模式时，不运行程序，不对外输出。处于运行、监控模式时，才运行程序、产生输出，但也可置有关特殊继电器的状态把输出禁止。监控与运行的差别在于，前者允许改写数据及部分程序，而后者则不能改写数据及程序。所以，用计算机或可编程终端监控 PLC 工作时，到底是什么模式也可进行初始设定。可用编程软件设定 PLC 在加电后进入不同的工作模式。

2. 西门子 PLC 工作模式

S-200 机有 STOP、RUN 及 TEMP 三种模式。STOP 模式可下载程序，但不运行程序，PLC 没有输出。RUN 模式运行程序，PLC 产生控制输出。一般不能下载程序，但可设定为允许下载部分程序。TEMP 模式，是由面板上的控制开关置 TEMP 位置确定的。在此模式下，PLC 处于 RUN、还是 STOP 模式，由编程软件对其远程操作进行控制。

面板上的控制开关置 STOP 位置，则 PLC 处 STOP 模式。且编程软件无法用远程操作使其改变。而面板上的控制开关置 RUN 位置，则 PLC 处 RUN 模式，但编程软件可用远程操作使其改变为 STOP 模式。改变后还可改为 RUN 模式。

S7-300、400 机的基本模式也是以上 3 种。但它的操作要复杂些。可用其实现清零、热启动、冷启动等。

3. 三菱 PLC 工作模式

FX 机有两种工作模式，即停止（STOP）和运行（RUN）。而 Q 系列机还有暂停（PAUSE）模式。

停止模式用以编程、下载程序。但此时不运行程序，PLC 不实行控制。运行模式才运行程序，实行控制。但处运行模式时，一般不能编程、下载程序。但可设定为可下载部分程序。

这两个模式可用硬件或软件命令控制。

硬件控制用在 CPU 面板内的旋钮开关，该开关有两个位置，即运行位置和停止位置。PLC 上电后，如它处运行位置，PLC 则运行；处停止位置，则 PLC 停止。

软件控制用计算机或其它外设与 PLC 联机，通过远程操作实现。不管硬件开关处什么位置，远程操作均可改变。如硬件开关使 PLC 处停止模式，则远程操作可使 PLC 变为运行；如硬件开关使 PLC 处运行模式，则远程操作可使 PLC 变为停止。

经远程操作 PLC 模式改变后，硬件仍可把它改变回来。只是这硬件开关要反复动作一次。如硬件开关使 PLC 处停止模式，后远程操作把它置为运行，这时，硬件开关先变为运行，再使其变为停止，反复动作一次，即可又把 PLC 改变停止模式。如硬件开关使 PLC 处运行模式，后远程操作把它置为停止，这时，硬件开关先变为停止，再使其变为运行，反复动作一次，即可又把 PLC 改变运行模式。

此外，还可指定标准的输入点的状态进行硬件控制。这些输入点是：X0 ~ X17（X0 ~ X7 对 FX2N-16）。只是为此还需用编程软件对系统作相应设定。

提示：不要小看模式。弄不好将无法正确使用 PLC。如欧姆龙 PLC 加电后，默认的为编程模式。如对此不了解，没有做相应设定，离开编程软件将无法使 PLC 进入运行模式。

8.5.4　PLC 程序联机调试

PLC 程序联机调试指用实际 PLC，但未与实际设备相连所进行的 PLC 程序调试。目的也是检查程序的正确性。联机调试，最关键的是先解决计算机能与 PLC 通信，能下载程序、设定，能对 PLC 进行操作，能查看 PLC 的状态、数据。

联机调试也是程序调试不可逾越的阶段。仿真虽好，但只是"纸上谈兵"，联机才是真格的。更何况有的 PLC 还不能仿真。

联机调试要强调两点：

1）如程序较大，最好按功能分块调，分块去实现所预想的功能。

2）程序调试要稳步推进。调试一段成功了，要注意存储，把成果巩固下来。修改程序，修改前的也要先存。以避免程序改乱后，退不到原来已取得的成果。

在联机调试时，对输入点的状态处理，可使用模拟开关，也可使用输入点状态用编程软件强制。前者较直观，而后者则可能简单、方便些。

此外，有的编程软件在联机调试时，可指定 PLC 运行一个或多个扫描周期。用其观测程序执行效果比较方便。有的还可单步执行，用其更可仔细观测程序的执行效果。

有关程序的逻辑关系，联机调试完全可以弄清，应着力在联机调试予以解决。至于系统的动力学问题，如 PID 程序，参数选择是否适当，由于系统未接入工作，就看不出来了。那只好在现场调试中解决。

8.5.5　PLC 程序现场调试

PLC 程序现场调试指在工业现场所有设备及连线都安装或接好后的实际调试。也是 PLC 程序的最后调试。

现场调试的目的是，调试通过后，可交给用户使用或试运行。

现场调试参与的人员较多，要组织好，要有调试大纲。要依大纲按部就班地一步步推进。开始调试时，设备可先不运转，甚至也不要加电。可随着调试的进展，逐步加电、开机、加载，直到按额定条件运转。具体过程大体是：

第 1，要查接线、核对地址。要逐点进行，确保正确无误。可不带电核对，那就是查线，较麻烦。也可带电查，加上信号或产生输出看 PLC 上指示灯的变化。

第 2，检查模拟量输入、输出。看模入模块、模出模块设定是否正确，工作是否正常。必要时，还可用标准仪器检查输入、输出的精度。

第 3，检查与测试指示灯。控制面板上如有指示灯，应先对指示灯的显示进行检查。一方面，查看灯坏了没有；另一方面，查逻辑关系是否正确。指示灯是反映系统工作的一面镜子，先调好它，将对进一步调试提供方便。

第 4，检查手动动作及手动控制逻辑关系。完成了以上调试，继而可进行手动动作及手动控制逻辑关系的调试。要查看有关各个有手动控制的输出点，是否有相应的手动输出以及与输出对应的动作，然后再看，各个手动控制相应逻辑关系是否能够实现。如有问题，要予以解决。

第5，空载调试。控制对象不带负荷工作。可先看半自动工作是否正常。调试时可一步步推进。直到完成整个控制周期。哪个步骤或环节出现问题，就着手解决哪个步骤或环节的问题。进而，如系统可自动工作，在完成半自动调试后，可进一步调试自动工作。要多观察几个工作循环，以确保系统能正确无误地连续工作。

第6，负载调试。要控制对象带负荷运行。除了调试逻辑控制的项目。还可着手调试模拟量、脉冲量控制。最主要的是选定合适控制参数。一般讲，这个过程是比较长的。要耐心调，参数也要作多种选择，再从中选出最优者。有的PLC，它的PID参数可通过自整定获得。但这个自整定过程，也是需要相当的时间才能完成的。

最后是异常条件检查。完成上述所有调试，整个调试基本也就完成了。但还要进行一些异常条件检查。看看出现异常情况或一些难以避免的非法操作，是否会出现问题。如可能出现问题，也应予以解决。

> 提示：在现场调试中，程序的变动，包括功能的增减、变化，是难免的。程序是否好用最终也只能通过现场调试才能确定。所以，要重视现场调试，并力争通过现场调试，使程序进一步完善。

8.5.6　PLC程序文档

通过现场调试的程序，要在计算机中定型，并存储在磁盘、U盘或光盘中。此外，还要建立必要的程序文档。

这个程序文档，除了原程序代码，一般还应包括插入到程序代码中的注释和专门制作的文件。这是PLC程序编写、调试成功后必须完成的一个重要工作。程序交付给使用方，也应当交付这个文档。

注释是插入到PLC程序代码行中的解释性注解。有了注释的程序比较容易理解。在什么地方该加注释？并没有固定的法则。大体上讲，一个文档比较好的程序，都包含解释程序目的注释，各程序段的功能注释，特殊指令的使用注释等。在一些意思不太明确的地方也应加上注释。

专门制作的文档不属于程序，是一些编程和程序使用的有关信息。文档既可以是文字的，又可以是电子格式的。一般有两个：程序手册和用户手册。

程序手册包含所有编程的有用信息，包括问题描述和算法。程序手册是软件开发和维护的工具。设计者才用，用户不用。

用户手册包含用户使用程序的所有信息，可以帮助用户学会使用该PLC程序。用户手册的电子版本通常还能给用户提供在线式帮助。

结语

本章讨论的程序组织，目的是使若干小程序模块、设定模块及其它数据模块进行整合，进而组成一个工程，以便于管理。这也是PLC编程技术发展的新趋势。过去，PLC程序比较简单，一个程序模块就够用了。而今，趋向于多段（Section）、多任务（程序）、多CPU组织程序，则更便于分工合作编程，加快编程的进程。

另外，为程序调试也提供有很多有效的方法，如仿真、单步调试、制定扫描次数调试、强制置位、复位等。应充分利用好这些方法做好程序调试。

附录 PLC 与计算机通信协议

PLC 与计算机通信协议不同的 PLC 多不相同。而且同一 PLC 也可用不同版本。如欧姆龙 PLC 就有 HostLink 协议 FINS（factory interface network service）协议。三菱 PLC 有串口（RS-232C、RS-485）通信协议。还有编程口通信协议，也可用于 RS-232C 口。西门子 S7-200有 PPI 协议，还有高级 PPI 协议。这些协议比较专用，并可参阅有关说明书或从互联网下载。由于篇幅限制。本附录仅对较通用的 6 个协议做简要介绍。

附录 A 欧姆龙 HostLink 协议

用于串口通信。命令分为 3 个等级。等级 1 能读写 PLC 数据，若 PLC 处于监控及编程状态，还可向 PLC 写数据。等级 2 可向 PLC 传送程序，并可读写 I/O 表。等级 3 可进行 I/O 登记及 I/O 分布情况的读入。

一般用等级 1、2。但使用编程软件要用到等级 3。这 3 个命令等级可在上位链接单元作相应设定予以确定，如不用上位链接单元通信，一般为 3 级。而且，随机型不同，可接受的通信命令也不尽相同。高档及新机型可接受的命令较多。

1. 通信协议要点

欧姆龙 HostLink 协议适用与所有它的 PLC，在串口平台上，与计算机通信。通信由计算机向 PLC 发送命令，PLC 应答，PLC 为被动通信。也是 PLC 与计算机之间用得最多的通信。在一次发送或应答中所含字符的集合称为帧。规定一个帧最多可含 131 个字符（节）。

（1）帧格式

图 A-1 所示为计算机命令帧格式。其中每个方格为一个字符。

这里，@ 为命令开始字符。节点号用 BCD 码，两位数，可在 00~31 之间选取，但必须与通信对方设定的节点号一致；命令码使用两个英文大写字母，代码解释见后；数据与命令码有关，数据的地址部分用 BCD 码，数

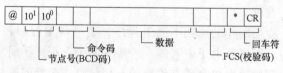

图 A-1 计算机命令帧格式

据的数值部分用十六进制码，用到英文字符要大写；* 及 CR（回车符）为结束字符，是命令帧的结束标志。FCS 为异或校验，对 FCS 之前命令帧每个字符 ASCII 码，按位依次异或，所得的结果值再换成 ASCII 码。此值不足两位数，高位要补 0。如用到英文字符也要大写。如下面一帧信息：@10（单元号）RH（命令）0031 0001（数据）58（FCS）* CR（结束符）。这里的 FCS 为 58，这个 58 是这么计算出来的：

@（0100 0000,SCII 码）

XOR（异或）

1（0011 0001,ASCII 码）

XOR（异或）

0（0011 0000,ASCII 码）

XOR（异或）

R(0101 0010,ASCII 码)

……

0(0011 0000,ASCII 码)

XOR（异或）

1(0011 0001,ASCII 码)

0101 1000(异或结果值为 58,十六进制数)

再转换为 ASCII 码为：0011 0101 (5) 00111000 (8)。

图 A-2 所示为 PLC 响应帧格式。它与命令帧基本相同。所差的只是在数据部分。这里增加了两个字符的返回码。如果命令正确执行返回码为 00。不然将根据命令执行情况返回不同代码。而返回数据则不一定必要。写命令，就没有返回数据；读命令，才有返回数据。

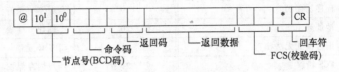

图 A-2 PLC 响应帧格式

> 提示：PLC 的节点号可使用 CX-Programmer 编程软件设定。出厂时，PLC 默认节点号为 00。

（2）多帧通信

如果通信交换的字符需超过 131 字节，可以进行折分，用多次通信，使每次都少于 131 个字符。也可使用用多帧通信。如读、写程序，无法折分，只能用多帧通信。多帧通信分：多帧响应及多帧命令，如图 A-3、A-4 所示。

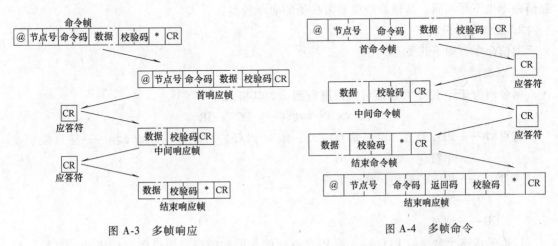

图 A-3 多帧响应　　　　　　　　　　图 A-4 多帧命令

如读很多数据或读 PLC 程序，响应就是多帧。从图 A-3 可知，它的首响应帧没有结束"＊"字符。计算机收到这个响应帧后，发应答符（回车符）。PLC 收到回车应答符后，再发后续数据，即中间帧。这样帧仅仅是数据、FCS 及回车符。计算机收到这个响应帧后，再发应答符（回车符）。PLC 收到回车应答符后，再发后续数据，即中间帧。但如果已是最后数据，那么按结束帧发送。结束响应帧与中间响应帧不同的是有"＊"字符。计算机收到这样的帧就可做别的处理。响应大小由 PLC 自动生成的，前面的帧为 128 个字符，结束帧为余下的不足 128 个字符。

如写很多数据，命令就是多帧。如图 A-4 所示，就是多帧命令、应答及其结束响应的过程。与图 A-3 不同的是，它的命令帧大小由人工任意确定。只要不超过 128 个字符即可。

（3）返回码

表 A-1 所示为主要的返回码。用好它，可便于通信程序调试。

表 A-1 返回码及其含义

返 回 码	含 义	返 回 码	含 义
00	命令正确执行	15	数据错误
01	RUN 模式无法执行	16	命令不支持
02	监控模式无法执行	18	帧长度错误
03	程序写保护	19	命令不可执行
04	地址超出	20	不能建 I/O 表
08	编程模式无法执行	21	CPU 单元错
13	FCS 错误	23	用户内存保护
14	命令格式错误		

（4）命令码

命令分为 3 个等级。等级 1 能读写 PLC 数据；若 PLC 处于监控及编程状态，还可向 PLC 写数据；等级 2 可向 PLC 传送程序，并可读写 I/O 表；等级 3 可进行 I/O 登记及 I/O 分布情况的读入。

一般用等级 1、2。但使用编程软件要用到等级 3。这 3 个命令等级可在上位链接单元作相应设定予以确定，如不用上位链接单元通信，一般为 3 级；而且，随机型不同，可接受的通信命令也不尽相同。高档及新机型可接受的命令较多。

2. 通信命令分类

通信命令有如下几类：

（1）测试类

命令码为 TS，用于对通信可行性进行测试。其格式为

@ ×× TS #####……FCS ＊ CR

这里××——PLC 地址，可以是 00～31，由对 PLC 进行设定确定#####——任意数字或字符；

FCS——纵向校验码，两个字符；

＊——字符；

CR——回车。

计算机送这个命令给 PLC 后，若 PLC 返回的是同样的码，则说明通信成功，可行。否则为通信不成功，不能正常进行通信。这类命令常用于对通信硬件进行测试。

（2）数据读写类

命令码为 RX 或 WX，这里 X 为数据区符号。如 DM 区为 D，保持继电器为 H，辅助继电器为 J，计数器、定时器（现值）为 C，其设定值为#（或 $,%）等。PLC 有多少内部器

件就有多少相应的符号。

如为读命令，命令码后的数据先是指定读数据区的首地址，占 4 个字符。其后为要读的数据有多少字，也占 4 个字符。如读 1 个字符，为 0001。

如为写命令，命令码后的数据是写数据区的首地址，占 4 个字符。其后为依次向该数据区要写的内容。每个字占 4 个字符，要写多少字（通道），就有多少"4 个字符"。

接着为校验码。即 FCS，是两个字。最后为 ∗ 及回车符。

例 1，@ 00 RH 0000 0002 ∗ CR

例 2，@ 00 WH 0000 FFFF FFFF ∗ CR

这里例 1 为要从 PLC 的 HR00 开始的 HR 区读两个字的内容。例 2 为要向 PLC 的 HR 区 HR00 开始的通道，依次写入 FFFF，FFFF 两个字的内容。

PLC 收到这两条命令后，如正确地执行了，其响应将分别为

@ 00 RH 00 XXXX XXXX FCS ∗ CR （对例 1）

这里的 XXXX XXXX 为 HR00 及 HR01 通道的数据。FCS 为校验码，占两个字符。

@ 00 WH 00 FCS ∗ CR （对例 2）

这里 WH 后的 00 表示 WH 命令已正确执行。

应指出的是，数据写命令只能在监控及编程状态才可能执行。

（3）PLC 状态读写类

欧姆龙 PLC 为 3 种状态，即编程、监控及运行。这 3 种状态可由 PLC 读写，其命令码分别为 MS 和 SC。

如果为状态读，其响应数据有两个字，各有其含义。而其第 1 个字的 08 和 09 位分别代表 PLC 的几种工作状态。如位 09 位 08。

00 编程

10 运行

11 监控

若写状态，其数据仅 1 个字节，其 1、0 位的取值与要写的状态对应如下：

位 1 位 0

00 编程

10 监控

11 运行

（4）强迫置位与复位类

其命令码分别为 KS、KR。

KS（强迫置位）的格式为

　　　　@ ×× 〔单元号〕KS〔置位命令〕××××（数据区）××××（通道号）××（位号）××

　　　　　　　　　　　（置位值）FCS ∗ CR〔结束符〕

KR（强迫复位）的格式为

@ ×× 〔单元号〕KR〔复位命令〕××××〔数据区〕××××〔通道号〕××〔位号〕××FCS ∗ CR〔结束符〕

这里的数据区是指出强迫置复位的内部器件名称。如 IR 区为 CIO 加空格；LR 区为 LR 加两个空格；TIM 为 TIM 加空格；TIMH 为 TIMH 等。其对应关系见表 A-2。

表 A-2　数据对应关系

数据区	操 作 数				通道号	位
	OP1	OP2	OP3	OP4		
IR or SR	C	I	O	空格	0000~0511	00~15
LR	LR	IR or SR	空格	空格	0000~0063	
HR	HR	IR or SR	空格	空格	0000~0099	
AR	AR	IR or SR	空格	空格	0000~0027	
定时器	T	I	M	空格	0000~0511	00
高速定时	T	I	M	H		
计数器	C	N	T	空格		
可逆计数	C	N	T	R		
累加计数	C	N	T	I		
传送标记	T	N	空格	空格	0000~1023	

强迫置位、复位是对该单元的直接赋值，不受程序影响。而数据写则要受程序影响。

强迫置位、复位只能在监控或编程方式下才能被执行。除了单点置位、复位，还有多点置位、复位。其命令码分别为 FK、FR。另外，还有强迫置位、复位取消，其命令码为 KC，无操作数。

（5）程序读写类

其命令码分别为 RP（读）、WP（写）。

RP 的格式为

@××〖单元号〗RP〖命令码〗FCS〖校验码〗＊CR〖结束符〗

其响应为

@××〖单元号〗RP〖命令码〗××〖响应码〗××……〖程序机器码〗FCS〖校验码〗＊CR〖结束符〗

WP 的格式为

@××〖单元号〗WP〖命令码〗××……〖程序机器码〗FCS〖校验码〗＊CR〖结束符〗

其响应为

@××〖单元号〗WP〖命令码〗××〖响应码〗FCS〖校验码〗＊CR〖结束

PLC 的程序什么时候都可以读，但写只能在编程状态下进行。

（6）I/O 表读写类

其命令码分别为 RI（读）、WI（写）。

RI 的格式为

@××〖单元号〗MI〖命令码〗××〖 〗FCS＊CR〖结束符〗

响应为

@××〖单元号〗MI〖命令码〗××〖响应码〗××……〖数据〗××〖FCS〗＊CR〖结束符〗

WI 的格式为

@××〖单元号〗MI〖命令码〗××……〖数据〗××〖FCS〗＊CR〖结束符〗

响应为

@××〖单元号〗MI〖命令码〗××〖响应码〗××……〖数据〗××〖FCS〗＊CR〖结束符〗

这两个命令用于 I/O 表登记。写只能在编程状态下才能进行。

（7）QQMR（登记）及 QQIR（读）类

QQMR 的格式为

@××〖单元号〗QQMR〖命令码〗××××〖数据区符号〗×××××〖通道号〗××
〖位号〗，〖分割符〗……××〖FCS〗＊CR〖结束符〗

这里的分割符（，）之后还可有另一组数据。且一组之后还可另有一组。若之后没有新组，则不再插分割符，直接继之以 FCS 及 ＊CR。

响应码为

@××〖单元号〗QQMR〖命令码〗××〖响应码〗××〖FCS〗＊CR〖结束符〗

QQIR 的格式为

@××〖单元号〗QQIR〖命令码〗××〖FCS〗＊CR〖结束符〗

响应码为

@××〖单元号〗QQIR〖命令码〗××……〖有关数据〗××〖FCS〗＊CR〖结束符〗

这两条命令要配合使用。登记命令执行后登记的内容将一直保持，直到 PLC 掉电或再登记入新的内容。故登记之后，只要发简单的 QQIR 命令，即可成批地按登记的要求读 PLC 中不同器件的数据，非常方便。但这两条命令属于第 3 级命令。HOST link 单元需设成能执行 3 级命令时，它才能被执行。

（8）其它命令类

还有其它一些通信命令，而且随着技术发展和新机型的出现，还将有新的命令推出。这一点一定要引起使用者注意。

其它命令中常用的有通信取消及通信初始化。它们的命令码分别为 XE（取消）、＊＊（初始化）。

XZ 命令的格式为

@××〖单元号〗XZ〖命令码〗XX〖FCS〗＊CR〖结束符〗

＊＊的格式为

@××〖单元号〗＊＊〖命令码〗XX〖FCS〗＊CR〖结束符〗

这两条命令无响应码。这两条命令常用于通信失败时进行再起动。

附录B　欧姆龙　FINS 协议

FINS（Factory Interface Network Service）协议是欧姆龙 PLC 网络应用层的协议，可用于不同网络。也可用于它的新型 PLC 的串口通信。有不同的通信操作，如发送及接收数据，改变 PLC 的工作模式，强制置位、复位，文件操作等。如果用于以太网或串口平台，其命令及响应帧要增加相应的头部（headers）及尾部。

图 B-1a 所示为 FINS 命令帧格式；图 B-1b 所示为 FINS 响应

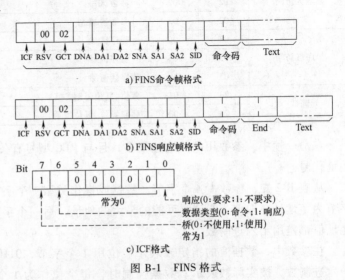

图 B-1　FINS 格式

帧格式。

这里，ICF（Information Control Field）信息控制域，1个字节，其取值见图5c。RSV（Reserved）保留字节常为00。GCT（Gateway Count：Number of Bridges Passed Through）历经网络数，常为02 hex。DNA（Destination network address）目标网络地址，在00（本地网络号）~7F（127）选定。DA1（Destination node address）目标节点地址，在00（PLC内部通信）~20hex之间选定；如选FFhex，为广播传送。DA2（Destination unit address）目标单元地址，在00（CPU单元）~FEhex之间选定。SNA（Source network address）源网络地址，在00（本地网络）~7Fhex之间选定。SA1（Source node address.）源节点地址，00（PLC内部通信）~01~20hex选定。SA2（Source unit address）源单元地址，在00（CPU单元）及10hex~1Fhex（CPU总线单元地址，为10hex+单元号）之间选定。SID（Service ID）服务ID，用以指定生成的过程，在00~FFhex之间选定。命令码占2个字节，不同取值有不同含义，见后。Text为参数，有地址，有数据，多少字节取决于命令码。End为返回码，占2个字节，反映命令执行的情况，如00为正常执行。

FINS命令码很多。表B-1所示为FINS部分命令码及其含义。命令码高字节为MR（Main，主），低字节为SR（Sub，辅）。如MR 01为I/O内存区访问。而怎么访问由SR确定。从表知，它有5种访问方式：读、写、填充、多处读及传送。

表 B-1   FINS 部分命令码及其含义

类　　型	命令码		名　　称	功　　能
	MR	SR		
I/O 内存区访问	01	01	读内存区	指定区按字连续读
	01	02	写内存区	指定区按字连续写
	01	03	填充内存区	指定区写相同值
	01	04	多内存区读	指定区非连续读
	01	05	内存区数据传送	复制一指定连续区数据到另一指定连续区
参数区访问	02	01	参数区读	指定区按字连续读
	02	02	参数区写	指定区按字连续写
	02	03	参数区填充	指定区写相同值
程序区访问	03	06	程序区读	读 UM（用户内存）区
	03	07	程序区写	写 UM（用户内存）区
	03	08	程序区清除	清除 UM（用户内存）区
调试	23	01	置位、复位强制	位置位、复位强制及取消
	23	02	强制置位、复位取消	取消所有强制状态

在命令帧中，参数用到的地址很多，且与PLC型号有关。表B-2所示为部分CS、CJ机地址代号。

从表B-2知，参数占4个字节。数据或操作类型1个字节，地址编号3个字节。头2个字节为字地址，取值为0到字可能的最大的地址，后一个字节为位地址，取值为0~F。所有地址值都是用十六进制数。

在参数中，数据值的指定或表示，位用1个字节，01Hex为ON，00Hex为OFF；字用十六进制数，按实际数表示。数据强制时，每个位作为1个元素。每一元素用1个字节表

表 B-2　部分 CS、CJ 机地址代号

区　域		数据类型	CS/CJ 模式			长度（字节）
			内存区编码（Hex）	内存区地址	内存地址	
CIO 区	CIO	bit	30	CIO 000000～CIO 614315	000000～17FF0F	1
工作区	WR		31	W00000～W51115	000000～01FF0F	
保持区	HR		32	H00000～H51115	000000～01FF0F	
CIO 区	CIO	word	B0	CIO 0000～CIO 6143	000000～17FF00	2
工作区	WR		B1	W000～W511	000000～01FF00	
DM 区	DM	bit	02	D000000～D3276715	000000～7FFF0F	1
	DM	word	82	D00000～D32767	000000～7FFF00	2
CIO 区	CIO	强制状态位	70	CIO 000000～CIO 614315	000000～17FF0F	1
工作区	WR		71	W00000～W51115	000000～01FF0F	
保持区	HR		72	H00000～H51115	000000～01FF0F	

示。字节中 00 位表示指定为数据，01 位表示强制状态。字也可强制写。

返回码也是分有主辅两个部分。表 B-3 所示为部分返回码及含义。

表 B-3　部分返回码及含义

主码	辅码	检查点	可能原因	纠错建议
00:正常执行	00:正常执行	—	—	—
	01:服务取消	—	服务被取消	检查指定区第三节点的可能
		数据链接状态	服务被取消	检查链接状态
01:局部节点出错	01:局部节点不在网络	局部节点状态	局部未接入网络	连接该节点
	02:令牌超时	最大节点地址	令牌没有到达	设定节点地址小于在最大值
	03:重试故障	—	指定次数发送不成功	做通信测试，检查系统
	04:发送帧太多	允许发送帧数	超出最多事件帧数	检查网络每周期执行帧数，增加最多事件帧数
	05:节点地址超出	节点地址	节点地址设定出错	重设地址，确保地址唯一
	06:节点地址重复	节点地址	节点地址设定出错	重设地址，确保地址唯一

图 B-2 所示为一组命令帧与响应帧实例。图 B-2a 为命令；图 B-2b 为响应。

本命令含义是读 PLC DM000A 开始的 10 个字数据。返回码为 00，意即命令已正确执行，并返回所读 10 个字数据。

FINS 协议相比 Host Link 协议，功能要强得多，如可，可进行"位"操作，可进行 4 位以上地址字，如 DM10000，操作，可在运行模式可修改数据，帧长度可达 1000 个字符，可

跨网络中继操作等。

对 CS、CJ、CP 机，FINS 命令还可在串口平台使用。但在上述格式的基础上，要增加头及尾，如图 7 所示。这也称为 FINS C 模式。

图 B-3a、b 所示格式用于计算机串口与 PLC 串口通信命令及响应，图 B-3c、d 所示格式用于计算机串口与连接网络上的 PLC 通信命令及响应。

这里的有关字节含义与上述介绍的 Host Link 及 FINS 的相同。FINS 协议命令用十六进制数，而 Host Link 协议用 ASCII 码，故 FINS 用作 Host Link 通信时，要把命令中的十六进制数转换为 ASCII 码。如值 "0" 应为 30Hex，值 "A" 应为 41 Hex 等。正是这样，所以，用它通信比直接用 FINS 通信，同样多通信字节，信息含量要少一半。

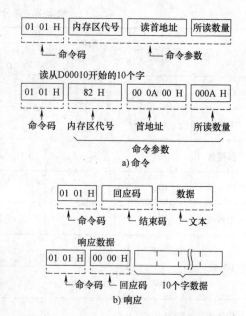

图 B-2　一组 FINS 命令帧与响应帧实例

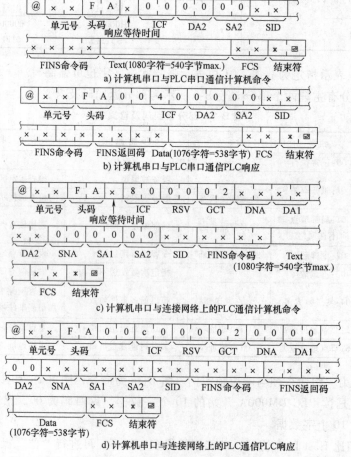

图 B-3　FINS C 模式计算机发命令 PLC 响应

图 B-4 所示为一通信实例。可用以说明网络地址、节点地址及单元地址。

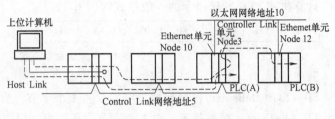

图 B-4　通信实例

如图 B-4，若从计算机发送命令到在网络 5 上节点 3 PLC（A）的 CPU 单元，那么它的（DNA）：05（30, 35）、（DA1）：03（30, 33）、（DA2）：00（30, 30）。若从计算机发送命令到在网络 10 上节点 12 PLC（B）的 CPU 单元，那么它的（DNA）：0A（30, 41）、（DA1）：0C（30, 43）、（DA2）：00（30, 30）。

FINS C 模式也可由 PLC 发命令，计算机响应。这时不仅可使用 CMND 指令，还可使用 SEND 及 RECV 指令。上述指令的数据还是按指令规则处理，但计算机收到的格式将与上述发送时类似。而且，计算机的回应也应与计算机发送时的格式相同。

以上只是 FINS 命令的简要介绍。还有很多细节，请参阅欧姆龙提供的 "SYSMAC CS/CJ Series Communications Commands REFERENCE MANUAL"。

附录 C　S-200 PPI 通信协议

PPI 协议，还有高级 PPI 协议，是一个主从设备协议。主设备向从属设备发出请求，从属设备作出应答。在网络中可安装 30 多台从属设备。该协议没有公开。有人通过通信侦听的方法对通信过程进行分析，已大体弄清 PPI 协议的内容，并已在互联网公布。有了协议，使用 VB、VC 等编程平台去编写计算机与 S7-200 的通信程序时，在 PLC 方就不必编写有关通信程序，比使用自由协议当然要简单得多。以下根据有关分析，摘其要点说明如下：

（1）通信过程

在 PPI 网上，计算机与 PLC 通信，是采用主从方式，通信总是由计算机发起，PLC 予以响应。具体过程是：

1）计算机按通信任务，用一定格式（格式见后），向 PLC 发送通信命令。

2）PLC 收到命令后，进行命令校验，如无误，则向计算机发送数据 E5H 或 F9H，做出初步应答。

3）计算机收到初步应答后，再向 PLC 发送 SD DA SA FC FCS ED 确认命令。

这里：SD 为起始字符，为 10H；DA 为目的，即 PLC 地址 02H；SA 为数据源，即计算机地址 00H；FC 为功能码，取 5CH；FCS 为 SA、DA、FC 的和的 256 余数，为 5EH；末字节 ED 为结束符，也是 16H。如按以上设定的计算机及 PLC 地址，则发送 10、02、00、5C、5E 及 16 共 6 个字节的十六进制数据，以确认所发命令。

4）PLC 收到此确认后，执行计算机所发送的通信命令，并向计算机返回相应数据。它的通信过程要往复两次，比较麻烦，但较严谨，不易出错。

> **提示：** 如为读命令，情况将如上所述。但如为写或控制命令，PLC 收到后，经校验，如无误，一方面向计算机发送数据 E5H，做出初步应答；另一方面无须计算机确认，也将执行所发命令。但当收到计算机确认信息命令后，会返回有关执行情况的信息代码。

（2）命令格式

计算机向 PLC 发送命令的一般格式如图 C-1

SD	LE	LEr	SD	DA	SA	FC	DSAP	SSAP	DU	FCS	ED

图 C-1 发送命令格式

其中：

SD（Start Delimiter）：开始定界字符，占 1 个字节，为 68H；

LE（Length）：数据长度，占 1 个字节，标明报文以字节计，从 DA 到 DU 的长度；

LEr（Repeated Length）：重复数据长度，同 LE；

DA：（Destination Address）目标地址，占 1 个字节，指 PLC 在 PPI 上地址，一台 PLC 时，一般为 02，多台 PLC 时，则各有各的地址；

SA（Source Address）：源地址，占 1 个字节，指计算机在 PPI 上地址，一般为 00；

FC（Function Code）：功能码，占 1 个字节，6CH 一般为读数据，7CH 一般为写数据；

DSAP（Destination Service Access Point）：目的服务存取点，占多个字节；

SSAP（Source Service Access Point）：源服务存取点，占多个字节；

DU（Data Unit）：数据单元，占多个字节；

FCS（Frame Check Sequence）：占 1 个字节，从 DA 到 DU 之间的校验和的 256 余数；

ED（End Delimiter）：结束分界符，占 1 个字节，为 16H。

（3）命令类型

1）读命令读命令的长度都是 33 个字节。字节 0~21，都是相同的，为 68 1B 1B 68（DA）（SA）6C 32 01 00 00 00 00 00 00 0E 00 00 04 01 12 0A 10。而从字节 22 开始，将根据读取数据的软器件类型及地址的不同而不同。

字节 22，表示读取数据的单位。为 01 时，1bit；为 02 时，1 字节；为 04 时，1 字，为 06 时，双字。建议用 02，即读字节。这样，1 个字节或多个字节都可用。

字节 23，恒 0。

字节 24 表示数据个数。01，表示 1 次读 1 个数据。如为读字节，最多可读 208 个字节，即可设为 DEH。

字节 25，恒 0。

字节 26 表示软器件类型。为 01 时，V 存储器；为 00 时，其它。

字节 27 也表示软器件类型。为 04 时，S；为 05 时，SM；为 06 时，AI；为 07 时，AQ；为 1E 时，C；为 81 时，I；为 82 时，Q；为 83 时，M；为 84 时，V；为 1F 时，T。

字节 28、29 及 30，软器件偏移量指针（存储器地址乘 8），如：VB100，存储器地址为 100，偏移量指针为 800，转换成十六进制就是 320H，则字节 28~29 这 3 个字节就是 00、03 和 20。

字节 31、32 为 FCS 和 ED。

返回数据：与发送命令格数基本相同，但包含 1 条数据。具体如图 C-2 所示。

SD	LE	LEr	SD	DA	SA	FC	DSAP	SSAP	DU	FCS	ED

图 C-2 返回数据

这里的 SD:、LE、LEr、SD、SA 及 FC 与命令含义相同。但 SD 为 PLC 地址，DA 为计算机地址。此外：

字节 16：数据块占用的字节数，即从字节 21 到校验和前的字节数。一条数据时：字为 06；双字为 08；其它为 05。

字节 22：数据类型，读字节为 04。

字节 23、24：读字节时，为数据个数，单位以位计，1 个字节为 08；2 个字节为 10（十六进制计），余类推。

字节 25 及其后至校验和之前，为返回所读值。

如读 VB100 开始 3 个字节，其命令码为 68 1B 1B 68 02 00 6C 32 01 00 00 00 00 00 0E 00 00 04 01 12 0A 10 02 00 03 00 01 84 00 03 20 8D 16（黑体字 02 为字节为单位，黑体字 03 为读 3 个字节）。

返回码为 68 18 18 68 00 02 08 32 03 00 00 00 00 00 02 00 07 00 00 04 01 FF 04 00 18 99 34 56 8B 16。

这里黑体字 99 34 56 分别为 VB100、VB101、VB103 的值。

2）写命令写 1 个字节，命令长为 38 个字节，字节 0~字节 21 为 68 20 20 68 02 00 7C 32 01 00 00 00 00 00 0E 00 00 04 01 12 0A 10。

写 1 个字，命令长为 39 个字节，字节 0 到字节 21 为 68 21 21 68 02 00 7C 32 01 00 00 00 00 00 0E 00 00 04 01 12 0A 10。

写 1 个双字数据，命令长为 41 个字节，字节 0 到字节 21 为 68 23 23 68 02 00 7C 32 01 00 00 00 00 00 0E 00 00 04 01 12 0A 10。

字节 22~字节 30，为写入数据的长度、存储器类型、存储器偏移量。这些与读数据的命令相同。字节 33 如果写入的是位数据，这一字节为 03，其它则为 04。

字节 34 写入数据的位数：01：1 位，08：1 字节，10H：1 字，20H：1 双字。

字节 35~字节 40 为校验码、结束符。

如果写入的是位、字节数据，字节 35 就是写入的值，字节 36 为 00，字节 37 为校验码，字节 38 为 16H、结束码。如果写入的是字数据（双字节），字节 35、字节 36 就是写入的值，字节 37 为校验码，字节 38 为 16H、结束码。如果写个的是双字数据（四字节），字节 35~字节 38 就是写入的值，字节 39 为校验码，字节 40 为 16H、结束码。

如写 QB0＝FF，其命令为 68 20 20 68 02 00 7C 32 01 00 00 00 00 00 0E 00 05 05 01 12 0A 10 02 00 01 00 00 82 00 00 00 00 04 00 08 FF 86 16。

如写 VB100＝12，其命令为 68 20 20 68 02 00 7C 32 01 00 00 00 00 00 0E 00 05 05 01 12 0A 10 02 00 01 00 01 84 00 03 20 00 04 00 08 12 BF 16。

如写 VW100＝1234，其命令为 68 21 21 68 02 00 7C 32 01 00 00 00 00 00 0E 00 06 05 01 12 0A 10 04 00 01 00 01 84 00 03 20 00 04 00 10 12 34 FE 16。

如写 VD100＝12345678，其命令为 68 23 23 68 02 00 7C 32 01 00 00 00 00 00 0E 00 08 05 01 12 0A 10 06 00 01 00 01 84 00 03 20 00 04 00 20 12 34 56 78 E0 16。

注意以上诸黑体数字的含义！

以上命令如执行成功，则返回 68 12 12 68 00 02 08 32 03 00 00 00 00 00 02 00 01 00 00 05 01 FF 47 16。

否则返回。68 0F 0F 68 00 02 08 32 02 00 00 00 00 00 00 00 00 85 00 C3 16。

3）STOP 命令。STOP 命令使得 S7-200 CPU 从 RUN 状态转换到 STOP 状态（此时 CPU

模块上的模式开关应处于 RUN 或 TERM 位置）。计算机发出如下命令：

68 1D 1D 68 02 00 6C 32 01 00 00 00 00 00 10 00 00 29 00 00 00 00 00 09 50 5F 50 52 4F 47 52 41 4D AA 16。

PLC 返回：E9，同时 PLC 即转为 STOP 状态。

但计算机再发确认报文（10 02 5C 5E 16）。

PLC 将返回：68 10 10 68 00 02 08 32 03 00 00 00 00 00 01 00 00 00 00 29 69 16。

到此，才算完成这个通信过程。

4）RUN 命令。RUN 命令使得 S7-200 CPU 从 STOP 状态转换到 RUN 状态（此时 CPU 模块上的模式开关应处于 RUN 或 TERM 位置）。

PC 发出如下命令：

68 21 21 68 02 00 6C 32 01 00 00 00 00 00 14 00 00 28 00 00 00 00 00 00 FD 00 00 09 50 5F 50 52 4F 47 52 41 4D AA 16。

PLC 返回：E9，同时 PLC 即转为 RUN 状态。

但计算机再发确认报文（10 02 5C 5E 16）。

PLC 将返回：68 10 10 68 00 02 08 32 03 00 00 00 00 00 01 00 00 00 00 29 69 16。

到此，才算完成这个通信过程。

如 PLC CPU 模块上的模式开关处于 STOP 位置，则不能执行此命令。PLC 返回 E9，计算机再发确认报文（10 02 5C 5E 16）后，将返回如下数据：

68 11 11 68 00 02 08 32 03 00 00 00 00 00 02 00 00 80 01 28 02 EC 16。

提示：以上介绍的不是西门子发布的正式通信协议，还有其它内容。但多带有一些猜测的成分。建议用本章第 3 节的 VB 例子程序或用其它通信监听程序，再继续进行些测试。这样，将弄清更多的通信协议细节。但有了上述协议，对建立 PLC 监控系统基本也够用了。

附录 D　三菱 PLC 编程口通信协议

三菱 PLC 有串口（RS-232C、RS-485）通信协议。功能很强，但较复杂。其内容可参阅它的说明书（如 FX 通信用户手册）。三菱还有编程口通信协议，也可用于 RS-232C 口。这个协议三菱没有公开，但有人把它破译，并在互联网上公布。以下按所公布的材料，对其作简要介绍：

（1）命令帧格式

图 D-1 所示为命令帧格式。

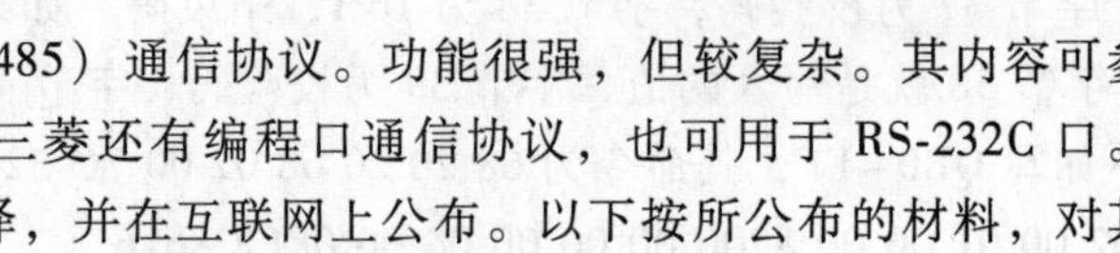

在此帧格式中：

STX：开始字符，其 ASCII 码
16 进制值为 02H。

图 D-1　命令帧格式

ETX：结束字符，其 ASCII 码 16 进制值为 03H。

CMD：命令码，命令码有读或写等，占 1 个字节。读为 ASCII 码 30H，写为 ASCII 码 31H。读、写的对象可以是 FX 的数据区。

此外，还有强制（实是置位、ASCII 码 37H）、复位（ASCII 码 38H）。其对象为位数据区。

ADDR：地址，十六进制表示，占4个字符，不足4个字符高位补0。

NUM：读或写的字节数，十六进制表示，占两个字符，不足两个字符高位补0。最多可以读、写64个字节的数据。读可以为奇数字节，而写必须为偶数字节。

DATA：如写数据，在此要填入要写的数据，每个字节两个字符。如字数据，则低字节在前，高字节在后。用十六进制表示，所填的数据量应与NUM指定的数相符。

图D-2　FX协议2读命令响应格式

SUM：累加和，从命令码开始到结束字符（包含结束字符）的各个字符的ASCII码，进行十六进制累加。超过两位数时，取它的低两位，不足两位时高位补0。也是用十六进制表示。

其计算公式为

$$SUM = CMD + \cdots + ETX；$$

如：$30h + 31h + 30h + 46h + 36h + 30h + 34h + 03h = 74h$；

（2）响应帧格式

响应帧格式与所发的命令相关。

对写命令：如写成功，则应答ACK，1个字符，其ASCII码的值是06H；如写失败，则应答NAK，1个字符，其ASCII码的值为15H。

对读命令：如读失败，也是应答NAK。如成功，其响应帧格式如图D-2所示。

提示：读数据或写数据总是低字节在前，高字节在后。如按字处理此数据，必须作相应处理。

（3）地址计算

这协议2的地址计算比较复杂，各个数据区算法都不同，分别说明如下：

对于D区：

如地址（即下式NUM）小于8000，则：

$ADDR = 1000H + ADDR0 * 2$（ADDR0从200～1023）

这里：ADDR上述命令中用地址，下同：ADDR0实际地址值，下同。

如ADDR0大或等于8000，则：

$ADDR0 = 0E00H + (ADDR0 - 8000) * 2$

对于C区（字或双字）：

如地址（即下式ADDR）小于200，则：

$ADDR = 0A00H + ADDR0 * 2$

如ADDR0大或等于200（为可双字逆计数器），则：

$ADDR0 = 0C00H + (ADDR0 - 200) * 4$（ADDR0从200～255）

对于T区（字）：

$ADDR = 0800H + ADDR * 2$（ADDR0从0～255）

对于T区（位）：

$ADDR = 00C0H + ADDR * 2$（ADDR0从0～255）

对于C区（字或双字）：

如地址（即下式 ADDR）小于 200 ，则：

ADDR = 0A00H+ADDR0 * 2

如 ADDR0 大或等于 200（为可双字逆计数器），则：

ADDR0 = 0C00H+（ADDR0−200）* 4（ADDR0 从 200~255）

对于 C 区（位）：

如地址（即下式 ADDR）小于 200 ，则：

ADDR = 01C0H+ADDR0 * 2

对于 M 区：

如地址（即下式 ADDR）小于 8000 ，则：

ADDR = 0100H+ADDR0/8（ADDR0 从 0~3071）

如 ADDR0 大或等于 8000，则

ADDR = 01E0H+（ADDR0−8000）/8

对于 Y 区：

要先把地址转换十进制数，再按下式计算。

ADDR = 00A0H+ADDR0/8 （ADDR0 从 0~最大输出点数）

对于 X 区：

要先把地址转换十进制数，再按下式计算。

ADDR = 0080H+ADDR/08 （ADDR0 从 0~最大输入点数）

对于 S 区：

ADDR = ADDR0/8 （ADDR0 从 0~255）（ADDR0 从 0~899）

帧格式实例

【例 1】 向 PLC 的 D0、D1 写 4 个字节数。要求写给 D0 数为 1234，D1 的数为 5678。

地址计算：

ADDR = 1000H+0 * 2 = 1000H

STX：02H

CMD：1（31H）

NUM：04H（30H、34H）

DATA：3（33H）4（34H）1（31H）2（32H）7（37H）8（38H）5（35H）6（36H）

EXT：03H

SUM：31H+30H+34H+ 33H+34H+31H+32H+37H+38H+35H+36H+03H = FDH

其 ASCII 码值为 46H、44H。对应的帧格式如图 D-3 所示。

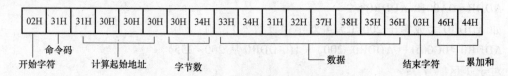

图 D-3 对应帧格式

PLC 接收到此命令，如正确执行，则返回 ACK 码（06H），否则返回 NAK 码（15H）。

【例 2】 读取 PLC 的 D10、D11 数据。D10 实际值为 ABCD，D11 实际值为 EF89。

地址计算：

ADDR = 1000H + A * 2 = 1014H

其 ASCII 码值为：31H、30H、30H、30H

STX：02H

CMD：0（30H）

NUM：04H（30H、34H）

EXT：03H

SUM：30H+31H+30H+30H+30H 30H+34H+03H = 5DH

其 ASCII 码值为 35H、44H。对应的帧格式如图 D-4 所示。

图 D-4　对应帧格式

PLC 接收到此命令，如未正确执行，则返回 NAK 码（15H）。否则返回应答帧如图 D-5 所示。

图 D-5　返回应答帧

表 D-1 所示为用于强制（其实是置位、复位）时的位地址。

表 D-1　强制（其实是置位、复位）时的位地址

S 计算地址	S 实际地址	X 计算地址	X 实际地址	Y 计算地址	Y 实际地址
0000~000F	S0-S15	0400~040F	X0-X17	0500~050F	Y0-Y17
0010~001F	S16-S31	0410~041F	X20-X37	0510~051F	Y20-Y37
0020~002F	S32-S47	0420~042F	X40-X57	0520~052F	Y40-Y57
0030~	S48~	0430~	X60~	0530~	Y60~
余类推	余类推	余类推	余类推	余类推	余类推
03E7	S999	047F	X177	057F	Y177

只是地址具体表达时是后两位先送，其次为先两位。按照这个表与规则，如实际地址 Y000，其计算地址为 0500，而表达此地址为 0005。再如实际地址 Y011，其计算地址为 0509，而表达此地址为 0905。这种地址表达与字读写是不同的。具体可参阅第 5 章第 3 节实例程序 3。

　　提示：以上介绍的不是三菱发布的正式通信协议，还有其它内容。但也带有一些猜测的成分。建议用第 5 章第 3 节的 VB 例子程序或用其它通信监听程序，再继续进行些测试。这样，将弄清更多的通信协议细节。但有了上述协议，对建立 PLC 监控系统基本也够用了。

附录 E　Modbus 串口通信协议

Modbus 协议是主从站间的通信协议，通信口使用 RS485 或 RS232。使用 RS232 口只能是一对一链接。使用 RS485 口，1 个主站最多可接 32 个从站。

（1）通信方式

该协议定义的通信有两种方式：应答方式和广播方式。

应答方式是主站向某个从站（地址可以是 1～247）发出命令，然后等待从站的应答；从站接到主站命令后执行命令，并将执行结果向主站应答，然后等待下一个命令。

广播方式是主站向所有从站发送命令（从站地址设为 0），不需要等待从站应答；从站接到广播命令后，执行命令，也不向主站应答。

（2）Modbus 帧

帧分为命令帧（询问帧）和应答帧。命令帧格式如下：

从站地址	功能码	数据				校验和
		起始寄存器高位	起始寄存器地位	寄存器高位	寄存器地位	

应答帧有显长度帧和隐长度帧之分。显长度帧格式如下：

从站地址	功能码	数据长度	数据	校验和

隐长度帧格式如下：

从站地址	功能码	数据	校验和

帧中各字段含义如下：

1）从站地址字段　从站地址字段表示接收主站报文的从站地址。用户必须设定每台从站的专用地址。只有被编址的设备才能对主机的命令（询问）作出应答。从站发送应答报文时，报文中地址的作用是向主站报告正在通信的是哪台从站。

2）功能码字段　能码指出从站应执行何种功能。表 E-1 列出了功能码的意义和作用。

表 E-1　Modbus 功能码

功能码	名称	作用（对主站而言）
01	读取开出状态	取得 1 组输出开关量的当前状态
02	读取开入状态	取得 1 组输入开关量的当前状态
03	读取模出状态	取得 1 组输出模拟量的当前状态
04	读取模入状态	取得 1 组模拟量输入的当前状态
05	强制单路开出	强制设定某个输出开关量的值
06	强制单路模出	强制设定某个输出模拟量的值
07	读取异常状态	取得从站的一些状态（8 位）
08	回送诊断校验	把诊断校验报文送从站，以对通信处理进行评鉴
09	编程	主机模拟编程器的作用，修改从站逻辑
10	探询	定期探询从站是否已完成某长程序任务
11	读取事件计数	取得通信状态和通信事件的次数
12	读取通信事件记录	取得通信状态、事件次数、报文数量和至多 64 个事件
13	编程	主机模拟编程器的作用，修改从站逻辑
14	探询	定期探询从站是否已完成某长程序任务
15	强制多路开出	强制设定从站几个输出开关量的值
16	强制多路模出	强制设定从站几个输出模拟量的值
17	报告从站标识	取得从站类型和运行指示灯的状态
18	编程	主机模拟编程器的作用，修改从站逻辑

（续）

功能码	名称	作用（对主站而言）
19	重置通信链路	使从站复位于已知状态
20~72	保留	留作扩展功能备用
73~119	非法功能	
120~127	保留	留作内部使用
128~255	保留	用作异常应答

3）数据长度字段数据长度字段记录的是随后的数据字段的长度，按字符（字节）计算，计算其组成数据字符的总数。

4）数据字段数据字段内含有从站执行某项具体功能的信息，或者含有从站应答询问的信息。这些信息可以是数值、地址参数或范围，例如，从哪路开关量或寄存器开始，处理几个开关位或寄存器、开关量或寄存器的值等。

5）校验字段校验字段用于检查通信报文在通信线路中是否出错。RTU 模式传送时，用 CRC-16。其算法见后。

（3）功能码说明

以下仅对最常用的 8 个功能作简要解释。要强调的是，以下介绍的所有发送命令与回应数据全部都是十六进制数。这也是 MODIBUS RTU 模式的基本特点。

1）读取输出开关量状态（功能码01）用以读取从站的输出开关量的状态。其命令帧格式为

从站地址	功能码	起始地址高位	起始地址低位	数据线圈数高位	数据线圈数低位	校验和 CRC

应答帧格式为

从站地址	功能码	数据字节数	数据	校验和 CRC

这里的起始地址是指从哪一位（路）开关量开始读，数据线圈数是指读取几位（路）。应答帧的数据是按照上述要求读取的开关量数据（每路 1 位，每 8 位组成 1 个字节，最后 1 个字节的不足部分补 0）。本功能不支持广播方式。

> 提示：对 LM 机输出开关量是指它的输出区（Q 区）的各个位。它的各个位地址计算公式是：字节地址乘 2+在字节中的位地址。如%QXm.n，它的地址将是 m×8+n。如% QX0.4，它的地址将是 04。

2）读取输入开关量状态（功能码02）用以读取从站的输入开关量的状态。其命令格帧式为

从站地址	功能码	起始地址高位	起始地址低位	数据线圈数高位	数据线圈数低位	校验和 CRC

应答帧格式为

从站地址	功能码	字节计数	数据	校验和 CRC

这里的起始地址是指从哪一位（路）开关量开始读，数据线圈数是指读取几位（路）。应答帧的数据是按照上述要求读取的开关量数据（每路 1 位，每 8 位组成 1 个字节，最后 1 个字节的不足部分补 0）。本功能不支持广播方式。

> 提示：对 LM 机输入开关量是指它的输入区（I 区）的各个位。它的各个位地址计算公式是：字节地址乘 2+在字节中的位地址。如%IXm.n，它的地址将是 m×8+n。如% IX1.5，它的地址将是 0D。

3）读取输出模拟量状态（功能码03）用以读取从站的输入模拟量的状态。其命令帧格式为

从站地址	功能码	起始地址高位	起始地址低位	寄存器数高位	寄存器数低位	校验和CRC

应答格式为

从站地址	功能码	字节计数	数据	校验和CRC

这里的起始地址是指从哪一路（字）输出模拟量开始读，寄存器数是指读取几路（字）。应答帧的数据是按照上述要求读取的输出模拟量数据（每路模拟量2个字节，高位在前，低位在后）。本功能不支持广播方式。

提示：对 LM 机，输出模拟量的字地址是，实际通道地址除以2。如%QWm，它的地址将是 m÷2。如%QW12，它的地址将是06。M 区也可理解为输出模拟量。但是地址按上述计算后再加 3000。

4）读取输入模拟量状态（功能码04）用以读取从站的输入模拟量的状态。其命令帧格式为

从站地址	功能码	起始地址高位	起始地址低位	寄存器数高位	寄存器数低位	校验和CRC

应答帧格式为

从站地址	功能码	字节计数	数据	校验和CRC

这里的起始地址是指从哪一路（字）输入模拟量开始读，寄存器数是指读取几路（字）。应答帧的数据是按照上述要求读取的输入模拟量数据（每路模拟量2个字节，高位在前，低位在后）。本功能不支持广播方式。

提示：对 LM 机，输入模拟量的字地址是实际通道地址除以2。对%IWm 而言，它的地址将是 m÷2。如%IW4，它的地址将是 02。M 区也可理解为输入模拟量。但是地址按上述计算后再加 3000。

5）强制单路输出开关量（功能码05）用以强行设定从站的单路（位）输出开关量的状态。其命令帧格式为

从站地址	功能码	地址高位	地址低位	数据	开关原状态	校验和CRC

应答帧格式为

从站地址	功能码	地址高位	地址低位	数据	开关原状态	校验和CRC

这里的地址含义与功能码01相同。数据是指用于设定该位的值。开关原状态是指该位未设定前的值。值指开或关：FF 为开（ON），0 为关（OFF），其它值为非法值。正常应答是将报文原文发回。从站地址为0时，为广播方式。

提示：地址计算同功能码1。实施强制后的状态无法用程序改变，只能再用强制改变。

6）强制单路输出模拟量（功能码06）用以强行设定从站的单路（字）输出模拟量的值。其命令帧格式为

从站地址	功能码	地址高位	地址低位	数据高位	数据低位	校验和CRC

应答帧的格式为

从站地址	功能码	地址高位	地址低位	数据高位	数据低位	校验和CRC

这里的地址含义与功能码 03 相同。数据是指用于设定该字的值。正常应答是将报文原文发回。从站地址为 0 时，为广播方式。

> 提示：地址计算同功能码 3。实施强制后的值也无法用程序改变，只能再用强制改变。M 区也可以理解为输出模拟量。地址按照上述计算后再加 3000。但对 M 区的强制可通过程序更改。

7）强制多路输出开关量（功能码 15）用以强行设定从站的多路（位）输出开关量的值。其命令帧格式为

从站地址	功能码	起始地址高位	起始地址低位	寄存器数高位	寄存器数低位	字节计数	数据	校验和 CRC

应答帧的格式为

从站地址	功能码	起始地址高位	起始地址低位	寄存器数高位	寄存器数低位	校验和 CRC

这里的地址含义与功能码 01 相同。寄存器数是指要设定多少字节。数据是指随后要设定的各字节的值（其中的位，如为 1，则设为 ON；0，则设为 OFF）。最后 1 个字节的不足部分补 0。正常应答内容是回送从站地址、功能码、起始地址和强制的开关量数。从站地址为 0 时，为广播模式。

> 提示：地址计算同功能码 1。实施强制后的状态无法用程序改变，只能再用强制改变。

8）强制多路模拟量输出（功能码 16）用以强行设定从站的多路（字）输出模拟量的值。其命令帧格式为

从站地址	功能码	起始地址高位	起始地址低位	寄存器数高位	寄存器数低位	字节计数	数据	校验和 CRC

应答帧的格式为

从站地址	功能码	起始地址高位	起始地址低位	寄存器数高位	寄存器数低位	校验和 CRC

这里的地址含义与功能码 03 相同。寄存器数是指要设定字数。字节计数是指随后数据的字节数。数据是指要设定的模拟量输出值，每一路占两个字节（高字节在前，低字节在后）。正常应答内容是回送从站地址、功能码、起始地址和强制设定的模拟量字数。从站地址为 0 时，为广播模式。

> 提示：地址计算同功能码 3。实施强制后的值也无法用程序改变，只能再用强制改变。M 区也可以理解为输出模拟量。地址按上述计算后再加 3000。但是对 M 区的强制可以通过程序更改。

（4）循环冗余校验（CRC）码算法

为了确保通信可靠，MODBUS 协议通信需增加 CRC-16 校验。如作为从站，系统可以自动处理。若 PLC 为主站，则需要添加这个校验码。生成 CRC-16 校验码的算法是：

1）启用一个 16 位寄存器，对其赋值为十六进制数 FFFF。

2）这 16 位寄存器的低位字节与报文的开始的字节进行"异或"运算。运算结果放入这个 16 位寄存器。

3）把这个 16 位寄存器向右移 1 位。

4）若向右（标记位）移出的数位是 1，则用"CRC 生成多项式"，即

1010000000000001 和这个寄存器进行异或运算。结果存入这个寄存器。若向右移出的数位是 0, 则返回 3)。

5) 重复 3) 和 4), 直到完成 8 个位的移位。

6) 报文中下一个字节与这 16 位寄存器进行"异或"运算。

7) 重复 3)~6), 直至该报文中所有字节均与这 16 位寄存器进行上述运算。

这个 16 位寄存器的内容即是 CRC 校验值。

以下为 PLC 的 ST 语言生成 CRC-16 码功能块的程序。但是在程序中直接调用此功能块也就可以了。

```
FUNCTION_BLOCK Generate_CRC
VAR_INPUT( *声明输入变量* )
    pData:POINTER TO BYTE;
    byteCounter:WORD;
END_VAR
VAR_OUTPUT( *声明输出变量* )
    CRC_Code:WORD;
    FINISH:BOOL:=FALSE;
END_VAR
VAR( *声明中间变量* )
    Reg16: WORD;
    j: BYTE;
    i: WORD;
    mval: WORD;
    temp_byte: BYTE;
    flg: WORD;
END_VAR
    WORD GenCrcCode( char * datapt,int bytecount)( *功能块程序* )
    {
        WORD  Reg16=0xFFFF,mval=0xA001;( *0xA001=1010000000000001* )
        int  i;
        WORD  chkcode;
        char  j,flg;
        for(i=0;i<bytecount;i++)
        {
            Reg16^= *(datapt+i);
            for(j=0;j<8;j++)
            {
                flg=0;
                flg=Reg16&0x0001;
                Reg16>>=1;
                if(flg==1)
                    Reg16=Reg16^mval;
            }
```

```
    }
    return(Reg16);
}
```

如果计算机为主站与从站 PLC 通信，计算机方也必须编写这个校验程序。

附录 F　Modbus TCP 协议

LM 机以太网通信采用 Modbus TCP 协议。它和 Modbus RTU 协议的区别在于：

1）它没有从站地址这个概念，它寻址所依靠的是 IP 地址。

2）在它的命令帧及数据帧中，没有 CRC 校验码。但是在帧之前要加入一些字节。字节的具体内容见表 F-1。

表 F-1　Modbus TCP/IP 协议格式参考表

字节	说　明
0	节点 ID　　一般为 0
1	节点 ID　　一般为 0
2	协议 ID = 0　　为 0
3	协议 ID = 0　　为 0
4	从字节 6 到帧尾（数据帧）的字节数（高位）= 0（因为帧长度应该小于 256 个字节,因此,此位为 0）
5	从字节 6 到帧尾（数据帧）的字节数（低位）
6	地址识别,这一字节一般只是在 modbus 桥接的时候用,在目前 LM3403 的接法,没有作用,一般为 0,模块不对这一位做判断
7	MODBUS 功能码,诸如 0×05
8	后面就开始 MODBUS 数据和地址,这个和 MODBUS RTU 一致,只是不用校验

3）它只能从输出区读数据。也只能对输入区写数据。具体地址可以在其中选择。

【例】　要用 05 功能码写 LM3403 的第一个位（%IX4.0），其命令格式和表 F-2 所示。

表 F-2　写位数据命令格式举例

节点 ID		协议 ID		6~11:6 个字节		地址识别	功能码	起始地址		置位状态	原状态
0	1	2	3	4	5	6	7	8	9	10	11
00	00	00	00	00	06	00	05	00	00	FF	00

表 F-3 所表示为和利时 LM3403 以太网模块寄存器区与 Modbus TCP 功能码对照参考表。

表 F-3　以太网模块寄存器区与 Modbus TCP 功能码对照表

区	读写	功　能　码		Modbus 地址与寄存器地址对应关系举例	
I	只写	位	0×05	%IX4.0	0
				%IX4.1	1
				%IX6.1	17
		字	0×06	%IW4	0
				%IW6	1
				%IW8	2
Q	只读	位	0×02	%QX 和 %QW 与 I 区的对应关系相同。	
		字	0×04		

注：1. 这里的 I 和 Q 区是 LM3403 设定的寄存器区。

2. 在进行网络通信时，PLC 编程软件通过串口可以同时连接 PLC，以监视和设置 PLC 各寄存器的状态和数值。

3. 位地址计算：如果位的地址为 %IXx.y，那么，命令中的地址为（x-z）* 8+y。如字的地址为 %IWm，那么，命令中的地址为（m-z）/2。这里的 z 为 %IW 区开始地址。%QW 区计算方法与此类似。本表计算 I 地址，假设 z 为 4。计算 Q 地址，假设 z 为 2。

参 考 文 献

[1]　机械工程手册电机工程手册编辑委员会. 电机工程手册（第 9 卷）［M］. 北京：机械工业出版社, 1982.

[2]　DE 克努特. 计算机程序设计技巧［M］. 北京：国防工业出版社, 1980.

[3]　宋伯生. 继电控制电路设计优化与算法化［J］. 机械设计与制造, 1987（4）.

[4]　宋伯生. 机床电器及电控制器［M］. 北京：中国劳动出版社, 1990.

[5]　宋伯生. 可编程序控制器［M］. 北京：中国劳动出版社, 1993.

[6]　宋伯生. 可编程序控制器配置·编程·联网［M］. 北京：中国劳动出版社, 1998.

[7]　宋伯生. PLC 编程理论、算法及技巧［M］. 北京：机械工业出版社, 2005.

[8]　宋伯生. PLC 编程实用指南［M］. 北京：机械工业出版社, 2007.

[9]　宋伯生, 陈东旭. PLC 应用及实验教程［M］. 北京：机械工业出版社, 2006.

[10]　宋伯生. PLC 顺序控制同步化逻辑设计［J］. 电子时代, 2006,（10）.

[11]　宋伯生. PLC 顺序控制程序工程方法［J］. 电子时代, 2006,（9）.

[12]　宋伯生. PLC 系统配置及软件编程［M］. 北京：中国电力出版社, 2007.

[13]　宋伯生. PLC 编程理论、算法及技巧［M］. 2 版. 北京：机械工业出版社, 2011.

[14]　宋伯生. PLC 网络系统配置指南［M］. 北京：机械工业出版社, 2011.

[15]　宋伯生. PLC 编程实用指南［M］. 2 版. 北京：机械工业出版社, 2013.